从应用到创新

手机硬件研发与设计

（第二版）

陈　皓　汤　堃　著

U0307105

电子工业出版社
Publishing House of Electronics Industry
北京·BEIJING

内 容 简 介

本书是由一线资深工程师撰写的详细阐述手机硬件研发与设计的专业图书。全书由入门篇、提高篇、高级篇和案例分析篇四部分共23章组成，内容涵盖手机硬件基础知识、PCB与DFX基础知识、电源系统、时钟系统、音频处理、FM接收机、数字调制与解调、ESD防护、色度学与图像处理、信号完整性，以及各种相关的国际国内规范。

本书采取从简单到复杂、从功能到性能的顺序进行编写。入门篇以功能介绍为主，只定性不定量；提高篇基于各种测试规范，在功能介绍的基础上逐步开展性能分析；高级篇根据电磁学理论、信号处理理论对手机硬件设计进行较为严格的论证并定量计算各种参数指标；而最后的案例分析篇则综合利用前面各篇所介绍的知识，对实际案例进行分析，从而使读者可以理论联系实践，更快、更好地掌握手机硬件的设计方法，提高故障分析能力。事实上，本书虽以手机硬件为分析对象，但书中所阐述的基本原理同样适用于其他电子、通信产品的设计。

本书可作为硬件研发工程师及电子电气信息类学生的参考书或培训教材，在忽略高级篇部分理论性较强的章节后，亦可作为维修工程师、电子爱好者的参考资料。

图书在版编目（CIP）数据

从应用到创新：手机硬件研发与设计 / 陈皓，汤堃著. —2 版. —北京：电子工业出版社，2016.10

ISBN 978-7-121-29944-5

I. ①从… II. ①陈… ②汤… III. ①移动电话机－硬件－设计 IV. ①TN929.53

中国版本图书馆 CIP 数据核字（2016）第 225579 号

策划编辑：李树林
责任编辑：李树林
印　　刷：北京虎彩文化传播有限公司
装　　订：北京虎彩文化传播有限公司
出版发行：电子工业出版社
　　　　　北京市海淀区万寿路 173 信箱　　邮编：100036
开　　本：787×1092　1/16　　印张：37.25　字数：954 千字
版　　次：2014 年 8 月第 1 版
　　　　　2016 年 10 月第 2 版
印　　次：2023 年 7 月第 14 次印刷
定　　价：99.00 元

凡所购买电子工业出版社图书有缺损问题，请向购买书店调换。若书店售缺，请与本社发行部联系，联系及邮购电话：(010) 88254888，88258888。

质量投诉请发邮件至 zlts@phei.com.cn，盗版侵权举报请发邮件至 dbqq@phei.com.cn。

序

当今世界科技发展日新月异，全球信息化浪潮汹涌澎湃，信息产业极大地推进了经济和社会发展，已成为国民经济的重要支柱产业。作为信息技术的重要应用领域，移动通信和互联网技术给人们提供了越来越方便和快速、高质量的信息获取与交流手段，而手机作为最重要的移动信息终端，正在不断提高和改变人们的生活质量和生活习惯，成为必不可少的大众化消费产品。

手机的研发和制造涉及许多关键信息技术，如集成电路、操作系统、通信技术、互联网技术、信息处理及智能化技术等。其中既有基础科学技术作为支撑，又有大量工程化技术的实践和应用。目前，智能手机已逐步替代传统手机成为发展趋势，同时也成为重要的信息产业的增长点。

作为东南大学信号与信息处理国家重点学科的博士生导师，我指导过不少博士和硕士研究生，一些学生在毕业后也常与我有来往。他们中的大多数现在依然从事信息和通信技术方面的研发与设计工作，但有一个共同的感受，那就是尽管他们在大学学习了大量的数学、物理、电路、信号、通信、计算机、网络等方面的专业课程，尽管他们在各自特定的专业方向都很有成绩，但真正能够在实际工作中综合运用这些知识的人才并不多，更不要说达到举一反三、融会贯通的境界了。

本书作者既有扎实的理论功底，又有很高的工程化研发和应用能力，他围绕手机的研发设计，系统地提出设计步骤和方法，为广大读者提供了这本难得的非常实用的有关手机研发设计的专业指导书。纵览本书，作者将手机硬件设计放置在电路理论、信号理论和电磁理论的框架下讨论，既有技术方面的充分描述，又有科学的理论指导，理论和实践相互交融，相得益彰。尽管这只是一本讲述手机硬件设计的书，尽管其分析对象不如交换机、通信网络这般宏大，尽管这本书还可能需要不断完善，但我很欣喜地看到本书的作者（也是我曾经的学生）在这方面做出的努力与尝试。

感谢电子工业出版社李树林编辑的专业眼光与辛勤劳动，也衷心祝愿我国出版界能够多出一些快速适应工程发展所需的理论和工程实践更好结合的专业书籍，以满足不同层次读者的需要。

广州大学校长　邹采荣

第二版前言

本书第一版于 2014 年 8 月印刷出版，首次印刷后很快被销售一空，随后出版社进行了再次印刷，也很快销售一空。作为一本充斥着各种数学方程式的工程技术专业图书，既非教材，也无名人推荐与宣传，能有如此销量，大大超出了笔者的预期。要知道英国物理大师霍金曾调侃过："科普书，每增加一个数学方程，将减少一半读者。"

由于技术的发展与进步，应出版社要求，两年后对本书进行修订，不仅修正第一版中发现的错误外，而且增加了三部分内容：一是重写了入门篇的天线部分，将前一版中 4 页纸的篇幅增加到近 20 页，对手机天线的发展历史及技术指标都做了更为详细的描述；二是邀请原摩托罗拉高级音频工程师马诚撰写了《手机声学结构设计》一文（收录在附录 C 中），文章内容详细，逻辑清晰，将手机声学结构设计的原理与规范很好地展现了出来；三是在附录 E 中收录了几篇读者反馈，他们在文章中或回忆了自己的工作经历，或分享了自己的经验感受，相信对广大读者，尤其是打算入行和入行不久的硬件工程师们，定能有所帮助。在此，笔者对马诚和这几位读者表示衷心的感谢！

在第一版出版后，作者陆续结识了不少读者，有同事或朋友介绍的，也有慕名而来的，其中一些读者一直与我保持着联系。相互熟悉后，他们常常会问一些与本书有关的问题。在此，作者挑出那些曾被反复提及的问题，进行统一答复。

问：写书挣了不少钱吧？

答：写书的稿酬收入较微薄，如你不信，可以自己写本书试试。

问：既不挣钱，写书干吗？

答：用文艺点的说法——我有情怀；用自我的说法——我喜欢。

问：书中大部分章节建构在电路、电磁、信号和数学分析的基础上，而我的理论知识基本都还给老师了，需要复习吗？

答：如果你把自己定位为 Reference Design 的搬运工，那自然无所谓。不过你打算长期工作于研发领域，最好把这些遗忘的知识拾回来。

问：是否看完这本书就能完全掌握手机硬件设计？

答：手机硬件设计包罗万象，哪里是一本书能够说的完的呢？！况且，本书只不过是一本入门级的参考书而已。

问：书中部分案例是几年前的技术，还有参考的价值吗？

答：我写的是硬件研发设计的原理，不是维修资料，重在分析方法与思维方式。

问：如何才能成为一名优秀的硬件工程师？

答：多看书 + 多思考 + 多实践，没有任何捷径。借用欧几里得的名言：There is no royal road to geometry（几何无王者之道）！

最后，笔者要感谢对第一版提出过诚恳批评与建议的读者，感谢出版社李树林编辑的耐心等待与专业校对（第二版的修订工作被笔者拖延了很长时间），感谢对笔者写作提供过真诚帮助的朋友，特别要感谢杨鑫峰、王国福、平慷、张路瑶、霍亮、曹明君、姜舒、张一鸣、刘松、刘朝群、韩菲菲、曹慧娴、孙娜等同事，因为你们，笔者才能在工作中充满乐趣。

陈　皓

2016 年 8 月于南京

第一版前言

有消息报导，截至 2013 年，全球手机用户突破 60 亿大关，而中国拥有大约 11.5 亿手机用户。这是一个极其庞大的数字，也是一个极其庞大的市场！随着国家对信息产业的重视，目前中国已经成为全球第一大手机设计与制造和消费国。在国内，从事手机研发、设计、制造、物流、销售、维修等产业的人员，几乎可以用"多如牛毛"来形容。

但在通信行业有句老话："一流公司做服务，二流公司做标准，三流公司做产品，四流公司做制造。"所以，尽管我们为全球贡献了绝大多数手机，但产业链的核心却并不由我们掌握。且不说做服务的一流公司、做标准的二流公司，就连做产品的三流公司，似乎都没叫得响的中国品牌。

看看吧，从 1G 时代不可一世的摩托罗拉，到 2G 时代的北欧双雄爱立信与诺基亚，再到3G 时代几乎滥大街的苹果和三星，它们除了打上了"Made in China"的 Logo 外，跟中国设计有啥关系？

出现如此尴尬的局面，原因肯定是多方面的。但作为一名从事手机硬件研发近十年的工程师，笔者想说的是：手机不仅仅是功能，更是性能！在业内，很多工程师都觉得做手机硬件设计，入门很容易（上海、深圳有众多的 Design House，研发人员水平参差不齐，却似乎个个都能设计手机），但要把硬件做好、做手机赚钱，却是件非常困难的事情。其中，除了品牌、市场等原因外，手机性能的不足也严重影响了产品的盈利。对于电子爱好者或维修工程师来说，能看懂原理图，知道各模块功能及大致的信号处理流程足矣。但对于手机硬件研发与设计工程师来说，如果还停留在硬件功能分析的水平上，就显得太不专业了。那么，如何将通信、电路理论融入到手机硬件设计中呢？

笔者记得自己在入行之初，一直苦于找不到一本讲述手机硬件设计的优秀教材。工作若干年后，笔者虽然也查阅了不少参考资料，但总感觉到：这些资料要么过于简单，基本上是手机电路的介绍，且更多偏向维修；要么内容过于抽象，就像大学教材的翻版，与手机硬件研发具体工作的相关性很少，不实用。于是，笔者萌发了撰写一本有关手机硬件设计方面图书的愿望。又过了若干年，市场上讲述手机软件设计的书籍越来越多，可讲述硬件设计、符合笔者内心愿想的那本书，却依然是零！于是，在笔者的心底，这个愿望更加强烈！

心动不如行动！现在，呈现在各位读者朋友面前的，就是笔者用了整整一年时间才收集、整理、撰写、绘制、校对完成的"产品"——《从应用到创新——手机硬件研发与设计》。

尽管有"王婆卖瓜，自卖自夸"的嫌疑，但笔者还是相当自信：至少在目前来看，这本书是由国内手机研发一线工程师所撰写的同类教材中的唯一一本，无论引用资料、技术背景还是故障分析，均采用研发过程中的实际案例，具有很强的理论与实践指导意义，远非一般维修类书籍所能比拟的。通过入门篇、提高篇、高级篇和案例分析篇四个部分，并结合各种国际国内规范，本书由浅入深地分析了整个手机硬件设计与调试的全过程，涉及移动通信系统分类与架构、PCB 与 DFX 基础知识、手机电源系统、时钟系统、音频信号处理、FM 接收机、RF 与天线、ESD 防护、色度学与图像处理、信号完整性，以及 TTY、HAC 等各种（新）功能。

整体上看，全书难度等级划分大致如下（以电子/电气/通信专业本科四年为参照）：入门篇大约是大学二年级到三年级水平（也适合普通电子爱好者），提高篇大约是三年级到四年级水平（同时适合维修工程师），高级篇要求四年级到研究生一年级基础课水平（适合基础知识较为扎实的研发工程师）。所以，不同知识层次的读者，对手机硬件设计感兴趣的爱好者或者从业人员，都可以从本书中获益，这也是笔者写作本书的最大动力所在。

由于提高篇与高级篇部分章节内容对一些读者来说有一定难度，为了引起这部分读者的阅读兴趣，本书在文字叙述、插图配表上尽量做到直白、丰富而不失严谨，并在各章正文中记述了笔者从业多年以来所经历的各种奇闻异事，但为避免不必要的麻烦，正文中会将人名、公司名等真实名称隐去，而以代号表示。在书末附录中，还收录了一篇"苦逼"IT男的那些事儿》，记录了笔者对自己这些年研发工作的一番自嘲。

另外，为了便于讲授，并与实际操作衔接，对不符合我国国家标准的图形和符号未做改动。在此，特别加以说明。

明张宗子（岱）的《夜航船》有一则故事：昔有一僧人，与一士子同宿夜航船。士子高谈阔论，僧畏慑，蜷足而寝。僧听其语有破绽，乃曰："请问相公，澹台灭明是一个人、两个人？"士子曰："是两个人。"僧曰："这等，尧舜是一个人、两个人？"士子曰："自然是一个人！"僧乃笑曰："这等说来，且待小僧伸伸脚。"

笔者每每读书，见前言中必有"限于作者水平，书中不妥或错误之处在所难免，欢迎读者批评指正"之类的话，感觉作者好不啰唆。如今自己写书，方才感受到：前人诚不我欺焉！所谓言多必失，衷心欢迎各位读者朋友伸伸脚！

最后，笔者要特别感谢自己的太太——汤堃，是她一直在生活上关心我、照顾我，使我可以全身心地投入到工作与写作中！没有她的大力支持，就不会有本书的诞生。笔者还要感谢自己的徒弟李成龙，他提供了部分章节的参考资料，并帮助笔者校对了全部书稿。另外，笔者想对自己的同事兼朋友董行、孙涛、吴凡、王猛、曾锋、曹荣祥、石英锋、马杰、赵彦峰等说一句："与你们共同工作的日子非常美好！"

适值本书第一版第 2 次印刷之际，上海读者曾兆林先生为本书编写了详尽的读书导图，浓缩了书中各章节的重点内容及知识点，非常有利于读者对本书的阅读与理解，在此向他表示感谢！但由于导图较大，不便于印刷，更适合电脑放大查看，因此放在出版社的服务器上以供下载。其下载地址为 http://yydz.phei.com.cn 的"资源下载"栏目或 http://www.phei.com.cn 的"在线资源"，有需要的读者朋友请自行下载。

陈　皓

2015 年 1 月于南京

目　录

入　门　篇

提 高 篇

高 级 篇

案例分析篇

入 门 篇

【摘要】本篇主要介绍移动通信的发展历史及关键技术，手机电路的组织架构与基本原理，分立元件与PCB，可生产性等方面的知识，大部分内容仅仅做功能分析，只定性不定量，满足入门者的需要。

第 1 章

移动通信发展史和关键技术

随着移动通信技术的迅速发展，手机已经渗入到人们生活的方方面面。过去，我们仅仅用手机打电话，然后用手机收发短信、玩游戏、拍照片，再后来用手机导航、上网、下载视频等。如今，我们可以在诸如商场、车站、饭店等公共场所看到许许多多低头摆弄手机的年轻人，那专注的眼神，那痴迷的情感，恐怕也只有用恋人之间的深情凝望才能够形容。

既然手机有如此大的魔力，那么手机及移动通信系统到底是如何演进发展的呢？

这便是本章要探究的问题。

1.1 无线电通信发展史

1820 年，丹麦物理学家奥斯特（Oersted，1777－1851）发现了电流使小磁针偏转的现象，提出了电流的磁效应。（从小到大，笔者只知道三个丹麦人：安徒生、奥斯特、波尔。）

1820－1821 年，法国物理学家安培（Ampere，1775－1836）、阿拉果（Arago，1786－1853）、萨伐尔（Savart，1791－1841）通过一系列实验与理论，陆续揭示了电与磁之间的联系。（一群法国人，吃饱了撑的。）

1827 年，德国物理学家欧姆（Ohm，1787－1854）发现了著名的欧姆定律，并提出了电流与电阻这两个术语。（据说，他早先只是个中学物理教师。）

1831 年，英国物理学家法拉第（Faraday，1791－1867）首次通过实验证实了电磁感应现象，创造性地提出了"力线"的概念，陆续建立了电学与磁学的基本理论，标志着人类开始真正认识电磁现象。（工匠出身，心灵手巧的典型代表。）

1864 年，英国物理学家麦克斯韦（Maxwell，1831－1879）提出了著名的麦克斯韦电磁场方程组，通过四个积分/微分方程、三个物质本构方程、两个边界条件，概括了一切宏观电磁现象，将法拉第的"力线"概念推广到"场"概念，预言了电磁波的存在并断言光也是一种电磁波，开启了人类认识电磁现象的新纪元。（历史有时就是这样巧合！法拉第提出电磁感应原理的那一年，麦克斯韦诞生了；伽利略去世的那一年，牛顿落地了。）

1888 年，德国物理学家赫兹（Heinrich Rudolf Hertz，1857－1894）首先用实验证实了电磁波的存在，为人类认识、利用电磁波提供了可能。（可惜，比麦克斯韦还短命。）

1897 年，意大利电气工程师马可尼（Guglielmo Marchese Marconi，1874－1937）在陆地与一艘轮船之间进行了世界上首次无线电消息传输，成为移动通信的开端。到 1901 年，马可尼在英国与纽芬兰之间（3540 km），成功完成了跨大西洋的无线电通信，使得无线电真正进入实用阶段。（这位老兄在 1909 年获得诺贝尔物理学奖，后来"一战"时总管意军所有电台。）

1904 年，英国电气工程师弗莱明（J. Fleming）发明了世界上第一只电子管，也就是人们所说的真空二极管。（笔者用过的唯——种真空二极管是北京电子管厂生产的 6Z4 小功率整流管。）

1906 年，美国电气工程师德·福雷斯特（D. Forest）改进了弗莱明的二极管，发明了世界上第一支真空三极管，标志着放大电路的粉墨登场。（听说过 6N11 和 6P1 吗？做甲类小胆机不错。）

1906 年圣诞节，美国物理学家费森登（Fessenden，1866－1932）成功实现了世界上首次无线电广播，并提出了现已广为人知的无线电调制解调原理。自此，人类进入大规模应用无线电通信的时代。（笔者真的对这位老大不熟悉。）

1947 年，美国贝尔实验室的威廉·肖克雷（William Shockley）、约翰·巴丁（John Bardeen）和沃特·布拉顿（Walter Brattain）发明了世界上第一支晶体管，人类终于进入半导体时代。（获诺贝尔奖，当之无愧。）

1948－1949 年，美国数学家、信息论的创始人克劳德·埃尔伍德·香农（Claude Elwood Shannon，1916－2001）陆续发表了两篇著名的论文：《通信的数学原理》（"A Mathematical Theory of Communication"）与《保密系统的通信原理》（"Communication Theory of Secrecy Systems"）。在论文中，香农首次提出了用熵来度量信息量，给出其数学表达式，解决了信道容量、信源统计特性、信源编码、信道编码等一系列基本技术问题，由此成为信息论的奠基性著作。（就是这个家伙把保密通信从艺术降级为科学。）

1949 年，美国数学家、控制论奠基人，诺伯特·维纳（Norbert Wiener，1894－1964）研究了如何从噪声观测中最优地估计源信号的设计问题，提出了著名的维纳滤波，并由此发展出一系列自适应滤波器理论，已被广泛应用在移动通信、雷达、声呐、系统辨识等领域。（笔者读研究生那会儿，被他那套玩意折腾得够呛。）

1958 年，美国德州仪器公司的工程师基尔比（Kilby，1923－2005）发明了世界上第一块集成电路芯片，从而使电子技术的发展进入到一个全盛时期。2000 年，基尔比被授予诺贝尔物理学奖，评审委员会对其评价极其简单："为现代信息技术奠定了基础"。（歌功颂德只需一句话足矣。）

1973 年 4 月，美国摩托罗拉公司工程师马丁·库帕（Martin Lawrence Cooper，1928－　）发明世界上第一部民用手机，体积为 22 cm×12 cm×4.4 cm，重达 1.2 kg，而通话时长仅 35 分钟。从今天的角度看，这种手机实在是太过于笨重，但它毕竟是划时代的产品。因此，马丁·库帕也被誉为现代手机之父。（不过，这位手机之父无法接受滥大街的 iPhone。）

1991 年 7 月，诺基亚制造并展示了全球第一台 GSM 制式的移动电话，从此人们正式进入大规模移动通信时代。（2G 时代的枭雄，到如今却是裁员的裁员，出售的出售，令人唏嘘。）

从 1820 年奥斯特发现"电生磁"，1831 年法拉第发现"磁生电"，经麦克斯韦、赫兹、马可尼、弗莱明、香农、基尔比等杰出人物及大量科技人员的辛勤努力，历经 150 余年时间，移动通信所需要的电磁场理论、信息处理理论、半导体技术全部构建完成，移动通信正式步入大规模应用阶段。

1.2　移动通信网

一般而言，手机、对讲机、电台、广播、电视等所有基于无线电通信的系统都属于移动通信，但手机与广播或者电台的点对点通信有着显著区别。如果不加入网络，没有运营商的网络支持，手机用户之间是无法实现通信的。

所以，基于手机的移动通信系统必须要进行组网，如图 1-2-1 所示。

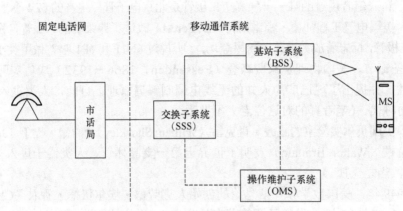

图 1-2-1　移动通信网路组成框图

1.2.1　交换子系统（SSS）

交换子系统负责整个通信系统的运行、管理，它可以在任意两个用户（或者信道）之间建立或者释放一条通信链路。在移动通信系统中，交换子系统包括移动交换中心 MSC、访问位置寄存器 VLR、归属位置寄存器 HLR、设备号识别寄存器 EIR、鉴权中心 AUC 等。

交换系统可以看成一个移动交换分局，其核心部分为移动交换中心 MSC。

1．移动交换中心（MSC）

MSC 是一个由计算器控制的全自动移动系统，它与基站之间通过光纤进行通信，一个 MSC 可以管理数十个基站，并组成局域网。MSC 还可以与其他网络连接，如公用电话交换网（PSTN）、综合业务数字网（ISDN）等。每个 MSC 都有一个访问位置寄存器（VLR），以及归属位置寄存器（HLR）、设备号识别寄存器（EIR）、鉴权中心（AUC）。

MSC 可以支持各种呼叫业务，例如：

（1）本地、长途及国际呼叫。

（2）通过 MSC 进行手机用户与市话、长途之间的呼叫，控制不同蜂窝小区运营。

（3）支持手机的跨区切换、漫游、登网和计费。

2．访问位置寄存器（VLR）

访问位置寄存器（VLR）是一个存储来访用户（又称为"拜访客户"）信息的数据库。手机的不断移动导致其位置信息不断变化，这种变化的位置信息就在 VLR 中进行登记。

如手机原先处于 A 小区，后来漫游至 B 小区。于是，手机必须向 B 小区的 VLR 申请登记。VLR 得到申请后，则去 HLR 查找相关信息，然后给该手机分配一个新的漫游号，并通知 HLR 修改该手机的位置信息，以方便其他手机呼叫此用户时提供路由信息。由此可见，移动状态下的手机在 VLR 中进进出出，VLR 中所记录的位置信息处于随时更新状态。

所以，VLR 是一个动态寄存器。

3．归属位置寄存器（HLR）

HLR 用于存储本地用户位置信息。当用户购买手机后第一次使用 SIM 卡加入移动网络，必须通过 MSC 在当地的 HLR 中登记注册，把相关信息存储在 HLR 中。当呼叫一个不知道处于哪一地区的手机时，均可由 HLR 获得该手机原始位置参数，获得它的当前状态，从而建立起通信链路。

可见，HLR 存放手机的归属信息，又称为归属位置寄存器，它是一个静态寄存器。

4．鉴权中心（AUC）

鉴权中心（AUC）用于识别用户身份，只允许授权用户接入网络并获得服务。AUC 给每个用户一个认证参数，供 VLR 进行认证。

5．设备识别号寄存器（EIR）

每台手机都有一个国际移动设备识码（IMEI），设备识别号寄存器（EIR）通过 IMEI 码监视和鉴别移动设备，拒绝非法移动台登网。

显然，我国几大运营商没有利用 IMEI 码对手机进行鉴别。否则，也不会有前几年山寨机的大泛滥了（IMEI 码可是要花钱买的噢）。

1.2.2　基站子系统（BSS）

基站，又称基地台，它是一个能够接收和发射无线电信号的固定电台，负责与手机之间进行通信联络。基站子系统（BSS）包括基站收发器（BTS）和基站控制器（BSC）。

1．基站收发器（BTS）

它由若干部收发信机组成，每部收发信机占用一对双工收发信道，如业务（话音）信道（TCH）及控制信道。

基站拥有的收发信机数量相当于有线电话的"门"数，基站的收发信机越多，用户"抢线"就越容易。一般情况下，一个基站收发器有数十部收发信机。

2．基站控制器（BSC）

基站控制器负责基站收发信机的运营、呼叫管理、信道分配、呼叫持续等功能。一个 BSC 可以控制管理多达 256 个基站收发器。

一个基站控制器（BSC）和数十个基站收发器（BTS）组成一个基站，每个基站为一定覆盖范围内的手机提供通信网络服务，构成一个蜂窝小区。

1.2.3　操作维护子系统（OMS）

操作维护子系统（OMS）又称操作维护中心（OMC），负责对全网进行监控和操作，如系统报警、故障诊断、话务量统计、资料传递等。

OMS 一般处于移动交换中心（MSC），也可以看作交换子系统的一部分。

1.2.4　移动电话机（MS）

移动电话机（MS）在早期是以车载台、便携台的形式出现的，现在则为大众化的移动电话机——手机所取代，车载台仍有少量生产，主要应用于通信或军事部门。

手机，主要由射频部分（一般称为 Radio Frequency，RF）、逻辑控制与音频处理（一般称为 Base Band，BB）两大部分组成。针对不同的通信网络系统，手机的电路结构有所不同，但基本架构都是 RF+BB，且电路部分的基本原理区别也不大。而真正有本质区别的部分（如 BB 的多址接入、RF 的线性/非线性功放），对于普通用户来说，都是完全屏蔽的，也不为用户所感知。

1.3 多址接入

我们有时候会听到某某人说，我的手机是 3G 的，你的是 2G 的；或者有人说，我的手机是 CDMA 的，你的是 GSM 的。那么，CDMA、GSM 到底是什么意思？

其实，CDMA 的全名为 Code Division Multiple Access，指的是一种多址接入技术；GSM 的全称为 Global System for Mobile Communications，即全球移动通信系统。从字面上看，CDMA 显然是指一种技术手段，而 GSM 纯粹就是个名字，两者真的是风马牛不相及。

但是，很多时候，我们都把这两个名词放在一起讲，好像它们之间存在对应关系似的。事实上，我们在说 GSM 的时候，更多的是在强调 GSM 所采用的 TDMA 多址接入技术（确切地讲，GSM 是 TDMA+FDMA 的结合）。所以，让我们首先来看看什么叫多址接入。

说白了，多址接入的唯一目的就是在不增加其他投入的情况下，尽可能地增加用户数量，使众多用户可以共享通信信道，并确保他们之间尽可能不会相互影响。显然，这也是电信运营商所期望的事情。

目前，移动通信采用的多址接入方式有 FDMA（Frequency Division Multiple Access，频分多址）、TDMA（Time Division Multiple Access，时分多址）、CDMA（Code Division Multiple Access，码分多址）三种基本类型。实际中，常常是三种基本方式的组合，如 GSM 系统采用 TDMA+FDMA 组合的方式。

以下，我们对这几种多址接入技术进行简单介绍。

1.3.1 频分多址（FDMA）

我们知道，无线电通信是划分频段的。不同的通信系统占用不同的频段，比如我国的 FM 调频广播，其频段为 88～108 MHz，而不同的广播电台可以使用该频段内的不同频点，比如南京音乐台为 105.8 MHz，江苏文艺台为 97.5 MHz，等等。所以，用户想收听不同的广播电台时，只需把收音机调谐到该电台所对应的频点就行了，这便是 FDMA。

同样道理，对于移动通信用户，不同用户占用不同的频点（实际由系统分配），就可以实现互不干扰。早期的模拟手机（俗称"大哥大"，常见于 20 世纪 90 年代的香港黑帮电影）采用的就是这种接入方式。

显然，该种接入方式的用户容量是极其有限的。我们知道，每个电台都是有一定带宽需求的，而为了保证不同电台之间不会相互干扰，电台与电台之间的最小频率间隔必须大于电台的带宽。比如，我国规定，FM 广播电台的带宽为 200 kHz，电视发射台的带宽为 8 MHz，换言之，FM 广播电台之间的最小频率间隔为 200 kHz，电视发射台之间的最小频率间隔为 8 MHz。那么，对于 FM 广播电台来说，一个城市或地区中可以同时并存的最大电台数不会超过 100 个，如下式：

$$(108 \text{ M} - 88 \text{ M}) \div 200 \text{ k} = 100 \tag{1-3-1}$$

对于 FDMA 的移动通信用户来说，也存在同样的问题。

1.3.2　时分多址（TDMA）

我们已经知道，FDMA 所能容纳的用户数量是有限的，那么如何改进？

假定某小区有 1000 个注册用户，系统采用 FDMA 接入方式，最多可以支持 100 个用户同时通信。可以想象，一般情况下，1000 个注册用户同时通信的可能性是很小的，平均下来，同时通信的用户数量可能只有 20～30 个。

但是，对于这 1000 个用户来说，他们随时都可以接通电话，所以在他们看来，系统所能支持的最大用户数量就是 1000，而不是 100。于是，大家选择在不同的时间通信，系统的等效容量就可以从 100 上升至 1000。

进一步演化这个概念，就产生了所谓的 TDMA 多址接入技术，即采用时分技术实现多址接入。假定现在有两个人在同时通信，并且他们占据同一个频点。我们可以把时间分片，划定一个个短小的时隙片段，并设定第一个人在时间片 1（称为 Slot1）进行通信，而第二个人在时间片 2（称为 Slot2）进行通信，并让 Slot1 与 Slot2 反复切换。只要时间片足够短，同时通信的两个人就不会感觉到时间片存在切换现象，就好像自己独占了通信通道一样。

事实上，类似的概念在计算机操作系统中早已有应用，如早期的 UNIX 系统采用分时轮转实现多任务切换。话说作者写作此段文字的时候，一边开着 Word 敲键盘，一边听着 MP3，一边从网上下载资料。微观上，在一个时间片内，CPU 只能运行一个任务，但宏观上，CPU 却在同时运行多个任务。只要时间片足够短（当然，也不能过短，因为 CPU 切换任务是需要额外时间开销的），就足以让人造成错觉，似乎 CPU 在同时运行多个任务。这便是操作系统教材中讲的并发多任务概念。

学过信号系统课程的读者应该还有印象（没有印象的，建议回学校把学费要回来），TDMA 技术的理论依据其实就是著名的香农采样定理，也称奈奎斯特采样定理，即一个频带受限信号可以用采样频率为两倍带宽的抽样值唯一地确定。因此，第一个用户仅仅在第一个抽样瞬间占用信道，第二个用户仅仅在第二个抽样瞬间占用信道，然后是第三个用户、第四个用户，依次下去。于是，原本采用 FDMA 技术的移动通信小区，在采用 FDMA+TDMA 技术后，可以容纳的同时通信用户数量迅速增加。

当今的 GSM 系统便是如此。

1.3.3　码分多址（CDMA）

CDMA（码分多址）则是一种更加高级的接入方式，并成为各个 3G 标准的核心技术。

在 CDMA 系统中，不同用户传输信息所用的信号不是靠频率不同（如 FDMA）来区分，也不是靠时隙不同（如 TDMA）来区分，而是靠不同的编码序列来区分。如果从频率域和时间域同时观察，多个 CDMA 用户的信号是互相重叠的。图 1-3-1 是 FDMA、TDMA、CDMA 三种多址接入方式的示意图。

一直以来，有个关于 FDMA、TDMA、CDMA 的形象比喻。联合国开大会时，男人的声调低沉，女人的声调尖锐，就好比是 FDMA，通过频率来区分男女；美国说话的时候，英国不说话，英国说话的时候，澳大利亚不说话，就好比是 TDMA，大家占用不同的时隙通信；美国人说英语，中国人说汉语，法国人说法语，就好比是 CDMA，大家用不同的语言同时交流而互不影响，如图 1-3-2 所示。

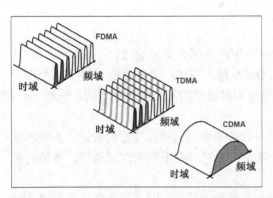

图 1-3-1 FDMA、TDMA 与 CDMA 的多址接入方式

图 1-3-2 用不同语种比喻 CDMA

这个比喻很形象，对 FDMA 和 TDMA 的解释也很到位，唯独对 CDMA 码分多址技术解释不充分。CDMA 的理论依据是信号的正交分解，关于这部分知识，需要读者具备相当的数学基础，笔者就不展开讨论了。考虑到很多专业性的解释过于艰涩难懂，笔者打一个有趣的比方来帮助读者理解 CDMA 技术的核心，只需高中数学基础即可。

在笛卡儿三维空间中，每一个向量或者说每一个空间点，都可以由三个方向的坐标值唯一地确定。但是，我们有没有想过，为什么每一个向量都是由三个方向的坐标值唯一地确定，而不是仅由一个（如 X 轴方向），或者同时由两个方向（如 X 轴和 Y 轴）来确定呢？

直观上，三个坐标轴两两垂直，并且任意一个轴的坐标并不能由另外两个轴的坐标来推测。用数学语言来描述，就是这三个坐标轴相互正交，即任意两个轴之间的坐标值无任何相关性。说白了，就是它们之间不具备任何"因为……所以……"的推断。

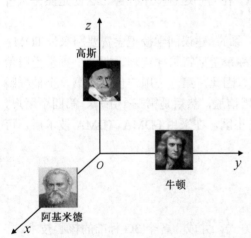

图 1-3-3 三大数学家在各自的坐标轴上运动

于是，我们假定三维空间中有 3 个用户，分别是阿基米德（Archimedes）、牛顿（Newton）和高斯（Gauss），这哥仨被公认为史上最著名的三大数学家。阿基米德仅仅站在 X 轴横向移动，牛顿仅仅站在 Y 轴纵向移动，高斯则仅仅站在 Z 轴垂直移动。不难想象，阿基米德的运动方程为 $S_a(t)=(X(t), 0, 0)$，牛顿的为 $S_n(t)=(0, Y(t), 0)$，高斯的为 $S_g(t)=(0, 0, Z(t))$，如图 1-3-3 所示。

一个闲来无事者，比如笔者本人，观察他们三兄弟的运动轨迹，得到一个总的运动方程：

$$S_i(t) =(X(t), Y(t), Z(t)) \tag{1-3-2}$$

那么应该如何区分他们三兄弟各自的运动轨迹呢？很简单嘛，我知道阿兄只会在 X 轴运动，所以阿兄的运动轨迹如下：

$$S_{ia}(t) =(X(t), Y(t), Z(t)) \odot (1, 0, 0) \tag{1-3-3}$$

其中，$\odot$ 表示向量内积运算，即 $S_{ia}(t)= X(t) \times 1 + Y(t) \times 0 + Z(t) \times 0$

事实上，由于加性噪声的影响，最终我所得到的阿兄运动轨迹为：

$$S_{ia}(t) = (X(t), Y(t), Z(t)) \odot (1, 0, 0) + (n_{a1}, n_{b1}, n_{c1}) \qquad (1\text{-}3\text{-}4)$$

但只要随机噪声（n_{a1}, n_{b1}, n_{c1}）不超过某个门限，就不会对我的观察产生重大影响。在通信原理课程中，该内容又称为"信号检测"。同理，牛兄和高兄的运动轨迹如下所示：

$$S_{in}(t) = (X(t), Y(t), Z(t)) \odot (0, 1, 0) + (n_{a2}, n_{b2}, n_{c2}) \qquad (1\text{-}3\text{-}5)$$

$$S_{ig}(t) = (X(t), Y(t), Z(t)) \odot (0, 0, 1) + (n_{a3}, n_{b3}, n_{c3}) \qquad (1\text{-}3\text{-}6)$$

通常情况下，我们可以认为随机向量（n_{a1}, n_{b1}, n_{c1}）、（n_{a2}, n_{b2}, n_{c2}）、（n_{a3}, n_{b3}, n_{c3}）为独立同分布，也即它们满足同一种概率分布形式，但各自有各自的取值，相互间没有关联。在 CDMA 码分多址接入技术中，阿兄、牛兄、高兄就好比是三个同时通信的用户，三兄弟各自的运动方程就好比三个用户各自的通信内容，观察者——我则代表系统，而我所看到的总运动方程则代表系统接收到的总信息。

我知道三兄弟各自占据的坐标轴，就等于系统给三个用户各自分配了一个唯一的正交编码。利用正交坐标轴/正交编码，我/系统就可以轻松分辨出各兄弟/各用户的运动轨迹/通信内容。

将三维正交空间推广至多维正交空间（该死的数学总能办到），则可以轻松实现多用户的同时接入。当然了，实际的 CDMA 技术远比这个比喻要复杂得多，但无论如何，其理论基础就是信号的正交分解。

从上述比喻我们还可以推断出 CDMA 的一些特点。

（1）CDMA 系统容量大

GSM 系统在 FDMA 基础上采用 TDMA 技术后，可以成倍地扩充系统容量。但无论如何，系统容量最终还是要受到频带宽度和时隙长度的限制。而 CDMA 技术就很方便了，原先有 N 个用户在通信，现在又增加了一个，好吧，那就把 N 维正交空间扩展为 $N+1$ 维正交空间，相当于再增加一个正交编码组不就搞定了！这便是 CDMA 多址接入技术所谓的软容量概念。

确切地讲，CDMA 软容量分为两种情况。一种是适当降低业务信道（一种逻辑信道，可参考 1.4.2 节的信道编码，有关物理信道、逻辑信道的简单解释）的误码性能，从而在短时间内提供稍多一些的可用信道数。另一种是当业务信道也接近饱和以后，则占用寻呼信道，极端情况下，甚至占用同步信道，把寻呼信道和同步信道统统作为临时的业务信道使用，从而扩充系统容量（由于 CDMA 系统中各个逻辑信道之间也是相互正交的，所以该方法的确有点增加/抢占正交编码的意味）。

如果我们把眼光扩展到多小区的 CDMA 系统，则可以通过各小区负荷量的动态调整来扩充系统总容量。重负荷小区降低本小区的导频信号功率，等效为缩小其小区覆盖范围；而轻负载小区则可以提高导频信号功率，等效为扩大其小区覆盖范围。从整个系统上看，轻/重负载小区实现了动态覆盖，自然可以增加系统的总容量。所以，该方法也被称为"小区呼吸"功能。不过，在通常情况下，CDMA 系统软容量指的是前述两种情况，与小区呼吸无关。

而作为 FDMA 与 TDMA 系统，如果频带和时隙被全部占用，那么即便再增加一个用户，也是不可能的。当然了，CDMA 系统容量也不可能无限增加。毕竟，增加用户会产生多址干扰，当干扰到达一定程度时，就会对系统正常工作产生严重影响。

（2）CDMA可实现软切换

无论 FDMA、TDMA 还是 CDMA 系统，当用户在通话状态下从一个小区移动到另一个小区后，为了保证通话连续，都必须进行小区切换。在 CDMA 系统中，有硬切换（Hard Handoff）和软切换（Soft Handoff）两种方式。

硬切换是指移动台 MS（即手机）在不同频道之间的切换，比如手机在同一个 MSC 的不同频道之间或者不同 MSC 的不同频道之间进行切换。这些切换需要手机变更收发频率，即先切断原来的收发频率，再搜索、使用新的频道。硬切换会造成通话的短暂中断，当切换时间较长时（如大于 200 ms），将会影响用户通话。第一代模拟通信系统（采用 FDMA 方式）与第二代 GSM 数字通信系统（采用 FDMA+TDMA 混合方式）均采用硬切换，所以只要移动台进行小区切换，就一定存在"掉话"风险。

但 CDMA 系统还有一种软切换方式。当小区中的所有用户均使用同一组收发频率或者不同基站的扇区均使用同一组收发频率时，若移动用户开始越区切换，则无须进行频率切换，只需对 PN 码（即前文所说的正交码）的相位做相应调整即可。不仅如此，CDMA 系统的手机采用 Rake 接收机（一种抗多径衰落的算法），可以使手机与新基站建立业务链路的同时，并不中断与原来服务基站的联系，直到手机接收到的原基站信号低于某个门限时，才完全切断与原基站的联系。换言之，软切换是先接通后切换的技术。于是，采用软切换方式的手机就不存在"掉话"风险。

（3）CDMA 无 TDD Noise 问题

所谓 TDD，即时分双工 Time Division Duplex 的缩写。GSM 系统采用 TDMA 技术，宏观上，用户似乎一直占用着信道；但微观上，用户仅仅是在一个个时隙中进行数据传输，其余大部分时间都保持空闲。这样做的好处一方面是增加了系统容量，另一方面可以有效降低手机 RF 发射机的平均功率（毕竟，手机不同于基站，它是靠电池供电的）。但同时带来一个副作用，就是令我们手机硬件研发人无比头疼的 TDD Noise 问题（有时也被称为 TDMA Noise）。对于手机来说，RF PA 属于大功率器件，在某个固定的 Slot 中发射数据，而其余 Slot 保持空闲，会产生一连串的 Burst，从而造成系统电源（特别是电池电压 V_{bat}）在对应的 Slot 片段中出现剧烈波动，进而导致整个系统电源的波动，而且发射功率越大，影响越大，并最终影响到其他敏感信号线。若干扰到 I/Q 信号，则导致各种 RF 指标不合格；若干扰到 Audio 信号，则产生所谓的 TDD Noise，使本机听筒产生"吱吱吱"的噪声，或者影响上行链路导致对方听到"吱吱吱"的噪声。该现象为 GSM 系统所固有，只能优化，不能消除，非常考验手机研发人员的设计水平。但 CDMA 技术不存在 Burst，自然也就没有 TDD Noise 之虞了。关于这个问题，我们还将在提高篇与案例分析篇中进行深入探讨。

相较于 FDMA 与 TDMA 技术，CDMA 码分多址还有频带宽、保密性好、平均发射功率低等优点，但 CDMA 系统远较 FDMA 与 TDMA 复杂，尤其是对功率控制要求非常高（理想情况下，CDMA 系统中各用户地址码是完全正交的，但实际上是不可能的。或多或少的相关性将导致接收机在解调过程中，把其他用户的信息叠加在本用户数据上，从而导致多址干扰，并且其他用户的发射功率越大，多址干扰越强。所以，为了扩充系统容量，必须实施严格的发射机功率控制）。限于篇幅，笔者不再赘述，有兴趣的读者可以查阅相关资料（网络上到处都是）。

1.4　编码与数字调制

如今，手机的功能早已大大超出通话、拍照、导航、上网、游戏等，但不管手机将来还会开发出什么新功能，语音通话还是其最核心、最本质的需求。试想，手机无法通话，世界将会怎样？

所以，我们有必要了解一下手机的语音编码、信道编码与数字调制技术。首先，我们看看上行（发送）语音方向的处理流程，如图 1-4-1 所示。

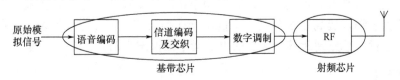

图 1-4-1　上行方向语音处理流程

原始模拟语音信号经 Microphone 拾取、放大、采样、量化后进行语音编码，然后经信道编码，最后经数字调制，再把信息传送 RF（Radio Frequency）模块发射出去。至于下行方向的语音处理流程，则相当于上行方向的逆过程。

前面我们说过，手机硬件分为两大块，一块是 Base Band 部分（BB），另一块是 Radio Frequency 部分（RF），如图 1-4-1 所示。在多数手机研发企业中，硬件部门（HW Department）也是按照 BB 和 RF 划分的，一些公司还成立有专门的天线小组、音频小组等。不过，根据笔者这些年的从业经历来看，人为地把 HW 割裂成 BB 和 RF 两部分，其实是一种非常糟糕的做法！大量的 BB 工程师完全不懂 RF，而很多 RF 工程师又不了解 BB，这样的团队，怎么可能设计出优秀的产品？依笔者的看法，作为一名合格的 HW 工程师，对 BB 和 RF 都要懂一些，只是侧重点不一样，而如果要做一名优秀的 HW 工程师，则必须两者都要精通。

1.4.1　语音编码

话筒，俗称麦克风（Microphone），是一种声/电转换装置，它将说话人的连续语音信号转变为相应的连续电信号，经模拟放大器放大后，送至 A/D 芯片进行采样（连续时间变成离散时间）与量化（连续信号变成离散信号），最后再经编码器进行语音编码。在通信系统中，语音相当于信源，所以语音编码也被称为"信源编码"。

1．统计编码

最简单的编码方式就是直接对量化数据采用原码方式，其实就是不编码。比如，一个 2 bit 精度的 A/D 转换器，量化结果为 00～11，对应的十进制就是 0～3。如果不对其进行编码，就相当于把 00～11 直接送到后级电路进行传输。

那为什么要编码？对上述 00～11 这四个数字该如何编码？举个例子就一目了然喽。

就像买彩票，中大奖的概率是相当低的，中小奖的概率肯定会高一些，但空门的概率肯定最高（否则发行彩票干嘛？）！同样，00～11 这四个数字各自出现的概率也很可能不一样，假定 00 出现的概率为 1/2，01 为 1/4，10 和 11 均为 1/8。

如果不进行编码，则平均码长为

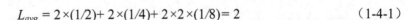

$$L_{avg} = 2 \times (1/2) + 2 \times (1/4) + 2 \times 2 \times (1/8) = 2 \qquad (1\text{-}4\text{-}1)$$

如果进行编码，并规定出现概率高的分配短码字，出现概率低的分配长码字，并且按照如下规则进行编码：

00——0   01——10   10——110   11——111

再来重新计算平均码长

$$L_{avg} = 1 \times (1/2) + 2 \times (1/4) + 2 \times 3 \times (1/8) = 1.75 \qquad (1\text{-}4\text{-}2)$$

显然，按某种规则编码后的平均码长要短于不编码的结果。于是，传输同样的信息，编码可以实现数据压缩，提高系统容量。不过，统计编码方式在图像处理领域用得较多，通信系统不常见。毕竟，预先判断各个信息的出现概率是很困难的。

2. 参量编码

前面所说的数据采样与量化可以看成一种波形编码，即对语音信号波形本身进行编码，信息压缩率有限。而参量编码则是一种信源编码，它是以语音信号产生的数字模型为基础，提取若干特征参量（也称特征值），然后对这些特征参量进行编码的方法。

听起来很拗口？好吧，还是打个比方来揭示参量编码的核心吧。

假定要传输一个正弦波信号 $A\sin(\omega t + \theta)$，我们可以直接对该正弦波进行采样，然后把这些采样值依次传输给对方，这相当于波形编码。但显然，这个方法实在算不上高明！如果我们知道了这个正弦波的幅度 A、频率 ω 和初相 θ，只需要把这三个参数传递给对方，就可以在接收端完整地重构这个正弦波了，岂不省时省力？所以，对一个正弦波来说，幅度 A、频率 ω 和初相 θ 就等同于它的特征参量，只需对这三个特征参量进行编码并传输就可以了。

研究发现，语音信号的产生也可以通过一种数学模型实现，即用白噪激励语音生成器获得（可参见相关语音信号处理教材，笔者读研究生时的导师就是干这个专业的）。直观上，用数学模型产生的语音信号肯定不及真人发声的语音信号真实，事实上也是如此。但数学模型最大的好处就是可以获得语音信号的特征值，其数据量远远小于真实的语音信号。于是，对这些特征值进行编码传输，然后在接收端利用这些特征值，同样可以实现语音信号的重构，这便是所谓的参量编码。

对比波形编码方式，参量编码的压缩率更高，也就是传输码率更低，通信系统的负担也更低，缺点就是解码后的信号失真较为严重。

3. 混合编码

波形编码的数据量大，但更真实、更自然；参量编码的数据量小，但不自然。怎么办？简单，采用中国人的中庸之道便可（可惜咱老祖宗没申请专利）。

GSM 系统采用所谓的规则脉冲激励长期预测编码（PRE-LTP），既含有基于语音特征的参量编码，又包括部分波形编码信息，而且采用预测编码，可以更进一步地压缩码率。至于预测编码可以压缩码率的理论，则是基于香农的信息论。预测越准确，则误差越小，误差越小则表明误差本身的概率密度分布越集中，即误差函数自身的熵值越小。熵值越小，则表明平均码长越短，码率也就降低了。通常，几乎所有关于信息论的教材对此都有详细讨论，笔者就不再赘述了。

1.4.2　信道编码

前面所说的语音编码比较直观，也很好理解，但信道编码的概念对于没有学习过通信原理课程的读者来说就比较难以理解了。所以，笔者先简单解释一下什么叫信道。

我们知道，移动通信采用无线电传输信息，固定电话采用有线电缆传输信息。但无论有线通信还是无线通信，信息总是要通过某种通道进行传输的。对于固定电话，我们可以认为电缆就是其信息传输通道；而对于无线通信，我们则把高频无线电载波所处的具有一定宽度的频带看成信息传输通道。比如我们以 1.3.1 节中介绍过的 FM 广播电台为例，江苏文艺台的频点为 97.5 MHz，电台带宽 200 kHz，即江苏文艺台占据 97.5±0.1 MHz 的频带。那么，这 97.5±0.1 MHz 的频带就可以看成该电台的信息传输通道，于是不同的 FM 广播电台就占据不同的信息传输通道。

FDMA 移动通信系统与 FM 广播电台情况类似，不同的手机占据不同的频带（由系统随机分配），也就是说，各个手机在各自被分配的通道上传输信息，互不影响。

GSM 移动通信系统采用 FDMA+TDMA 混合方式，FDMA 已经很好理解了，但 TDMA 的通道如何理解呢？既然 GSM 最早是由欧洲人设计并建立的，那我们就假定同是欧洲人的高斯和牛顿正在通话。巧合的是，这哥俩正好在同一个小区的同一个频率上通话。但根据 TDMA 要求，他们被分配了不同的 Slot（时隙），分别为 $Slot_G$ 与 $Slot_N$。显然，高斯只能在 $Slot_G$ 传输信息，而牛顿只能在 $Slot_N$ 传输信息。于是，我们可认为 $Slot_G$ 与 $Slot_N$ 就是 TDMA 系统的信息传输信道。对于某个 GSM 系统的小区来说，其所能提供的总通道数就是总频点数乘以每个频点所能提供的时隙。

对于 CDMA 码分多址移动通信系统而言，不同的用户使用不同的正交编码，那么每一个独特的正交编码就相当于一个信息传输通道。

可见，FDMA 系统的信息传输通道可用频带的概念代替，GSM 系统中的通道则从频带衍生到时隙，而 CDMA 则进一步演化到正交编码的概念。为了剥离这些通道的具体物理意义，我们将其统称为信道。相应地，FDMA 称为频分信道，TDMA 称为时分信道，CDMA 则称为码分信道。不过，需要着重指出一点，我们这里所说的信道均是指物理信道，与逻辑信道可不是一个概念（逻辑信道都是承载在物理信道上的，只是由于传送的信息在逻辑上分属不同类型，才被称为逻辑信道）。打个比方，CPU 与 Memory 之间的地址总线是行地址/列地址复用的，物理上是同一组地址总线，只是在传输不同逻辑信息时，才称之为行地址或列地址。类似的概念，还有 I^2C 接口、NAND 等器件的数据/地址复用同一套总线。

下面，我们解释一下信道编码。我们都知道，信号在信道中传输，一方面，信道传输特性不理想，会导致信号发生失真与畸变；另一方面，信道中的各种干扰、噪声又会影响信号的传输。最终结果，都是导致信号在经过信道传输后出现差错。于是，人们就设计出了信道编码，用于改善数字信息在传输过程中由于各种噪声、干扰所造成的误差，提高系统的可靠性。

事实上，信道编码并不是对信道本身进行编码，试想，我们怎么可能对广播电台的频带进行编码？自然，我们更不可能对 GSM/CDMA 系统中的 Slot/正交码进行编码了。信道编码，其实是对语音编码后的数字信号序列按照一定规则，插入一些非信源信息的数字序列，以构成一组码字，然后经调制器转换为适合信道传输的信号。经信道传输后，接收端再采取相反的措施，经信道解码去除源端插入的数字序列，然后再经语音解码还原出原始语音。也就是说，信道编码其实是为了纠正信道传输的错误，有意在信源中插入冗余信息，然后接收端可以根据这些冗余信息正确地还原出信源信息。当然了，信道编码的纠错能力也是有限制的，它与具体的编码方法有关。

在完成信道编码后，还要进行交织等处理，才会进入数字调制过程。在移动通信系统中，数据是以数据帧的形式，一个个分别发送/接收的，而交织其实就是按照某个规则打乱原先数据帧的排列顺序。这样做，看似无理，实则巧妙。移动通信的传输信道属于变参信道，它会造成一连串相邻码元产生突发错误。但是，将数据帧打乱传输后，发生错误的码元，在时间排序上相距很远。这样，利用信道编码的纠错能力，就能根据错误码元的相邻码元信息，而把错误码元给检测出来并纠正。但是，如果不进行交织，一旦一连串顺序码元同时发生错误，信道编码也就无能为力了。

1.4.3 数字调制

所谓调制，即用发送信号（也称调制信号）调变载波的某个参数，使载波跟随发送信号规律变化。于是，接收端对接收信号进行反向处理，就可以还原出发送端的发送信号。

另外，我们知道调制信号可以是模拟信号，也可以是数字信号。同样，载波信号可以是连续波（基本都是正弦波），也可以是脉冲序列。两两组合，就有模拟/数字连续波调制和模拟/数字脉冲调制共四种方式。

对于手机来说，载波信号都是连续波，所以只可能是连续波调制。第一代手机的调制信号为模拟信号，采用模拟连续波调制方式（简称模拟调制），这便是模拟手机名称的由来；而从第二代手机开始，调制信号均为数字信号，采用数字连续波调制方式（简称数字调制），从而诞生数字手机一词。可见，所谓模拟/数字手机，指的是调制信号的类型，与载波无关。

相对于传统的模拟调制技术，数字调制具有容量大、质量好、安全性高等特点，但占用带宽比模拟通信要多得多。这是必然的事情，天下没有免费的午餐嘛。

数字调制的方法各式各样，针对不同的应用场景往往有不同的方案，甚至一个系统可同时支持多种调制方式。比如，欧洲 GSM 系统采用的高斯滤波最小频移键控技术，即 GMSK（Gaussian Filter MSK）调制；美国 D-AMPS 系统与日本 PDC 系统均采用 π/4 DQPSK 调制；DVB（数字视频广播）与 WLAN（无线局域网）均采用 OFDM 调制；蓝牙采用 GFSK 调制。随着技术的发展，各系统所支持的调制方式也有所增加，如蓝牙在 2.0 规范中增加了 π/4 DQPSK 与 8PSK 调制方式。

关于数字调制的具体实现原理，涉及大量通信原理方面的知识，而且对数学知识要求较高，不适合在入门篇中展开，我们将在提高篇和高级篇中适时加以讨论。

最后，给出一个完整的数字手机的通信系统框图（仅仅是手机通信功能的组成框图，并非手机硬件框图），如图 1-4-2 所示。

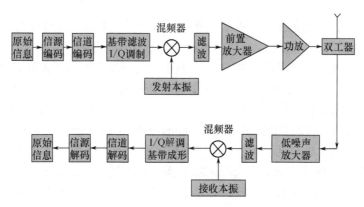

图 1-4-2　数字手机的通信系统框图

1.5　我国移动通信发展史

全球各个国家的移动通信发展历史各不相同，采用的技术标准也千差万别。比如，在 2G 时代，欧洲有 GSM，美国有 D-AMPS（即 IS-54 标准），以及注定在全球移动通信史上有里程碑意义的 CDMA95（IS-95 标准）；到了 3G 时代，就更加纷繁复杂了，有基于欧洲 UMTS 标准的 W-CDMA，有基于日本标准的 W-CDMA，有基于韩国标准的 DS-CDMA，有基于美国标准的 cdma2000，有基于中国标准的 TD-SCDMA，等等。

在本章的最后，我们简要回顾一下我国移动通信网络的发展历史。

1. 第一代移动通信系统

第一代移动通信采用模拟调制方式，俗称"本地通"，它有一个更加广为流传的名字叫"大哥大"。想必大家在 20 世纪 90 年代的香港影视剧中见过太多，像《古惑仔》中的浩男哥，《大时代》中的陶大宇，都有手持"砖机"的经典形象，称为"大哥大"实在是妙！

该系统采用 FDMA 频分多址接入方式，每信道 25 kHz 带宽，由英国在 1985 年首先提出并投入运营，我国则是在 1987 年引进该系统，于广州开通了第一个模拟移动通信系统，以后陆续推广到深圳、珠海、北京、上海等城市。不过，模拟通信网络先天不足，通信容量小、多媒体业务少，于 2001 年 6 月被淘汰出局，第一代移动通信系统在全国范围内停用。

2. 第二代移动通信系统

第二代移动通信系统泛指各种数字通信系统，我国采用 GSM 制式，基于 FDMA+TDMA 的混合多址接入方式，俗称"全球通"。GSM 系统于 20 世纪 90 年代初首先在欧洲研制成功并投入商业运营，我国则于 1993 年引进，第一个试验网建在浙江嘉兴，然后陆续在全国推广开来。

想当年，一部机器 6000 多元，再加一个入网证 3000 多元（发你一个叫什么移动通信电台进网许可证之类的小本本，90 后的年轻人恐怕就没听说过还有入网证一说），简直是暴利中的暴利，堪比当前"两桶油"（不要小瞧这 1 万元！以 1992 年南京市南湖小区的商品房为例，按楼层不同，每平方米价格 800～1000 元，一部手机在当年至少可以购买 10 平方米；而到了 2012 年，当年的房子已经普遍涨到每平方米 15 000～18 000 元）。为此，笔者还特地查阅了一下中国通信学会组织编写的通信工程丛书中的《数字移动通信（修订本）》，其中有 1991－1995 年，全球各个国家 GSM 移动通信系统交换机与基站设备供货商列表，细细数来，几乎都是爱立信的天下，其他则由西门子、诺基亚与阿尔卡特共同占领，而手机产品基本上被诺基亚与摩托罗拉所垄断（那时的苹果、三星都不知道在干嘛呢）。这令笔者想起北宋苏东坡的《念奴娇·赤壁怀古》："遥想公瑾当年，小乔初嫁了。雄姿英发，羽扇纶巾。谈笑间，樯橹灰飞烟灭。"

此后不久，中国联通上马了 CDMA 网络，并从第一代的 CDMA95 系统快速演进到 2.5G 的 cdma2000。相比第一代的 CDMA95 网络，cdma2000 主要在数据业务上有所增强。需要说明一点，cdma2000 有时也被认为第三代移动通信系统。它兼容第一代 CDMA95 系统，可以使第一代 CDMA95 系统平滑过渡到 cdma2000 系统。不过，主流的看法还是认为 cdma2000 是一种介于 2G 和 3G 之间的系统，但更接近 3G。但笔者对此问题研究不深，不敢妄下结论。然而时过境迁，中国联通后来又停运了 cdma2000 系统，而全面转向 WCDMA 系统，其中的缘由，必定是错综复杂的，非我等外人可以得知。

3. 第三代移动通信

第三代移动通信有多种制式，但基本核心都是基于 CDMA 多址接入技术。也正因为此，美国高通公司曾经放话：只要是 CDMA 技术，就逃不出我高通的专利！

目前，我国的 3G 有三种制式，分别是中国移动的 TD-SCDMA（中国标准，据说核心技术并不是中国人提出的，笔者未曾考证，仅供读者朋友参考）、中国联通的 UMTS（即 W-CDMA，欧洲标准），以及中国电信的 cdma2000-EVDO（美国标准，EVDO 表示 Evolution Data Only，后续还会演进至 EVDV，即 Evolution Data and Voice）。

以笔者个人观点来看，3G 与 2G 的主要区别在于 3G 可以提供更多的数据业务、更高的小区容量等。所以，3G 其实仅仅是 2G 的升级与优化，是一种量的区别；而从 1G 到 2G 则是巨大的技术进步，是一种质的区别。

4. 第四代移动通信

与第三代移动通信类似，第四代移动通信也有多个标准，包括 LTE、WiMax、HSPA+，以及在 LTE 和 WiMax 基础上升级的 LTE-Advanced 和 WirelessMAN-Advanced。实际上，获得广泛商用的是 LTE 标准，它改进并增强了 3G 的空中接入技术，采用 OFDM 和 MIMO 作为其无线网络演进的唯一标准。

OFDM 全称为 Orthogonal Frequency Division Multiplexing，即正交频分复用。该技术把一个总信道划分为若干个子信道，然后将高速数据信息分组在这些子信道上调制并进行低速并行传输。为了让接收端可以从这些子信道上正确解调出原始信号，要求各个子信道的载波频率相互正交。因此，OFDM 的本质其实是多载波传输，数学上可以用 FFT（Fast Fourier Transform，快速傅里叶变换）实现。相比 3G 技术普遍采用的 CDMA 扩频通信方式，OFDM 具有码间干扰小（子信道相干带宽大于信号带宽）、频带利用率高（子信道载波频率相互正交）、功率控制简单的优点，缺点是 OFDM 对发射机线性度的要求更高。

MIMO 全称为 Multiple-Input Multiple-Output，即多输入多输出技术。该技术在发射端和接收端分别使用多个发射天线和接收天线，使信号同时通过发射端与接收端的多个天线传送和接收。移动通信信道有两个显著的特点：一是衰落，即接收信号强度忽强忽弱，且变化迅速；二是多径，即信号可能由建筑物、地面、山丘等物体多次反射、绕射，通过不同的路径到达接收端。MIMO 技术利用空间资源，在发送端通过多根天线发射，接收端通过多根天线接收，然后利用软件算法将接收到的信号进行合并，通信质量就可以大为改善。直观上不难想象，如果这些发射/接收天线是相互独立的，那么在某个微观时刻，任何一条发射与接收天线之间的信道衰落也是独立的。因此，只要其中有一条或多条路径可以很好地接收到信号，就能保证通信质量不受影响，形象地说，就是不要把所有鸡蛋都放在同一个篮子里。具体到实践中，基站设备采用多根天线没有什么问题，但手机体积有限，一般设计两根天线（通常称为主天线和副天线），并且手机在通信时会根据实际情况，选择其中一根天线作为发射/接收时则同时使用两根天线或者其中一根天线。

进一步，LTE 标准又细分为 FDD（Frequency-division Duplex，频分双工）与 TDD（Time-division Duplex，时分双工）两种模式，如图 1-5-1 所示。

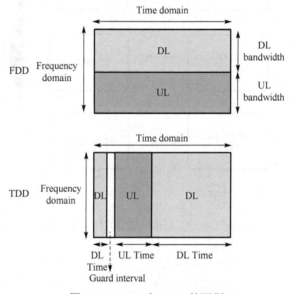

图 1-5-1　FDD 与 TDD 的区别

简单而言，FDD 上下行链路分别占用不同的频率（上下行间隔 190 MHz），用保护频段来分离发送与接收信道。因此，FDD 带宽较大，在支持对称业务时能充分利用上下行信道的频谱资源；但在支持非对称业务时，频谱利用率大为降低。TDD 上下行链路则工作在同一个载波下，用时间来分离发送与接收信道，类似 GSM 系统的 Slot 概念。因此，相对于 FDD 模式，TDD 带宽稍小，传输速率稍慢，但对于非对称业务（如下载时下行数据量会远远大于上行），可以动态分配信道资源，并且灵活使用那些不适合 FDD 模式的零散信道，对于信道的利用率会更高。

目前，中国移动采用 TDD 模式，又称 TD-LTE。事实上，TD-SCDMA 系统并不能直接向LTE-TDD 演进，两者的编解码、帧格式、空中接口、信令、网络架构都不一样。因此，所谓的 TD-LTE 其实跟 TD-SCDMA 并没有多少关系，之所以命名为 TD-LTE，恐怕更多的是政治因素（不多说）。

中国联通和中国电信比较特别，它们在 2013 年 12 月与中国移动同时获得工业和信息化部所颁发的 TDD 牌照。但由于联通和电信在 3G 时代采用的 WCDMA 与 CDMA2000 技术可以平滑演进到 LTE-FDD 标准，因此 FDD 模式才是其最佳选择。于是，当它们在获得 TDD 牌照后，向工业和信息化部申请发放 FDD 牌照的工作从未停止过。然后在 2014 年 6 月，它们同时获得 TDD/FDD 混合组网的试商用牌照，并最终于 2015 年 2 月正式获得 FDD 牌照。不难想象，这两家运营商一定会把绝大部分精力放在 FDD 上，至于响应国家支持 TDD 政策导向的混合组网模式，笔者只能是呵呵一笑了。

就全球范围而言，FDD 模式占据了大约 90%的市场份额。关于这三家运营商的技术演进模式，可以参考图 1-5-2。

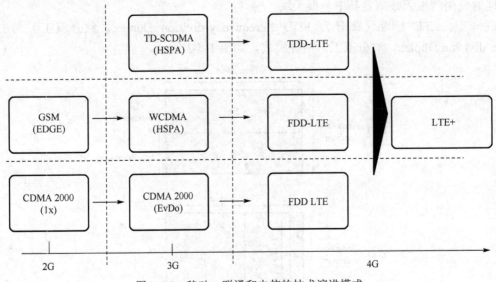

图 1-5-2　移动、联通和电信的技术演进模式

第 2 章

手机电路系统组成

在上一章中，我们简要回顾了电磁理论、信息处理理论、移动通信的发展史及主要相关技术；本章将逐次介绍手机的各个组成部件，以帮助读者迅速对手机部件及其工作原理建立起最基本的概念。

2.1 手机的基本架构

众所周知，手机的本质是无线电通信电台，首先，它要具备一部电台最基本的特质，即无线电信号的发射与接收功能；其次，手机是由人来操作的，它必须具备人机交互的能力，包含有必要的显示与输入/输出设备（包括语音输入/输出）；最后，手机的一切操作最终都是通过 CPU 与 OS 的控制来实现的，所以它其实还是一部微型计算机。

于是，我们不妨把手机看成一台具备无线电发射与接收功能的微型计算机，如图 2-1-1 与图 2-1-2 所示。

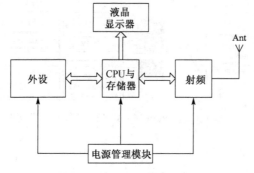

图 2-1-1　手机的硬件架构

有些刚入行的朋友会问：手机应该如何分类？有人说，按通信制式，分为 GSM、CDMA、TD-SCDMA、WCDMA 等；有人说，按功能多寡分为功能机（Feature Phone）、智能机（Smart Phone）等；有人说，按输入方式分为键盘输入、触摸屏输入等；有人说，按照价格，分为低端机、中端机、高端机等。

这些都对，但都不全面。在我们手机研发与设计行业内，不同部门会对手机采用不同的分类方法，比如，市场部门多半按价格分类，QC 部门按功能分类。就我们硬件设计部门而言，也没有统一的划分标准。但在笔者看来，如果我们是做硬件研发，可以把手机分为初级系统、中级系统和高级系统三类。

1. 初级系统

所谓初级系统，就是为实现手机基本功能所必需的最小系统，比如，由 CPU+Memory+ LCD+RF 所构成的最简单手机。

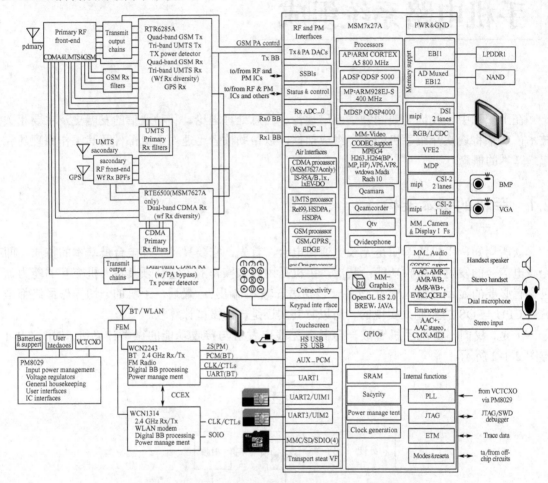

图 2-1-2 基于 Qualcomm MSM7X27 平台的手机硬件架构

2. 中级系统

中级系统则是在初级系统基础上增加了多种功能，如 Camera、Bluetooth、FM、GPS 等。如果一部手机具备了 Camera、Bluetooth，我们称之为中级系统；如果在此基础上增加了 FM，我们仍然称之为中级系统；如果继续增加功能，如 Wi-Fi、E-Compass、GPS 等，我们还是称之为中级系统。

道理很简单，无论增加多少功能模块，对于系统来说，都是相当于挂在 CPU 上的外设，都是由同一个 CPU 统一维护管理的。只是系统的复杂性有所增加，但设计思路并无区别。

3. 高级系统

假定有一个 GSM 制式的最小系统手机，还有一个 CDMA 制式的最小系统手机，现在要求把这两个最小系统放在同一部手机里面，你觉得难度如何？

看上去似乎不难，但是你想想，它们是不是要共享同一个 LCD、Microphone 等设备（用操作系统术语来说，就是多个任务要互斥访问共享资源）？它们之间需不需要互相通信？它们之间到底谁做主控、谁做从控？如果一个系统出现故障，另一个系统还能不能工作？

所以，即便把两个简单的最小系统融合在同一部手机里面，也远比设计一个功能复杂的单系统机器要复杂得多！

看到这儿，有人可能会说，既支持 CDMA 又支持 GSM，这不就是双模机吗？不错，这是双模机，但双模机有两种类型。一种就是前面说到的，分别由两个系统组合在一起实现的双模机，其中每个系统都有自身的一套 BB 和 RF；另一种则是 1BB+2RF 构成的双模机。所谓 1BB 是指只有一套 BB 电路，而 2RF 则是指有两套 RF 电路。比如，高通的 MSM7227 平台，由于 UMTS 是 GSM 的升级，所以 GSM 与 UMTS 的所有协议均可以在同一套 BB 电路中运行，但 GSM 与 UMTS 的频段不一样，RF 调制方式也不一样，所以必须要设计两套 RF 电路。从这个意义上看，两套 RF 与一套 RF 并没有本质区别，可以把它们看成外挂在同一个 Base Band 上的两套外设而已，这种双模机也更接近于中级系统。

从另一个角度看，双系统机器支持双待双通功能，即当一个系统处于通话状态时，另一个系统也可以拨打/收听电话，只是因为两个系统共用同一套电声器件，所以在实际上不可能实现双系统的同时通话。不过，一个系统通话，另一个系统下载文件，这倒是允许的。对于单系统的双模机，实际上是分时工作原理，通过操作系统的调度使得系统在两个模式下轮流工作。所以，单系统双模机实际上是双待单通。

但是，最后要说明一点，这里划分低、中、高，并不表明高级系统就一定比中级系统难设计，中级系统就一定比低级系统难设计，我们仅仅是从硬件架构的复杂性来划分低、中、高。事实上，往往低级系统更加考验设计者的功力，因为低级系统的售价摆在那里，在满足一定性能指标的前提下尽可能压缩成本，谈何容易？该用 6 层板的用 4 层板，该用 1 阶板的用通孔板（关于 PCB 的基础知识可参见后文），该用 TVS 的省掉不用，这便是很多 Design House 最后关门的原因所在，只要出一丁点儿批次性故障，卖一百台的利润都不够返修一台的费用。说到这儿，笔者不由地想起汽车中的 Crown 与 Reiz，两部车采用同样的平台，价格却差 1/3～1/2，其中的门道，不说你也应该懂了吧！

2.2　手机基本组件

本节简要介绍手机的基本组件，使初学者可以快速了解手机到底由哪些硬件组成。

2.2.1　CPU 与 PMU

CPU 即中央处理器，在 PC 领域，有 Intel 系列、AMD 系列等，但在手机领域中，则有高通系列、MTK 系列、TI 系列、ADI 系列等众多生产厂家。目前在国内，最为著名、应用也最为广泛的当属美国高通系列和中国台湾 MTK 系列。

不同于 PC 中的通用 CPU，手机的 CPU 除了支持常规的控制与传输功能外（如 I^2C、Interrupt 等），还要参与很多与信号处理相关的任务，如语音编译码、基带信号调制解调等。顺便说一句，控制功能一般在 CPU 中的 Application Processor 模块里处理，而与无线通信相关的功能一般在 Modem 模块中处理。所以一般情况下，我们并不把手机中的 CPU 称为 CPU，而是直接称其为高通某某平台、MTK 某某平台。如高通 MSM7X27 平台、MTK657X 平台等，这里的 MSM7X27 与 MTK657X 就是指所用 CPU 的型号。至于双核、四核平台，则指物理上是一颗 CPU，但在其内部有多个内核可以并行工作。若操作系统可以很好地配合多核 CPU，把一些大型任务/进程分配到多个内核上同时运行，那就可以极大地提高程序运行效率。图 2-2-1 为 MTK6589 四核 CPU 的组成框图（指 AP MCU 由四颗 ARM Cortex A7 内核组成）。

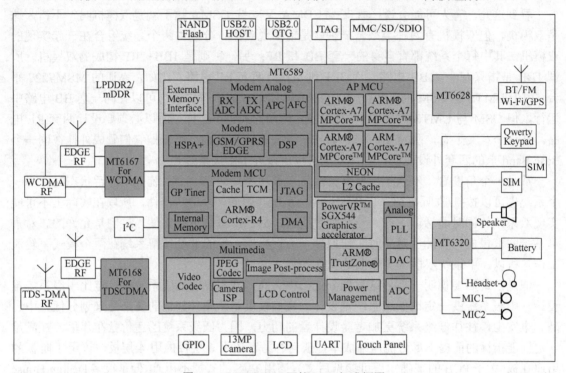

图 2-2-1　MTK6589 四核 CPU 组成框图

　　PMU 是 Power Management Unit 的缩写，即电源管理芯片（相当于 PC 的电源箱），由电池输入电能（相当于 PC 电源箱的 220 V 交流输入），经 PMU 处理后，提供系统所需的各路电源（相当于 PC 电源箱输出的各路电源）。

　　在大多数中高端平台中，CPU 与 PMU 是两个独立的芯片，如高通的 MSM7X27+ PMU8029；但在一些低端平台中，两个芯片经常整合在一起，如高通的 QSC62X0 平台。如图 2-2-2 所示 PMU 为高通的 PM8029，仔细分析该图不难发现，PM8029 不仅会提供各路电路给系统供电⑥，还支持充电管理②、音频输入/输出④、时钟管理③、SIM 卡管理及若干 GPIO⑤等各种功能。不同的 PMU 芯片会有不同的功能，有些可能不支持音频输入/输出，有些可能不支持 SIM 卡管理。但无论如何，PMU 最本质的需求是提供并管理整个系统的电源，至于其他功能则不是必需的。

　　观察图 2-1-2 与图 2-2-1 不难发现，这两个型号的 CPU 在物理上是一个芯片，只是在芯片内部被划分出了不同的模块，分别完成控制、通信、调制/解调等功能。但在有些平台中，如 ADI 系列，这些功能本身是由两个芯片分别实现的。相应地，完成控制、通信等功能的称为 DBB（Digital Baseband，数字基带，如 AD6525），而完成调制/解调等功能的称为 ABB（Analog Baseband，模拟基带，如 AD6521）。另外，还有些平台会把 PMU 电源管理部分集成在 ABB 中。

但不管 DBB、ABB 等器件在物理上是集成的还是分离的，从逻辑上看，它们都可以等效为 CPU+PMU 的架构。

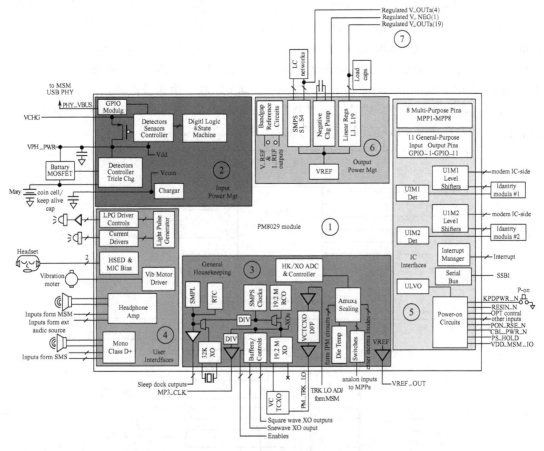

图 2-2-2　高通 PM8029 的框图

2.2.2 Memory

同所有的电子线路一样，手机中的 Memory 也分为 ROM 与 RAM 两大类（说明一下，通常意义上的 Memory 均指 RAM，但本书不予区分）。目前，手机中的 ROM 基本全部是 Flash型 ROM，这是一种可读亦可写的非易失性存储器；而 RAM 则基本上由 SDRAM 或者 DDR SDRAM 所组成（也有少量平台使用 PSRAM）。

1. Flash

在手机中，Flash 又有两种基本类型，分别是 NOR 与 NAND。1988 年，英特尔公司首先开发出 NOR Flash 技术，彻底改变了原先由 EPROM 和 E^2PROM 一统天下的局面。紧接着，1989 年，东芝公司发表了 NAND Flash 结构，强调降低每比特的成本，更高的性能，并且像磁盘一样可以通过接口轻松升级。

NOR 的特点是芯片内执行（Execute In Place，XIP），这样应用程序可以直接在 NOR Flash内运行，不必再把代码读到系统 RAM 中。除此以外，NOR 的传输效率很高，在 1～4 MB 的小容量时具有很高的成本效益，但是很低的写入和擦除速度大大影响了它的性能。所以，过去在 80C51 等小型单片机系统中多使用 NOR Flash。

NAND 结构能提供极高的单元密度，可以达到高存储密度，并且写入和擦除的速度也很快。但是，NAND 需要特殊的系统接口，管理难度也远比 NOR 大得多。在批量生产中，NAND Flash 的单元尺寸几乎是 NOR 器件的一半，由于生产过程更为简单，NAND 结构可以在给定的模具尺寸内提供更高的容量，也就相应地降低了价格。所以，NAND Flash 更适合数据存储，在 Compact Flash、Secure Digital Card 和 eMMC 存储卡市场上所占份额最大。

但是，从我们硬件工程师设计的角度来看，NOR 与 NAND 的区别并不在于容量大小、读写速度等，而是两者与 CPU 之间的接口有很大不同，如图 2-2-3 与图 2-2-4 所示。

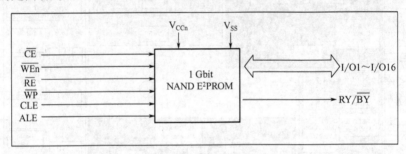

图 2-2-3　NAND Flash 的接口

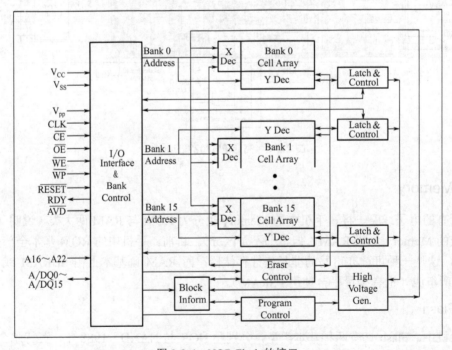

图 2-2-4　NOR Flash 的接口

仔细对比 NOR 与 NAND 的接口不难发现，NOR Flash 采用 SRAM 接口，通过地址线 A0～A22 来寻址，通过数据线 DQ0～DQ15（复用地址线 A0～A15）来读写数据，与访问普通的 SRAM 并无二致，所以可以很容易地存取其内部的每一个字节。

而 NAND 的接口器件使用复杂的 I/O 接口来存取数据，地址、命令、数据复用 I/O1～I/O16

总线（有的芯片为 I/O1～I/O8），通过 ALE、CLE 等控制信号区分总线信息。NAND 读和写操作采用 512 字节的 Page（也有采用 2 KB、4 KB 等各种大小的 Page），这一点比较像硬盘的读写管理操作，很自然地，基于 NAND 的存储器就可以取代硬盘或其他块设备。

2．SDRAM

SDRAM 的全称为 Synchronous Dynamic RAM，即同步动态随机存储器。除了容量、封装等非电气特性外，手机中的 SDRAM 与 PC 中的 SDRAM 在电气特性上并无本质区别，而且越来越多的手机开始采用支持双边沿传输的 DDR SDRAM。

不过，手机中一般看不见单独的 SDRAM 或 DDR SDRAM，因为现在的芯片封装技术早已把 Flash 与 SDRAM 集成在一颗芯片内，即 MCP（Multi-Chip Package Memory，多芯片封装存储器）。

于是，MCP 就有 NOR+SRAM 和 NAND+SDRAM 两类。如图 2-2-4 所示的 NOR Flash 其实就是一个 NOR+SRAM 型 MCP。特别指出，不同厂家对该类型 MCP 的 SRAM 有不同的称呼，如 Intel 称为 PSRAM，而 Samsung 则称为 UtRAM。事实上，该类型 MCP 内部的 SRAM 采用的是类似于 SDRAM 的颗粒架构，只是为了方便与 NOR Flash 共享同一套接口，才把 SDRAM 也设计成了 SRAM 的接口，故而称为 Pseudo SRAM。因此严格来说，该类型 MCP 应该属于 NOR+SDRAM 架构。由此我们看出，PSRAM 集成了 SRAM 接口简单、节省空间，以及 DRAM 省电、容量大的特点，非常适合手机等便携式电子产品应用领域。

某 NAND+SDRAM 型 MCP 接口如图 2-2-5 所示。

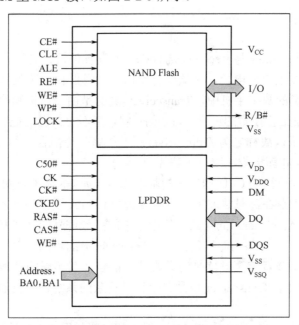

图 2-2-5　NAND+SDRAM 型 MCP 的接口

到笔者开始写作本书的 2012 年为止，NAND+SDRAM 的架构占据了 MCP 市场的大部分份额。但是，有一种 eMMC（Embedded Multi Media Card，嵌入式多媒体存储卡）+SDRAM 的存储器也开始在 MCP 领域崭露头角。

事实上，eMMC 从制造工艺上看，就是 NAND。但由于 NAND 接口十分复杂，导致各厂家、各工艺的 NAND 芯片之间的兼容性不好，使得手机设计厂家在更换供货商甚至同一供货商不同工艺生产的 NAND 芯片时颇为头疼。于是，eMMC 技术应运而生。它把 NAND 芯片的控制器及相关协议集成在 MCP 芯片内部，对外只提供 1/4/8 bit 数据线和很少的几根 CLK、RST、CMD 等控制线，与 SD 卡、T-Flash 卡的接口极为类似。复杂的协议控制交由 MCP 芯片自身负责，手机设计厂家仅需要关注产品开发的其他部分，从而大大减少了手机厂家的工作量。

三星某型号 eMMC 的内部组成框图如图 2-2-6 所示。

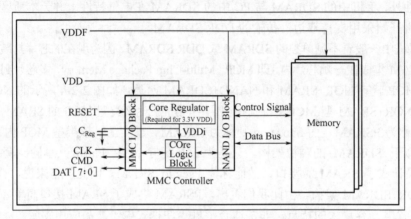

图 2-2-6　三星某型号 eMMC 内部框图

2.2.3　Transceiver

Transceiver 是 Transmitter 与 Receiver 的合称，即收发信机，简称收发机。

手机的本质是无线电通信电台，必然要有发信机（发射机）和收信机（接收机）两个模组。在模拟通信和早期的数字手机中，Transceiver 真的是由发信机和收信机两个分立的模组构成。但随着集成电路工艺技术的进步，如今的手机，基本上都已经把 Transmitter 与 Receiver 集成在同一个芯片中了，故称之为 Transceiver（一些单芯片平台，如高通 QSC6240/6270，Transceiver 与 Base Band 都集成在同一颗芯片中）。

Transceiver 中的发信机把 CPU 送过来的基带信号（如 GSM 手机的 GMSK 信号，CDMA 手机的 QPSK 信号）调制在高频载波上，然后传送给 RF PA 进行功率放大；其收信机则把高频 LNA（Low Noise Amplifier，低噪放）传送过来的高频信号解调成基带信号，然后再交给 CPU 进行下一步处理。就电路功能进行分析，Transceiver 的目的很单一，仅仅是完成将基带信号调制在高频载波上或者将高频信号解调成基带信号，其实现的功能远没有基带电路部分的 CPU 复杂。但实际上，Transceiver 也是一个相当复杂的系统，手机通信质量的好坏与它是有密切关系的。

一个四频段 GSM Transceiver（AD6548）的内部框图如图 2-2-7 所示。

在 AD6548 内部，主要有三个模块，一个是 TX Channel（采用的偏移锁相环架构），一个是 RX Channel（采用直接下变频架构），另一个是 Local OSC（采用锁相环架构）。

对于 Local OSC（本振），我们知道，高频信号的混频、调制其实都是一种频谱搬移过程，显然离不开本振。这个很好理解，笔者就不解释了。对于 Receiver，高频信号与同频率的本振信号混频后，可以直接得到基带 I/Q 信号。

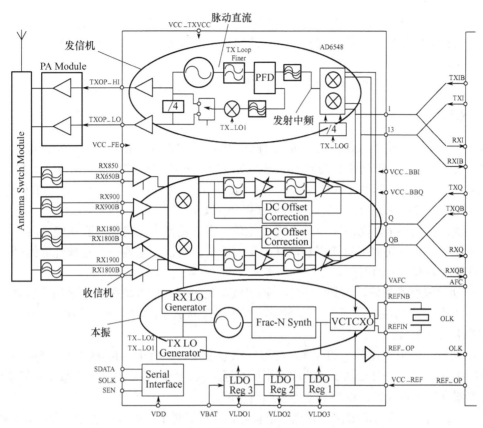

图 2-2-7　AD6548 内部框图（RX 直接变换，TX 调制环路）

　　对于 Transmitter，基带 I/Q 信号先与发射本振 TX_LO2 进行混频，把基带 I/Q 信号调制在发射中频信号 TX_IF 上；然后，把发射中频信号 TX_IF 送入一个鉴频鉴相器（Phase Frequency Detect，PFD）中，作为鉴相器的参考信号。鉴相器的另一个输入信号则来自 TX_LO1 所示的混频器（混频器的两个输入信号分别是 TX_LO1 与高频已调信号 TX_VCO）；鉴相器的输出信号经过低通滤波器后（多数还包含一个 Charge Pump 电路），得到一个直流脉动信号。由于这个直流脉动信号含有基带 I/Q 信号的信息，所以用该直流脉动信号再去调制真正的发射本振 TX_VCO 的频率（或频偏），就可获得最终的发射高频信号。因此，偏移锁相环发射机其实就是大家在电子线路课程中重点学习过的闭环负反馈系统。

　　总体上看，AD6548 的 Transmitter 很好地体现了手机发信机的两次调制过程：第一次是基带数字调制，得到基带模拟 I/Q 信号（由 Base Band IC 实现）；第二次是高频模拟调制，得到射频已调信号（由 Transmitter 实现）。当然，也有一些 Transmitter 采用与 Receiver 类似的超外差方式或直接混频方式，将基带模拟 I/Q 信号一次或经过多次上变频，直接混到高频载波上（见本书提高篇中的"通信电路与调制解调"），并不存在如 AD6548 那样，用 I/Q 信号调制 TX_VCO 频率的过程。但从数学模型上分析，混频相当于乘法器，用于把调制信号的频谱线性搬移到载波频率附近。那么，混频也可以看作用调制信号调变载波参数，即混频是一种广义的调制（比如，常见的 DSB 调制，其实就是混频电路）。因此，在后文中，我们有时就把混频直接描述成调制而不予解释了。这就是我们常说手机存在两次调制的缘由。

至于 Receiver，AD6548 采用了直接下变频方案（目前的主流方案），不过也有一些 Receiver 采用传统而经典的超外差接收机架构，甚至还可以细分为超外差一次变频和超外差二次变频等各种方式。

关于 Transceiver 更详细的讨论，我们将在本书提高篇与高级篇中逐步展开。

2.2.4 RF PA

RF PA 即高频功率放大器，用来放大 Transceiver 输出的高频已调信号。学过低频模拟电路课程的读者知道，根据功率管的导通状态，功放分为 A 类（亦称甲类）功放、B 类（乙类）功放、AB 类（甲乙类）功放和 C 类（丙类）功放；根据功率管的等效电路，功放分为 D 类（丁类）功放、E 类（戊类）、F 类、G 类、H 类等类型。

进一步，我们知道，功放本身并不提供能量，它只是把电源提供的直流能量转化为所需要的交流能量，并且功放本身还需要消耗一定的能量。所以，考察一个功放性能的好坏，主要从线性度和效率两方面着手。

A 类功放线性度最好，理想情况下，输出波形无失真，但效率最低。采用变压器耦合或扼流圈耦合的 A 类功放，最高效率为 50%，直接耦合的 A 类功放（如各种小信号放大器），其最高效率只有 25%。

B 类功放，由于"死区"的存在，导致输出波形在正、负半周转换时出现交越失真，但最大效率接近 78.5%（$\pi/4$）。AB 类功放采用微导通方式，给功率管提供一个微小的静态偏置，可有效克服交越失真现象，但最大效率要略有下降。

C 类功放内部功率管的静态偏置点位于负半轴，只能对正半周信号进行放大，负半周信号截止，所以波形完全失真，但效率最高。在导通角为 60°～70° 时，最大效率可超过 80%，可参考提高篇的图 9-4-9。不过，由于此时功率管输出信号只有半个周期，所以功率管的集电极就不能接普通的电阻负载，而只能使用 LC 选频回路了。根据高等数学中的傅里叶级数（Fourier Series）原理，一个周期信号可以用直流、基波及其各次谐波的正/余弦三角函数展开。所以，利用 LC 选频回路取出所需要的频率分量，就可以获得不失真的高频信号。

至于 D、E 类等功放，与 A、B、C 类功放最大的区别在于，A、B、C 类功放的输入/输出信号均为正弦波（C 类功放的输出电流近似为半周期余弦脉冲，但由于选频回路的作用，其电压波形基本为完整的正弦波），而 D、E 类功放的输入信号为正弦波、输出信号则为方波。此时，D、E 类功放的功率管被等效为一个开关器件，而不是放大元件。但在手机电路中，只有音频部分会用到 D 类功放驱动 Speaker（主要为提高功放效率），射频部分尚未应用 D、E 类开关功放，我们就不再多做介绍了。

同低频模拟电路类似，在高频电路中，也有 A、B、C、D 等各种类型的功放。具体到手机电路中，由于不同制式的手机采用不同的基带调制方法，使得不同制式的手机，其高频功率放大器的类型也各不相同。

比如，GSM 手机，采用 GMSK 调制（Gaussian Filter MSK，高斯滤波最小频移键控），属于非线性调制方式，是一种恒包络信号（高频载波的幅度恒定）。所以，GSM 手机的高频已调信号，其幅度不带信息，而频率携带信息（数学上，频率表示为瞬时相位对时间的导数，故可等效为相位携带信息）。

因此，GSM 手机的 RF PA 选用 C 类功放，从而实现高效率。但基于 CDMA 技术的各种

3G 手机均采用 QPSK 调制方式（如 π/4-DQPSK、HPSK 等），它属于线性调制且输出信号的包络非恒定，如果还采用 C 类非线性功放的话，将导致"频谱再生"现象，即高频已调信号的频谱出现扩展，影响邻近信道的通信，严重时甚至导致发送低通滤波器完全失去作用。所以，CDMA/WCDMA 手机必须采用线性功放。

但笔者在此需要特别说明一点，就调制方式本身而言，诸如 QPSK、8PSK 的 M-PSK 调制方式都是恒幅度信号，这也可以从星座图中明显看出。但是，M-PSK 信号存在相位突变，根据频率是瞬时相位对时间的导数这一原理，码元转换时刻的相位突变将引起信号频谱的扩展或者功率谱旁瓣能量的增加，导致已调信号频谱为无限宽。而实际中不可能有无限宽的信道，所以为了抑制已调信号的旁瓣，人们通常会在调制前对基带矩形信号加一个低通滤波器，把其中的高频成分抑制掉。显然，被抑制高频成分后的基带波形就不再是矩形恒包络的了。然后，再经 QPSK 线性调制后生成的基带已调信号自然也不是恒包络的，相关内容可参见提高篇的 9.3.4 节。

在常用的 RF PA 中，GSM 手机的 RF PA 效率通常可以超过 50%，而 CDMA/WCDMA 手机的 RF PA 的最高效率，在前些年只有 40% 左右，但随着工艺水平的提高，现在可以达到 50%。再加上 GSM 系统采用 Burst 方式发射，而 CDMA 采用持续发射方式，这就使得我们在整机通话电流测试中（同等输出功率条件下），经常发现 CDMA 手机通话平均电流大于 GSM 手机的原因。

一个实际的 RF PA 模组内部框图如图 2-2-8 所示。

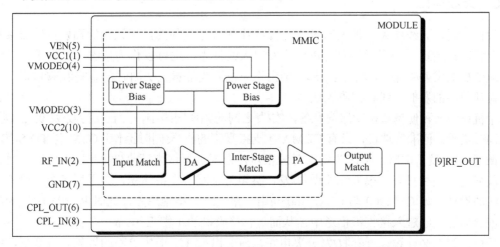

图 2-2-8　SKY77761 RF PA 模组（for WCDMA）内部框图

根据 3GPP 规范的要求，手机的 RF PA 必须能够按照基站的命令（闭环功控）或者手机的命令（开环功控），实现功率控制。比如，在离基站较近的情况下，基站可以通知手机降低发射功率，而在距离较远的情况下，基站可以命令手机增加发射功率。这是从系统角度看的功率控制，也称为系统侧的功率控制。

但是，具体到手机层面，RF PA 的发射功率是否达到预设值呢？比如，基站要求手机发射功率为 24 dBm，那么手机如何判定自己是否达到了 24 dBm 呢？这其实是手机的功率控制。说起来也简单，就是把利用微带线或者功率分配器对发射射频信号进行取样，然后经高频整流、滤波后送入 Transceiver 中（有的平台是送入 CPU），与预设的校准值进行比较、放大，然后输出控制电压到 RF PA（比如，GSM PA 的 Ramp 信号，CDMA PA 的 Vapc 信号），从而调整 RF PA 的实际输出功率，如图 2-2-9 所示。

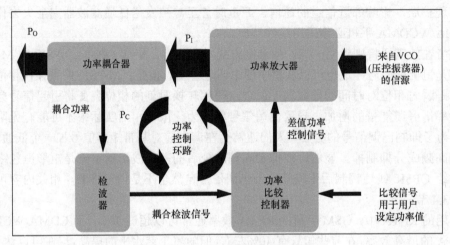

图 2-2-9 手机 RF PA 功率控制框图

事实上，这同样是各位读者在电子线路课程中学习过的闭环负反馈。我们将在本书提高篇和高级篇中逐步深入地分析与展开。

2.2.5 天线电路

我们知道，天线作为一种无源器件，其发射/接收是互易的，即天线的辐射特性与接收特性完全相同。所以，一根天线既可以作为发射天线使用，也可以作为接收天线使用。当然，如果通信机的发射/接收频段相距很远，则由于一根天线带宽无法同时覆盖发射/接收时，人们才会设计单独的发射天线和接收天线。

手机作为一种便携式移动通信设备，收/发之间的频率间隔小，并且支持收/发双工（收/发可以同时进行。但准确地说，只有 CDMA 才支持真正的收/发同时操作；GSM 与 TD-SCDMA 系统微观上收/发不同时，但因为切换时隙很短，宏观上可认为其收/发同时）。所以，对于某一频段来说，往往只有一根天线兼做收/发，甚至为了减小设备体积，会采用多个频段共用一根天线的设计，如 GSM900 与 GSM1800 共用一根天线。不难想象，此时 RF PA 输出的高频信号就会通过天线进入接收机信道中，从而干扰接收机的正常工作。

所以，我们必须设计一套收/发分离电路来避免出现 TX 干扰 RX 的现象。直观上，如果要分离 TX/RX 信号，不外乎时间分离与频率分离两种方案。那么，针对不同制式的手机，如何设计分离电路？

首先，让我们以 GSM 制式为例，看看其 TX/RX 信号各自的特点，这将有助于我们分离它们。就多址接入方式而言，GSM 与 TD-SCDMA 系统均采用频分+时分的混合多址方案。频分，指的是不同用户可以在载波频率各不相同的信道上进行通信；时分，则指的是在某个具体的载波频率下，同载频的若干用户各自占用不同的时隙进行通信。但是，一定要注意，这里的频分+时分仅仅是指多址接入方式（可参考第 1 章），还不涉及用户的收/发双工。

事实上，GSM/TD-SCDMA 系统把时隙的概念从不同用户间的时隙推广到了每一个用户自身的收/发时隙，即在载波频率相同情况下，以时隙区分不同用户（比如，某小区用户 A 与

B 处于同一个载波频率，但工作在不同的时隙），并且对任一用户自身的收/发转换也采用时隙进行区分，如图 2-2-10 所示。

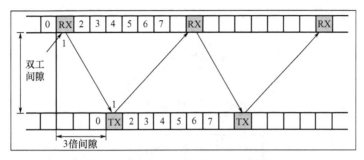

图 2-2-10　GSM 手机的 RX/TX 转换

在图 2-2-10 中，RX 数据帧和 TX 数据帧处于不同频率（850/900 MHz 频段的 RX 比 TX 高 45 MHz，1800/1900 MHz 频段的 RX 比 TX 高 90 MHz）。为了使用户的 RX/TX 可以使用同一个时隙序号（如图中 Slot_1），则 TX 数据帧只要比 RX 数据帧延迟几个 Slot 即可（根据 3GPP 协议规范，TX 比 RX 滞后 3 个 Slot）。由此可见，GSM 的收/发双工只要滞后 3 个 Slot 后，就将手机从 RX 通路切换到 TX 通路了，这与一般意义上的时隙切换（多址接入）并不是同一个概念。

于是，从微观时间上考虑，我们就可以用开关电路把 TX 与 RX 通路分离开来。该方法称为 TDD（Time Division Duplex，时分双工）分离，所用器件称为天线开关（目前主要采用开关二极管，将来会逐步发展到 MEMS 工艺的天线开关），如图 2-2-11 所示（由 Ctrl 控制 TX/RX 切换）。

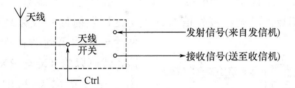

图 2-2-11　用天线开关分离 GSM/TD-SCDMA 手机 TX/RX 通路

图 2-2-11 是一个单频段的天线开关，但实际的手机往往有多个频段，而且一些 3G 手机同时还支持 2G 频段。所以，大部分手机的天线开关都是多频段的，如图 2-2-12 所示。

我们知道，手机在使用过程中会发生位置移动。如果手机向远离基站的方向移动，由于无线电信号传输需要时间，基站将会越来越迟地收到手机的回复信息。在极端情况下，甚至会造成该手机 TX 时隙覆盖属于下一个用户的 TX 时隙。比如，A、B 两用户隶属于同一基站并且使用同一载波，但 A 用户距离基站较远，占用 Slot_1 时隙，B 用户距离基站较近，占用 Slot_2 时隙。当 A 用户远离基站至一定距离后，会使得基站同时收到 Slot_1 信息与 Slot_2 信息，从而引起干扰。于是，为了解决这个问题，基站必须监测 A 用户的呼叫到达时间，测算其距离，然后在下行链路中发命令给 A 用户，让其提前一点时间发送。通常，这个时间提前量在 0～233 μs 变化。所以，严格来说，GSM 手机收/发切换的时间间隔并不完全固定。

接下来，我们自然而然地会问，CDMA 手机也可以采用天线开关分离 TX/RX 通路吗？很可惜，CDMA 手机不行。因为就多址方式而言，CDMA 采用码分+频分的混合接入方式，但

CDMA 的收/发双工可没有采用时隙概念，它是真正的收/发同时进行。因此，采用时间分离方案肯定是不管用了，只能从频率分离上考虑。

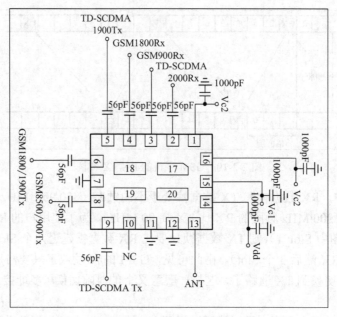

图 2-2-12 多频段天线开关（LMSP43MA-506）

非常幸运，CDMA 的收/发的确不在同一个频率上，两者之间相差 45 MHz 间隔。比如，某次通话中，手机工作于 Channel 29 信道，则发射信号载频为 825.870 MHz，而接收信号载频为 870.870 MHz；如果工作于 Channel 275 信道，则发射信号载频为 833.250 MHz，而接收信号载频为 878.250 MHz。可见，接收信号载频总是比发射信号载频高 45 MHz。因此，只要使用一个内部包含两个不同频段的带通滤波器，就可以将 TX 与 RX 信号从频率上进行分离。该方案称为 FDD（Frequency Division Duplex，频分双工）分离，所用器件常被简称为双工器，如图 2-2-13 所示。

图 2-2-13 双工器分离 CDMA TX/RX 通路

顺便说一句，GSM/TD-SCDMA 手机采用双工器作为收发分离也是可以的。但是，双工器是由阻容感器件构成的高频宽带滤波器，且对收发隔离度的要求较高，从而导致双工器的设计制造远比天线开关复杂、成本高。所以，在没有特别要求的情况下，GSM/TD-SCDMA 手机采用天线开关进行收发隔离即可。

2.2.6 LCD

LCD，全称为 Liquid Crystal Display，即液态晶体显示，简称液晶显示或更直接地称为液晶。

按照工艺、材料不同，LCD 分为 STN（Super Twisted Nematic，超扭曲向列型）与 TFT（Thin Film Transistor，薄膜晶体管）两种。过去，中低端手机基本采用 STN 面板，其中黑白屏的为 DSTN（Double STN）工艺，但成本太高，后演化为 FSTN（Film STN）工艺，彩屏的则为 CSTN（Color

STN）工艺。但随着技术的发展与成本的下降，越来越多的中端手机也开始采用 TFT 面板，只有超低端的机器，比如，各种老人机、赠品机等，还在采用 STN 面板。

LCD 的知识十分丰富，有关材料、工艺等方面的内容，就交给专门的 LCD 生产设计工程师去研究，我们手机研发工程师只需要关注 LCD 应用方面的知识即可。下面，我们对 LCD 的分辨率、可视角、色彩深度和接口模式等重要参数加以简要介绍。

1. 分辨率

分辨率指的是 LCD 屏幕的行、列像素，常以点阵（矩阵）形式表示。由于 VGA（Video Graphic Array）最早是由 IBM 于 1987 年所提出的显示标准，所以后来的各种分辨率均以 VGA 的 640×480 为基准。比如，320×240 称为 QVGA（VGA 分辨率的 1/4），400×240 称为 WQVGA（宽屏 QVGA），480×320 的称为 HVGA（Half VGA），800×600 为 XGA（扩展 VGA，在 16 bit 色彩显示时，最高可支持 1024×768），等等。

我们知道，分辨率越高，则图像显示越细腻，细节也越清晰。但是，如果脱离屏幕具体尺寸，泛泛而谈分辨率，是没有太大意义的。不妨假定有两个 LCD，一个为 3 寸（英寸，以下同），另一个为 5 寸，并且它们的分辨率都是 640×480。那么，从人眼观看的实际效果而言，它们的分辨率还一样吗？对于 3 寸屏来说，共有 640×480 个像素点均匀地分布在屏幕上，对于 5 寸屏来说，也是 640×480 个像素点均匀地分布在屏幕上。尽管它们的像素总数一样，但显然，在单位面积内，3 寸屏的像素点数要高于 5 寸屏的像素点数，也就是说，单位面积内的图像，3 寸屏的像素点阵更加密集，图像显示的效果自然也要更加细腻，请参看图 2-2-14（为方便画图，假定为 6×7 的分辨率）。

所以，越来越多的手机开始采用视觉分辨率来代替 LCD 的物理分辨率，其概念就是单位面积的像素点阵，通常用 PPI（Pixels Per Inch）表示。

2. 可视角

可视角，是指在倾斜一定角度后观察 LCD，会出现对比度变差，以及画面失真。当画面失真达到可接受极限的时候，倾斜观察的角度被称为可视角，如图 2-2-15 所示。

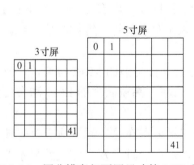

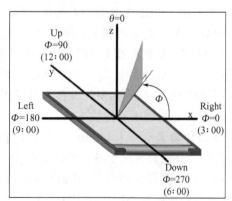

图 2-2-14　同分辨率但不同尺寸的 LCD 分辨率　　　　图 2-2-15　LCD 的可视角

将 LCD 的中心位置定义为原点，X/Y 轴构成水平面，并按照逆时针方向，将水平面划分为 3 点、12 点、9 点和 6 点共四个方向，然后从 Z 轴方向倾斜一定角度 θ，观察 LCD 面板，如图 2-2-15 所示。随着 θ 的增加，图像对比度、失真开始恶化，直至可接受的极限。此时，倾斜角 θ 就称为可视角。一般而言，LCD 在 6 点方向的可视角最大（可达 80°），在 12 点的方向可视角最小（约 60°），3 点和 9 点方向相同，介于 6 点和 12 点方向之间（60°～80°）。其实，我们仔细想一下用户手持机器观看屏幕的场景，就不难得出上述结论。

与自发光的 CRT 显示器不同，LCD 采用照射发光机制，其本质是在 LCD 面板的后面放置照射光源，通过控制液晶分子的极化与偏振，改变照射源在液晶分子中的透射程度。而 CRT 是电子轰击荧光屏后向各个方向主动发光。所以，LCD 存在可视角问题，而 CRT 基本不存在可视角问题。

3. 色彩深度

LCD 面板上的任意一个像素，实际上是由 R、G、B 三个单色像素点组合在一起构成的。所谓色彩深度，就是指每个 R、G、B 单色像素分别由多少 bit 来代表不同的色彩深度。比如一个色彩为 16 bit 的 LCD 面板，其中 R∶G∶B=5∶6∶5。也就说是，R 有 2^5 种，G 有 2^6 种，B 有 2^5 种，它们组合在一起，一共可以显示 2^{16} 种色彩。如果 R∶G∶B=6∶6∶6，则该 LCD 可以显示 2^{18} 种色彩，这也就是 26 万色 LCD 的由来。

不过，实事求是地讲，对于手机 LCD 来说，6.5 万色和 26 万色，人眼看上去几乎是没有区别的。当色彩深度到达一定程度时，人眼对于色彩之间差别的分辨能力远不及对亮度、对比度的分辨水平。如果要想使一幅图像看上去清晰靓丽，最好的方法是提高显示器的分辨率以及图像的亮度、对比度，试图把色彩深度从 16 bit 提高到 24 bit，则几乎没效果。在本书高级篇之"相机的高级设计"一章中，我们将对此问题做进一步讨论。

除了上述三个重要参数外，LCD 还有响应时间、功耗等指标，但在手机设计中不是特别关注，有兴趣的读者可以自行查阅相关器件手册。

4. 接口模式

LCD 与 CPU 之间的接口方式比较多，常见的有 MCU 模式、RGB 模式、MIPI 方式等。

MCU 模式：实际上是把 LCD 看成外挂在 CPU 上的一个 Memory 而已，物理接口采用与 Memory 类似的 CS/RD/WR/DATA 等信号线，控制简单方便，无须时钟和同步信号。但需要耗费较多的 GRAM，无法做到 4 寸屏以上。该接口目前在低端机中应用较多。

RGB 模式：大屏采用较多的模式，按照 RGB 的位数，数据线长度有 16 bit、18 bit、24 bit 等，还包括 VSYNC（场同步）、HSYNC（行同步）、PCLK（像素时钟）等控制信号线。它的优缺点正好和 MCU 模式相反。该接口常见于中端机型。

MIPI 模式：采用串行传输方式，接线简单，传输速率高（按当前的 MIPI 协议，一个 Data Lane 的最高传输速率可达 1 Gbps），特别适合大屏、高分辨率、高刷新率的 LCD 和布线面积受限的机器。该接口常见于各种高端机型中。

最后，我们简要介绍一下 OLED 显示器，当前韩国三星公司在这一领域居于领先地位。与 LCD 需要背光照射不同，OLED 采用有机发光二极管，是在一种自发光方式的显示器。正由于自发光，OLED 几乎没有可视角问题。另外，OLED 内部是固态结构，而 LCD 是液态晶体，所以 OLED 的厚度更低（约为 LCD 的 1/3），抗震性能也更好，响应时间更是只有 LCD 的千分之一，不存在任何动态拖影现象。但 OLED 工艺不够成熟，寿命只有 LCD 的一半，市场供应又被韩国人基本垄断，导致价格昂贵，供货周期较长。所以，OLED 目前主要应用在一些高端超薄机型中。

2.2.7　Acoustic

手机硬件中，与 Acoustic 相关的器件包括 Microphone、Receiver 和 Speaker，我们简单介绍一下这三个器件的基本原理。

1. Microphone

常见的 Microphone 有数字 Microphone 和模拟 Microphone 两种。

数字 Microphone 一般采用硅工艺，一致性、抗噪性都比较好，但价格昂贵，基本上是模拟 Microphone 的 3 倍以上，在高端机型上应用较多。但随着工艺的发展，采用数字接口、模拟工艺的 Microphone 也越来越多。

模拟 Microphone 按照声→电转换原理，分为动圈式和电容式两种。

动圈式比较简单，对着 Microphone 说话，空气振动带动 Microphone 内部的振膜跟着振动，而振膜上粘有导线并处于磁场当中，于是在导线中就产生感应电流，从而实现声信号到电信号的转化，说白了，就是闭合线圈在磁场中运动，产生感应电流。

电容式 Microphone 的工作原理不同于动圈式。在电容式 Microphone 的内部也有一个振动膜片，但它同时也是电容的一极，另一边为固定电极。对着 Microphone 说话，振膜振动，使电容器的间距发生变化，从而导致电容器的电容值和压降发生相应变化，再通过一个 MOS 管放大器将微小的电压变化进行放大，就实现了声信号到电信号的转换。不过，为了构成这个电容，电容式 Microphone 需要外加高压极化电压，使用起来不方便。于是，人们发明了驻极体 Microphone，其内部振膜事先已经过高压电场充电极化，产生永久驻留在其表面的电荷，使用时就不需要再进行极化了。

由此可见，动圈式 Microphone 由于需要磁铁、导线等组件，体积比驻极体 Microphone 要大得多，而且振膜上粘着线圈，质量大、惯性也大，导致灵敏度比驻极体的要低很多。所以，驻极体 Microphone 在手机产品中获得了广泛应用。顺便提一下，音频测试仪表多采用电容式 Microphone，而非驻极体式。主要是因为驻极体 Microphone 随着使用时间的延长，灵敏度会出现不同程度的下降，这个缺陷对于检测仪表来说是不可以接受的。当然，一个高级的电容式 Microphone，再配套放大器、高压极化电源，价格可不低。

图 2-2-16 为驻极体 Microphone 的等效电路图（场效应管一般都集成在 Microphone 内部），从中不难看出，驻极体 Microphone 就相当于一个场效应管放大器。

对于 Microphone 来说，有三个参数最为重要（仅指电气特性）。

第一个参数，也是最重要的一个参数就是灵敏度，即 Microphone 声/电转换能力。将 Microphone 按照规定电路接通，放置于自由场中某一点（自由场、扩散场的概念牵涉到声学原理，有兴趣的读者可以查阅相关资料，本书不讨论），然后对自由场输入一个 1 kHz 的正弦波信号，当 Microphone 所在的测量点声压为 1 Pa 时，Microphone 的输出电压即为其灵敏度（用 dB 表示，0 dB=1 V/Pa）。通常情况下，我们多选用灵敏度为 -42±3 dB 的 Microphone，该型号产品性能均衡，需求量大，所以价格也较便宜。

第二个参数，是 Microphone 的方向性。直观上，我们把手机 Microphone 正对自己和侧对自己说话，对方听到的声音大小肯定是有区别的。但是，这只是由于手机进音孔偏离声源，导致声音被送入 Microphone 之前就已经出现很强衰减了，并非 Microphone 自己衰减了不同方向的音源。但是，如果 Microphone 真的具有方向性，那么情况就又不一样了。此时，通过改变 Microphone 内部 PCB 或者外部音壳的设计，可以使 Microphone 自己有选择地衰减不同方向来源的声音，出现某些方向灵敏度高，某些方向灵敏度低的现象。这种指向型 Microphone 多用于车载电话、会议中心、蓝牙耳机等场景，可实现一定程度的降噪效果。常规手机中的 Microphone 为全指向型，也即无指向性。但要说明一点，指向型 Microphone 需要配合一定的腔体设计，否则会影响其效果。

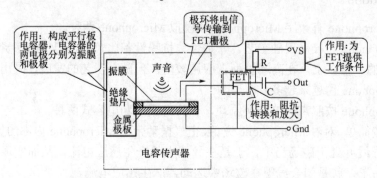

图 2-2-16　驻极体 Microphone 的等效电路图

第三个参数是 Microphone 的输出信噪比 S/N，测试条件与灵敏度相同。在手机中，该项指标多为 $58\sim60$ dB。一般情况下，我们对该指标并不是特别重视，毕竟手机 Microphone 只要求能通话即可，并非录音棚，没必要要求那么好的器件。再说了，一个录音 Microphone 的价格恐怕够买 10 部 iPhone 了，老百姓谁用得起？

2. Receiver/Speaker

Receiver 与 Speaker 统称受话器，只不过 Receiver 的额定功率远不及 Speaker 而已。目前，在手机中应用的受话器基本都为动圈式，其发声原理与动圈式 Microphone 也基本类似。振膜上粘有线圈并放置在磁场中，线圈通电后受力并带动振膜跟着振动，从而实现电信号到声信号的转化，如图 2-2-17 所示。

图 2-2-17　振膜与音圈

还有一种称为压电陶瓷的喇叭在部分便携式产品中也有少量应用，它是基于材料逆压电效应而工作的。我们知道，对某些材料施加压力，使材料表面出现拉伸或者压缩形变，则会在材料中形成电流。反之，有些材料通以电流，则会使材料表面出现拉伸或者压缩的机械形变。前一种是由压力产生电流，称为压电效应，后一种由电流产生压力，则称为逆压电效应，亦称电致伸缩效应。但很多时候，我们也不去严格区分压电效应和逆压电效应，而统称为压电效应，读者可以根据实际情况或者上下文去判定到底属于哪一种。

压电陶瓷喇叭便是利用陶瓷的逆压电效应，使附着在陶瓷表面的振膜随着陶瓷产生形变，从而推动空气发声。不过，为了获得足够的响度，陶瓷喇叭需要施加高压驱动，一般都要在 12 V 以上，必须外加专用的驱动芯片。加上陶瓷喇叭本身成本就高出动圈式喇叭很多，所以在手机产品中很少采用。

与 Microphone 类似，Receiver/Speaker 的灵敏度也是一个重要指标，可用于衡量 Receiver/Speaker 的电/声转化能力。在自由场中，对 Receiver/Speaker 输入额定功率的测试信号，然后在一定距离处测量 Receiver/Speaker 产生的声压，即为灵敏度（以 dB 为单位）。不过，由于 Receiver/Speaker 测量与测试信号类型、器件额定功率、所用耳承、自由场等因素关系十分密切，而各厂家的测试条件又不是很统一，所以不同厂家的产品之间不太具有横向比较性。

Receiver/Speaker 另一个重要指标就是额定功率。关于这个概念，看似简单，实际上是比较复杂的。我们会在 2.5.1 节加以详细讨论，此处暂且不表。

最后，Receiver/Speaker 还有方向性、低频谐振点 f_0、总谐波失真（THD）等几个指标，但除了 Speaker 需要注意 f_0、THD 以外（我们将在提高篇之"语音通话的性能指标"中介绍这两个指标），其他指标在手机设计中较少关注，也就不再讨论了。

2.2.8　键盘与触摸屏

几乎任何一本微机原理与接口技术的教材都会对键盘扫描进行详细讨论，甚至还会把键盘扫描作为课程设计的内容，可见其在计算机中的重要性。对于手机键盘，其原理与大家在微机课程中学习的一模一样，也是基于中断扫描方式的。

按下任意一个键，产生一个硬件中断，然后 CPU 执行中断处理程序，对键盘矩阵进行扫描，从而判断出到底是哪一个按键被按下，再转相应的按键事件处理程序即可。如果有多个按键被同时按下，处理过程也完全一样，根据扫描结果，转相应的复合键处理程序或者判定为无效按键后不处理。

图 2-2-18 是高通平台中的按键原理图，采用 5×5 矩阵方式链接。

KEYPAD_X 表示行线（Row），KEYSENSE_X 表示列线（Column）。在没有按键被按下时，行线全部输出低电平，列线全部输入高电平（通过内部上拉电阻实现），整个键盘扫描矩阵处于守候状态；若有按键被按下，假定为图中黑色圆圈所代表的按键，则对应的行线与列线连通，KSYSENSE_3 被 KEYPAD_11 下拉至低电平，导致与非门 KEYSENSE_INT 产生一个从低到高的跳变，从而触发 CPU 中断。然后，CPU 转入按键扫描程序，通过依次在各条行线输出低电平（某行线为低时，其余行线为高），并依次读取列线的状态，就可以定位出到底是哪一个或哪几个按键被按下了。

随着触摸屏产业的迅速发展，不仅智能机，普通功能机也开始越来越多地采用触摸屏代替键盘，作为人机输入设备。按照实现原理，触摸屏分为电阻式、电容式、表面声波式、光学式和电磁式等多种，但在手机产品上基本只有电阻式和电容式两种。将触摸屏按照行、列画线的方式分割成一个个小的矩形区域，然后采用与键盘扫描类似的技术就可以定位触点坐标（可参见后面的图 2-2-19）。

过去，触摸屏多采用电阻式。用手或者笔按压触摸屏，按压点附近电阻网络被短接，经 A/D 转换后得到按压点的电压，从而间接定位出触点位置。现在，触摸屏多采用电容式，并越来越多地采用互容式电容屏（另一种为自容式）。用手接触屏幕，将引起屏幕触点附近的电容值发生变化，而容值的变化又会导致其充放电时间常数随之变化，从而间接定位出触点的位置。一般而言，电容屏相比电阻屏有如下特点：

（1）电容屏的灵敏度要高于电阻屏；

（2）电容屏通过检测容量变化来定位，只要距离靠近而无须压力，其寿命远超电阻屏；

（3）电容屏可以很容易地实现多点触控，而电阻屏依靠压力定位，实现诸如放大、缩小等手势触控比较困难。

（4）如果屏幕上有水珠，会导致电容屏的容值变化量减小，灵敏度显著下降，而电阻屏完全没有影响。所以，即便 IP67 防水标准的电容屏手机，在水下触控也很难实现。

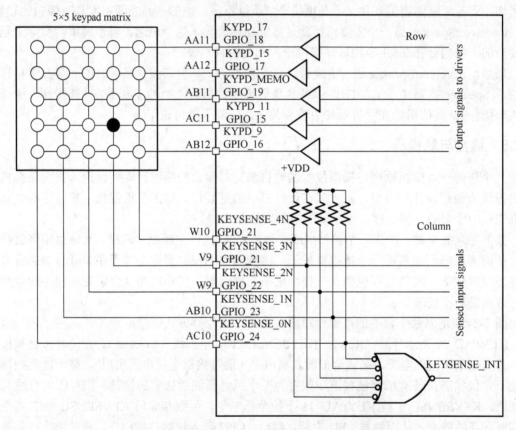

图 2-2-18 高通平台中的按键扫描原理（5×5 矩阵）

关于互容式电容屏与自容式电容屏的原理及优缺点，就不再深入讨论了，仅仅说明一点，互容屏、自容屏，与它们所采用的工艺、结构有关，并且自容式电容屏存在"鬼影"效应，如图 2-2-19 所示。

参照图 2-2-19，对于自容式触摸屏，由于工艺、结构的限制，驱动 IC 按照 X0→X3、Y0→Y3 依次送出行列扫描信号，然后检测到 X1/X2，Y0/Y3 有变化，说明这几根线上有触摸点。但是，由于自容屏采用检测完成再判断的方法，无法确认到底是哪两个点真正被触摸。对于互容屏，驱动 IC 送出每一个行扫描后，依次检测列扫描线有无变化，所以就不会产生鬼影效应。

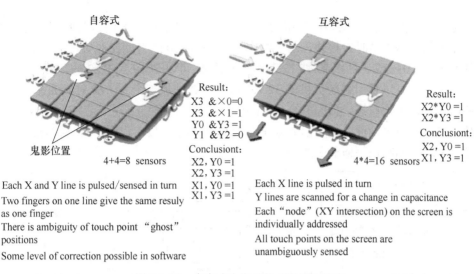

自容式　　　　　　　　　　　　　　互容式

Result:
X3 &×0=0
X3 &×1=1
Y0 &Y3 =1
Y1 &Y2 =0
Conclusiont:
X2, Y0 =1
X2, Y3 =1
X1, Y0 =1
X1, Y3 =1

Result:
X2*Y0 =1
X2*Y3 =1
Conclusiont:
X2, Y0 =1
X1, Y3 =1

鬼影位置

4+4=8 sensors

4*4=16 sensors

Each X and Y line is pulsed/sensed in turn
Two fingers on one line give the same resuly
as one finger
There is ambiguity of touch point "ghost"
positions
Some level of correction possible in software

Each X line is pulsed in turn
Y lines are scanned for a change in capacitance
Each "node" (XY intersection) on the screen is
individually addressed
All touch points on the screen are
unambiguously sensed

图 2-2-19　自容式电容屏的"鬼影"效应

2.2.9　蓝牙

蓝牙，其命名取自于公元 10 世纪的丹麦国王 Harald Blatand，据说他口齿伶俐、善于交际，而且好吃蓝莓，牙龈每天都是蓝色的。在蓝牙行业协会筹备阶段，行业组织人员经过一夜讨论后一致认为，要用一个响亮的名字为这项新技术命名。既有"Bluetooth"意义，又有"Blatland"名字的这个英文单词被选中了。

蓝牙工作于 2.4 GHz 频段，采用跳频方式，即载波频率按照伪随机码序列变化，从一个信道快速跳到另一个信道上，从而实现扩频通信（与蓝牙的扩频通信原理不同，CDMA 采用 DSSS 高速地址码调制方式实现扩频）。截至 2012 年，蓝牙已演进到最新的 4.0 版本规范，但应用肯定是滞后于规范的。所以，目前市场上的手机大部分还在使用 3.0 版本的蓝牙设备。其实，3.0 也好，4.0 也罢，优化升级主要集中在协议栈层面，对我们硬件研发工程师来说，区别不大。

按照通信距离，蓝牙设备分为 Class A 和 Class B 两类。Class A 的传输距离可达 100 m，但因其成本高、功耗大，在手机等便携式设备上鲜有采用。Class B 的传输距离大约为 10 m，体积和耗电都比较小，在手机和各种蓝牙耳机上获得广泛应用。按照 2.0 版本规范，蓝牙的数据传输率为 2 Mbps；3.0 版本规范基于 802.11 协议，可支持高达 24 Mbps 的传输率。并且除了支持常规的数据传输外，它们还都支持立体声音乐传输。

下面，我们以图 2-2-20 所示的高通平台自带的蓝牙芯片 BTS4025 为例，对蓝牙模块进行介绍。

从图 2-2-20 中可以看出，BTS4025 内部由三个模块组成，一个 Baseband 模块，一个 Analog RF 模块，另一个是 Power Management 模块。

Power Management 模块很好理解，输入电压经过该模块后输出各路电压，给芯片的其他部分提供所需电源。

Baseband 的功能较为复杂，主要由三个部分组成。第一个部分是 Modem 模块，用于实现基带数据的调制/解调。在第 1 章中我们曾介绍过，蓝牙支持 GFSK、π/4 DQPSK 及 8DPSK 调制方式。那么，把数字信号调制在基带载波上或者把基带已调信号解调为数字信号，都是在该模块内完成的。第二是时钟模块，用于时序控制。BTS4025 有两路时钟源，一个是快时钟，可用系统的 19.2 MHz 或者外接晶体（按芯片手册要求，可以是 19.2 MHz，也可以是 32 MHz）；另一个是慢时钟，可以使用系统提供的 32.768 kHz 或者外加一个 32.768 kHz 的晶体实现。快时钟主要用于正常工作状态，如频率合成、接口控制等，慢时钟则用于芯片 Sleep 状态，可实现降功耗、中断唤醒等功能。第三部分则是 Processor 与 I/O 接口，用于芯片状态控制、GPIO 控制、音频 PCM 数据流控制等各种功能。

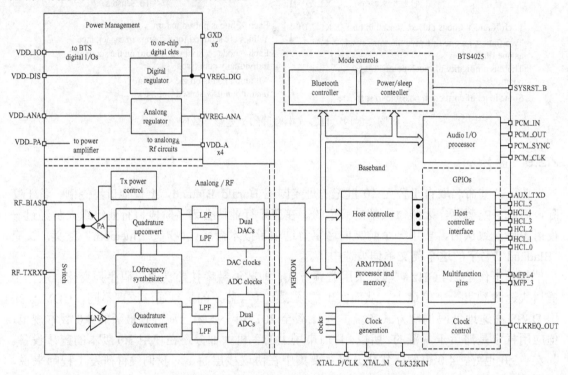

图 2-2-20　高通平台蓝牙芯片 BTS4025 内部框图

Analog RF 为模拟射频模块，它将 Baseband Modem 发送过来的 I/Q 两路基带已调信号直接上混频到 2.4 GHz，然后经 PA 放大发射出去；或者把天线接收到的 2.4 GHz 高频载波经 LNA 放大后，再下混频为基带已调信号，分为 I/Q 两路送到 Baseband Modem 中去进行数字解调。至于混频所需的本振源，则由 Frequency Synthesizer 提供，采用 PLL 电路实现。

通过这一番分析，我们可以看出，蓝牙芯片其实就是一个微型的无线电电台，手机所具备的无线通信功能，都在一个小小的蓝牙芯片中全部实现了。尽管它们采用的技术各不相同，但从无线电电台的架构上看，没有本质区别。读者朋友可以把 BTS4025 与如图 2-1-1 所示的手机硬件架构图进行对比，两者完全一致。

图 2-2-21 为某机型 Bluetooth 模块的原理图，其中 UART 为 BTS4025 与 CPU 之间数据通信的串口，PCM 为数字音频串口，其他还有晶体、电源、带通滤波器等。

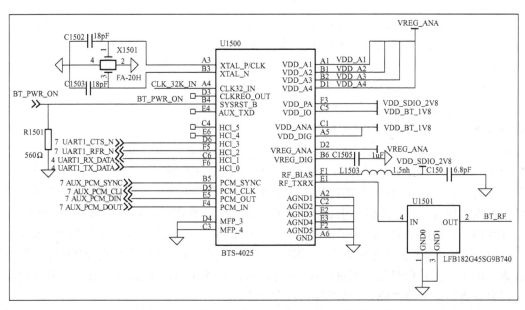

图 2-2-21　某机型 Bluetooth（BTS4025）的原理图

2.2.10　FM Radio Receiver

FM Radio Receiver，即调频广播电台接收机，在手机菜单中通常直接写为收音机。

首先，我们应明确一个概念，这里所说的广播电台是指传统意义上的广播电台，与网络电台可不是一回事。广播电台采用点对多点通信方式，而网络电台必须通过网络才能传送，它们之间的区别就好比是对讲机与手机，一个点对点通信，另一个必须加入运营商网络。

笔者 1998 年刚上大学那会儿，国内的 Internet 刚刚兴起，资源少、网速慢、QQ 号码才不过 5 位数字而已，加上学校条件差、上网也不方便，所以大家都喜欢裹在被窝里听广播、聊女生（据说，女生也喜欢聊自己心仪的男生）。那时，在南京高校广为流行的电台节目有南京新闻台的"情感世界"、南京音乐台的"夜色温柔"、"周末大放送"、"都市夜归人"，江苏文艺台的"子夜聊斋"，而江苏音乐台的"今晚我是你的 DJ"，以及每周日晚上的"秦淮八艳系列"则给我流下了最为深刻的印象，特别是其中的插曲"江南可采莲，莲叶何田田。鱼戏莲叶间，鱼戏莲叶东……"，夜深人静时，每每从耳机中传来这段歌曲，伴随着故事中主人公们的命运跌宕起伏，都有一种摄我心魄的感觉，*丝丝的、淡淡的、温婉典雅、欲说还休*。记得那档节目的 DJ 叫陈楠，女的，不算漂亮，但什么叫"知性美"，真的，我不知道除了她还有谁可以配得上这样的称呼（话又说回来，知性的女人，爱情之路多半坎坷。听说陈楠后来就因为爱情之路颇为不顺，一气之下，远嫁异国他乡）。还有张艺的"都市夜归人"，曾使我一度迷恋上"听电影"，而不是看电影（《男人四十》就是我所听的第一部电影，至今难忘）。还有丹群、黄凡（现在想来特别有趣，当年我参加高考时所听的"考场须知"广播居然就是黄凡的录音！）、吴继宏（前两年因为某位超女而一度站在风口浪尖上）、大卫、李强、张耿、李婵……

2013 年，赵薇导演的处女作《致我们终将逝去的青春》上映，片中有很多外景都是拍摄于笔者当年就读的东南大学，看到荧幕上那熟悉的一草一木、一砖一瓦，耳畔响起那曾经流行的 Suede，真有点恍然若失的感觉。致我们已然逝去的青春！

好像跑题了？哎，没办法，上了岁数的人就喜欢回忆过去。

言归正传，常听电台的读者都知道，广播电台分为中波电台（如南京新闻台 AM1008）、短波电台（如 VOA、BBC，其播送频率、时间等会随着季节更替、政治风云而发生变化）、调频电台（如 FM89.7 江苏音乐台）。一部全波段收音机，可以接收上述所有中波、短波和调频广播电台（部分低成本收音机只能接收 FM 广播电台，常见于各类地摊），但对于手机，哪怕是 Samsung Galaxy，也都只能接收调频广播电台（iPhone 居然不支持 FM 广播电台，除了商业原因外，我实在找不出其他原因了）。

中波电台、短波电台，是指该电台所发射的电磁波波长，如我国中波电台的频率范围为 585～1600 kHz，对应的波长范围为 500～200 m；短波电台的频率范围为 2～20 MHz，对应的波长范围为 150～15 m。而所谓的调频广播电台，则是指该电台采用的是频率调制技术，与电磁波波长没有任何关联。所以，中波、短波电台代表一个概念，而调频代表另一个概念。

在我国，调频广播电台的频率范围为 88～108 MHz，对应的波长范围为 3.4～2.8 m。可见，FM 广播电台的波长远比中、短波广播电台要短得多。而之所以手机无法接收中、短波电台，则是由于手机体积有限，很难设计出可以接收中、短波电台的天线。进一步的讨论，读者可以参考提高篇中的"FM 立体声接收机"一章。

随着集成电路工艺的迅速发展，现代手机中的 FM 接收机只需要一颗芯片，再配以简单的阻、容、感器件就可以实现了，如某型号手机中的 FM 接收机原理图如图 2-2-22 所示。

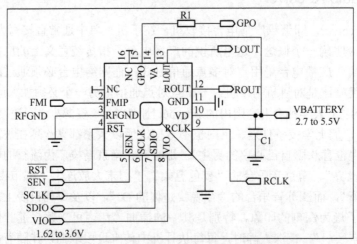

图 2-2-22　某型号手机中的 FM 接收机原理图

其主要工作原理是，FM 广播电台发射的高频信号从 FM IP 管脚输入，经 IC 内部电路解调、立体声分离，从 Lout/Rout 输出左、右声道信号，利用 SCLK/SDIO 管脚，FM IC 可以与 CPU 实现通信，RCLK 则为 FM IC 提供时钟。

顺便说一句，该图中的 FM IC 解调输出的是模拟信号，而有些 FM IC 输出的是数字信号（通常为 I^2S 码流）。因此，在进行芯片选型的时候要注意与 CODEC 的连接方式。

2.2.11　Wi-Fi

Wi-Fi，全称为 Wireless Fidelity，即无线高保真。实际上它是一种基于 IEEE 802.11 协议的无线传输兼容性认证，也就是说，Wi-Fi 是一种商业性认证，但更多的时候，我们用它指代一种无线联网方式。过去，我们利用有线电缆的形式，将 PC 等设备接入网络；现在，随着移动通信设备的快速发展，则可以采用无线传输的形式，非常便捷地将 PC、手机、PAD 等设备接入网络。

相较于传统的有线局域网（LAN），采用无线通信接入局域网的方式就被称为 WLAN，而 Wi-Fi 其实就是支持 WLAN 的一个协议标准而已。早在 2001 年，中国就开展了无线局域网安全技术的研究，并在同年提出自己的标准草案。到 2003 年，我国政府正式批准了具有我国自主知识产权的 WLAN 标准——WAIPI（常简写为 WAPI）。随后，经历了一系列强制实施、全球投票、协商谈判等波折，WAPI 终于被国际标准化组织 ISO 接纳为 WLAN 标准之一。不过，就目前的实际情况而言，Wi-Fi 依然是真正的市场霸主，而 WAPI 却不得不面对有标准、无产品的尴尬局面，甚至有被最终边缘化的可能。

从另一个角度看 WAPI 与 Wi-Fi 之争，有一点 TD 与 UMTS 和 EVDO 对抗的味道。但国家强迫中国移动运营 TD 网络，则给了 TD 以极大的生存空间，WAPI 要想获得发展，似乎也可以借鉴 TD 的做法。因为在笔者看来，不管技术水平到底如何，中国在标准问题上必须要有话语权。

从通信电路上分析，Wi-Fi 芯片与蓝牙芯片一样，都是数字调制/解调←→RF 混频←→天线发射/接收的架构，并且 Wi-Fi 也工作于 2.4 GHz 频段。于是，Wi-Fi 芯片与蓝牙芯片就可以共享 RF PA、BPF 和天线，而仅仅是在通信协议上有所区别。所以，越来越多的平台和第三方芯片，都把 Wi-Fi 与蓝牙集成在同一颗芯片内，有的甚至会把 FM 接收机也一并集成进来，以进一步降低成本，如 TI 公司的 WL1271 就是一颗 802.11Wi-Fi +蓝牙+ FM 的三合一芯片，如图 2-2-23 所示。

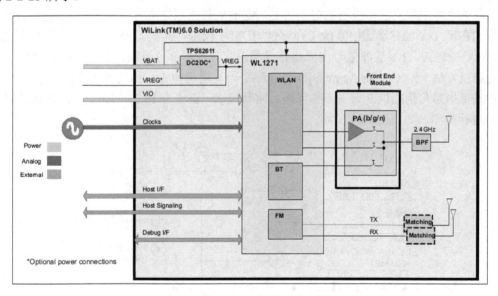

图 2-2-23　WL1271 的内部框图

2.2.12　GPS

GPS 全称为 Global Positioning System，即全球定位系统，由美国国防部于 1973 年批准陆、海、空三军联合研制的。GPS 卫星所发送的导航定位信号，是一种可供无数用户共享的空间信息资源，用户只要持有一种能够接收、跟踪、变换和测量 GPS 信号的接收机，就可以全天候测量运动载体的七维状态参数（三维坐标、三维运动速度、时间），进而引导运动载体准确地驶向预定的后续位置。

最初，GPS 是面向军方服务的，但随着通信技术的发展，它已经广泛地进入全球各国人民的生活中，并在航空航天、海洋运输、野外考察、车辆导航等众多领域发挥着越来越重要的作用。除了 GPS，全球定位系统还有欧洲的 Galileo（伽利略）、俄罗斯的 GLONASS（格洛纳斯）和我国的 Compass（北斗），但 GPS 在民用领域处于绝对领导地位。

GPS 系统由 24 颗卫星组成（2006 年 3 月时为 28 颗），分布在 6 个圆形轨道上，轨道相对赤道的倾斜角为 55°，沿赤经以 60° 间隔均匀分布，半径 26 560 km，环绕地球一周约为半个恒星日（11.976 h），可覆盖全球 98%以上的面积。每颗卫星都携带一个为卫星发射信号提供时间信息的铯原子钟和（或）铷原子钟，其内还含有时钟校正系统，原子钟基准频率为 10.23 MHz。每颗卫星发射两个 L 波段的扩频载波信号，其中 L1 的载频为 1575.42 MHz，L2 载频为 1227.60 MHz。一般，民用接收机只接收 L1 载频信号。

GPS 的定位原理为：每个太空卫星在运行时，任一时刻都有一个坐标值来代表其所在位置（已知值），而接收机所在位置坐标为未知值。太空卫星的信息在传送过程中所耗费的时间可经由比对卫星时钟与接收机内的时钟计算之，将此时间差值乘以电波传送速度（一般定为光速），就可计算出太空卫星与接收机间的距离，这样就可依三角向量关系来列出一个相关的方程组。通常，GPS 至少需要 4 颗卫星才能定位，其中一颗卫星的信号实际上是提供时间基准，给 GPS 接收机用来计算接收机距离其他三颗卫星的距离。有了时间基准，接收机就可以测量从其他 3 颗卫星到达接收机的时间，然后把时间转换成距离。

我们在第 1 章的移动通信系统中介绍过 CDMA 技术，其实 GPS 卫星的通信方式也是基于 CDMA 原理的。L1 载波信号由同相分量和正交分量两部分组成，其中同相分量由基带信息与伪随机 C/A 码（Course/Acquisition，亦称粗码）调制构成，码速为 1.023 Mcps，正交分量则由基带信息与伪随机 P 码（亦称精码）调制构成，码速为 10.23 Mcps；而 L2 载波信号仅由 P 码进行扩频，如图 2-2-24 所示。

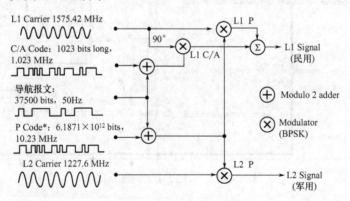

图 2-2-24　GPS 载波信号构成

在此，我们有必要介绍一下我国的北斗导航系统。该系统最早于 1983 年提出构想方案，2000 年 10 月发射第一颗卫星，史称"北斗一号"。2000－2003 年，北斗一号导航实验系统组网成功，由两颗地球静止卫星和一颗在轨备份卫星组成，采用双向通信无线电测定原理，仅覆盖我国及周边区域，定位精度 20 m。尽管北斗一号在技术上与 GPS、GLONASS 差距较为明显，但它解决了我国卫星导航系统的建立问题，标志着我国成为继美、俄之后，能够自行设计、建立卫星导航系统的国家。笔者看过一篇文章，说的是当年搞原子弹的时候，陈毅元帅问王淦昌（核物理学家，两弹一星元勋，曾与诺贝尔物理学奖擦肩而过，另一位与物理学奖擦肩而过的中国人是原中央大学物理系主任吴有训，他早年作为康普顿的助手，为康普顿效应的研究做了大量基础实验）："你那个东西什么时候响啊？没那玩意，我这个外交部长的腰杆子就直不起来哟！"由此可见，一件东西，从差到好，是量变；但从无到有，是质变！

2002 年，欧盟为了打破美国 GPS 的垄断地位，提出建立 Galileo 卫星定位系统，并邀请中国加入该计划。根据中欧双方的合作计划，中国政府承诺投入 2.3 亿欧元的巨额资金。但进入 2005 年后，法国萨科奇、德国默克尔上台，政策开始向亲美发展，并且美国为了遏制中国在卫星导航领域的发展，同意在技术上对 Galileo 系统提供支持。于是，中国投入巨额资金，却无法进入决策层，在技术合作上也被欧洲航天局设置种种障碍。彭桓武（核物理学家，两弹一星元勋）在一次采访中说过："当年苏联撤走专家，留下一堆烂摊子，是坏事，也是好事！如果苏联人不走，中国是肯定不会有氢弹的了。"既然你欧盟不带我玩，我中国就自己玩。尽管中国人有这样那样的缺点，但论聪明才智和吃苦耐劳，中国人是不输任何人的。2006 年 11 月，中国政府宣布，将开发自己的全球定位系统。2007 年 4 月，第一颗北斗二号卫星被送入预定轨道，当年年底，北斗二号卫星导航系统计划全面浮出水面。

2011 年 12 月，第 10 颗北斗二号卫星进入轨道，北斗导航系统开始向中国及周边地区提供定位与授时服务。2012 年 10 月，第 16 颗北斗二号卫星入轨。2012 年 12 月，在经过一年试运营后，北斗导航系统正式向亚太大部分地区提供导航、定位、授时等服务，兼容 GPS，民用服务与 GPS 一样免费。

截至笔者写作此文的 2013 年 1 月份，北斗导航系统的民用级开放服务的定位精度为 20 m，授时精度 100 ns，测速精度 0.2 m/s。从技术指标上看，GPS 的定位精度已经达到 2.93～0.293 m（P 码，军用服务）和 29.3～2.93 m（C/A 码，民用服务），授时精度为 20 ns，北斗系统显然不及 GPS，而且覆盖面也还仅限于亚太地区。但这种东西就像原子弹，你的当量可以小一点，但绝对不能没有，否则你说话就没分量。

衷心祝愿我国北斗卫星导航系统能够发扬光大！

2.2.13　G Sensor

G Sensor，全称为 Gravity Sensor，即重力传感器，有时也称 Accelerator Sensor（加速度传感器）。顾名思义，G Sensor 用于检测加速度的方向与大小，等效于检测手机的运动状态，如横屏与竖屏的自动切换。

以 Bosch 的 BMA250 三轴加速度传感器为例，它可以选择 SPI 或者 I^2C 总线接口，2 个中端输出管脚，低功耗、低唤醒时间，其内部框图如图 2-2-25 所示。

X、Y、Z 分别表示三个轴向的传感器，当 G Sensor 以加速度 $\vec{a}$ 运动时，内部三个轴向传感器受到一个与加速度方向相反的惯性力作用，发生与加速度成正比的形变，使悬臂梁随之产生形变。该形变被粘贴在悬臂梁上的扩散电阻感受到，根据硅的压阻效应，扩散电阻的阻值发生与形变成正比的变化，将这个电阻作为电桥的一个桥臂，通过测量电桥输出电压的变化就可以完成对三个轴向加速度的测量。然后把电桥输出电信号送入前置放大器，经过信号调理电路改善信噪比，再经过 A/D 转换得到数字信号，最后送入 CPU 进行处理。

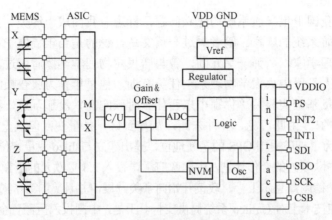

图 2-2-25　BMA250 三轴加速度传感器芯片内部框图

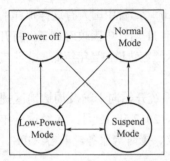

图 2-2-26　BMA250 的状态转移图

另外，BMA250 有四种不同的功耗模式，分别是 Normal Mode、Suspend Mode、Low-Power Mode。对于 Normal Mode 很好理解，就是芯片处于正常的工作状态中，而 Suspend Mode 和 Low-Power Mode 主要就是为了降功耗，状态转移图如图 2-2-26 所示（Power Off 指芯片下电）。

在 Normal Mode 下，芯片内部所有电路都被开启，数据通信也在进行。而在 Suspend Mode 下，所有模拟电路部分、晶振、数据通信都停止，只允许对其寄存器进行读操作。Low-Power Mode 模式指芯片在 Sleep 与 Suspend 之间反复切换，在 Sleep 时，除了晶振，其余电路都不工作。具体的状态转换设置与触发，可参见器件手册，笔者就不再赘述了。

2.2.14　E-compass

E-compass，即电子罗盘，俗称指南针。利用 E-compass，手机可以实现对东南西北的方位指示。我们知道，地球本身是个大磁场，其形状就像条形磁体，由磁南极指向磁北极。磁极点的磁场和当地的水平面垂直，赤道处的磁场和当地的水平面平行，所以在北半球磁场方向倾斜指向地面。另外，磁北极、磁南极和地理上的北极、南极并不重合，通常它们之间有 11°左右的夹角。磁感应强度的单位为 T（特斯拉），地球磁场示意图如图 2-2-27 所示。

从地球磁场示意图中不难看出，地磁场是一个矢量。对于某个固定的地点来说，这个矢量可以被分解为两个与当地水平面平行的分量和一个与当地水平面垂直的分量。如果保持电子罗盘和当地的水平面平行，那么罗盘中磁力计的三个轴就和这三个分量对应起来。

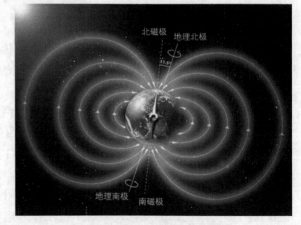

图 2-2-27　地球磁场示意图

实际上对水平方向的两个分量来说，它们的矢量和总是指向磁北的。电子指南针中的航向角就是当前方向和磁北极的夹角。由于电子指南针保持水平，只需要用磁力计水平方向的两个轴（X轴与Y轴）的检测数据就可以计算出航向角。当指南针水平旋转的时候，航向角在$0° \sim 360°$变化。

以雅马哈的 YAS529 芯片为例，它是一个三轴地磁传感器芯片，内部集成了缓冲放大器、模数转换器、时钟发生器和 I²C 总线等，其磁感强度检测精度为±300 µT。该芯片的内部框图如图 2-2-28 所示。

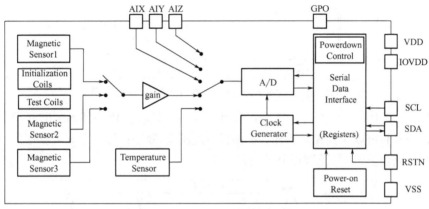

图 2-2-28　YAS529 内部框图

YAS529 主要由模拟电路和数字电路两部分组成。模拟电路部分包括地磁传感器、缓冲放大器、温度传感器、A/D 转换器、时钟发生器等部分。其中地磁传感器含有三个 Magnetic Sensor，缓冲放大器用于放大地磁传感器的输出，温度传感器可根据温度检测结果辅助判断方位。而数字部分包含了 I²C 总线及 General Purpose Output（GPO），用于跟 CPU 进行通信。

由于 E-compass 对磁场较为敏感，所以在器件布局时，要尽量避免将 E-compass 芯片摆放在诸如 Speaker 这样的磁性较强的器件或者芯片附近，防止这些器件对 E-compass 产生干扰，导致功能失灵。

2.2.15　Light Sensor 与 Proximity Sensor

在业内，我们通常把 Light Sensor 简称为 L Sensor 或光感，而把 Proximity Sensor 简称为 P Sensor。

L Sensor 用于检测周围环境光的强度，然后 CPU 可以根据检测结果自动调整 LCD 背光强度。比如，在白天的室外，光线较强，则 CPU 自动把 LCD 背光调亮，方便用户看清 LCD 内容；晚上的室外光线弱，则 CPU 自动把 LCD 背光调弱，以节约电量。

P Sensor 则用于检测与某物体的接近距离。通话中，当用户手持机器贴近人脸后，P Sensor 检测到被人脸所反射的光线（实为 P Sensor 发射的红外线被人脸所反射），就通知 CPU 关闭 LCD 背光显示，节约电量。

目前，L Sensor 与 P Sensor 通常都做在同一个模组里面，有的甚至会把红外发射管也集成在模块内部。一个实际的 L+P Sensor（含红外线发射二极管）的模块框图如图 2-2-29 所示。

IR 表示红外线，ALS 表示环境光，分别由各自的光电二极管接收。我们知道，可见光的波长分布在 400～700 nm，而红外光的波长在 800～4000 nm。所以，这两种光电二极管对应的接收波长自然也就不一样。一般情况下，ALS 光电二极管峰值效率所对应的接收波长大约为 550 nm，而 IR 光电二极管峰值效率所对应的波长大约为 850 nm，如图 2-2-30 所示。

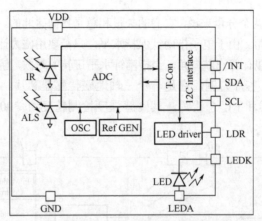

图 2-2-29　某 L+P Sensor 的模块框图（含 IR 发射二极管）

与此同时，模组厂在生产时，还会在红外发射管与接收模块的外部封装一组透镜（肉眼很难分辨），一方面可以起到聚光作用，提高发射/接收的效率；另一方面可以增加一些滤旋光性能（滤除光电管接收波长范围以外的电磁波）。

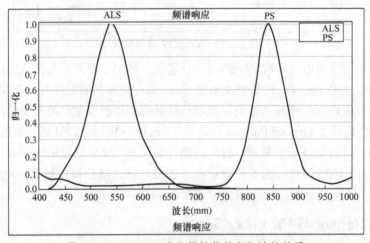

图 2-2-30　ALS/IR 光电管接收效率与波长关系

一般而言，P Sensor 的设计难度比 L Sensor 要大。毕竟，P Sensor 还涉及红外发射，要想实现稳定可靠的工作，必须注意杂散光、可视角、透光率等指标，并配合良好的结构设计。下面，我们简要介绍这几个指标。

1．杂散光

在实际使用中，IR 发射二极管的发射信号常会打到一些非目标物体，并反射回 P Sensor 中。这些信号都不是我们想得到的，称之为杂散光。在 P Sensor 设计中，最常见的杂散光主要是 IR 发射二极管发射到 Cover Lens 后反射回 P Sensor 的杂散光，还有就是通过缝隙漏到 P Sensor 的杂散光，如图 2-2-31 所示。

2．可视角与发射角

可视角指的是被测物体能被侦测到的最大角度，也就是说超过这一最大角度的物体是无法被侦测到的，由于结构设计等方面的局限性，可视角的大小普遍在 30°～50°。直观上我们不难想象，光电二极管的可视角与 IR 发射管的发射角越大越好，并且光电管的可视角要大于等于 IR 发射管的发射角。

一般来说，光电接收管可视角不小于 $45°$，IR 发射管的发射角不小于 $35°$。

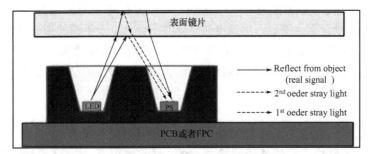

图 2-2-31　杂散光反射路径

3．透光率

Cover Lens 通常会选用高透光率的材质，但出于美观考虑，会在表层涂上深色油墨，从而影响 L Sensor 与 P Sensor 的灵敏度。所以，此种油墨的透光率也是我们在设计时必须要考虑的。

通常，可见光透光率应大于 10%（以 550 nm 为基准），红外光透光率应大于 80%（以 850 nm 为基准）。

4．结构设计

（1）IR 发射管、光电接收管到 Cover Lens 的距离要尽量短，从而扩大可视角。

（2）Cover Lens 上的油墨应涂于下表面，减少二次反射。

（3）隔离 IR 发射管与光电接收管之间的 Rubber 要密封，并且 Rubber 要有足够的预压量，减少通过 Rubber 缝隙漏光的可能。

（4）IR 发射管和光电接收管的可视角交点尽量在 Cover Lens 之上，以减小杂散光影响。

在此，提醒读者一点，任何产品的设计都是一种相互妥协、折中考虑的过程，特别是当结构设计与电子设计不能同时满足的情况下，应注意把握主要矛盾，忽略次要影响。比如，可视角越大，灵敏度越高，但杂散光的影响也可能越厉害。此时，我们可以优化判定门限，在灵敏度和误判断之间取得平衡。

2.2.16　Gyro Sensor

Gyro Sensor，即陀螺仪。陀螺仪的名称来自法国物理学家莱昂·傅科（J. Foucault），他在 1850 年研究地球自转时发现，高速运动中的转子具有惯性，其旋转轴始终指向一个固定的方向。于是，傅科便用希腊字母 gyro（旋转）和 spokein（看）两个合在一起组成 Gyro Scopei 来命名这种仪表。

陀螺仪在发明初期由机械装置构成，主要用于航海导航，而现代陀螺仪则包括光纤陀螺仪、激光陀螺仪、MEMS 陀螺仪、振动式陀螺仪等各式各样的陀螺仪，并在航空航天、自动控制等领域获得了极为广泛的应用。实事求是地讲，陀螺仪是一门十分高深的学问，很多专业知识也大大超出了笔者的理解层面。所以，本书只能对陀螺仪在手机中的应用做一番简单介绍。

我们已经知道，利用加速度传感器，手机可以感知 X、Y、Z 三维方向的直线运动。但是，手机如何感知旋转方向的角速度运动呢？这就要用到陀螺仪了。

在手机中，陀螺仪均采用 MEMS 工艺制作。它可以很方便地检测出旋转运动的角速度、角位移，测算出物体的俯角、仰角等参数，从而实现诸如航向指示、姿态确定等功能。运用到手机中，如各种赛车类游戏，软件可以借助陀螺仪的角运动计算，实现用户对车辆转弯、加速等状态的操控。当然了，并不是每款手机都配备 Gyro Sensor，在一些手机产品中，利用加速度传感器也可以实现一定程度的角运动计算（毕竟，加速度传感器并不会总位于手机的中心位置，所以当手机出现角速度运动时，总可以分解出一定大小的 $X/Y/Z$ 三维方向的直线运动），但精度比起陀螺仪来要差很多，且一旦运动停止，加速度传感器就不能够再提供任何角位移等方面的有用信息了。

2.2.17 SIM 卡

SIM 卡，即用户识别模块，在 CDMA 系统中也被称为 UIM 卡。

SIM 卡与手机一起构成了移动通信终端设备。通常情况下，GSM 系统、CDMA 系统，或者其他系统，都会为办理入网业务的手机用户提供一张存储有相关数据信息的 SIM 卡。

一般情况下，SIM 卡的信息分为两类：一类是由 SIM 卡生产厂商和网络运营商写入的信息，包括生产厂家代码、网络鉴权与加密信息、用户号码、呼叫限制等；另一类是由用户在使用中自行写入的数据，包括联系人号码、用户设定的个人识别码（PIN）等。

通过 SIM 卡的使用，手机可以不固定地属于一个用户，实现手机号码"随卡不随机"的功能。于是，运营商的收费也是随卡不随机。不过，有些运营商在为新用户办理入网业务时，会有一些优惠措施，如入网送手机，而所送手机只能选择该运营商网络。那么，这些手机也可以不需要 SIM 卡，因为相关信息已经事先写入手机里面了。另外，检测 SIM 卡是否存在通常只在开机瞬间完成（取决于具体的平台）。所以，如果由于卡座接触不良导致开机后未检测到 SIM 卡，必须重新插拔并开机。

SIM 卡接口电路图比较简单，如图 2-2-32 所示。图中，VCC 是电源电压，常为 3 V 或者 1.8 V；RST 是复位信号，高电平有效；CLK 是 SIM 卡的时钟，3.25 MHz；I/O 则表示 SIM 卡的双向传输数据接口。

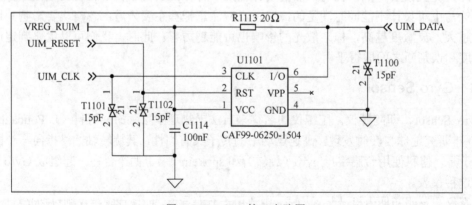

图 2-2-32 SIM 接口电路图

2.3 手机的电源系统

电源系统，不仅是手机，也是所有电子产品的能量提供者，将其比作电子产品的"心脏"也不为过。试想，一个心脏有问题的人，平时都得小心翼翼地伺候着，生怕出点状况，更不敢参加剧烈运动。手机也一样，一个设计不好的电源，别说让手机在严苛场景下使用，就连平时，搞不好都要经常罢工。

本节我们先大致了解一下手机电源系统的组成与分类，在提高篇的《电源系统与设计》中，我们还将深入讨论手机电源设计。

2.3.1　系统电源与外设电源

整个手机的电源系统分为两大块，即系统电源与外设电源。系统电源包括电池的 Vbat 电源、CPU 内核电源、CPU 与 Memory 的接口电源、RTC 电源、RF Transceiver 电源等；外设电源则包括 LCD 电源、VC-TCXO 电源、音频输入输出电源、FM/BT/GPS/Camera 电源等。一般而言，系统电源在待机状态不会下电，但外设电源在待机时基本处于下电状态，以降低系统功耗。当然了，这个也不是绝对的，有些外设芯片会由几路不同的电源供电，如果单独对某一路电源下电，反而可能造成芯片馈电。

在手机电路中，不同的芯片对电源的要求也各不相同。按照电压高低，CPU 的内核电压基本在 1.2 V 左右，Memory 和 GPIO 的接口电压多为 1.2 V 或 1.8 V，各个 Sensor 的模拟电源多为 2.8 V 等；按照电流大小，RTC 大约 0.1 mA，CPU 内核平均电流能达到 300～500 mA，GSM PA 的瞬间电流则可能超过 1 A；按照待机时的状态，Memory 接口电压常在，CPU 内核电压则可以在 1.1～1.3 V 波动（睡眠为低电压，唤醒后为高电压，以实现功耗动态管理），I^2C 接口电压则可能完全关闭。所以，针对不同的需求，我们需要注意以下几点：

（1）电源开关是否可控？

（2）电源的最大输出电流是否满足负载所需？

（3）电源输出电压是否可调？

图 2-3-1 为某手机处于待机状态下，其 26 MHz 主时钟 VC-TCXO 的供电电源波形。从图中可见，该电源在系统休眠时关闭，在系统唤醒时打开，从而降低系统功耗。

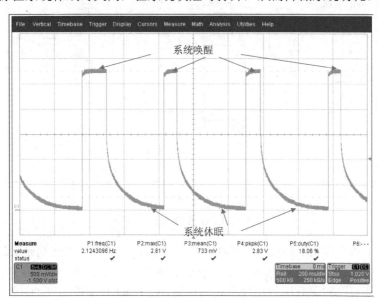

图 2-3-1　待机状态下的 VC-TCXO 电源波形

说明一点，图 2-3-1 中的电压下降波形呈指数函数形状，乃是电源关闭时由电容放电所致。理论上，电源打开，电容充电的上升波形应该呈指数函数形状，只是由于电源打开时的电容充电线路阻抗远远小于电源关闭时电容放电线路阻抗，所以充电时间常数很小，电容几乎在瞬间就被充到了电源电压上。

2.3.2　电源的分类

前面，我们按照电源所带负载的类型，把手机电源分为系统电源与外设电源。但就电源本身而言，应该如何分类呢？

如果读者看过一些原理图就不难发现，手机中的电源除了由 PMU 芯片提供外，有时也会额外使用一些电源芯片，如所谓的"LDO"、"DC-DC"等。其实，PMU 内部的电源模块基本上也都是由 LDO 与 DC-DC 构成，图 2-3-2 分别给出了 LDO 与 DC-DC 的原理图。

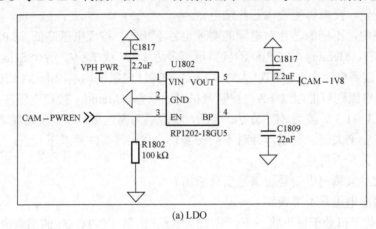

(a) LDO

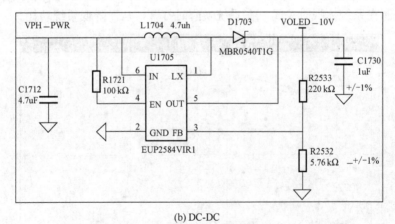

(b) DC-DC

图 2-3-2　LDO 与 DC-DC 原理图

从图 2-3-2 中可以看出，LDO 与 DC-DC 在外围接口上最主要的区别是 DC-DC 多了一个 4.7 μH 的大电感和一颗肖特基二极管。正是由于电感与二极管的存在，使得 DC-DC 除了常规的降压型以外，还可以实现升压与极性反转的功能，而 LDO 只能降压型的。关于这部分知识，我们将在提高篇中深入讨论，此处就不再赘述了。

LDO 是线性电源，纹波小、效率低，主要用于对噪声比较敏感的负载供电，如音频电路、各种 Sensor 模拟电路、RF LNA 等。

DC-DC 是开关电源，纹波大、效率高、带载能力强，主要用于给大功率负载或者数字电路供电，如 CPU 内核、Memory 等。

2.4　手机中的常用接口

手机中，各个芯片、模块之间的控制与通信，均要通过一定的接口电路实现，如 SPI 接口、MIPI 接口、I^2C 总线、Memory 总线等。如果将这些接口进行分类，则可以分为总线型接口和非总线型接口。

本节对这些接口进行初步探讨。

2.4.1　总线型接口

总线，即英文 Bus，中文也翻译成公共汽车，香港人则直接叫巴士。别说，用 Bus 这个词来形容计算机中连接各个部件之间的公共信息通道，还真的十分形象。

其实，不仅在芯片和模块之间存在总线，在芯片的内部，比如 CPU，也有各种各样的总线。不过，我们并不关心芯片内部的总线，而仅仅探讨芯片、模块之间的总线，这些也是我们手机硬件工程师可以亲眼目睹并直接处理的物理传输线路。至于芯片内部的总线，就不在我们的讨论范围了。

根据数据的逻辑意义，总线分为数据总线、地址总线、控制总线等。有的系统中，数据总线和地址总线共用同一组物理传输通道，如 80C51 单片机中，数据总线和地址总线复用 P0/P2 接口，手机的 NAND Flash 也是数据总线和地址总线复用同一组 I/O 接口，而 SDRAM 的地址总线与数据总线则是物理分离的。

评价总线性能有如下几个指标。

（1）总线宽度 Width

按照数据传输的方式，总线分为串行总线与并行总线。串行总线的代表是 I^2C 与 USB，并行总线的则很多，如 SDRAM 的各种总线、NAND Flash 的总线等。

很显然，在传输速率相同的情况下，并行总线数据线根数越多，则单位时间内的传输数据量越大。所以，我们把并行总线宽度又称总线位宽，即能同时传送数据的二进制位数，单位为（bit）。串行总线的位宽为 1 bit，并行总线位宽通常为 8、16 或 32 bit。

（2）总线频率 Freq

总线频率是总线工作速度的一个重要参数，是总线实际工作频率，指一秒能够传送数据的次数，通常用 Hz 来表示。总线频率越高，工作速度越快。

（3）总线带宽 BW

总线带宽即总线的数据传输速率，是指每秒总线上可传送的数据总量，通常以 MB/s 为单位。总线带宽由总线的宽度与总线的频率共同决定，如下式定义：

$$BW=(Width/8)\times Freq \qquad\qquad (2\text{-}4\text{-}1)$$

2.4.2 非总线型接口

上一节，我们介绍了与总线有关的一些概念。

在手机中，常见的总线有 USB（串行）、EBI1 或 EBI2（高通定义的一种并行总线，用于 CPU 与外部存储器芯片之间进行数据交换）、I²C（串行），等等。那么，SPI、UART、MIPI 等，它们也是总线吗？

想想平时，我们也常常把 SPI 称为 SPI 总线，把 MIPI 称为 MIPI 总线。但实际上，这些接口并不是总线型！

通过对总线的介绍，我们会发现总线除了具备共享性和分时性，其最大的特点是寻址。各个模块单元可以共用地址线、控制线和数据线，但必须通过寻址来与目标器件建立通信、传输数据。而 SPI、UART、MIPI 等接口并不存在寻址，它们与 CPU 之间仅通过一定的通信协议来传输数据。

以 I²C 总线为例，一组总线（由数据线 SDA 与时钟线 SCL 组成）上可以同时挂多个器件，如图 2-4-1 所示。在手机 I²C 电路中，一般只有一个主控器件 Master（通常为 CPU），其他都为从控器件 Slave（如 E-compass、Gyro Sensor 等）。通信过程由 Master 发起，向目标 Slave 发命令。众多 Slave 都会接收到 Master 的发起命令，但只有地址相符的 Slave 才会响应 Master 的命令，其他地址不符的 Slave 则依旧保持沉默。由此可见，当多个器件挂在同一组总线上时，为了避免总线访问冲突，必须进行寻址。而如果是多主总线（I²C 实际上是支持多主操作的），则当多个 Master 同时发起总线访问时，必须经由仲裁器进行访问仲裁，确定到底由哪一个 Master 占用总线，才能确保总线的互斥操作。用计算机操作系统的专业术语来说，就是对资源的互斥访问，可以用 PV 原语描述（最常见的 PV 原语用于进程通信中的同步与互斥）。

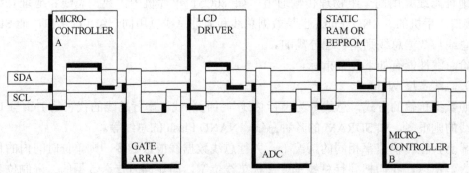

图 2-4-1 某 I²C 总线上的多个器件

那么，我们查查 SPI、UART、MIPI 等接口协议就不难发现，尽管它们也是独占通信线路的，但它们没有寻址概念。所以，从这个意义上说，它们都是非总线型接口。

如果形象地说，总线就好比马路，各个通信模块单元就是路边的住户，每个住户都有一个已经分配好的家庭地址，所需递送的信件就好比数据，CPU 就好比快递公司（假设快递公司是一次只能为一个家庭服务），快递公司的车辆就是快递公司的控制载体。快递公司通过马路这个公用通道，根据你的地址，给你派送信件。对你来说，快递公司给你送信件的时候，因为派送需要，马路由你和快递公司之间暂时独占，其他家庭住户无法使用。当给你送完信件后，马路和车辆就被"释放"，你让出它们给其他家庭住户使用。你给快递公司打电话，要快递公司来取信件，也是同样的过程。非总线就好比银行或金融公司，根据你和他们之间的"VIP 协议"，提供一对一的专门服务，其他人无法享受。

但是，总线与非总线也不是完全对立的。以 SPI 接口为例，我们知道 SPI 接口通常由 4 根信号线组成，分别是时钟 SCK、输入数据 DIN、输出数据 DOUT 和片选 CS。在通信发起前，CPU 必须首先使器件的 CS 保持有效。如果 CS 是连接在 CPU 的 GPIO 上，那么只要对 GPIO 置高或者置低就可以了，显然不存在寻址一说；但如果 CS 不是连接在 CPU 的 GPIO 引脚上，而是连接在 CPU 的地址线上（一般还要加编码器和地址锁存器），通过地址线使 CS 有效，这样就有寻址概念了。换言之，如果 GPIO 本身可以通过内存的地址空间进行映射，那 CS 就会有寻址的概念。

事实上，这种将 CS 与地址线连接的设计，在 80C51 等单片机系统中很常见（由于手机 CPU 的 GPIO 数量较多，所以手机电路从不这么做）。其好处是可以让 CPU 对外设进行寻址，并采用与访问内存空间一样的方法进行外设访问，缺点就是外设会占用内存的寻址空间，使系统支持的最大内存容量减小（但毕竟外设数目是非常有限的）。笔者读研究生时设计过的一个电路就是采用该方案，把 CPU 启动 A/D、获取采样数据的过程抽象成对内存的一次读操作，代码非常简洁。

因此，总线型接口与非总线型接口，也不是那么绝对的。作为手机硬件研发工程师，也不一定要严格区分它们，但多了解一些总归没有坏处。

2.5 手机中的关键信号

手机中的信号线各式各样。按照电压/功率大小划分，有小信号如 RF Input、Current Sense 等，有大信号如 PA Output 等；按照数字/模拟划分，有数字信号线如 GPIO、SDIO 等，有模拟信号线如 Acoustic、OSC 等；按照信号频率划分，有低速信号如 PCM Stream、I^2C 等，有高速信号如 USB、MIPI 等；按照信号用途划分，有数据信号如 RGB、Memory 等，有控制信号如 Enable/Disable、Interrupt 等。

尽管有各种信号，但对于任何一个电子系统来说，都有关键信号和非关键信号之分，并且只有处理好那些关键信号，才可能设计出一个性能优秀的产品。本节主要介绍手机系统中的一些关键信号。

2.5.1 Acoustic 信号

音频信号堪称手机信号的重中之重。各位试想，一部通话噪声大、语音失真、铃音发破的手机，即便它有绚丽的色彩、优雅的造型，又有哪个用户会喜欢？

很多硬件工程师刚刚入行的时候会想：音频不就是出声音嘛，有什么了不起的？殊不知，麻雀虽小，五脏俱全。手机音频也是一个系统工程，涉及电声器件、音腔设计、电路设计、PCB 走线设计、数字信号处理等一系列技术，别说是随便搞搞了，就是用心设计、仔细考虑、精挑细选，都不一定能达到满意效果。毕竟，手机的体积、成本、造型都摆在那里，不是我们想怎么搞就可以怎么搞的。

此处，我们单就电路设计、PCB 走线设计及器件参数选型，着重讲解几个需要特别留心的地方。

1．差分线设计

想必各位在电子线路课程中早已学过，差分信号比单端信号的抗干扰能力更强。什么？早忘了？请问你们学校收学费吗？收？！好吧，那这就是你自己的事情了。关于差分信号与单端信号的问题，笔者就不在本书中进行讨论了，以免有骗取读者血汗钱之嫌。

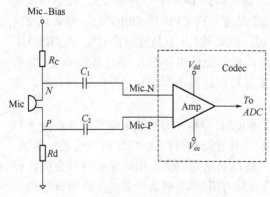

图 2-5-1　手机差分 Microphone 电路

图 2-5-1 为手机中最常见的 Microphone 电路，其中 Mic_Bias 表示偏置电压（一般在 2 V 左右，常为 1.8 V），R_c、R_d 为偏置电阻，C_1、C_2 为隔直电容（亦为交流耦合电容），Amp 表示差分放大器，V_{dd}、V_{ee} 是其正负电源（目前，大部分的放大器均采用单电源供电，也即 V_{ee} 为 0），N、P 则分别表示 Microphone 本体的两个焊盘。通常，差分放大器是集成在虚线框所示的 Codec（Code Decode 的英文缩写，表示音频编解码器）芯片内部的。

在前面的 2.2.5 节我们介绍过，手机中的驻极体 Microphone 相当于一个场效应管放大器，所以用一个场效应管代替图 2-5-1 中的 Microphone 就很容易知道，经过 C_1 的电压信号与输入信号反相，通过 C_2 的电压信号与输入信号同相。

进一步分析，如果 $R_c=R_d$，则 Mic_N 与 Mic_P 大小相等，极性相反。于是，这就构成了一个典型的差分放大电路。

如果 $R_c \neq R_d$，则 Mic_N 与 Mic_P 大小不等，但极性相反。于是，就构成了一个"伪差分"放大电路。此时，通常的情况是使 $R_d=0$（即 P 点直接下地）。因为 Microphone 的金属外壳基本都与焊盘 P 连通，如果把 Microphone 的金属外壳接地，有利于提高 Microphone 的抗噪性能（尤其是天线的高频辐射干扰），以及提高 ESD 性能。尽管此时 Mic_P 上没有信号而只有地线噪声，它不是一个真正的全差分电路。但 Mic_Bias 为电源，相当于交流接地，所以地线噪声可以通过 Mic_Bias→Rc→Mic_N 的通路，同样实现对地线噪声的共模抑制，故称"伪差分"。

实际的情况是，这两种电路形式在手机设计中都有广泛应用。

2．信号线保护

我们知道，音频电路属于模拟信号范畴，尤其对于 Microphone 的小信号，幅度只有 100～200 mV，极易受到干扰。

所以，对于音频信号线来说，在 PCB 布线的时候必须做好各种保护措施，如信号线包地、模拟地和数字地隔离、单点接地等。除此以外，在器件布局时期，就应该注意尽量让音频信号线远离 RF PA、CPU Core 电源等大功率器件和 Clock 之类的开关器件，从而远离各种可能的干扰。

3．额定功率

对于 Receiver 和 Speaker 来说，一定要确保芯片或功放输出信号的功率处于器件额定功率范围内，否则就有损坏器件的风险。这一点很好理解，但有个问题比较棘手，即如何定义器件的额定功率？

假如功放输出的音频信号都是单音正弦波，那这个问题就很简单了。对 Speaker 输入固定功率的单音信号，测量其 SPL（Sound Pressure Level）与 THD（Total Harmonic Distortion），连续工作 72 h 后再次测量 SPL 与 THD，并与第一次测量结果对比。如果两次测量数据的变化范围在 3 dB 内（可由厂家定义或共同协商制定），便认为器件可以承受，然后增加输入功率，直至极限。

但实际情况是，功放输出的音频信号不仅幅度在时刻变化，其频率成分也在时刻变化。比如，有两个单音信号，幅度相等，但一个频率为 1 Hz，另一个频率为 1 kHz。幅度相等，说明两个信号的功率一样，那么不妨假定它正好等于 Speaker 所标称的额定功率。现在，如果把它们分别送入同一型号的 Speaker 中，会产生什么结果？基本上，在很短的时间内，输入 1 Hz 信号的那个 Speaker 多半会在几分钟内烧毁，而输入 1 kHz 的那个在长时间工作后依然安然无恙。原因很简单，1 Hz 的信号频率对于 Speaker 来说实在是太低了，几乎相当于直流信号，会导致 Speaker 内部线圈严重发热最终短路烧毁。

由此可见，Speaker 的额定功率肯定不能采用单音信号测试的结果。另外我们知道，无论语音还是音乐，总是处在一个频段范围内，如语音基本在 300～4000 Hz，而音乐在 100～10 000 Hz。所以，对于受话器的额定功率测试，就要考虑输入信号的频谱范围，用单音信号测量显然是不合适的。在实际测试中，我们总是利用随机信号发生器生成一个覆盖 Speaker 工作频段的宽带随机信号（此宽带是相对于单音信号而言的），由于信号为随机的（幅度、频率皆随机变化），所以信号的功率只能用平均功率来描述（可通过音频交流毫伏表测量）。然后采用与前面介绍的单音信号测量完全相同的方法，就可以测出比较接近真实使用情况的 Speaker 额定功率。

进一步地，同样带宽、同样平均功率的两种随机信号，它们各自频率成分占平均功率的百分比可以不一样，比如白噪声（White Noise，功率谱密度为常数，不随频率变化）与粉红噪声（Pink Noise，功率谱密度随频率的上升每倍频程下降 3 dB）。由此不难看出，粉红噪声中的低频成分占总功率百分比要大于高频成分。

经过大量研究，人们发现，语音、音乐等模拟信号的功率谱与粉红噪声比较接近，且峰值因子为 3（峰值因子，即 Crest Factor，定义为峰值与有效值之比，所以也常被称为"峰均比"）。所以，在受话器/扬声器测试中，应使用峰值因子为 3 的粉红噪声来模拟实际通话、播放音乐等场景。不仅是额定功率测试，而且在声压频响、灵敏度、谐波失真等参数测量中，使用粉噪要比单音信号更加接近真实情况。

如果将峰均比的概念进一步推广，我们还可以得到 CCDF（Complementary Cumulative Distribution Function）的概念。我们知道，峰均比其实是信号峰值与均值（有效值）之比，但它并没有考虑到峰值或者瞬时功率的出现概率，换言之，峰均比并不能告诉我们信号统计方面的信息。比如，信号瞬时功率比均值高于 3 dB 的概率是多少？

因此，人们引入了 CCDF（互补累积分布函数，其数学本质为信号的统计描述）。首先，假定我们知道了信号功率的概率密度分布函数（Probability Density Function，PDF），即信号瞬时功率围绕其平均功率波动的概率密度分布情况；然后，我们可以对 PDF 进行积分，从而计算出信号瞬时功率的累积分布函数（Cumulative Distribution Function，CDF）；最后，对 CDF

做"模1加"就得到CCDF，即CCDF=1–CDF，故称为Complementary CDF。上述过程，可用图2-5-2表示（摘录自Agilent文档）。

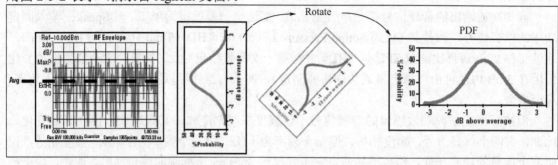

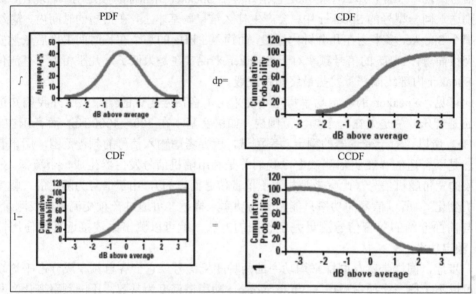

图2-5-2　获得CCDF的过程

只需要说明一点，在CCDF图中，横坐标表示信号瞬时功率与其均值的差距，记为Δ，可正可负，单位为dB；纵坐标表示瞬时功率比均值高Δ的累积概率（简称"概率"）。比如，从图中可见，瞬时功率比均值高1 dB以上的概率$P(\Delta\geq1)$大约为0.15，瞬时功率比均值高–1 dB以上的概率$P(\Delta\geq-1)$约为0.85（因为本图中PDF是对称的，所以$P(\Delta\geq-1)=1-P(\Delta\geq1)$），而瞬时功率比均值至少低1 dB的概率则为0.15，即$P(\Delta<-1)=1-P(\Delta\geq-1)$。

仔细想一想，我们就不难发现，Crest Factor关注的仅仅是信号的瞬时峰值，而CCDF关注的则是信号瞬时功率相对于均值的分布情况，所以CCDF肯定可以比Crest Factor体现出更多的信息。事实上，Crest Factor中的峰值功率就是取CCDF函数值为0.01%所对应的点，CCDF在RF性能分析中已经获得了广泛应用，尤其是采用线性射频功放的CDMA系统。关于CCDF的进一步讨论，笔者就不在入门篇中展开了，可参阅本书提高篇的"常规RF性能指标"，有兴趣的读者也可以在网络上搜索一下Agilent的这篇文档"Characterizing Digitally Modulated Signals with CCDF Curves"，写得非常不错！

现在我们知道，只有结合Crest Factor和CCDF，才能够对音频信号进行较为完整的分析。但实际情况却是各个手机生产设计厂家对额定功率的定义与测试方法都不统一，各个电声器件生产厂家的定义也各不相同（笔者目前尚未见到哪个电声厂家引入 CCDF）。一般而言，同样功率的粉噪与白噪，由于粉噪所包含的低频信号成分比白噪更多，所以用粉噪测试受话器参数要比白噪更加苛刻。所以，在查阅厂家 SPEC 时，一定要注意测试条件，最好能与厂家确认。前面所介绍的 Speaker 额定功率测试方法，就是笔者与山东潍坊某电声器件生产厂家在合作多年后共同商定的结果（简化了一些内容）。

2.5.2　I/Q 信号

I/Q 信号是通信系统中一个重要概念。在手机设计中，I/Q 信号质量也是需要工程师重点关注的地方。

I 是指 In-phase，即同相，Q 是指 Quadrature，即正交。在第 1 章介绍 CDMA 码分多址系统时，我们曾经以笛卡儿三维坐标系为例解释过，$X/Y/Z$ 三个坐标轴，两两垂直便称为相互正交。那么，假定有一个向量 L 由 X、Y、Z 轴方向的三个坐标值决定，并且认为 X 轴为同相分量，那么 Y 轴与 Z 轴都可称为正交分量。

将上述概念推广至通信系统中，一个数字已调信号 $S_m(t)$ 通常可以写为：

$$S_m(t) = S_I(t)\cos\omega_c t + S_Q(t)\sin\omega_c t \tag{2-5-1}$$

由于 $\cos\omega_c t$ 与 $\sin\omega_c t$ 是相互正交的（指它们在一个码元周期 T_s 内，其内积运算为 0），故我们把 $S_I(t)$ 称为同相分量，而把 $S_Q(t)$ 称为正交分量。而之所以将信号费时费力地分解为同相分量、正交分量，则有抑制镜像干扰、降低接收机误码率等显著功效。

于是，所谓的 I/Q 信号，是指把信号分别调制在 $\cos\omega_c t$ 与 $\sin\omega_c t$ 这两路相位相差 π/2 的同频基带载波上，由于 $\cos\omega_c t$ 与 $\sin\omega_c t$ 是正交的，所以我们才把 $S_I(t)$ 与 $S_Q(t)$ 分别称为同相分量和正交分量，这跟 $S_I(t)$ 与 $S_Q(t)$ 本身是否正交并无关系。更多时候，我们直接把 $S_I(t)\cos\omega_c t$ 称为同相分量，而把 $S_Q(t)\sin\omega_c t$ 称为正交分量。GSM 系统中 I/Q 信号如此，CDMA 系统中的 I/Q 信号亦是如此，只是基带载频 ω_c 有所区别而已。

很显然，如果 I/Q 信号在传输过程中出现干扰、畸变，就会造成信号传输错误。不仅如此，由于 $S_I(t)$ 与 $S_Q(t)$ 要么本身就是模拟信号（由数字码元经脉冲成形滤波器得到，如 QPSK 调制），要么 $S_I(t)$ 与 $S_Q(t)$ 被调制在 $\cos\omega_s t$ 与 $\sin\omega_s t$ 上（ω_s 不一定等于 ω_c，如 MSK 调制），它们已经不再是数字信号，而是模拟信号了。所以，I/Q 信号线的隔离保护是手机硬件工程师必须着重关注的地方。

2.5.3　Clock 信号

时钟信号皆由振荡电路产生，所以我们有时候也把时钟信号称为振荡信号。时钟信号在手机电路中有着极其重要的作用，无论调制/解调、发射/接收，还是操作系统定时、轮转，抑或是数据传输，都离不开时钟电路。至于时钟电路的具体组成形式与分析方法，笔者在入门篇中就不再介绍了，感兴趣的读者可以直接参阅提高篇中的"时钟系统"，或者电子线路方面的教材。

在此，我们仅仅介绍一下手机中最基本、最核心的两类时钟电路：VC-TCXO 与 RTC。

1. VC-TCXO

VC-TCXO，即温度补偿压控晶体振荡器，在高通平台中常为 19.2 MHz，其他平台常为

13 MHz 或者 26 MHz。我们知道，在手机中，RF 电路需要本振作为混频器的输入信号源之一（另一个是接收信号），并且本振的频率能够跟随输入信号频率（信道）的变化而变化。所以，这对本振信号的频率稳定度有很高要求。除此以外，诸如 DDR SDRAM，MIPI、USB 等高速信号线，数据传输率高达几百 MHz，对时序要求很严格，否则就会出现传输错误。那么，只有当这些接口芯片的主频保持稳定时（主频可以设置，但通常要求在所设定的频点上保持稳定），才能确保时序合格。

于是，为了使高频本振的频率保持相当的稳定度，人们设计出了锁相环（Phase Lock Loop，PLL）电路，其中一个重要的组件就是具有极高频率稳定度的参考时钟，通常就选用 VC-TCXO 的输出信号作为该参考时钟。在手机电路中，VC-TCXO 总是被封装成一个集成组件，多呈扁平状长方形，其内部主要由变容二极管（Varactor Diode）、石英晶体（Crystal）与放大器（Amplifier）三大部分组成，实物图与等效电原理图如图 2-5-3 和图 2-5-4 所示。

图 2-5-3　VC-TCXO 的实物图

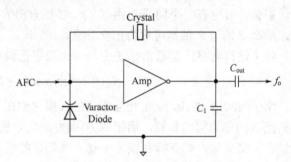

图 2-5-4　VC-TCXO 的等效电原理图

通过控制变容二极管的反向偏置电压 AFC（CPU 送出的补偿电压），可以改变变容二极管的容值，等效于改变石英晶体的负载电容，从而微调 VC-TCXO 振荡频率或者保持其振荡频率不随温度变化（故才有温度补偿之说）。

然后，系统以 VC-TCXO 的输出频率 f_0 为参考时钟，再通过 PLL 电路合成所需要的各种频率。

2．RTC

RTC，全称为 Real Time Clock，即实时时钟，常为 32.768 kHz，主要用于计时、待机守候、系统开机自检等功能。我们在 2.3.1 节中说过，为了有效降低功耗，系统会按照某些规则，关闭部分暂时不需要的电源或者以一定占空比交替打开/关闭部分电源。比如，手机在待机状态下，VC-TCXO 的供电电源就是时有时无的（请参考图 2-3-1）。

但是，RTC 是永远不会关闭的，即便在手机关机状态下，RTC 也一直在工作。试想，如果 RTC 关闭了，我们晚上把手机关机，第二天早上再开机，那手机时钟岂不停摆？手机闹铃还如何唤醒？所以，RTC 的供电电源永不关闭，只要手机电池有电，RTC 就一直工作。

有时候，我们可能会把电池从手机中取出来充电，RTC 就会从备份电池（外观与手表中的纽扣电池极为类似，只是尺寸更小）中获得电源，以维持其继续工作。一般，一颗状态良好的备份电池可以为 RTC 提供不少于 45 min 的供电能力。需要说明的是，有些低端机器从降成本的角度考虑，会把备份电池用一颗大电容代替，其供电能力直接取决于电容容值的大小，通常也就在半分钟到两分钟之间，显然不及备份电池。

就等效电原理图而言，RTC 与 VC-TCXO 并无二致，只不过 RTC 不需要实时调节振荡频率，所以只要把图 2-5-4 中的变容二极管用一个普通的电容代替就可以了。但要注意一点，这两个电容的作用一方面是使放大电路形成正反馈（振荡），另一方面是与晶体形成谐振（选频）。所以，为了使 RTC 时钟更加精确，必须选择满足晶体规格书要求的电容。如果所选电容容值有稍许偏差，问题不是太大，仅仅振荡频率有轻微偏差；但若容值偏差过大，就会导致无法起振或者电压下降后振荡停止的故障。这也就是说，如果我们用示波器直接测量某些振荡电路的石英晶体管脚时，会导致振荡停止的原因所在。高通 QSC6085 的 RTC 就有此问题，如果非要进行测量，则应该测量振荡电路的缓冲器输出管脚。一般而言，振荡频率越高，对电容选择要越加仔细。

最后说明一点，无论 VC-TCXO 还是 RTC，振荡电路的输出信号都是正弦波。如果需要方波振荡信号的话，则只要把正弦波信号送入一个缓冲器（缓冲器其实就是一个工作于开环状态下的运放）中，就可以得到同频方波信号了。进一步地，如果把缓冲器设计成迟滞比较器（又称"施密特触发器"），还可以调整方波信号的占空比。

2.6　天线

为了有效辐射和接收电磁波信号，任何一台无线电通信设备都离不开天线。在发射端，天线把射频 PA 产生的高频电流转化为无线电波，并传送到周围空间；而在接收端，天线则把空间中的电磁波转换为高频电流，然后供接收机进行放大处理。可见，天线的目的其实就是能量转换，使得收发信机、天线和传播介质之间形成一个连续的能量传输路径。所以，我们也可以简单地把天线看作一个性能互逆的电磁波和高频电流的能量转换器。

实事求是地讲，尽管天线的功能很简单，但其理论却相当复杂！小到手机、对讲机天线，大到雷达、相控阵天线，无不蕴含极其丰富的知识，有些甚至远远超出笔者的理解范围。因此在本节中，我们首先从感性认知入手，简单介绍手机天线的分类与特点，文中涉及性能参数方面的一些专业术语会在随后的小节中解释，包括天线指标及某些测试方法的浅显说明，更详细的分析，读者可参考电磁场与天线教材。

2.6.1　手机天线的分类

天线的种类很多，分类方法也很多。按照用途，可分为广播天线、电视天线、导航天线等；按照波段，可分为中波天线、米波天线、微波天线等；按照位置，可分为内置天线与外置天线；按照天线辐射方向，可分为定向天线和全向天线；按照极化方式，可分为线极化天线和圆极化天线（线极化和圆极化都可以看作椭圆极化的特例）。

在天线理论中，则是按照天线的结构特点，分为线天线和面天线两类。一般，线天线由横向尺寸远小于波长的金属棍或棒做成，最常见的有对称阵子天线（Dipole）、折合阵子天线、环形天线（Loop）等，如图 2-6-1 所示；面天线则是由尺寸远大于波长的金属或介质面构成，最常见的是抛物面天线，即俗称的"锅盖天线"，如图 2-6-2 所示。通常，线天线用于长波和中短波波段，面天线主要用于微波和毫米波波段。

从线天线与面天线的定义来看，手机中的各种天线显然都应归为线天线。更确切地说，手机中的各种天线是电小尺寸天线，简称"电小天线"，即天线最大几何尺寸远小于波长（通常为≤0.1λ 量级)。比如，GSM900 MHz 频段，其波长λ ≈33 cm，而现在的手机天线尺寸显然要远小于波长。当天线的尺寸与波长相比非常小时，其物理模型就是一个带有少量辐射的电感/电容，它仍然是整个天线系统的一个分支，与一般大天线相比并无本质差别，只是其电尺寸小，所以在方向性系数、辐射效率、增益、带宽等性能参数上会有其自身特点。

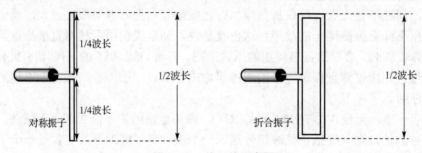

图 2-6-1　线天线示意图

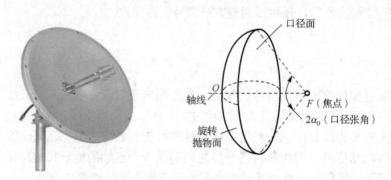

图 2-6-2　面天线示意图

　　传统上按照天线所在位置，手机天线还可粗略分为外置天线和内置天线两类，但随着天线开发技术与工艺水平的进步，现在又衍生出可与手机外观共形的金属边框/全金属外壳天线，这是手机天线与外观 ID 结合的新应用。

● 外置天线：如拉杆天线（常见于 FM 收音机）和螺旋天线（常见于早期手机）等。外置天线的频带范围宽，不易受人头和人手的影响，制造方便，价格低廉。但其暴露于机体之外，无法与机体共形，与现行手机的造型审美趋势相背，已经基本被市场淘汰，只有在一些特殊产品，如要求高性能和高可靠性的卫星电话、军用手持电台中还在采用。

● 内置天线：如缝隙天线、微带贴片天线、IFA 天线、倒 L 天线、PIFA 天线、Monopole天线（内置）、陶瓷天线等。目前，绝大多数的手机均采用内置天线设计，其中获得广泛应用的是 Monopole 天线（内置）和 PIFA 天线两种。

● 金属边框/金属外壳天线：首先出现的是以 iPhone 4 为代表的金属边框天线，随后金属外壳天线则以 HTC One 及 iPhone 6 为代表。该类型天线在诞生之初，曾在业内引起相当大的震动。笔者听说过一个故事，说最近风头正劲的一家顶级通信公司的工程师当初在看到 iPhone6 时几乎都傻眼了，不仅天线系统复杂无比，而且完全超出了他们对天线的理解。为此，公司还专门组织了一帮工程师对 iPhone6 的天线进行研究。就原理来说，金属边框手机虽然可以沿用传统的内置 Monopole 天线、PIFA 天线等，但金属边框对天线电磁辐射有很大影响，会导致手机天线频带变窄、效率降低，而且人手是电的良导体，对天线影响尤为严重（如著名的 iPhone 4 "死亡之握"）。对于金属外壳天线，则由于外壳的屏蔽作用，内置天线几乎没有任何作用。因此，对于金属边框和金属外壳天线，其设计思路是把边框和外壳直接设计成天线的一部分，通过馈点位置及可调谐电路实现天线的匹配调节。

下面，我们按照手机天线的演化历史，对几种常见天线加以说明。

2.6.2　手机天线的演化

1．外置天线

外置天线通常有拉杆式和螺旋式两种，如图 2-6-3 所示。

图 2-6-3　拉杆式天线（左）与螺旋式天线（右）

外置天线基本上属于 Monopole 天线（外置）类型，由 Dipole 天线演变而来。由图 2-6-1 可知，Dipole 天线是由一段末端开路的双线传输线构成（又称振子），两臂位于同一直线，结构对称，馈电点在中间，由于两振子长度均为 1/4 波长，故又称为半波振子天线。显然，Dipole 天线的尺寸对于手机来说实在是太长了。

如果去掉 Dipole 天线的下振子馈电点并将下振子改为一个无限大的理想导电平面（参考平面），则根据电磁场镜像原理，参考平面的下方将产生一个与上振子镜像的虚拟振子，就好像参考平面不存在一样。由于此时天线只有一个真实的振子，故称为 Monopole 天线，即单极子或单端振子天线，如图 2-6-4 所示。

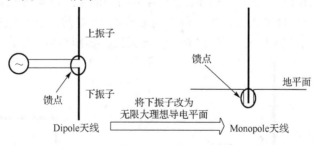

图 2-6-4　Dipole 天线演化到 Monopole 天线

由于 Monopole 天线与 Dipole 天线具有相同的电流分布，所以它们的方向特性相同，但 Monopole 天线的馈电电压仅为 Dipole 天线的一半，所以其输入阻抗、辐射电阻等参数均为 Dipole 天线的一半。显然，Monopole 天线的长度只有 Dipole 天线的一半，对于手机来说基本可以接受。拉杆天线就是一个典型的 Monopole 天线，而螺旋天线只不过是把拉杆由直线改为螺旋线形式（将图中包裹天线的塑料拆开就可以看到），类似红酒开瓶器一样，这样就可以在保持振子长度不变的情况下降低天线高度。

2．内置微带天线

尽管内置天线类型繁多，但它们基本都可以看成是同源的，即微带天线的变形。从结构上看，微带天线由四个部分组成，分别是馈电的微带线、背面的金属接地板、介质基片（通常是聚氟乙烯等类似材料），以及作为辐射核心的导体贴片，如图 2-6-5 所示。发射时，通过微带线或类似同轴线的馈线进行馈电，于是在导体贴片与金属接地板之间产生振荡，最终通过导体贴片四周与接地板之间的缝隙向外辐射电磁波。由于背面的金属接地板本身起到了屏蔽作用，因此微带天线向背面辐射的电磁波能量比较小，有利于改善天线的 SAR 指标。除此以外，微带天线还有一个优点就是比较容易实现圆极化，其中最简单的圆极化方案只需要对导体贴片的一到两个边角进行切角处理即可。图 2-6-5 右边所示的微带天线为某手机 GPS 接收天线，采用的就是切角方案。另一种圆极化方案是双路馈电，但手机中不多见。

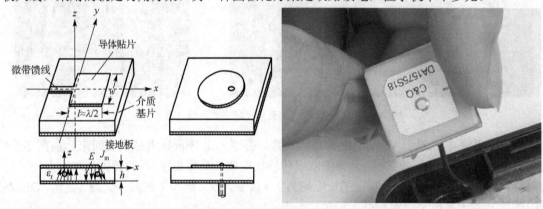

图 2-6-5　微带天线基本形式

3．内置 Monopole 天线

螺旋天线尽管在一定程度上降低了拉杆天线的高度，但对于越来越轻薄的手机来说还是嫌太长。为此，将 Monopole 天线从中间某点折弯并与地面平行，构成一个类似倒写英文字母 L 的形状，就可以进一步降低天线高度，即"倒 L 天线"。显然，倒 L 天线是 Monopole 天线的变形，因此我们也常把倒 L 天线称为 Monopole 天线，如图 2-6-6 所示。

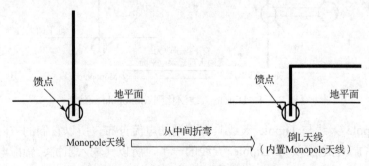

图 2-6-6　Monopole 天线与倒 L 天线

目前，绝大多数手机已经不再使用外置天线，所以现在所说的 Monopole 天线通常都指这种内置 Monopole 天线。由于内置 Monopole 天线降低高度更加靠近地平面，因此它对辐射空间的要求更高，在天线周围 7～10 mm 内不能有地面或其他金属物体，即所谓的净空区，支持频段越多，净空区要求也越高。不过，Monopole 天线占用的辐射空间可以不在手机主板上，而在手机主板的外界空间，因此对结构的限制较小。

Motorola 最为经典的 V3 手机的主天线就采用内置 Monopole 天线形式，如图 2-6-7 所示。从实物图上可以很清楚地看出，内置 Monopole 天线其实就是把拉杆天线弯折几次后放在机壳内部而已。当然了，由于天线内置，天线周围的电磁环境会变得相当复杂，又要支持多频段，其技术难度自然远比外置 Monopole 天线高得多。

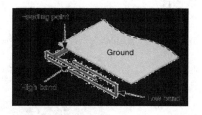

图 2-6-7　Motorola V3 的内置 Monopole 天线

4．PIFA 天线

PIFA 由 IFA 天线演变而来。IFA 天线全称为"Inverted-F Antenna"，因为从侧面看过去，它类似一个倒写的英文字母 F，故而得名。从结构上看，IFA 天线则是在内置 Monopole 天线基础上，在天线垂直单元末端增加了一段用于匹配调节的接地金属线，因此 IFA 天线亦可以看成是 Monopole 天线的变形。但 IFA 天线采用顶部金属导线作为辐射单元时，其辐射电阻太小，因此辐射效率很低。于是为了提高辐射效率，可以采用顶部加载技术，把顶部的辐射金属导线用金属平面替代，从而形成平面辐射单元，即 Planar Inverted-F Antenna，简称 PIFA 天线，如图 2-6-8 所示。

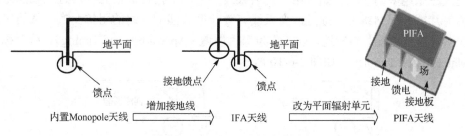

图 2-6-8　PIFA 天线的演化过程

5．其他天线形式

除 Monopole 天线和 PIFA 天线，在手机上获得较多应用的还有陶瓷天线。陶瓷天线也可以看成是 Monopole 天线的变形，但它在一定程度上实现了天线的小型化。根据波长与介电常数成反比的原理，增加介质基片的介电常数，等效为减小波长，从而减小了天线的谐振电长度，但副作用是牺牲了一些谐振带宽和效率，所以一般仅用于 Bluetooth 和 GPS。

在功能机及早期智能机时代，Monopole 天线和 PIFA 天线是主流的天线形式，但随着手机轻薄化、金属化和多模多频化的设计趋势，传统的 Monopole 天线与 PIFA 天线的频段及带宽已经很难满足这些需求。以 PIFA 天线为例，根据理论分析与仿真实验，高度 H 影响天线谐振点带宽，水平投影面积 S（$=W×L$）影响天线工作频段，并且体积 V（$=S×H$）越大，天线效率越高。实践经验表明，GSM/DCS 双频 PIFA 天线的面积不得小于 500 mm^2（推荐 600 mm^{2}以上），支架高度 H 不得低于 6 mm（推荐 8 mm 以上）；而对于 GSM/DCS/PCS 三频 PIFA 天线，其面积不得小于 600 mm^2（推荐 700 mm^{2}以上）。如果要求天线支持更多频段，天线的体积会更大，这与手机纤薄化的发展趋势明显矛盾。图 2-6-9 为 PIFA 天线和 Monopole 天线的结构图。

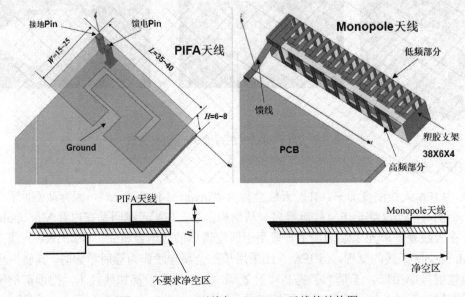

图 2-6-9 PIFA 天线与 Monopole 天线的结构图

于是，越来越多的手机开始采用可调谐天线技术，即把可调谐元件通过加载的方式放置在天线辐射片或匹配网络上，通过改变天线有效长度或匹配网络的阻抗变换，从而实现天线的频率调谐与阻抗匹配。相应地，前者称为口径调谐（Aperture-based Tuning），后者称为匹配调谐（Match-based Tuning），如图 2-6-10 所示。

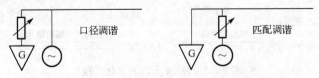

图 2-6-10 可调谐天线技术的两种基本形式

简单来说，口径调谐是将可调谐元件（常为可变电容或者电感结合射频开关）通过加载的方式放置在天线的辐射片上，利用可变电容或电感改变天线的谐振频率，相当于改变了天线的有效长度（电长度）。此方法配合一定的逻辑参数，调谐范围较大，既可用于频带内调谐，也可用于频带间切换。

匹配调节则是将可调谐元件放置在信号传输的匹配网络上，通过改变匹配网络的阻抗变换实现天线的阻抗及频率调谐。此方法调谐范围有限，一般用于拓展频段。

时下流行的金属边框和金属后壳天线一般采用二者结合的方式，但早先采用口径调谐技术的居多，性能相对稳定，技术上也更容易实现。图 2-6-11 为 iPhone4（WCDMA 版本）金属边框天线示意图，其中短的那部分作为 Bluetooth、Wi-Fi 和 GPS 天线，长的那部分作为 WCDMA 蜂窝网络天线（又称主天线）。

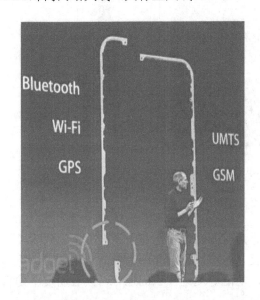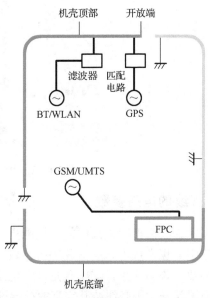

图 2-6-11　iPhone4（WCDMA 版本）的金属边框天线

不难想象，当人手正好接触到两段边框之间的缝隙时，由于人手吸收了大量信号，导致天线电长度加大，谐振频偏，天线性能急剧恶化。不仅如此，蜂窝网络的信号强度 RSSI（俗称信号 Bar）会直接显示在屏幕上，所以很容易被用户感知，体验效果变差。但 CDMA 版本的 iPhone4 情况则要好很多，因为主天线在靠近屏幕顶部侧面的地方被切开分成两段，于是系统可以使用一个双刀双掷开关（Double Pole Double Throw，DPDT）在这两段天线之间进行切换，从而降低了人手接触单一缝隙的风险。不过，不同频段的切换算法有所不同，不同平台的实现方式也略有区别。

图 2-6-12 为 iPhone6/6s 外观图，整机采用全金属后壳，支持全网通，频段数达到 20 个，天线难度前所未有之大。

iPhone6/6s 的后壳金属分为 A/A′、B/B′和 C 共五个部分，其中 A/A′作为上/下天线，B/B′和 C 则在内部连通，作为上/下天线的地，因此实际上只有三块金属。但说明一点，B/B′其实是天线的寄生单元，通过改变接地点位置可增加天线带宽。

理论上，高频电流的波长短，于是选择不同的馈点位置，就会在天线上产生不同的电位和电流分布，从而得到不同的天线阻抗值。因此，精心选择馈点位置，原则上可以实现天线与馈线之间的阻抗匹配，但手机天线的电磁环境太过复杂，实践中很难单独采用这个方法，必须在选择馈点位置后，通过可调谐电路完成最终的匹配调谐。所以，iPhone6/6s 看似只有上下两块金属作为天线，但实际在天线上设有大量的馈点、可调谐电路，以及增大隔离度的接地点，整个系统相当复杂。

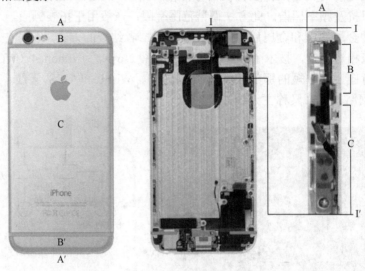

图 2-6-12　iPhone6/6s 的金属后壳天线

2.6.3　天线的电路参数

习惯上，我们把手机天线的电性能指标分为有源性能指标和无源性能指标两大类，但在天线理论中，也常按电路参数和辐射参数分类。本节，我们介绍天线的电路参数，下一节介绍辐射参数。说明一点，文中凡是涉及电路、电磁等理论知识的地方，读者朋友不妨直接看成公理引用就好，不必纠结其完整的推导过程。

1. VSWR（电压驻波比）与 S_{11}（回波损耗）

由传输线理论可知，当馈线阻抗和天线阻抗匹配时，高频能量全部被天线吸收并辐射，馈线上只有入射波，没有反射波。此时，馈线上各处的电压幅度相等，我们把馈线上传输的波称为"行波"。当天线阻抗和馈线不匹配时，也就是天线阻抗不等于馈线特征阻抗时，天线就不能将馈线上传输的高频能量全部吸收，而只能吸收部分能量，入射波的一部分能量被反射回来形成反射波，如图 2-6-13 所示。

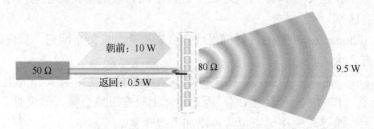

图 2-6-13　入射功率与反射功率

为了定量分析天线吸收馈线能量的性能，人们引入了反射系数的概念。由于阻抗不匹配，馈线上会同时存在入射波和反射波。于是，我们把反射波和入射波的电压幅度之比称作"反射系数"，记为 Γ，笔者直接给出示意图和结论（我们将在高级篇《信号完整性》中进行详细推导），如图 2-6-14 所示。

图中，Z_S 表示源端（RF PA）的输出阻抗，Z_C 表示传输线（馈线）的特征阻抗，Z_L 表示终端（天线）的负载阻抗，则负载 Z_L 端的电压反射系数 Γ_L 定义为：

$$\Gamma_L = \frac{Z_L - Z_C}{Z_L + Z_C} \tag{2-6-1}$$

相应地，还有源端 Z_S 的电压反射系数 Γ_S：

$$\Gamma_S = \frac{Z_S - Z_C}{Z_S + Z_C} \tag{2-6-2}$$

显然，反射系数的定义需要把传输线上的电压看成是入射波与反射波的叠加，如果采用示波器测量的话，我们很难从波形上区分哪个是入射波，哪个是反射波。因为，人们引入电压驻波比 VSWR（Voltage Standing Wave Ratio）这个概念，定义为传输线上驻波的波腹电压（振幅最大值 $V_{\max}$）与波节电压（振幅最小值 $V_{\min}$）之比，如图 2-6-15 所示。

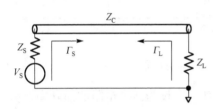

图 2-6-14　传输线简化示意图

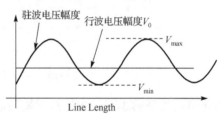

图 2-6-15　行/驻波示意图

通常，源端串联匹配（$Z_S = Z_C$），则电压驻波比也可以用反射系数表示，如下：

$$\mathrm{VSWR} = \frac{V_{\max}}{V_{\min}} = \frac{V_0\left(1 + |\Gamma_L|\right)}{V_0\left(1 - |\Gamma_L|\right)} = \frac{1 + |\Gamma_L|}{1 - |\Gamma_L|} \tag{2-6-3}$$

大多数情况下，我们不会用示波器去测量传输线上的波形，而是用矢量网络分析仪测试所谓的 S 参数（仿真软件通常给出的也是 S 参数），于是描述反射系数的参数就变成了回波损耗 S_{11}（Return Loss），以 dB 表示，定义如下：

$$S_{11} = 20\log|\Gamma_L| \tag{2-6-4}$$

图 2-6-16 为某 GSM/DCS 双频天线 S_{11} 仿真图。

由式（2-6-1）～式（2-6-4）可知，反射系数、电压驻波比和回波损耗可以相互转换，并且 $0 \leqslant |\Gamma_L| \leqslant 1$，$1 \leqslant \mathrm{VSWR} \leqslant \infty$，$-\infty \leqslant S_{11} \leqslant 0$ dB。因此，当天线与馈线阻抗匹配时，$\Gamma_L = 0$、VSWR＝1、$S_{11} = -\infty$，即天线完全吸收入射波，不产生驻波。实际的手机天线不可能达到这种理想状态，通常情况下，内置单频天线的 VSWR 在 1.2～2.0 之间，S_{11} 在 -20～-10 dB 之间，内置双频/三频天线则可适当放宽至 VSWR≤3。

2. Efficiency（效率）

天线效率 η 是指天线的辐射功率 P_{rad} 与从馈线吸收的功率 P_t 之比，用百分比表示，也可以用 dB 表示。当天线阻抗与馈线阻抗匹配时，天线可以吸收馈线提供的所有功率，但天线自身有损耗，并不能将所吸收的功率全部辐射出去。

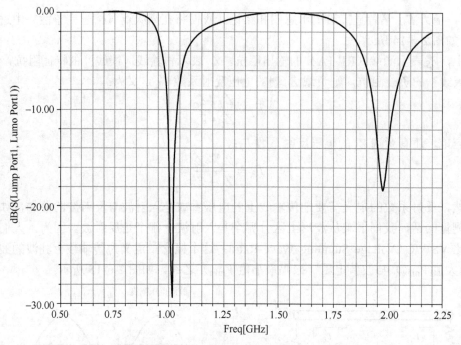

图 2-6-16　某 GSM/DCS 双频天线 S_{11} 仿真图

仿照电路处理的思想，我们把天线辐射和损耗的功率虚设为两个电阻的热功率，分别称为"辐射电阻"与"损耗电阻"，用 R_{rad} 与 R_δ 表示。因此，天线效率可用如下方程表示：

$$\eta = \frac{P_{rad}}{P_t} = \frac{P_{rad}}{P_{rad} + P_\delta} = \frac{R_{rad}}{R_{rad} + R_\delta} \tag{2-6-5}$$

假设馈线传输的功率为 P_{in}，天线从馈线吸收的功率为 P_t，天线的辐射功率为 P_{rad}，考虑到天线的反射损耗与效率，天线最终的辐射功率如下：

$$P_{rad} = \eta P_t = \eta(1 - |\Gamma_L|^2)P_{in} \tag{2-6-6}$$

由此可知，要提高天线辐射功率，必须尽可能满足阻抗匹配，同时提高天线效率，两者都很重要。不妨设想有一个 50 Ω 假负载，其 VSWR 为 1 没有任何反射，但它的辐射效率为 0，因为它把所有入射功率全部转换为热量消耗掉了。手机中的主天线随频段不同，效率一般在 20%～40%之间，频段高的相对会更好一些。

3．Isolation（端口隔离度）

端口隔离度是指信号从一个端口泄漏到另一个端口的比例。

对于单根天线来说，没有端口隔离度的概念，但我们在 2.2.5 小节的天线电路中介绍过天线开关和双工器，如果把天线开关或双工器看成天线的一部分，我们就不难理解，当天线开关与双工器的端口隔离度不够时，就会在同一根天线的 TX/RX 方向或不同天线之间产生耦合干扰。

以 LTE 手机为例，为了支持分集接收功能，需要能够同时工作的主、副两根天线。分集接收的性能取决于两根天线之间的独立性，独立性越高，分集接收的性能就越好，因此就要求两根天线间的端口隔离度尽量大。

4．Power Capacity（功率容量）与 Passive Inter-Modulation（无源互调）

功率容量是指天线所能承受的最大功率，若实际输入到天线的功率超出了天线的功率容量，则可能会引起天线打火、驻波比异常等故障。

振荡器、混频器、功放等高频或大功率电路属于非线性电路，会产生各种交调/互调问题。天线虽然属于无源器件，但由于介质缺陷（如介质材料从各向同性变为各向异性）、金属老化（如生锈）等问题，天线自己也会产生非线性失真现象，并且输入功率越大，非线性失真越明显。因此，当天线端口输入多个频率信号时，就会导致无源互调问题。

不过对手机天线来说，由于 RF PA 的功率太小，这两个问题基本不用考虑。

2.6.4　天线的辐射参数

1．Pattern（方向图）

天线的方向性是指天线向一定方向辐射电磁波的能力，对于接收天线而言，则表示天线对不同方向传来的电波所具有的接收能力。天线的方向性通常用方向图描述，即天线辐射的电磁场在三维空间等距离条件下，不同辐射方向的强度与最大辐射方向的强度之比，如图 2-6-17 所示。

其中，用辐射场强 $E(\theta, \varphi)$ 表示的称为"场强方向图"，用功率密度 $P(\theta, \varphi)$ 表示的称为"功率方向图"。在移动通信工程中，通常用功率方向图来表示天线的方向性。由图 2-6-17 可知，天线的方向图是空间立体图形，但立体方向图描述起来有些复杂，因此我们常用两个互相垂直的主平面内的方向图来简化，

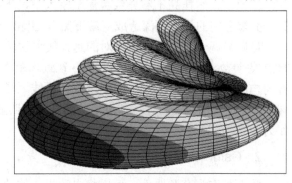

图 2-6-17　天线方向图

即垂直方向图与水平方向图（均采用极坐标表示）。对手机而言，由于手机与基站之间的水平角度 φ 及垂直角度 θ 存在各种可能，所以一般要求手机天线为全向性，或者说对手机天线方向图没有特定的形状要求。同样，广播电台与电视台因为要覆盖周围一圈，所以其天线在水平面通常也是无方向性的。事实上，所谓全向天线与定向天线均是针对水平面而言，所有天线在垂直面或平行于振子的平面都是有方向性的。

顺便解释一下，天线具有方向性其实是通过振子的排列，以及振子馈电相位的变化来获得的，其原理与光的干涉效应十分相似。在某些方向上，相位相同，能量得到增强，而在另外一些方向上，相位相反，能量被减弱，从而形成一个个波瓣（又称波束）和零点。其中能量最强的波瓣叫主瓣，能量次强的波瓣叫第一旁瓣，依次类推，对于定向天线还存在后瓣辐射，如图 2-6-18 所示。然而手机天线空间狭小，很难像八木天线（一种著名的强方向性天线，雷达天线的鼻祖）那样通过反射器、引向器将能量集中辐射到某个方向，所以手机天线基本上没有什么方向性或弱方向性（与 Dipole 天线接近）。

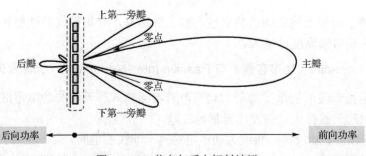

图 2-6-18 前向与后向辐射波瓣

关于定向天线，读者朋友平时不妨注意观察一下基站天线，通常在一个铁塔或者金属杆的顶端，从上到下依次悬挂几组不同制式或频段的天线，每个高度都有三面天线，每面天线覆盖 120°，三个天线正好覆盖 360°，这就是典型的三扇区定向天线。不仅如此，每个天线实际上还微微向下倾斜 4°～8°，这样可以让天线尽量向地面辐射，不是向天上辐射而白白浪费能量，这在基站天线中被称为"机械下倾"（Mechanical Tilt）。然而机械下倾有一定局限性，角度调得太大反而会造成覆盖严重变形，所以有时还要再配合 4°～8° 的电下倾（Electrical Tilt），即前面所述，通过改变振子馈电相位来实现天线的方向性。有时候用户抱怨小区没有信号、网络差，不一定是屏蔽或手机差，运营商对小区基站的覆盖优化不好也可能是原因之一。比如，天线挂高不够导致覆盖范围太小，下倾参数不合理造成实际覆盖变形，主瓣与下第一旁瓣之间的零点过深造成"塔下黑"，上第一旁瓣抑制不好造成远处小区干扰，等等。

最后强调一点，方向图针对的是天线辐射场，也即远场，包括后面介绍的增益、EIRP、TRP 等参数，均是在远场中定义的。在远场范围内，电场和磁场相互垂直，并与电磁波传播方向构成右旋正交，属于平面电磁波。天线近场是感应场，电磁能量在电场与磁场之间相互转换，并不辐射出去。远场与近场的场结构有明显区别，但并无明确界限，简单的可以取 10λ 作为边界。

2. Gain（天线增益）

放大器作为有源器件，可以将电源提供的功率转换为所需的信号功率，但天线是个无须电源供电的无源器件，没有额外的能量补充，哪来增益一说？事实上，天线增益是个相对值。

我们不妨假设有一个各向同性的理想点源（isotropy），它在空间的辐射方向图是一个球。当某个实际天线的辐射功率与理想点源的辐射功率相同时，由于实际天线存在方向性，所以它向某些方向的辐射强，而向其他方向的辐射弱。于是，我们定义天线的方向性系数 D_{max} 为辐射功率 P_{rad} 相等的情况下，天线最大辐射方向的功率密度 p_{ant_max} 与理想点源在同一点的辐射功率密度 p_{iso} 之比，其中小写字母 p 表示功率密度，大写字母 P 表示功率。

$$D_{max} = \frac{p_{ant\_max\_D}}{p_{iso}}\bigg|_{P_{ant\_rad} = P_{iso\_rad}} \tag{2-6-7}$$

方向性系数描述了天线向空间不同方向辐射功率的相对大小，并没有考虑天线的辐射效率 η，而且天线的实际辐射功率 P_{rad} 并不那么容易测定，但天线的输入功率 P_t 是比较容易测量的（此处的天线输入功率 P_t 是指天线从馈线实际吸收的功率，而馈线提供的总功率为 P_{in}，由于阻抗匹配的原因，总有 $P_t \le P_{in}$，后面同）。因此，我们把天线增益 G_{max} 定义为在输入功率

P_t 相等的情况下，天线最大辐射方向的功率密度 p_{ant_max} 与理想点源的辐射功率密度 p_{iso} 之比，同样小写字母 p 表示功率密度，大写字母 P 表示功率。

$$G_{max} = \frac{p_{ant\_max\_G}}{p_{iso}} \bigg|_{P_{ant\_t} = P_{iso\_t}} \qquad (2\text{-}6\text{-}8)$$

由于 $P_{rad} = \eta P_t$ ，所以 $p_{ant\_max\_G} = \eta p_{ant\_max\_D}$ ，代入式（2-6-8）可知：

$$G_{max} = \eta D_{max} \qquad (2\text{-}6\text{-}9)$$

因此，天线增益 G_{max} 等于天线效率 η 与方向性系数 D_{max} 的乘积，当效率 $\eta = 100\%$ 时，增益就等于方向性系数。与放大器类似，天线增益也用分贝 dB_i 表示，其中下标 i 表示与理想点源的对比，通常简记为 dB。对于 Dipole 天线，理论上可证明其相对于理想点源的增益为 2.15 dB。有时天线增益也用 dB_d 表示，下标 d 其实是表示与 Dipole 天线对比。由此可知，$dB_i = dB_d + 2.15$。

这里，我们对天线方向性系数和增益都是以最大辐射方向来定义的，但实际上我们可以对空间任一点定义天线在该点的方向性系数和增益，只不过此时的方程要加上两个角度自变量 φ 和 θ，分别用 $D(\varphi, \theta)$ 和 $G(\varphi, \theta)$ 表示。

同样，我们还可以定义天线的平均增益 $G_{avg} = \eta D_{avg}$。因为天线不可能产生能量，其在某些方向上的辐射加强是以其他方向减弱为代价的，所以平均方向性系数 $D_{avg} = 1$，则天线的平均增益 $G_{avg} = \eta$。由此可知，天线在整个球面的平均增益就是天线的辐射效率，对内置单频天线，$\eta \geq 30\%$，则 $G_{avg} \geq -5$ dB；对内置双频/三频天线，$\eta \geq 20\%$，则 $G_{avg} \geq -7$ dB。所以，天线的平均增益 G_{avg} 最多为 0 dB（效率为 100%），但最大辐射方向上的 G_{max} 可以大于 0 dB，尤其像雷达、卫星这类强方向性天线，其 G_{max} 可以达到 20 dB 以上。

3. EIRP（等效全向辐射功率）与 TRP（全向辐射功率）

为提高接收点场强，提高天线增益和增加发射功率是等价的，因此在通信系统中常引用等效全向辐射功率 EIRP（Effective Isotropy Radiated Power）这一物理量，定义为天线在最大辐射方向上的等效辐射功率。

$$EIRP_{max} = D_{max} P_{rad} = G_{max} P_t = \eta D_{max} P_t \qquad (2\text{-}6\text{-}10)$$

通常，我们把上式用 dB 表示，相乘就转化为代数和。对于空间任一点 (φ, θ)，只需把方程中的 $EIRP_{max}$、D_{max} 和 G_{max} 分别用 $EIRP(\varphi, \theta)$、$D(\varphi, \theta)$ 和 $G(\varphi, \theta)$ 代替即可。

举个简单例子，某天线的输入功率 $P_t = 2$W，在 (φ, θ) 处的增益 $G(\varphi, \theta) = -3$ dB，则天线在该点的 $EIRP(\varphi, \theta) = P_t + G(\varphi, \theta) = 33$ dBm -3 dB $= 30$ dBm，表明天线在该点处的场强与一个输入功率为 1W 的各向同性理想点源相同。

对于卫星、基站等定向天线，通常都是把最大辐射方向对准目标区域，相当于我们只要关注一块很窄的强辐射区域就可以了，所以使用 $EIRP_{max}$ 参数描述比较合适。但手机天线方向性很弱，而且实际工作时其最大辐射方向也一直在变化，如果还使用 $EIRP_{max}$ 参数关注很窄的一块辐射区域就不是很合适了。因此，手机天线使用全向辐射功率 TRP（Total Radiated Power）参数，体现了天线在自由空间的总辐射功率。设馈线输入功率为 P_{in}，天线吸收功率为 P_t，辐射效率为 η，则 TRP 方程如下：

$$TRP = \frac{EIRP_{max}}{D_{max}} = \eta P_t = \eta (1 - |\Gamma_L|^2) P_{in} = G_{avg}(1 - |\Gamma_L|^2) P_{in} \qquad (2\text{-}6\text{-}11)$$

从物理意义上看，天线的总辐射功率 TRP 显然就是天线从馈线吸收的功率 P_t 乘以辐射效率 η，因此对比式（2-6-6）与式（2-6-11），两者没有任何区别，并且这再一次证明，如果要提高天线辐射功率，必须尽可能满足阻抗匹配，同时提高天线效率。

举个例子，假设馈线输入功率为 33 dBm，驻波比为 2（即 $\varGamma_L = 1/3$），对内置单频天线来说，$\eta \geqslant 30\%$，则 TRP $\geqslant$ 33 dBm(P_t)– 0.5 dB(VSWR)–5 dB(η)= 27.5 dBm；对内置双频/三频天线来说，$\eta \geqslant 20\%$，则 TRP $\geqslant$ 33 dBm – 0.5 dB – 7 dB = 25.5 dBm。

前面我们曾提及 iPhone4 的死亡之握，说明人手会对天线产生影响，因此在实际的 TRP 测试中，会特别区分自由空间和人头模型两种情况（即俗称的"头+手"）。测试在微波暗室中进行，调整手机的位置（步长为 15°），然后在三维空间依次测量各点的等效全向辐射功率 EIRP(φ, θ)，最后再通过累积求和，近似计算球面上的平均功率，如式（2-6-12）所示。

$$\text{TRP} \cong \frac{\pi}{2NM} \sum_{i=1}^{N-1} \sum_{j=0}^{M-1} \left[\text{EIRP}_\theta(\theta_i, \phi_j) + \text{EIRP}_\phi(\theta_i, \phi_j) \right] \sin(\theta_i) \tag{2-6-12}$$

4. EIS（等效全向灵敏度）与 TIS（全向灵敏度）

EIS（Effective Isotropic Sensitivity）即等效全向灵敏度，表明天线在空间某点的接收灵敏度。与 EIRP 类似，该指标既可以定义在最大辐射方向上 EIS_{max}，也可以定义在空间任一点 EIS(φ, θ) 上，或者用平均值 EIS_{avg} 定义。

但与 EIRP 稍微不同，EIS 不仅取决于天线性能，与接收机电路也有重要关系。首先，接收机电路本身有一个灵敏度 S_c（传导灵敏度且与空间位置无关）；其次，天线是收发互易的，其发射增益就是接收增益。因此，当天线与接收机电路组成一个系统时，系统灵敏度是这两部分代数和（用 dB 表示），数学方程如下：

$$\text{EIS}(\varphi, \theta) = S_c - G(\varphi, \theta) = S_c - \eta D(\varphi, \theta) \tag{2-6-13}$$

举个例子，假设接收机的传导灵敏度为 –107dBm，天线增益 $G(\varphi, \theta) = -3$ dB，则系统对（φ, θ）方向来波的接收灵敏度为 EIS(φ, θ) = –107 dBm –(– 3 dB) = –104 dBm。此例中，由于天线增益为负，所以系统灵敏度有所下降；如果天线增益为正，则系统灵敏度上升。

与 TRP 类似，为了从整体上体现手机对自由空间各个点的接收灵敏度，我们可以采用平均值 EIS_{avg} 来描述，并将其命名为 TIS（Total Isotropic Sensitivity），即全向灵敏度。此时，只要把方程（2-6-13）中的 EIS(φ, θ)、$G(\varphi, \theta)$ 改为 EIS_{avg}、G_{avg} 即可，如下：

$$\text{TIS} = \text{EIS}_{\text{avg}} = S_c - G_{\text{avg}} = S_c - \eta \tag{2-6-14}$$

显然，由于天线效率的原因，系统的总接收灵敏度是要差于传导灵敏度的，而且降低的数值就是天线的平均增益，也即天线效率。

TIS 也在微波暗室中进行测试。调节仪表发射机的输出信号功率，使得手机解调信号的误码率逐渐上升，直至规范定义的门限值。然后测量并记录下该点的信号强度，即为手机所需要的最小前向链路功率。依次调整手机位置（因为 TIS 测试时间较长，所以步长改为 30°），测量并通过累计求和，获得最终的数据，如式（2-6-15）所示。

$$\text{TIS} \cong \frac{2NM}{\pi \sum\limits_{i=1}^{N-1} \sum\limits_{j=0}^{M-1} \left[\dfrac{1}{\text{EIS}_{\theta}(\theta_i, \phi_j)} + \dfrac{1}{\text{EIS}_{\phi}(\theta_i, \phi_j)} \right] \sin(\theta_i)} \qquad (2\text{-}6\text{-}15)$$

由于 3D 空间测试比较耗时，手机天线调试过程中也可以仅仅测试 2D 平面。但要注意，2D 测试中应尽量选择天线辐射和接收灵敏度最好的平面进行测试，并且只用测试一个极化方向即可，但如果需要全方位了解天线性能，则必须进行 3D 空间测试。

5．Polarization（极化）

在天线辐射远场中，电场 $\vec{E}$、磁场 $\vec{H}$ 及传播方向的能流密度 $\vec{S}$ 构成右旋正交（$\vec{S} = \vec{E} \times \vec{H}$），辐射电磁波可近似看成平面波。于是，人们就把电场 $\vec{E}$ 的方向定义为电波的极化方向，也就是天线的极化方向。

通常，我们可以把电场 $\vec{E}$ 分解为水平分量 $\overrightarrow{E_x}$ 和垂直分量 $\overrightarrow{E_y}$，用矢量表示为 $\vec{E} = \overrightarrow{E_x} + \overrightarrow{E_y}$。很明显，如果 $\overrightarrow{E_x}$ 和 $\overrightarrow{E_y}$ 的相位相同或者相差 180° 时，则合成电场 $\vec{E}$ 的大小随时间变化，但方向始终保持在一条直线上，因此被称为"线极化波"；如果 $\overrightarrow{E_x}$ 和 $\overrightarrow{E_y}$ 的振幅相等，但相位相差 90° 或 270° 时，则合成电场 $\vec{E}$ 的大小不随时间变化，但方向却随时间以角速度 ω 改变，称为"圆极化波"；对于更一般的情况，$\overrightarrow{E_x}$ 和 $\overrightarrow{E_y}$ 的振幅不相等，相位相差 φ，则合成电场的矢端在一个椭圆上旋转，称为"椭圆极化波"。线极化波和圆极化波都可以看成是椭圆极化波的特例，如图 2-6-19 所示。

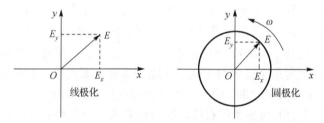

图 2-6-19　线极化与圆极化

对于线极化波，根据电场方向与地面的平行/垂直关系，可以细分为水平极化与垂直极化，有时也采用 ±45° 的极化方式。对于圆极化波或椭圆极化波，还可以用左旋或右旋来说明电场矢量的旋转方向。面向电磁波传播方向看过去，如果电场矢量是顺时针旋转的，则称为右旋极化波；反之，如果电场矢量是逆时针旋转的，则称为左旋极化波。以 Dipole 天线为例，其辐射电场方向与振子摆放方向一致，比如，在图 2-6-4 中，振子垂直于地面，因此是垂直极化波；反之，如果振子平行于地面，则是水平极化波；如果把振子与地面倾斜 ±45° 则构成 ±45° 极化波。

对于接收机，如果来波是水平/垂直极化，则应用水平/垂直极化天线接收；如果来波是左/右旋极化，则用左/右旋极化的天线接收。无论是线极化与圆极化失配，水平极化与垂直极化失配，还是左旋与右旋失配，都将产生极化损失。理论上，用纯粹的水平/垂直极化天线接收纯粹的垂直/水平极化波，或者用纯粹的左旋/右旋极化天线接收纯粹的右旋/左旋极化波，即天线极化方向与来波极化方向完全正交时，失配损耗为无穷大（但由于电波在传播过程中会经过反射/折射而改变其极化方向，所以实际上还是可以接收的）；用线极化天线接收圆极化波，或者用圆极化天线接收线极化波，则都将产生 3 dB 的失配损耗。以 GPS 天线为例，如果卫星发射圆极化波（圆极化波穿越雨雪区域时的衰减要优于线极化波），则接收机采用圆极化天线是理所当然；但如果卫星发射的是线极化波，那接收机仍然必须采用圆极化天线。因为接收机可能随时改变方向，3 dB 的失配损耗总要好过于完全失配。因此，GPS 卫星和接收机天线都采用圆极化方式。

具体到移动通信基站，大部分采用 1T2R，即发射用一根天线，接收用两根天线的方式。那么问题来了，基站天线应采用圆极化还是线极化？如果是圆极化，应采用左旋还是右旋？如果是线极化，应采用水平/垂直极化还是±45°极化呢？

首先解释为什么接收用两根天线。移动通信存在极为严重的多径衰落现象，从信号源到接收点，无线电波会经过 N 条通路（直射、反射、折射、衍射等），各条通路上的干扰也各不相同。因此，当这些多径信号到达同一个接收点时，信号强度可以在秒级时间内变化 30 dB 以上，这就很难保证通信质量了。但由于这些多径信号包含相同的信息，所以如果我们用多根天线有意识地接收来自于不同方向或不同性质的电波后再把它们合并起来，就可能获得比较强的合成信号，这就是所谓的"分集"（Diversity），简单起见，常采用两根天线。打个比方，这就像是某份绝密情报被分散在多个渠道中传递，各个渠道都有可能被破坏，情报就会不完整，但只要这些渠道内部实施单线联系，渠道之间又没什么关联，就不会出现被"一锅端"的情况，那么接收方在汇总各个渠道的信息后，还是有可能恢复出原始情报的。

回到通信系统中，如何确保两根天线接收到的电波有足够的差异性，或者说关联程度足够小呢？一个容易想到的办法是把两根天线拉开一定距离，比如 10λ 以上，那电波到达这两根天线的路径差异就很明显了，从而可以获得比较好的分集接收效果，故称为"空间分集"。但 10λ 的距离实在太大，比如 GSM 900 MHz 频段已经超过 3 m，很难在铁塔上架设。因为基站采用 120° 的定向天线朝向某个固定的小区，环绕一周要 3 面天线，现在为了实现空间分集还得给每个小区各增加 1 面天线，并且同一个小区的两面天线之间要距离 3 m，然后同一个铁塔上的不同频段/不同制式的天线都要这么搞，这得整多大一个铁塔？！所以空间分集技术在现网中很少采用。既然此方法不可行，那该怎么实现分集呢？其实很简单，我们刚刚说过，不同极化方向的天线可以有选择性地接收相应极化方向的电波，那我们就把两个不同极化的天线振子做在一起（外观看上去是一面天线），不就同样实现分集功能了吗？这就是所谓的"极化分集"，已被广泛应用于基站天线中。

接着，我们分析一下应该采用哪种极化方式。我们知道，大地有一定的导电性，它在反射无线电波的同时也会吸收一部分能量。但电波有极化方向，而大地近似为水平面，可等效为水平振子，所以它更倾向于吸收水平极化波。于是答案就很明显了，为了让电波传得更远，采用水平极化最差，采用圆极化有一定损耗，采用垂直极化最合适。读者朋友不妨回想一下我们在日常生活中所见到的广播电台/电视台的天线，它们不都是垂直大地架设的嘛？在大哥大及早期的数字机时代，手机天线一般都采用外置拉杆天线或螺旋天线，打电话时，天线也正好垂直于地面，所以也是垂直极化的。

但随着移动多媒体业务逐渐流行，手机屏幕越来越大，人们经常在横竖屏之间进行切换，天线的极化方向也随之发生改变。这种情况下，若基站发射天线仍然保持垂直极化，就可能导致手机接收信号变得很差。因此，把基站发射天线改为±45°极化会更好一些。不仅如此，基站天线实乃收发共用，如果用水平/垂直极化天线，则发射机必须接到垂直极化的端口，若误接到水平极化端口将导致下行信号覆盖变弱，极易造成不良影响。但大地对±45°极化方向的电波吸收相当，发射机随便接到哪个端口都可以。这样一来，大家就纷纷选择±45°的极化方式了。

目前，LTE 手机天线也采用分集接收方式。不过，这里的主、副天线却是空间分集，而不是极化分集。因为目前的手机天线都采用内置方式，天线周边电磁环境复杂，其主极化方向接近于垂直，但水平分量也很大，而且改变手机方向就会改变其极化方向，所以主、副天线，采用严格的极化分集对手机天线来说不容易做到，故而意义不大。发射时，手机选择主天线，或者有些平台也支持根据信号强度选择其中一根天线，即没有发射分集；接收时，则同时使用两根天线，若硬件设计得当（要求主、副天线之间的隔离度在 10 dB 以上），再配合接收分集算法，灵敏度可以比单根天线提高 3 dB 左右（各平台有差异），从而显著提高弱场下的数据吞吐量。不过手机尺寸过于狭小，可能对某些手机的接收分集并没有什么用。

2.6.5　与法规相关的指标

除了对电路参数和辐射参数有指标要求外，手机天线还有一些与辐射安全性法规相关的指标要求，比如，考察人体吸收电磁辐射剂量的 SAR、考察天线对助听器兼容性的 HAC，以及一些与天线辐射相关的 EMC 标准。

1. SAR（比吸收率）

SAR（Specific Absorption Ratio）即人体吸收比率，主要考察人体组织对天线辐射的电磁波的吸收能力。尽管没有充分证据表明电磁辐射对人体有害，但出于安全考虑，世界各国还是规定了手机的 SAR 标准。目前，美国规定 SAR 的限值为不大于 1.6mW/g（以 1g 脑液测试），欧洲为不大于 2mW/g（以 10g 脑液测试），美国标准更为严格。

当 PIFA 天线与 Monopole 天线的效率相近时，由于 PCB 上 GND 的阻隔，PIFA 天线的后向辐射场要远小于 Monopole 天线，所以 PIFA 天线的 SAR 值通常较 Monopole 天线更低一些。不过严格说来，SAR 考察的是天线近场，不应采用在远场定义的方向图来解释 PIFA、Monopole 天线之间的 SAR 区别，但作为一种定性分析的辅助手段也未为不可。

2. HAC（助听器兼容）

HAC（Hearing Aid Compatibility），即助听器兼容，包含 M-Rating（M 评级）和 T-Rating（T 评级）两个部分，最早由美国联邦通信委员会（FCC）于 2007 年提出，标准号为 ANSIC.6319—2007（目前已更新为 2011 版本）。随后，我国也在 2007 年提出了自己的 HAC 标准 YD/T 1643—2007，基本上是参照美国规范。但相比于美国标准，我国稍微降低了 T-Rating 中对 SNR 判定的要求。在 ANSI C.63—2007 版本中，要求 X、Y、Z 三个方向的 SNR 全部达标，而我国只要求 Z 方向达标即可。不过，原 ANSI C.63—2007 标准确实更为严格，最新的 ANSI C.6319—2011 标准也修改为 Z 方向达标即可。

T-Rating 主要考察助听器在 T-Coil（电感线圈）耦合模式下，手机听筒将音频信号转化为磁场信号的质量，分为 T1～T4 共四个级别，其中 T1 级别最低、T4 级别最高。

M-Rating 考察助听器在 Microphone 耦合模式下，手机天线对助听器的射频干扰，分为

M1～M4 共四个级别，其中 M1 级别最低、M4 级别最高。与 SAR 类似，M-Rating 考察的 Y 也是天线近场干扰，远场参数只适宜做定性参考。

在本书高级篇"各种新功能"中，我们将对 HAC 做详细介绍，此处暂且略过。

2.6.6 小结

本节，我们介绍了手机天线的一些基础知识和常规指标，总结起来，手机天线指标包括电性能指标和可靠性指标两个方面。

电性能指标又分为无源性能（Passive Performance）和有源性能（Active Performance）两类，均需在全频段范围内测试。无源性能包括天线的电路参数和辐射参数，如 VSWR、Pattern、Efficiency、Gain 等；有源性能则是从系统的角度对手机天线进行评价，如 TRP、TIS、SAR、HAC 等。

可靠性指标则包括拉力测试、压力测试、扭力测试、跌落测试、高低温循环测试、盐雾霉变等。通常，可靠性指标由天线厂家予以保证，手机研发工程师并不过多关注。

上述内容说是简单介绍，可笔者在写完后怎么也没有料到这一节居然超过了两万字。尽管如此，笔者也深知文中还有诸如 3D 测试、史密斯圆图、天线制造工艺、电磁仿真等太多东西还没有涉及。关于天线领域最为通俗易懂的科普文献，笔者推荐一本由华为工程师所撰写的内部培训教材《大话天馈》，全书约 100 页，图文并茂且语言诙谐，非常适合初学者。

目前，天线理论日趋成熟，方向天线、智能天线、自动匹配天线等技术在基站中获得广泛应用。但是由于其系统构架复杂、成本昂贵，现阶段还难以集成入超轻纤薄的手机。不过，随着新材料、新工艺的发展与手机智能化的需求，这种可降低网络依赖度的方向回溯智能天线将是未来移动通信系统发展的必然趋势。

第 3 章

分立元件与 PCB 基础知识

前面两章简要介绍了移动通信系统、手机组件等基础知识，但尚未涉及分立元器件方面的知识。尽管目前基于大规模集成电路技术的芯片已经代替了绝大多数由分立元件构成的电路，并且在体积、成本、稳定性等各个方面全面超出分立元件电路。但是，芯片不可能集成所有的分立元件，比如电容，利用半导体势垒电容，可以在芯片内部实现小容值，但大容值根本无法实现，也完全没有必要这么做。

PCB 的全称为 Printed Circuit Board，即"印制电路板"。在电子管盛行的时代，电子管与电子管之间常常采用飞线的方式直接焊线连接。如果有机会的话，大家不妨将 20 世纪 60 年代左右生产的电子管收音机拆开看看，不仅电子管，就连电阻、电容、电感等无源器件之间也是焊线连接的。然而，随着半导体晶体管的普及，特别是集成电路芯片的迅速发展，飞线连接已经是不可能完成的任务了。

本章的前半部分向读者介绍手机中常用的分立元件，着重分析它们的特性及在手机中的应用；后半部分则主要介绍手机 PCB 方面的基础知识。实事求是地讲，无论分立元件的设计与制作，还是 PCB 的设计与制作，都是深奥的学问。所以，本章只探讨它们各自的性能特点，不关心其生产工艺，所介绍的知识满足手机硬件工程师的应用需求即可。

3.1 电阻、电容与电感

电阻、电容与电感是任何一个电子线路都必不可少的基本组件。从初中物理开始，我们就已经陆续接触这三大元件，大学物理、电子线路等课程中更是反复见到它们。正所谓"最熟悉的陌生人"，见得多了，可能也就没有感觉了。就笔者自己的感受，很多电子/电气专业的毕业生学了四年，居然连这些基本元件的概念与特性都没完全掌握，还依然停留在中学物理课的水平上，实在是悲哀！

在本节内容中，我们将仔细研究这三种基本元件，看一看它们到底是如何应用于手机电路设计中的。

3.1.1 电阻

1. 电阻的分类

在分立元件的时代，电阻基本都是插脚型的。除了依功率、阻值、尺寸分类，按照材料还可分为碳膜电阻、金属膜电阻、合成膜电阻等，按照精度分为 20%（E6）、10%（E12）、5%（E24）等各个系列。

受制于手机的体积，手机电阻全部是表面贴装型的。由于尺寸很小，额定功率也很小，一般都为 1/16 W 或 1/20 W，设计时需要考虑流过电阻的电流不能超标。一般情况下，手机电阻的精度通常为 5%，对于分压反馈、A/D 采样等特殊场合，才会选用 1%的电阻。当然，精度越高，价格也越高。

2．手机中的特殊电阻

除了常规电阻外，在电子线路中还有一些特殊电阻，如光敏电阻（用于检测环境光强弱）、气敏电阻（用于各种可燃或易爆气体的检测）、磁敏电阻（用于无触点式开关或无接触电位器控制电路中）、湿敏电阻（用于空气湿度检测）、热敏电阻（用于检测环境温度），等等。

目前，在手机电路中获得广泛应用的是热敏电阻。我们知道，手机在使用中会发热，特别是在周围环境温度比较高的情况下边充电、边打电话，整个手机的温度迅速上升，尤其是电池与 RF 发射机的 PA。

将热敏电阻紧贴电池与 RF 发射机 PA（一些品牌电池内部自带该热敏电阻），利用热敏电阻阻值随温度变化的特性，通过采样热敏电阻的阻值大小，就可以换算出电阻的温度。如果温度超出安全范围，则关闭电池的充放电或者随温度变化动态调整发射机的参数。

在本书的案例分析篇中，我们将会详细分析一个基于 NTC（Negative Temperature Coefficient，负温度系数）电阻的电池温度监测案例。

3.1.2　电容

1．电容的分类

在手机电路中，对电容通常采用两种分类方法。

一种是按照材料对电容进行分类，有陶瓷电容、钽电容两类。其实，钽电容是电解电容的一种，另一种是铝电解电容。只不过，我们一般把钽电解电容简称为钽电容，而把铝电解电容简称为电解电容或铝电容。

另一种是按照极性分为无极性电容和有极性电容两类。陶瓷电容属于无极性电容，钽电容为有极性电容（但也有少数钽电容属于无极性的）。

就价格而言，由于钽电容需要用稀有金属"钽"作为原料，所以价格比陶瓷电容高很多倍。一般情况下，在能用陶瓷电容的地方，尽量不要选用钽电容。

对于手机电路中的电容，主要考虑标称容量、额定电压、介质损耗、自谐频率等几个参数。关于标称容量和额定电压这两个概念，直观而且简单，就不再介绍了。本节主要介绍介质损耗与自谐频率，目的是使初入行者能建立起这两个概念，而在本书的高级篇中，我们还将从信号完整性的角度来深入探讨介质损耗与自谐频率的问题。

2．电容的等效电路

理想的电容通交流隔直流，且电流的相位超前于电压 90°，所以电容上无任何损耗，如下式：

$$P = U \cdot I = UI\cos\theta = 0 \ (\theta = \pi/2) \tag{3-1-1}$$

在低频电路中，电容的特性基本上如式（3-1-1）所描述。但由于制造电容的介质材料终归存在有限的阻抗值，所以即便在直流电压下，电容中也会流过微小的漏电流；在高频电路中，则由于电容绝缘介质存在耗散因子（tanδ），所以电容中还会流过与耗散因子相关的漏电流。考虑到漏电流的相位与外加电压的相位相同，而理想电容的电流与电压之间的相位差为 90°，所以实际电容中流过的电流与电压之间的相位差就会偏离 90°，从而使电容产生损耗。

将上述两种效应综合起来，就使得实际电容对外表现出一个理想电阻与一个理想电容相串联的电气特性，即所谓的"等效串联电阻"（缩写为 ESR）。如果频率继续上升，电容的引脚与 PCB 之间还存在微小的接触电感（数量级在 0.5～2 nH），即"等效串联电感"（缩写为 ESL）。一般情况下，我们只说 ESR，那是仅仅对电容本体而言的，而实际的电容总是焊接在 PCB 上的。所以严格说来，高频时的 ESL 对电容的影响更大。如图 3-1-1 所示（图中阻抗用模值表示），就是一个完整的焊接在 PCB 上的电容等效电路图及阻抗频率曲线。

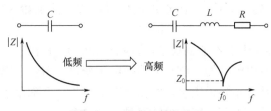

图 3-1-1　电容的等效电路

分析图 3-1-1 不难看出，低频时，容抗占主导地位。随着频率的上升，容抗逐渐下降，感抗逐渐上升，直到频率 f_0 处，容抗与感抗相等（LC 串联谐振），电容的阻抗达到最小值 Z_0。随后，感抗开始占主导地位，电容的阻抗随着频率的上升而增大。所以，如果一个电容应用于低频电路中，我们只需要考虑其容量与额定电压这两个参数。但在高频领域，则必须考虑其介质损耗与自谐频率，尤其是要保证自谐频率一定要高于信号频率，否则电容就不再是电容，而成为一个电感了。

在此，笔者说明一点，严格说来，电容的漏电流是由两种机制共同作用造成的。一种是介质中的离子运动，它是直流漏电流的主导机制，与频率关系不大；另一种是介质中电偶极子在外加交流电场作用下的位移运动，它是高频漏电流的主导机制，与频率呈线性关系（这便是耗散因子的来历，我们将在高级篇"信号完整性"一章中进行详细论述）。无论哪种机制，等效漏电阻都应该是并接在电容两端的。但根据等效电路原理，我们可以把并联支路转换成串联支路，从而用 ESR/ESL 进行描述。

理论上，根据等效电路中的 L、C 就可以计算出谐振频率 f_0（$f_0 = \dfrac{1}{2\pi\sqrt{LC}}$）。但事实上，$L$ 属于寄生参数，是无法预知其确切值的。因此，人们通常都是实测电路谐振时的 f_0，然后才能反推出 L 的大小。就手机电路应用来说，电容生产厂家会在其 SPEC 中提供不同型号电容的 f_0，供手机硬件工程师设计参考，如后面的图 3-1-4 所示。

3．并联电容的特性

尽管电容存在 ESR 问题，但由于手机电容全部为贴片电容，所以 ESR 问题在手机中并不需要太多注意。

一般而言，陶瓷电容的 ESR 比较小，但根据介质材料，陶瓷电容可分为Ⅰ类介质、Ⅱ类介质和Ⅲ类介质几种。

Ⅰ类介质主要由钛酸盐（非钛酸钡）构成，特点为介电常数小，所以电容的容值也小，但电性能稳定，绝缘电阻小（等效 Q 值高），没有随时间老化的特性，并且容量随温度、电压、频率的变化小。常见的Ⅰ类介质电容为有 COG（NPO）型温度补偿电容。

Ⅱ类介质主要由钛酸钡构成，其介电常数远大于Ⅰ类介质，所以电容的容值可以做得比较大，但电性能不及Ⅰ类介质电容稳定，容量随温度、电压、频率的变化大。常见的Ⅱ类介质电容有 X5R/X7R 与 Y5V/Z5U 等（X5R/X7R 为手机中常用，但 Y5V/Z5U 的电容已不多见）。

Ⅲ类介质的介电常数比Ⅱ类介质还要高，可做大容量、小体积的陶瓷电容，适用于绝缘电阻较低的低频电路，但手机中几乎没有应用，就不再介绍了。

从应用场景上分类，我们把Ⅱ类介质电容称为低频电容，多用于电源滤波、音频耦合等场合；而把Ⅰ类介质电容称为高频电容，多用于匹配滤波、高频调谐等。不过，这里所说的高频和低频只是相对而言的，即便 X5R/X7R 的低频电容，其 ESR 也比钽电容小多了，更不用说与电解电容比了。

钽电容为有极性电容（千万不能搞反了，否则会爆炸）。相比于陶瓷电容，其介质损耗和漏电流稍大（ESR 高），但钽电容的容值几乎不随电压变化（陶瓷电容的容值随着电压的增加而减小），体积容量比更是远超陶瓷电容。所以，钽电容几乎全部用于电源滤波领域，特别是电池 Vbat 的滤波。当然了，也有一些手机的音频耦合电容是采用钽电容的。

在实际电路中，我们经常看到一个电源上的滤波电容往往有很多，如图 3-1-2 所示。

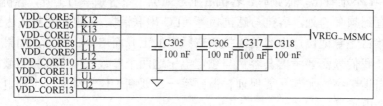

图 3-1-2　电源上的滤波电容组

有些刚入行的硬件工程师会想，搞这么多小电容，为什么不直接用一个大电容滤波？原因就是前面说过的电容阻抗与频率的关系。我们不妨考虑图 3-1-3 所示的并联电容组，其中 C_1 的容值约为 C_2 的 10 倍，C_2 的容值约为 C_3 的 10 倍。

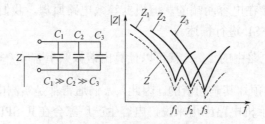

图 3-1-3　并联电容组的频率阻抗曲线

一般而言，电容的容值越大，其 ESR/ESL 越大，则谐振点的频率也越低，如图 3-1-3 的实线 Z_1、Z_2、Z_3 所示。但如果把多个电容并联，一方面可以增加总的容值以降低阻抗，但更重要的是可以提高谐振点的频率，使并联电容组的等效阻抗在很宽的频段内保持较低的值，如图中的虚线 Z 所示。当然，如果 $C_1/C_2/C_3$ 是相同型号的电容，则并联后的自谐频率不会发生改变，只是每个频率点所对应的阻抗有所下降。

图 3-1-4 为不同容值陶瓷电容的阻抗频率曲线（横坐标为频率，纵坐标为阻抗），读者在以后设计电路时可以参考。

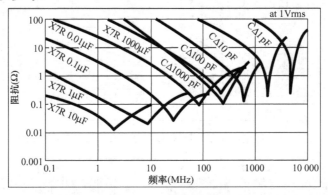

图 3-1-4　不同容值陶瓷电容的频率阻抗曲线

4．陶瓷电容的压电效应

在 2.2.5 节中曾经介绍过一种压电陶瓷 Speaker，它是利用陶瓷材料的逆压电效应来推动振膜发声。同样，陶瓷电容也存在逆压电效应。当陶瓷电容中通以交流信号时，陶瓷电容的表面会产生机械形变。随着交流信号的不断变化，形变也忽大忽小、忽上忽下，从而使陶瓷电容本体产生微小的振动。交流信号的频率越高、功率越大，则陶瓷电容的振动也越强。

我们知道，GSM 手机在通话过程中会产生 TDD Noise，且发射功率越大，TDD Noise 也越大。一旦 PCB 设计不合理，TDD Noise 耦合至陶瓷电容上时，就会导致电容本体随着 TDD Noise 出现同频振动。当足够大的发射功率干扰到足够多的陶瓷电容时，整个 PCB 就开始出现啸叫声，即所谓的"板子响"。如果此时机壳的密封性能不好，啸叫声耦合至 Microphone 时，就会导致上行 TDD Noise；如果啸叫声从 Receiver 中泄露，就会影响到本机用户的通话效果。

现在，我们已经知道，陶瓷电容存在（逆）压电效应，那么钽电容呢？很幸运，由于材料的区别，钽电容不存在（逆）压电效应。所以，钽电容价格贵，也是有道理的。顺便提一句，压电效应与材料特性有关，并不是每种陶瓷电容都存在压电效应的，如手机 BB 电路中大量应用的 II 类介质型 X5R/X7R 电容存在压电效应，但 RF 电路中常用的 I 类介质型 COG 电容就不存在压电效应。

5．陶瓷电容的温度稳定性

前面，我们在介绍 I 类介质与 II 类介质时曾提及，陶瓷电容容量会随温度变化而变化。不过，这一点在手机电路中不是特别重要，毕竟手机内部温度还是有限的。但是，如果是大功率电源、交换机、汽车等会严重发热的产品，那工程师就要特别重视陶瓷电容的温度稳定性问题了。

如图 3-1-5 和图 3-1-6 所示是几种常见电容的容量温度特性曲线，其中横坐标表示温度，纵坐标表示容量变化百分比。

由此可见，COG 温度特性最好，适合高频电路；Y5V 最差，基本接近淘汰；X5R/X7R 与钽电容居中，但钽电容稍好一些，多用于电源滤波、音频耦合等。

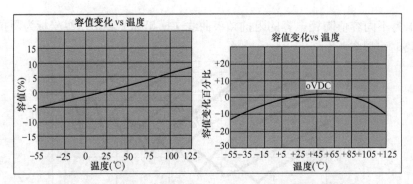

图 3-1-5　钽电容（左）与 X7R 电容（右）的温度特性曲线

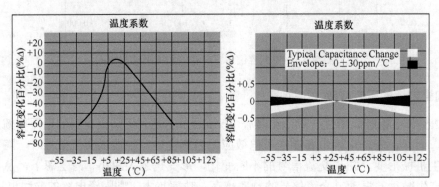

图 3-1-6　Y5V（左）与 COG（右）的温度特性曲线

6. 陶瓷电容的电压稳定性

我们知道，电容的标称容值一般都是在 25℃、额定电压（直流）情况下测量的结果。但实际应用中，温度会变化，工作电压也会发生变化。

图 3-1-7 为 X7R 与 Y5V 电容的电压特性曲线，横坐标表示直流电压百分比（100%表示额定电压），纵坐标表示容量变化百分比。

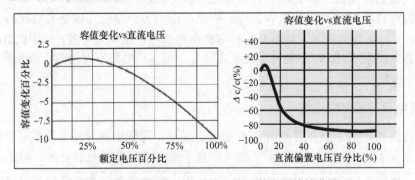

图 3-1-7　X7R（左）与 Y5V（右）的电压特性曲线

由此可见，X7R 与 Y5V 都会随着直流工作电压的上升而下降，但 X7R 下降只有 10%，而 Y5V 高达 80%。所以，这也是 Y5V 被淘汰的原因之一。

至于 COG 这种Ⅰ类介质电容，其容量基本不随直流工作电压变化，很稳定，也使得它非常适合高频电路。

事实上，陶瓷电容的容值不仅会随着直流电压变化而变化，它也会随着交流电压的变化而变化，如图 3-1-8 所示。

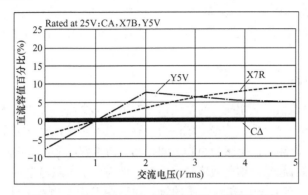

图 3-1-8 Y5V 与 X7R 容值随交流电压变化走势

不过，手机中的陶瓷电容，低频主要是滤波与耦合，高频信号又相对比较微弱，所以我们通常不考虑其容值与交流电压的变化关系，仅仅考虑直流效应即可。

3.1.3 电感

1. 电感的分类

同电阻、电容一样，手机中的电感均为贴片电感。

一般，电感组件按照感抗效应分为两大类：一种是利用自感效应的电感线圈，另一种是利用互感效应的变压器和互感器（事实上，RF Balun 的等效电路就是高频传输变压器）。

如果按照电感结构与工艺分类，则分为层叠电感（Multilayer Inductor，也称叠层电感）、薄膜电感（Film Inductor）和绕线电感（Coil Inductor）。图 3-1-9 为 Murata 公司所生产的常用电感选型图。

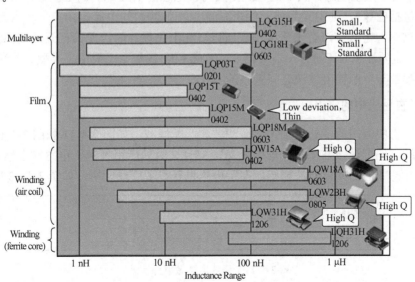

图 3-1-9 Murata 公司常用电感选型

对于手机电路中的电感，基本都是利用自感效应的（高频共模滤波器除外），常用于电源滤波及 RF 匹配滤波两个地方。对电源滤波电感而言，通过的电流较大且需要较好的滤波效果，所以多采用带磁芯的绕线电感且电感值较大（一般在 1～20 μH 量级）；对 RF 匹配滤波电感而言，功率不大，但频率很高，所以多采用层叠电感且 Q 值较高（$Q = \omega L/r$，以 100 MHz 为例，一般在 10～30）。

2. 电感的等效电路

理想的电感，对直流信号无阻抗，对交流信号的阻抗与交流信号的频率成正比，且电压相位超前电流相位 90°。但一个实际的电感，线圈总是存在直流阻抗，使得实际电感表现为一个电阻与理想电感的串联；在高频时，电感的引脚之间存在分布电容，又使得实际电感表现为一个电容与理想电感的并联。综合起来，这些效应使得电感表现为一个电阻与电感、电容的串并联。

如图 3-1-10 所示，就是一个实际电感的等效电路图及阻抗频率曲线。

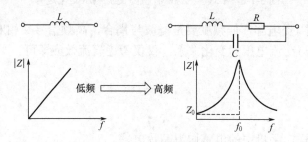

图 3-1-10　电感的等效电路

在图 3-1-10 中，自谐频率 f_0 表示电感的感抗（或感纳）与分布电容的容抗（或容纳）相等（相当于 LC 并联谐振），Z_0 则表示电感的直流电阻。

需要特别说明一点，由于电感上通过电流，所以任何一种电感都会有一项额定电流的指标。工程上，对于线绕电感，其额定电流定义为使电感量下降 10% 的电流值；对于叠层电感、薄膜电感（包括磁珠），则定义为使元件表面温度上升 20℃ 的电流值。

可见，这两种定义方法有本质区别。所以，在电路设计时，尤其在开关电源滤波电感选型的时候，一定要注意！高通有一篇文档 80-VC603-9，就是专门谈电感类型、感值、饱和（额定）电流等参数与电源输出纹波之间关系的。

3. 电感在手机中的应用

电感在手机中应用最多的分别是电源滤波和匹配滤波，如图 3-1-11 和图 3-1-12 所示。

电源滤波与匹配滤波在手机中非常常见，并且这两种应用都基于电感的自感效应，但还有一种基于互感效应的共模滤波电感，在手机中也获得了广泛应用，如图 3-1-13 所示。

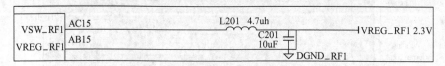

图 3-1-11　绕线电感做电源滤波

从上述共模滤波电感的等效原理图可以看出，1/2(5/6)、3/4(7/8) 分别构成两个滤波组，并且信号既可以从 1/2 输入、5/6 输出，也可以从 5/6 输入、1/2 输出，是双向器件，但必须成对使用，绝不能 1/3、2/4 这样成组。

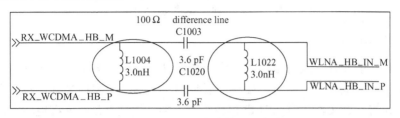

图 3-1-12 层叠电感做匹配滤波

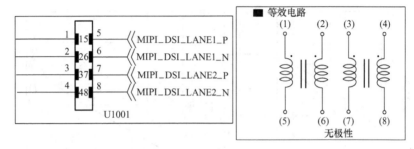

图 3-1-13 共模滤波电感

我们说，共模滤波电感主要用于差分电路，如差分时钟、MIPI 总线等，它可以抑制共模信号，但对差模信号无阻碍。一些入行多年的工程师不明白这一点，甚至有人用基于 RC 网络的 EMI 滤波器代替共模滤波电感，完全不顾电路的感受，悲哀啊！

道理其实很简单，根据电磁学的知识，电感的感值 L、磁力线匝数 N、磁感应强度 B 与电感电流 I 之间的关系如式（3-1-2）所示：

$$L = \frac{N}{I} = \frac{\oint_S \vec{B} \cdot d\vec{S}}{I} \tag{3-1-2}$$

当两个电感线圈通以方向相同的电流时，由于同名端方向也相同，所以自感磁场和互感磁场的方向相同，使得合成后的磁感应强度 B 变大（B 表示 $\vec{B}$ 的模值），即磁力线匝数 N 增加，等效电感感值 L 增加；反之，电流流向相反，互感磁场方向与自感磁场方向也相反，合成后的磁感应强度 B 变小，即磁力线匝数 N 减少，所以等效电感感值 L 下降。

由此可知，共模信号通过电感时，等效感值增加，电感对共模信号呈现较大的阻抗。而差模信号通过电感时，等效感值减小，电感对差模信号呈现较低的阻抗。理想状态下，共模阻抗趋于无穷大，差模阻抗趋于零，但实际的共模滤波电感，共模阻抗是差模阻抗的 50～100 倍（器件手册中会给出共模阻抗和直流电阻，可以把差模阻抗看成直流电阻）。

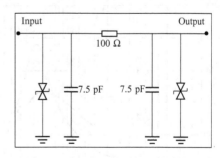

图 3-1-14 基于 RC 的 EMI 滤波器

但是，基于 RC 网络的 EMI 滤波器从电路本质上看，就是一个简单的 RC 低通滤波器，各个端口之间不存在互感耦合，如图 3-1-14 所示。

因此，无论共模信号还是差模信号，只要信号频率落在滤波网络通带范围之外，都会被迅速衰减。所以，该类型滤波器往往用于单端信号的高频滤波，如 Camera 的 YUV 数据线与 MCK/PCK、高速 SPI 接口等，可以有效抑制各种毛刺干扰。

4. 磁珠（Ferrite Bead）

磁珠是一种耗能元件，具有很高的电阻率和磁导率，等效为电阻与电感串联，但电阻值与电感值都是随频率变化的。所以，磁珠一般也归为电感类。但在高频，磁珠表现为电阻，而不是电感。其物理意义表明磁珠的 Q 值较小，大部分能量不是存储在电感中，而是被转换成热能消耗掉。磁珠与电感的阻抗频率曲线如图 3-1-15 所示。

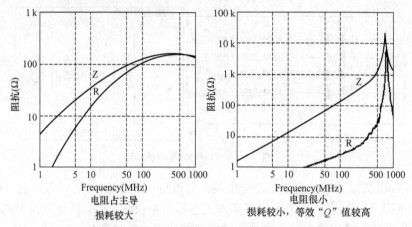

图 3-1-15　磁珠（左）与电感（右）的阻抗频率曲线

由此可见，电感相当于储能组件，理想的电感无能量损耗，但磁珠的目的是消耗能量，特别是对谐振频率点的信号有很强的吸收能力，它能把高频信号以热能的形式散失掉。因此，磁珠多用于抑制信号线、电源等线路上的高频噪声和尖峰干扰，同时还具有吸收静电脉冲的能力。一般而言，不同频段的干扰信号需要匹配不同谐振频点与 Q 值的磁珠，而采用不同型号的磁珠对同一个信号滤波也会产生不同的结果，如图 3-1-16 所示。有关磁珠物理模型的进一步分析，可参考《电磁兼容物理原理》（陈志雨编著，科学出版社，2013 年第 1 版）的 6.4 吸收式滤波器。

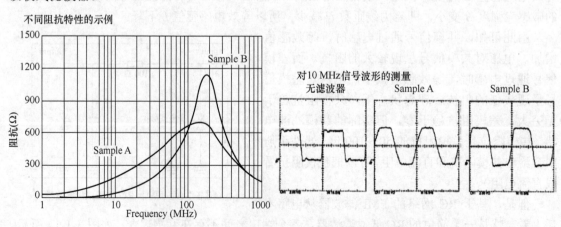

图 3-1-16　两种磁珠对同一个信号的滤波效果

3.2　晶体管与场效应管

尽管我们早已经进入大规模、超大规模集成电路的时代，但晶体管与场效应管仍然活跃在各种电子线路中，特别是大功率场合，几乎全是它们的天下。毕竟，芯片所能承受的输入、输出功率与它们中的那些大家伙相比，不值一提。

在手机中，也经常看见晶体管或场效应管的身影，如充电三极管、键盘背光灯驱动三极管等。事实上，手机 RF PA 并不是真正意义上的集成电路芯片，虽然它们长得很像芯片，但在内部，它们都是一个个管子搭起来的，称之为"厚膜电路"似乎更合理。

在本节中，我们对手机中常见的晶体管和场效应管电路进行简单介绍。至于器件工艺、放大电路等知识，请读者参看相关电子线路教材。

不过既然说到模电教材问题，笔者认为还是很值得探讨一下的。根据笔者的观察，目前国内高校用得比较多的模电教材有东南大学谢嘉奎教授的《电子线路——（非）线性部分》，清华大学童诗白教授的《模拟电子技术基础》，华中科技大学康华光教授的《模拟电子技术基础》，以及浙江大学陈邦媛教授的《射频通信电路》。东大谢教授的书，分析过程相当详细，特别是针对小信号放大、高频等效模型、运算放大器、振荡电路、调制解调电路等，如果能够耐心仔细地读完并读懂这些章节的绝大部分内容，整个模电就算是整明白了。清华童教授的书，笔者曾仔细读过 1979 年人教版，其中对于反馈电路、直流电源等章节的讨论实在是令人佩服，只是现在的高教版中均已删除，可惜喽。浙大陈教授的书，只谈高频电路，与谢教授的非线性部分内容相似，但分析过程更加详细。如果看不大懂谢教授的书，可以参考陈教授的书，肯定会有所裨益。至于华中康教授的教材（由东大审阅，其中有两位还是教过我的老师），个人觉得还是相当不错的，但比起上述几本，尚有点差异。由于康教授的书主要面向电气、自动化等专业方向，所以对高频电路、调制/解调电路的分析较少，且新版本的内容删减太多，很多精髓的地方点到为止，不是很适合电子、通信方向的学生。至于其他教材，笔者没怎么看过，就不评论了。

3.2.1　晶体管

晶体管包括晶体二极管、晶体三极管、晶闸管（俗称可控硅，小功率管在调光台灯上常见，大功率管常用于各种电力电子设备）等，在手机中常用的晶体管有二极管和三极管两种，而三极管又包括 NPN 型与 PNP 型两种。

在手机电路中，一般有三个地方会用到二极管：一处是马达电路，利用二极管抑制马达线圈的尖峰电压，如图 3-2-1 所示；另一处是 DC-DC 电路中，构成续流二极管（本书提高篇的"电源系统与设计"一章对此有详细分析）；最后一处是 ESD 防护，将两个背靠背的二极管做成 TVS 管（也有少数非背靠背架构的 TVS），可以实现静电电荷或浪涌冲激的快速泄放，如图 3-2-2 所示。

目前，随着工艺的发展，分立器件的三极管在手机中一般都作为开关组件使用，作为线性放大的很少，也只有在充电控制回路中可以见到作为放大器的三极管（请参阅本书提高篇中的"电源系统与设计"一章）。

如图 3-2-3 所示的三极管 Q2104 作为开关组件，使 Ctrl_Out 与 Ctrl_In 倒相 180°，从而实现反相器的功能。

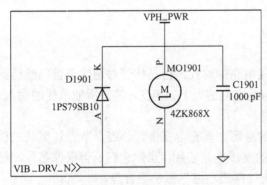

图 3-2-1 马达电路

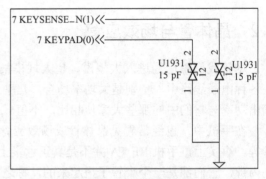

图 3-2-2 二极管做 ESD 防护

说起三极管作开关组件，笔者想起一个故事。当时，笔者正供职于某企业的手机研发部门，有一天因为是把三极管作为驱动开关使用还是作为线性放大器使用的问题，而与另一位工程师发生了争论。某产品的键盘背光电路简化如图 3-2-4 所示，$D_1/D_2/D_3$ 为发光二极管，$R_1/R_2/R_3$ 为限流电阻，三极管 T 作为驱动管，由 GPIO 输出的 Ctrl 信号控制三极管的状态。

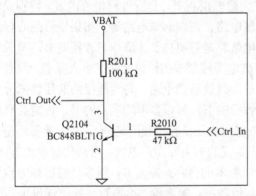

图 3-2-3 三极管作为开关元件

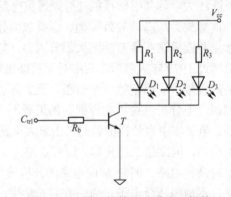

图 3-2-4 用三极管驱动发光二极管

当时，该型号机器键盘背光亮度不够，需要将通过 $D_1/D_2/D_3$ 的电流加大。于是，有工程师提出，减小三极管基极电阻 R_b 的阻值，从而提高其基极电流 I_b，使得流过三极管的集电极电流 I_c 增加，就可以提高发光二极管的亮度。他的理由也很简单，因为三极管集电极电流 $I_c=\beta I_b$。

可是，这对吗？我们知道，三极管的集电极和发射极之间总是存在压差 V_{ce} 的。那么，通过三极管集电极的电流 I_c 如下：

$$I_{cmax} = 3(V_{cc} - V_D - V_{ce}) / R = 3(V_{cc} - V_D) / R \qquad (3\text{-}2\text{-}1)$$

此时，三极管工作在饱和区，其集电结压降 V_{ce} 趋近于零（实际在 $0.1\sim0.2$ V）。而所谓的 $I_c=\beta I_b$ 其实是在三极管处于线性区的时候才成立，此状态下 V_{ce} 的要比管子饱和时的 V_{ce} 大得多。所以，无论怎么调整 R_b 的阻值，只要三极管一直处于饱和状态，那么其集电极电流 I_c 就没有变化，而且说到底，只可能让电流变小（表明三极管开始进入线性区了），而绝不会变大。如果想要实现电流变化，则应该调整发光二级管上串联的电阻 R_1、R_2、R_3 才对。

归根结底，这种驱动电路实际上是把三极管作为工作于饱和/截止两种状态的开关元件使用，通过三极管集电极的电流并不由三极管自己决定，而是由外电路决定的。当然，外电路的参数必须保证三极管能够工作于饱和状态（实际测量一下 V_{ce} 的大小即可确定具体的工作状态）。如果减小基极电阻 R_b 可以增大集电极电流，则反而说明当前的外电路器件参数不合适，这样的设计是有问题的！在案例分析篇的"开机自动进入测试模式"一文中，笔者探讨了一个与之类似的故障。

现在回想起这件事，这位名牌大学电子系研究生毕业、工作年限比笔者还要长的工程师，居然连这种最基本的电路都没搞明白。以小窥大，也难怪这家企业后来在 2012 年度出现高达几十亿元人民币的巨额亏损！

最后还是要强调一下，随着集成电路工艺的发展，无论 BB 还是 RF，目前在手机电路中已经很难见到工作于线性区的分立元件三极管了（充电电路除外），而在模拟手机和一些早期的 2G 手机中，还经常可以看见用三极管做的混频器（如摩托罗拉的一代名机 V998），此时的三极管的确工作于线性区（确切地讲，应该是线性时变状态，在有的文献中也称为"准线性"状态，与纯粹的线性状态还是有很大区别的，有兴趣的读者可参阅高频电路教材）。虽然用分立元件设计模拟电路更能体现工程师的技术水平，而且会用分立元件的工程师可以随心所欲地设计任何电路，但毕竟时代在发展，手机已成为普通民用消费品，分立元件的模拟电路在手机中已经不太可能看到了。

3.2.2　场效应管

场效应管有两种基本类型，一种是结型场效应管（JFET），另一种是金属氧化物场效应管（MOS），而 MOS 管又分为 P 沟道和 N 沟道两种。我们知道，晶体管必须在基极输入一定电流，才能在集电极产生输出电流，是电流驱动型器件；场效应管的栅极要求输入电压而不取电流，就能在其漏极产生输出电流，为电压驱动型器件。所以，场效应管的栅极对芯片的驱动能力基本没有什么要求，可以由 A/D Convert 这种电压输出型芯片直接驱动。一般，在手机中应用较多的场效应管是 MOS 管，至于是 P 沟道还是 N 沟道，则取决于控制电平的高低，两种都有应用。

同晶体管一样，分立器件的场效应管在目前的手机电路中也多作为开关元件使用。不过，场效应管的价格通常要比晶体管要高一些。所以，在能用晶体管驱动的情况下尽量不要选择场效应管。

3.3　PCB 基础知识

PCB 的全称为 Printed Circuit Board，即印制电路板，简称印制板或电路板，是电子产品的重要部件之一。

在电子管的时代，管子之间的电气连接常常采用飞线的方式直接焊接。那时的器件，相较于当今的贴片器件，就连电阻、电容都是些体积庞大的家伙，手工就可以焊接，也就没有必要去搞什么印制电路板，而且材料技术、加工技术也远远没有达到。但是，对于批量生产来说，手工飞线焊接的缺点很明显：一是容易出错、生产效率低；二是简直没法维修，线太多了，看着就眼花。所以，除了部分特殊领域，当今的电子产品已经几乎全部采用 PCB 进行电气连接了。

说点题外话，如今电子管在音响领域似乎又有风行的势头。特别是所谓的全手工打造、采用无 PCB 搭棚焊接的功放，价格高得惊人。多年前，笔者兴趣所致，曾经制作过一个较低端的 5 W×2 的甲类小胆机（"胆机"是电子管功放的俗称。这年头，你要去音响市场，如果不说胆机而说电子管功放，人家就嫌你土。这叫什么事？！），采用两只 6Z4（北京电子管厂产）整流、两只 6N11（长沙曙光电子管厂产）分别构成两级放大和两只束射管 6P1（南京电子管厂产）作为功率输出，觉得胆机其实没那么神秘。但对于胆机制作来说，特别是灯丝采用交流供电的管子，其交流噪声很大，所以信号回流路径与电磁屏蔽一定要处理好，否则喇叭里就会出现令人厌烦的交流哼声。另外，胆机采用高压直流驱动（200～1000 V），管子温度也非常高，需注意人身安全！

3.3.1　PCB 的常规术语

1．层数

PCB 最初诞生的时候，都是单面板，即单面布局、布线；随着电路变得复杂，单面板已经无法满足需求，就出现了双面板，即双面布局、布线，并获得广泛应用。迄今为止，在一些不太复杂的电子产品中，如收音机、电子玩具等，采用的依然是双面板。大规模集成电路的快速发展使得芯片体积越来越小，管脚越来越多，双面板无法满足布线需求了。于是，人们开始在双面板的基础上发展夹层，也就是在双面板上叠加其他面板，这就是多层电路板。

起初，夹层多用作大面积的地平面、电源平面，而上、下两个表层用于信号布线。后来，夹层也开始用于信号布线，这就出现了 4 层板、6 层板等。当然，夹层不能无限增加，毕竟 PCB 的成本和厚度都是有限制的。

在目前的手机设计中，PCB 一般为 6 层、8 层和 10 层，尤以 8 层 2 阶板居多。

那为什么不会出现 5、7、9 等奇数层的 PCB 呢？很简单，PCB 厂家在生产的时候，每块板材都有上下 2 个层面，然后 6 层板就是把两块板材两两压合（中间填以绝缘介质）得到一个 4 层板，然后在 4 层板的上下表面再各压合一块覆铜（依然要填以绝缘介质），从而得到 6 层板。8 层板就是两块板材两两压合得到一个 4 层板，然后再压合一块板材，得到一个 6 层板，最后在 6 层板的上下两个表面再各压合一块覆铜，最终得到 8 层板。所以，也就不会出现奇数层的 PCB 了。当然了，奇数层的 PCB 不是不可以做，而是没有必要这么搞，纯属浪费。

需要说明一点，上面的板材压合顺序相当于一个通孔板，实际的高阶数板压合远非如此简单。但因为这与我们手机设计关系不大，就不再深入探讨了。

2．通孔、盲孔与埋孔

因为器件只能在 PCB 的上下两个表面布置（最新的技术已经可以把电容等无源器件直接放置在 PCB 内部了），而走线有可能经过 PCB 的不同层面。所以，必须通过一系列过孔把信号线转移到不同的层面。

根据过孔所穿越的层面，有通孔、盲孔和埋孔三种。

通孔，顾名思义，一个孔从上至下，穿越了整个 PCB 的所有层面。

盲孔，也称 Blind Hole，与通孔相对而言，盲孔则是非钻通孔，孔的一端在表面层，另一端在 PCB 的某个内层。

埋孔，也称 Buried Hole，相对盲孔而言，埋孔的两端都在 PCB 的内层。

简单地说，通孔的两端，在 PCB 的上下两个表面上都可以看到；盲孔只能在一个表面看到孔的一端；而埋孔则完全看不到。但实际上，为了提高过孔的导电能力以及防止产生气泡，我们经常会把通孔、盲孔和埋孔进行电镀填铜/填树脂工艺，即用铜膏或树脂把孔给堵起来，成为实心孔。对于这些实心孔，看是看不穿的。

图 3-3-1 给出了一个 8 层板中通孔、盲孔和埋孔的示意图，数字 1-8 表示孔从第 1 层贯通至第 8 层，依次类推。

在图 3-3-1 中，所有的孔都是叠孔。板厂在加工 PCB 的时候，对不同层的基材分别进行钻孔，然后压合这些基材。所谓"叠孔"，其实就是不同层的孔是直接贯通的，比如图中的 1-3 盲孔，1-2 层的孔和 2-3 层的孔是直接叠在一起的。对应于叠孔，还有一种叫做"错孔"的工艺。很容易想象，这种孔不是贯通的。比如 1-3 盲孔，1-2 的孔和 2-3 的孔不是直接贯通，1-2 和 2-3 之间通过走线连接，如图 3-3-2 所示。

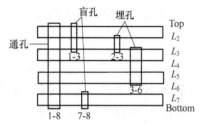

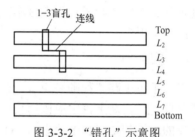

图 3-3-1　通孔、盲孔和埋孔的示意图　　　　图 3-3-2　"错孔"示意图

我们知道，对于穿越多层基材的过孔来说，为了保证不同层的孔能够相连，板厂在压合不同层的基材时，必须进行准确的几何定位。显然，叠孔需要将多个层同时进行定位，而错孔只需要对邻近层定位，所以叠孔板的钻孔定位精度要求高于错孔板。另外，叠孔板的钻孔类型比错孔板多，所以成本也会更高一些。

但叠孔板的优点也很明显。首先，叠孔方式更加节省布线面积；其次，叠孔的载流量要大；最后，叠孔具有更小的引线电感和分布电容，其高频特性更好。

3．PCB 的阶数

在前面介绍层数的时候，我们曾经提到过 8 层 2 阶板。那么，什么叫 2 阶板？有没有 3 阶板甚至更高阶数？

事实上，所谓的阶数与内层板材压合的次数有关，也相当于盲孔贯通的层数。以 8 层板为例：如果所有的过孔都是通孔，则称其为通孔板，即 0 阶板；如果除了通孔，还有 1-2/7-8 的盲孔，则称为 1 阶板；除此以外，如果还有 1-3/6-8 的盲孔，则称为 2 阶板。

不难看出，对于 8 层板来说：

0 阶板的打孔方式为 0+8+0；

1 阶板的打孔方式为 1+6+1；

2 阶板的打孔方式为 2（1+1 或 2+0）+4+2（1+1 或 2+0）。

总结，对于 N（N 为偶数）层 PCB 来说，2 阶板的打孔方式为

$$2(1+1 \text{ 或 } 2+0)+ (N-4) + 2(1+1 \text{ 或 } 2+0) \tag{3-3-1}$$

至于 3 阶板，则是

$$3（1+1+1 \text{ 或 } 2+1 \text{ 或 } 1+2）+ (N-6) + 3（1+1+1 \text{ 或 } 2+1 \text{ 或 } 1+2） \tag{3-3-2}$$

对于更高阶数，读者不妨自己推导。

需要提醒读者的是，阶数越高，PCB 走线越自由，故而电气性能指标也会越好，但 PCB 的成本也会越高。一般而言，从 1 阶板升级到 2 阶板，PCB 价格上升 30%左右。美国苹果公司的 iPhone 系列手机的 PCB 板采用 N 层 N 阶工艺，也就是俗称的 Any Layer 技术，即任意两个层面之间都可以打孔。普通的 PCB 钻孔，对大孔采用机械钻孔，对小孔采用激光钻孔，而 Any Layer 工艺全部采用激光钻孔，精度相当高，价格也相当高，非一般手机品牌所能承受。不过，从我们设计工程师的角度看，如果能用 1 元钱解决的事情，你非要用 10 元钱解决，而且性能的确会更好一些，这绝对不是错误。但性能裕量过大，也是没有必要的事情。咱这是手机，不是飞机，性价比也很重要。毕竟，也只有 iPhone 的高额利润率可以让苹果不用太计较成本，别人可做不到。

细心的读者可能会发现，如果按照式（3-3-1）的定义，图 3-3-1 与图 3-3-2 所示的 PCB 都可以称为 2 阶板。但显然，这两种 PCB 是不同的。其实，图 3-3-1 的 PCB 采用叠孔工艺，是真正意义上的 2 阶板；而图 3-3-2 的 PCB 采用错孔工艺，其加工过程类似 1 阶板，故又称为"准 2 阶板"。

4. 铜厚

对于手机电路工程师来说，一个容易被忽略的问题就是 PCB 的覆铜厚度，简称"铜厚"。既然是厚度，直观上肯定应该用长度单位进行标示。但是，在 PCB 设计领域，我们听到的关于铜厚的表达却是多少多少盎司（Ounce，常缩写为"oz"，1 oz 约为 28.35 g）。很明显，盎司是一个重量单位，怎么能表达长度呢？

这实际上是历史发展的结果。早先，人们把 1oz 铜电镀在 1 in^2（平方英寸，英制单位）的面板上，然后测量其厚度，大约为 1.4 mil（密尔，英制单位）或者 35 μm。于是，人们便把 35 μm 称为 1 oz 厚度。对应的，1/2 oz、1/3 oz 分别就是 17.5 μm 和 11.7 μm 厚度。

目前，手机 PCB 上的覆铜厚度多为 1/2 oz 和 1/3 oz 两种，表层铜厚与内层铜厚可以不一样。不难想象，同样的线宽、过孔，不同的覆铜厚度，导线的最大载流量是不一样的。因此，在追求性能极致的情况下，设计 PCB 走线时必须考虑到覆铜厚度的影响。

3.3.2 PCB 的电气性能

当我们谈到 PCB 的电气性能时，无非就是一些物理量。常见的有单位长度电阻、单位长度电容、单位长度电感、耐压等；进一步地，还有 PCB 基材的介电常数、载流量等。

导线总是存在电阻率，导线与导线或者导线与参考地平面之间存在耦合电容，导线通过电流时会在周围产生磁场，从而使导线存在分布电感，这些很好理解。也不需要我们过分关注，Layout 工程师与 PCB 厂家会仔细计算这些参数的。

那为什么要特别提及 PCB 基材的介电常数呢？学过电磁场理论的读者应该还记得，电磁场在介质中的传播速度 C_ε 为真空中的速度 C_0 除以介电常数 ε_r 的开根值，即

$$C_\varepsilon = \frac{C_0}{\sqrt{\varepsilon_r}} \tag{3-3-3}$$

而对于高频信号而言，导线的特征阻抗（关于特征阻抗的详细讨论请读者参考相关传输线或电磁场教材，本书也将在高级篇中做进一步分析）与电磁场的传播速度有关。于是，PCB 基材的介电常数会影响导线的特征阻抗，而阻抗匹配又是 RF 电路所必需的。因此，介电常数是手机 RF 电路必须考量的一个重要参数。

另外一个需要设计工程师着重注意的是载流量。我们知道，导线存在电阻，线径越小，导线所能承受的最大电流也越小。所以，在对电源部分进行布线的时候，一定要注意大电流通路的布线宽度。一般而言，通过 1 A 电流的线宽不要小于 0.8 mm（推荐 1.0 mm 以上）。同样，导线换层所经过的过孔也有载流量的要求。以 8 层 2 阶板为例，1-8 通孔和 3-6 埋孔属于大孔（如图 3-3-1 所示，孔径较大），载流量在 500 mA；而 1-2/1-3 盲孔和 2-3 埋孔都属于小孔，载流量只有 200 mA。由此可见，盲孔通常都是小孔，但埋孔既有大孔也有小孔。所以，走线宽度和过孔的数量及类型要匹配，否则就会出现"木桶原理"，即载流量被限定在最小的线宽或过孔上。

3.3.3　特殊 PCB

通常，我们所见到的 PCB 都是那种坚硬的板材，不可以弯曲、旋转，俗称硬板。

现在，越来越多的手机开始部分采用 FPC（Flexible Printed Circuit，柔性电路板），尤其是 LCD 与主板的连接线、主板与小板之间的连接线，几乎全部采用 FPC 方式。一个实际的 FPC 如图 3-3-3 所示。

图 3-3-3　FPC 照片

从图中不难看出，FPC 是柔性的，相对硬板来说，形状较随意，可弯曲，可适当扭转，故又俗称软板。但是，FPC 的强度不高，往一个方向长时间弯折后，其内部走线容易折断，拆机维修的时候也要注意，很容易撕裂。

除了上述硬板和软板，现在还有一种称为软硬结合板的 PCB，并获得了广泛应用。其实，这种 PCB 就是一半硬板，一半软板而已，能做软板的 PCB 厂家基本都能做这种板，没什么新花样。

3.3.4　手机 PCB 的层面分布

前面，我们简单介绍了 PCB 的基础知识。现在，让我们讨论一下手机 PCB 的层面分布情况。首先介绍一些划分层面时需要关注的几点要求。

（1）我们在 2.5 节中曾经说过，手机中有一些关键信号，如音频信号、I/Q 信号、OSC 信号等。这些信号有个共同的特点，它们本身都是模拟信号（PCM 的数字音频除外）。所以，要特别注意抗干扰。最好的设计方法就是把这些易受干扰的信号夹在上、下两块完整的地平面之间，从而有效隔离干扰源。

但很多时候 PCB 走线空间不够，要找到上、下两块完整的地平面不太容易，很可能一个是完整的地平面，另一个是不完整地平面甚至是电源平面。这时，我们也可以用电源平面来代替地平面，把信号线夹在地平面和电源平面之间走线。之所以可以这么做，是由于噪声多为高频信号，而高频信号总是趋向于回路阻抗最小的路径（最明显的一个例子就是导线表面电流的趋肤效应）。将电源平面与地平面紧密耦合，便形成了一个低阻回路，噪声分量将直接从这两个平面回流到源端，而不会耦合到中间的信号线上。

（2）手机中还有一些关键信号，如 MIPI 信号、DDR SDRAM 信号、USB 信号等。这些信号都是数字信号，本身抗干扰的能力要强于模拟信号，基本上不存在信号线保护的问题（MIPI 比较特殊，它属于低压差分信号，信号幅度只有 200 mV，所以也要注意保护）。但是，它们都是高速信号，必须考虑传输线效应，即信号完整性。换言之，必须严格控制它们的特征阻抗、介质损耗、线长等参数。只是因为手机 PCB 的布线长度相对其他中、大型电子产品的布线长度要短得多，所以在要求不高的情况下，导线损耗与介质损耗引起的信号衰减基本可以忽略。所以，对于手机来说，信号完整性的第一要务就是阻抗匹配。阻抗匹配即特征阻抗匹配，特征阻抗的计算必须有参考平面，也就是信号的回流路径。所以，RF 的阻抗线必须要有参考平面。本书高级篇的"信号完整性"一章将对此类问题进行详细讨论。

手机中最常用的两种传输线特征阻抗如图 3-3-4 所示。

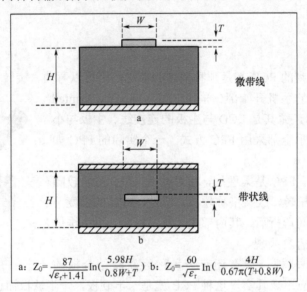

$$a:\ Z_0 = \frac{87}{\sqrt{\varepsilon_r + 1.41}} \ln\left(\frac{5.98H}{0.8W+T}\right) \quad b:\ Z_0 = \frac{60}{\sqrt{\varepsilon_r}} \ln\left(\frac{4H}{0.67\pi(T+0.8W)}\right)$$

图 3-3-4　微带线与带状线的特征阻抗计算

从图 3-3-3 可见，特征阻抗与线宽 W，信号线和参考平面的距离 H 等参数都是有关系的。对于夹在上下两个地平面（或电源平面）之间的带状线，如果相邻层的高度 H 不够，甚至还会把相邻层掏空，使带状线与再下一层的地平面构成信号回流路径。同样地，对于表层微带线也是类似的处理方法。所以，划分层面的时候要注意使其他走线避让 RF 阻抗线的上下层空间。

（3）对于系统中的电源，特别是那些功率较大、噪声较大的 DC-DC 电源，在条件允许的情况下，最好能够单独设置一层电源平面，这对于提升系统性能是非常有好处的。但是，越来越严格的成本限制使得单独设置电源平面的希望也变得越来越渺茫。

最后，我们以目前智能机常见的 8 层 2 阶板为例来划分 PCB 层面，见表 3-3-1。

表 3-3-1　手机 8 层 2 阶板的常用层面分布

层　序	方案 1	方案 2	方案 3
Layer1	Signal_1	Signal_1	Signal_1
Layer2	Ground_1	Signal_2	Signal_2
Layer3	Signal_2	Ground_1	Power_1 & Ground_1
Layer4	Power_1	Power_1	Signal_3
Layer5	Power_2	Power_2	Ground_2（Main）

续表

层　　序	方案 1	方案 2	方案 3
Layer6	Signal_3	Signal_3	Power_2 & Ground_3
Layer7	Ground_2	Ground_2	Signal_4
Layer8	Signal_4	Signal_4	Signal_5

　　方案 1 使每层信号线都有相应的参考平面（或为地平面，或为电源平面）；方案 2 只是把方案 1 的 Layer2 与 Layer3 对调，方便表面微带线以 Layer3 作为参考平面（该方案实际为 Marvell PXA3XX 系列芯片的推荐层面分布）；方案 3 则可把关键信号放在 Layer4，以实现最好的保护与隔离。

　　需要说明一点，上述三种方案只是手机 PCB 分层的一些常见情况，并不绝对。比如方案 3，在 Layer6 中除了 Power_2 及 Ground_3 外，还可能包括少量控制线、反馈线等。

第 4 章

DFX 基础

设计精美、造型优雅的手机人见人爱。不仅如此，很多年轻人甚至会给自己的手机装饰上各种水晶钻、皮套等饰品，希望自己的手机能像艺术品一样精美，不少手机厂家的广告也总在标榜自己的产品是什么什么大师设计的，外形多么多么漂亮。

可是，手机毕竟是消费品（极少的奢侈品牌手机除外），它不是单件设计，更不是单件创作的艺术品。手机，就整个行业而言，早已进入微利时代。

所以，DFX 是每一个手机硬件工程师不得不直面的严峻考验！

4.1 DFX 的基本概念

DFX 是 Designs for X 的缩写，在有些公司，也称为 DFM，即 Designs for Manufacture。从字面上看，所谓 DFX 就是设计要为生产服务。我们知道，消费级产品都是批量生产，如果设计不合理，生产线生产困难、不良率居高不下，势必会导致返工、报废等一系列问题，严重影响产品的最终成本。所以，DFX 强调在产品设计之初就要考虑后续的生产、维修、售后服务等问题，通过良好的设计手段，最大化地降低产品出问题的概率，以及方便快捷地处理问题。

曾经有一个统计，设计中花费 1 元人民币可以避免的故障，在制造时就需要花费 100 元人民币来避免，在维修时则要花费 10 000 元人民币，到售后服务则需要花费 1 000 000 元人民币。大公司可能还可以扛一扛，小公司直接破产倒闭。

于是，越来越多的厂家开始重视并研究 DFX 问题，尤其是汽车、家电等厂家，生产效率的高低往往能够决定他们的生死存亡。而对于我们手机硬件工程师来说，了解 DFX、运用 DFX，是一件利人利己的事情。毕竟，任何生产上的问题最终还是要产品硬件/结构设计工程师去克服和解决的。

就笔者入行多年的切身感受，X 表示未知数，包括但不局限于：

- Structure
- SMT
- Assembly
- Repair

4.2 Designs for Structure

Designs for Structure，笔者称其为架构设计，包括系统机构、器件选型、原理图设计、调试方案等。

4.2.1 系统架构

每个项目必须由硬件系统工程师或者硬件开发经理撰写一份系统架构文件，对系统中各模块的组成方式及资源配置进行描述。该文件用于指导硬件工程师搭建系统，同时可作为售后服务与维修的培训资料。

不仅如此，对于重要模块，如音频通路模块（支持双模双待的智能机，其音频通路包括语音、蓝牙、可视电话、回声抑制、录音等，非常复杂），也需要提供其架构说明文档。其他，诸如 GPIO 配置表等文件，也须一并提供。

表 4-2-1 为某项目 LCD 的 GPIO 配置表，其他功能模块可参照设计。

表 4-2-1 某项目 LCD 的 GPIO 配置表

信 号 名	默认/RESET 状态	GPIO 配置	电 平	方 向	功 能
LCD_DATA<0:15>	低/Pd_0-- Pu_1	GPIO<54:69>	3/VCC_LCD	双向	LCD 数据线(除 GPIO62 为 Pu_1，其余均为 Pd_0)
LCD_PCLK	低/ Pd_0	GPIO74	3/VCC_LCD	OUT	像素时钟
LCD_LCLK	低/ Pd_0	GPIO73	3/VCC_LCD	OUT	行频
LCD_FCLK	低/ Pd_0	GPIO72	3/VCC_LCD	OUT	场频
LCD_DATA_EN	低/ Pd_0	GPIO75	3/VCC_LCD	OUT	LCD 使能
LCD_RESET_N	低/ Pd_0	GPIO80	3/VCC_MSL(若 LCD 为 1.8 V，需电阻分压)	OUT	LCD 的 RESET
LCD_nSD					LCD Auto Power ON/OFF (0：ON；1：OFF)，未使用
SPI3_LCD_CLK	低/ Pu_1	GPIO91（SSP3）	3/VCC_IO1(若 LCD 为 1.8 V，需电阻分压)	OUT	LCD 控制信息串口时钟
SPI3_LCD_TXD	低/ Pd_0	GPIO70（SSP3）	3/VCC_LCD	OUT	LCD 控制信息串口数据
SPI3_LCD_RXD	低/ Pd_0	GPIO71（SSP3）	3/VCC_LCD	IN	LCD 控制信息串口数据
SPI2_LCD_CS	高/ Pu_1	GPIO92（SSP3）	3/VCC_IO1(若 LCD 为 1.8 V，需电阻分压)	OUT	LCD 控制信息串口片选

4.2.2 器件选型

主要针对首次使用的新器件或者新材料，必须提供一份详细的器件评估文档。对于项目中新增加的器件，即便不是首次使用，但由于布局/布线或者结构等问题，也必须提供评估报告。只有在事前进行充分评估，才能最大程度地降低风险。

4.2.3 原理图设计

原理图设计必须做到工整、规范，图形符号、信号流程符合通用画法，标注信息必须准确无误，否则不如不标。一般而言，大公司对于原理图设计都是有规范要求的，但有些小公司可能就不一定了。

话说回来，笔者见过不少图纸，有些看上去就舒服，有些看着实在是难受。人嘛，终归还是感性动物，没听说谁第一眼不注重外表而注重内心的，难道不是吗？！

初入行者，谨记这一点，起初养成良好习惯，日后就成为自然而然的事情了。

4.2.4 调试方案

一个良好的调试方案设计会为将来带来事半功倍的效力。所以，在系统设计之初，就必须考虑如何方便软/硬件调试。例如，JTAG 是以测试点的方式引出还是利用 Connector 引出，测试点是放在屏蔽罩内还是屏蔽罩外，等等。

4.3 Designs for SMT

笔者曾经在某家著名的通信研发公司工作过若干年，对于生产线有一个切身的感受，工人在生产的时候，当你告诉他该怎么做的时候，他未必能做对；当你没有告诉他该怎么做的时候，那他就按照自己的想法做。所以，千万不要以为工人会去认真负责地看什么工艺文件、作业指导书之类的东西！那是给技术员看的！

笔者的看法：凡是可能出错的地方，就一定会出错！生产线技术员也不例外（笔者曾经吃过好几次这方面的亏）！

SMT 是手机进入工厂进行生产的第一道工序，其质量高低也直接影响后续校准、综测的合格率。所以，研发工程师在设计的时候，应充分考虑 SMT 的生产效率，尽可能减少人为因素对产能的影响，有时甚至还要具备一定的综合分析能力。

4.3.1 防呆标志

2010 年初，某公司的一款 TD 智能手机量产，其主摄像头采用 FPC+Connector 的连接方式，屏蔽架为长方形，无防呆标志。如果将架子水平 180°反转，则由于架子中间连接筋的原因，会导致摄像头在后续装配过程中无法安装，如图 4-3-1 所示。

其实，只要将长方形架子切一个斜角，就可以避免该问题。后来，我们在主板上用丝印标注连接筋的位置，同样也解决了这个问题。除此以外，用丝印标注 Microphone、Speaker、Receiver、LED 等器件的正负极，也可以大大方便工人识别贴片方向。

有些项目的屏蔽架也存在防呆效果不明显的问题。如图 4-3-2 所示，尽管在屏蔽架的左上角掏了一个小洞（表层有一根 RF 线），但外观上并不是特别醒目，防呆效果并不好。

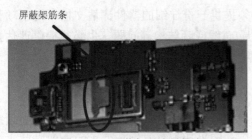

图 4-3-1　屏蔽架无防呆标志

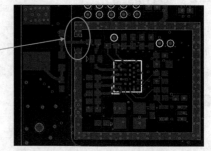

图 4-3-2　屏蔽架防呆效果不明显

4.3.2 焊盘设计

某手机在贴片后发现一批主板侧键（Switch）焊接不良，查找原因发现侧键定位孔焊盘比实际库中调用的要小一些，导致钢网开孔变小（尺寸难以控制），所以部分主板出现锡量不足引起焊接问题，如图 4-3-3 与图 4-3-4 所示。

Switch类的侧键一般将焊盘直接布置在板边，在结构设计时，有时需要考虑到按键行程和手感，要求器件靠板边向外的尺寸会多一些

图 4-3-3　侧键焊盘照片

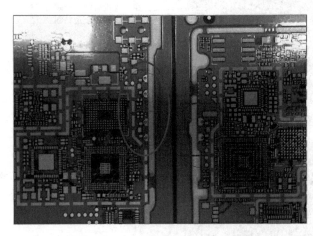

椭圆区域为该手机PCB，矩形区域则为其他产品PCB。可以看出，该手机的侧键定位孔焊盘要比其对比产品更靠边缘，焊盘目视也略小。

PCB厂家反馈：焊盘实际超出板边后的部分会被切掉，因此做出的实际焊盘会小于封装焊盘。切掉焊盘后，钢网开孔会相应减小，减小的尺寸难以把握，结果漏锡过少，从而引起各种焊接问题

图 4-3-4　两款手机 PCB 的侧键焊盘对比

临时措施：

修改对应钢网开孔面积（实际操作中手工将开孔锉大一点），保证锡量充足，但锡量的控制就会出现问题，尺寸控制不好，可能会出现漏锡过多等其他问题。

长期措施：

（1）将焊盘向板内方向挪移，具体尺寸可与 PCB 厂商一同确定，保证 PCB 制作时不会有焊盘因工艺问题被切掉，使实际焊盘与 EDA 封装库中的焊盘尺寸一致；

（2）尝试工艺解决，实验出一个合适的可以控制的钢网开孔尺寸；

（3）Switch 侧键选型时也可考虑此处风险，评估后选用一种行程较长的器件以保证后续焊盘不会因有部分露于板外而被切除。

4.3.3　金边粘锡

通常，我们会在 PCB 板的四周设计一圈接地的镀金层，我们知道，镀金不易氧化，所以可以长期保证机壳金属件与 PCB 之间的充分连接，提高整机的 ESD 防护水平。但是，如果镀金层粘锡，则接地效果大打折扣，并在长期使用中随着氧化的加剧而恶化，如图 4-3-5 所示。

还有一个更加严重的金边粘锡的案例。生产线上，工人采用拉焊方式焊接键盘 FPC，但一不小心就会造成焊盘周围的金边上锡，严重的甚至会把螺钉孔给堵住，导致无法装配。原本采用拉焊方式是为了提高产能，但不良率的上升导致产能没能提上去，返工、报废倒是居高不下，所谓"偷鸡不成蚀把米"，便是如此，如图 4-3-6 所示。

其实，上述两个金边粘锡故障在设计中是完全可以避免的。第一个案例中，把焊盘附近的阻焊层延伸至金边处即可；对于第二个案例，可以改用机器压焊（生产效率不及人工拉焊），也可以调整一下螺钉孔位置。可参见图 4-3-7。

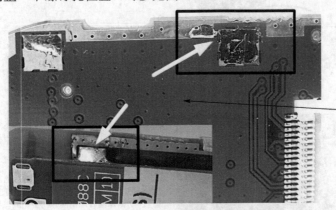

焊盘PAD周围绿油太少，焊接时焊锡跨越阻焊层，引起金边粘锡

图 4-3-5　镀金层粘锡

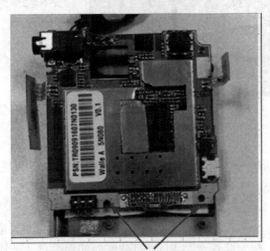

拉焊时造成金边粘锡

图 4-3-6　一个更加严重的金边粘锡故障

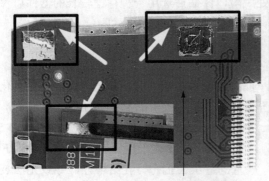

扩大焊盘PAD周围阻焊层，
从而避免金边粘锡

调整螺钉位置

图 4-3-7　针对这两个案例的优化措施

4.3.4　AOI 与 X-Ray

AOI（Automatic Optical Inspect，自动光学检查）与 X-Ray，是 SMT 检查印锡和焊接质量的一个重要环节。在有些工厂的 SMT 生产线，不仅有炉前 AOI，还有炉后 AOI；而有些工厂的 SMT 线只有炉前 AOI。不过，对于研发设计来说，其基本思想并无区别。

（1）尽量选用管脚外伸型器件

如图 4-3-8 所示，很明显，使用管脚外伸的连接器有利于产线的 AOI 及人工目检。

（2）屏蔽架设计

以某手机为例，如图 4-3-9 所示，请大家想想这个屏蔽架设计有什么缺陷？见图 4-3-10。初步检查，至少有两个问题：第一，有多余支架；第二，吸盘面积过大。

除此以外，该屏蔽架还存在如下缺陷：边框设计过宽、中间支架没有折痕设计（可参看图 4-3-11 中 B 点上方的连接筋，有一个凹槽，方便维修时剪断）。

图 4-3-12 是一个较为优秀的屏蔽架设计案例。大家可以看出，在该设计中，无多余支架，吸盘大小正好，边框较窄且边框处基本无器件，有折痕方便剪断维修。

（3）优化 X-Ray 检查

X-Ray 是生产线检查 BGA 焊接质量的有效手段。在双面布局的设计中，如果在 Top 面与 Bottom 面的同一位置出现 BGA 对 BGA 的情况，则会给 X-Ray 检查带来一定的风险。

图 4-3-8　管脚外伸/内缩的两种 USB 连接器

图 4-3-9　某手机屏蔽架设计

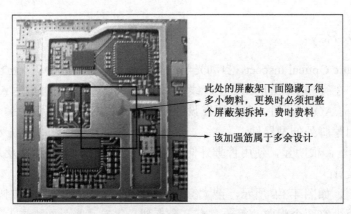

此处的屏蔽架下面隐藏了很多小物料，更换时必须把整个屏蔽架拆掉，费时费料

该加强筋属于多余设计

图 4-3-10　修正的屏蔽架设计

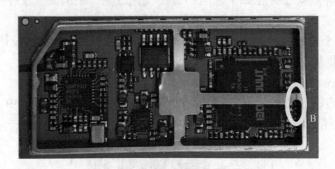

图 4-3-11　具有折痕设计的屏蔽架

尾插　　CPU主屏蔽架折痕　　EMI　　LCD连接器

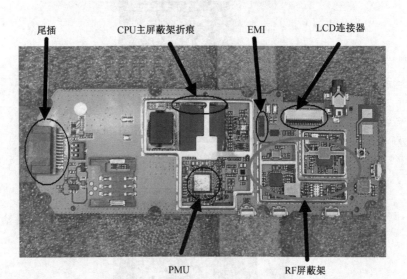

PMU　　RF屏蔽架

图 4-3-12　较为优秀的屏蔽架设计方案

　　对 X-Ray 设备来说，这没有任何问题。但检测毕竟是靠工人肉眼观看设备屏幕来完成的。一旦出现 BGA 对 BGA 的布局，将严重干扰工人的视线，容易造成漏检。所以，一般情况下，要尽量避免 BGA 对 BGA。不仅如此，BGA 对 BGA 对于 Layout 工程师布线也存在扇出风险。

4.4　Designs for Assembly

笔者曾经参与过一个项目，因为量产时接近春节，工厂人力不够，便拉了我们 50 多个研发中心的工程师去生产线支持生产，说白了，就是在工厂组装线上做装配工。

然而，就是这么一次生产线装配工的经历，使得我们后续产品的 DFX 设计取得长足进步。道理很简单，我们谁也不想被折腾第二次了！

为什么这么说？由于降成本的缘故，Microphone、Receiver、Speaker、马达、键盘、侧键等，全部采用手工焊接 FPC 的方式进行装配。结果导致不良率居高不下，而产能却始终在低位徘徊。而在所有的焊接问题中，尤以键盘不良最多。因为在该项目的设计中，键盘 FPC 的引脚最多，共 18 Pins（前面的图 4-3-6 就是该项目）。大家可以想一想，工人从早上 8 点上班，一直工作到晚上 6 点下班，除去吃饭休息，一天干活至少 8 小时，基本上是在重复同一个动作。试问，谁能不出错？特别是对于 FPC 的焊接，引脚多，又缺乏有效的检测手段，不良率高是再正常不过的了。

再看我们这群工程师，会画图纸、会调电路、会操作仪表，可惜在工厂全没用，无论焊接水平、装配水平还是操作熟练度等，都远不如训练有素的组装线工人，结果就是我们被我们自己设计的项目搞得毫无脾气。

4.5　Designs for Repair

有的工程师可能会认为，某款机器是低端机，坏了就换，不维修，所以，不需要考虑什么可维修性。其实，这是不全面的。可维修性不仅是对已售出整机而言的，也是对生产线每道生产工序而言的。如果研发工程师在设计的时候能够更加仔细地考虑并优化板子的可维修性，即便不能完全避免故障的产生，也能极大地降低维修故障所产生的成本。

1．屏蔽架的可维修性

在 Design For SMT 一节中曾经谈到过屏蔽架对 AOI 的影响。实际上，关于屏蔽架还有一个重要的考虑点，就是可维修性，确切地说，是屏蔽架尽量不要对其内部器件的维修产生阻碍。如吸盘过大，边框过宽并在其下放置易产生不良的器件（如 EMI 滤波器、模拟开关）等。因为前文已有介绍，就不再赘述了。

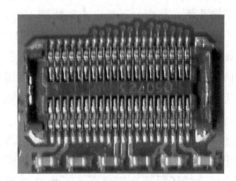

图 4-5-1　板板连接器实物图

2．板板连接器的可维修性

如图 4-5-1 所示，在采用板板连接器的设计中，使用 0.3 mm 间距的设计越来越多。一旦连接器出现焊接不良，必须由工人手工进行维修。由于无铅焊料的浸润性差，导致烙铁拖焊困难。此时，我们往往只能采用热风枪从板子背面加热的方法焊接。如果板子反面对应位置恰好有芯片、后备电池等器件，则只能从正面吹风。稍有不慎，就会将塑料部分烤糊。

4.6　对降成本的思考

很多时候，我们研发工程师不是不知道产品装配的隐患（如在 Design For Assembly 中所举的那个键盘 FPC 焊接的例子），只是事前无法评估 BOM 成本降低与生产成本（含人工、维修物料、报废等）上升之间的准确关系，不仅笔者所在的公司，甚至很多大牌公司也存在这样的问题。

严格说来，降成本是在保证质量的情况下，降低 BOM 成本、生产成本、物流成本、维修成本、售后服务成本等一系列成本。这是一个系统工程，而研发工程师往往注重的是 BOM 成本，这远远不够。

关于降成本，笔者有几点想法，读者不妨参考一下。

（1）不管怎么降成本，首先确保质量合格，并对由此带来的风险有明确的评估。

这是笔者亲身经历过的一件事情。某公司曾采购过一批螺钉，价格很低，但供货商明确告知，这批螺钉中有很多没有经过淬火处理（混料了），但价格相当便宜。结果，项目组当时为奥运会特供的一款 TD 智能手机就因为这批螺钉报废了不下上百个结构件。因为没有淬火，螺钉锁死后基本不可拆卸，生产线无法对不良整机进行维修，只能强行将外壳进行破坏性拆除。一套结构件十几块钱人民币，一个螺钉多少钱？损坏的结构件足够买多少螺钉了？！

最可气的是，这批螺钉后来不知怎么搞的，居然全部转到了研发库，陆陆续续用了近一年才将其消耗完。账簿上，公司节省了螺钉的开支；实际上，公司在别处额外付出了几十倍的成本。我们作为研发工程师，实在搞不懂：明知有质量问题，为什么还买？明知已经产生额外损失，为什么还转到研发消耗？莫非研发部门产生的额外成本与采购部门无关？后来，笔者不得不感慨：有些公司、有些部门的人员素质实在太差劲！但研发人员作为公司的底层员工，面对这样的事情，却无可奈何……

再举一例，这是笔者参加某公司培训时所看到的一个经典案例，考虑到各种因素，隐去真实的项目名与项目时间。

某 GSM 制式 V××系列手机自 2005 年 7 月开始生产上市，从 2006 年初起，客退的比率就节节上涨，其中，不开机比率持续上升，从 2006 年 3 月份 V××的市场退机数据统计来看，光不开机这一项就高达 19%，占到客退的第二位。检查这些不开机的客退机，发现多部手机出现漏电流或者手机开机大电流，手机主板上包括 CPU 在内的多个器件同时被击穿。由于这种同时出现多个器件被击穿的情况在手机维修中很罕见，根据以往的维修经验判断，售后维修工程师怀疑该手机设计上存在某种缺陷。问题暴露后不久被反馈到研发项目组，为查找原因，项目组派了多名工程师在生产线待了一个月，成立了包括维修中心、生产中心在内的攻关团队，对手机与基带芯片做了多种实验，最后实验的结果证明确实是手机设计存在缺陷，整个手机没有对静电做防护，造成手机在上市使用一段时间后主板上的器件被静电击穿。静电损坏造成了手机出现包括不开机在内的多种故障。

因为手机在生产时各个环节都做了很好的静电保护，所以静电损坏的问题在前期生产中没有暴露。但产品一旦投放到市场上，这个问题很快就暴露出来，而且从市场上返回的不良机器的统计数据可以看到，静电损坏的后果越来越严重。静电损坏，按照一般原理，它以最短路径击穿泄放通路上的器件，并且静电的泄放路径呈放射状。这种特点造成了 V××系列手机内部损坏的器件多，维修成本增加，修复率下降，而且 PCB 板在经过多处的换料维修后，即使修复，修复的主板性能稳定性也变差了。

为得到这种故障的修复成本与修复率数据，手机生产维修科在 2006 年 6 月对 V×× 的不良主板进行集中的分析维修与数据采集，两周内集中清理分析和维修 V×× 库存板 4133 片，发现与 CPU 或者 Flash 相关的故障总数为 1683 片，占 40.7%。而这 1683 片与主芯片相关的故障主板，由于主芯片都是 BGA 封装且全部被点胶，更换难度大，即使选用最好的焊接员来做芯片更换，最终修复率也只有 20% 左右。而维修这些机器，浪费大量人力不说，还产生巨大的芯片损耗（CPU 与 Flash 的单价合计为人民币 75 元左右）。不得已，经项目组与产品线确认批准，对定位到 CPU 被静电损坏的 V×× 系列手机主板，生产维修科不再维修，直接将主板报废。

V×× 系列手机在生产上市不到一年后，重新核算该系列产品的成本。V×× 手机自 2005 年 7 月生产上市，累计发货 43 万部。根据质量部得到的客退数据，平均客退率在 5.5% 左右，也就是说，43 万部手机所产生的客退机总数为 23 650 部，而这中间，静电造成的损坏报废为 40.7%，也就是有 9625 块主板因静电损坏而造成报废。以每块主板人民币 220 元的 BOM 成本计算，报废主板损失的金额在 211.7 万元。如果将这部分损失平摊到出货的 43 万部手机上，每部手机的成本将上升 4.92 元。

从设计角度出发，手机产品一般都会加入静电防护，这是常识。该平台产品，因为考虑到 GSM 功能机产品的售价低廉，前期从控制 BOM 成本的角度出发，手机的结构件没有像其他手机那样，要求在壳件内部涂上导电漆，增加静电防护。一部手机的结构件如果喷涂导电漆，BOM 成本将上升大约人民币 3 元左右。前期节约的平均每台 3 元的成本导致了后期平均每台 4.92 元的直接经济损失；其他的间接损失，包括客退返修的物流成本、维修分析确认的人力成本、产品质量问题导致的退货与品牌形象的损坏，等等，这些间接损失计算起来无法估量。

在这件事情上，笔者认为产品线要负一半责任，项目组的研发工程师和质检工程师共同担负另一半责任。

① 难道研发工程师不知道静电防护吗？这绝不可能！但产品线一再要求降成本，有没有认真考虑研发人员提出的反对意见？

② 市场部和产品线有没有考虑过，该产品到底是在何处销售？如果在云南、广东、中国台湾，以及东南亚等地销售，当地气候潮湿，基本不会出现 ESD 故障。但如果是在北京、天津等气候干燥的北方城市，ESD 是头等大事！笔者曾经在冬天到北京、天津出差，结果在当地，只要是金属物件，笔者不论摸哪儿都会被电一下，一天下来不知要被电多少次！

③ 静电的第一道防线是机壳，结构研发工程师有没有仔细考虑过结构密闭的问题？而对于硬件研发工程师，结构上无法有效防静电，也不见得就一定要喷涂导电漆呀？何况这可能还会对天线有影响。办法总比问题多，各位工程师到底有没有认真去想办法？

④ 质检工程师是如何检测的？难道你们仅仅是看测试报告吗？你们到底有没有去 ESD 实验室亲自打一打静电呢？笔者知道某些公司的质检部门的工作作风相当差劲！科长、组长不干活，天天就是开会、发邮件，具体的测试工作都交给底下的老员工，老员工又交给新员工，一个个动嘴不动手，既不指导，也不示范，就丢一堆文档、说明书给新员工：你测去吧。天晓得这些新员工是如何完成测试工作的！

（2）凡是设计者无法直接控制的，优先考虑工厂的产能和不良率。

比如 Speaker 的焊接，简单可控，不一定非要选择弹片式接触；但对于以 FPC 形式焊接的 LCD，我们基本不能控制焊接质量，此时就不能再计算其 BOM 上的差价了。因为 LCD 焊接好坏必须在整机装配完成后才能验证，此时如果发现不良，就要拆机，费工费时不说，还极易损坏结构件（几乎没有哪款手机的结构件能经得住 3 次拆装），而一旦 FPC 出现折断，整块 LCD 就得报废，损失少则 30～40 元人民币，多则几百元。

（3）对于复杂机型或者出货量不太大的机型，优先考虑工厂生产；对于成熟机型或者已经有过生产经验的机型，可以适当选择降低成本方案。

复杂机型，本身问题就很多，软件版本、硬件架构、测试方案等，可能都不是很稳定。此时，如果不优先考虑生产，不仅产能上不去，良率也一定很糟糕。返工的增加必然导致生产成本的上升，自然是得不偿失。至于如何定义复杂度，不同的公司有不同的计算方法，笔者在此就不介绍了。

对出货量比较大的机型，几分钱的成本都要争取，毕竟积少成多。但如果出货量不大，省下来的 BOM 成本恐怕还不够工程师去生产线救急，何必呢？不过，该问题在很多时候是无解的，因为我们总是认为该产品能大卖，但谁也不知道到底能卖多少。

（4）对于已知问题较多的器件/模块，优先考虑生产可靠性。

比如，我们知道某个 EMI 器件焊接问题较多，那么宁可选择贵一点，焊接质量好控制的器件。

读者如果在生产线待过一段时间就不难发现，很多时候，维修间里的待修主板，维修员根本就来不及修，即便有些故障可能很简单。时间一长，这批板子就逐渐变成了呆板、死板，最终进入报废库。所以，生产线哪怕只提升一个点的良率，其经济效益恐怕就超过降低 BOM 成本所能带来的效益了。

4.7 一些 DFX 案例

本章的最后再举一些比较简单的 DFX 案例供读者参考，见图 4-7-1 到图 4-7-7，这里就不再展开讨论了。

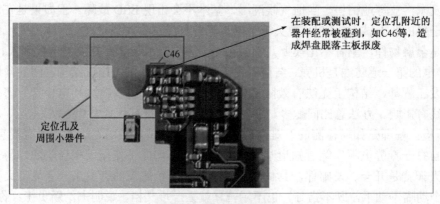

图 4-7-1　DFX 案例（1）

该主板出现许多"无显示"故障主板，检查发现LCD_DATA信号对地短路。拆除该信号走线上的FV203、LCD与X201三个器件，该信号还是对地短路。沿着走线慢慢查，发现走线过孔刚好是在后备电池（GB101）下面，过孔处由于绿漆过少而被磨损的缘故，有铜外露出来，导致后备电池（GB101）的地脚与LCD_DATA之间短路

图 4-7-2　DFX 案例（2）

DOME设计不合理，DOME物料过长，遮住了"上"键右上方的位置，容易造成异物、灰尘等进入，对按键不灵、无效等问题存有很大隐患

图 4-7-3　DFX 案例（3）

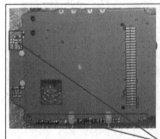

在手机测试和组装的过程中陆续发现不少主板周边小物料连同焊盘一起掉了，物料撞掉可能是由于夹具、结构件或者运输过程挤压碰撞造成的。不论是什么原因，如果在前期设计布板时将这些物料稍微往主板中央靠近，就可以避免这些主板报废

图 4-7-4　DFX 案例（4）

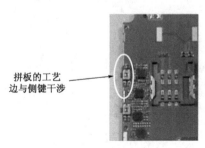

拼板的工艺边与侧键干涉

图 4-7-5　DFX 案例（5）

后备电池与连接器太靠近分板邮票孔处，分板过程中易造成内层走线断裂。

图 4-7-6　DFX 案例（6）

摄像头接口的焊盘就在PCB边上，这样的设计不论是在PCB分割还是在维修焊接的时候，都很容易把焊盘弄掉，造成主板报废

图 4-7-7　DFX 案例（7）

提 高 篇

【摘要】从本篇开始，我们将逐步介绍手机的各种测试规范与性能指标，并基于各种测试规范讨论手机的硬件设计。所以，我们会在电路功能分析上逐步开展电路性能分析，但不过分强调数学，只利用电子线路与信号处理的基础理论做适当深度的探讨。

第 5 章

电源系统与设计

对于所有的电子产品，电源系统设计都是硬件设计的第一步，也是极其重要的一步。一个设计优秀的电源系统会让产品运行更稳定，使电池供电的便携式产品的续航力更高。反之，则导致系统发热、续航力不足、工作不稳定等，严重影响产品性能。

所以，本章着重介绍手机系统中各种电源的原理及设计思路。

5.1 线性电源与开关电源

在入门篇中，我们曾经介绍过，手机电源可分为系统电源和外设电源两类，但对于某个具体的电源，到底它是属于系统电源还是外设电源，很难界定，而且不同的手机有不同的设计方法，更是无法区分。但有一点可以确定，无论系统电源还是外设电源，手机中的电源只有两类，即线性电源和开关电源。

线性电源的典型代表是 LDO，即 Low Drop Output（低压差输出）；而开关电源的典型代表就是各种 DC-DC，如 Buck 型、Boost 型。

那么，为什么说 LDO 是线性电源、DC-DC 是开关电源呢？所谓的"线性"和"开关"又是如何定义的？写到此，不得不提及中国的高等教育，令人痛心！笔者曾经做过多次面试官，这两个问题向来都是必问的。但结果令人失望，至今为止，尚未有人能够正确论述，甚至有位工作长达 10 年、在某著名手机设计公司驻上海研发中心做到部门硬件主管的老兄，居然是一派胡言，连线性电源纹波小、开关电源纹波大都搞不清楚。天晓得他是如何做上硬件主管的！

以下，就让我们看看线性电源和开关电源是怎么一回事吧。

5.1.1 线性电源

前面，我们已经说过，LDO 是线性电源的典型代表，那 LDO 的内部组成框图是什么样子？请看图 5-1-1。

对于任何一个 LDO，如下几个部分是必不可少的：基准电压发生器（V_{ref}）、误差放大器（Error AMP）、MOS 管（T）和反馈电阻（R_1/R_2），它们在图中均已标出。当然，一个实用的 LDO 还必须具备启动电路、使能控制、输出过载保护、输入过压保护等。

LDO 的工作原理如下：V_{in} 为输入电压，经调整管 T 降压后输出 V_{out}，R_1/R_2 构成分压电路，从 R_2 上采样并反馈输入到误差放大器的同相端。基准电压发生器产生一个高精度恒压源 V_{ref}，并输入到误差放大器的反相端。误差放大器对同相端和反相端的电压差值进行放大，其输出电压用于控制 MOS 管的栅极电压（如果把 MOS 管改为 BJT，则对应为基极），从而改变 MOS 管的工作点。当整个环路达到稳定状态时，误差放大器的同相端与反相端电压近似相等（即所谓的"虚短"）。此时，必然有

$$V_{ref} = V_{out} \times R_2 / (R_1 + R_2) \tag{5-1-1}$$

即

$$V_{out} = V_{ref} \times (R_1 + R_2) / R_2 \tag{5-1-2}$$

由式（5-1-2）可知，在正常状态下，LDO 输出电压 V_{out} 的大小与输入电压 V_{in} 无关，而只取决于基准电压 V_{ref} 和分压电阻 R_1/R_2 比值的大小。对于一款具体的 LDO 芯片，V_{ref} 和 R_1/R_2 都是固定的，于是输出电压也就被固定下来了。从图 5-1-1 还可以看出，MOS 管是串联在输入、输出通路之间的，所以为了保证电流从 V_{in} 流至 V_{out}，必须满足 $V_{in} > V_{out}$，其中的差值部分（$V_{in}-V_{out}$）则由 MOS 管 T 的漏源极 V_{DS} 承担。故，LDO 一定是降压型的稳压器。

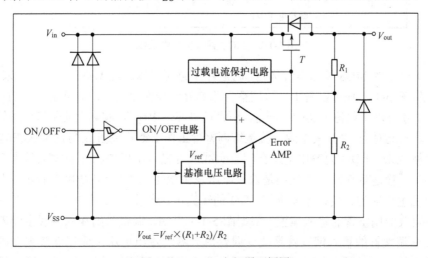

图 5-1-1　LDO 内部原理框图

从自控原理的角度看，LDO 其实是一个电压闭环负反馈系统。其中，V_{ref} 为基准信号，R_1/R_2 为反馈器件，通过它们可以获得系统的输出量并馈送回系统。系统则利用误差放大器的高增益来有效地放大基准信号与反馈信号之间的差距，从而调整被控 MOS 管 T 的栅极电压，使得系统最终稳定在某个状态上并输出恒定电压 V_{out}。

进一步分析，我们不妨假设 P_0 为 MOS 管在某时刻的初始工作点，如图 5-1-2 所示。

（1）当负载不变时，随着输入电压的增加，通过负反馈作用，使 MOS 从 P_0 向 P_1 方向水平移动，承担输入电压的增加部分；反之，则向 P_2 方向水平移动，从而保持输出电压恒定不变。

（2）当输入电压不变时，随着负载的增加（指负载的阻值减小），输出电流增加，通过负反馈作用，MOS 管从 P_0 向 P_3 方向垂直移动；反之，则向 P_4 方向垂直移动，从而保证输出电压恒定。

（3）当负载和输入电压同时变化时，则 MOS 管工作点既有水平方向移动（如从 P_0 移动至 P_1），又有垂直方向移动（如从 P_0 移动至 P_3），但依然保持输出电压恒定不变（如从 P_0 移动至 P_5，且 P_5 正好是 P_1+P_3 的矢量和）。不过，实际的状态转移未必是沿 $P_0 \rightarrow P_5$ 的直线方向，只是最后的工作点一定处于 P_5 而已，如图 5-1-2 所示的 MOS 管输出特性曲线。

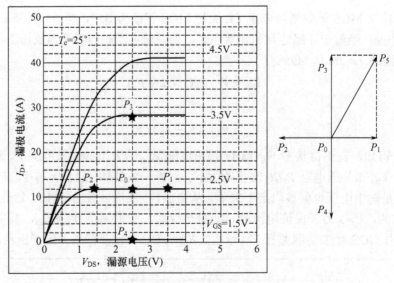

图 5-1-2　MOS 管输出特性曲线

所以，LDO 中的 MOS 管通常又称为"调整管"，意指可以通过调整它的工作点来实现稳压。不仅如此，从图 5-1-2 还可以看出，该调整管总是处于线性放大区，而且也只有当它工作于线性放大区时，才可以实现稳压功能。于是，所谓的"线性电源"，实际上就是指调整管工作于线性区的电源。与此对应，"开关电源"就是指调整管工作于饱和/截止反复切换状态的电源。

不过严格说来，LDO 的输出电压会随着负载或者输入电压的改变而发生微小变化。我们可以这么想，不管是负载发生变化还是输入电压发生变化，从图 5-1-2 可以看出，调整管的工作点都必须发生相应的改变，才能维持 LDO 的输出电压不变。很明显，若要改变调整管的工作点，则必须改变调整管的输入偏置。根据图 5-1-1 可知，调整管的输入偏置由误差放大器提供，因此改变调整管的输入偏置就是改变误差放大器的输出电压。而误差放大器的输出电压取决于其两个输入端：反相端的基准电压源（参考电压）与同相端的输出电压反馈。基准电压不会变化，那要改变误差放大器的输出电压，就只能改变同相端的反馈电压。反馈电压发生改变，不就意味着输出电压发生改变了吗？

因此，LDO 的输出电压不可能是恒定的，否则它将违背误差放大的原理！为什么我们可以认为 LDO 的输出电压是恒定的，而且实际测量也表明其基本不变？其实，这是因为误差放大器的增益非常大所致！只要输出电压稍微变化一丁点，然后利用误差放大器极高的增益，就可以使调整管的输入偏置获得足够大的变化量，从而改变调整管的工作点。用自控理论的专业术语描述，这叫做"有净差系统"；相应地，如果真的能够使输出维持不变，则称为"无净差系统"（反馈环路上通常要有积分环节）。提醒读者朋友注意一点，在第 6 章我们利用相频特性曲线的 Q 值分析振荡电路的稳定性时，就会用到这个结论。

将图 5-1-1 进行简化，去掉启动电路、保护电路等模块，可以得到一个最简单的 LDO 模型，它很好地体现了 LDO 闭环负反馈的特点，如图 5-1-3 所示。

顺便说一句，在一般电子线路的教材中，BJT 的三个工作区域分别称为放大区（线性区）、饱和区和截止区。对应于 MOS 管，则分别称为饱和区（相当于 BJT 的线性区）、可变电阻区（相当于 BJT 的饱和区）与截止区。之所以把 MOS 的线性区称为饱和区，乃是此刻 MOS 管的沟道电流趋近饱和，不受漏源电压控制所致，故称为"饱和区"。很明显，在无上下文的情况下，当我们笼统地说 MOS 管工作于饱和区时，别人就有可能疑惑：到底是线性区还是可变电阻区？所以，本书中为避免读者产生这样的疑惑，统一称为"线性区"与"开关区"（饱和/截止）。

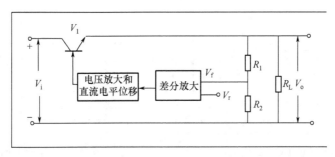

图 5-1-3　LDO 的简化模型

5.1.2　开关电源

某 DC-DC 芯片内部组成框图如图 5-1-4 所示。

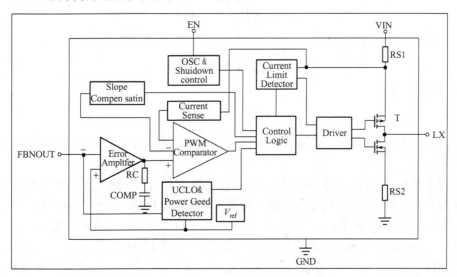

图 5-1-4　某 DC-DC 芯片内部组成框图

仔细对比图 5-1-1 与图 5-1-4 不难发现，DC-DC 也有误差放大器 Error AMP、基准电压发生器 V_{ref}、MOS 管 T、反馈电阻（图上未标注，因为有些 DC-DC 的反馈电阻是外接的），以及诸如 ULVO、Current Limit 之类的保护电路。但 DC-DC 似乎还多了 OSC 振荡器和 PWM 比较器这两个模块。

事实上，也正是这两个模块才使得 DC-DC 成为开关电源。为方便理解，我们首先分析图 5-1-5 所示的一个最简单的 DC-DC 模型。

V_i 为输入电压，V_o 为输出电压，R 表示系统的负载，D 为续流二极管，C 为滤波电容、L 为储能电感。当开关 S 闭合时，电流经 V_i→S→L→C、R→V_i 构成回路，如图上实线箭头 I_{chg} 所示；当开关 S 断开时，电流经 L→C、R→D→L 构成回路，如图上虚线箭头 I_{dis} 所示。

随着 T_{on}/T_{off} 的反复切换，即开关 S 的反复闭合/断开，负载 R 就可以从电源 V_i 得到源源不断的能量补充。只要 T_{on}、T_{off} 的频率足够高，通过大电感 L 和大电容 C 的滤波作用，负载 R 上的电压纹波足够小，则输出 V_o 可以认为近似恒定。于是，我们不难得到电感左、右两端（A 点与 B 点）的电压波形，如图 5-1-6 所示。

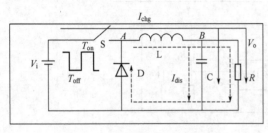 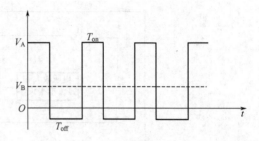

图 5-1-5　最简单的 DC-DC 模型　　　　图 5-1-6　电感 L 两端的电压波形

当开关 S 导通时，忽略开关 S 上的导通压降，则 $V_A \approx V_i$；当开关 S 关闭时，忽略续流二极管 D 上的饱和压降，则 $V_A \approx 0$（否则 $V_A \approx -V_D = -0.7$ V）。显然，在忽略储能电感 L 的直流压降的情况下，输出电压 V_o（即 V_B）为

$$V_o = V_i \times T_{on} / (T_{on} + T_{off}) \qquad (5\text{-}1\text{-}3)$$

令

$$d = T_{on} / (T_{on} + T_{off}) \qquad (5\text{-}1\text{-}4)$$

称为"占空比"，则

$$V_o = d \times V_i \qquad (5\text{-}1\text{-}5)$$

由此可见，输出电压 V_o 只取决于输入电压 V_i 与占空比 d 的大小，与储能电感 L、滤波电容 C 等参数无关。

对于大多数电路来说，我们通常希望输出电压 V_o 保持恒定，而不要随着输入电压 V_i 及负载的变化而变化。参考 LDO 的稳压原理，只要把输出电压反馈回电源内部，最终通过调整开关 S 的占空比，就可以实现稳压。所以，开关 S 就是被控组件。在实际电路中，开关频率很高（基本在 MHz 量级），S 不可能由机械开关实现，而只能用 MOS 管或 BJT 管实现，故这些MOS 管或 BJT 管也称为调整管，而且正因为它们工作于开关状态，所以才被称为开关电源。

由此，我们便不难得知图 5-1-4 中的 OSC 振荡器与 PWM 比较器这两个模块的工作原理了。误差放大器对输出端的反馈电压和基准电压进行差分放大，并把放大后的电压信号 V_{err} 送到 PWM 比较器的同相输入端，PWM 比较器反相输入端的信号则来自 OSC 振荡器所产生的一个固定频率的锯齿波。

（1）如果输入电压 V_i 增大，则误差放大器输出电压 V_{err} 减小，使得 PWM 比较器的输出占空比 d 减小，从而维持输出电压 V_o 恒定；反之，V_i 减小，V_{err} 增大，d 增大，同样维持 V_o 不变。

（2）如果负载增加（指负载阻值 R 减小），输出电压 V_o 瞬间跌落，通过负反馈作用，误差放大器的输出电压 V_{err} 增加，使得 PWM 比较器占空比 d 增加，让输出电压 V_o 上升，从而实现输出电压 V_o 的恒定；反之亦然。

图 5-1-7 给出了当输入电压 V_i 增加时，误差放大器输出电压 V_{err} 随之降低，占空比 d 下降，从而维持输出电压 V_o 恒定的示意图（其中，V_{osc} 表示由振荡器所产生的固定频率的锯齿波）。

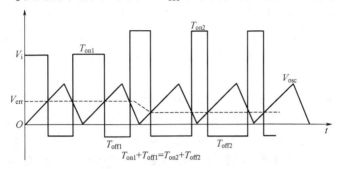

图 5-1-7　DC-DC 稳压过程示意图

于是，我们可以把 DC-DC 开关电源抽象为图 5-1-8。

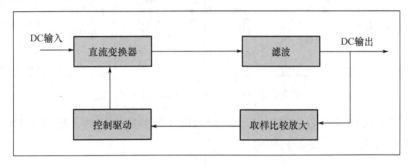

图 5-1-8　DC-DC 开关电源的原理框图

一个实用的 DC-DC 开关电源原理图如图 5-1-9 所示。

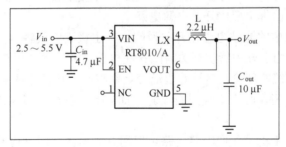

图 5-1-9　某 DC-DC 原理图

现在，如果把图 5-1-8 所示的 DC-DC 与图 5-1-3 所示的 LDO 进行比较就不难发现，除了调整管的驱动方式存在区别外，两者在电路架构与控制原理上几乎没有区别。

5.2　LDO 与 DC-DC 的优缺点

前面，我们介绍了 LDO 与 DC-DC，解释了 LDO 是线性电源、DC-DC 是开关电源的缘由。本书入门篇曾经说过，无论 LDO 还是 DC-DC，都已在手机系统中获得广泛应用。那么，它们各自有什么优缺点？我们又应该如何设计手机的电源系统呢？

5.2.1　电压大小

我们在分析 LDO 工作原理的时候曾经说过，LDO 中的调整管串联在输入、输出回路之间，并且工作于线性区，所以 LDO 的输出电压一定比输入电压低；对于图 5-1-4 所示的 DC-DC，调整管也是串联在输入、输出回路之间，虽然它工作在开关区，但根据式（5-1-5）可知，其输出电压也一定比输入电压要低。

但是，DC-DC 是有储能电感的，只要稍微改变储能电感 L、调整管 T 及续流二极管 D 的位置，就能利用电感的升压效应，使 DC-DC 的输出电压高于输入电压，甚至可以使 DC-DC 的输出电压极性与输入电压极性相反。相应地，我们把前述降压型 DC-DC 称为 Buck Type，升压型的称为 Boost Type，而极性反转型的称为 Reverse Type（或 Buck-Boost Type），如图 5-2-1 所示。

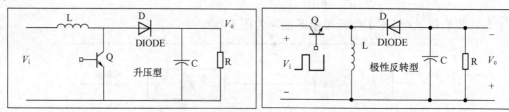

图 5-2-1　Boost Type 与 Reverse Type

关于升压型和反转型的 DC-DC，工作原理与降压型的完全相同，我们就不再分析了，有兴趣的读者参看相关电子线路教材即可。

5.2.2　电源纹波

衡量一个电源的好坏，纹波系数（$\Delta V/V$）是一个重要的参数。读者朋友仔细想想就不难知道，线性电源在这方面肯定要比开关电源更好。

一方面，开关电源中的滤波电感在开关瞬间会产生极高的反峰电压；另一方面，即便不考虑电感的反峰电压，由于开关管在开关瞬间存在电压突变现象（从 0 突变到 V_i），使得信号频谱变宽（根据信号系统的理论，信号的边沿变化率越高，其频带越宽）。两方面因素综合起来，会导致开关电源在工作时产生强烈的辐射干扰与噪声纹波，极端情况下甚至可能对其他电路造成影响。

那么，该如何确定手机系统中哪些电路可以用开关电源、哪些电路不可以或者不适合用开关电源呢？

我们都知道，数字电路抗噪声能力远远大于模拟电路。原因很简单，只要输入信号上叠加的噪声没有超过芯片的判决门限，则输出信号就不会受到任何干扰，用电路术语来说，就是"噪声容限"，我们以图 5-2-2 所示的一个缓冲器输出特性为例进行说明。

首先，我们把噪声看作叠加在输入电平上的纹波，其值可正可负。

其次，从图中可见，若输入低电平为 V_{il}，只要噪声幅度不超过 ΔV_l，就不会导致缓冲器输出为高；反之，若输入高电平为 V_{ih}，则只要噪声幅度不超过 ΔV_h，就不会导致缓冲器输出为低。也就是说，在噪声容限内，缓冲器不会出现逻辑错误。

所以，对于 CPU、Memory、Interface 等数字电路来说，开关电源即便噪声大一点，也没有什么太大关系。何况 CPU 全速工作时，频率高达 GHz 量级，电流超过 A 量级，输出信号的噪声频带相当宽，电源上的那一丁点噪声完全可以忽略不计。但对于微弱信号，特别如 Microphone、Camera Sensor、RF LNA 等模拟信号器件，则必须考虑电源噪声对性能的影响，此时线性电源是首选。

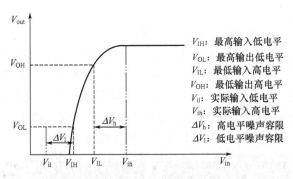

V_{IH}：最高输入低电平
V_{OL}：最高输出低电平
V_{IL}：最低输入高电平
V_{OH}：最低输出高电平
V_{il}：实际输入低电平
V_{ih}：实际输入高电平
ΔV_h：高电平噪声容限
ΔV_l：低电平噪声容限

图 5-2-2　某缓冲器输出特性

如果确实想要减小开关电源的噪声，可以在电路上设计一个尖峰脉冲吸收电路（该吸收电路常见于各种开关变压器，手机应用不多），以高通某 Buck DC-DC 为例进行分析，如图 5-2-3 所示。

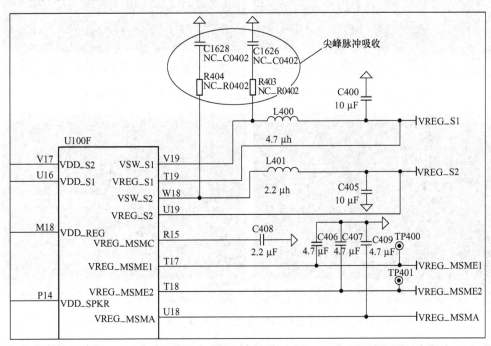

图 5-2-3　高通某 Buck DC-DC

图中，椭圆所标注的区域就是尖峰脉冲吸收电路（其实就是在电感的开关端，即芯片管脚 V19 和 W18 各自并接了一个到 GND 的 RC 串联电路），而在高通的原始参考设计中是没有这部分电路的。

顾名思义，尖峰脉冲吸收电路就是用来吸收电路中的各种尖峰脉冲或毛刺干扰的。我们知道，DC-DC 在工作时会反复切换开关管，从而导致电感在开关瞬间产生极高的感应电压。把到 GND 的 RC 串联电路并接在电感的开关端，就可以部分抵消电感感性、降低感应电压峰值（C 的作用），还可以实现对残余干扰的快速衰减（R 的作用）。

为此，我们在无吸收电路和有吸收电路两种情况下，分别测量了电感开关端的波形，如图 5-2-4 和图 5-2-5 所示。

首先，解释一下电源重载和轻载的区别。直观上不难想象，电源轻载时，只需要给储能电感稍微充充电，就可以满足负载需求了；而电源重载时，则需要不断给储能电感充电，换言之，控制模块要一刻不停地反复切换开关管。因此，电感开关端的波形在重载时是一组连续的方波；而在轻载时，则仅仅是一个方波信号，然后隔一段时间再来一个方波信号，即一组不连续的方波（因为示波器扫描时间的原因，图中只有一个方波）。至于轻载时，在方波之间出现的衰减正弦波，则是电路分布参数所导致的寄生振荡现象。

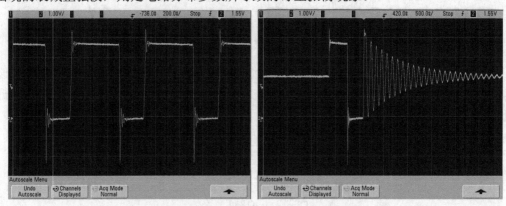

图 5-2-4　无尖峰脉冲吸收电路时的波形（左为电源重载，右为轻载）

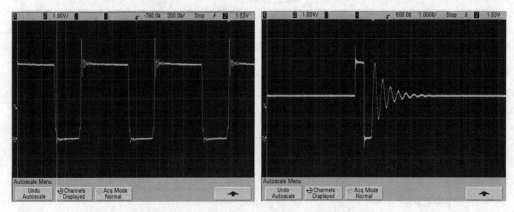

图 5-2-5　有尖峰脉冲吸收电路时的波形（左为电源重载，右为轻载）

最后，从图中可以清楚地看出，增加尖峰脉冲吸收电路后的开关波形，无论电源是在重载还是在轻载的情况下，各种过冲、振铃、振荡的现象都大为减轻。因此，电源所产生的各种辐射干扰也会大大降低。

至于如何设计 RC 电路的参数，可以从以下两点考虑：

（1）将 RC 的 3 dB 截止频率设置为开关频率的 5～8 倍，防止对开关信号衰减太多；

（2）R 太小，容易超电阻的额定功率；R 太大，则阻尼不够，对尖峰脉冲的衰减速度慢。

以 1.5 MHz 开关频率为例，我们可以把 RC 电路的 3 dB 截止频率定在 7.5 MHz，然后选取一组参数，如 R=30 Ω、C=680 pF，最后进行试验调整。事实上，图 5-2-5 便是这组参数的实测结果。

5.2.3 电源效率

电源的效率定义为电源输出功率与电源输入功率之比，让我们通过一个例子来分析线性电源与开关电源的效率。

参考前面 5.1.1 节中图 5-1-3 所示的简化 LDO 模型，我们将其重画，如图 5-2-6 所示。

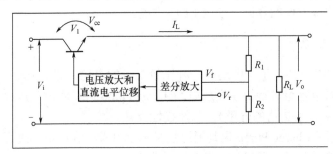

图 5-2-6 LDO 简化框图

相较于负载所消耗的电流 I_L，系统内部电路（如差分放大器、反馈电阻、基准电压产生器等）所消耗的电流是很小的。所以，LDO 输入电流与输出电流可以看作近似相等。

于是，输入到 LDO 的总功率 P_{in}、LDO 输出总功率 P_{out} 及 LDO 耗散功率 P_d 分别为

$$P_{in} = V_i \times I_L; \quad P_{out} = V_o \times I_L \quad P_d = V_{ce} \times I_L \tag{5-2-1}$$

则，LDO 的效率为

$$\eta = P_{out} / P_{in} = V_o / V_i \tag{5-2-2}$$

又根据

$$V_o = V_i - V_{ce} \tag{5-2-3}$$

则

$$\eta = (V_i - V_{ce}) / V_i = 1 - (V_{ce} / V_i) \tag{5-2-4}$$

由此可见，调整管上的压降 V_{ce} 越大，LDO 的效率越低。而为了保证调整管工作于线性区，其最小管压降不能低于管子的极限要求，如 0.3～0.5 V。通常，为了使 LDO 能够在各种情况下都有效稳压，调整管的工作点必须处于输出特性曲线的中间部分（可参见图 5-1-2），则输入、输出之间的管压降一般在 0.7 V 以上，甚至更高。不过，随着工艺的进步，LDO 在满足稳压情况下，允许的输入、输出最小管压降已经接近 0.3 V 的水平，故才有所谓 Low Drop Output 的说法。

以手机为例，假定某 LDO 的输入电压为电池 V_{bat}，约为 4 V，其输出电压为 1.8 V。则该 LDO 的效率只有 1.8/4=45%，即超过一半以上的能量被白白消耗在调整管上。对于负载不大的情况，效率低一点，问题还不大，但如果负载电流超过 100 mA，则不仅浪费电池，而且导致调整管迅速发热，严重时还会引发故障。

但对于开关电源而言，情况则大为不同了。以 Buck 型 DC-DC 为例，当调整管导通时，虽然流过调整管的负载电流 I_L 很大，但管子处于饱和导通状态，其管压降 V_{ce} 很小，故耗散在调整管上的功率也很小；当调整管断开时，处于截止状态，虽然其两端的压降 V_{ce} 很大，但流过管子的负载电流 I_L 几乎为零（有少量漏电流），故耗散功率依然很小。所以 DC-DC 的效率可以比 LDO 高很多，能达到 80% 的水平，而且基本上不受负载变化的影响。

于是，我们就不难理解入门篇的 2.3 节所阐述的，对于诸如 CPU 内核电压、Memory 接口电压等低压大电流的部分，统统都是采用 DC-DC 电源供电，一方面是数字电路本身抗干扰能力强，另一方面就是从电源效率上考虑的结果。对于一些功率较小的器件，如 I^2C 等低速接口，则可以按照简化或方便的原则，使用 LDO 供电。

5.3 其他形式的电源

除了 LDO、DC-DC 外，手机中还有一种比较常见的电源，即 Charge Pump（电荷泵）。通过切换内部开关对电容组进行快速充放电，Charge Pump 可以实现降压或升压（手机中多是将电容组串联以实现 1.5～2 倍的升压），以及极性反转。

从工作原理上看，Charge Pump 也是通过切换内部开关，利用电容进行储能、释放，实现输入到输出之间的能量传递，所以应该归为开关电源类型（DC-DC 只不过是利用电感进行储能与释放而已）。但在手机设计界，如果说到开关电源，则一般就是单纯地指各种 DC-DC，并不包括 Charge Pump。

在高通平台中，产生负电压的 Charge Pump 原理如图 5-3-1 所示。事实上，其他平台的原理与此完全相同。

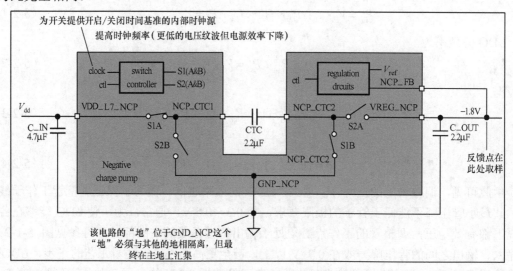

图 5-3-1　负压 Charge Pump 实现原理

开关 S1A/S1B 导通时，开关 S2A/S2B 断开，输入电源 V_{dd}（1.8 V）经 S1A→CTC→S1B→GND_NCP 构成回路，使 CTC 充电至 1.8 V，极性左正右负；之后，S2A/S2B 导通，S1A/S1B 断开，CTC 上的电荷经 S2B→GND_NCP→C_OUT→S2A 构成回路放电。由于充电完成后，CTC 上的电压为左正、右负，放电时就可在 C_OUT 上形成负电压。只要负载不是太大，则充电时间常数远小于放电时间常数，便可形成比较稳定的负压输出。

该电源一般用于耳机电路，为耳机的 Receiver 提供正、负两路电源供电，以实现 OCL（Output Capacitor Less）功能，从而消除单电源 OTL（Output Transformer Less）电路所特有的"POP 音"问题。

另外，1.5～2 倍升压的 Charge Pump 电源在部分小功率的 LCD 背光驱动芯片上也有所应用，读者朋友可以参见入门篇中相关内容，此处就不再赘述了。

5.4　充电设计

在线充电，是手机极其重要的一个功能，一旦设计时考虑不周全，就可能出现电池充不满、充电发烫等问题，在某些特殊情况下，还有可能出现无法充电的现象，严重影响用户使用。

5.4.1　充电状态转移图

首先，让我们来看一下图 5-4-1 所示的手机充电的状态图。

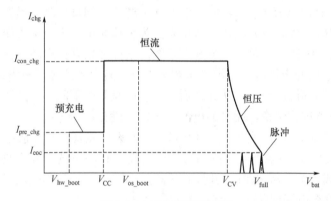

图 5-4-1　手机充电状态图

一般而言，对一块过放电（电压低于 3.0 V 左右时，因为电池内部保护电路启控后会自动关断电池输出，所以实际测量电压基本为 0 V）的电池进行充电，会经历四个阶段，分别是 Pre-Charge（预充电）、Constant Current（恒流）、Constant Voltage（恒压）和 Trickle/Pulse（涓流/脉冲），如图 5-4-1 所示，其中：

- I_{chg}、V_{bat} 分别是充电器输出总电流和电池电压；
- I_{con_chg}、I_{pre_chg}、I_{eoc} 分别是恒流充电电流、预充电电流和充电结束电流；
- V_{hw_boot}、V_{os_boot} 分别是硬件 Boot 门限电压和操作系统 Boot 门限电压；
- V_{CC} 和 V_{CV} 分别是恒流充电门限电压及恒压充电门限电压，V_{full} 表示充电完成后的电池电压。

根据不同项目或客户需求，以上参数可以相互重选，比如 $I_{pre\_chg} = I_{eoc}$。

- Pre-Charge：过放电池充电初期，因为锂电池电芯材料的原因，若立即使用大电流充电，易导致电芯出现极化现象，缩短电池寿命，所以必须用小电流预充一段时间，待电池电压上升到某个门限时，方可改为大电流充电（也有文献把 Pre-Charge 称为 Trickle）。

- Constant Current：恒流充电阶段，简称 CC 段，使用大电流充电（一般设定为 0.5～1 C，其中 C 表示电池标称容量，如 1000 mAH，则 0.5 C 表示用 500 mA 充电），使电池电压迅速上升。

- Constant Voltage：恒压充电阶段，简称 CV 段。CC 段结束时，电池电压上升至 4.2 V，电量接近 90%，但并未完全充满。所以，充电电路将电池维持在 4.2 V 的状态，进行恒压充电。当充电电流慢慢下降至某个门限（一般称为"End of Current"），系统关断整个充电回路，停止充电。

- Trickle/Pulse：涓流/脉冲充电，有时又称"补充充电"或"涓流充电"。我们知道，任何电池都存在一定的自放电现象，铅酸蓄电池如此，镍氢电池如此，锂电池也是如此。所以，为维持电池充满状态，需要对电池自放电进行补充，由此产生了脉冲方式的补充充电（也有部分手机采用类似于 Pre-Charge 方式的小电流充电，但充电电流未必恒定）。

将过放电池放入手机，然后插入充电器。若系统电压高于 V_{hw_boot}，硬件开始 Boot，然后由 Boot 代码设定预充电电流 I_{pre_chg}。如果电池并未过放，则直接跳过预充电阶段。当电池电压上升至 V_{CC} 时，Boot 代码将充电状态从预充改为恒流充电，充电电流变为 I_{con_chg}。接着，电池电压继续上升，到 V_{os_boot} 时，加载操作系统，软件开始真正启动，将充电电流设定在默认值，同时显示动态的充电图标。电池电压继续上升，直至到达恒压充电门限值 V_{CV} 后，系统进入恒压充电（或者脉冲充电）。从此之后，充电电流开始下降，当到达充电结束门限电流 I_{eoc} 时，系统判定充电过程结束，此时的电池电压即为满充电压 V_{full}。

需要着重指出的是，由于不同平台和不同厂家的设计差别，对过放电池充电，不一定都包含这四种状态或者转换门限不同，例如有的可能没有脉冲充电，有的把预充电做成脉冲方式，有的把 CV 的截止条件从电流改为时间，等等。图 5-4-2 与图 5-4-3 分别为高通 QSC62X0 及 MTK6575 的推荐充电流程。

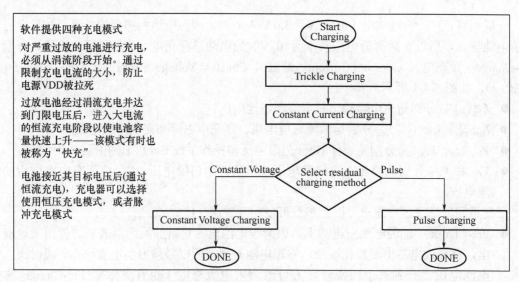

图 5-4-2　高通 QSC62X0 推荐的充电流程图

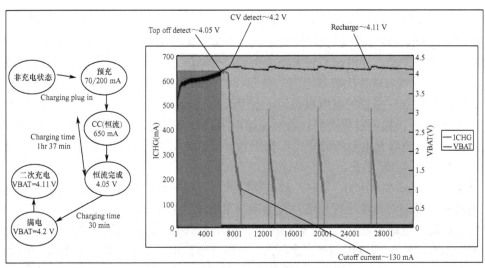

图 5-4-3　MTK6575 推荐的充电流程图

5.4.2　充电电路

不同手机的充电电路区别很大，例如有的手机采用硬件充电芯片去管控整个充电流程，有的手机采用分立元件，用软件控制充电流程。但不管这些实现方案是如何构建的，其状态控制过程都是基于负反馈原理实现的。

下面，我们基于高通 QSC60X5 平台，分析一下手机充电电路是如何工作的，如图 5-4-4 所示。

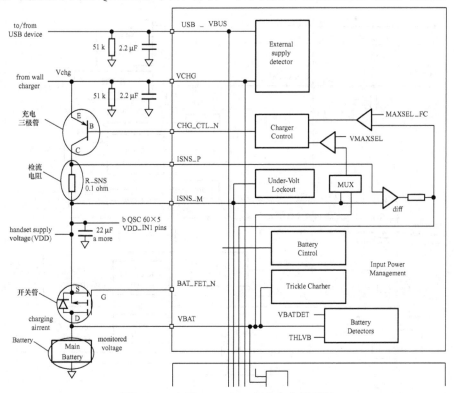

图 5-4-4　高通 QSC60X5 充电电路原理图

以 CC 充电为例，充电电流经 V_{chg}→充电三极管→检流电阻→开关管→电池→GND，构成完整回路。当充电电流经过检流电阻时，会在其上产生一定的压降（检流电阻通常为 0.1～0.2 Ω，精度为 1%），该压降经芯片内部的放大器放大后再送 ADC 进行模数转换，于是就可以换算出充电电流的大小。然后软件比较该电流值与预设的恒流充电值，再去调整充电三极管的基极电流，便可间接控制三极管的发射极电流，直至充电电流达到默认值，从而实现恒流充电。

对于 CV 充电，控制过程类似。通过检流电阻获取充电电流，反馈调整充电三极管的基极电流，使其 V_{ce} 随着充电电流的变化而变化（与检流电阻上的电压变化正好相反），从而维持电池电压恒定在 4.2 V 不变。

至于 Pre-Charge 和 Trickle 充电，开关管断开（充电三极管也关闭），充电电流经芯片内部的小电流充电回路对电池进行充电，直至电池电压上升至预定值。

仔细分析这个电路不难发现，从控制原理上看，充电电路实际上是一个闭环负反馈系统；从电路架构上看，它与 LDO 的本质完全相同。充电三极管相当于调整管，检流电阻相当于负反馈，三极管的基极控制电路则相当于误差放大器的输出。很明显，该充电电路的调整管工作于线性区，简单、易控，但是效率低，特别是在低电压、大电流充电的情况下，管子发热很严重。所以，目前已经出现了基于 DC-DC 开关电源的充电芯片，如 TI 的 BQ2415X 系列，可以实现较高的充电效率，缓解发热问题。具体电路细节，有兴趣的读者可以参考 TI 的 Datasheets。

随着工艺的发展，越来越多的芯片开始把充电三极管改为功率 MOS 管，并集成在芯片内部（所谓的硬件充电芯片其实就是这种架构）。如图 5-4-5 所示的高通 QSC62X0 平台，其工作原理与图 5-4-4 完全相同，笔者就不再赘述了。

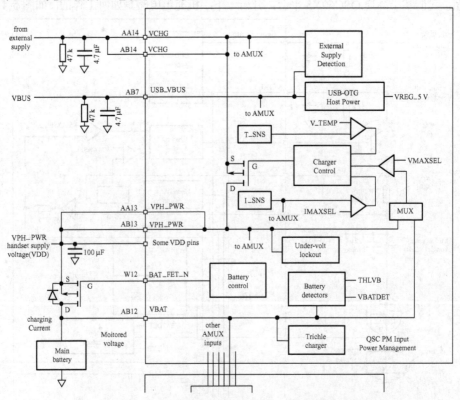

图 5-4-5　高通 QSC62X0 充电电路原理图

最后说明一点，理论上，只要手机插入充电器就可以开机，无所谓插不插电池。从图 5-4-4 与图 5-4-5 也可以看出，电池与系统相当于并联在调整管上的负载，所以只要调整管功率足够，系统也可以不插电池工作。只不过，这完全取决于各厂家，不插电池就不支持开机的设计也很常见。

5.4.3 充电判满

前面我们说过，各个厂家对于充电判满会有不同的标准，甚至同一个厂家的不同平台也会采用不同方案。本节简要介绍一下其他判满方法。

1. 传统充电模式

一般而言，各平台若在最后阶段采用 CV 充电方式时，判满的条件基本都一致，即充电截止电流 I_{eoc} 小于某个门限，如 0.05 C（一般在 50～100 mA）。

但是，高通平台的 Pulse Charge 判满则完全不同。由于电流不连续，没办法设定所谓的截止电流 I_{eoc}。所以，高通采用如下方案：充电 T_{on}→断开 T_{off}→检测电压是否维持在门限值之上→重复该过程直至充电完成，如图 5-4-6 所示。

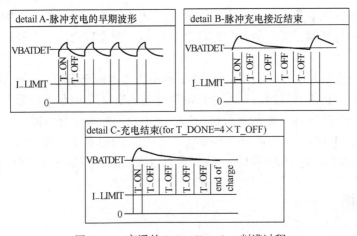

图 5-4-6 高通的 Pulse Charging 判满过程

当从 CC 阶段转入 Pulse 阶段时，尽管电池电压接近 4.2 V，但实际上电池并未充满。所以，高通采用所谓的 Pulse 方式，对电池持续充电一段时间 T_{on}，然后关闭充电开始计数；计数至 T_{off} 时间后检测电池电压，如果发现电池电压已经下降至某门限（V_{BATDET}）以下，则表明电池未充满，则重复充电 T_{on} 时间，然后关闭 T_{off} 后再检测，重复若干 T_{off} 周期后，若电池电压依然高于该门限，才认为电池已真正充满。

2. 电量计模式

由于 Android 系统的流行，越来越多的手机采用电量计（Fuel Gauge）来实时监控电池电量。电量计的使用对传统的充电流程也产生了重大影响。

我们知道，传统充电模式对于充电状态的转换，都是基于电池端子电压或充电电流进行的（如图 5-4-1 所示）。比如，当电池端子电压达到 4.2 V 时，则从 CC 状态转为 CV 状态；当 CV 段的 I_{chg} 下降至 I_{eoc} 时，则认为电池充满；或者 Pulse 段的电压降小于某个门限值时，认为电池充满。

可以看出，这些状态的切换都是基于电压/电流的大小，但电池电量是用时间与电流的乘积，即 mAh 来规定的。所以，电池到底是否真的充满，我们无从得知。而电量计则是综合考量时间与电流的乘积，从而计算出电池当前的电量，显然要更加准确（具体实现步骤是通过 ZCV 查表方式换算出电压与电量的关系，有兴趣的读者可以查阅相关文档）。而且电量计有个好处，既可以计算充电状态下的电池电量，也可以计算使用状态下的电池电量，具有双向统计能力。

但是，使用电量计会与传统的充电流程产生冲突！比如在传统充电流程中，我们设定 I_{eoc} 为 100 mA，而此时电量计统计结果可能为 90%；如果我们重新设定 I_{eoc} 为 50 mA，则电量计统计结果可能为 95%。显然，从充电电路的角度看，这都叫充满；但从电量计的角度看，90% 与 95% 都不叫充满。于是，这就会产生一个 UI 显示上的问题，即充电结束时，电量计显示的电量不是 100%，而是 90%，甚至更低。而这对于普通用户来说，是难以理解的！

通常，这个问题可以采用强制同步方法解决。只要充电电路提示系统：电池已经充满（不管是何种判满方式），那么我们就把电量显示强制同步到 100%，然后再采取一定的步长，使电量显示慢慢同步到实际电量。

另外一种解决方法就是充电判满不再依据电压/电流，而是根据电量计的结果。但这样就要求对电池容量进行校准，并且软件控制要复杂很多。考虑到软件工作量较大，笔者不推荐这种做法。

类似的问题，也会发生在二次充电的 UI 显示中。当电池充满时，充电图标会自动停止。如果此时用户未及时拔除充电器，则电池开始自放电，当电压/电量下降至二次充电门限后，是否应该再次显示充电图标？而如果用户在二次充电启动前拔除充电器，那么当前电量是显示实际值还是显示 100%？因为用户并非专业人士，他/她很难理解为什么我充了一夜的电，怎么电量还不是 100%？对于这些问题，我们也可以采用强制同步的方式解决。

5.5　案例分析

某 QSC60X5 项目在用电源模拟过放电池充电的测试中发现，若电池电压低于某个阈值（比如 2 V），就会出现大电流充电的故障，且最大电流值基本上由充电器的最大输出电流限定（实测某标称 400 mA 充电器输出 550 mA，某 750 mA 充电器输出 850 mA）。

请注意，用电源代替电池，设定并维持在 2 V，按照之前的分析，手机应该处于预充电阶段，直至把电源电压调高至 V_{cc} 时才会转为恒流充电。所以，此时手机出现大电流必定表明充电电路出现故障了。

理论上，电池所连接的 PMOS 开关管栅极电压 BAT_FET_N 为高电平（芯片默认与电池电压相同），所以电池 PMOS 关断，而由芯片内部电路对电池充电，即小电流预充电。但实际上，我们发现此时的 BAT_FET_N 管脚在插入充电器瞬间会出现高电平到低电平的跳变，然后维持低电平，使电池的 PMOS 一直处于饱和导通状态，从而出现充电大电流。

但是，我们不妨想想，预充电是由软件设定的，在电池电压或者单独由充电器提供电源时，如果系统无法达到 V_{hw_boot} 门限，Boot 代码就无法启动，何来预充电一说？此时，系统处于不受控状态！

使用高精度电源并将其设定在 2 V，测量充电三极管各极电压波形，如图 5-5-1 所示。

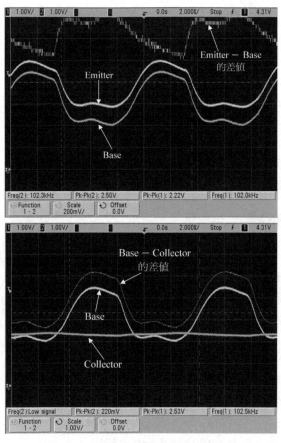

图 5-5-1　充电三极管在故障时的波形

可见，充电三极管发射结正偏，集电结既有反偏也有正偏（或零偏），说明它在线性区和饱和区之间振荡工作（前面分析过，在恒流充电阶段，作为调整管的充电三极管是工作在线性区的。由此也可以证明，此时系统未启动，整个充电回路处于不受控状态）。联想到故障时的充电电流随着充电器标称功率的变化而变化，我们可以做如下推理：

插入充电器瞬间，因为电池电压过低，系统没有及时启动。于是，充电回路不受控（即充电三极管基极电流不受控），导致充电器输出电流迅速增大，输出电压下跌，致使充电器被钳位（俗称"拉死"），充电器进入保护状态，主动断开或者减小其输出电流。随着充电电流的下降，充电器输出电压回升，使充电器退出保护状态，输出电流又迅速增大，充电器再次进入保护状态。由此往复，形成大电流振荡工作，并最终被充电器最大输出电流限定。

不难想象，只要我们能够限制充电三极管在插入充电器瞬间时的导通电流，就可以防止充电器被拉死。然后，随着电池电压的快速上升，系统启动，充电回路进入受控状态，便进入正常工作流程了。

怎么做？

很简单，在充电三极管基极和芯片引脚之间串联一个 100～300 Ω 的电阻，限制其基极电流，自然就可以限制其发射极电流，也就是充电器的输出电流了。注意，串联电阻不能过大，以防止恒流（CC）阶段时的发射极电流不够。于是，我们在电路上增加了一个 270 Ω 的电阻，重新测试，结果一切正常。

不过需要指出一点，高通的原始参考设计中并没有串联这个电阻，并且我们曾经实验过某些高档充电器，的确也没有出现该故障。所以，这个问题归根结底是由充电器所致，特别是一些外特性较软或者无保护锁定的低端充电器几乎必然出现。但我们不可能限制用户使用何种充电器，所以只能通过优化设计来解决它。

事实上，这个问题在用户手上一般不会出现。电池过放后，只要插入充电器，即便存在大电流，电池也会被激活，电压立即回升到 3.0 V 左右。只要电池不出现短路故障，系统就可以立即进入正常工作状态。但如果插入充电器后不充电，才是更加严重的故障。在我们的测试中，也的确概率性出现过该问题。分析的结果，同样是充电电路不受控所致。所以，采用与大电流充电相同的方法，在调整管的基极串联一个电阻，可以一并解决该问题，就不再赘述了。

5.6 电源分配与布线

前面，我们分析了 LDO、DC-DC、Charge Pump 等电源的架构、原理等，本节简要介绍手机电源的分配与布线设计。

在入门篇的 2.3 节中曾经说过，不同的负载需求的功率是不一样的。大功率负载，如 CPU Core 电源、RF PA 电源，需要电源能够在瞬间提供安培量级以上的电流；而小功率和微功率负载，如 32K RTC，不超过 0.3 mA 的电流。除此以外，模拟负载和数字负载，对电源噪声的要求也是不一样的。

所以，在电源分配时，首先要考虑负载特性。按照模拟电路/数字电路分类，可把 LDO 分配给模拟电路，把 DC-DC 及 Charge Pump 分配给数字电路；按照负载功率等级分类，可把电源分为 50 mA、200 mA、500 mA、1 A 等级别；按照负载的电压高低分类，可把电源分为 1.2 V、1.8 V、2.8 V、4 V（V_{bat}）、10 V、以及更大级别。

特别提醒一点，由于一个电源可能会同时挂多个负载，要注意多个负载同时工作的时候，电源能否提供足够的功率。

5.7 小结

（1）CPU、Memory 等大功率器件，对电源噪声不敏感，但要着重考虑电源效率问题，所以必须使用 DC-DC。

（2）Audio、RF LNA、TCXO、RTC 等模拟信号电路，功率较小，不关注效率，但对噪声非常敏感，所以必须使用 LDO 供电。

（3）Charge Pump 只能用于负载比较小的场合，大功率的场合必须使用 DC-DC。

（4）一个电源挂多个负载时，如果负载可能会同时工作，则必须考虑电源能否提供足够的功率。

（5）电源工作时都会发热，特别对于功率较大、效率较低的 LDO，要特别注意 PCB 的散热设计。

（6）电源布线，尤其是大功率电源，必须注意单点接地。在 PCB 面积受限的情况下，尽可能地多打地孔，以降低电源回流路径的阻抗。这部分内容涉及一个专门的领域，即电源完整性（Power Integrity），限于篇幅，就不展开讨论了。

第 6 章

时钟系统

在入门篇的 2.5 节中，我们对手机系统中的三大关键信号，即 Acoustic 信号、I/Q 信号和 Clock 信号，进行了初步的介绍。本章将重点分析手机系统中的 Clock 信号，至于 Acoustic 信号和 I/Q 信号，将在后续章节中讨论。

6.1 手机时钟系统简介

Clock 信号，又称时钟信号，因为由振荡电路产生，所以有时也把时钟信号称为振荡信号。

在入门篇中我们已经看到，时钟信号在手机电路中有着极其重要的作用，无论 CPU 的运算处理，还是 Transceiver 的高频调制/解调，抑或各种接口电路的数据传输，都离不开时钟信号。如果把软件看作手机大脑的话，完全可以把时钟看作手机的脉搏，随着脉搏的律动，各种资源被输送至全身，大脑才能够正常工作。

但是很显然，光有跳动的脉搏，尚不足以保证身体各方面机能达到最优，还必须保证这种跳动强劲而有规律。根据笔者多年的工作经验，一些手机产品工作不稳定或者性能不达标，就与脉搏律动的优劣有着重要关系。

本节将介绍时钟信号的分类、作用及产生机制。

6.1.1 时钟分类

在手机系统中，按照时钟信号的用途分类，可以把时钟分为逻辑电路主时钟和实时时钟两种。现在，基本上所有手机平台的实时时钟都为 32.768 kHz，它独立于操作系统（故也常被称为硬件时钟），为整个手机提供一个统一的计时标准，是最底层的时钟；而逻辑电路主时钟则依据不同平台、不同模块，有各种不同的频率，比如高通平台主时钟多为 19.2 MHz，MTK 多为 26 MHz，蓝牙的主时钟则根据芯片生产厂家的不同，有 13 MHz、26 MHz 等各种频率。但无论逻辑电路主时钟还是实时时钟，均是手机正常工作的必要条件。

另一种分类方法，是把时钟分为有源时钟和无源时钟两类。所谓有源时钟，多为一个独立的时钟模块，比如入门篇中介绍的 VC-TCXO，它需要外接电源（通常还额外提供一个用于频率微调的 AFC 控制管脚），然后在模块内部产生振荡信号；无源时钟则多为一个晶体，把晶体两端接入芯片，然后振荡信号直接在芯片内部生成，比如 RTC。但事实上，这种分类不是很合理。试问，没有电源如何产生电信号？有源时钟只不过是把无源时钟在芯片内部的那部分搬到芯片外部，然后把晶体和那部分电路集成到一个模块而已。因此，从电路原理来说，

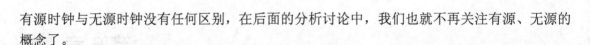

有源时钟与无源时钟没有任何区别，在后面的分析讨论中，我们也就不再关注有源、无源的概念了。

6.1.2 时钟的基本作用

1. 逻辑电路主时钟

我们知道，不管哪一个平台，要让 CPU 跑起来，就必须有一个主时钟。在 MTK 平台中，这个主时钟多为 26 MHz，高通平台则为 19.2 MHz，其他平台，如 ADI、Marvell 等多为 13 MHz，而在 80C51 系列单片机平台中，主时钟则多为 11.0592 MHz。

在 80C51 系统中，CPU 的工作频率就是 11.0592 MHz，但我们知道，手机 CPU 的主频可不是 26 MHz、19.2 MHz 或者 13 MHz 这么低的频率。以目前的手机平台而言，CPU 的主频动辄就在 500 MHz 以上，很多甚至都已经超过 1 GHz。那么，CPU 的主频时钟从何而来？另外一方面，手机的 RF 信号，其频率高达 1～2 GHz 左右，这些时钟又是从何而来的？

事实上，手机中的主时钟，更多的是用来作为 PLL（Phase Lock Loop）电路中的参考信号的。利用 PLL 中的闭环负反馈原理，使得输出信号频率与主时钟的频率构成一定关系，如式（6-1-1）所示：

$$f_{out} = N f_{ref} \tag{6-1-1}$$

式中，f_{ref} 表示主时钟频率，f_{out} 表示 PLL 电路输出频率，N 表示分频比（多为分数）。对于某个确定的平台或模块，f_{ref} 是一定的，但只要对各个 PLL 电路设计不同的分频系数 N，就会得到频率各不相同的 f_{out}。这便是在大多数手机平台中，通常只有一个 f_{ref}，却有不同 f_{out} 的由来，如主时钟恒定为 26 MHz，但 RF TX 频率却在 1～2 GHz 可配置。

另外，从式（6-1-1）可以看出，只要主时钟的频率维持稳定，则输出信号频率也可以维持稳定，这也就是我们在 PCB 布局布线中特别重视主时钟信号隔离与保护的原因。关于 PLL 电路的内容，将在本章最后做些简单介绍。

2. 实时时钟

32.768 kHz 实时时钟的作用一般有两个：一是保持手机中时间的准确性与持续性，确保手机在关机状态下依旧可以计时；二是在待机状态下，可以作为一些逻辑电路的临时时钟，如一些中断守候电路等，从而降低系统功耗。

一般而言，RTC 的第一个作用比较直观，很容易理解，但对于第二个作用，有些工程师不是很清楚。学习过数字电路课程的读者应该知道，按照制造工艺的区别，可以把芯片简单地分为 TTL（Transistor Transistor Logic，即晶体管晶体管逻辑）和 CMOS（Complementary MOS，即互补 MOS 管）两大类型。

由于晶体管为电流驱动型，所以无论 TTL 逻辑门电路输出的是高电平还是低电平，都需要一定的驱动电流，即 TTL 逻辑门存在静态功耗；而 MOS 管为电压驱动型（互补仅仅是一种把 NMOS 和 PMOS 结合在同一个硅片上的工艺），所以 CMOS 逻辑门几乎没有任何静态功耗。但随着工作频率的上升，情况开始发生变化。

我们知道，逻辑门电路输出高/低电平实际上跟输出管的工作状态有关，比如输出管处于截止状态时，门电路输出高电平；输出管处于饱和导通状态时，门电路输出低电平。那么，如果门电路的输出电平发生切换，则不管是从高电平切到低电平，还是从低电平切到高电平，输出管必然要经历截止→线性→饱和，或者饱和→线性→截止的过程。换言之，输出管必然要跨越线性区。显然，管子在跨越线性区的时候，就会产生额外的功耗，即所谓的"动态功耗"。

对于 CMOS 逻辑门，在单位时间内的切换次数越多，管子的动态功耗就越大（与切换频率呈正比关系）；而对于 TTL 逻辑门，由于管子在静态时也要消耗一定的电流，所以动态功耗增加并不多。换言之，随着工作频率的上升，CMOS 逻辑门电路的动态功耗将显著增加。然而，CMOS 工艺简单、制造成本低，早已获得了芯片厂家的广泛支持。所以，在待机状态下，使用频率更低的 RTC 代替主时钟，将有助于降低系统功耗。不仅如此，在满足芯片要求的情况下，也应该尽可能使用频率更低的时钟。

6.1.3 振荡原理

1. 平衡条件

无论何种时钟电路，从电子线路的角度看，都是一种振荡电路。因此，在分析手机时钟系统之前，必须了解振荡电路的原理以及如何使振荡保持稳定。

首先，分析一下负反馈电路中的自激振荡现象，如图 6-1-1 所示。图中，$A(j\omega)$ 与 $F(j\omega)$ 分别表示基本放大器的增益和反馈网络的反

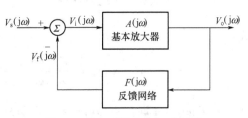

图 6-1-1 负反馈电路组成框图

馈系数（通常，它们与频率相关，故用 $j\omega$ 表示）。根据图 6-1-1，不难得到系统的闭环增益 $A_f(j\omega)$，如下式：

$$A_f(j\omega) = \frac{V_o(j\omega)}{V_s(j\omega)} = \frac{A(j\omega)}{1 + A(j\omega)F(j\omega)} = \frac{A(j\omega)}{1 + T(j\omega)} \tag{6-1-2}$$

式中，$T(j\omega) = A(j\omega)F(j\omega)$，定义为环路增益。采用复数描述，令 $T(j\omega) = Te^{j\varphi_T}$，$A(j\omega) = Ae^{j\varphi_A}$，$F(j\omega) = Fe^{j\varphi_F}$，则

$$T = AF \tag{6-1-3a}$$

$$\varphi_T = \varphi_A + \varphi_F \tag{6-1-3b}$$

显然，当 $T(j\omega) = -1$ 时，$A_f(j\omega) \to \infty$，表明系统的闭环增益为无穷大。为此，不妨将 $T(j\omega) = -1$ 代入式（6-1-3）中，可得到如下方程：

$$T = AF = 1 \tag{6-1-4a}$$

$$\varphi_T = \varphi_A + \varphi_F = \pi \tag{6-1-4b}$$

$$V_f(j\omega) = A(j\omega)F(j\omega)V_i(j\omega) = -V_i(j\omega) \tag{6-1-4c}$$

根据式（6-1-4c）可知，当 $T(j\omega) = -1$ 时，不需要输入信号 $V_s(j\omega)$，或者认为 $V_s(j\omega) = 0$，就可以使电路维持恒定输出 $V_o(j\omega)$。换言之，系统出现了自激振荡现象。

另外，图 6-1-1 表示的是负反馈，所以直接在 $V_f(j\omega)$ 的前面加了一个负号，隐含了 $V_f(j\omega)$

与 $V_s(j\omega)$ 相差 180° 相位的意思（即 $V_i(j\omega) = V_s(j\omega) - V_f(j\omega)$）。但根据式（6-1-4b）可知，自激时的环路增益相位为 180°，它实际上是在负反馈的基础上又增加了 180° 相位，即 180°（负反馈）+180°（额外相移）= 360°（总相移）。我们知道，负反馈的本质是输入信号与反馈信号相差 180°，如果又增加 180° 相移，变为 360° 相移的话，负反馈就变成正反馈了。因此，我们可以得出结论：自激振荡的本质其实是正反馈，其产生原因在于相移随频率发生变化！

对于负反馈电路来说，自激振荡是不期望出现的。但是，对于振荡电路，自激振荡不正是我们所期望的事情吗？可以设计一个负反馈电路，然后再增加 180° 的额外相移，就可以使电路产生振荡。但是，不妨想想，负反馈自激振荡的本质是额外相移导致的正反馈，何不干脆设计一个正反馈电路就可以实现振荡？负反馈的设计初衷是使反馈信号与输入信号相差 180°，正反馈则是直接让反馈信号与输入信号相差 360°（亦可看成 0°，表示同相）。于是，把图 6-1-1 稍加修改一下，就可以得到正反馈的框图，如图 6-1-2 所示。

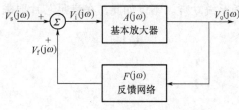

图 6-1-2　正反馈电路组成框图

类似地，可以得到正反馈电路的闭环增益，如下式：

$$A_f(j\omega) = \frac{V_o(j\omega)}{V_s(j\omega)} = \frac{A(j\omega)}{1 - A(j\omega)F(j\omega)} = \frac{A(j\omega)}{1 - T(j\omega)} \qquad (6\text{-}1\text{-}5)$$

同样，当 $T(j\omega) = 1$ 时，$A_f(j\omega) \to \infty$，表明系统的闭环增益为无穷大。此时，不需要输入信号 $V_s(j\omega)$，或者认为 $V_s(j\omega) = 0$，就可以使电路维持恒定输出 $V_o(j\omega)$。由于我们刻意把系统设计成正反馈，因此它就成为了一个振荡电路。当然，为了维持稳定的振荡，必须满足如下条件：

$$T = AF = 1 \qquad (6\text{-}1\text{-}6a)$$

$$\varphi_T = \varphi_A + \varphi_F = 2\pi \qquad (6\text{-}1\text{-}6b)$$

说明一点，在一些教材中，常把式（6-1-6b）中的 2π 记为 $2n\pi$（n 为整数），这个其实无所谓了，反正都是以 2π 为周期，我们就直接记为 2π 了。通常，把式（6-1-6a）称为幅度平衡条件，把式（6-1-6b）称为相位平衡条件，或统称为巴克豪森准则（Barkhousen Criteria），表明振荡电路输出等幅振荡信号时（即电路处于平衡状态）环路增益所必须满足的条件。

2. 起振条件

上面在分析振荡电路平衡条件时，假设如图 6-1-2 所示环路输出端已经存在一定频率、一定幅度的振荡信号，但对于一个实际的振荡电路，在接通电源瞬间是不可能立即产生特定幅度的振荡信号的。那么，振荡电路是如何使信号从无到有、逐步建立并最终达到稳定振荡的呢？

根据物理学原理，噪声无处不在！因此，一个实际的振荡器的初始信号是由电路内部噪声或瞬态过程的扰动所引起的。

首先，为了能得到所需特定频率为 f_0 的、稳定的正弦波信号，必须把频率为 f_0 的噪声分量从振荡电路噪声或者扰动信号中挑选出来，即"选频"功能。

其次，为了使振荡能够从小到大建立起来，则在初始振荡阶段，必须使反馈信号的幅度 $|V_f(j\omega)|$ 大于输入信号的幅度 $|V_i(j\omega)|$，并同时保证相位满足正反馈的要求：

$$T = AF > 1 \tag{6-1-7a}$$

$$\varphi_T = \varphi_A + \varphi_F = 2\pi \tag{6-1-7b}$$

式（6-1-7a）称为振荡器的幅度起振条件，式（6-1-7b）所示的相位起振条件则与相位平衡条件相同。通常，把式（6-1-7）统称为起振条件。

由式（6-1-7a）可见，一旦电路接通电源，振荡信号就会由小到大逐步建立起来。但由于环路增益大于 1，似乎不可能得到一个稳定的振荡信号。事实上，信号的幅度最终要受到放大电路非线性的限制，即当幅度逐渐增大时，环路增益 T 将逐渐减小（即"增益压缩"），并最终达到 $T = 1$ 的平衡状态，从而使振荡维持稳定。

通常，把利用放大电路自身非线性来达到稳幅的方式称为"内稳幅"。为改善输出波形，也可以采用外接非线性组件组成稳幅电路达到稳幅，这种稳幅方式称为"外稳幅"。

3．稳定条件

若振荡器工作在一个无外界扰动的理想状态时，则振荡器自然会保持稳定。但实际上，由于振荡器在工作过程中肯定会受到外界干扰（如温度的变化、电源电压的波动，或者外界电磁场的干扰等），因此振荡器的平衡状态必然遭到破坏。于是，振荡器有可能会工作在一个稍微不同的新的平衡点上，但也有可能会停止振荡。

如果外界扰动破坏了振荡器的平衡状态，但通过放大和反馈环节的反复循环，使振荡器产生回到原先平衡状态的趋势，并在原平衡点附近建立新的平衡点；而当干扰因素消失后，振荡器又可以完全回归原先的平衡点。满足这两点要求的振荡器，我们称为稳定振荡；反之，干扰到来时振荡器无法在原平衡点附近建立新平衡点或者干扰消失后无法回归原平衡点的振荡器就是不稳定的。

显然，振荡器的稳定性能有着重要意义！试想，有谁希望振荡器受一点点干扰就产生频漂？同样，稳定条件可以分为振幅稳定条件和相位稳定条件。

（1）振幅稳定

当振荡器平衡时，环路增益 $T(j\omega) = 1$，则反馈电压 $V_f(j\omega) = T(j\omega)V_i(j\omega) = V_i(j\omega)$。外界产生的扰动无非使 V_i 增大或者减小，假设在平衡状态下，外界扰动使振荡器的输入幅度由 V_i 增大为 V_i'，为了维持平衡必然要使其幅度在经过环路的一个循环后，使外界扰动影响逐渐减小，即要求 $V_i'' = V_f' = T V_i' < V_i'$，因此必须有 $T < 1$。这样，经过若干次循环后，V_i' 便就会"收敛"到原来的幅值 V_i。可见，在平衡点处，若外界扰动使 V_i 增大，则要求 T 减少。反之，若扰动使 V_i 减小则必然要求 T 增大。因此，不难看出，振幅稳定的条件其实就是要求环路增益在平衡点附近具有负斜率，用偏导数描述如下式：

$$\left. \frac{\partial |T(j\omega_{osc})|}{\partial |V_i(j\omega_{osc})|} \right|_{V_b} < 0 \tag{6-1-8a}$$

式中，V_b 表示平衡点的输入电压，ω_{osc} 表示平衡点的角频率。

于是，无论外界扰动使 V_i 如何变化，经过若干次循环后，振荡器都能在原平衡点 V_b 的附

近获得新的平衡（记为 V_b'），从而保证振幅基本恒定，并且环路增益的幅度 $|T(j\omega)|$ 随 V_i 的变化越陡峭，即偏导数越大（取绝对值，除非特别说明，后文中均默认为取绝对值），则振荡器的收敛速度越快，振幅稳定性就越好，V_b' 也越趋近于 V_b。当干扰消失后，V_b' 将与 V_b 重合。其实，从物理概念上看，斜率越陡，说明 V_i 变化引起的 $T(j\omega_{osc})$ 变化就越大，换言之，只需 V_i 很小的变化 ΔV_i，就可以抵消外界因素引起的 $T(j\omega_{osc})$ 的变化 ΔT。

图 6-1-3 为某振荡器的环路增益特性。图中，环路增益 $T = 1$ 的水平线与曲线相交于 M、N 两点。根据我们所说的平衡条件，M、N 都是平衡点；但是，按照振幅稳定条件来看，M、N 的偏导数一个为正、一个为负，所以 M 是不稳定平衡点，N 是稳定平衡点。

假定振荡器工作在 M 点，如果由于某种原因导致 V_i 大于 V_{im}，则由于 T 随之增大，势必使 V_i 进一步增大，从而是工作点更加偏离 M，最后到达平衡点 N；反之，若干扰因素导致 V_i 小于 V_{im}，则由于 T 随之减小，势必使 V_i 进一步减小，直到停止振荡。因此，若要该振荡电路稳定工作，必须让其工作在平衡点 N 上。

顺便说一句，图 6-1-3 所示的环路增益是不满足起振条件（6-1-7a）的。因此，为了让该振荡器工作在平衡点 N 上，必须外加激励信号（如用金属棒触碰一下放大器的输入管脚），这种起振方式称为"硬激励"。相应地，接通电源后自动进入稳定平衡状态的方式称为"软激励"。一个满足软激励的振荡器环路增益特性如图 6-1-4 所示。

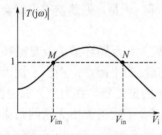

图 6-1-3　稳定点与不稳定点

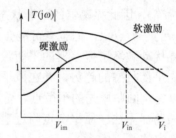

图 6-1-4　硬激励与软激励

（2）相位稳定

上面讨论了振幅的稳定条件，那么相位稳定该满足怎样的条件呢？

我们知道，瞬时角频率是瞬时相位对时间的导数（$\omega = d\varphi/dt$）。因此，如果瞬时相位发生变化（超前或者滞后于预期的结果），必然会引起频率的变化。在相同时间段内，相位超前，则表明频率上升；反之，若相位滞后，则表明频率下降。因此，振荡器的相位稳定条件与其频率稳定条件是等价的。

假设外界扰动使振荡器的频率从 ω_{osc} 上升为 ω_{osc}'（即 $\omega_{osc}' > \omega_{osc}$），为了维持频率稳定，经过若干次循环后，必须使频率下降并收敛到原振荡频率 ω_{osc} 上，即每次循环时，环路增益的相移 φ_T 都要比 2π 稍微下降一些；反之，若振荡器频率从 ω_{osc} 下降为 ω_{osc}''（即 $\omega_{osc}'' < \omega_{osc}$），则必须确保环路增益的相移 φ_T 每次循环时都比 2π 稍微上升一些，才能使频率上升并收敛到原振荡频率 ω_{osc} 上。当然了，严格说来，最终的平衡点频率与原频率是稍稍有一些区别的。

由此可知，相位稳定的条件其实就是要求环路增益的相移 $\varphi_T(j\omega)$ 在平衡点附近具有负斜率，用偏导数描述如下：

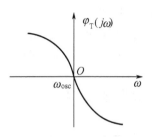

$$\left.\frac{\partial \varphi_{\mathrm{T}}(\mathrm{j}\omega)}{\partial \omega}\right|_{\omega_{\mathrm{osc}}} < 0 \qquad (6\text{-}1\text{-}8b)$$

式中，ω_{osc} 表示原振荡频率。

图 6-1-5 即为满足相位稳定条件的 $\varphi_{\mathrm{T}}(\mathrm{j}\omega)$ 特性（由于相位以 2π 为周期，即 0 和 2π 是等价的，所以从作图美观的角度出发，我们把振荡频率 ω_{osc} 设置在原点，而不是 2π）。

图 6-1-5　满足相位稳定条件的 $\varphi_T(\mathrm{j}\omega)$ 特性

于是，无论外界扰动使 ω_{osc} 如何变化，经过若干次循环之后，振荡器都能在原先频率 ω_{osc} 的附近获得新的平衡（记为 ω'_{osc}），使 $\varphi_T(\mathrm{j}\omega'_{\mathrm{osc}}) = 0$，从而保持频率基本恒定，并且环路增益的相位 $\varphi_T(\mathrm{j}\omega)$ 随 ω 的变化越陡峭，即偏导数越大，表明振荡器的收敛速度越快，频率稳定性就越好，即 ω'_{osc} 越趋近于 ω_{osc}。当干扰消失后，ω'_{osc} 将与 ω_{osc} 重合。从物理概念上看，斜率越陡，说明 ω_{osc} 变化引起的 $\varphi_T(\mathrm{j}\omega)$ 变化就越大，换言之，只需要 ω_{osc} 很小的变化 $\Delta\omega_{\mathrm{osc}}$，就可以抵消外界因素引起的 $\varphi_T(\mathrm{j}\omega)$ 的变化 $\Delta\varphi_T$。读者朋友不妨仔细想想，这与我们在上一章说，LDO 的输出电压会随负载或输入电压的变化而微小变化，其原理是一样的，即所谓的"有净差系统"。

6.1.4　小结

至此，我们详细分析了振荡电路的组成框图、起振条件和稳定条件。但是，还有一个问题没有解释，即振荡频率如何确定？

我们知道，振荡信号可以分为正弦波和非正弦波两大类。正弦波很直观，就不需要解释什么了，非正弦波包括矩形波、三角波、锯齿波等。在手机电路中，绝大多数时钟信号都为正弦波和矩形波两种（只有 D 类功放等极少数芯片会用到锯齿波）。但实际上，手机中的矩形波都是由正弦波经过缓冲器输出得到的。所以，只要分析正弦波振荡电路即可。

对于正弦波振荡电路，在分析起振条件时曾提到：为了能得到所需的特定频率为 f_0、稳定的正弦波信号，必须把频率为 f_0 的噪声分量从振荡电路噪声或者扰动信号中挑选出来，即"选频"功能。换言之，振荡电路之所以能产生频率为 f_0 的正弦波信号，是由于选频网络把频率为 f_0 的信号或噪声分量给选了出来，然后经过放大、反馈，一步步建立起来的。而其他频率的信号，选频网络不予处理，自然也就不会生成其他频率的正弦波信号了。

因此，一个完整的的正弦波振荡器必须具有 3 个基本环节：放大电路、反馈网络和具有特定选频特性的相移网络（如果是外稳幅的话，还需要额外的稳幅环节）。除此以外，电路是否可以起振、振荡是否稳定，还需要进行如下判断。

（1）分析电路是否满足相位平衡条件并估算电路振荡频率

由前面的内容可知，振荡的相位平衡条件的实质就是正反馈。对于反馈，可用瞬时极性法来判断电路是否满足相位平衡条件。另外，相位平衡条件只在特定频率上满足，这是由相移网络来保证的。因此，如果电路在某一频率 f_0 上满足相位平衡条件，则电路就有可能振荡，并且 f_0 就是振荡频率。

（2）分析起振条件

在满足相位平衡的条件下，幅度起振条件为 $|T(\mathrm{j}\omega)| > 1$，而这个必须结合具体电路才能求得。实际应用中，多是通过调试，使电路满足幅度起振条件的。

（3）分析稳幅环节

为使输出幅度稳定，实际的正弦振荡器还需要有稳幅环节。关于稳幅环节应结合具体电路分析。一般来说，RC 正弦振荡器采用外稳幅，而 LC 正弦振荡器则采用内稳幅。

6.2 常见振荡电路

就手机电路而言，几乎所有的时钟信号都由晶体振荡电路产生。但实际上，晶体振荡电路的原型是克拉泼（Clapp）振荡电路，而 Clapp 振荡电路又是考毕兹（Colpitts）振荡电路的改进，所以为了分析晶体振荡电路，我们必须理解 LC 振荡电路（Colpitts 振荡电路是 LC 三点式振荡电路中的一种）。

至于 RC 振荡电路，常见于一些简单的低频电子线路中，手机电路中几乎没有（有些芯片内部集成有 RC 振荡器）。但是，RC 振荡电路简单、易懂，有助于我们理解电路产生振荡的一系列物理模型。因此，笔者决定在本节中对 RC 振荡电路、LC 振荡电路与晶体振荡电路依次进行分析，以期读者朋友可以更好地理解各种振荡电路的本质。

6.2.1 RC 振荡电路

RC 正弦波振荡器有两种基本类型，分别为移相式和文氏桥式（Wien Bridge）。

1. 移相式振荡电路

首先分析 RC 移相式正弦波振荡电路。所谓 RC 移相式振荡，其实就是用 RC 构成移相兼反馈网络的振荡电路，图 6-2-1 所示的电路就是我们熟悉的超前相移和滞后相移电路，对应的相移特性如图 6-2-2 所示（其中 $\omega_0 = 1/RC$）。

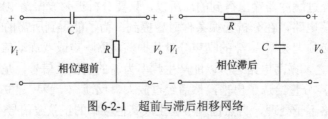

图 6-2-1　超前与滞后相移网络

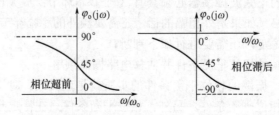

图 6-2-2　超前与滞后相位特性

通常，在 RC 移相式振荡电路中，基本放大电路在其通频带内的相移为 $\varphi_A = \pi$，而一节 RC 移相电路最多可以提供 π/2 的相移。因此，为满足相位平衡条件，即 $\varphi_T = \varphi_A + \varphi_F = 2\pi$ 的要求，则要求至少两节 RC 网络级联，才能使 $\varphi_F \rightarrow \pi$。但在 φ_F 接近 π 时，RC 电路的输出电压已接近于零，就不能满足振荡的幅度条件。因此，至少要用三节 RC 电路，才有可能在某个特性频率 ω_{osc} 上，既满足幅度稳定条件，又同时满足相位稳定条件。

由 RC 超前网络构成的正弦波振荡电路如图 6-2-3 所示。

如果我们把该电路从打×的地方断开，电阻左端接假想的输入电压 V_i，电容右端接反相放大器的输入电阻（根据理想运放的虚短、虚断可知其就是 R），则可以得到该 RC 振荡电路的开环电路图，如图 6-2-4 所示。

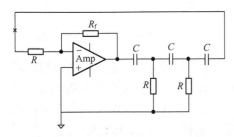

图 6-2-3 由 RC 超前网络构成的正弦波振荡电路

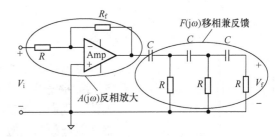

图 6-2-4 开环等效电路图

不难看出，它实际上是由三节 RC 移相网络和一个反相放大器所构成。反相放大器提供 180° 相移，三节 RC 移相网络提供另外 180° 相移（每节 RC 提供 60°），从而满足相位起振与平衡条件。至于振荡频率，则只要根据 RC 相移特性曲线，找到对应于 60° 的那个点就可以了。

然后，由反相放大器提供增益（R_f/R），使得电路满足幅度起振条件。

当然了，也可以利用 RC 网络传递函数，求解出环路增益 $T(j\omega) = A(j\omega)F(j\omega)$ 的表达式，然后利用平衡条件 $T(j\omega_{osc}) = 1$，从而在数学上严格计算出电路的振荡频率与振幅起振条件，笔者就不具体计算了，直接给出结论（有兴趣的读者可以参见谢嘉奎《电子线路——非线性部分》的相关章节）：

$$\omega_{osc} = 1/\sqrt{6}RC \qquad\qquad (6\text{-}2\text{-}1a)$$

$$R_f/R > 29 \qquad\qquad (6\text{-}2\text{-}1b)$$

现在，读者朋友不妨想想，如果再增加一节 RC，变成四节 RC，振荡器会发生怎样的变化？

按照相位稳定条件，每节 RC 应该提供 45° 相移，所以对应于相移特性曲线的点就会发生变化，振荡频率将变为 $\omega_{osc} = \omega_0 = 1/RC$。同时，由于反馈网络 $F(j\omega)$ 发生变化，环路增益 $T(j\omega)$ 也随之发生变化，因此 R_f/R 也要随之变化才能满足幅度起振条件，笔者就不推导了，直接给出结论 $R_f/R > 4$。说明一点，如果每节 RC 的参数各不相同，就只能按照传递函数进行计算，才能得到具体的振荡频率与幅度起振条件。不过，实际中很少这样做，因为这会导致电路调整太过麻烦。

2. 文氏桥振荡电路

下面，简单介绍一下文氏桥振荡器，其原理图如图 6-2-5 所示。

与 RC 移相式正弦波振荡电路的分析方法类似，可以将图 6-2-5 所示电路从打×处断开，然后在运放同相端加输入信号 V_i，从而得到其开环电路图。或者，只要把文氏桥原理图中的器件稍稍改变一下相对位置，就可以清楚地看出这个电路的振荡原理，如图 6-2-6 所示。

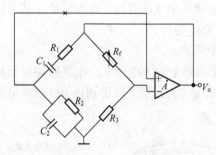

图 6-2-5 文氏桥振荡器

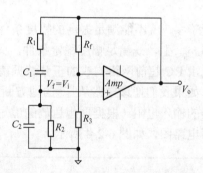

图 6-2-6 文氏桥振荡器的另一种画法

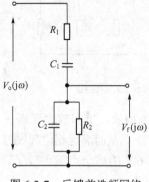

图 6-2-7 反馈兼选频网络

由图可见，输入信号 V_i 从运放的同相端输入，从而构成同相放大器并提供 0° 相移，而电路起振所需的增益则由 R_f 与 R_3 提供。因此，我们不难猜测，由 R_1、R_2、C_1、C_2 组成的串并联反馈网络（兼选频）也应该提供 0° 相移，才能保证电路实现正反馈。

将反馈网络单独取出分析，如图 6-2-7 所示。

设 $Z_1 = R_1 + 1/j\omega C_1$、$Z_2 = R_2 // (1/j\omega C_2)$，则反馈系数 $F(j\omega) = V_f(j\omega)/V_o(j\omega)$，然后代入 Z_1、Z_2 就可得到反馈系数的表达式。不过，正如在之前所说的，如果反馈网络具有对称结构，则其器件参数也经常是对称或者相等的，这样电路调整起来很方便。于是，不妨假设 $R_1 = R_2 = R$、$C_1 = C_2 = C$，则

$$F(j\omega) = \frac{V_f(j\omega)}{V_o(j\omega)} = \frac{Z_2}{Z_1 + Z_2} = \frac{1}{3 + j\left(\omega RC - \dfrac{1}{\omega RC}\right)} \tag{6-2-2}$$

令 $\omega_0 = 1/RC$，则式（6-2-2）可化简为

$$F(j\omega) = \frac{V_f(j\omega)}{V_o(j\omega)} = \frac{1}{3 + j\left(\dfrac{\omega}{\omega_0} - \dfrac{\omega_0}{\omega}\right)} \tag{6-2-3}$$

根据式（6-2-3），可以得到其幅频特性与相频特性，具体的数学推导过程请读者参考相关教材，笔者直接给出示意图，如图 6-2-8 所示。

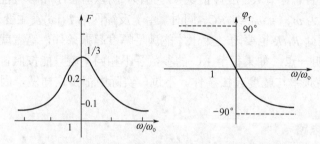

图 6-2-8 文氏桥振荡器反馈网络的幅频与相频特性

前面说过，当反馈网络的相移为 0° 时，电路才满足正反馈。于是，从相频曲线上可以看出，当 $\varphi_F(j\omega_{osc}) = 0$ 时，必有 $\omega_{osc} = \omega_0 = 1/RC$；然后，再根据幅频曲线可知，此时的反馈系数 $|F(j\omega_{osc})| = 1/3$。因此，起振条件是 $1 + R_f/R_3 > 3$（同相放大器的闭环增益为 $1 + R_f/R_3$），即 $R_f > 2R_3$；

当电路进入稳定振荡后，则要求 $R_f = 2R_3$。因此，实际电路中经常在反馈电阻 R_f 上串联一个负温度系数的热敏电阻 R_T，当电路工作后，随着温度上升，振荡器自动进入稳定状态，即外稳幅。

细心的读者不难发现，在分析 RC 振荡器时反复提到选频和移相这两个概念，但在笔者看来，它们二者的本质完全相同。我们知道，对于不同频率的信号，RC 网络就有不同的相移。但不管怎样，为了实现正反馈，RC 网络必须提供某个特定的相移，比如图 6-2-3 所示的移相式振荡器，每节 RC 提供 60° 相移，三节共提供 180° 相移，而图 6-2-6 所示的文氏桥振荡器，RC 网络只提供 0° 相移。又由于相移与信号频率具有一一对应关系，所以特定的相移就代表了特定的信号频率。

因此，相移的本质就是选频！对于 RC 振荡电路如此，对于后面将要分析的 LC 振荡电路也是如此。

3. 小结

无论移相式振荡电路，还是文氏桥振荡电路，RC 振荡电路最大的特点就是结构简单、调整方便。

但 RC 振荡电路的缺点也很明显。首先，RC 振荡器的振荡频率取决于 R 与 C 的数值，要想得到较高的振荡频率，必须选择较小的 RC 值。例如，对文氏桥振荡器而言，设 $R = 1\,\mathrm{k\Omega}$、$C = 200\,\mathrm{pF}$，由式（6-2-3）可以求得，f_{osc} 约为 796 kHz。如果希望进一步提高振荡频率，则需要减小 R 和 C 的值。不过，R 的减小将使放大电路的负载加重，C 的减小又受到晶体管结电容和分布电容的限制，这些因素都限制了 RC 振荡器只能用作低频振荡器。另一方面，由于 RC 都为分立元件，各批次之间的参数离散性大，且受环境因素影响较为严重，导致其振荡频率不甚稳定，或者说选频作用较差。

因此，RC 振荡器常用于频率固定且稳定性要求不高的场合，其频率范围为 1～1 MHz。

至此，有读者可能会产生疑惑，手机电路中似乎没有看到过 RC 振荡电路呀？的确，手机原理图中看不到 RC 振荡电路，但这并代表手机系统或芯片中没有使用 RC 振荡电路。通常，在手机进入待机状态后，系统就不再为外部模块或芯片提供主时钟（即快时钟）信号。那么，为了使这些模块或芯片维持守候状态（比如等待接收等），必须为它们提供一个慢时钟信号。那么，从降成本的角度考虑，省去外部晶体，直接由芯片内部的 RC 振荡电路提供这个慢时钟信号，待模块或芯片被激活后，唤醒系统，然后由系统重新提供快时钟。这种设计方案在成本和性能之间可以取得不错的平衡。高通 QSC60X5 平台中的 RC 振荡器就利用了这一特征，如图 6-2-9 所示。

The RC oscillator is the default clock source during QSC60X5 power up. It continues to be used until the QSC clears interrupts that cause switchovers to the 32.768KHz crystal oscillator and the 19.2MHz TCXO source. Transitions between the clock sources are synchronized to ensure valid pulses at the SLEEP_CLK output and the SMPS input (wide pulse widths, no glitches). Once the switchovers are made, the internal RC oscillator is powered down to reduce power consumption. This circuit draws too much current to run off the coin cell backup; it requires the QSC device to be on.

The RC oscillator circuit starts again automatically if detection circuits indicate that either of the following occurs:

■ The selected SLEEP_CLK source stops oscillating（either the 32.768KHz crystal oscillator or the 19.2MHz TCXO source, whichever is selected）.

■ The 19.2MHz TCXO source stops oscillating （and therefore the SMPS clock source） while the buck converter（VREG_MSMC）is enabled

图 6-2-9 QSC60X5 中关于 RC 振荡器的描述

6.2.2 LC 振荡电路

一般地，在要求振荡频率高于 1 MHz 时，大多采用 LC 并联回路作为选频网络，组成 LC 正弦波振荡器。事实上，石英晶体振荡器的等效电路就是 LC 振荡电路。因此，理解了 LC 振荡电路，也就理解了晶体振荡电路。

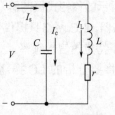

图 6-2-10　LC 并联谐振回路

1. 选频网络

在开始讨论 LC 振荡电路之前，先来回顾一下有关 LC 谐振回路的性质。如图 6-2-10 所示，是一个 LC 并联谐振回路，其中 r 表示电感的直流损耗电阻（其值较小）。

回路的等效阻抗 $Z(j\omega)$ 为（$r+j\omega L$）与（$1/j\omega C$）的并联，即

$$Z(j\omega) = \frac{\dfrac{1}{j\omega C}(r + j\omega L)}{\dfrac{1}{j\omega C} + r + j\omega L} \tag{6-2-4}$$

通常，在实际的振荡频率附近总是有 $r \ll \omega L$，所以可以把式（6-2-4）化简如下：

$$Z(j\omega) = \frac{\dfrac{1}{j\omega C} j\omega L}{\dfrac{1}{j\omega C} + r + j\omega L} = \frac{\dfrac{L}{C}}{r + j\left(\omega L - \dfrac{1}{\omega C}\right)} \tag{6-2-5}$$

若电路谐振，$Z(j\omega)$ 呈阻性，有

$$\omega_{osc} = \frac{1}{\sqrt{LC}} \tag{6-2-6}$$

$$Z(j\omega_{osc}) = \frac{L}{rC} = Q\omega_{osc}L = \frac{Q}{\omega_{osc}C} \tag{6-2-7}$$

其中，$Q = \omega_{osc}L/r \gg 1$，称为回路的"品质因数"（它与振荡稳定性有着密切关系）。

由此，可以画出 LC 并联网络的幅频特性和相频特性，如图 6-2-11 所示。

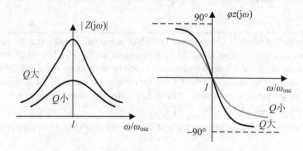

图 6-2-11　LC 并联谐振回路的幅频和相频特性

由图 6-2-11 可知，LC 并联谐振电路的选频特性与 Q 值有着密切关系。Q 值越大，则在 ω_{osc} 附近，阻抗特性曲线 $|Z(j\omega)|$ 越尖锐，且相位特性 $\varphi_Z(j\omega)$ 的偏导数也越大。进一步分析还可以知

道，LC 网络谐振时，电感与电容上流过的电流都是电源输出电流的 Q 倍，且 I_L 与 I_C 方向相反（根据 KCL 定理有 $I_L = I_S - I_C$，所以当 Q 值很大时，可以忽略 I_S）：

$$|I_L| = |I_C| = Q|I_S| \tag{6-2-8}$$

这对电感和电容的额定电流是有一定要求的，特别是大功率功放，一定要考虑到器件的耐受度。当然了，对手机电路而言，这一点不是特别重要。

如果从振荡的相位稳定条件，即式（6-1-8b）来看，偏导数越大，则表明振荡的稳定性越好，也就是说，谐振网络的选频特性越好。其实，这也就是晶体振荡器稳定性大于 LC 振荡电路稳定性的原因所在，因为石英晶体等效电路的 Q 值更高。

另外，从相频特性上不难看出，当 $\omega < \omega_{\mathrm{osc}}$ 时，谐振回路呈感性失谐状态；当 $\omega > \omega_{\mathrm{osc}}$ 时，则谐振回路呈容性失谐状态。因此，有些振荡电路利用了这种特性，通过感性失谐或者容性失谐，使电路的实际振荡频率可以偏离谐振网络的固有频率，比如晶体泛音振荡等。不过，这种方式在手机电路中几乎没有，我们就不讨论了。

关于谐振网络的详细分析，如阻抗变换、固有品质因数、有载品质因数、自谐角频率等概念，有兴趣的读者可以参考谢嘉奎《电子线路——非线性部分》的附录"选频网络"一节。

2．基本形式

基于 LC 选频网络的振荡电路有变压器反馈式（又称"选频放大式"）和三点式两大类。随着电子产品微型化的发展，变压器反馈式振荡电路逐步被淘汰，取而代之的是各种三点式振荡电路和晶体振荡电路。

下面，让我们看看 LC 三点式振荡电路是如何构成的，如图 6-2-12 与图 6-2-13 所示（交流等效电路）。

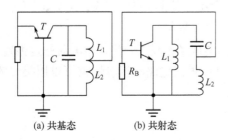

图 6-2-12　Hartley 振荡电路的交流通路

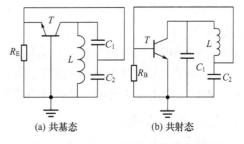

图 6-2-13　Colpitts 振荡电路的交流通路

图 6-2-12 为电感三点式振荡电路，也称 Hartley 振荡电路；图 6-2-13 为电容三点式振荡电路，也称 Colpitts 振荡电路。至于共基态、共射态，则取决于三极管的交流接地方式。

前面，我们一直在说，振荡电路是一个正反馈系统。实际上，这包含两个意思，一是找地方提取反馈电压；二是确保反馈为正反馈。那么，LC 振荡电路是如何解决这两个问题的？

为了提取反馈电压，我们把 1L+1C 选频网络改成了 2L+1C（Hartley）或 2C+1L（Colpitts）的选频网络形式，这样就可以从某个 L 或 C 上面取出反馈电压，所以人们常把这种电路统称为三点式振荡。

解决了反馈电压的提取问题，又该如何保证是正反馈呢？不妨以共射态的 Colpitts 振荡电路为例进行分析。

反馈电压取自 C_2（即 $V_{C_2} = V_f$），由于三极管的发射极接地，所以只能把反馈电压回馈到三极管的基极。那么，如何看出这是一个正反馈呢？使用向量图就可以了，如图 6-2-15 所示。

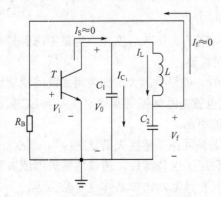

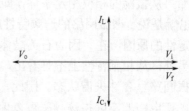

图 6-2-14　共射态 Colpitts 振荡电路　　　　图 6-2-15　共射态 Colpitts 振荡电路的电压矢量图

首先，共射放大电路的输出电压 V_o 与输入电压 V_i 倒相 180°，所以可以先把 V_o 与 V_i 画出来。

然后，我们知道，电感上的电流相位滞后其电压 90°，而电容上的电流相位超前其电压 90°，所以根据 V_o 的方向，可以把 C_1 上的电流 I_{C_1} 画出来。

接着，我们在分析 LC 选频网络的时候已经说过，谐振时流过电感的电流与流过电容的电流大小相等、方向相反且可以忽略源端电流 I_S，即式（6-2-8）。因此，可以把电感电流 I_L 画出来，正好与 I_{C_1} 大小相等、方向相反。或者也可以根据电感电压 $V_L = V_o - V_i$ 画出电感电流 I_L 的方向。

最后，由于振荡频率较高，三极管的输入阻抗通常远远大于电容 C_2 的容抗，因此可以忽略反馈回三极管的电流 I_f，则流过电容 C_2 的电流就是 I_L，因此可以画出 C_2 上的电压 V_{C_2}，也就是反馈电压 V_f。

显然，反馈电压 V_f 与输入电压 V_i 为同相关系，即实现了正反馈，并且当电路稳定振荡时，有 $V_f = V_i$。至于共基态的 Colpitts 振荡电路或者 Hartley 振荡电路，读者朋友可以用类似的方法分析，它们一定满足正反馈，笔者就不再赘述了。

3. 三点式的一般原则

仔细观察图 6-2-12 所示的 Hartley 振荡电路和图 6-2-13 所示的 Colpitts 振荡电路，我们发现一个现象，即构成 LC 三点式振荡电路时，与三极管发射级相连的两个电抗元件为同性质的，而集电极与基极之间所接的电抗元件则为异性质的。

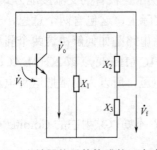

图 6-2-16　由纯阻抗元件构成的三点式振荡器

其实，这个结论是可以证明的。由纯电抗元件 X_1、X_2、X_3 构成的三点式振荡器如图 6-2-16 所示。

忽略晶体管极间电容的影响，则振荡器的振荡频率即为谐振回路的固有频率，所以当回路谐振时必须有 $X_1 + X_2 + X_3 = 0$，回路呈纯阻性质，且有

$$V_f = \frac{X_3}{X_2 + X_3} Vo = -\frac{X_3}{X_1} Vo \qquad (6-2-9)$$

根据正反馈原理，电路在稳定振荡时，必须使

V_f 与 V_i 同相。又由于图中 V_i 与 V_o 反相,所以一定有 V_f 与 V_o 反相。于是,由式(6-2-9)可知,电抗 X_1 与 X_3 必须同性质,而 X_2 就与 X_1、X_3 为异性质电抗。当然了,如果考虑到三极管输入、输出电阻以及其他外部电路的影响,整个谐振回路并非纯电抗元件构成,上述法则依然成立。只不过,V_f 与 V_o 不是完全倒相 180°,而是附加了一个相移。那么,为了实现正反馈,V_o 对 V_i 要附加一个数值相等、方向相反的相移。此时,振荡频率也将稍稍偏离谐振回路的固有频率。

前面,我们在分析 RC 振荡电路的时候说过,移相的本质就是选频,其实对于 LC 三点式振荡电路也是如此。将 LC 并联网络作为放大器的负载,谐振时网络呈电阻性,且阻值达到最大。负载的阻值越大,则三极管的电压放大倍数越大,因此三极管对该频率信号的放大作用也越明显,体现了选频作用。至于移相,则是利用流过电感、电容上的电压与电流的相位关系才实现的正反馈。只不过 RC 振荡电路的振荡频率可以直接从相位特性图上求出,而 LC 三点式振荡电路的相位特性由于三极管的输入/输出阻抗引起了相位偏移,所以相对复杂,不容易计算。但如果不考虑这些影响(实际上,由于 Q 值较高,这些影响所导致的频率偏移是很小的),则它就对应于图 6-2-11 中 $\varphi_Z(j\omega) = 0$ 的点,也就是 LC 网络的固有谐振频率。

4．起振分析

一般来说,工作在 RF 频段的振荡器,其放大器主要采用共基形式,因为对于特征频率 f_T 相同的晶体管,共基态没有密勒(Miller)效应,其截止频率要比共射态高,缺点是环路增益较小,振荡不稳定。下面,我们以共基态的 Colpitts 振荡电路为例,分析一下它的起振条件。参照之前分析 RC 移相式振荡电路的做法(图 6-2-4),把 Colpitts 振荡电路分解为开环形式,如图 6-2-17 所示。

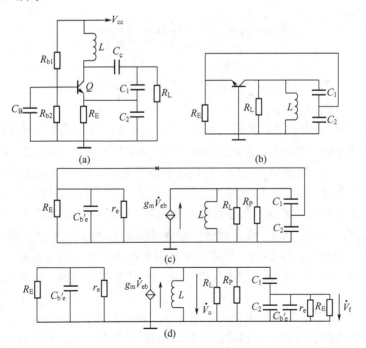

图 6-2-17　共基态 Colpitts 振荡电路原理图及其交流等效电路图

图 6-2-17 中，(a)为原理图，(b)为交流等效电路，(c)为小信号图，(d)为在打×处断开后的开环电路图（开断点左边加输入电压 $V_i(j\omega)$，右边接自开断点向左看进去的阻抗 $Z_i(j\omega)$，也就是三极管的输入阻抗）。

图(a)中，R_{b1}、R_{b2}、R 等直流偏置电阻与三极管构成基本的放大电路；L、C_1、C_2 构成并联选频网络，反馈电压取自 C_2；另外，电容 C_B、C_C 为交流旁路电容。显然，该电路具有放大、反馈和选频三个基本组成部分。

图(c)中，R_P 表示 LC 网络的固有谐振电阻，并且根据谢嘉奎《电子线路——非线性部分》的附录 "选频网络" 可知，$R_P = Q\omega L$。

图(d)中，晶体管接成共基态，可以转换为等效小信号电路，其中 r_e 是共基极放大器的输入电阻，C_{be} 为输入电容，按此电路可以计算出环路增益 $T(j\omega) = A(j\omega)F(j\omega)$。

具体的计算较为复杂，但谢嘉奎《电子线路——非线性部分》中有完整的推导过程，所以笔者就不再重复了，直接引用其结果。

首先确定振荡频率。振荡频率一般由选频网络决定，这里振荡频率可以通过令振荡器的环路增益 $T(j\omega)$ 的相角为零得出。若忽略晶体管的输入电阻、负载电阻及回路损耗的影响，则工程上常使用谐振回路的中心频率来近似，如下式：

$$\omega_{osc} \approx \frac{1}{\sqrt{L\dfrac{C_1 C_2'}{C_1 + C_2'}}} \tag{6-2-10}$$

式中，$C_2' = C_{be} + C_2$。

然后分析振幅起振条件。根据电路相关参数，可以计算得到放大器的增益与反馈系数分别如下：

$$A(j\omega_{osc}) = \frac{V_o(j\omega_{osc})}{V_i(j\omega_{osc})} = \frac{g_m}{g_L' + n^2 g_i} \tag{6-2-11}$$

$$F(j\omega_{osc}) = \frac{V_f(j\omega_{osc})}{V_o(j\omega_{osc})} = \frac{C_1}{C_1 + C_2'} \triangleq n \tag{6-2-12}$$

式中，$1/g_L' = R_P // R_L$，表示等效负载；$1/g_i = R_E // r_e \approx r_e$，为共基态三极管的输入电阻。

满足振幅起振的条件是环路增益$|T(j\omega)|>1$，将式（6-2-11）与式（6-2-12）相乘计算即可。

定性分析来看，为了促使电路起振，可以增加反馈系数 n（由于其正好是两个电容的容值之比，所以也称电容分压比），但 n 增大会导致 A 减小，不利于 T 增大。因此，n 的大小要合适。有兴趣的读者可以参考日本工程师铃木雅臣所著《晶体管电路设计（下）》（彭军译，科学出版社，2004）中的 §14.3，或者稻叶保所著《振荡电路的设计与应用》（何希才、尤克译，科学出版社，2004）中的 §6.6，两本书中都有电容分压比与振荡波形、起振条件之间变化关系的实测结果。从总体上看，增加反馈系数，电路更容易起振，振荡幅度也较大，但波形失真也更严重。

另一方面，提高管子的集电极电流可以增大 g_m，从而提高 A。但是 $g_i \approx r_e \approx g_m/\alpha$ 也会增大，导致回路的有载品质因数降低，不利于振荡频率稳定度。因此，g_m 的大小也要合适。

电感三点式振荡器的分析方法与电容三点式相同，只是在计算振荡频率时，回路的总电感为 $L_\Sigma = L_1 + L_2 \pm 2M$，其振荡角频率近似为 $1/\sqrt{L_\Sigma C}$。

5. Clapp 振荡电路

对于 Colpitts 振荡电路来说，振荡频率基本上取决于 LC 选频回路，如式（6-2-10）所示。但三极管的发射结电容 C_{be} 对振荡频率是有影响的。实际上，不仅是 C_{be}，其他极间电容，如 C_{bc}、C_{ce} 以及电路的杂散电容都会对振荡频率产生影响。

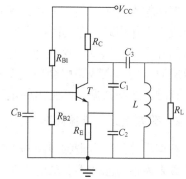

图 6-2-18　共基态的 Clapp 振荡电路

为了降低这些分布电容、极间电容对振荡频率的影响，人们对 Colpitts 振荡电路进行了改进，提出了 Clapp 振荡电路，如图 6-2-18 所示。

将 Clapp 振荡电路与图 6-2-13 所示的 Colpitts 振荡电路对比不难发现（取交流通路），Clapp 仅仅是在电感上串联了一个电容 C_3 而已（C_3 的取值比较小）。通常，各种极间电容都是直接并联在 C_1、C_2 上的，不影响 C_3 的大小。又由于 C_3 的取值很小，所以回路的总电容 C_Σ 基本上就被 C_3 固定了（$C_\Sigma \approx C_3$），结果就使得极间电容对回路的影响迅速减小，回路的标准性也就提高了。实验表明，Clapp 振荡电路的稳定度比 Colpitts 振荡电路高一个数量级。

但凡事都有利有弊，Clapp 振荡电路频率稳定度的提高，是以减小环路增益为代价的！接入 C_3 后，反馈系数 $n = C_1/(C_1 + C_2')$ 不变，但折算到三极管集电极与地之间的等效负载 R_L' 变小了，即 g_L' 增大，如下式：

$$R_L' = \left(\frac{C_3}{C_3 + C_{12}}\right)^2 (R_L // R_p) = m^2 (R_L // R_p) \tag{6-2-13}$$

式中，C_{12} 是包含 C_1、C_2 和各极间电容在内的总电容，近似可认为 $C_{12} \approx C_1 // C_2$。

于是，Clapp 振荡电路中的 g_L' 是 Colpitts 振荡电路的 $1/m^2$ 倍（注意 $m<1$），代入式（6-2-11）可知，Clapp 振荡电路的 $A(j\omega_{osc})$ 减小，也即环路增益 $T(j\omega_{osc})$ 下降。显然，C_3 越小，m 就越小，则环路增益也越小，最终将迫使电路停止振荡。因此，Clapp 电路提高回路选择性是以牺牲环路增益为代价的。

6. 小结

（1）LC 振荡电路的振荡频率稍稍偏离谐振网络的固有频率，但在 Q 值较大的情况，两者基本相同。

（2）LC 并联谐振网络的相位特性满足相位稳定条件，且在 ω_{osc} 处的偏导数越大，则振荡频率越稳定。

（3）三点式振荡电路必须满足发射级相连的两个电抗元件为同性质，集电极与基极之间所接的电抗元件为异性质的要求。

（4）Clapp 振荡电路通过在电感上串联小电容，降低了极间电容与分布电容的影响，提高了回路选择性，但牺牲了环路增益。在极端情况下，电路容易停振。

6.2.3 晶体振荡电路

1. 压电效应

石英晶体是 SiO_2 的结晶材料，具有非常稳定的物理特性。按照一定的方式进行切割，将切割出的石英片两边镀上银，从银层上引出引脚并封装，即构成石英晶体谐振器。

每个石英晶片都有一个固有振动频率，其值与晶体片的尺寸密切相关，晶体片越薄，其固有振动频率越高。石英晶体之所以能振荡还是利用了它的压电效应，当石英晶片受到外部压力或拉力作用时，在其两面会产生出电荷，这是正压电效应。而在石英片的两面加电场时，石英晶片会产生形变，这是逆压电效应。因此在石英晶体片两端加交变电压时，由于正逆压电效应的作用，在线路中会出现交变电流，且外加交变电压的频率与石英晶片的固有振动频率一致时，达到共振，产生出的电流最大。

2. 等效电路与谐振频率

石英晶体的压电谐振现象与 LC 串联谐振回路的谐振现象十分类似，故可以用 LC 回路的电参数来模拟。晶体不振动时，可以看作平板电容器，用 C_0 表示，称为晶体的静态电容；晶体振动时，可以用 LC 串联谐振电路来表示，其中电感 L_q 模拟机械振动的惯性，电容 C_q 模拟晶片的弹性，电阻 r_q 模拟晶片振动时的损耗。

因此石英晶体的等效电路如图 6-2-19(a)所示。等效电容 C_q 非常小（$10^{-2}\,pF$ 以下），等效电感 L_q 极大（几十 mH 甚至可达几 H），r_q 约几十 Ω，因此该串联谐振电路在谐振频率附近具有极高的 Q 值（10^5 以上）：

$$Q_q = \frac{\omega_{osc} L_q}{r_q} = \frac{1}{r_q}\sqrt{\frac{L_q}{C_q}} \tag{6-2-14}$$

这个 Q 值的数量级是普通 LC 谐振回路根本无法达到的，因此晶体振荡电路的频率稳定性要高于 LC 振荡电路 1~2 个数量级以上！

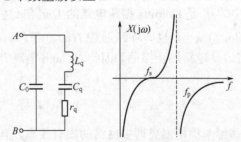

(a) 石英谐振器等效电路 (b) 石英谐振器的电抗–频率特性

图 6-2-19　晶体的等效电路与阻抗频率特性

如果忽略电阻 r_q，晶体谐振器两端呈现的阻抗为纯电抗，它有两个谐振频率点，即串联谐振频率点和并联谐振频率点。

当 L_q、C_q、r_q 支路串联谐振时，该支路的等效阻抗为纯电阻 r_q。由于 C_0 很小（只有几 pF 到几十 pF），其容抗远大于 r_q，可视为开路，此时的石英晶体等效为一个很小的纯电阻 r_q，其串联谐振频率为

$$\omega_{\text{s}} = \frac{1}{\sqrt{L_{\text{q}}C_{\text{q}}}} \qquad\qquad (6\text{-}2\text{-}15)$$

当等效电路并联谐振时，石英晶体等效为一个很大的纯电阻，其并联谐振频率为

$$\omega_{\text{p}} = \frac{1}{\sqrt{L_{\text{q}}\dfrac{C_0 C_{\text{q}}}{C_0 + C_{\text{q}}}}} = \omega_{\text{s}}\sqrt{\frac{C_0 + C_{\text{q}}}{C_0}} \approx \omega_{\text{s}}\left(1 + \frac{C_{\text{q}}}{2C_0}\right) \qquad (6\text{-}2\text{-}16)$$

由于 $C_{\text{q}} \ll C_0$，所以 ω_{s}、ω_{p} 两个角频率靠得很近。如果忽略石英晶体等效电路中的电阻 r_{q}（即 $r_{\text{q}} = 0$），则石英晶体在串联谐振时，等效阻抗为 0；而在并联谐振时，其为纯电阻且阻值为无穷大，并且在 $\omega_{\text{s}} < \omega < \omega_{\text{p}}$ 区间呈感性，在此区域之外呈容性，如图 6-2-19(b)所示。由于 ω_{s} 与 ω_{p} 间隔很小，所以晶体的等效电感随频率的变化曲线极为陡峭。

3．晶体振荡电路

根据石英晶体的两种谐振方式，可以把晶体振荡电路分为并联型石英晶振和串联型石英晶振两大类。当工作频率位于 ω_{s} 上，晶体近似短路，称为"串联型晶振"；当工作频率位于 ω_{s} 与 ω_{p} 之间，晶体呈感性，则称为并联型晶振。在手机电路中，晶体几乎都是工作在并联谐振状态，所以我们首先以并联型晶振为对象进行分析。

如果将电容三点式振荡器中的电感线圈用石英晶体代替，就构成一种最为常见的并联型石英晶振电路，亦称 Pierce 振荡电路，如图 6-2-20(a)所示，其交流通路如图 6-2-20(b)、图 6-2-20(c)所示。

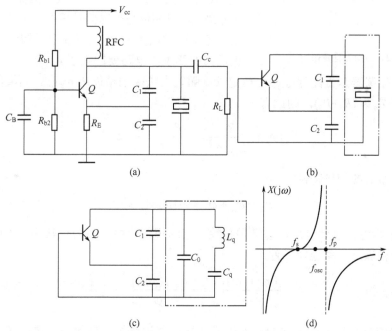

图 6-2-20　Pierce 振荡电路及其等效电路

事实上，如果把图 6-2-18 所示的 Clapp 振荡电路的交流通路与图 6-2-20(c)所示的 Pierce 振荡电路交流通路进行对比就不难发现，两者的等效电路没有任何区别。于是，根据 Clapp

振荡电路用环路增益换取频率稳定性的原理，就不难理解晶体振荡器具有极高稳定性的原因所在了。

至于振荡频率的求解，根据在高 Q 值条件下，振荡频率接近回路固有频率的原则，可直接由图 6-2-20(c)进行计算，如下式：

$$\omega_{\text{osc}} = \frac{1}{\sqrt{L_q \dfrac{(C_0 + C_L)C_q}{(C_0 + C_L) + C_q}}} \approx \omega_s \left(1 + \frac{C_q}{2(C_0 + C_L)}\right) \qquad (6\text{-}2\text{-}17)$$

式中，$C_L = C_1 C_2 /(C_1 + C_2)$，代表晶体的外接负载电容。

由此可见，Pierce 电路的振荡频率位于石英晶体的两个频率点 ω_s 与 ω_p 之间，如图 6-2-20(d)所示。并且在频率 ω_{osc} 处，晶体呈感性，是满足电容三点式振荡器构成法则的，所以只要放大器有足够增益，电路就可以起振。

另外，由式（6-2-17）可知，Pierce 振荡电路的振荡频率是由石英晶体和负载电容 C_L 的值共同决定的。因此，改变 C_L 值，就可以改变 ω_{osc}，但由于 C_q 非常小（$<10^{-2}$ pF），所以可调范围是很小的。

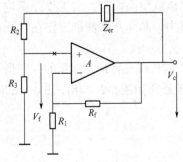

图 6-2-21　串联型晶振

对于串联型晶振，如图 6-2-21 所示。将电路从打×的地方断开，可以求得其开环的环路增益。显然，R_1、R_f 与放大器组成同相放大 $A(\text{j}\omega)$；输出信号经晶体反馈到运放的反向输入端，组成反馈单元 $F(\text{j}\omega)$。如果晶体工作在其串联谐振频率上，则等效阻抗非常小，因此反馈信号最大，且相位与输出信号相同。因此，环路增益的相移等于同相放大的 0° 相移加上反馈的 0° 相移，满足正反馈的要求，电路就起振了。

那么，该振荡器是否能保证相位稳定条件呢？当频率稍稍偏离 ω_s 时，石英晶体呈现极高的阻抗，即有 $Z_{\text{er}} \gg (R_2 + R_3)$，因此有

$$F(\text{j}\omega) = \frac{R_3}{Z_{\text{er}}(\text{j}\omega)} = \frac{R_3}{Z_{\text{er}} e^{\text{j}\varphi_z}} = \frac{R_3}{Z_{\text{er}}} e^{-\text{j}\varphi_z} \qquad (6\text{-}2\text{-}18)$$

则振荡器环路增益的相频特性

$$\varphi_T = \varphi_A + \varphi_F = 0 - \varphi_z = -\varphi_z \qquad (6\text{-}2\text{-}19)$$

由于在 ω_s 附近，晶体呈现串联谐振特性，它的相频特性曲线为正斜率，因此振荡器环路增益的相频特性满足频率稳定条件：

$$\left.\frac{\partial \varphi_T(\text{j}\omega)}{\partial \omega}\right|_{\omega_s} = -\left.\frac{\partial \varphi_Z(\text{j}\omega)}{\partial \omega}\right|_{\omega_s} < 0 \qquad (6\text{-}2\text{-}20)$$

至此，我们对晶体振荡电路的基本组成架构、高频率稳定性等内容进行了较为详细的分析。对于其他一些形式的晶体振荡电路，如泛音振荡等具体电路，手机中用得不多，有兴趣的读者可以参阅相关资料，笔者就不再赘述了。

6.3　手机电路中的振荡器

在本章开始的时候，我们已经说过，手机中的时钟信号分为逻辑主时钟和实时时钟两大类，并且入门篇的 2.5.3 节对这两类时钟进行了简单的介绍。

本节将根据前面讨论的振荡电路的知识，对这两种时钟进行剖析。其实，由 VC-TCXO 构成的主时钟与 RTC 时钟都基于晶体振荡的工作原理，只不过 VC-TCXO 有一个 AFC（自动频率控制）控制管脚，可用于调整变容二极管的工作电压，等效改变晶体的外接负载电容，从而微调晶振的振荡频率。因此，只要对 RTC 进行分析，然后在 RTC 的基础上增加一个变容控制，就实现 VC-TCXO 的功能了（注意，这仅是功能上的模拟，不谈振荡频率是否相同的问题）。

图 6-3-1 为高通平台中的 RTC 框图（其实，所有的平台，包括其他电子产品，RTC 时钟几乎全部采用这种架构）。从图中可见，一个最简单的 RTC 时钟仅需要 4 个元件就可以实现了，分别是：一个反相放大器、一个晶体和两个电容（当然，电源肯定是需要的）。在一些极端讲究成本的产品中，甚至都不需要外接那两个 pF 级的电容，直接用板子上的各种分布电容、杂散电容来代替即可。

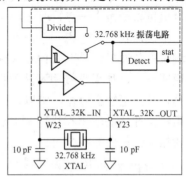

图 6-3-1　RTC 时钟的架构

那么，该电路是如何实现振荡的呢？其实，只要将这个电路图稍加改造，把反向放大器用一个共射态的三极管表示，就一目了然了，如图 6-3-2 所示。

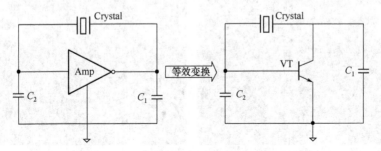

图 6-3-2　将 RTC 时钟电路变换成三极管形式

再将图 6-2-19(a)所示的晶体等效电路代入图 6-3-2 中就不难发现，该电路正好满足三点式振荡电路组成的一般法则，即发射极所连的两个器件电抗性质相同，集电极与基极所连的电抗性质与发射极的相异。另外，这同时表明，此时的晶体必须工作于感性状态下！换言之，这是一个并联型晶体振荡器。

其实，如果不关注三极管到底是基极交流接地还是发射极交流接地，然后将图 6-3-2 与图 6-2-20(b)进行对比就会发现，两者完全一致！所以，手机中的 RTC 时钟就是一个 Pierce 振荡电路。

知道了 RTC 时钟的工作原理，进化到 VC-TCXO 就很简单了。我们只要将变容二极管并接在晶体两端（全部接入式）或者串接在晶体中（部分接入式），利用其电压与电容变化原理，等效改变晶体的负载电容，就可以微调晶振的工作频率。

通常，晶体生产厂家会在 SPEC 中给出标称频率和负载电容的值，如图 6-3-3 所示。

Nominal frequency	f	32.768 kHz
Load capacitance	C_L	9.0 pF, 12.5 pF

图 6-3-3　标称频率与负载电容

事实上，标称频率是按规定负载电容值的情况下测出来的。因此，设计晶体振荡电路时需要把外接电容调整到负载电容的值上。以图 6-3-1 为例，如果晶体要求的负载电容为 6～7 pF，则每个外接电容应该为 12～14 pF（注意，这两个外接电容从交流等效图上看，是先串联再和晶体并联的，即 $C_L = C_1 C_2 / (C_1 + C_2)$）。又由于板子杂散电容和分布电容的影响，所以外接电容的容值可以稍微小一点，取 10 pF 即可。

最后，我们再考虑一个问题。假定图 6-3-1 所示的 RTC 电路已经起振了，然后用示波器去测量振荡波形。请问，XTAL_32K_IN 和 XTAL_32K_OUT 这两个管脚，振荡波形有区别吗？先说明一点，如果直接用示波器探头点击这两个管脚，通常会对振荡频率产生些影响，也有些芯片甚至可能会停振。所以，一般不允许这么测量 RTC，而应该把 RTC 送入一个缓冲器，然后在缓冲器的输出端进行测量。不过，在这个问题中，暂不考虑这种情况，认为示波器探头对振荡无任何影响即可。

图 6-3-4 是某 RTC 振荡器两个管脚的实测波形。

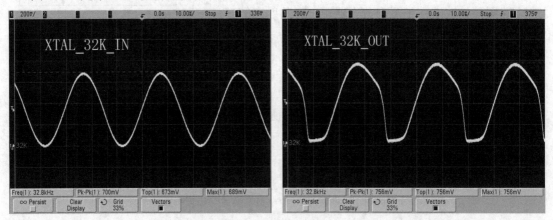

图 6-3-4　XTAL_32K_IN（左）与 XTAL_32K_OUT（右）的实测波形

由实测波形可见，相较于 XTAL_32K_IN 管脚，XTAL_32K_OUT 管脚的振荡信号严重失真，它包含有众多的谐波分量。

事实上，这种区别很好解释。我们可以这么想，信号从 XTAL_32K_IN 管脚进入芯片，经放大后从 XTAL_32K_OUT 管脚输出，再通过晶体反馈回 XTAL_32K_IN 管脚。由于放大器存在非线性，所以输出信号波形会产生失真。而晶体具备良好的谐振特性且 Q 值很高，它实际上扮演了一个窄带滤波器的角色：将振荡信号的基波分量选出，而滤除其他谐波分量。因此，经过晶体滤波后的信号失真当然会更小。

其实，这也就是图 6-3-1 中的系统将 XTAL_32K_IN 管脚的信号送入后级电路处理的原因。对于其他时钟模块，比如 19.2 MHz 的主时钟，高通系统采用也是这个方案，如图 6-3-5 所示。

不过，笔者也曾见过，把 XTAL_32K_OUT 管脚的信号送入后级电路处理的框图，如图 6-3-6 所示，详细情况可参见高通文档 80_VD691_3_PM7540。

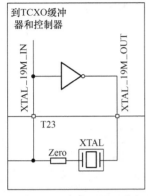

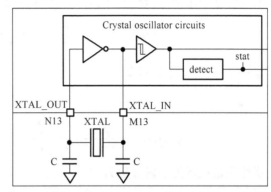

图 6-3-5　高通 19.2 MHz 的晶体振荡器　　　图 6-3-6　把 XTAL_32K_OUT 管脚信号送入后级电路

从原理上分析，如果仅仅把 32 kHz 的正弦波信号送入触发器，转化为一个方波信号，则无所谓是从 XTAL_32K_IN（标准正弦波）取信号，还是从 XTAL_32K_OUT（失真正弦波）取信号，转化后的结果都是 32 kHz 方波，只是方波的占空比可能不一样。但如果要获得一个标准正弦波，则必须从 XTAL_32K_IN 管脚取信号。对于这个问题的进一步讨论，有兴趣的读者可以参考 6.2.2 节所推荐的两本书：铃木雅臣的《晶体管电路设计》与稻叶保的《振荡电路的设计与应用》。

至此，我们已经详细介绍了振荡电路的两大基本概念，即正反馈与选频，并且分析了 RC、LC 和晶振这三种常见振荡电路的工作原理与调试方法。下一节将重点分析振荡频率的精度问题。

6.4　时钟精度

6.4.1　Q 值的影响

时钟精度包括准确度与稳定度两个概念。在具体分析之前先探讨一下 Q 值对时钟精度的影响。

1. 相频特性与 Q 值

我们在 6.1.3 节分析相位稳定条件时曾经说过：环路增益的相频特性在谐振点的偏导数越大，则振荡越稳定。当干扰持续存在时，最终的振荡频率 ω'_{osc} 将稍稍偏离 ω_{osc}，但 $\Delta\omega_{osc}$ 随着偏导数的增加而减小；当干扰消失后，ω'_{osc} 将与 ω_{osc} 重合，即 $\Delta\omega_{osc} \to 0$。

其实，相频特性曲线在谐振点的偏导数与 Q 值具有对应关系，偏导数越大，则表明 Q 值越高。因此，常用 Q 值来指代相频特性。在很多教材中（如谢嘉奎的《电子线路》、陈邦媛的《射频通信电路》），都是直接给出这个结论的。但事实上，这个结论是有前提条件的。下面，我们来证明它。

以 LC 并联谐振回路为例，在固有角频率 ω_0 附近的相频特性如下式（该方程的推导可参见任意一本高频电路教材）：

$$\varphi_Z(j\omega) \approx -\arctan 2Q \frac{\omega - \omega_0}{\omega_0} = -\arctan 2Q \frac{\Delta\omega}{\omega_0} \tag{6-4-1}$$

请注意，我们强调了"固有角频率 ω_0 附近"这个概念，这是因为相频特性只有在 ω_0 附近才呈对称关系（可参谢嘉奎教材中的附录"选频网络"）。

根据高等数学中的无穷级数知识，可以把 $\arctan x$ 进行展开，如下式：

$$\arctan x = x - \frac{x^3}{3} + \frac{x^5}{5} + \cdots + (-1)^n \frac{x^{2n+1}}{2n+1} \tag{6-4-2}$$

将 $x = 2Q \dfrac{\omega - \omega_0}{\omega_0}$ 代入式（6-4-2）

则

$$\varphi_Z(j\omega) = -\frac{2Q\Delta\omega}{\omega_0} + \frac{1}{3}\left(\frac{2Q\Delta\omega}{\omega_0}\right)^3 + \cdots + \frac{(-1)^{n+1}}{2n+1}\left(\frac{2Q\Delta\omega}{\omega_0}\right)^{2n+1} \tag{6-4-3}$$

则相频特性在谐振点处的偏导数为

$$\left.\frac{\partial\varphi_Z(j\omega)}{\partial\omega}\right|_{\omega_0} = \left.\frac{\partial\varphi_Z(j\Delta\omega)}{\partial(\Delta\omega)}\right|_{\omega_0} \tag{6-4-4}$$

将式（6-4-3）代入式（6-4-4）可知：

$$\left.\frac{\partial\varphi_Z(j\omega)}{\partial\omega}\right|_{\omega_0} = -\frac{2Q}{\omega_0} + \left(\frac{2Q}{\omega_0}\right)^3(\Delta\omega)^2 + \cdots + (-1)^{n+1}\left(\frac{2Q}{\omega_0}\right)^{2n+1}(\Delta\omega)^{2n} \tag{6-4-5}$$

若忽略式（6-4-5）中 $\Delta\omega$ 的高次项，则相频特性在谐振点的偏导数为

$$\left.\frac{\partial\varphi_Z(j\omega)}{\partial\omega}\right|_{\omega_0} = -\frac{2Q}{\omega_0} \tag{6-4-6}$$

由式（6-4-6）可知，相频特性曲线在谐振点的偏导数与 Q 值具有对应关系，偏导数越大，则 Q 值越高。当然，也可以反过来说，Q 值越大，则相频特性曲线在谐振点的偏导数越大，振荡的稳定性也越好。

至此，有读者朋友可能会问，不就是求 $\varphi_Z(j\omega)$ 的偏导数吗？直接使用公式 $(\arctan x)' = 1/(1+x^2)$ 不是更简单？没错，这当然更简单！但是，有没有想过，用一元函数求导的方法实际上隐含了忽略 $\Delta\omega$ 高次项的步骤，而用级数展开则可以考虑所有高次项。

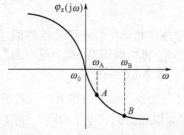

图 6-4-1　实际谐振点偏离回路固有角频率 ω_0

因此，用 Q 值代替相频特性曲线有个前提条件，即实际的谐振点 ω_{osc} 必须靠近回路的固有角频率 ω_0，否则就要考虑 $\Delta\omega$ 的高次项。不过，从数学上考虑 $\Delta\omega$ 高次项很严谨，但对于工程问题很不方便，此时倒不如直接从相频曲线上求解，如图 6-4-1 所示。

在图 6-4-1 中，A、B 两个电路分别谐振在 ω_A、ω_B，且 $\omega_B > \omega_A$。图中，ω_A 基本处于回路相频特性曲线的线性区，其偏导数可用一阶导数近似；但是，ω_B 接近水平区域，其偏导数就不能用一阶导数近似了。至于到底需要考虑到几次谐波，则应计算各次谐波与基波的比值就可以确定了。因此，单纯地说"Q 值越大，振荡越稳定"是不严谨的，还应考虑实际谐振点 ω_{osc} 与固有角频率 ω_0 的差距。

2．固定 Q 值，相移变化

根据上一节内容，当实际谐振点靠近回路固有角频率的时候，可以通过 Q 值的大小来判定振荡的稳定性。后面，我们假设电路均满足这个条件，即 $\omega_{osc} \to \omega_0$。

本节定性分析一下 Q 值固定，但相移变化的情况下，对振荡频率的影响。

在振荡平衡时，环路增益 $T(j\omega)$ 的总相移为 $\varphi_T = \varphi_A + \varphi_F + \varphi_Z = 0$，即 $\varphi_Z = -(\varphi_A + \varphi_F)$，其中 φ_A、φ_F、φ_Z 分别表示基本放大电路、反馈网络和 LC 谐振网络各自的相移。假定外界因素变化导致 φ_A 或 φ_F 发生了变化，其总效用用 $\Delta\varphi_\Sigma$ 表示，则 φ_Z 必须变化 $-\Delta\varphi_\Sigma$，才能维持相位平衡条件，如图 6-4-2 所示。

在图 6-4-2 中，两个振荡电路 A 与 B 原先均工作在 LC 谐振回路的固有频率 ω_{osc} 上，且 $Q_B > Q_A$。为了做图清晰，我们刻意加大了 $\Delta\varphi_\Sigma$（通常情况下它是比较小的）。从图中可见，为了补偿干扰导致的环路相位变化，LC 谐振网络必须偏离原先的工作点 ω_{osc}，从而产生频偏。但很明显，$\Delta\omega_B < \Delta\omega_A$。换言之，$Q$ 值越大，则外界干扰因素导致的振荡频率偏移就越小（仅需要微小的 $\Delta\omega$ 就可以产生足够大的 $-\Delta\varphi_Z$ 来抵消 $\Delta\varphi_\Sigma$）。而干扰消失后，电路自动返回到最初的谐振点。

需说明一点，图 6-4-2 假设电路原先工作在 LC 谐振回路的固有频率 ω_{osc} 上，也就是说 $\varphi_A + \varphi_F = 0$。但这是不考虑电路输入/输出阻抗的理想状态下的结果，即电路中没有附加相移。实际的电路中总有一些初始附加相移 $\Delta\varphi_{Z1}$，因此原始的谐振频率会稍稍偏离 ω_{osc}。当出现外界干扰时，LC 谐振回路的附加相移将从 $-\Delta\varphi_{Z1}$ 变化到 $-\Delta\varphi_{Z2}$。因此，对于实际情况而言，应该把图 6-4-2 修正如图 6-4-3 所示。

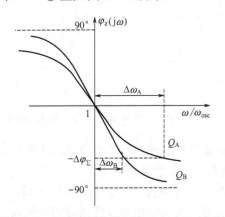 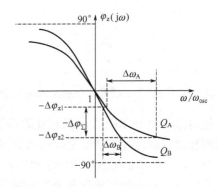

图 6-4-2　相移对频偏的影响（Q_A、Q_B 固定）　　图 6-4-3　考虑附加相移后的示意图（Q_A、Q_B 固定）

观察图 6-4-3 不难得出与图 6-4-2 相同的结论：Q 值越大，则振荡频率越稳定。

其实，图 6-4-3 只是把图 6-4-2 的水平基准线向下移动了一个初始相移 $\Delta\varphi_{Z1}$ 的距离而已，这并不会改变由图 6-4-1 所得出的结论。

3．固定相移，Q 值变化

上面讨论的是 Q 值不同的电路，在环路相移相同的情况下，Q 值对频偏的影响，得到的结论是在环路相移变化 $\Delta\varphi_\Sigma$ 相同的情况下，Q 值越大的振荡电路，其频偏 $\Delta\omega_{osc}$ 越小，也即振荡频率越稳定。

对于某个电路，如果环路相移不变（即 $\Delta\varphi_\Sigma = 0$），但 Q 值发生变化，则振荡电路的频率会出现怎样的变化？请参考图 6-4-4。

如果不考虑初始相移（即 $\Delta\varphi_{Z1}=0$），则电路谐振在 ω_{osc}。此时，若外界因素仅仅使得电路的 Q 值从 Q_{low} 上升到 Q_{high}，则 LC 谐振回路无须进行任何补偿，电路依然谐振在 ω_{osc} 上，即电路频偏 $\Delta\omega_{osc}=0$。

但是，考虑到初始附加相移后（即 $\Delta\varphi_{Z1}\neq0$），则 Q 值变化将导致振荡频率随着变化。并且从图中可以明显看出，在 Q 值变化相同的情况下，电路初始附加相移越大（$\Delta\varphi_{Z2}>\Delta\varphi_{Z1}$），则最终的频偏也越大（$\Delta\omega_{Z2}>\Delta\omega_{Z1}$）。因此，为了保证电路具有足够的稳定性，我们总是希望将 LC 谐振回路的初始附加相移设置在 0° 附近。

4. RC 振荡电路的 Q 值

对于 RC 振荡电路，比如图 6-2-3 所示的三节 RC 移相式电路与图 6-2-5 所示的文氏桥电路，它们的相频特性不同（可参图 6-2-2 和图 6-2-8），谐振点的相移也不同。因此，它们在谐振点上的相频特性偏导数是不一样的，换言之，这两个电路的 Q 值是不相同的。

即便都是 RC 移相式振荡电路，若一个由四节 RC 构成，另一个由三节 RC 构成，那么，它们的相频特性与谐振点均不相同，所以它们的 Q 值也是不相同的，如图 6-4-5 所示。

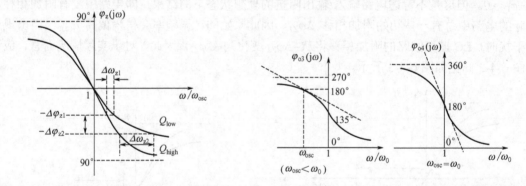

图 6-4-4　Q 值变化导致的频偏（$\Delta\varphi_{Z1}$、$\Delta\varphi_{Z2}$ 固定）　图 6-4-5　三节 RC（左）与四节 RC（右）的相频特性曲线

很明显，四节 RC 在谐振点处的偏导数更大（短虚线），因此振荡更稳定。这个结论可以利用数学方程进行严格证明，但其实我们只要在直观上想一想就明白了。

首先，三节 RC 和四节 RC 的相频特性不过是单节 RC 相频特性的 3 倍和 4 倍关系。

其次，我们不妨假定三节 RC 和四节 RC 都在 ω_0 处谐振（即相频特性曲线的中间点），但由于四节 RC 比三节 RC 多了一节，所以其在谐振点的偏导数是三节 RC 的 4/3 倍。事实上，在任意一个相同的 ω 上，都满足 4/3 倍的关系。

最后，三节 RC 真正的谐振点 ω_{osc} 并不在 ω_0 上，而是偏小了一些，导致其在 ω_{osc} 处的偏导数比在 ω_0 上的要更小。

一方面，三节 RC 的偏导数倍数比四节 RC 要小；另一方面，三节 RC 在谐振点的偏导数本身就小。两相结合，三节 RC 在谐振点处的偏导数远远小于四节 RC，其频率稳定性自然会差一些。

其实，想一想之前说过的，单纯考虑 Q 值而不管具体的谐振点 ω_{osc} 的做法是不严谨的。比如有两个三节 RC 移相器，其中一个的放大器在 180° 相移的基础上又增加了 45° 的额外相移，换言之，该移相器的反馈回路应该工作在 135° 相移（即单节 RC 的固有角频率 ω_0 处）。显然，这两个三节 RC 的相频特性是一样的，也就是说，其 Q 值是一样的。但由于工作点的偏移，两个移相器不仅振荡频率不一样，稳定性也有很大差别！

6.4.2 准确度与稳定度

在手机电路中，不仅要求要求振荡器的振荡频率准确，还要求十分稳定，尤其是对于射频振荡器。因此，准确度和稳定度是衡量振荡器振荡质量主要指标。

1. 准确度

频率准确度是指振荡器实际角频率值 ω_{osc} 对其标称角频率 ω_0 的相对偏离，其表达式为

$$\varepsilon = \frac{\omega_{osc} - \omega_0}{\omega_0} = \frac{\Delta\omega}{\omega_0} \tag{6-4-7}$$

式中，$\Delta\omega$ 表示绝对角频差。

2. 稳定度

频率稳定度用于描述振荡器输出频率的随机波动与漂移特性，它是衡量振荡器性能的一个极其重要的指标。通常，频率准确度是要靠频率稳定度来保证的。频率稳定度分为长期稳定度和短期稳定度两种：长期稳定度主要是指振荡器元件老化或元件参数慢变化引起的频漂；短期频率稳定度则是以秒或毫秒来计算的频率起伏，其影响因素主要是各种随机噪声。

数学上，描述频率稳定度既可以在时域中进行，也可以在频域中进行。

在时域中，通常采用阿伦方差（Allen Deviation）描述频率稳定度。之所以不用常规的标准方差，是由于振荡器中包含各种非平稳噪声，如随机游走调频噪声、调频闪烁噪声等，而标准方差对这些噪声不收敛。

在频域中，则采用相位噪声描述频率稳定度。为什么用相位噪声描述？其实非常好理解。由于频率是瞬时相位对时间的导数，所以振荡器的频率波动可以看成在无误差的原始相位上叠加了一个随机相位噪声的结果。所以，相位噪声越大，频率稳定度越差。

在通信系统（如手机）中主要考虑信号源（振荡器）的短期稳定度，而研究短期频率稳定度也就是研究振荡器的相位噪声。因此，我们将从频域出发，着重分析一下相位噪声对频率稳定度的影响。

理想的正弦波振荡器的输出信号为 $S_o(t) = A\cos\omega_{osc}t$，它的功率谱就是一条在 ω_{osc} 的单谱线。但由于振荡器中存在各种噪声及干扰，当它们通过振荡器时，将对振荡器的输出信号产生幅度和相位双重调制，所以振荡器实际输出信号是一个调幅调相波，如下式：

$$S_o(t) = A(t)\cos\left[\omega_{osc}t + \varphi_n(t)\right] = A(t)\left[\cos\varphi_n(t)\cos\omega_{osc}t - \sin\varphi_n(t)\sin\omega_{osc}t\right] \tag{6-4-8}$$

式中，$\varphi_n(t)$ 表示相位调制，$A(t)$ 表示时变幅度。

但由于振荡器的自限幅作用，它抑制了振幅的变化，因此实际上只需要考虑相位噪声的影响即可。因此，式（6-4-8）可以简化为式（6-4-9）：

$$S_o(t) = A\left[\cos\varphi_n(t)\cos\omega_{osc}t - \sin\varphi_n(t)\sin\omega_{osc}t\right] \tag{6-4-9}$$

一般，对于一个稳定的振荡器，它的相位噪声并不大（满足 $\varphi_n(t) \ll 1$），因此可以将式（6-4-9）进一步简化为

$$S_o(t) = A\cos\omega_{osc}t - A\varphi_n(t)\sin\omega_{osc}t \tag{6-4-10}$$

式中，第一项为载波电压 $A\cos\omega_{osc}t$，第二项视为载波信号 $A\sin\omega_{osc}t$ 受到相位噪声 $\varphi_n(t)$ 调制的双边带信号。

设 $\varphi_n(t)$ 的功率谱为 $P_\varphi(j\omega)$，然后根据功率谱与自相关构成一对傅里叶变换的原理，不难

推导出 $\varphi_n(t)\sin\omega_{\mathrm{osc}}t$ 的功率谱为 $\dfrac{1}{4}P_\varphi(\mathrm{j}(\omega+\omega_{\mathrm{osc}}))+\dfrac{1}{4}P_\varphi(\mathrm{j}(\omega-\omega_{\mathrm{osc}}))$。因此，带有相位噪声的振荡器输出信号的功率谱是一条载波功率谱与被搬移到载波 ω_{osc} 两边的相位噪声 $\varphi_n(t)$ 调制的功率谱的叠加，如图 6-4-6 所示（只画出了正频率的部分）。

请注意，图 6-4-6 表示的是功率谱密度（Power Spectral Density，功率谱），而非通常意义上的频谱。我们知道，随机信号通常都是非周期的，且为功率信号（功率有限而能量无限），因此它没有确定的波形，自然也就没有确定的频谱。所以，随机信号通常不能从频谱上描述，而只能用功率谱描述。这也就是通信原理课程中总是用自相关、功率谱等概念描述信号的原因。当然了，对于周期信号，由于傅里叶级数展开的结果，其功率谱与频谱具有一一对应关系（可参案例分析篇的 23.2.3 节），但随机信号却不具备这样的性质。

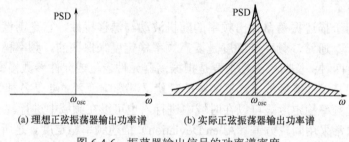

(a) 理想正弦振荡器输出功率谱　　　　(b) 实际正弦振荡器输出功率谱

图 6-4-6　振荡器输出信号的功率谱密度

因此，理想正弦振荡器的输出信号可以用频谱描述，也可以用功率谱描述，二者是等效的；但对于实际含噪正弦振荡器来说，其输出信号为随机信号，因此只能用功率谱描述。在陈邦媛教授的《射频通信电路》的 7.5 节中，是用频谱进行描述的。从严格意义上来说，这不严谨。笔者估计，这可能是陈教授刻意为之。毕竟，在本科电子线路课程中涉及太多随机信号处理的知识不太合适，倒不如直接用频谱描述，虽不严谨，但很好懂。

由于相位噪声 $\varphi_n(t)$ 的调制作用，振荡器输出信号的功率谱呈曲边三角形形状，且电路 Q 值越高或频偏 $\Delta\omega$ 越大，则衰减也越大。数学上可以证明，相位噪声衰减与 $(1/Q\Delta\omega)^2$ 呈正比关系，陈邦媛教授的书中有详细的推导过程，笔者就不重复了。从物理模型上讲，谐振回路具有选频作用。当噪声信号经过系统时，偏离 ω_{osc} 的噪声分量会被谐振回路衰减，并且频偏越大，衰减也越大。因此，输出信号的功率谱肯定是以 ω_{osc} 为中心，围绕在其周围且呈衰减特性。

为了定量表示相位噪声对频率稳定度的影响，人们使用单边相位噪声（SSB Phase Noise）指标进行描述。它指的是在偏离载频 f_{osc} 一定量 Δf 处，单位频带（常以 1 Hz 计算）内噪声功率 P_{SSB} 相对于平均载波功率 P_{OSC} 的比值，单位为 dBc/Hz 表示，如下：

$$L(\Delta f)=10\lg(P_{\mathrm{SSB}}/P_{\mathrm{OSC}}) \tag{6-4-11}$$

图 6-4-7 为某晶体 SPEC 中给出的相位噪声指标。

SSB Phase Noise (@1 kHz Carrier Offset)	-130 dBc/Hz max

图 6-4-7　某晶体相位噪声指标

图中参数表示在偏离载波 1 kHz 处，每赫兹带宽内的噪声功率比载波功率低 130 dB。显然，该值越小，则表明相位噪声越小，频率稳定度越高。事实上，在很多晶体的 SPEC 中，不仅会标注 1 kHz 频偏处的值，还会标注其他频偏，如 100 Hz、10 kHz 等处的值，如图 6-4-8 所示。但是对于 RTC 的 32 K 晶体，因为其振荡频率很低，所以基本不会标注该指标。

			−86	Offset:10 Hz
			−110	Offset:100 Hz
SSB Phase noise *1	L(f)		−130	Offset:1 kHz
		dBc/Hz	−144	Offset:10 kHz
			−144	Offset:100 kHz

图 6-4-8 某晶体在不同频偏处的相位噪声指标

6.4.3 相位噪声的影响

直观上不难想象，若振荡信号的频谱不纯，对接收机和发射机都会产生不良影响。在发射机的上混频中，若本振频谱不纯，一旦将本振噪声转移到了发射频带内，就会产生邻道干扰。而接收机的混频器则会将本振噪声转移到了中频段，甚至产生"倒易混频"现象，使接收机的中频信噪比变差，甚至淹没有用信号。

因此，为了保证振荡信号的稳定，我们总希望尽可能降低相位噪声。但影响振荡器相位噪声的因素很多，比如 VCO 调谐电压上的干扰、电源的噪声等，到底哪一个是主要因素呢？

其实，对相位噪声影响最大的一个因素是谐振回路的有载 Q 值（常用 Q_e 表示）。道理很简单，相位噪声的衰减与 $1/Q_e^2$ 呈正比关系。所以，提高频率稳定度最好的办法就是提高谐振回路的有载品质因素 Q_e。

谐振回路的 Q_e 取决于谐振回路的固有品质因素 Q_0、谐振回路的类型以及该谐振电路所包括的各种输入/输出阻抗（可参谢嘉奎教材的附录《选频网络》）。因此，选择不同的回路类型（如 LC 还是 RC）、选择不同的管子（如 BJT 还是 MOS）、设置不同的工作点等，都会影响到最终的 Q_e 值。不过，芯片厂家会替我们考虑这些内容，而我们作为应用工程师就无须特别关注了。

6.5 锁相环简介

上面介绍了手机振荡电路的基本原理，但有读者可能会问，手机中的高频信号，如 900 MHz 载波，也是晶体振荡电路输出的吗？

当然不是！我们知道，晶体振荡电路的振荡频率虽然可以调整，但仅限于一个非常小的范围，大约也就几十个×10^{-6} 的水平。一个 RF 频段跨越几十 MHz 的区间，包含上百个信道。如果都用晶体振荡器实现的话，那岂不是一个频段就要上百个晶体？这当然是不可能的！

因此，手机中的晶体振荡器基本上是作为参考信号使用的，可为 PLL（Phase Lock Loop，锁相环）电路提供一个高精度的参考源，然后由 PLL 频率合成电路输出所需的高频载波。

由于 PLL 涉及的知识非常广泛，有些内容与分析方法甚至超出笔者的理解范围，加上 PLL 电路全部集成在芯片内部，因此笔者只能对 PLL 电路进行简要介绍，目的是帮助读者朋友理解 PLL 的物理模型。

一个常见的 PLL 频率合成器如图 6-5-1 所示。

图中，f_{ref} 表示参考信号频率，通常由 VC-TCXO 提供；PFD 表示鉴频鉴相器；f_{vco} 表示

VCO（Voltage Control Oscillator，压控振荡器）的输出频率，其实也就是锁相环输出信号频率。说明一点，VCO 的频率调整原理与 VC-TCXO 相同，但调整范围比 VC-TCXO 要大得多。关于 VCO 的进一步讨论，请读者参考通信电子线路教材，笔者就不再赘述了。

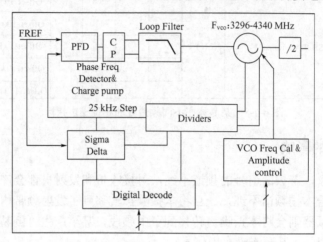

图 6-5-1　PLL 频率合成器的内部框图

将 f_{vco} 分频 N 倍（N 多为小数）后送到 PFD 中与 f_{ref} 进行鉴相（相位比较）。如果满足 $f_{ref} = f_{vco}/N$，即两者的相位差保持恒定（频率是瞬时相位对时间的导数，所以相位差对时间求导就表示频率差，恒值相位差对 t 求导后等于 0，表明两个信号没有频率差，只是初始相位不一样而已），则 PFD 会输出一个直流电压。再经 Charge Pump、Loop Filter 滤除高频噪声分量后，输出一个稳定的直流电压至 VCO 的调谐端，从而维持 VCO 的输出频率稳定在 $f_{vco} = Nf_{ref}$，也就是式（6-1-1）。

如果在一开始不满足 $f_{ref} = f_{vco}/N$，则两者的相位差将持续变化，于是 PFD 输出电压随之变化，并且使 VCO 的输出频率跟着变化，直到满足 $f_{ref} = f_{vco}/N$ 后，两者相位差恒定不变，VCO 的输出频率才恒定下来。

由此可见，一旦固定了分频比 N，则 PLL 频率合成电路的输出频率稳定度仅仅取决于参考信号 f_{ref} 的稳定度。在高通平台中，f_{ref} 多为 19.2 MHz；而在 MTK 平台中，则多为 26 MHz。

另外，分频比 N 虽为小数，但精度不可能无穷大。以图 6-5-1 所示的 PLL 频率合成器为例，N 变化一个最小单位，则 f_{vco} 变化 25 kHz，即该锁相环的最小分辨率为 25 kHz。对于手机来说，不同的平台有不同的分辨率；即便在同一个平台中，TX/RX 也可以有不同的分辨率，比如在下一节案例分析中的 MT6162 平台，其 TX/RX 的最小分辨率分别为 3 Hz/25 kHz。

需要特别说明一点，尽管 PLL 频率合成器的输出信号频率满足 $f_{vco} = Nf_{ref}$，但绝不能把它看成倍频器。N 不但不是倍频因子，恰恰相反，它是分频因子（对 f_{vco} 进行分频）。倍频电路的原理是周期信号的傅里叶级数展开，通过选频网络，将所需的谐波分量选出来。因此，如果 PLL 是倍频电路的话，那它只能输出 f_{ref} 的倍频谐波，即 N 一定是整数。但是我们知道，GSM 手机的信道间隔为 200 kHz，如果 N 是整数的话，根本无法实现 200 kHz 带宽的要求。所以，PLL 频率合成器中 N 的基本都是分数，换言之，PLL 频率合成器绝不可能是倍频电路！

另外一方面，如果真的可以实现 N 为整数关系的话，我们知道，随着谐波次数的上升，对应的幅度越来越小，从 13/19.2/26 MHz 倍频到 900/1800 MHz 等频段，需要的倍频次数达到 10^2 数量级，对应的谐波分量早就衰减得无影无踪了！有人说，那分阶段倍频不行吗？从

13 MHz 开始倍频，到 26 MHz，再到 52 MHz……一直到倍频至所需载波频率上。理论上可行，但实际中根本无法实现！这么多的倍频电路太过复杂，而且会额外产生大量谐波，严重干扰电路的正常工作。

总之，$f_{vco} = Nf_{ref}$ 仅仅是 PLL 频率合成器在环路锁定时满足的一个数学方程而已，千万不要扯到倍频器上。笔者之所以特别说明这一点，是因为笔者曾亲耳听到一个 RF 工程师就是这么理解 PLL 电路的，实在是匪夷所思。

6.6　晶体校准案例一则

6.6.1　故障现象

某 GSM/WCDMA 双模手机在试产过程中发现，一些组装完成的手机插入测试卡和实网卡拨打 112，均无法建立通信；接着，连接综测仪以信令方式测试，发现根本无法登录 GSM 网络；然后，试图建立 WCDMA 通信，再从 WCDMA 切换到 GSM，发现无法登录 WCDMA 网络。

但是，如果把测试改为非信令方式，即把综测仪和手机当成纯粹的射频收发器，则手机与综测仪之间可以建立通路，说明手机的 RF TX/RX 物理通路是没有太大问题的。至少，这足以证明手机的基带调制/解调、Transceiver、RF PA 等器件都已经开始工作了。

6.6.2　登网注册流程

非信令方式可以链接，但信令方式失败，说明手机在网络登录的信令协议处理上存在一些问题。因此，我们首先简单介绍一下 GSM 手机的网络注册过程（先说明一点，下文的各种信道均指逻辑信道）。

第一步，按开机键，系统上电，然后进行硬件初始化、操作系统加载、自检等过程。这部分内容基本上由手机自动完成，与登录网络无关。

第二步，完成硬件上电和初始化后，必须进行网络登录与注册过程。此时，协议栈软件命令手机搜索整个频段内的各个载频信号，测量它们的强度（RSSI），然后按信号强度递减方式建立载频列表。

第三步，手机将频率调谐到载频列表中强度最高的那个频点上，然后在该频点上搜索频率校正信道（FCCH）。如果搜索不到 FCCH，则调谐到载频列表中强度次之的那个频点上；如果搜索到 FCCH，则根据该信道上的频率校正脉冲来校正手机的内部频率源，使手机载波与基站（BTS）载波的频率及相位保持同步。这一步称为"频率同步"。

第四步，一旦搜索到 FCCH 信道，手机还将继续搜索同步信道（SCH），该信道可以向手机提供有关网络、BTS 识别号等信息。因为数字通信系统中，数据都是以帧的形式发送的，因此手机必须通过 SCH 信道来确保自己与基站的帧信息保持同步。这一步称为时间同步。

第五步，完成频率同步和时间同步后，手机开始解码广播信道（BCCH）的信息，获取移动网国家码、本地码、接入参数、附近小区列表、当前小区是否禁用等大量系统信息。

上面的步骤，都是在基站下行方向的广播信道上完成的，手机只接收不发射。接下来，手机需要向基站发送注册请求。

第六步，手机在上行的随机接入信道（RACH）上发送登记接入请求。在随机等待一段时间后，如果手机未收到 BTS 的回复信息，则会尝试再次接入 BTS；如果 BTS 接收到手机接入请求，则会在下行的允许接入信道（AGCH）上响应手机的请求。

第七步，根据不同的情况，BTS 可以拒绝手机的接入请求，也可以允许手机的接入请求。如果 BTS 允许手机接入，则 BTS 会给手机分配一个双向的独立控制信道（SDCCH），然后由手机在 SDCCH 信道上完成注册过程。

第八步，手机完成登录（其实就是位置更新），显示运营商、网络号、信号强度等信息后，进入待机状态。

由上面的介绍可以看出，手机登网注册的核心在于频率同步与时间同步。其中，一个是保证手机载波与基站载波保持同步，另一个是保证手机数据帧与基站数据帧的时隙保持同步。为此，我们应首先检查手机载波是否存在频偏问题。

6.6.3 故障分析

由登网注册的流程来看，频率同步是手机通过搜索 FCCH 信道的频率校正脉冲来调整自己的频率源来实现的。那么，手机是如何调整自己的载波频率呢？

我们知道，当手机试图锁定在某个频点上时，系统就会提供相应的分频比 N 给锁相环。此时，如果锁相环的参考频率 f_{ref} 保持稳定，则锁相环的输出频率 f_{vco} 也会保持稳定。但如果手机载波与基站载波出现频偏，则手机必须微调其锁相环的参考频率 f_{ref}，直至把手机载波校正到基站载波的频率上。

通常，参考频率 f_{ref} 都是由 VC-TCXO 提供的，因此只要微调 VC-TCXO 的振荡频率即可。具体到电路中，就是调整 VC-TCXO 的 AFC 控制电压，如图 6-6-1 所示（R109 与 C120 构成低通滤波器，防止 AFC 上的高频噪声对晶振产生影响）。

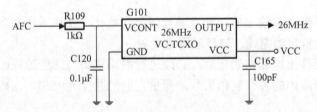

图 6-6-1　VC-TCXO 的原理图

考虑到该手机采用 MT6577+MT6162 平台，我们决定首先用 MTK 的 META 工具进行测试，看看会有什么提示信息。结果，META 工具提示错误为 AFC 校准失败，如图 6-6-2 所示。

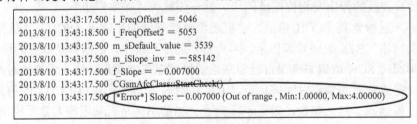

图 6-6-2　AFC 校准失败

按照 MTK 的要求，AFC 校准成功的话，Slope 必须在 1～4。于是，我们不禁要问：Slope 到底代表什么意思？

我们已经知道，由于参考信号 f_{ref} 保持恒定，所以一个载波频点 f_{vco} 实际上就对应了一个固定的分频比 N。但是，如果固定某个分频比 N，而仅仅改变 f_{ref}，则锁相环的输出频率 f_{vco} 也会随之改变。

那么，在 MTK 的 META 工具中，就是固定某个 N，然后改变 VC-TCXO 的控制电压 V_{AFC}（等效改变 f_{ref}），再检测输出频率 f_{vco} 的变化情况，如图 6-6-3 所示。

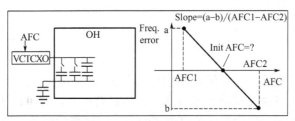

图 6-6-3　MTK 平台中的 Slope

由图中可见，f_{vco} 与 V_{AFC} 呈线性变化关系（实际上只是近似线性）。由此不难理解，所谓的 "Slope" 实际上代表了 V_{AFC} 对 f_{vco} 的控制灵敏度：其值越大，则表明控制灵敏度越高，V_{AFC} 仅需变化一点点，就可以产生足够大的 Δf_{vco}；反之，则表明 V_{AFC} 的控制灵敏度太低，要么是 VC-TCXO 自身频偏不够，要么是 AFC 管脚没连通。

至此，问题已经很清楚了，故障机的 Slope 偏低且接近于 0，则说明故障机的 VC-TCXO 输出频率不可控！要么是 CPU 没给控制电压 V_{AFC} 或者通路有问题，要么就是 VC-TCXO 自己有问题。

首先检查 CPU 在 META 工具校准时是否输出了 V_{AFC}。测量结果表明，故障机与正常机器没有区别，说明故障机的 CPU 工作正常，如表 6-6-1 所示。

表 6-6-1　故障机与良品机的 V_{AFC} 基本相同

DAC 输入	AFC 控制电压/V	
	通 信 正 常	通 信 失 败
2000	0.88	0.89
3000	1.123	1.13
4500	1.504	1.51
6000	1.88	1.89

问题不在 CPU，就只能在 AFC 通路上或者 VC-TCXO 有问题。由于晶体本身是 SMT 焊接方式，且管脚很小，不太好测量，所以我们试着用手压住晶体，然后打开 META 工具后重新校准，结果顺利通过测试。看来，晶体本身也没有问题，而是 AFC 通路焊接不良。

在晶体的 AFC 管脚上涂点助焊剂，然后风枪加热、冷却，再重新测试，通过。

针对其他相同故障的手机，我们采用同样的处理方法后，故障全部排除。看来，要么是 SMT 工艺有缺陷，要么是 PCB 焊盘设计有缺陷，要么是晶体本身有缺陷，否则一个相同的故障不应该反复出现。

后续，我们把该问题反馈给晶体厂家、NPI 工程师和 SMT 工艺工程师，三方合作，很快就把问题彻底解决了。

第 7 章

语音通话的性能指标

无论手机将来如何发展，语音通话必定是一个永远也不会被替代的功能。很多人，甚至一些手机研发工程师对语音通话却不以为然，认为只要出声音就可以了，最多也就是调调音量的大小。殊不知，通话音质的好坏是直接影响用户体验最重要的一个因素。

所以，本章着重介绍手机语音通话的性能指标及调试方法。

7.1　国际规范

在我国，正规厂家的手机在上市销售之前，必须通过工业和信息化部的入网认证测试（China Type Approval），即 CTA 测试，方能获得进网许可证。而在 CTA 测试中，音频通话是必测项目，是曾经和正在搞死无数厂家与工程师的头疼项目。

音频设计不同于电路设计，电路的好坏可以通过测量电信号进行判断，它是简单而纯粹的（不是说电路设计比音频简单，而是说判定电路好坏的方式很简单，如可以通过测量电路的功率谱、调制谱、噪声等），并且全部基于客观标准。但对于声音的判断就不一样了，音质的好坏归根结底是人的主观感受。而作为认证测试来说，必须能够客观量化，才具有可操作性。所以，经过多年的研究，国际上各标准化组织相继提出了一系列手机音频测试的客观指标。目前，我国的手机音频测试标准为 YDT 1538-2011，其主要内容基本源自于国际规范 3GPP TS26.131/132。所以，后面我们将以 3GPP TS26.131/132 为例，介绍手机音频通话测试。

话说 2008 年初，国家即将下发 3G 牌照，中国移动就要上马 TD-SCDMA 系统时，各 TD 终端厂家齐聚北京，共商大事。一月的北京街头，寒风凛冽，一片肃杀！按说，只要傍上中国移动这棵大树，各厂家以后的日子就不用烦了。可是此时，所有的终端厂家都心急如焚，没一家能高兴起来。原因很简单，CTA 的认证测试已经进行过不下三个轮次，可是依然没有一家能够通过所有必测项。仅仅一项音频测试，就枪毙了几乎一半的终端厂家。更有甚者，有两个工程师（厂家名就不说了）在泰尔实验室为争夺测试设备居然打了起来，那家伙，那场面，那是相当火爆！！！

可是，就这样毫无进展下去也不是个事呀！于是，工业和信息化部召集各厂家开会，宣贯政策、打气鼓励；各终端厂家便纷纷行动起来，工程师、市场部、公共关系部等各路人马从全国各地奔赴京城，某厂家还动用了后勤保障团队专门照看工程师，把其他厂家的人给羡慕死了；各平台厂家（大唐、展讯、T3G）也是八仙过海各显神通；就连平日里跪拜仰视都难见一面的中国移动，更是罕见地站在了厂家一边。

终于，就在国家要发放 3G 牌照的前夕，各 TD 终端厂家总算如愿拿到了进网许可证，TD 手机从此正式登上历史舞台。只是，真不知道这到底是如何做到的……

你问我为什么会知道这些？

因为笔者就是那场刀光剑影的亲历者！

7.2 3GPP 的音频测试

用户在使用手机通话时，可以选择手持方式（Handset）、耳机方式（Headset）和免提方式（Hands-free）。所以，3GPP 也分别定义了针对这三种方式的测试方法与测试指标。从指标要求上看，Handset 与 Headset 差距不大，所以实际研发过程中，通常对这两种方式采用同样的指标要求；而 Hands-free 使用方式与前两种完全不一样，并且 Hands-free 还可以再细分为手持式免提（Hand-held Hands-free）和桌面式免提（Desktop Hands-free），即拿在手里的免提和放在桌面上的免提。因此，3GPP 分别定义了这两种免提的测试方法与指标，与 Handset 和 Headset 稍有一些差别。

就一般情况而言，绝大多数人还是采用 Handset 方式通话，而且对于工程师来说，调试 Handset 与 Headset、Hands-free 在思路上没什么区别。所以，本文以 Handset 为例，对 3GPP TS26.131/132 的音频指标进行分析。首先，请读者参见表 7-2-1 与表 7-2-2，它们是 3GPP 所定义的常规音频指标。

表 7-2-1 接收方向的指标

接 收 项	标 准
RLRnorm	2±3 dB
RFR	In the Mask
RLRmax	≥−13 dB
Receiving Idle Channel Noise(RLRnorm)	≤−57 dBPa(A)
Receiving Idle Channel Noise(RLRmax)	≤−54 dBPa(A)
Receiving Distortion	Up the Limit
STMR	18±5 dB

表 7-2-2 发送方向的指标

发 送 项	标 准
SLR	8±3 dB
SFR	In the Mask
Sending Idle Channel Noise	≤−64 dBm0（P）
Sending Distortion	Up the Limit
Echo Loss	≥46 dB

关于各个指标的单位，dB、dBPa(A)、dBm0(P)等，因为涉及不同的物理量，所以稍微有点复杂，就不再介绍了。一般只要说 dB，工程师也都懂。

1. RFR（Receive Frequency Response）

RFR 为接收频率响应，简称"接收频响"。

我们知道，人耳所能听见的声音频率范围为 20～20 kHz。但在实际中，没有必要设置这么高的带宽。因为大量的研究已经证明，只需要传输频率在 4 kHz 以下的信号，就能够满足正常的语音通信需求了。所以，3GPP 规定窄带（Narrow Band，NB）通信频带为 300～3400 Hz，宽带（Wide Band，WB）通信为 50～6300 Hz。

直观上，我们对声音的总体感觉与声音的频率有很大关系。比如高频成分过多，我们会感觉声音发尖，响度偏大；若低频成分过多，则感觉声音发闷，响度低，不清脆。于是，3GPP规定了语音通信的接收频率响应模板，如图 7-2-1 所示（采用 R&S UPV 测量）。

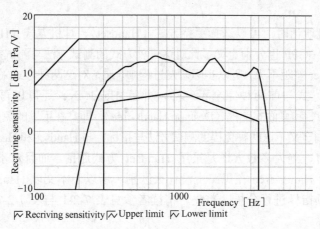

图 7-2-1　RFR Mask

只要手机的接收频率响应处于模板上下两个 Limit 线框之内，就算合格。图 7-2-1 所示便是一个合格的 RFR。

2. RLR（Receive Loudness Rating）

RLR 为接收响度评定，简称"接收响度"。

只有 RFR 是不够的，因为频响曲线仅仅描述了不同频率声音之间的相对大小，并不能得到它们的绝对值。所以，还必须测量手机的接收响度 RLR。但我们知道，手机音量是可以调整的，所以需要分别测量 Normal 和 Maximum 这两个等级的响度。

事实上，RLR 是根据 RFR 计算获得的。按 3GPP 要求，在 RFR 曲线上按照一定频率间隔抽取 14 个点，然后给各个点赋予不同的加权系数并求和，就可以计算出对应的 RLR。所以，RLRnorm 是在 RFRnorm 上抽样计算获得的，而 RLRmax 则是在 RFRmax 上抽样计算获得的。

另一方面，只要没有更改过接收滤波器参数，频响曲线基本上是不会发生变化的。所以，如果在 Normal 和 Maximum 两个等级下分别测量 RFR 的话，可以发现 RFRnorm 与 RFRmax的形状是一模一样的，仅仅是随着模板框上下平移。故，在 3GPP 规范中只需测量 RFRnorm即可，也就简写为 RFR 了。

3. Receiving Idle Channel Noise（空闲信道接收噪声，简称接收底噪）

学过电子技术的读者都知道，噪声无处不在。即便通话中双方都不说话，每个用户的手机听筒中也还是有噪声的，它们可能来自信道传输、电路传导或天线辐射等。所以，该指标用于衡量手机处于空闲信道状态时的接收底噪水平。

按照表 7-2-1 的 3GPP 规范要求，必须分别测量 RLRnorm 和 RLRmax 两个音量等级下的接收底噪。究其原因，乃是因为放大器的输出噪声与放大器的增益有关。理论上，放大器增益越大，则输出噪声也越大。图 7-2-2 为某手机 RLRnorm 等级下的接收底噪。

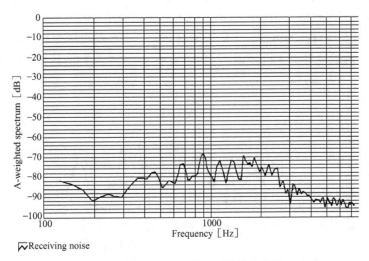

图 7-2-2　RLRnorm 等级下的接收底噪

4．Receiving Distortion（接收失真）

我们知道，信息经过采样→调制→发射→信道传输→接收→解调→还原等过程，会不可避免地引入噪声和失真。那么，该测试项就是考察接收机接收→解调→还原这些步骤时，对原始信号还原的逼真度，用于衡量接收机设备线性度。

实际测试时，手机会接收到仪表所发出的一个音量逐渐增大的 1020 Hz 的单音信号，并对该信号进行解调和还原，然后从受话器中（如 Receiver 或 Speaker）输出至声学仪表。声学仪表在接收到该信号后会进行分析并与原始信号对比，从而计算出不同音量下的接收失真，如图 7-2-3 所示。

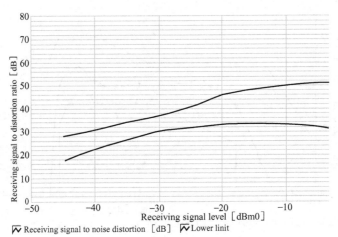

图 7-2-3　某手机接收失真测试图

5．STMR（Side Tone Mask Rating）

STMR 为侧音掩蔽，简称为侧音。

按照 3GPP 的要求，通话语音不仅要送到对方用户，同时还要经过本机的音频回还通路，从本机的受话器中同时输出。但响度值不能过大，否则会影响接收对方语音。简而言之，说话人要在听筒中感受到自己的声音。之所以要这么做，主要是沿用当初固定电话机的标准。

个人看法，该测试项对于手机来说，其实意义不大。一个实际的测量结果如图 7-2-4 所示。

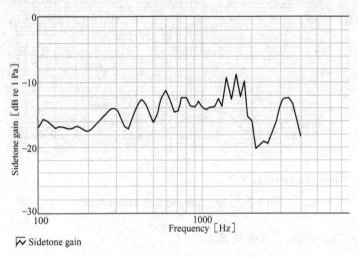

图 7-2-4　某手机 STMR 测试结果

6．SFR/SLR

SFR/SLR 定义为发送频响与发送响度，与 RFR/RLR 类似，SLR 也是利用 SFR 计算出来的。唯一的区别，没有哪个手机会让用户调整发送响度，所以 SLR 没有音量等级的概念。一个 SFR/SLR 的测量结果如图 7-2-5 所示。

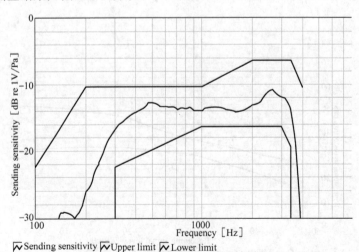

图 7-2-5　某手机 SFR/SLR 测量结果

7．Sending Idle Channel Noise（空闲信道发送噪声，简称发送底噪）

参考接收底噪的讨论不难知道，该指标用于考察手机在空闲信道情况下，发射机的底噪水平。过大的发送底噪会影响对方用户的接收效果，所以必须加以限定，如图 7-2-6 所示。

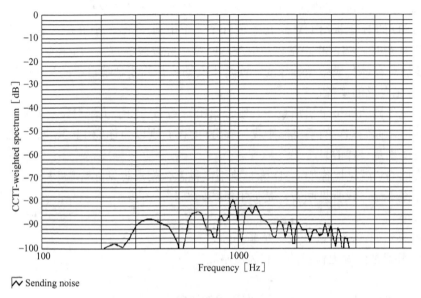

Sending noise

图 7-2-6　某手机发送底噪测量结果

8．Sending Distortion（发送失真）

该指标用于考察发射机采样→调制→发射时，对原始信号产生的失真度，用于衡量发射机设备线性度。因为过大的发送失真会导致接收方出现语音畸变，即便此时接收方自身不产生任何失真。其实，该指标不过是接收失真的逆过程而已，测试图形也很相似，如图 7-2-7 所示。

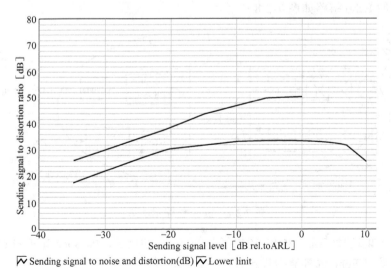

Sending signal to noise and distortion(dB)　Lower linit

图 7-2-7　某手机发送失真测量结果

9. Echo Loss（回声损失，简称"回声"）

Echo，顾名思义，就是说话人听见从远方传来了自己的声音。

话说国内有两家著名的通信企业，一家名叫 YSD，另一家叫 GV。这两家原本情同手足，可后来不知为何，斗得你死我活。据江湖传言，事情的起因是这样的。

一天，YSD 的 H 老板给 GV 的 R 老板打了一个电话："喂，小 R 啊，在干嘛呢？"

"噢，是 H 哥呀。嗐，昨晚陪客户应酬，回家已经凌晨 3 点了，正在睡觉呢。"

"嗯，要注意身体！成绩是领导的，钱是子女的，身体才是咱自己的！……哎，我怎么老是在电话里听见自己的声音？"

"那肯定是你搞的那破手机质量不行呗，哈哈。咱 GV 的手机绝对没这问题。"

"胡说八道，你们 GV 的手机能跟我们 YSD 的比？别以为你们 1、2、4、6 都加班就了不起，咱们 YSD 也是一样的！"

"反正我们 GV 就是比你们 YSD 强！要不，我怎么就没听见回音？"

"呸！你懂不懂，我听见回音，是你手机的问题！"

"胡说八道！"

"你小 R 果然如江湖传言一般，是非不分！"

"那你 H 哥就是江湖上传说的以和为贵咯？"

……

自此以后，两家结为世仇，至今未见和解的迹象。

以上故事纯属江湖传闻，未经考证。不管你信不信，我反正信了。

话说回来，YSD 的 H 老板听见自己的回音，到底是不是 GV 的 R 老板的手机问题？

答案是 GV 的 R 老板的手机存在问题。Echo 的产生，其实是 H 老板的声音传到 R 老板后，由于 R 老板手机密封不严，导致 H 老板的声音被 R 老板手机的 Microphone 所拾取，结果 R 老板就把 H 老板的发送过来的声音回传给了 H 老板。自然，H 老板就听见了自己的回音，即 Mobile H→Speech H→Mobile R→Echo H。

一个完整的 Echo 链路如图 7-2-8 所示。

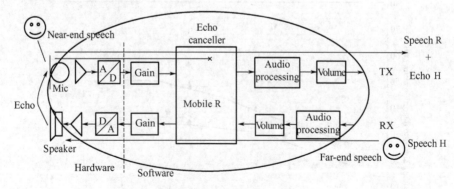

图 7-2-8　Echo 链路示意图

为了防止出现这种情况，3GPP 提出了 Echo Loss 的指标，即 Speech H→Echo H 的损失，其值越大，说明对 Echo 的抑制效果越好。

从图 7-2-8 也不难看出，提高 Echo Loss 有两种基本方法：一是从结构上考虑，提高

Speaker 与 Microphone 之间的声学隔离度，降低 Microphone 所能够拾取到的 Speech H；二是通过数字信号处理算法，从 Near-end Speech 中尽可能剥离出所包含的 Speech H 的成分（这便是图中 Echo Canceller 的任务）。因此我们得知，Echo Loss 其实是为对方服务的。

一般而言，Echo 问题在手持和耳机通话方式下不明显，因为它们的输出音量比较小，Microphone 不太容易拾取到它们的输出声音，所以无须过多调整 Echo Canceller 就可以满足 3GPP 要求；但在免提通话方式下，由于 Speaker 输出音量很大，Microphone 很容易拾取到 Speaker 输出的声音，单靠结构上的声学隔离度已经难以满足 3GPP 指标要求了，必须通过调整算法参数才能够有效抑制 Echo。

细心的读者可能会发现，Echo 似乎与 Side Tone 很相似，都是在受话器中出现自己的声音。那么，这两者有什么区别呢？Echo 实际上是经过网络传输后的声音，从说话到听见回音，一般会有 0.5～1 s 的延迟，而 Side Tone 则无须经过网络传输，从说话到听见几乎是同时的，可参考图 7-2-9。

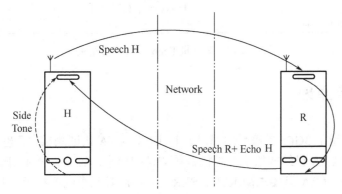

图 7-2-9 Echo 与 Side Tone 的区别

仔细查看图 7-2-9，有读者可能会问，Echo Canceller 可不可以在本地完成？比如 Mobile H 收到了从 Mobile R 回传过来的 Echo H 后，Mobile H 是否可以自行消除它？理论上，这是可以的，但技术实现的难度比在 Mobile R 处消除 Echo H 要大得多。学过自适应信号处理的读者应该知道，消除 Echo 必须要有一个参考量（该参考量用于估计接收语音中所包含的 Echo 成分），比如 Mobile R 把 Speech H 存储下来作为参考，用来估计自身上行语音信号 Speech R 中所包含的 Echo H 成分。如果在 Mobile H 中进行回声抑制，则 Mobile H 同样可以存储 Speech H 作为消除 Echo 的参考虑，但 Echo H 从 Mobile R 回传回来的时候，根本无法精确估计整个链路的延时，即 Speech H→ Echo H 的延时。该延时一旦估计不准，就会导致对后面的 Echo 估计失效，从而无法消除回声。但是，在 Mobile R 处消除回声，基本不存在 Speech H→ Echo H 的延时问题。当 Mobile R 收到从 Mobile H 传送过来的 Speech H 后，几乎没什么延时，就立即得到了 Echo H。除此以外，经过网络传输的语音信号会不可避免地受到失真、噪声等影响，而在 Mobile R 处进行 Echo H 抑制则不会受到网络传输的影响，其效果也肯定比在 Mobile H 处进行抑制要更好。关于这部分内容，我们将在本书高级篇中进行较为深入的分析。

图 7-2-10 为某手机 Echo Loss 实际测量结果。

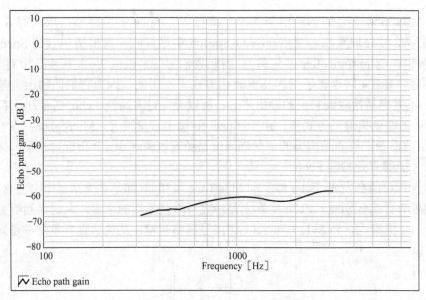

图 7-2-10　某手机 Echo Loss 测量结果

7.3　响度评定原理

前面，我们介绍了 3GPP 的音频测试项。其实，在 CTA 认证测试中，也都是这些测试项。

不过，目前的 CTA 已经放松了对手机音频测试的要求。过去，上述测试项基本都属于必测的判定项。如今，CTA 只要求测 RLR、SLR、STMR 等几个响度指标，其他指标不再作为判定项了。笔者自己的看法，这与某些奶业巨头让中国奶业标准倒退 20 年没什么区别，其结局只会是祸国殃民。不过，这种政策层面的事情，咱控制不了，也许人家有其他方面的考虑，咱们还是先关注一下响度评定到底是怎么回事吧。

现在，我们已经知道 3GPP 规定的 RLRnorm 合格范围是 2±3，即–1～5。那么，很简单的问题，–1 和 5，到底哪个响度更高？

答案是–1 的响度更高！呵呵，很多做了多年手机的硬件工程师，也都没搞清楚响度值越小，表明响度越高，即声音更响。不仅对于 RLR 是这样，对于 SLR、STMR，都是响度值越小，则表明响度越高，即声音越响。

历史上，评价话机质量实际是一种响度比较法。将被测话机与一标准系统进行响度比较，在这两个系统的发送端用同一声级发声，在被测系统的接收端用一个可变衰减器来调节响度，使两者在收听时听到同样的响度。此时，衰减器上的衰减值就称为参考当量。如果测试发送特性，就称为发送参考当量；如果测试接收特性，就称为接收参考当量；如果测量侧音，则称为侧音参考当量。注意，衰减器也有可能是放大器。

3GPP 的响度评定是基于上述原理，当待测系统和参考系统响度相同时，在待测系统中插入的衰减值/放大值 Δx，就称为"响度评定"。比如，Δx 为 10 dB，则表明待测系统的增益要提高 10 dB，才能跟参考系统响度相同；如果 Δx 为–10 dB，则表明待测系统的增益要衰减 10 dB，才能跟参考系统响度相同。所以，Δx 越正越大，则待测系统的响度越低。

于是，根据一系列的数学推导，就可以得到手机 SLR/RLR 的具体计算公式（因为与手机研发关系不大，推导过程与参数意义从略，有兴趣的读者可参考有关电声测量的教材或国家规范），如图 7-3-1 所示。

$$\text{SLR}=-\frac{10}{m}\times \lg \sum_{i=4}^{17} 10^{\frac{m}{10}(smj-Ws)} \qquad \text{RLR}=-\frac{10}{m}\times \lg \sum_{i=4}^{17} 10^{\frac{m}{10}(sje-Wr)}$$

图 7-3-1　SLR/RLR 计算公式

7.4　测试系统

接下来，让我们看看如何测量手机通话的音频指标。

7.4.1　测试系统组成

首先，上述音频指标都是在通话中测试的。所以，待测手机必须与综测仪（又称模拟基站）建立链接，方能传输信息。

其次，为了模拟实际通话场景，必须要有一套可以发出声音和采集声音的声信号输入/输出系统。待测手机发出的声音可以被该系统采集（人工耳，又称仿真耳），该系统也可以输出声音（人工嘴，又称仿真嘴）给待测手机。人工耳与人工嘴统称耳承。

最后，若要对语音信号进行分析，必须把声信号转化为电信号，然后通过对电信号进行分析，才能得到相应的声信号指标。

一个完整的手机音频测试系统框图如 7-4-1 所示。

测试时，待测手机的受话器紧贴人工耳，其 Microphone 紧贴人工嘴。以下行方向的 RFR 测试为例：分析组件提供一组扫频信号，经 DSP 传送至模拟基站，模拟基站再把信号发射到待测手机。待测手机接收、解调、放大后，把信号送到受话器中供人工耳采集。人工耳采集到这组信号再回传给 DSP 和分析组件，从而计算出 RFR 曲线。完整链路如图 7-4-2 所示。

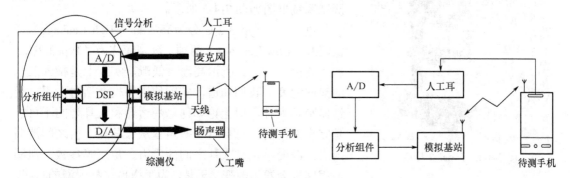

图 7-4-1　手机音频测试系统组成框图　　　　图 7-4-2　下行方向的 RFR 测试链路

同理，我们不难得到上行方向的 SFR 测试链路，如图 7-4-3 所示。

至于其他测试项，读者可以试着自行画出测试链路图。

理论上，只要测试设备和信号分析算法符合 3GPP 规范协议，可以采用任何厂家生产的测试系统，甚至大公司也可以自己开发这套系统。不过，在手机行业，一般只会选用以下几个厂家的产品。

- 声学设备（人工耳、人工嘴及放大器）：德国 Head、瑞典 B&K
- 综测仪：德国 R&S（CMU200）、北京星河亮点（TD-SCDMA）
- 音频分析仪：德国 Head（Acqua 系统）、德国 R&S（UPV 系统）

目前，工业和信息化部采用 Head Acqua + R&S CMU200（或北京星河亮点 TD-SCDMA）+ B&K 的测试系统。

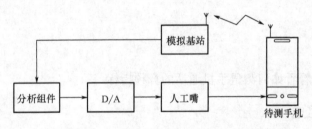

图 7-4-3　上行方向的 SFR 测试链路

7.4.2　人工耳与人工嘴

声学设备包括人工耳、人工嘴和放大器三种设备。放大器比较简单，很好理解，就不说了。但人工耳和人工嘴值得一提，因为选用不同类型的人工耳/人工嘴，会导致完全不同的测量结果，必须加以注意。

目前，比较常见的人工嘴和人工耳有 Type1、Type3.2、Type3.3 和 Type3.4 这几种。其中，Type1 已经基本淘汰，就不介绍了；Type3.4 和 Type3.3 差别较小，在不严格的情况下，也可用 Type3.3 来代替。

下面，我们着重介绍一下 Type3.2 与 Type3.3 这两种耳承。

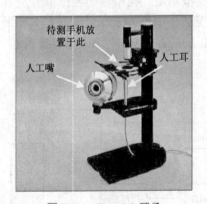

图 7-4-4　Type3.2 耳承

1. Type3.2

Type3.2 的耳承如图 7-4-4 所示，而基于 Type3.2 的测试系统框图如图 7-4-5 所示。

进一步，Type3.2 还分为高泄漏（High Leakage）和低泄漏（Low Leakage）两种，分别简称为"Type3.2HL"和"Type3.2LL"。所谓高泄、低泄，实际上是指人工耳的泄漏程度。我们知道，实际使用手机通话时，手机受话器紧贴人耳，但无论如何，受话器和人耳之间不可能是完全密闭的，总会有一些声音从人耳与手机之间泄漏出去。改变手机与人耳之间的压力、角度等参数，泄漏的程度也会发生改变。于是，为了模拟这种泄漏的状况，对 Type3.2 的人工耳又分别设计了低泄和高泄两种，如图 7-4-6 所示。

2. Type3.3

在业内，我们把基于 Type3.2 的测试称为支架（可参考图 7-4-4 与图 7-4-5），而 Type3.3 俗称为"人头"。很容易联想，Type3.3 就是基于假人的测试方式，如图 7-4-7 所示。

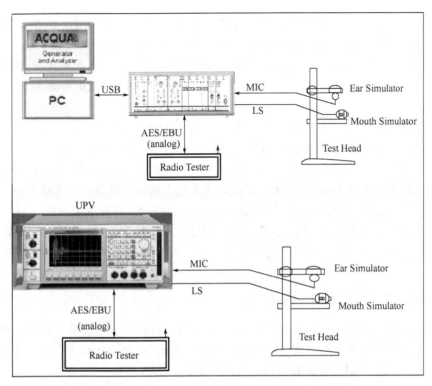

图 7-4-5　基于 Type3.2 的测试系统示意图

图 7-4-6　Type3.2LL 与 Type3.2HL

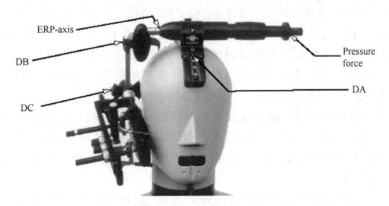

图 7-4-7　Type3.3 的测试

Type3.3 的人工耳与人工嘴其实就装配在假人的耳朵和嘴巴里面。调整手机与假人的位置坐标（图中的 DA、DB、DC）及压力系数（ERP-Axis 或 Pressure Force），然后就可以进行测试了。很明显，不同的参数设置会得到不同的结果。特别是由于手机与假人之间的声场泄漏，使得 RFR/RLR 与位置的关系特别大，而 SFR/SLR 受影响较小，一般可以忽略。

那么，这样就会产生一个问题，到底该如何设置坐标与压力参数呢？其实，说来也很简单，坐标和压力设置要尽可能接近大多数用户在使用该型号手机时的实际状态。一般而言，用户在手持机器的时候，总是让 Receiver 正对着耳朵，Microphone 则尽量接近嘴巴，机身贴近脸颊，压力不大不小（4～8 N）。不仅如此，大多数人实际上还存在一个潜意识，即手机对着耳朵的时候，总是习惯性地去找一个最大响度点，然后就保持在这个位置点上。

于是，我们可以模拟这些状态，通过多次测量比对，找到 RLR 最大的那个位置点，便可获知对应的三维坐标及压力系数。以后，每次测量时只要把假人的夹具调整到这些参数上即可。

3．Type3.2 与 Type3.3 的优缺点

从上述介绍可以发现，Type3.2 的测试夹具相对于 Type3.3 来说要简单得多。将手机固定在支架上，无须调整位置、稍微调整压力，即可开始测试了。而 Type3.3 则必须首先进行一番探索，找到某个比较合适的位置和压力，方能测试。

Type3.2 分为高泄和低泄两种，Type3.3 则没有这种说法，究其原因，手机 Receiver 与假人耳朵之间的声场基本上处于完全泄漏状态，所以 Type3.3 就等于是一个高泄系统。假定手机 Receiver 输出功率固定不变，采用高泄系统测试的响度评定值要比采用低泄系统测试的响度评定值高得多（注意我们前面说过的，评定值越大，响度越低，即声音越小）。所以，为达到同样的响度评定值，采用高泄系统测试的 Receiver 的实际输出功率远高于低泄系统。这就对工程师提出了更高的要求，如何在维持一定响度的情况下保证 Receiver 的性能指标，尤其是功率安全。可别小看这一点，它可是非常考验工程师设计水平的。

但是很明显，基于 Type3.3 的人头肯定比基于 Type3.2 的支架要更加符合用户拨打手机时的实际状态。于是，采用 Type3.3 方式进行设计调试的手机，其通话音质往往能够做到主客观统一，即客观指标 Pass，而且主观感受很好。但基于 Type3.2 方式的手机，主客观基本上很难统一。

过去，CTA 并未强制要求送测厂家采用何种方式测试。所以，从研发难度及成本考虑，大多数厂家都采用 Type3.2 方式，而且是不约而同地选择了 Type3.2LL。其结果就是通过 CTA 认证测试的音频参数在主观测试时简直没法听，一个比较共同的现象就是通话声音小、频率尖、不悦耳。于是乎，这些自认为有点小聪明的厂家纷纷采取认证测试一套参数，量产发货另一套参数的做法，直接弄虚作假。

可能有些人不以为然，只要市场发货产品的声音好就行了呗，管它与认证测试的东西是不是一样呢？可是你想想，今天这个地方搞点假，明天那个地方作点弊，到头来只能让老百姓再也不会相信你的任何产品。我猜，这也许就是今天中国老百姓不相信中国汽车碰撞测试 C-NCAP 的原因了吧？！

尽管 CTA 对于 GSM 手机只要求测量几个响度值（TD-SCDMA 曾经要求全测但目前已经与 GSM 统一了），但他们已经认识到 Type3.2 的缺陷，未来将全面导入 Type3.3 方式了。幸哉！

7.5　高通平台调试

至此，我们已经了解了 3GPP 音频测试规范与指标。下面，我们以美国高通平台为例，简单介绍一下如何进行手机通话音频调试。

7.5.1　调试准备工作

首先必须安装好如下三个工具（软件的安装与使用请参阅相关文档）。

（1）QPST（识别 USB 端口，提供驱动，如图 7-5-1 所示）。

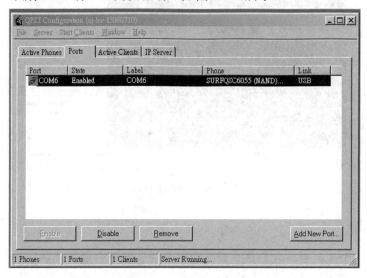

图 7-5-1　QPST 界面

（2）QDV（调整增益、滤波器、AEC 等音频参数，如图 7-5-2 所示）。

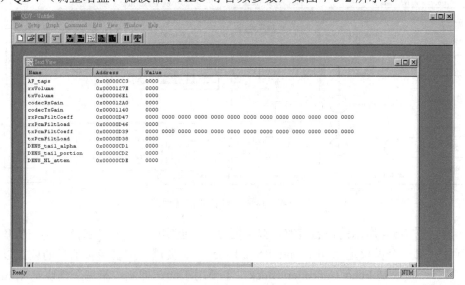

图 7-5-2　QDV 界面

（3）QFILT（调节频响，获取所需要的滤波器系数，如图 7-5-3 所示）。

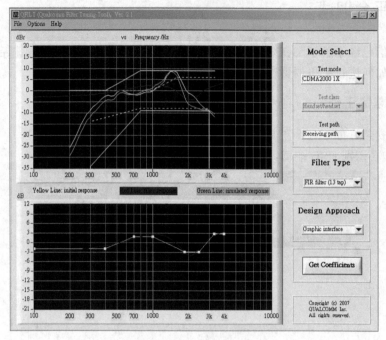

图 7-5-3　QFILT 界面

7.5.2　语音链路

安装好上面三个工具后，我们来看看高通平台的音频语音通路的庐山真面目，如图 7-5-4 所示。

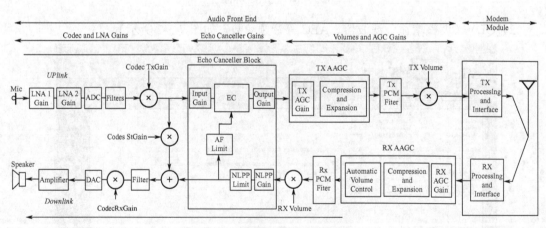

图 7-5-4　高通平台音频语音通路

乍一看，图 7-5-4 所示的语音链路，似乎挺复杂。但实际上，整个链路分为三大模块，图上均有标注。第一个模块是 Codec and LNA Block，主要用于前端模拟信号的放大以及 A/D（D/A）；第二个模块是 Echo Canceller Block，主要用于回声抑制；第三个模块是 Volume and AGC Block，主要用于滤波器频率响应和自动增益调整。

1.　Codec and LNA Block

前端模拟信号的放大与 A/D（D/A）相对比较简单，无论上行的 Microphone 还是下行的 Receiver（Speaker），都需要进行模拟放大和 A/D（D/A）。所以，该模块可用于调整放大器的模拟增益。不过提醒一下读者，图 7-5-4 中只有 LNA1/LNA2 及 Amplifier 是模拟放大器，而经过上行 ADC 后的 CodecTxGain/CodecSTGain 及下行 DAC 前的 CodecRxGain 都是数字增益，并不对应任何模拟放大器。

对于模拟增益，特别是 Microphone 的上行增益，注意不要太大（一般不超过 30 dB），防止信号经过后级数字增益时出现饱和失真。

2.　Echo Canceller Block

中间的 Echo Canceller Block 基于自适应信号处理（我们将在高级篇的"高级音频设计"一章中进行详细分析），可以提取并消除上行语音信号中所耦合的下行语音，防止对方出现 Echo 故障。

不仅如此，诸如 Double Talk（双方同讲）、Dual Microphone Noise Suppression（双 Microphone 降噪）等功能也主要在该模块中进行调整。所以，在一些支持双 Microphone 降噪的高通平台中，该模块又称为 Noise and Echo Canceller Block。

3.　Volume and AGC Block

音量调整主要在 TX Volume 与 RX Volume 中完成（AGC 中也可以设置增益，但它的主要目的是 AGC 补偿）。顺便说一句，RX Volume 实际上对应的就是手机音量侧键。

AGC 模块就是自动增益控制（Auto Gain Control，在高通和 MTK 的文档中，该模块有时也被称为 DRC，即 Dynamic Range Control）。以下行 RX 方向为例，假定此时的下行信号非常小（从信噪比的角度分析，可以认为相应 ADC 的量化噪声就会很大），不妨假设 ADC 量化噪声与电路噪声基本处于同一数量级。如果我们不加处理，直接把它们送到下级通路进行与正常情况完全相同的增益输出，就可能使信号淹没在噪声中，影响用户使用。特别是在测量空闲信道接收底噪的时候，因为下行方向只有噪声而没有信号，则必须减小下行链路的增益，否则极有可能导致该项指标 Fail。同理，对于 RX 大信号而言，也必须减小此时的增益，否则信号就会产生饱和失真，测试 Receive Distortion 时也必定 Fail。至于上行 TX 方向，道理也是一样的，如图 7-5-5 所示（左边那幅为输入/输出关系，右边那幅为输入/增益关系）。

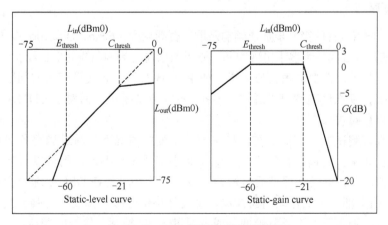

图 7-5-5　AGC 模块输入/输出特性

事实上,笔者认为高通手册所给出的图 7-5-5 所示的 AGC 模块输入/输出特性是不准确的。按照文档中关于 AGC 的描述,右边那幅输入信号功率与增益关系符合文档描述,但左边那幅有点问题。

首先,我们知道,对于 AGC 模块,中等功率的信号,其增益是固定的;对于大功率信号,其增益要随着信号功率的提高而下降;对于小功率信号,其增益要随着信号功率的下降而下降(防止量化噪声被放大)。这就是图 7-5-5 右边那幅图所表达的内容。

其次,左边这幅图,横坐标为输入信号功率,纵坐标为输出信号功率,直线的斜率就是功率增益 G,即 Lout/Lin。显然,小功率信号和大功率信号的增益都小于中等功率信号的增益,所以小信号和大信号阶段的直线,其斜率都是小于中等信号的,如图 7-5-6 中的直线所示。

最后,直线的斜率是不变的,也即信号的增益不变。但是在小功率信号和大功率信号情况下,增益是随着信号强度变化而变化的,并且增益与输入信号强度呈线性关系。因此,在小功率信号和大功率信号阶段,输出信号与输入信号应该成二次函数关系,如图 7-5-6 中的两段虚线所表示的抛物线(曲线的导数就是增益)。更进一步,两段抛物线在各自断点处的导数值与中间直线的导数值(斜率)是相等的,即一阶导数连续(如图 7-5-5 中右边那幅所示)。

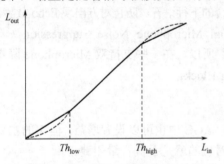

图 7-5-6　修正的 AGC 模块输入/输出特性

在 7.2 节中我们已经知道,3GPP 规定 RFR/SFR 必须入框而不是仅仅有声音就行。很显然,如果只是把 Speaker/Receiver/Microphone 装配上去,根本无法确保频响曲线入框。所以,本模块在上、下行方向分别提供了一个 PCM Filter 供工程师调整频响曲线。首先,测量全通滤波器状态下的频响曲线(全通滤波器对所有频率信号的增益都一样,相当于不加滤波器)。然后,将测量结果导入前面介绍的 QFILT 工具。接着,在 QFILT 里面平移(图 7-5-3 的下半部分)各个调整点,就可以生成对应的滤波器参数。最后,再把 QFILT 生成的参数填入 QDV 中对应的寄存器重新测试,反复几次就可以满足 3GPP 的频响要求了。待 SFR、RFR 入框后,再根据当前所得到的 SLR 与 RLR,重新调整增益大小,直至满足 3GPP 的响度规范要求。

4．调试顺序

总体说来,调试过程的第一步是让频响入框,否则响度、Echo、Distortion 等指标意义不大,而且一般只要芯片内部的放大器未出现饱和,则更改增益对频响曲线的形状没有什么影响。

响度符合规范后,再测量底噪与失真。如果 PCB 布局、布线没有大的问题,就基本不会产生 TDD Noise,那么底噪就可以通过(专指 GSM 制式手机,而对于 CDMA 制式手机,该测试项基本不会有问题)。

余下的失真等测试项,则需要在保持总增益不变的情况下,通过调整各级增益的相对大小,以满足测试要求。根据以往的经验,如果是小信号失真不过,则可以适当提高前级增益特别是前级模拟增益,降低或保持后级增益不变(因为小信号在 DSP 处理中会被当作噪声滤掉),或者对小信号部分施加自动增益控制,从而把小信号噪声抑制得更强一些;反之,如果大信号失真不过,则可适当降低前级增益或者通过 AGC 抑制大信号的增益。

7.5.3　TDD Noise 与 RF Power

在这里，需要跟大家特别强调一点，GSM 制式的 TDD Noise 与 RF 发射功率是密切相关的！按照 CTA 入网认证测试规范，只测 GSM 900 MHz 频段，且 PCL 设置在 12，即 TX Power 为 19 dBm。但按照笔者所在公司的内部规定，必须设置在 PCL=5，即 TX Power 为 33 dBm。原因很简单，如果 PCL=5 都可以 Pass，那么 PCL=12 就更没有什么可担心的了。

不仅如此，笔者此前所在公司的测试规范还要求测量所有 RF 频段的音频底噪性能，防止出现音频噪声与频段相关联的故障。一般而言，由于 GSM 850/900 MHz 频段的最大发射功率比 1800/1900 MHz 要高 3 dB，所以其音频底噪也会高一些，但我们也曾遇到过几次 1800 MHz 频段底噪比与 900 MHz 频段底噪要高很多的案例（与天线辐射效率有一定关系）。但在 CTA 认证测试中，只要求测量 900 MHz 这一个频段而已。

对于 CDMA 制式的手机，尽管不存在 TDD 问题，但空闲信道底噪也是与 RF PA 功率密切相关的。理论上，发射机输出功率越大，则电路噪声越大，转换为音频噪声也越大。但只要手机 PCB 布局、布线良好，基本可忽略其影响。

7.6　MTK 平台的语音链路

MTK 平台采用其自己开发的 META 工具进行调试，菜单界面如图 7-6-1 所示。

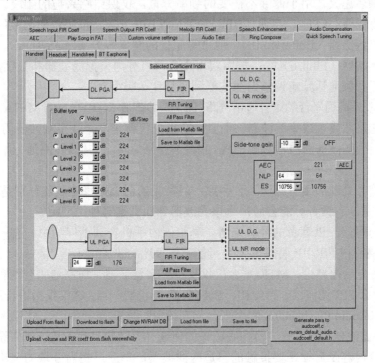

图 7-6-1　META 音频调试工具

相较于高通的工具，MTK 把 QDV、QFILT 等同样的功能全部集成到了 META 里面，简单直观，容易上手，而且 META 直接把参数写入手机 NV 区，手机掉电也不会丢失。但高通的 QDV 则是把参数写入 DSP 的寄存器中，不仅是掉电丢失，而且是通话结束就丢失。所以，高通平台的参数调整完成后，要统一写入代码或者专门的 NV 区。但高通的优点是可以在线调整参数，META 则需要重新开关机或者在工程模式下更新，在操作时没有高通方便。

由此可见，两个平台的调试工具各有优缺点。但有一点可以确信，平台厂家总会不断更新其调试工具，取长补短。比如，在笔者写作此文的后期，高通最新的在线调试工具已经改成了 QACT，它把 QDV、QFILT 及 QXDM 合成在一起，极大地简化了工程师的调试过程；而 MTK 的 META 工具则支持在线调试了。所以，如果各位读者看到此文时发现与实际情况有所出入，也不必怀疑：这家伙到底懂不懂？！

总体上，MTK 的调试的思路与高通并无区别，也是先让频响入框，再看底噪和失真。

7.7 频响调整

7.7.1 滤波器分类

目前，我们已经知道，无论高通平台还是 MTK 平台，频响调整都是整个音频通话参数调整的第一步，也是最重要的一步。事实上，其他手机平台也是这样，首先确保频响入框，然后再调整其他指标。因此，本节主要介绍一下频响滤波器的知识。

滤波器，顾名思义，用于滤除不需要的频率分量，仅保留感兴趣的频段。按照滤除信号的频段，可分为低通（LPF）、高通（HPF）、带通（BPF）等；按照传递函数的频响特性，可分为最平坦的巴特沃斯（Butterworth）、通带等起伏的契比雪夫（Chebyshev）、通带阻带均为等起伏的椭圆滤波器（Ellipse）等；按照实现方式，可分为模拟滤波器和数字滤波器等。

那么，用于音频通话频响调整的滤波器到底是什么类型？

其实，仔细观察高通平台的语音通话链路（图 7-5-4）或者 MTK 平台的 META 工具（图 7-6-1）就不难发现，它显然属于数字滤波器。而且，它也仅仅就是一个数字滤波器而已，如图 7-5-3 下半部分就是一个实际的滤波器频响曲线，它既非严格意义上的低通、高通，也非 Butterworth、Chebyshev 等。

学过数字信号处理的读者应该还有印象，最常见的两类数字滤波器分别是 FIR 滤波器和 IIR 滤波器。于是，有读者可能会问，那该滤波器到底又是哪种类型呢？

这个问题问得好！以笔者的经验来看，恐怕国内手机音频工程师中，有一半以上不知道 FIR/IIR，而没搞明白 FIR/IIR 特性的人数可能超过 90%。悲哀！！！

在此，笔者先给出结论，MTK 平台仅仅支持 FIR 滤波器，而高通平台两种都支持，但必须是二选一，要么 FIR 滤波器，要么 IIR 滤波器。特别说明一点，这仅仅指语音通话（Speech），在音乐播放时（Audio Playback），两个平台都支持 IIR 滤波器。

那么，FIR 滤波器与 IIR 滤波器到底应该如何选择？选定以后，又该如何设计它们的参数呢？关于这部分内容及后续还要接触的自适应滤波器，都涉及相当分量的理论知识，我们将在高级篇的"高级音频设计"中进行详细讨论。

在本章中，我们仅简要介绍一下 FIR 滤波器与 IIR 滤波器各自的特点，以帮助音频工程师快速建立起有关数字滤波器的概念。

7.7.2　FIR 滤波器与 IIR 滤波器

FIR 滤波器，全称 Finite Impulse Response Filter，即有限长度冲激响应滤波器；IIR 滤波器，全称 Infinite Impulse Response Filter，即无限长度冲激响应滤波器。而所谓有限长度和无限长度，是指滤波器的输入信号为单位冲激信号时，其输出信号长度是有限长还是无限长。

我们先不管这两个名称的具体物理意义，而是设想一下在通话中对滤波器有哪些要求？首先，我们肯定不愿意听到音量忽大忽小、频率发生变调的语音。然后，我们肯定希望语音信号经过滤波器处理后，能修饰原语音中的不足，使声音更加好听。最后，我们还希望滤波器能够降低语音中的各种环境噪声、回声等干扰。

将上述直观感受用信号处理的语言来表述，就是要实现语音的无失真传输，并且能够在此基础上提高信噪比。

（1）无失真传输：由信号分析理论可知，无失真传输包含两个方面，一个是线性相位，另一个是幅度响应。顺便说一句，通信理论中有个"无码间干扰"的概念，无失真传输肯定是无码间干扰的，但无码间干扰并不表明无失真传输。因为数字通信采用抽样判决方式，只要传输波形在抽样时刻上无失真就可以了，而不必强求整个波形无传输失真。因此，无失真传输是比无码间干扰更加严苛的要求。

（2）提高信噪比：与噪声所处的频带有关。如果是带外噪声，比如高频干扰，则利用简单的低通滤波器就可以实现降噪。但如果是带内噪声，比如前面介绍的 3GPP Echo Loss 测试中，远端回声（Far-end Echo）对于近端语音（Near-end Speech）来说，相当于是噪声，且它们处在同一个频带内（可参考图 7-2-9），此时就不能采用简单的 LPF/HPF/BPF 等滤波器实现噪声抑制功能，必须采用自适应滤波器才能达到目的。

下面，我们介绍一下线性相位与幅度响应的相关知识。

7.7.3　线性相位

信号系统的知识告诉我们，对于一个信号，既可以在时域（Time Domian）对其进行分析，也可以在频域（Frequency Domain）对其进行分析。那么，信号的时域与频域就存在一一对应的关系，而这个关系就是傅里叶变换（Fourier Transform），即如下所示：

$$f(t) \longleftrightarrow F(j\Omega) \tag{7-7-1}$$

其中，$F(j\Omega)$ 称为信号 $f(t)$ 的频谱。

式（7-7-1）说明，只要知道信号的时域波形 $f(t)$，就可以获得其频谱 $F(j\Omega)$；反之，知道频谱 $F(j\Omega)$，就能反推 $f(t)$，即 $f(t)$ 与 $F(j\Omega)$ 是唯一对应的关系。

如果我们将信号 $f(t)$ 延迟一段时间 t_0 后再做傅里叶变换，即把 $f(t-t_0)$ 变换到频率域进行分析，直观的感觉告诉我们，$f(t)$ 的频谱与 $f(t-t_0)$ 的频谱肯定不一样，但一定有关联。事实上，信号系统理论可以证明，时域中的时延经傅里叶变换转换到频域中，对应的参数是相移。

设：$f(t) \leftrightarrow F(j\Omega)$，则：

$$f(t-t_0) \leftrightarrow e^{-j\Omega t_0} F(j\Omega) \tag{7-7-2}$$

上述方程描述的是连续时间系统，对于离散时间系统来说（数字滤波器均为离散时间系统，并且取值也是离散的），只需要把 t 改为 n 即可，如下所示：

设：$f(n) \leftrightarrow F(\mathrm{e}^{\mathrm{j}\omega})$，则：

$$f(n - n_0) \leftrightarrow \mathrm{e}^{-\mathrm{j}\omega n_0} F(\mathrm{e}^{\mathrm{j}\omega}) \qquad （7\text{-}7\text{-}3）$$

那么，线性相位就意味着系统对不同频率的输入信号，其输出信号的时延都是一样的。换言之，不同频率的输入信号经过系统后，不同频率的输出信号最多只有幅度上的变化，时延没有变化。显然，当一个信号由不同频率成分的分量所构成时，如果滤波器对不同频率分量的输出延迟各不相同，那么输出信号各频谱分量就会在时域中出现混叠，也即输出信号相较于输入信号出现相位失真。

对于 FIR 滤波器，当满足一定条件时（要求滤波器的单位冲激响应 $h(n)$ 呈奇/偶对称，在任何一本数字信号处理教材中都有相关论证），FIR 滤波器可以实现线性相位，也就是说，信号经过 FIR 滤波器后，所以频率分量均延迟同样的时间。但 IIR 滤波器很难实现线性相位，所以信号经过 IIR 滤波器后，一定会发生时延不均匀的现象，从而导致信号出现失真。

从无失真传输的角度看，FIR 滤波器要优于 IIR 滤波器，关于 FIR/IIR 滤波器的相位特性对信号的影响可参见图 7-7-1（该图不是很准确，但对于信号延时的描述较为直观）。

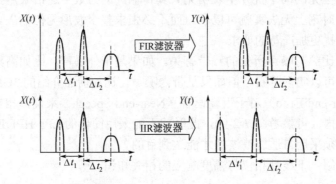

图 7-7-1　FIR/IIR 滤波器的相位特性对信号的影响（不考虑幅度特性）

其实，线性相位是比较严苛的要求。在一些通信系统中，可以退而求其次，采用群时延的概念，近似满足线性相位。从物理意义上讲，群时延其实是相频曲线在某一频点（通常为载波）上的导数。如果一组包含不同频率成分的信号经过系统后，输出信号的相位基本上围绕在一条直线附近波动，则也可把系统近似看成线性相位，如图 7-7-2 所示。

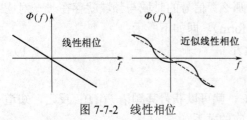

图 7-7-2　线性相位

7.7.4　幅度响应

幅度响应的概念很简单，就是对滤波器输入某一信号后，滤波器产生的输出信号，其幅度与频率之间的关系。显然，输入不同的信号，滤波器就会产生不同的输出响应。于是，为了比较不同滤波器之间的输入/输出特性，我们规定输入信号为单位冲激信号时，滤波器的输出响应为系统传递函数，而传递函数的幅度响应就是系统的幅频特性曲线。

直观上很容易想象，如果某信号是由两个不同频率分量的信号所合成的，比如幅度相同的 1 kHz 正弦波与 10 kHz 正弦波合在一起。将该信号送入滤波器后，假定滤波器为线性相位，也即滤波器对 1 kHz 正弦波与 10 kHz 正弦波的输出延迟相同，那么要想实现无失真传输，则滤波器对这两个频率分量的幅度响应也要完全一致。否则，输出信号中，1 kHz 与 10 kHz 各自所占的百分比就与输入信号不一样了，也即输出信号出现了幅度失真。

但在实际的手机 Voice Call 设计中，情况与前文稍有出入。因为人耳对高频分量比低频分量更加敏感。而通话的目的是让双方听懂、听清楚，并不要求完全无失真，并且诸如风声、发动机噪声等环境噪声多集中于低频段。所以，我们在很多时候会刻意提高滤波器的高频幅度响应，而减小其低频幅度响应。于是，我们会假定一个期望的幅度响应曲线，然后通过调试工具生成一组滤波器系数，使该滤波器尽可能逼近我们所期望的幅频特性曲线，如图 7-7-3 所示。

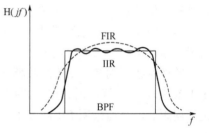

图 7-7-3　FIR（虚线）/IIR（实线）的幅频逼近对比

图中，矩形框是我们所期望的幅频响应曲线。与 FIR 滤波器不同，IIR 滤波器的传递函数含有极点（即反馈环节）。所以，在滤波器阶数相同的条件下，IIR 滤波器比 FIR 滤波器更加容易调整幅频特性。于是，用相同阶数的 FIR/IIR 滤波器去逼近这个矩形框时，IIR 滤波器（实线）的逼近效果就要明显好于 FIR 滤波器（虚线）。换言之，IIR 滤波器的幅频特性更容易达到我们所期望的效果。

7.7.5　高通与 MTK 的选择

除了线性相位、幅度逼近以外，FIR/IIR 滤波器各自还有一些其他方面的特点，比如复杂性、稳定性等（在高级篇中介绍）。现在，我们把 FIR 滤波器与 IIR 滤波器的优缺点简单总结在表 7-7-1 中。

表 7-7-1　FIR/IIR 滤波器的简单对比

特性对比	FIR 滤波器	IIR 滤波器
线性相位	线性，无失真	非线性，有失真
幅度逼近（同阶数）	一般	较好
复杂性	简单	一般
稳定性	绝对稳定（只有零点）	有风险（含极点）

我们已经知道，对语音通话，即 Voice Call 部分，MTK 仅支持 FIR 滤波器，而高通两种都支持。就笔者所知，大部分的手机平台均采用 FIR 滤波器，究其原因，无非三点：一是 FIR 滤波器可以实现线性相位；二是 FIR 滤波器采用对称级联架构，实现起来非常简单；三是 FIR 滤波器传递函数没有极点，绝对不存在稳定性问题。

那么，高通为什么要支持 IIR 滤波器？其实，这与人耳的听觉特性有很大关系。我们知道，IIR 滤波器相位非线性，也就是说，IIR 滤波器对各频率分量的时延是不一样的。于是，经过 IIR 滤波器处理后的语音信号，各频率成分在时域中发生各不相等的移位，其结果必然是使信号出现失真（如图 7-7-1 所示）。但是，人耳对于响度和频率变化较为敏感，而对于这种时延偏差导致的失真不太敏感。所以，高通选用 IIR 滤波器并不会带来明显的听觉失真问题。

顺便说一句，人眼对于图像信号的相位失真是比较敏感的，所以在彩电的图像信号处理中，基本上都采用 FIR 滤波器。

至于 IIR 滤波器的极点稳定性问题（主要是由于系数量化所致），高通把一个高阶 IIR 滤波器（NB 为 6 阶，WB 为 10 阶）分解为若干个 2 阶 IIR 子系统级联的方式来解决（NB 为 3 个，WB 为 5 个）。对于每一个 2 阶 IIR 子系统，有且只有一对共轭极点，由于这一对共轭极点的位置误差与它们到系统其他极点的距离是无关的，所以对各个 2 阶子环节而言，它们之间的极点位置灵敏度是不相关的。换言之，单独保证每个 2 阶子环节稳定就可以确保整个系统稳定，而不用担心系数量化导致的系统稳定性问题。这里就不做详细的分析讨论，有兴趣的读者朋友可以参考高级篇的"高级音频设计"或者相关数字信号处理教材。

前面两条说的都是 IIR 滤波器的缺点，但 IIR 滤波器也有优点，它的幅频特性逼近效果远比 FIR 滤波器要好，而且可以采用较为方便的递归架构进行设计，所以当上述两个缺点不再成为问题后，高通采用 IIR 滤波器也是不错的选择。

7.8　其他模块

对于 AGC 模块来说，其核心是分别设置小信号和大信号两个门限。系统在检测到信号进入对应的门限后，会依照音频工程师所设定的变化率自动调整增益大小，从而满足小信号底噪和大信号失真两项测试指标。一般说来，门限与斜率需要反复测量多次才能确定它们的最佳值。具体的操作步骤、参数、物理意义等信息，读者可以参考相关文档，有机会的话，实际上仪表调试几次就熟悉了。

Echo Canceller 模块基于自适应信号处理，就算法本身所要求的知识来说，远比频响滤波器和 AGC 模块复杂得多。但无论高通还是 MTK，都已把各种算法集成在调试工具中，只要工程师理解了相关参数的物理意义，就可以进行实际调试了。在本书的高级篇中，我们将以高通平台为例，详细介绍有关自适应信号处理的理论及在手机音频设计上的应用。

7.9　主观测试

在本章的前几节，我们一直讨论的都是客观测试指标。但实际上，无论哪一个手机的客观测试指标多么优秀，都必须以人的实际主观感受为最终判定依据。一个真正优秀的音频设计，应该是主客观的完美统一。

除此以外，本章一直在讨论语音通话测试，而手机音频还包括 Audio Playback 的部分，如播放 MIDI、MP3 等。通常，我们把 Voice Call 与 Audio Playback 统称为 "Acoustic Debug"。从原理上分析，Audio Playback 与 Voice Call 没有本质区别，两者的核心都是调整一系列数字滤波器（比如播放 MP3 时供用户调整频响用的均衡器），使用的也都是同一套软件调试工具，只是滤波器类型各不相同而已，比如高通平台的 Audio Playback 与 Voice Call 的滤波器类型可以设为一样，也可以完全不同。所以，本文就不再单独讨论这部分内容，请有兴趣的读者直接参考相关平台的文档即可。在此，仅给出高通平台的 Acoustic Channel 示意图供读者参考，见图 7-9-1。

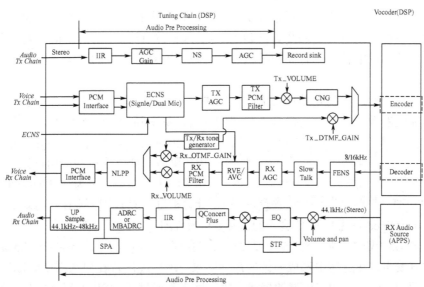

图 7-9-1　Qualcomm 平台 Acoustic 通路

一般而言，声学物理量与听觉主观感受的对应关系如表 7-9-1 所示。

表 7-9-1　声学物理量与听觉主观感受的对应关系

声学物理量	听觉主观感受
声压（SPL）	响度（Loudness）
频率（Frequency）	音调（Pitch）
频谱（Spectrum）	音质（Quality）、音色（Timbre）
持续时间（Continuous Time）	音长（Length）

从 3GPP 规范可以看出，Voice Call 的客观测试是以响度、频响曲线、底噪、失真等指标为基础的。如果以 Type3.3 方式通过 3GPP 的测试，只能说是大的方面确定了，但音质不一定就是最好。比如，语音的圆润度、饱满度如何用上述客观指标体现？所以，很多知名品牌的手机厂家还会有额外的要求，它们的质量工程师和用户体验人员会对手机音质进行全方面的评价，比如 Double Talk、BNS（Background Noise Suppression）等。

于是，一些手机音频测试系统相继提出了 T-MOS（基于客观测试，模拟人的主观感受，对语音质量进行评分）、G-MOS（噪声场景下的 T-MOS，如火车站、咖啡馆等）、ANR（Ambient Noise Suppression，与 BNS 的物理意义类似，在中国移动、沃达丰的测试中也被称为 D-Value）、Double Talk 等一系列将主观感受进行客观量化的测试项，然后利用这些客观测试指标来全面评价一款手机在各种应用场景下的音质水平。不过，这些测试项中的大多数尚未被列入 3GPP 国际规范。因此，对这些测试指标的讨论就不在本章中进行了，笔者将在高级篇的"高级音频设计"中对其进行介绍。

7.10　手机音频中的声学设计

前面介绍了 3GPP 语音通话的测试规范、高通与 MTK 的音频调试工具、数字滤波器的基本理论等内容。但是，我们知道，音频信号的最终载体是声学部件。所以，手机研发工程师要想设计出一个良好的音频系统，是无论如何也绕不开声学原理的。

然而，手机研发工程师，包括音频研发工程师，极少有学声学专业出身的。以笔者本人为例，大学本科读的是电气工程及其自动化专业，研究生读的是信号与信息处理专业，后来虽然在工作中从事过很长一段时间的手机音频研发，但对于声学的理解，也就是大学物理基础课的水平。

那么，手机中的声学到底是什么情况？实事求是地讲，笔者对于这个问题并不能给予准确的答复。在笔者看来，声学是门博大精深的课程，从中随便找一个切入点，都可以完成一篇博士论文甚至写出一部专著。所以，在本书中，笔者只能就手机的应用设计，简单谈一谈相关的声学知识，更为详细的手机声学结构设计分析可参考本书附录 B 和附录 C 中的相关部分。图 7-10-1 为 Speaker 播放语音/音乐的信号处理流程图。

图 7-10-1　Speaker 播放语音/音乐的信号处理流程图

音源经过 DSP 处理（如 MP3 解码、滤波、功放等），然后送入 Speaker，Speaker 的振膜振动带动空气发声，在腔体中形成一定的声学效果，最后经出音孔向周围空间辐射。很明显，我们前面介绍的 AGC、FIR/IIR 滤波器等内容实际上都归属于 DSP 处理这部分。如果从信号系统的角度分析，不妨把 DSP 处理的部分等效为子系统 H_{DSP}，而把单体+腔体合并为另一个子系统 H_{vol}，则输出信号 Y_{out} 实际上是输入信号 X_{in} 与两个子系统的卷积，如下式（其中 $*$ 表示卷积计算）：

$$Y_{out} = X_{in} * H_{DSP} * H_{vol} \qquad (7\text{-}10\text{-}1)$$

毋庸置疑，DSP 处理对于手机音频来说十分重要。但是，腔体设计对于手机音频来说更加重要，特别对于 Speaker，其播放音质的好坏与腔体设计有着极其密切的关系。

首先，我们看一个 Speaker 单体+腔体的 SPL/THD 实测结果，如图 7-10-2 所示。

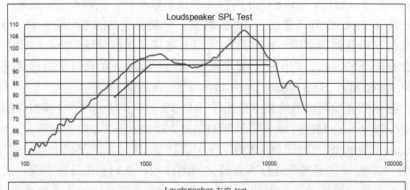

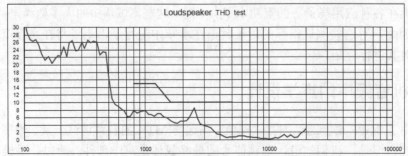

图 7-10-2　Speaker+腔体的 SPL/THD 测试结果

先说明一点，该图为自由场的测试结果，输入信号为 0.5 W 扫频信号，Speaker 与测量 Microphone 的距离为 5 cm（通常简写为 0.5 W/5 cm）。图中的直线为设定的 Limit，而曲线则为实际测量结果。根据 SPL 图，我们可以直接读出该 Speaker 的灵敏度为 92 dB@2.5 kHz（SPL 水平段的最低点，另一种定义方法以 1 kHz 为基准），f_0（从低频段开始的第一个谐振点）大约在 1.2 kHz 左右，高频谐振点 f_1（从中频段开始的第一个谐振点）大约在 6.5 kHz 左右；而其 THD 最高点为 8.5%@2.5 kHz（对于 Speaker 一般只考虑 800～10 kHz 区间）。

假设某手机 Speaker 外放的效果不好，主要是音乐的低频不足，声音显得单薄。那么，我们可以从两个方面去提高其低频响应。一是修改数字或模拟滤波器 H_{DSP}，对低频信号进行提升；二是优化 Speaker 及其腔体设计 H_{vol}，提高其声学低频响应能力。

原则上，这两种方法都是可行的。但是，从实际情况来看，优化腔体（含单体）设计的效果更加明显。一个设计不好的腔体，比如 f_0 高至 2 kHz 以上，则无论如何调整 H_{DSP}，也不可能把低频响应提高到满意的水平。

另外一方面，如果 Speaker 输出响度偏低，最简单的优化方法是增加 Speaker 的输入功率。但是，这会增加 Speaker 出故障的概率，尤其是当输入音源已经接近 Speaker 额定功率的情况。一个折中的方法是优化滤波器 H_{DSP}，利用人耳的等响曲线效应（可参见本书案例分析篇"Receiver 的低频爆震"的最后一个例子），滤除人耳不敏感的低频分量，提高人耳较为敏感的 2～4 kHz 频段，再配合适当的增益调整，就能明显提高 Speaker 的输出响度，但副作用是声音变得尖锐不悦耳。事实上，最好的解决方法是优化腔体设计，利用声学特性来提高响度，而且还可以对声音进行很好的修饰。但是，这对音频设计师的要求较高，并且对项目的时间、成本都会造成不同程度的影响。

我们举一例说明。对某 Speaker 依次输入功率为 P_0、P_1 的信号，并设 $P_0 = 0.5$ W，对应的声压为 SPL_0，$P_1 = 0.8$ W，对应的声压为 SPL_1。于是，SPL_1 与 SPL_0 的关系符合式（7-10-2）的定义：

$$SPL_1 = SPL_0 + 10\lg\left(\frac{P_1}{P_0}\right) \tag{7-10-2}$$

代入 P_0 与 P_1 计算不难得知，SPL_1 仅比 SPL_0 增加了 2 dB 而已。而如果通过优化腔体设计，使 f_0 下降 100 Hz，则可以获得 4 dB 以上的提高。因此，从技术上讲，优化腔体设计是最合理的。

那么，该如何优化 Speaker 的腔体设计呢？我们介绍几个基本的原则。

（1）必须保证后腔密闭。一来可以提高 f_0 点以下频段的低频响应；二来可以防止声音在机壳内部泄漏，避免出现 Echo、Noise 等故障，如图 7-10-3 所示。

（2）尽量增大后腔容积。如果后腔空间小，则由于空气压力的伸缩，会使 f_0 上升、低音出不来。所以，在一般情况下，我们尽量把后腔容积做大，使得低频谐振点 f_0 下降。换言之，f_0 越低则表明 Speaker 对低频响应越好。当然，随着后腔容积的进一步增大，f_0 也逐渐趋于一个稳定值，极限情况下接近 Speaker 单体的 f_0 点，如图 7-10-4 所示。

（3）前腔及出音孔的面积会影响高频谐振点 f_1。一般，前腔容积不应太大，出音孔面积不应过小，否则会导致 f_1 下降，影响 Speaker 对高频信号的响应能力。

（4）腔体设计越规则，软件仿真结果越接近真实情况。另外，如果单纯为了增加后腔容积而把后腔形状搞得极不规则，表面上增加了很多小空间，但实际上往往会事与愿违，极有可能出现 f_0 点反而上升的现象。

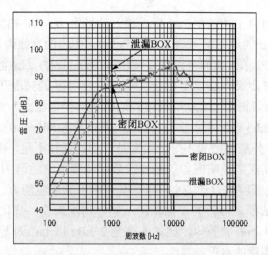

图 7-10-3　某 Speaker 在密闭腔与泄漏腔中的 SPL 对比

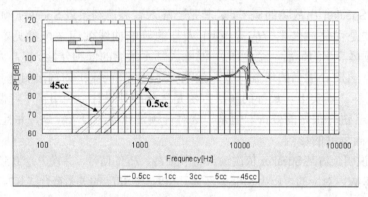

图 7-10-4　后腔容积与 f_0 点的关系

　　目前，手机造型普遍往超薄化发展。所以，腔体设计已经成为音频，尤其是 Speaker 播放音质最大的制约因素。普遍来说，各厂家手机的 Speaker 播放效果均不及其耳机播放效果，大多为低频不足，声音单薄无力，高音过多发吱，更有甚者出现明显破音，给人感觉极其"山寨"。究其原因，乃是超薄化导致音腔容积受限的后果。相反，过去的老式手机、砖头机，因为体积大，腔体足够，Speaker 播放效果倒可以做得相对满意。

7.11　逸事一则

　　该事件与 Type3.2、Type3.3 有着密切关系，且为笔者亲身经历，绝非道听途说。更有甚者，笔者还因此事去了一趟外地，平生第一次与律师打交道，平生第一次参加了所谓的"听证会"。

　　事情的经过是这样的……

　　一日，笔者接到 M 公司一位朋友的电话，说他们公司与一个叫 AIC 的公司打起了官司，原因是 AIC 公司抽检发现 M 公司多个型号手机音频及电池两项测试不合格，遂要求 M 公司赔偿人民币 280 万元整。

彼时，笔者负责手机音频设计，而且正好与 M 公司有些业务往来，故 M 公司的朋友找到了我，希望我能协助他们与 AIC 公司进行交涉。因为电池方面有其他人负责，所以笔者只是查阅了 AIC 公司提供的音频检测报告，发现不合格项居然是 RLRmax 超标。按照国家规范（该指标同 3GPP），RLRmax≥−13，而检测结果居然高达−18。

据笔者所知，M 公司全部采用 Type3.3 方式进行调试，所以出现 RLRmax = −18 的可能性非常小。而按照以往经验，Type3.3 方式的 RLRmax 基本都≥−10，更何况是−18 呢？（我们之前已经说过，值越小，表明响度越高）所以，笔者请 M 公司提供了当初在工业和信息化部做入网认证时的 CTA 测试报告，并向 M 公司借来其中一个型号的量产机器，亲自测试了一下 Type3.3 的音频指标，发现 RLRmax 只有−7～−8。接着，笔者又验证了其 Type3.2 LL 的音频指标，RLRmax 果然在−18 左右。好了，问题已经很清楚了，本应该用 Type3.3 的测试采用 Type3.2LL 来测，当然有问题喽。

然后，请 M 公司的朋友询问 AIC 公司所委托的广州某移动通信产品检验中心，对方答复，果然采用的是 Type3.2 LL 测试系统。可是，进一步的交涉发现，该检验中心的音频负责人居然连 Type3.2 LL 与 Type3.3 都搞不清楚，而且态度蛮横到简直让人难以置信！按常理，手机音频工程师都知道 Type3.2 与 Type3.3，而作为取得资质的质量检测中心，更不太可能不知道这一点。所以，该移动通信产品检验中心在正式测试之前，为什么不向厂家确认这一点？（工业和信息化部泰尔实验室就会让厂家填表以确认测试方法）再退一步讲，M 公司也算是业界知名企业，多台手机多个型号都测出−18 这种极高的响度，不值得怀疑吗？实际打个电话听一听，再换成 Type3.3 模拟一下，不就清楚了吗？我们无法猜测其中的原因，也不愿意用最恶毒的想法去揣摩别人，但我们认为有些公司、有些权威部门的工作态度是不是太过随意？！

至此，事情已经清楚，M 公司产品在音频上不存在任何质量问题，商务的事情就交给双方的律师去办理吧。至于后事如何，我也没有过问，因为在我看来，律师的话不足为信。

第 8 章

FM 立体声接收机

随着集成芯片技术的快速发展，FM 接收机已经成为几乎所有手机必备的一个功能。不仅如此，绝大多数支持 FM 接收功能的手机还同时支持 FM 立体声接收。目前，FM 接收性能的好坏已成为评判用户体验效果的一个重要方面。

那么，什么是 FM？什么是 FM 立体声？如何实现 FM 立体声接收？如何评价 FM 立体声接收机的性能？本章将重点讨论这几个问题。

8.1 调制与解调

8.1.1 调制与解调的概念

在入门篇的 1.4.3 节中，我们提到了模拟调制与数字调制这两个概念，并且我们知道，根据调制信号是模拟信号还是数字信号，手机可以分为模拟机和数字机两大类，其中以"大哥大"为代表的第一代手机为模拟机，而以"全球通"为代表的第二代手机为数字机。

直观上理解调制非常简单，就是把所需发送的信号（即调制信号）调变在载波上，使得载波可以携带发送信号的信息。但是，调制到底是如何实现的呢？

以模拟调制为例，如果载波的幅度随调制信号规律变化，称之为调幅；如果载波的频率随调制信号规律变化，称之为调频；如果载波的相位随调制信号规律变化，则称之为调相。调频与调相都是使载波的瞬时相位随调制信号变化而变化，故统称为调角。经过调制的载波信号称为高频已调信号，然后再经高频功率放大器和天线辐射到周围空间。

数字调制与模拟调制的道理类似，也分为调幅、调频和调相。比如用二进制数字信号 0 和 1 来控制载波的幅度，0 对应 A_1，1 对应 A_2，称为振幅键控（Amplitude Shift Keying，ASK）；如果是控制载波的频率，0 对应 ω_1，1 对应 ω_2，称之为频移键控（Frequency Shift Keying，FSK）；如果是控制载波的相位，0 对应 θ_1，1 对应 θ_2，称之为相移键控（Phase Shift Keying，PSK）。除了上述三种基本方式，数字调制还可以实现振幅相位联合键控（APK 或 QAM）。而之所以把各种数字调制技术称为键控，则是由于数字信号为离散取值，可以通过开关键控载波。

目前，模拟手机早已淘汰，不再讨论。对于数字手机，我们已经知道它肯定包含数字调制技术。但是，数字手机也包含模拟调制，而且一定会有模拟调制！换言之，数字手机包含两次调制过程。

第一次是基带数字调制。首先，BB 芯片中的音频放大器对 Microphone 采集到的语音信号进行放大，然后经低通滤波器或抗混迭滤波器，滤除带外干扰和噪声，再送 ADC 采样、量化与信源编码，得到一组基本的数字语音信号（即 PCM 码流）；接着，BB 芯片对数字语音进行信道编码、交织、加密等处理，将其转化为相应的基带数字码元；然后，BB 芯片再对基带数字码元进行脉冲成形，得到一组基带脉冲信号（如矩形脉冲、高斯脉冲、余弦滚降脉冲等）；最后再用基带脉冲信号调制基带载波信号的幅度、频率、相位，或者仅仅是混频等。所以，基带数字码元经过数字调制后的已调信号多为模拟信号，并且移动通信系统的数字调制多采用 I/Q 正交调制法，其生成的基带模拟已调信号也常被称为 I/Q 信号，如 GSM 手机中的 I/Q 信号就是一对 67.708 kHz 的正弦波。只有少数芯片会把模拟 I/Q 信号通过 A/D 转换，生成数字 I/Q 信号再进行传输。如图 8-1-1 所示，高通 RGR6240 既可以输出模拟 I/Q 信号，也可以输出数字 I/Q 信号。

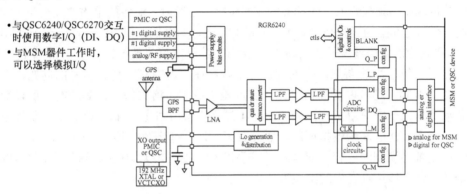

图 8-1-1　高通 RGR6240 框图

第二次调制是高频模拟调制，BB 芯片将基带模拟已调信号输出给 Transceiver 芯片，去调制高频载波的参数或直接混频（部分单芯片平台的 Transceiver 芯片与 BB 芯片集成在同一个片子中）。关于这一点，入门篇的 2.2.3 节对此进行了详细解释。

所以，一个完整的数字手机信号调制与发射通路如图 8-1-2 所示（与入门篇中的图 1-4-2 在本质上完全等同）。

图 8-1-2　手机信号调制与发射通路

解调则是调制的逆过程。首先由高频模拟信号解调出基带模拟已调信号（即 I/Q 信号），然后经基带数字解调还原出基带数字信号，再经解交织、解密、信道解码等步骤，得到数字语音信号，最后再经过语音解码、D/A 变换、滤波、放大，还原出模拟语音信号。

8.1.2　调制的必要性

至此，我们已经明确手机中存在两次调制过程，第一次为基带数字调制，第二次为高频模拟调制。但是一个很明显的问题，为什么需要调制？

第一次的数字调制，是针对数字语音信号而言的。这部分内容将在"通信电路与调制解调"一章中进行讨论，这里仅仅指出，数字调制具有容量大、质量好、安全性高等特点，因而获得广泛应用。

第二次的模拟调制，是针对 RF 发射机而言的。此时，调制信号就是前一次数字调制得到的模拟基带已调信号，载波为一高频正弦波（如 900/1800 MHz 频段），用模拟基带已调信号调制高频载波的频率、相位或者上混频，从而生成最终的 RF 发射信号。

学过电磁场的读者应该有印象，如果需要天线有效辐射电磁波，则电磁波的频率必须足够高、波长足够短，使天线的尺寸可以和波长相比拟时，天线的辐射效率才能得到显著提高。但显然，语音、文字，甚至几百 kHz 的数字基带信号，频率都太低。

根据电磁波传播速度 c 与波长 λ 和频率 f 关系（$c = \lambda \times f$）可知，当电磁波传播速度不变时（真空中约为 3×10^8 m/s，介质中需除以相应介电常数的开根值，可参见入门篇的 3.3.2 节），随着频率的降低，电磁波的波长会成比例增加。如人耳的听力范围为 20～20 kHz，取 20 kHz，如果不将其调制在高频载波上，而直接转成同频电信号发射，对应的电磁波波长为 15 000 m。显然，做一个与之匹配的天线是绝对不可能的！反之，如果把该信号调制在一个 100 MHz 的高频信号上，则对应的电磁波波长大约为 3 m，天线的实现难度显然要比 15 000 m 那个小太多了。

由此可见，第二次的高频模拟调制是为了解决在信道中有效传输信号的问题，至于第一次的基带数字调制，则可以提高信噪比、实现差错控制、增加保密性等功能，所以数字调制技术在移动通信系统中获得了广泛的应用。不过，本节所讨论的 FM 接收机，从通信原理角度分析，只有第二次的高频模拟调制，而没有第一次的基带数字调制（RDS 广播除外）。故，本章不再讨论数字调制的内容，而着眼于跟手机 FM 接收相关的模拟调制/解调技术的分析，并简要介绍 FM 立体声收音机的实现方式。

8.2　频率调制（FM）

8.2.1　FM 的数学表达式

从前面对调幅、调频、调相的描述不难看出，调制实际上是通过某种技术手段，把调制信号加载到载波信号上，使载波的某个或多个参数随调制信号规律变化。于是，这才有所谓"载波"一说，即用它来运载调制信号。但无论如何，调制过程绝不是把调制信号与载波信号简单相加，已调信号的波形自然也不能用调制信号波形和载波波形相加得到。事实上，调制是一种频谱搬移过程，也就是说，把调制信号的频谱搬移到载波频谱的附近；解调则是从已调信号中提取或恢复出调制信号的过程，即把载波频谱附近的信号再搬回到原来的低频端。下面，我们介绍一下 FM 信号的由来及其数学表达式。关于其他方式的模拟调制，可参见高频电路或者信号系统方面的教材。

我们知道，所谓调频，就是用调制信号控制载波信号的角频率，使高频载波的频率随调制信号的变化而变化。

为简单起见，假设调制信号为一个单音信号 $U_\Omega(t) = U_{\Omega m}\cos\Omega t$，载波信号为 $U_c(t) = U_{cm}\cos\omega_c t$，且载波角频率 ω_c 远大于调制信号角频率 Ω。

FM 已调信号的瞬时频率随调制信号变化规律而变化，因此不难写出已调信号角频率的方程如下：

$$\omega(t) = \omega_c + k_f U_\Omega(t)$$
$$= \omega_c + k_f U_{\Omega m}\cos\Omega t$$
$$= \omega_c + \Delta\omega_m\cos\Omega t \tag{8-2-1}$$

其中，k_f 是由电路决定的常数，$\Delta\omega_m$ 称为最大角频偏，表示调制信号所能引起的载波信号角频率偏移 ω_c 的最大值，它取决于调制信号的幅度 $U_{\Omega m}$，而与调制信号的频率 Ω 无关。但调制信号角频率 Ω 决定了已调信号瞬时角频率 $\omega(t)$ 变化的快慢，如下式：

$$d\omega(t)/dt = \Delta\omega_m\,\Omega\sin\Omega t \qquad (8\text{-}2\text{-}2)$$

我们知道，瞬时角频率 $\omega(t)$ 为瞬时相位 $\Phi(t)$ 对时间 t 的导数，即

$$\omega(t) = d\Phi(t)/dt \qquad (8\text{-}2\text{-}3)$$

故，瞬时相位 $\Phi(t)$ 为瞬时角频率 $\omega(t)$ 对时间 t 的积分，即

$$\Phi(t) = \int\omega(t)dt$$
$$= \omega_c t + (\Delta\omega_m/\Omega)\sin\Omega t$$
$$= \omega_c t + M_f\sin\Omega t \qquad (8\text{-}2\text{-}4)$$

其中，M_f 定义为调频指数（Frequency Modulation Index），也称为调制深度，或简称调制度。所以，一个调频波也可以写为

$$U(t) = U_{cm}\cos(\omega_c t + M_f\sin\Omega t) \qquad (8\text{-}2\text{-}5)$$

至于多音调制，则把各个频率对应的 $M_f\sin\Omega t$ 带入式（8-2-5）即可。

8.2.2　FM 的特点

我们知道，调幅信号（AM）是让载波的幅度随调制信号规律变化。而噪声多以加性干扰的方式叠加在已调信号上，也就是说，载波的幅度会受到噪声影响。而调频信号是让载波频率随调制信号规律变化，载波幅度并不带有任何调制信号信息。所以，噪声对调频信号幅度产生干扰不会对调制信号的传输产生任何影响。所以，FM 信号的抗干扰性能远大于 AM 信号。

但是，天下没有免费的午餐，抗干扰是需要代价的！通过一系列数学分析可以证明，调频信号属于频谱的非线性搬移。一个单音信号 Ω 经过 FM 调制后，被搬移到了载频 ω_c 两旁，并出现了无数 Ω 的谐波边频（注意，奇数次边频分量幅度相等、极性相反，偶数次边频振幅相等、极性相同，但为作图方便，图 8-2-1 中未予区分极性）；而调幅信号属于频谱的线性搬移，一个单音信号 Ω 经过 AM 调制后，仅仅被搬移到了载频 ω_c 两旁，不会产生其他任何多余频率分量。由此可见，FM 信号的带宽远大于 AM 信号带宽。换言之，FM 的抗干扰是用高带宽换来的，如图 8-2-1 所示。

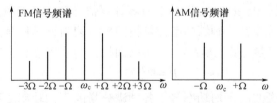

图 8-2-1　FM 与 AM 的频谱图

那么，一个很明显的问题，既然调频信号把调制信号频谱 Ω 搬移到载波频谱 ω_c 附近，并且产生了无数 Ω 的谐波边频，那么，调频信号的带宽到底是多少呢？这个问题有着重要的工程意义。以图 8-2-1 为例，如果想无误差地恢复出原始调制信号，则传输与接收到的 FM 已调信号带宽在理论上必须是无穷大的，这显然不可能。但如果仅仅传输 $\pm\Omega$ 的边频，而把其他高次

谐波边频抛弃，由此带来的误差又是否可以接受？要知道，这些谐波边频也来自调制信号，它们是调制信号的一部分，一旦丢弃，就会使解调出的信号与原始调制信号出现偏差。

于是，人们从工程应用角度提出了有效频谱宽度的概念。简单说，就是有效频谱包含了多少总频谱能量。通常，在高质量通信系统中，取 99%；在中等质量通信系统中，取 90%。低等质量通信系统取多少？这个没有确切定义，一般认为窄带调频为低等通信质量。然后，再经过一系列复杂的推导（过程略），可以计算出 FM 系统的有效频谱宽度，最终的数学表达式挺简单，如下所示（采用单音信号Ω调制计算）：

$$BW = 2(M_f + 1)\,\Omega \tag{8-2-6}$$

（M_f 就是前面说过的调频指数）

当 $M_f \ll 1$ 时（窄带调频），可知

$$BW = 2\,\Omega \tag{8-2-7}$$

当 $M_f \gg 1$ 时（宽带调频），则

$$BW = 2\,M_f\,\Omega = 2\Delta\omega_m \tag{8-2-8}$$

从式（8-2-7）可以看出，窄带调频的带宽与 AM 信号完全相同。尽管窄带调频的最大频偏较小，调制增益度（又称为信噪比增益）较低，不利于接收机解调。但由于其占据带宽小，采用非相干解调时的门限效应低，采用相干解调时则完全不存在门限效应，使得其抗干扰性能远优于调幅系统，因此窄带调频也获得了广泛应用，如早期的模拟通信手机、对讲机、手台等。因为在这些系统中，人们更加关注接收机接收弱信号的能力，所以消除或者降低门限效应比提高音质更为重要。

对于高质量通信系统，如 FM 广播电台、电视伴音等，特别是立体声的 FM 广播电台，为了提高通信质量，必须采用宽带调频，其带宽符合式（8-2-8）的定义。宽带调频只能采用非相干解调，所以一定存在门限效应，而且随着调频指数 M_f 的上升（相当于提高调频信号的带宽），门限效应会越来越严重，等效于对接收机输入信噪比的要求越来越高。但在这些系统中，信号传播距离通常都比较近，信号强度和信噪比都比较高，接收机基本不会出现门限效应。因此，追求音质才是这些系统的设计目标。

关于窄带/宽带调频，相干/非相干解调、门限效应的进一步分析，有兴趣的读者朋友可以参考曹志刚的《现代通信原理》（清华大学出版社，2000），书中严格证明了调频信号的各种性能指标，比樊昌信的《通信原理》更加严谨与详细。

最后说明一点，根据 Parseval 定理，在时域计算信号功率（能量）与在频域计算的结果完全相同。对于调频信号而言，时域功率计算很简单。因为调频信号为等幅波，且幅度与调制前的载波完全相同（可参见式（8-2-5）），所以调频波的功率就等于调制前的载波功率，即

$$P = U_{cm}^2 / 2 \tag{8-2-9}$$

如果从频域计算，则调频波的平均功率等于各频谱分量的平均功率之和。利用贝塞尔函数可以证明（过程略），调频波的功率与式（8-2-9）一模一样。

8.2.3 我国 FM 的规定

式（8-2-6）到式（8-2-8）为单音调制时的 FM 信号有效频谱带宽。如果调制信号为复杂信号，则其频谱分析就十分复杂了。但是，实践表明，复杂信号调制时，大多数调频信号占

有的有效频谱宽度依然可以沿用单音调制时的公式表示，只是需要把其中的Ω用调制信号中的最高调制频率Ω_{max}来代替，$\Delta\omega_m$用最大角频偏$\Delta\omega_{max}$代替。

我国的调频广播系统规定

$$\Omega_{max} = 15\ \text{kHz},\ \Delta\omega_{max} = 75\ \text{kHz}$$

则

$$BW = 2(M_f+1)\Omega_{max} = 180\ \text{kHz} \tag{8-2-10}$$

因此，实际选取的频谱宽度为 200 kHz，这也就是我们在 1.3.1 节说我国 FM 调频广播电台之间最小频率间隔为 200 kHz 的由来。

写到此处，笔者想起一件事情，不妨与读者分享。我们知道，现在的 FM 接收机都具有自动搜台功能，比如从 88 MHz 开始，每隔 50 kHz 搜索一下，看看有没有电台。如果有，则记下此电台的频点，再把频率增加 50 kHz，继续搜索下一个频点有没有电台，直至 108 MHz 为止。

那么，我们可以想一想，搜索步长设定在 50 kHz 是否合适？目前，我国的 FM 广播电台频点分布的最小间隔单位为 100 kHz，如江苏音乐台 89.7 MHz，南京音乐台 105.8 MHz，尚未出现 89.75 MHz、105.85 MHz 这样精确到 50 kHz 的电台。所以，如果按照我国 200 kHz 的频点间隔搜索，50 kHz 肯定不会漏台，但绝对没有必要。因为以 100 kHz 为步长搜索，也不会漏台，但搜索效率比 50 kHz 提高了一倍。那如果以 200 kHz 为步长搜索呢？显然，89.7 MHz、97.5 MHz 这样奇数频点的电台就被漏掉了。所以，100 kHz 的步长是不多不少、最合适的设定。

但是，笔者曾经不止一次地看到有些 BSP 工程师把搜索步长设定在 50 kHz（没有人设在 200 kHz，否则只能证明他/她自己的水平实在是太菜了），甚至连笔者的私家车，都把搜索步长设定在 50 kHz，显然是没有深刻理解我国的 FM 广播系统。

当然了，笔者也不排除其他国家或地区有不一样的规定，也许在那里 50 kHz 才是合理的，所以管它是不是效率最高，反正设为 50 kHz 一劳永逸。

8.3　立体声

很多时候，我们经常听到某某 FM 广播电台说自己是调频立体声，而且很多非专业的人士也搞不清楚调频立体声是什么意思。比如笔者的太太，大学英语专业毕业。在她看来，调频就是立体声，立体声就是调频。

前面，我们已经解释过调频的含义。那么，立体声又是什么意思？如何实现立体声？立体声又怎么和调频扯上关系？

8.3.1　立体声的原理

本节简要介绍立体声的相关知识，详细的分析可以参考本书附录 B。

人的耳朵有听觉定位的能力。各个声源发出声波，经过空气传播，送入人的两只耳朵里。由于两只耳朵相对各个声源存在强度差、时间差和音色差，它们作用于人的中枢神经，从而使人判断出声源的位置。这种听觉定位功能，使得人们在生活中可以随时感受到立体空间的声响效果，这便是立体声。

比如在音乐会的现场，闭目聆听，你可以清楚地分辨出舞台中间是小提琴，左侧是竖琴，右侧是管弦乐，后排是打击乐。通过听觉感受到各种乐器的方位、声响空间的深度，使人产生层次分明、身临其境的感觉。为了真实地重现现实世界的立体声响效果，也为了人们共享各种各样的立体声响空间，在基于听觉定位的基础上，人们提出了立体声重放理论。

听觉定位特性可通过如下的实验说明。经测定，在人的正前方水平面上，人耳的定位精度大约在 10°～15°，比较灵敏的人可达 3°，而后方的定位能力较差。在人的正前方左右两侧放置两个等距离的声源，如果从两个声源发出的声波分别传入人耳的强度差、时间差、音色差均为零时，听觉定位的结果，声音就如同来自正前方的一个声源。这个等效声源叫作声像。若将其中一个声源的强度增加，则声像位置就会向声强高的那个声源靠近。如果声源到达人耳的声强差大于 15 dB，等效声像的位置将与声强高的那个声源重合。若再将声强高的那个声源距离拉远，使两个声源到达人耳的声波强度相同，音色也相同，但时间不同。这种时间差将使得等效声像位置向距离近的那个声源靠拢。当时间差在 3～30 ms 时，等效声像位置就与近距离的那个声源重合。若时间差增加到 30～50 ms，人耳就可以识别出远距离还有一个声源存在，但没有回声，远距离的声源仅仅起到提高近距离声源的发声响度作用，使者感到声音丰满。若时间差大于 50 ms，就可以听到一个清晰的回声。

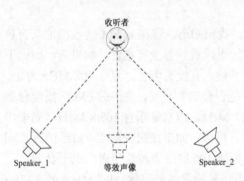

图 8-3-1　双扬声器等效声像示意图

图 8-3-1 为双扬声器等效声像示意图。

进一步研究表明，两个声源传送到两只耳朵的强度差、时间差、音色差引起的总的等效声像位置移动，是由它们分别引起的等效声像位置移动的总和所决定的。若声强差与时间差各自产生的等效声像位置移动方向相同，则综合效果是总的等效声像移动比单一因素作用要大；反之，当声强差与时间差各自引起的等效声像位置移动方向相反时，则总的等效声像位置移动量减少。强度差和时间差选取合适，还可以保持总的等效声像位置不变。实验结果，5 dB 的强度差相当于 1 ms 的时间差。除此以外，强度差、时间差、音色差还与声音的频率相关。实验发现，在 1000 Hz 以下，时间差起主要作用；在 1000～1500 Hz 时，强度差起主要作用；在 5000 Hz 以上时，强度差和音色差共同起作用。

由此说明，适当改变两个声源之间的声音差异就能获得需要的声像位置。这就为双声道立体声重放技术奠定了理论基础，只要连续不断地改变两个声源的声强、时间和音色的差异，就会在空间形成变化的声像位置，从而达到立体声效果。

但在通常的双声道立体声技术中，用户只能感受到声源的左右方位和声像的左右移动，使人获得前方的声场效果。而在现实生活中，人们往往处在混响声场中，比如在房间中对话，或者走在马路上的行人（如图 8-3-2 所示）。很显然，当 Speaker_1 与 Speaker_2 两个声源分别移动到收听者的正前方和正后方时，普通双声道立体声重放技术对于 Speaker_1 所代表的后方声场就显得有点捉襟见肘，更别说 Speaker_1 在垂直方向的移动了。

为了克服双声道立体声技术对三维空间重放的不足，特别对垂直方向声源的重放效果不好，自 20 世纪 90 年代，人们陆续发展了多声道立体声技术，也即"环绕立体声"。由于环绕立体声的声源分布在前后、左右、上下多个方向，声场从各个方向到达听众，就可以使听众获得真实的空间感和临场感。

我们不妨设想一下这个场景，你就是图 8-3-2 中的收听者。当你走在马路上时，一个喇叭正对着你，另一个喇叭在反方向正对着你。那么，仅仅凭借你的耳朵，你就能清楚地分辨出这两个喇叭与你之间的相对位置。现在，假定你在电影院看电影，巧合的是，电影中也同样有这个场景，主人公也是走在马路上，一个喇叭正对他，另一个喇叭反方向正对他。为了追求电影播放的效果，电影制片商一定希望你在看电影的时候，能够获得与主人公极为类似的真实感受（很多时候，你是不是很希望自己就是电影中的那个人？说，是不是？），使每一位观众都能清楚地分辨出这两个喇叭的相对位置，仿佛置身现场一般。

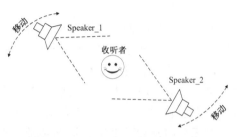

图 8-3-2　从前后两个方向传送的声源

于是，制片商就会采用多声道立体声录/放音技术，以美国杜比 AC-3 系统（Dolby Surround Digital）的六声道影院为例。它共有 6 个完全独立的声道，其中 3 个前方声道（Left、Right、Center）、两个环绕声道（S_L、S_R）和一个超重低音声道（S_W）。因为超重低音声道 S_W 频带仅为 30～120 Hz，不能算是一个完整的声道，所以 S_W 有时也被称为 0.1 声道，故六声道有时也被称为"5.1 声道"。摄制组在录制电影节目的时候，用多只 Microphone 同时拾取各个方向的声源并做相应的处理，然后在播放的时候，再把各个方向的声源送到对应方向的 Speaker 中，即可让观众产生身临其境的感觉。

如果 Speaker 的数量少于声源数量，例如传统的双声道立体声录/放音技术，仅仅在观众前方的两个声道中放音，如果仔细处理好各个声源的强度差、时间差、音色差等参数，去模拟这一前一后两个喇叭的场景，倒也不是不可以，只是比较困难。但如果电影节目本身就不是多声道录制，那所谓的多声道影院就没有太多实际意义。比如，有些电视机厂家在宣传广告中会标榜自己的产品有环绕立体声功能，可这在笔者看来，更多的只是噱头而已。目前，我国电视节目的伴音信号为单声道录制（将来的高清电视将全面采用多声道立体声技术），也就是说，声源都是单声道的，你怎么播出立体声的东西？笔者查阅过一些电视机的原理图，发现所谓的"环绕立体声"其实就是把伴音信号送入一组滤波器中（以模拟滤波器最为常见），由于不同的滤波器有不同的相频特性，因而它们可以对同一个伴音信号产生不同的延时（根据信号分析理论，相位是频域的概念，对应到时域中就是延时），然后再把各个滤波器的输出一起送到 Speaker 中播放，使得同一个信号在多个时段中陆续输出，从而让人感觉到声音反射并形成环绕的假象。但是很明显，这种环绕立体声只是人造混响环绕声，并不是真正的立体声，所以声音听上去不真实、不舒服（笔者家里有台彩电就是这样，所以我从不打开环绕功能）。

当然了，技术总在进步，双声道环绕立体声技术随着 DSP 技术的发展，也取得了长足发展。比如日本雅马哈公司在世界一些著名声学厅堂的特定位置测量了直达声、反射声、延迟时间等参数，设计了不同声场的数学模型，再用数字信号处理技术营造出来，可以很好地模拟音乐厅、体育馆、酒吧、教堂等声场效果。另外，由 SRS 研究所提出来的 SRS 三维音频技术基于心理声学原理，仅通过双扬声器即可营造出三维混响音场，效果也不错。

8.3.2　调频立体声

上一节介绍了立体声定位原理，以及双声道/多声道立体声各自的特点。就手机而言，由于广播电台采用的是双声道录音，因此手机 FM 立体声接收机其实就是双声道放音而已。

而所谓的"调频立体声"是指采用调频方式传送立体声信号。所以，调频就是调频，立体声就是立体声，两者没有一点儿关系。但对于广播电台来说，并不需要多么好的立体声效果，两个声道就足够了。于是，所谓的 FM 立体声其实是指 FM 双声道立体声。

第一，既然是双声道立体声，就必须采用两个 Microphone 同时拾取两个方向的声源，如何拾取这两个声道呢？

第二，如果我们已经拾取到两路声道信号，如何把它们合成起来作为一个立体声信号，在同一个高频载波上同时传输？接收端解调出合成的立体声信号后，如何分辨哪个是左信道信号，哪个是右信道信号？

第三，单声道的 FM 接收机接收立体声的 FM 广播，有没有问题？立体声的 FM 接收机接收单声道的 FM 广播，又有没有问题？该如何实现兼容？

这三个问题看起来似乎是不可能完成的任务。但是，没有做不到，只有想不到。看看我们的前辈们是如何设计调频立体声广播系统的吧。

首先，关于拾取双声道信号的问题，有 AB 制、XY 制、MS 制、假人头制等几种方式。各种拾取方式各有其优缺点，具体的选择，要根据录制的要求和节目内容而定。目前，我国采用 MS 制。

对于第二个问题，则有赖于第一个问题的解决。在 MS 制中，将左、右声道相加得到一个和信号 M；将左、右声道相减，得到一个差信号 S，如式（8-3-1）所示：

$$M = L + R \qquad S = L - R \qquad (8\text{-}3\text{-}1)$$

由此可见，和信号 M 包含了声源的全部信息，而差信号 S 则表明了两声道之间的差异（这种差异是由声源的方位造成的）。立体声接收机解调出和信号 M 与差信号 S 后，只要做如下运算：

$$M + S = 2L \qquad M - S = 2R \qquad (8\text{-}3\text{-}2)$$

就可以实现立体声放音。但是，应该如何把和信号与差信号同时调制在高频载波上呢？这就涉及和、差信号的传输方式了。一般而言，将和、差信号同时传输可以采用频率分割制、时间分割制两种方式。

时间分割制相当于入门篇中介绍的 TDMA 系统。宏观上，和、差信号同时传输；微观上，和、差信号在不同的时隙传输，只要接收端的切换时隙与发送端保持一致，就可以实现和、差信号的准确分离。很明显，这个方法对时隙精度要求是比较高的。

目前，获得广泛应用的是频率分割制，即把和、差信号安排在基带信号的不同频段。频率分割又有两种方法，一种是导频制，另一种是极化调制式。美、英、德、日和我国等大多数国家采用导频制，只有俄罗斯等少数苏联加盟共和国国家采用极化调制式。

导频制立体声广播的调制方法又有两种。一种是 FM-FM 制，它是用差信号 S 对副载波进行调频，之后把它与和信号 M 相加，形成基带信号，再用该基带信号对高频载波进行频率调制，最终经功放、天线辐射至空间；另一种为 AM-FM 制，它是用差信号 S 对副载波进行抑制载波的双边带调幅（DSB-SC，即 Double-Sideband Suppressed Carrier，简写为 DSB）产生已调差信号 S_{DSB}，然后把已调差信号 S_{DSB} 与和信号 M 进行相加，从而构成基带信号。同样再经过高频频率调制、功放、天线，辐射至周围空间。而为了对不含副载波的 DSB 调制信号进行解调，必须采用同步检波方法。为此，接收端要有一个与副载波同频、同相的本地振荡信号。于是，人们在基带信号中插入一个导频信号，并取其频率为副载波频率的一半。利用该导频信号，接收端可以通过 PLL（Phase Lock Loop，锁相环）电路，还原出与发送端相同的副载波，从而实现 DSB 信号的同步解调。

至于极化调制式，则是把和、差信号分别对副载波的正、负半周进行幅度调制，从而得到一个双极性调制的基带信号，再用这个基带信号对高频载波进行频率调制。

解决了第一和第二两个问题后，第三个问题就简单多了。对于单声道接收机接收立体声电台，只需要解调出和信号 M，就可以实现单声道放音；对于立体声接收机接收单声道电台，如果没有检测到导频信号，则直接把解调出的单声道信号同时送入左、右两个声道的耳机中即可。

8.3.3　我国的调频立体声广播

1958 年，美国开通了世界上第一个调频立体声广播电台（另有资料说是 1961 年，但无论如何，不得不承认美国在世界科技发展上的领先地位）。我国采用 AM-FM 方式的导频制立体声调频广播系统。我们已经知道，该制式系统的基带信号至少由三部分组成，分别是和信号 M、导频信号 Pilot（19 kHz），以及经过 DSB 调制的已调差信号 S_{DSB}（$S_{DSB} = S \cos 2\pi f_p t$，其中 f_p 为副载波频率，38 kHz）。

8.2 节中说过，我国 FM 标准所规定的原始调制信号最高频率为 15 kHz，也就是说，左、右声道各自频带的上限为 15 kHz。所以，和信号 M 与差信号 S 的频宽也都是 15 kHz。由于和信号 M 包含了全部信息，故又称为主信道，占据 15 kHz 的频带宽度；而差信号 S 仅表明两声道之间的差异，因此我们又把经过 DSB 调制后的差信号称为副信道，并且 S_{DSB} 是 DSB 信号，故 S_{DSB} 占据（38±15）kHz 频段，总共 30 kHz 的频带宽度。至于导频信号 Pilot，则位于 19 kHz 的频点处。而为了充分利用 FM 广播系统，比如发布气象、股市、交通等信息，还引入了被称为 SCA 广播的辅助通信广播信号，它利用频率为 67 kHz 的副载波传送上述辅助通信业务，采用 FM 调制，占据（67±8）kHz 的频段，其频带宽度为 16 kHz。

将上述四个部分组合起来，就构成了完整的具有 SCA 广播的调频立体声基带信号，又称立体声复合信号，再用这个复合信号对高频载波进行频率调制，就可获得最终的 FM 高频信号。立体声复合信号的频谱分布如图 8-3-3 所示。

图中，横坐标表示立体声基带信号的频谱分布，纵坐标表示该部分信号经过 FM 高频调制后所产生的最大频偏。按照规定，M 与 S_{DSB} 组成的立体声信号所产生的最大频偏均为 ±60 kHz（占总频偏的 80%），导频信号的最大频偏为 ±7.5 kHz

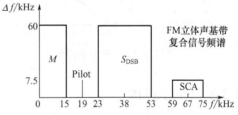

图 8-3-3　我国 FM 立体声广播基带信号频谱图

（占总频偏的 10%），SCA 辅助广播的最大频偏也为 ±7.5 kHz（占总频偏的 10%）。

故，立体声基带信号的频谱分布在 0～75 kHz，而用它调制高频载波所产生的的最大频偏为 ±（60+7.5+7.5）=±75 kHz。额外说明一点，若基带信号中不含 SCA 广播，则立体声信号的最大频偏占总频偏的 90%，而导频信号的频偏仍占总频偏的 10%。

8.3.4　预加重与去加重

通常，我们把调幅信号的解调称为检波，而把调频信号的解调称为鉴频，把调相信号的解调称为鉴相。

所谓预加重，就是在进行 FM 调制之前（单声道电台）或者进行左、右声道立体声合成之前（立体声电台），对高频分量进行提升；去加重，则是在 FM 解调之后（单声道电台）或者左、右声道分离之后（立体声电台）对高频分量进行衰减。之所以要这么做，主要与接收机鉴频器的特性有关。

由于 FM 广播电台采用宽带调频，所以接收机只能采用非相干解调（可参樊昌信的《通信原理》）。于是，通过一系列数学推导可以证明，在输入信噪比高于接收机解调门限的时候，鉴频器的输出噪声功率谱密度与频率的平方呈正比关系。换言之，FM 信号经过接收机解调后得到的基带信号，其低频部分的信噪比要高于高频部分的信噪比。这就会导致基带信号频率越高，则接收机解调的信号质量越差，影响用户感受。为此，FM 广播电台在信号调制前增加了一个预加重网络 $H_r(f)$，其幅频传输特性随频率升高而上升，有意提高信号中的高频分量，从而使接收机输入端的高频信噪比得以提高。与此同时，接收机在解调后专门增加了一个幅频传输特性随频率升高而下降的线性网络 $H_d(f)$，其目的就是衰减基带高频段的噪声，并且适当降低基带高频分量，以补偿发射端的预加重。显然，为了使传输信号不失真，必须满足：

$$H_d(f) = \frac{1}{H_r(f)} \tag{8-3-3}$$

由此可见，预加重网络相当于一个高通滤波器，去加重网络则相当于一个低通滤波器。如果采用最简单的一阶 RC 网络对它们进行描述，则只有一个参数，即时间常数 $\tau (=1/RC)$，所谓的 50 μs、75 μs 预加重/去加重网络就是如此定义的。在设计良好的电路中，预加重/去加重网络在保持信号传输带宽不变的情况下，可以使输出信噪比提高 6 dB 左右（关于该结论的详细推导，可参曹志刚的《现代通信原理》4.8 节）。目前，预加重/去加重网络都已经集成在芯片内部，其原理图如图 8-3-4 所示。

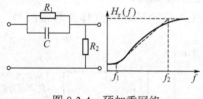

图 8-3-4　预加重网络

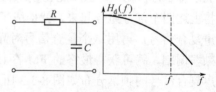

图 8-3-5　去加重网络

8.3.5　RDS 广播

近年来，带 RDS 功能的 FM 立体声广播电台逐渐开通，尤其在欧美已经获得非常广泛的应用。RDS 全称为 Radio Data System，即无线数据广播系统，由英国 BBC 广播公司率先开发。在美国，又称为 RBDS，即 Radio Broadcast Data System。

从图 8-3-3 所示的 FM 立体声基带信号频谱图上不难看出，M、S、Pilot、SCA 等信号并未占据所有 75 kHz 的带宽，其间还有空闲频段。于是，RDS 利用与 SCA 非常类似的技术，把诸如电台名称、节目类型、节目内容等信息调制在 57 kHz 的副载波上，带宽为 ±2.4 kHz。与 SCA 不同的是，RDS 采用抑制载波的双边带调幅（类似差信号 S），而 SCA 采用 FM 方式调制在 67 kHz 副载波上。

事实上，我们不难想象，既然利用 RDS 传送电台名称、节目类型等信息，那么这些信息肯定不会像左、右声道那样是模拟信号，它们必然是数字信号。也就是说，RDS 对这些信息首先进行编码，以获得符合 RDS 规范的 0、1 数字信号（码元速率为 1187.5 bps），然后对这些数字信号进行 2DPSK 调制，即"二进制差分相移键控"，而载波频率恰好就是 57 kHz。进一步分析可以证明，如果数字序列中的 0、1 出现概率相等，则经过 2DPSK 调制后的已调信号功率谱中恰好没有离散谱成分（即没有 57 kHz 副载波的谱线），而且已调信号的带宽为基带码元速率的 2 倍（只计主瓣）。所以，从这个意义上说，它可以看成抑制载波的双边带信号。由此可见，尽管都是 DSB 信号，但 RDS 采用的是数字调制，它与差信号 S 采用的模拟调制是有本质区别的，这也是 RDS 被称为数字广播的由来。

细心的读者可能已经注意到，RDS 选取的 57 kHz 副载波恰好是导频信号 19 kHz 的 3 倍频，而码元速率 1187.5 bps 正好与 57 kHz 构成整数关系（57/1.1875=48）。原因很简单，国际无线电咨询委员会 CCITT 用各种副载波和调制方式所做的理论计算与实验表明，在多径传输条件下，综合频带利用率、误码率、信道敏感性等指标，采用 2DPSK 调制方式要明显优于其他方式（如 ASK、FSK），且载波中心频率为导频信号的 3 倍并与之锁相时，产生的干扰最小。而码元速率与载波频率呈整数关系，则可以确保已调信号的波形保持连续。

具备 RDS 功能的接收机可以解调出这些数字信号，并做相应处理。比如，利用 RDS 广播，接收机可以实现歌词同步播放、电台频率搜索（AF）、交通公告（TA）等功能。不过，目前 RDS 在我国还处于小范围实验阶段，尚未普及，就不再深入讨论了。

8.4 FM 立体声接收

至此，我们已经清楚 FM 立体声广播的原理。本节介绍如何实现 FM 立体声信号的接收。

接收机解调分为两个部分。第一部分是常规的 FM 解调，将接收机调谐在某电台频点上，经过天线、高放、混频、中放、鉴频，可以还原出图 8-3-2 所示的立体声复合信号。第二部分是立体声解码、去加重、低放，就可以还原出原始的左、右声道信号，如图 8-4-1 所示。

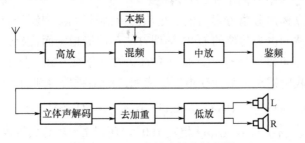

图 8-4-1 FM 立体声接收机框图

第一部分的 FM 信号解调，过去常采用超外差架构（如图 8-4-1 所示），现在基本都采用零中频架构或低中频架构（直接把高频信号混频至零中频或者接近零中频）。但随着尺寸、功耗等要求的不断提高，手机中的 RF 接收机几乎全部采用零中频架构。不仅 FM 是这样，BT、Wi-Fi、GPS 也是这样，就连 GSM、CDMA 接收机也基本都是零中频架构。零中频在灵敏度、直流漂移、本振泄漏等性能方面远不及超外差，但胜在简单、成本低而且无镜像干扰，随着技术的进步，其性能已大幅提高，所以获得广泛应用。关于这部分组件的工作原理，属于传统的模拟信号调制/解调技术，有兴趣的读者可以参考相关电子线路教材（陈邦媛教授的《射频通信电路》中有详细讨论），笔者就不班门弄斧了，而重点介绍第二部分的立体声解码电路。

鉴频器解调输出的信号其实就是立体声复合信号，和信号 M 分布在 0～15 kHz 频段，导频 Pilot 信号在 19 kHz，经 DSB 调制的已调差信号 S_{DSB} 占据 38±15 kHz 频段，SCA 信号占据 67±7.5 kHz 频段。不考虑 SCA 的解调，只考虑如何从 M、S_{DSB} 和 Pilot 中解调并分离出左、右声道信号。

对信号处理或者通信原理等课程比较熟悉的读者应该知道，对于 DSB 双边带信号，由于无载波分量，DSB 信号的包络不再与调制信号的变化规律一致，故无法使用包络解调，而只能使用相干解调，也称同步检波。而同步检波的关键，是要在接收端产生一个与发送端同频、同相的载波信号，否则就会出现差拍信号，并导致接收机的解调电压随着差拍信号而高低起伏。

设调制信号为 $U_\Omega(t)$，则 DSB 信号为 $U_s(t) = K_a U_\Omega(t)\cos\omega_c t$。采用相干解调，但同步信号的频率和相位的不同步量分别为 $\Delta\omega$ 和 $\Delta\varphi$，即 $U_r(t) = U_r \cos[(\omega_c + \Delta\omega)t + \Delta\varphi]$。则，经相乘器和低通滤波器输出的解调信号如下所示：

$$U_o(t) = KU_r K_a U_\Omega(t) \cos(\Delta\omega t + \Delta\varphi) \tag{8-4-1}$$

从式（8-4-1）可以看出，解调信号的振幅会随着 $\cos(\Delta\omega t + \Delta\varphi)$ 变化而变化。实验证明，在进行语音通信的时候，如果频率偏移 20 Hz，就会察觉到声音不自然；如果偏移 200 Hz 以上，语言可懂度就明显下降。这显然会对用户使用造成严重影响。一个稍微弱化的条件是保持频率同步，而仅仅是相位稍稍不同步，基本不影响使用；一个更弱化的条件是频率和相位都是稍稍不同步，勉强可以使用。

那么对于解调 DSB 信号 S_{DSB} 而言，就是要在接收端产生一个与发送端 38 kHz 副载波同频、同相的 38 kHz 本振。这时，就要用到 19 kHz 的导频信号了。将解调出的 19 kHz 导频信号送入 PLL 电路，就可以生成与发送端 38 kHz 副载波信号同频、同相的 38 kHz 本振信号。然后，将已调差信号 S_{DSB} 与 38 kHz 本振信号相乘（混频），再经过低通滤波器取出 0～15 kHz 频段的信号，就可以还原出未调制的差信号 S。最后，再采用式（8-3-2）的加减运算，便可以从和信号 M、差信号 S 中分离出左、右声道。

由此可见，上述立体声分离方案的核心是从已调信号 S_{DSB} 中解调出调制信号 S，其采用的相干解调（同步检波）也为传统的 DSB 解调方法，性能稳定而优异。但对于普通 FM 立体声广播接收机来说，还可以采用一种更加简单的立体声分离方案，性能虽然差一点，但完全可以满足普通用户的收听需求，故而获得广泛应用。经鉴频后得到的立体声复合信号为

$$(L + R) + (L-R)\cos\omega_p t = L(1+\cos\omega_p t) + R(1-\cos\omega_p t) \tag{8-4-2}$$

在式（8-4-2）中，$1+\cos\omega_p t$ 与 $1-\cos\omega_p t$ 相差 180°，所以 L、R 的数值也相差 180°。若 $\omega_p t = 0$

$$L(1+\cos\omega_p t) = 2L \qquad R(1-\cos\omega_p t) = 0 \tag{8-4-3}$$

若 $\omega_p t = \pi$

$$L(1+\cos\omega_p t) = 0 \qquad R(1-\cos\omega_p t) = 2R \tag{8-4-4}$$

所以，在相角 $\omega_p t$ 等于 0、2π、…、$2n\pi$ 各点的复合信号值等于左声道的信号值；在 $\omega_p t$ 等于 π、3π、…、$(2n+1)\pi$ 各点的复合信号值等于右声道的信号值。

假定左声道是正弦波，右声道是方波，则立体声复合信号大致如图 8-4-2 所示。正半周各峰值点对应的是左声道的信号值，负半周各峰值点对应的是右声道的信号值。换言之，正半周包络为左声道信号，负半周包络为右声道信号。

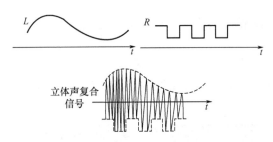

图 8-4-2　立体声复合信号的波形

　　于是，可以利用 38 kHz 的副载波去控制一组电子开关，则副载波的正半周控制一路电子开关接通，将复合信号送到一个包络检波器中，检出左声道信号；负半周控制另一路电子开关，将复合信号送到另一个包络检波器中，从而检出右声道信号。显然，这种立体声解码方法基于时间分离（也称"开关式"），它只需要对立体声复合信号进行与 38 kHz 副载波同步的开关切换及包络检波，就可以直接还原出左、右声道，比起采用相干解调恢复出差信号 S 后，再与和信号 M 进行加减处理的解码方法要简单得多。并且由于是包络检波，38 kHz 本振开关仅仅用来切换左、右声道，如果它与发送端 38 kHz 副载波稍有不同步，对于包络检波而言，并没有太大影响。因此，一些民用 FM 立体声接收机，采用的就是这种基于时间分离的解码方案。

　　前面我们曾经说过，DSB 已调信号不存在载波分量，其包络已经不能反映调制信号的变化规律，因而只能采用相干解调（同步检波），而不能用包络检波。但是，如果插入很强的载波，使之成为近似的 AM 信号，则可以采用包络检波器恢复调制信号，所以这种方法也被称为"插入载波包络检波法"。但该方法有两个先决条件，第一是要求载波信号幅度大于调制信号幅度（即调制度小于 1），合成信号才能是不失真的调幅信号；第二是要求输入信号的信噪比不能太小，否则解调后的信噪比急剧恶化，会出现包络检波器所特有的"门限效应"，也就是说，当我们在弱场情况下收听 FM 广播电台的时候（单声道、立体声都一样），有可能在弱场某一特定位置会出现收听效果突然急剧变差的情况。有兴趣的读者可以参考谢嘉奎的《电子线路——非线性部分》第四版第 229～231 页或者樊昌信《通信原理》第六版的第 95～97 页、第 115～120 页，均有详细讨论。

　　顺便说一句，一些 FM 立体声广播电台声称自己达到 CD 级音质。事实果真如此吗？

　　从调制信号频带宽度上看，FM 广播电台只有 15 kHz，而 CD 达到 22 kHz（所以 CD 在录制的时候，采样率为 44.1 kHz，正好满足香农采样定理）；从信道传输上看，FM 电台通过无线信道传输，存在失真、干扰、多径衰落等诸多影响；从立体声分离度上看，FM 电台先合成立体声，FM 接收机再分离立体声，而 CD 在制作时已然是双音轨录制，分离双声道要简单得多。

　　综合这几个方面进行分析，FM 广播电台想要达到 CD 级效果，还是比较困难的。但任何问题都需要辩证看待，广播电台的设备在音乐制作与发射方面，性能远远超过家用 CD 播放机。如果设备严重不对等，比如用几百块钱的 CD 机搭配普通功放与几千块钱的高性能 FM 接收机搭配高级功放，显然没有比较的意义。

8.5　FM 立体声接收机芯片

至此，我们已经详细分析了 FM 调制/解调、立体声合成/分离、预加重/去加重的基本原理与实现电路。作为总结，我们再看几个实际的 FM 接收机芯片内部原理框图，如图 8-5-1、图 8-5-2 和图 8-5-3 所示。

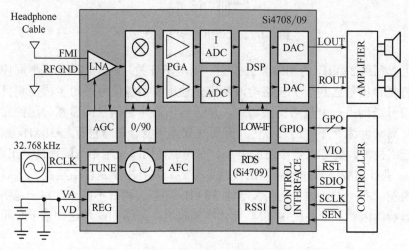

图 8-5-1　Si4708/09 的内部原理图

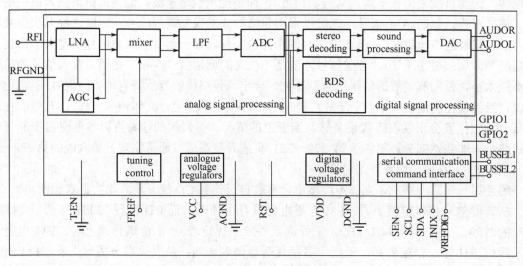

图 8-5-2　TEA5991 的内部原理图

上述三个芯片在收音机、手机中都已获得广泛应用。从中不难看出，它们均采用直接下变频的近零中频方案。首先，将天线接收到的 FM 高频信号进行放大。接着，送入混频器中进行下变频，直接获得基带信号。由于两个本振的相位差为 90°，混频的结果是分别生成 I/Q 两路正交信号。然后，再经过鉴频（解调）、立体声分离、RDS 解调等步骤，就可以输出最终的左、右声道信号及 RDS 信息了。而诸如芯片初始化、去加重时间常数等参数的设置，则通过串行接口写寄存器的方式实现。不过需要提醒读者注意，这几个芯片在直接下变频后，都进行了 A/D 转换，直接把基带信号给数字化了。所以，后续的 FM 解调、立体声分离等功能，均采用数字信号处理方式实现，然后再通过 D/A 转换，把数字信号还原成模拟信号。但不管是否数字化，信号处理的流程及思路与模拟方式并无区别。

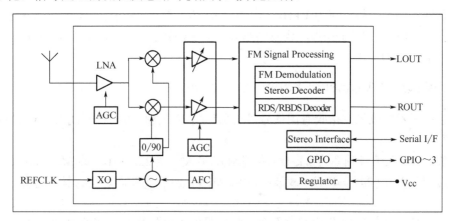

图 8-5-3　AR1000/1010 的内部原理图

事实上，在高通、MTK 的一些高端平台中，均已集成 FM 功能，采用的也是同一套架构，不再赘述。

8.6　FM 立体声接收机的性能指标

本节介绍 FM 立体声接收机的主要性能指标，这对于提高产品质量和用户体验非常重要。

测试仪表包括高频信号发生器（Agilent E4438C）和音频信号分析仪（R&S UPV）。

如果高频信号发生器不带立体声功能选件，则可以外接一个单独的立体声信号发生器，然后将其送入高频信号发生器的外调制输入端口。

考虑到目前绝大多数手机都用耳机挂线兼作 FM 接收机天线，如果采用天线耦合方式测试接收机性能，很难获得较为一致的测试结果。所以，在后面的测试中，我们均采用线缆连接信号发生器与手机 FM 接收芯片。

8.6.1　信噪比（S/N）

测试条件：调制信号频率为 1 kHz（内调制），最大频偏 75 kHz（即 $M_f = \Delta\omega_m/\Omega = 75$），输出功率为 −50 dBm（即 70 dBf），载波频率分别为 88 MHz、98 MHz、108 MHz。

测试标准：$S/N \geqslant 50$ dB

8.6.2　接收灵敏度（Sensitivity）

测试条件：调制信号频率为 1 kHz（内调制），最大频偏 22.5 kHz（即 $M_f = \Delta\omega_m/\Omega = 22.5$），载波频率分别为 88 MHz、98 MHz、108 MHz。

测试标准：Sensitivity ≤ −104 dBm（取 $S/N = 30$ dB）

其实，这个指标就相当于 FM 接收机的解调门限值，灵敏度值越小，则说明接收机灵敏度越高。

8.6.3 总谐波失真（THD）

测试条件：调制信号频率为 1 kHz（内调制），最大频偏 75 kHz（即 $M_f = \Delta\omega_m/\Omega = 75$），输出功率为–50 dBm（即 70 dBf），载波频率分别为 88 MHz、98 MHz、108 MHz。

测试标准：THD≤1%

8.6.4 邻道选择（Adjacent Channel Selectivity）

邻道选择考察接收机在接收有用信号时对邻近信道干扰信号的抑制能力，故而也称为"双信号选择"。

测试条件：调制信号频率为 1 kHz（内调制），最大频偏 22.5 kHz（即 $M_f = \Delta\omega_m/\Omega = 22.5$），输出功率为–50 dBm（即 70 dBf），载波频率 98 MHz。调节手机音量控制器，使输出信号为额定功率。

然后，保持 FM 接收机芯片参数不变，将信号发生器的载波频率偏离±200 kHz（调制频率依然为 1 kHz，最大频偏 22.5 kHz），逐渐增加信号发生器的输出功率，直至接收机输出的信号功率比额定功率低 30 dB。记录下此时的信号发生器输出功率，并与第一次的信号发生器输出功率相比，即为±200 kHz 时的邻道选择。

测试标准：Adjacent Channel Selectivity≥10 dB

上述测量可以在 88 MHz、108 MHz 等多个载波频点重复进行，干扰信号的频率偏移也可以选择±200 kHz、±400 kHz 等。

8.6.5 立体声分离度（Stereo Separation）

前面讨论的几个指标均是在接收单声道广播电台情况下测试的。当然，也可以设置高频信号发生器，令其发射立体声调频信号（一般设定 $L=-R$），然后重新测量上述指标。理论上，单声道情况下测试的指标要略高于立体声情况下的结果，但差距不大，所以很多时候仅仅测试单声道信号。

不过，对于立体声信号有一个非常特殊的指标，即"立体声分离度"。立体声分离度是一个很重要的概念，而且是个极其容易被搞错的概念。据笔者多年的工作经验，很多工程师都把分离度当成串扰看待。不仅如此，大量的网络文章也把这两个概念混淆了，真的是贻害无穷呀！！！

所以，在说明分离度之前，首先看看串扰是什么意思。串扰，即 Cross Talk，用于描述两根信号线之间的耦合程度。假设右声道输入一个方波信号，左声道浮空。由于左、右声道走线之间存在互容、互感及漏电导，右声道信号线上的方波信号会耦合到左声道信号线上，从而形成串扰，如图 8-6-1 所示。

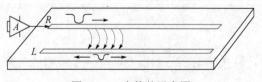

图 8-6-1 串扰的示意图

所以，右声道走线到左声道走线之间的串扰抑制比定义为

$$\text{CT}_\text{R} = 20\lg (V_r)_\text{R}/(V_r)_\text{L} \tag{8-6-1}$$

其中，V_r 表示右声道功放输出的信号，$(V_r)_\text{R}$ 表示出现右声道走线上的右声道功放信号，$(V_r)_\text{L}$ 表示出现左声道走线上的右声道功放信号。

同理，可以定义左声道走线到右声道走线之间的串扰抑制比定义为

$$\text{CT}_\text{L} = 20\lg (V_l)_\text{L}/(V_l)_\text{R} \tag{8-6-2}$$

其中，V_l 表示左声道功放输出的信号，$(V_l)_\text{L}$ 表示出现左声道走线上的左声道功放信号，$(V_l)_\text{R}$ 表示出现右声道走线上的左声道功放信号。

由此可见，串扰实际上描述的是两根信号线之间的电气耦合程度，并且不难想象，串扰的大小应该与信号带宽、两根信号线间的互容、互感等因素相关。在理想状态下，左、右声道信号线之间的串扰为零，即抑制比为无穷大。一般而言，信号线单位长度自容、互容、自感、互感与走线的几何形状、PCB 介电常数等参数相关，当走线确定的时候，它们也就基本确定了。因此，通过串扰耦合的能量就只与信号的带宽（上升沿）及耦合长度有关。

通常，信号带宽越高（上升沿越快），或者耦合长度越长，则串扰越严重。但严格说来，串扰其实分为近端串扰和远端串扰两种。近端串扰只与相对互容（互容/自容）、相对互感（互感/自感）有关，而远端串扰不仅与相对互容、相对互感有关，还与信号带宽、耦合长度及信号在介质中的传播速度有关。就耳机左、右声道走线而言，音频段的信号带宽很低，实际应用中几乎不用考虑串扰效应。只有一种情况例外，那就是左、右声道走线之间存在公共通道（如磁珠、电感的直流阻抗，常见于耳机地线兼作 FM 接收天线的设计中），从而导致低频串扰，如图 8-6-2 所示。

为了确保串扰足够小，要求 $Z_\text{com} \leqslant 50\ \text{m}\Omega$，更严格的话，必须使 $Z_\text{com} \leqslant 20\ \text{m}\Omega$。关于串扰的进一步分析，我们将在高级篇中的"信号完整性"一章进行详细讨论，它对于手机高频信号设计非常重要。

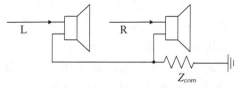

图 8-6-2　左、右声道的公共阻抗导致串扰

显然，串扰所描述的电气特性在概念上与立体声分离度完全不是一回事。事实上，立体声分离度的严格定义如下：

$$S_\text{R} = 20\lg (U_r)_\text{R}/(U_l)_\text{R} \tag{8-6-3}$$

$$S_\text{L} = 20\lg (U_l)_\text{L}/(U_r)_\text{L} \tag{8-6-4}$$

其中，小写字母 r、l 分别表示调制信号，大写字母 R、L 分别表示声道。

- $(U_r)_\text{R}$：用立体声 r 信号调制时（$l=0$），出现在 R 声道上的输出信号。
- $(U_l)_\text{R}$：用立体声 l 信号调制时（$r=0$），出现在 R 声道上的输出信号。
- $(U_l)_\text{L}$：用立体声 l 信号调制时（$r=0$），出现在 L 声道上的输出信号。
- $(U_r)_\text{L}$：用立体声 r 信号调制时（$l=0$），出现在 L 声道上的输出信号。

稍微有点拗口的描述，右声道的分离度 S_R 是用 r 信号调制时出现在 R 声道上的输出，与用 l 信号调制时出现在 R 声道上的输出之比；左声道的分离度 S_L 是用 l 信号调制时出现在 L 声道上的输出，与用 r 信号调制时出现在 L 声道上的输出之比。

用直观的想象更容易理解这个问题。我们知道，作为 FM 立体声接收机，如果其立体声分离度非常好的话，那么在解码立体声复合信号时，可以把左、右声道完全分离开来，即它

向右声道功放输入的信号中仅仅含有复合信号中的右声道信息，向左声道功放输入的信号中则仅含有复合信号中的左声道信息。但如果分离度不够，则它向右（左）声道功放输入的信号中不仅含有复合信号中的右（左）声道信息，还同时包含一定成分的左（右）声道信息。换言之，分离度指标考察的是接收机的立体声解码性能，与串扰所表示的电气性能无任何关联。

至此，我们可以给出立体声分离度测试步骤。

测试条件：采用立体声 l（或 r）信号调制，频率为 1 kHz，最大频偏 20.25 kHz（即 $M_f = \Delta\omega_m/\Omega = 20.25$，我国规范要求 20.25 kHz 的频偏），输出功率为–50 dBm（即 70 dBf），调节左、右声道的音量控制，使左、右声道输出功率相等。然后，改变立体声信号调制方式，在左声道分别测量$(U_l)_L$、$(U_r)_L$，在右声道分别测量$(U_l)_R$、$(U_r)_R$ 并代入式（8-6-3）与式（8-6-4）计算出分离度指标。载波频率分别为 88 MHz、98 MHz、108 MHz。

测试标准：S_R、$S_L \geqslant 40$ dB

另外，我们仔细对比式（8-6-1）到式（8-6-4）不难发现，在一定条件下，分离度与串扰可以在数值上相等，但它们的物理意义完全不同，不可混淆。不过，需要特别指出一点，分离度基本上取决于 FM 立体声接收机芯片的性能，一旦芯片选定，分离度指标也就固定了。对于我们手机研发工程师来说，没有什么太多可以优化的地方。从某种意义上说，该项测试更多的用于验证芯片厂家的 SPEC。但在具体测量的时候要注意一点，如果测量分离度的时候不把 FM 接收机芯片的输出端断开，那么 PCB 的串扰可能会影响到分离度指标（请参考图 8-6-2）。所以，我们在测量分离度时，要么断开 FM IC 与后端的链接，要么先确认 PCB 串扰足够小。

另外，在用手机接收立体声广播电台时，有一种情况比较特殊。我们知道，立体声电台的左、右声道是有区别的。用耳机播放立体声电台时，左、右耳机分别播放 Audio PA 的左、右声道，这个没有问题。但是，如果采用 Speaker 外放模式播放立体声广播电台，有一个问题必须解决：Speaker 到底应该怎么接？

若手机采用 Dual Speaker 设计，这其实跟耳机没有区别，左、右 Speaker 分别播放 Audio PA 的左、右声道即可，非常简单。但大部分手机都是 Single Speaker 设计，可以把 Audio PA 的左、右声道分别连接 Speaker 的 P、N 端口吗？如图 8-6-3 所示。

很遗憾，如果采用这种接法播放立体声广播电台，Speaker 将会出现轻微背景音乐但无主持人声音的情况。原因很简单，因为电台的背景音乐多为 CD 音源，而 CD 音源的左、右声道是有区别的（但区别不是很大），所以 Speaker 中会有轻微的背景音乐，其实就是 CD 左、右声道之间的差值。但主持人讲话是现场录音的，不分左、右声道。换言之，主持人的语音在左、右声道上是一模一样的，所以 Speaker 中听不到主持人声音。

其实，如果用免提模式打电话，也存在同样的问题，因为语音通话是不分左、右声道的。但为什么语音通话不会出现这种故障？那是因为几乎所有的手机平台都会把其中一个声道倒相后再送出去，自然就没有问题了，如图 8-6-4 所示。

那么用 Speaker 播放立体声广播电台、立体声 MP3 等立体声音源时，是否可以采用与免提通话一样的配置方案？这个取决于各平台自己的设计。比如高通的 QSC62X0 就可以这么配置，但 MSM7X25 就不可以。在 MTK 的平台中，则基本上只接左（右）声道，而把右（左）声道交流接地，如图 8-6-5 所示。

采用图 8-6-5 的方案后，则无论免提通话还是播放立体声音源，都不会有问题，缺点就是送到 Speaker 的功率会减为原先的 1/4。

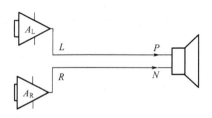

图 8-6-3　Speaker 外放立体声广播电台连接图

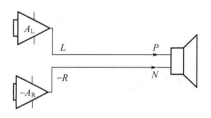

图 8-6-4　免提电话时的 PA 内部连接图

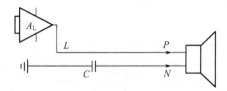

图 8-6-5　Speaker_N 交流接地

8.6.6　调幅抑制度（AM Suppression）

AM 是指调幅信号，即 Amplitude Modulation。从原理上看，FM 接收机只能接收并解调 FM 信号，而不能解调 AM 信号。但实际上，FM 本身属于非线性调制，且广播电台采用宽带调频技术使得 FM 接收机只能采用非相干解调方式进行鉴频。于是，FM 接收机或多或少也可以解调出 AM 信号。

所以，为了防止 FM 信号中的寄生调幅效应对 FM 接收机产生影响，一般 FM 接收机芯片内部都会设置一个振幅限幅器，在进行解调前首先把 FM 信号中的寄生调幅部分给抑制掉。与此同时，对 FM 接收机也提出了调幅抑制度的指标。

测试方法：调制信号 1 kHz（内调制），频偏 75 kHz（即 $M_f = \Delta\omega_m/\Omega = 75$），输出功率为 −50 dBm（即 70 dBf），调节音量控制，使手机输出为额定功率 P_1。然后，改为 AM 调制，调制信号依然为 1 kHz（内调制），调制度设定为 30%（各个国家有各自的规定，我国规范要求 30%），测量手机输出信号的功率 P_2。于是，调幅抑制度 AM Suppression 定义为 $10\lg(P_1/P_2)$。载波频率分别为 88 MHz、98 MHz、108 MHz。

测试标准：AM Suppression $\geqslant$ 30 dB

从实际使用角度看，AM 广播电台与 FM 广播电台之间的频段差距还是非常大的，所以 AM 抑制度差一点不会对用户收听 FM 电台造成多大影响。但如果某型号手机需要向欧美出口的话，CE 的 EN55020 是必测项。而该项测试就是考察 FM 接收机在 150 kHz～150 MHz 的抗干扰性能（其干扰信号就是一个 80% 调制度的 AM 信号），所以绝不能对 AM 抑制度指标掉以轻心。后面，我们将在本书的案例分析篇中列举一个 EN55020 的实际案例。

8.6.7　其他指标

除了上述几个重要指标外，FM 接收机还有一些其他次要指标，如互调失真、俘获比、假响应抑制等，有兴趣的读者可以参考国家规范（GB/T 6163−1985）。就手机 CTA 认证测试而言，由于 FM 功能尚未被纳入强制测试，我们就不再继续讨论了。

与语音通话测试类似，做完这些 FM 客观测试项目后，还要进行主观测试。简单起见，可以找一台公认效果比较好的参考机，对比它们分别在强场、弱场情况下收听音乐的效果，并看看自动搜台时是否会有假台、漏台的现象。

8.7 案例分析

某项目在 V0 测试阶段发现在耳机端测试的 FM 灵敏度和信噪比都偏低，灵敏度仅仅为 –90 dBm，信噪比只有 42 dB，远低于标准（规范要求：灵敏度标准为≤–104 dBm，信噪比≥50 dB）。见表 8-7-1。

表 8-7-1　某手机 V0 板级 FM 测试结果

测　试　项	Spec	88 MHz	98 MHz	108 MHz
SNR	>50 dB	43	42	43
Sensitivity	≥–104 dBm	–90	–90	–90
THD	≤1%	0.37%	0.35%	0.35%
Input RMS	TBD	17.8 mV	18.2 mV	18.6 mV

图 8-7-1 为 FM 的测试点，从耳机的 GND 灌入信号，从耳机的听筒测量，耳机听筒的 GND 换成主板的 GND。

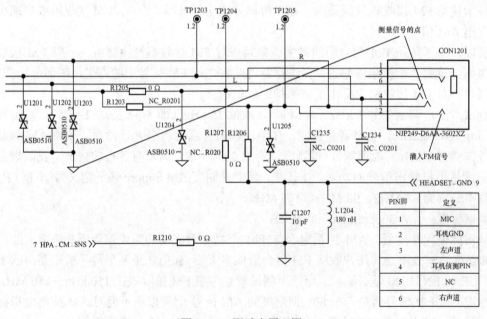

图 8-7-1　测试点原理图

一般说来，灵敏度主要取决于干扰，如地线广谱干扰、固定噪声源干扰等，信噪比则一方面与接收机解调性能有关（比如线性度），另一方面与干扰噪声的功率有关。对于本故障，灵敏度及信噪比都很糟糕，显然是整个信号接收/解调/放大通路受到干扰了。因此，我们需要分别确认 FM IC 本体、FM IC 音频输出端及输入到 FM IC 的高频信号，到底是其中哪一个或者哪几个出现了问题。

第一步，确认 FM IC 本体是否有问题。我们从 FM IC 端输入信号，然后在 FM IC 输出端测量信号。首先去掉 BEAD（L911），断开 FM IC 与前端耳机插孔的连接，从 L911 的后端灌入信号，直接送入 FM IC；再将 FM IC 输出端电容 C930/C931 立碑，断开其与后端放大器的连接，直接测量 FM IC 输出信号，如图 8-7-2 所示。

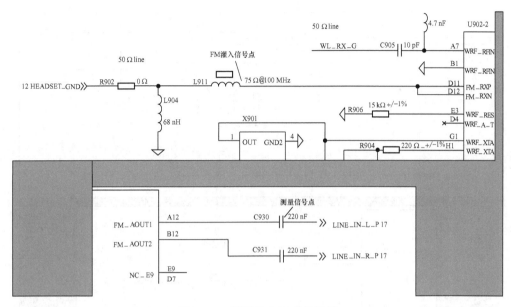

图 8-7-2　测量 FM IC 本体性能

测试结果，灵敏度为–109.5 dBm，信噪比为 52 dB，由此证明 FM IC 完全正常，问题并不出在 IC 本身。

第二步，在已经确认 FM IC 本体没有故障后，我们把芯片输出端的电容 C930/C931 重新焊接好，然后依然从 FM IC 前端灌入高频信号，但改在耳机端测量输出信号，检查是否是由于音频放大器造成的信噪比、灵敏度下降。

测试结果，灵敏度为–109 dBm，信噪比为 52 dB，由此证明 FM IC 到耳机输出端的放大器、走线均为正常。

第三步，将高频信号直接注入 FM IC 的天线，即耳机地线馈点，然后测量 FM IC 输出端的信号，并断开 C930、C931 与后级放大器之间的连接，如图 8-7-3 所示。

测试结果，灵敏度为–90 dBm，信噪比为 43 dB，由此证明是耳机地线馈点天线至 FM IC 这段走线导致了问题。

检查耳机地线馈点至 FM IC 的走线，发现高频信号要分别经过电阻 R1206 及 R902 才能到达 FM IC。于是，采用同样的方法，依次断开 R1206、R902 注入高频信号，很快就定位到是 R1206 至 R902 这段走线出现了问题，如图 8-7-4 所示（两段虚线之间的走线）。

既然已经定位到具体的走线段，余下的事情就简单多了。首先确认 L1204、C1207、L904 及 L911 组成的 FM IC 接收匹配网络是否存在匹配不良的情况。更换不同数值的 L1204、C1207、L904 及 L911，或者将电感改为电阻等，灵敏度未见任何改善，信噪比略有提高，说明主要矛盾不在这个地方。再仔细检查整个 PCB 布线，发现位于 Layer3 的某个 DDR 数据线过孔（Via）正好压住了位于 Layer4 的 FM IC 天线走线，如图 8-7-5 所示。

我们知道，DDR 在工作的时候，频率高、上升/下降沿又陡峭，就会产生强烈的辐射干扰。

并且由于 DDR 数据线的翻转周期随信号变化而变化，并不固定，从而导致 DDR 的辐射干扰是一个频带非常宽的广谱噪声。当这个噪声辐射到 FM IC 接收天线上的时候，肯定会对其造成严重影响。

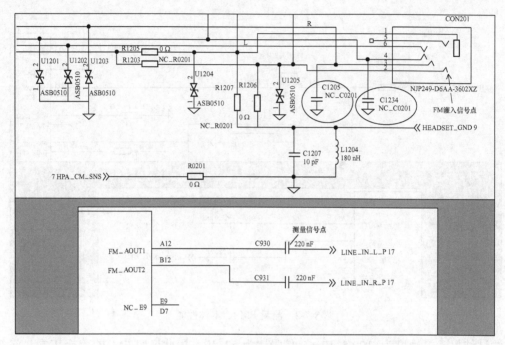

图 8-7-3 将高频信号注入耳机地线馈点

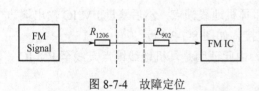

图 8-7-4 故障定位

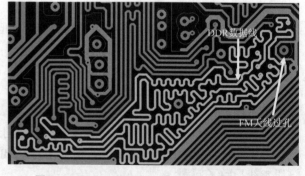

图 8-7-5 DDR 数据线某过孔压到 FM IC 天线

　　为验证我们的想法，我们请软件工程师帮忙写一段测试代码，在进行 FM 接收的同时可以控制 DDR 数据线的传输。结果表明，当 DDR 工作时，会对 FM 接收机产生严重干扰，并且干扰程度随着 DDR 传输负荷的增加而增加，可参看图 8-7-6 与图 8-7-7，干扰信号的峰值功率与平均功率均有上升。

　　至此，灵敏度的问题就算定位清楚了。在后续的改版中，我们挪开这个过孔，验证结果灵敏度为 –107 dBm，信噪比为 47 dB。由此，灵敏度的问题得以解决。

　　至于信噪比的问题，则需要调整 FM IC 的输入匹配网络 L1204、C1207、L904 及 L911。因为 FM IC 前端的 L904、L911 为电感（FM IC 内部 LNA 匹配所要求），则天线与 L1204、

C1207 的谐振网络应该构成容性失谐状态，从而抵消 L904、L911 的感性失谐，才能获得接近 75 Ω的特征阻抗。按照图中参数所示，L1204 为 180 nH，C1204 为 10 pF，其并联谐振频率为 118 MHz，显然它对于 88～108 MHz 的接收频段呈感性失谐状态，不符合要求。然后通过一系列调整测试，我们将 L1204 设为 68 nH，C1204 为 47 pF（谐振频率为 89 MHz），可以获得较为满意的结果。

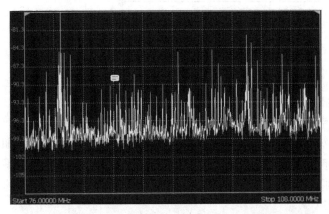

图 8-7-6　DDR 中等强度传输负荷时的 FM IC 接收天线噪声

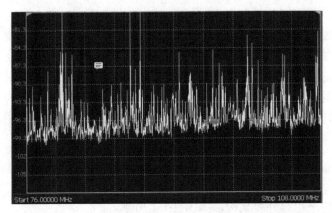

图 8-7-7　DDR 大强度传输负荷时的 FM IC 接收天线噪声

至此，该故障得以完美解决，最终测试结果如表 8-7-2 所示。

表 8-7-2　最终测试结果

测　试　度	Spec	88 MHz	98 MHz	108 MHz
SNR	>50 dB	54.8	53.1	53.8
Sensitivity	≥−104 dBm	−108	−108	−108
THD	≤1%	0.17%	0.18%	0.17%
Input RMS	TBD	17.8 mV	18.2 mV	18.6 mV

第 9 章

通信电路与调制解调

我们知道，手机在本质上属于通信电台。既然是通信电台，就不能不涉及 RF（Radio Frequency）的性能指标。

在入门篇的"手机电路系统组成"一章中，我们介绍了天线开关、双工器、收发信机（Transceiver）、RF PA、数字调制/解调、微带天线等基础知识，相信读者朋友已经对相关器件及电路有了初步的了解。本章将对手机中的收/发信机架构、数字调制/解调、射频 PA 等知识进行较为深入的分析，并且本章内容将是第 10 章"常规 RF 性能指标"的理论基础。

9.1 收信机架构

收信机又称接收机，英文为 Receiver，与受话器相同。但根据上下文意思，我们不难判断某个 Receiver 到底是指接收机还是指受话器。发信机又称发射机，英文为 Transmitter。

过去，收信机与发信机分别由两个芯片构成，但随着技术的进步，目前绝大部分手机平台都已把收信机和发信机集成到同一个芯片中，统称为收/发信机，英文为 Transceiver。但从电路分析角度而言，收信机、发信机基本上是相互独立的。所以在后文中，我们将对其分别展开讨论。

9.1.1 超外差接收机

传统的收信机均采用超外差架构，如图 9-1-1 所示。

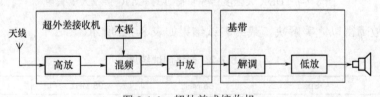

图 9-1-1 超外差式接收机

设输入高频信号频率为 ω_{RF}，本振频率为 ω_{LO}，输入信号与本振在混频器中进行混频，得到中频信号

$$\omega_{IF} = \omega_{LO} \pm \omega_{RF} \tag{9-1-1}$$

采用超外差架构最大的优点是，只要本振频率 ω_{LO} 能够跟随输入信号频率 ω_{RF} 变化而变化，则混频后的中频信号频率就可以保持不变。这样，一来可以很方便地实现高频调谐，二

来针对固定频率的中频信号，可以简化中放及后续解调电路的设计。于是，超外差接收机很好地满足了频率选择与灵敏度要求。

通常，在 AM 调幅广播、FM 调频广播及手机电路中，中频信号频率 ω_{IF} 低于本振频率 ω_{LO} 和信号频率 ω_{RF}，所以我们可以把式（9-1-1）改写为：

$$\omega_{\mathrm{IF}} = \omega_{\mathrm{LO}} - \omega_{\mathrm{RF}} \tag{9-1-2}$$

实际上在式（9-1-2）中，隐含了 $\omega_{\mathrm{LO}} > \omega_{\mathrm{RF}}$ 的假设。但如果信号频率高于本振频率，则需要把式（9-1-2）改写为：

$$\omega_{\mathrm{IF}} = \omega_{\mathrm{RF}} - \omega_{\mathrm{LO}} \tag{9-1-3}$$

但是，普通的超外差接收机有两个严重缺陷，一个是中频干扰，另一个是镜像干扰。

先讨论中频干扰。在电子线路中，混频器的数学模型就是一个乘法器，但实际的乘法器或多或少存在一些非线性因素，使得输出信号频谱被扩展。假定接收机调谐在输入信号频率上，则混频器的输出端就会出现形如式（9-1-4）所示的众多频率分量：

$$\omega_{mn} = |m\omega_{\mathrm{LO}} \pm n\omega_{\mathrm{RF}}| \quad (m \text{、} n \text{ 为整数}) \tag{9-1-4}$$

对于有用信号来说，取 $m=n=1$，从而实现正常的混频功能。除此以外的 m、n 所对应的通道，则称为寄生通道。此时，如果存在干扰噪声 ω_{M}，经混频器后的输出噪声为

$$\omega_{\mathrm{O}} = |m\omega_{\mathrm{LO}} \pm n\omega_{\mathrm{M}}| \tag{9-1-5}$$

理论上，通过混频器的 m、n 有无穷多个组合，但实际上只有 m、n 较小时，才能形成较强的寄生通道。于是，不妨假设 $m = 0$、$n = 1$，且干扰噪声频率 ω_{M} 正好等于中频 ω_{IF}。代入式（9-1-5）不难看出，此时混频器的输出频率 ω_{O} 正好是中频频率 ω_{IF}。换言之，当干扰噪声频率等于中频频率时，混频器相当于一个中频放大器，它具有比有用信号更强的传输能力。所以，把 ω_{M} 称为"中频干扰"。

再讨论镜像干扰。假定接收机已经准确调谐在接收信号频率上。此时，有一个干扰信号 ω_{N}，并且满足 $\omega_{\mathrm{N}} = \omega_{\mathrm{LO}} + \omega_{\mathrm{IF}}$。经过混频器后，输出噪声频率变为 $|\omega_{\mathrm{LO}} - \omega_{\mathrm{N}}| = \omega_{\mathrm{IF}}$。

由此可见，当本振频率恰好处于信号频率和噪声频率中间时，经过混频器后的信号频率与噪声频率就同时被变换到中频频率 ω_{IF} 上，从而导致强烈的噪声干扰。如果把本振 ω_{LO} 想象为一个镜子，则 ω_{N} 就是 ω_{RF} 的镜像，故称 ω_{N} 为"镜像干扰"，如图 9-1-2 所示。

对于中频干扰和镜像干扰，通常有三种解决方案。

第一种方案是把中频选在低于接收频段范围内，这是普通接收机经常采用的方法。在这个方案中，由

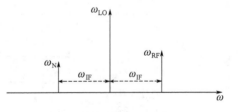

图 9-1-2　镜像干扰示意图

于中频低，中频放大器容易实现高增益和高选择性。比如我国的 AM 中波广播电台与 FM 调频广播电台，电台发射信号频段分别为 535～1600 kHz 和 88～108 MHz，而接收机中频则固定在 465 kHz 和 10.7 MHz。

第二种方案，则是把中频选在远高于接收频段的范围内，称为高中频方案。比如有些短波收信机，其接收频段为 2～30 MHz，而中频选在 70 MHz 附近。显然，这个方案的中频很高，使得镜像频率远高于信号频率，接收机前段的滤波器很容易将镜像干扰滤除。

第三种方案采用二次混频架构，如图 9-1-3 所示的诺基亚某型号手机接收机架构。高放和第一本振首先进行混频，得到 71 MHz 的第一中频信号；然后，71 MHz 的第一中频信号再与第二本振进行混频，得到 13 MHz 的第二中频信号。最后，基带（Baseband）芯片对 13 MHz 的第二中频信号进行解调。该方案集中了前两种方案的优点：第一中频较高，可用于镜像抑制；第二中频较低，从而保证高增益和高选择性。

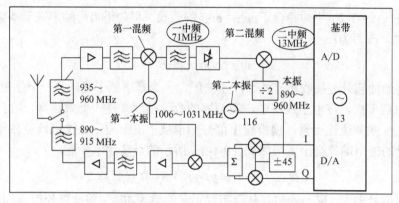

图 9-1-3　二次混频接收机架构

需要提醒读者一点，不同平台、不同型号的手机，其中频频率（及第二中频）有可能不一样，并不像 AM、FM 广播收音机那样统一在 465 kHz 和 10.7 MHz。比如，摩托罗拉的一代名机 V998，采用超外差一次混频架构，其中频为 400 MHz；而摩托罗拉 CD 928，也采用超外差一次混频架构，但中频为 215 MHz；再如三星的 SGH-600，采用超外差二次混频架构，第一中频为 225 MHz，第二中频为 45 MHz，与图 9-1-3 所示的诺基亚手机完全不同。

9.1.2　零中频接收机

零中频方案又称"直接下变频"，即本振频率 ω_{LO} 等于信号频率 ω_{RF}，则中频 $\omega_{IF} = 0$。由于中频为 0，也就不存在镜像频率，自然就不会有镜像干扰了，如图 9-1-4 所示（关于 I、Q 信号，我们将在 9.3 节中讨论）。

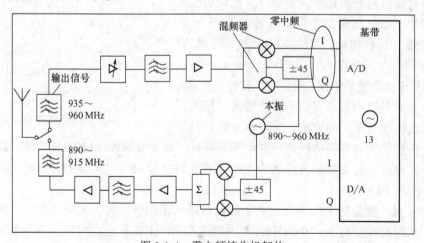

图 9-1-4　零中频接收机架构

相比于超外差架构接收机，零中频方案最大的优点是成本低廉。由于省略了中频处理模块，就不必考虑高频放大器级间匹配问题，也不需要专门的中频滤波器选择信道，从而简化了接收机芯片的设计，降低了成本。

但是，零中频方案也有其缺点，最主要的就是本振泄漏与直流偏差，另外还有闪烁噪声（又称"1/f噪声"）等。

先分析本振泄漏。通常，混频器可看成一个三端口器件，分别是本振输入端、高频信号输入端和中频输出端（实际的混频器并不一定都是三端口，比如三极管混频器，本振和高频信号可以同时注入基极，而中频信号从集电极取出）。如果本振端和信号输入端之间的隔离度不够，本振就很容易泄漏到信号输入端口。又由于本振频率与信号频率相同，所以接收机前级通路上的滤波器对本振频率无法滤除，再加上本振强度通常都很高，从而导致本振信号经天线辐射至周围空间，形成干扰。

这在超外差式接收机中就不容易发生。因为此时的本振频率落在接收频段之外，所以前级滤波器会将泄漏过来的本振信号充分滤除。若本振频率与接收频段差距越大，则滤除效果越好。

再来分析直流偏差。这也是零中频方案特有的一种干扰，由自混频效应所引起。如前所述，本振频率会泄漏到天线并辐射至周围空间。但是，还会有一部分本振信号又从天线返回到高频放大器中，然后进入到混频器的信号输入端口。这样，返回的本振信号将与来自本振端口的本振信号进行自混频，结果产生零频率信号，即直流信号。同样，高频信号也会由于混频器各端口之间的隔离度不好而泄漏至本振端，然后再与信号端输入的高频信号进行自混频，也差拍出直流信号，如图 9-1-5 所示。

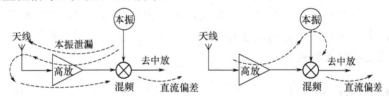

图 9-1-5　直流偏差（左图为本振泄漏及直流偏差，右图为信号直流偏差）

在零中频方案中，RF 信号被直接变换到基带信号，这些直流偏差叠加在基带信号上时，就会造成严重的干扰，甚至使基带放大器进入饱和状态而无法放大有用信号。更为恶劣的情况是泄漏到天线的本振，经天线辐射出去后再从运动的物体反射回来被天线接收，再经高放、混频后产生的直流偏差可能还是时变信号，相当于多径干扰，非常难以处理。但直流偏差在超外差式接收机中不会引起任何问题，因为超外差接收机中频不等于零，所以直流偏差对中放电路基本无影响。

至于闪烁噪声，主要来源于场效应管的氧化膜与硅接触面工艺缺陷，其功率谱密度分布与频率的倒数成正比，故称为"1/f噪声"。相比于直流偏差和本振泄漏，闪烁噪声的影响还不是那么大（芯片设计师需要考虑其影响），但对于应用设计工程师来说则通常不予考虑。

9.1.3　近零中频接收机

作为对零中频方案的优化，也有些手机平台采用近零中频（Near-Zero IF）方案，也称为低中频接收机。

从名称就不难知道，所谓近零中频，实际上就是中频频率比较低而已，如图 9-1-6 所示的三星的 GSM 手机 T408。

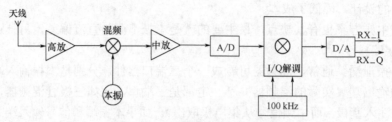

图 9-1-6 近零中频接收机架构

混频器输出的中频模拟信号频率为 100 kHz，经 A/D 转换后变为数字信号，成为数字低中频信号。在 I/Q 解调电路中，采用两个正交的数字正弦信号做本振（同为 100 kHz），与数字低中频信号进行混频/解调，分离出 I/Q 两路信号，再经 D/A 转换，得到最终的基带模拟信号 RX_I/Q。

其实，把图 9-1-6 与第 8 章中的图 8-5-1 到图 8-5-3 进行对比就不难发现，那几款 FM 接收机芯片采用的也都是这种近零中频架构。

除了上述三种接收机架构外，还有镜像抑制接收机等方案，如 Hartley 架构、Weaver 架构等。不过，这些架构在手机中应用不多，就不再赘述了。有兴趣的读者可以参阅高频电子线路方面的教材，如陈邦媛教授的《射频通信电路》。

从以上分析可以看出，只要对超外差接收机进行合理设计，就可以在灵敏度、选择性、高增益、稳定性等综合性能方面做出十分优秀的产品，但系统结构复杂、成本高。早期的模拟手机以及数字手机均采用这种超外差式架构，现在大多数通信电台（手机除外）也依然采用该架构。但随着集成电路工艺的进步和手机利润下降而进入普通消费品时代，几乎所有的手机平台都已采用零中频架构了。

9.2　发信机架构

相对于接收机，发信机的架构要简单一些，大致有三种：发射上变频架构、直接变换架构和偏移锁相环架构。

下面我们对这三种架构一一进行介绍。

9.2.1　发射上变频架构

一个发射上变频发射机架构如图 9-2-1 所示。

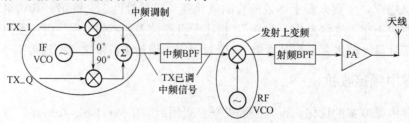

图 9-2-1 发射上变频架构

仔细对比图 9-2-1 与图 9-1-1 不难发现，发射上变频其实就是把超外差一次混频接收机的信号流程图反转而已。所以，在一些资料中，该架构也被称为超外差式发射机或两步变换正交调制发射机。

基带芯片输出 TX I/Q 信号，与 IF VCO 进行调制（混频），获得 TX 已调中频信号，然后再与 RF VCO 进行混频，变换到发射载频上，经 PA（功率放大器）放大，获得最终的发射信号。其实，图 9-1-3 所示的发射机采用的就是这种发射上变频架构。

另一种发射上变频架构与图 9-2-1 类似，如图 9-2-2 所示。

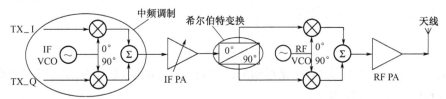

图 9-2-2　采用希尔伯特变换的上变频发射机架构

对比图 9-2-1 与图 9-2-2 不难发现，两者基本相同，只是在上变频的部分存在区别。我们知道，混频就是两个余弦函数相乘，结果会产生和频与差频两个分量。从信息传输的角度而言，和频或者差频都可以包含调制信号的所有信息，因此只需传输一个分量而滤除另一个分量就可以有效利用频带资源，即所谓的单边带传输。在图 9-2-1 中，就是采用射频 BPF 滤除不需要的分量（是否是单边带传输还取决于 BPF 的实际带宽）。但在图 9-2-2 中，采用希尔伯特变换（其本质是信号的 90° 相移），将中频已调信号分成两路，一路相位不变，另一路相位滞后 90°。然后，这两路信号分别与两路正交载波相乘，再进行相加/相减，就可以得到单边带的差频/和频分量了（利用三角函数的积化和差定理）。所以，在一些文献中，又把基于希尔伯特变换的单边带调制称为相移法单边带调制，如图 9-2-3 所示。

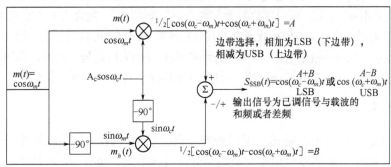

图 9-2-3　希尔伯特变换单边带调制

不过，需要特别强调一点，千万不要把单边带与频谱的正负频率搞混了，如图 9-2-4 所示。

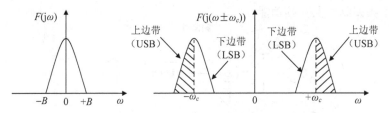

图 9-2-4　上边带（USB）与下边带（LSB）示意图

在图 9-2-4 中，$F(j\omega)$ 表示基带信号频谱，$F(j(\omega\pm\omega_c))$ 表示已调信号频谱，ω_c 表示载波，上、下边带分别指的是已调信号中 $|\omega| > \omega_c$ 和 $|\omega| < \omega_c$ 的频谱部分。

令 $f(t) \longleftrightarrow F(j\omega) = R(\omega) + jY(\omega)$ 构成一对傅里叶变换对，则根据傅里叶变换的数学方程不难证明下述结论。

若 $f(t)$ 为实信号，则满足如下方程：

$$R(\omega) = R(-\omega) \qquad (9\text{-}2\text{-}1a)$$
$$Y(\omega) = -Y(-\omega) \qquad (9\text{-}2\text{-}1b)$$

若 $f(t)$ 为虚信号，则满足如下方程：

$$R(\omega) = -R(-\omega) \qquad (9\text{-}2\text{-}2a)$$
$$Y(\omega) = Y(-\omega) \qquad (9\text{-}2\text{-}2b)$$

由此可见，不管 $f(t)$ 是实信号还是虚信号，其频谱 $F(j\omega)$ 的模值 $|F(j\omega)|$ 总是呈偶对称，而相位 $\varphi(\omega)$ 总是呈奇对称，即：

$$|F(j\omega)| = |F(-j\omega)| \qquad (9\text{-}2\text{-}3a)$$
$$\varphi(\omega) = -\varphi(-\omega) \qquad (9\text{-}2\text{-}3b)$$

不过必须指出一点，如果 $f(t)$ 为虚信号，则其频谱 $F(j\omega)$ 的相位 $\varphi(\omega)$ 是关于 $\pi/2$ 呈奇对称，即 $\left(\varphi(\omega) - \dfrac{\pi}{2}\right) = -\left(\varphi(-\omega) - \dfrac{\pi}{2}\right)$，而非关于原点呈奇对称。这相当于把相频曲线整体向上平移 $\pi/2$，对信号传输并无影响，我们就不再严格区分了。

于是，我们只需要传输一半的频谱分量，就可以在接收端完整无误地恢复出原始信号。因此，采用单边带传输（比如图中画斜线的上边带部分），就可以节省一半的频带资源。

但是，有一些工程师会把单边带传输理解成仅仅传输 $F(j(\omega\pm\omega_c))$ 的正频率分量或者仅仅传输 $F(j(\omega\pm\omega_c))$ 的负频率分量，这显然是把单边带与频谱的正负频率搞混了。其实，频谱的负频率乃是由于傅里叶变换采用 $e^{j\omega t}$ 运算，从而在数学上得到的一个表达结果，物理上并不存在所谓的负频率。

但是，如果 $f(t)$ 为复信号，则 $|F(j\omega)|$ 通常不具备对称性。此时，可以把复信号用一个实信号加上一个虚信号来表示，如 $f(t) = x(t) + g(t)$，其中 $x(t)$ 为实信号，$g(t)$ 为虚信号。然后，利用式（9-2-1）与式（9-2-2）进行推导，就不难证明该结论。显然，若 $|F(j\omega)|$ 不具备对称性，则不能采用单边带传输。

9.2.2 直接变换架构

我们已经知道，发射上变频相当于超外差一次混频接收机的信号流程图反转。同样，直接变换架构发射机其实就是零中频接收机的信号流程图反转，如图 9-2-5 所示。

直接变换架构与发射上变频架构的区别在于：直接变换发射机的基带芯片输出的 TX I/Q 信号与 RF VCO 在混频器中一次性完成调制与上变频功能，而发射上变频发射机是用两组混频器分别完成中频调制与上变频功能。

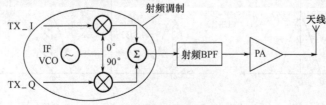

图 9-2-5　直接变换架构发射机

其实，图 9-1-4 中的发射机采用的就是直接变换架构。作为举例，图 9-2-6 是 MTK 平台 MT6161 内部框图（笔者仅截取了 Transmitter 的部分），采用的也是直接变换架构。

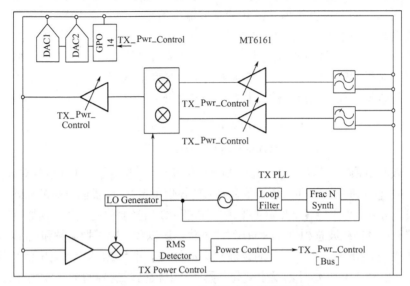

图 9-2-6　MT6161 的直接变换架构发射机

9.2.3　偏移锁相环架构

我们在第 2 章的 2.2.3 节中曾经介绍过偏移锁相环架构的发射机（参看图 2-2-7），它与发射上变频或直接变换发射机区别较大。

发射偏移锁相环也称为发射调制环路（Transmit Modulation Loop）。它由偏移混频器（Offset Mixer）、鉴频鉴相器（PFD）及环路低通滤波器（LPF）、发射 VCO 等电路组成，我们可以把图 2-2-7 简化成图 9-2-7。

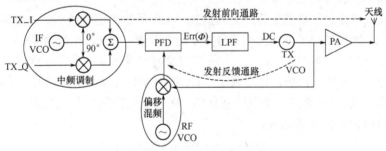

图 9-2-7　偏移锁相环架构发射机

这是一个 GSM 发射机，基带芯片输出的 TX I/Q 信号首先与 IF VCO 进行调制，得到 TX 中频已调信号，然后送入发射 PFD（鉴频鉴相器）中，鉴相器的另一个输入信号来自偏移混频器。鉴相器对两路输入信号的相位进行比较，输出相位误差信号 Err(ϕ)。经过 LPF 滤除 Err(ϕ) 中的交流信号和高频噪声后，可得到一个脉动直流信号 DC。很显然，这个脉动直流信号包含有基带 TX I/Q 信息。然后，用这个脉动直流信号对 TX VCO 进行调制，使得 TX VCO 输出信号频率跟随 TX I/Q 信号的变化而变化，从而把基带信号调制在发射载波上。不难推测，当环路稳定时，满足如下方程：

$$f_{IF} = f_{RF} - f_{TX} \tag{9-2-4}$$

事实上，从图 9-2-7 也可以明显地看出，偏移混频器的输出信号是 TX VCO 与 RF VCO 混频的结果。所以，完全可以把偏移混频器看成输出信号反馈回输入端。

上面只是对偏移锁相环架构发射机进行了简单描述，更进一步，该架构的发射机到底是如何实现发射载波跟随 TX I/Q 变化而变化的？它又是如何随信道变化而变化的呢？

我们知道，对于 GSM 制式手机，其高频载波的幅度不携带信息，而相位携带信息，也即基带 I/Q 信息是调制在载波相位上的，其数学方程如下：

$$S_m(t) = S_I(t)\cos\omega_c t + S_Q(t)\sin\omega_c t$$
$$= A\cos(\omega_c t + \theta(t)) \tag{9-2-5}$$

其中，ω_c 表示载波角频率，基带 I/Q 信息调制在相位 $\theta(t)$ 上，相当于用 I/Q 信号对载波进行调相，且 $S_I(t)$ 与 $S_Q(t)$ 的平方和为 A（即三角函数合并后的模值恒定）。但我们也知道，频率是瞬时相位对时间的导数。所以，如果能使 TX VCO 的频率跟随 I/Q 信号变化而变化，同样可以实现调相功能（调频和调相都会使载波总相位 $\omega_c t + \theta(t)$ 发生变化，所以我们也常把调频和调相统称为调角）。

当信道不变时，相当于 TX VCO 的载波频率 ω_c 不变，并且 RF VCO 输出信号频率也不变。那么，假设 I/Q 信号在某码元时刻发生变化，则 TX 中频已调信号的频率发生变化，导致鉴相器输出信号也发生变化。于是，TX VCO 输出信号频率便在 ω_c 基础上叠加一个时变偏移量 $\Delta\omega_{b1}(t)$。然后经过反馈回路，使得偏移混频器输出信号随之变化，再经过前向通路，使时变偏移量 $\Delta\omega_{b1}(t)$ 继续发生变化。依次往复，直至环路锁定，鉴相器输出恒定的误差电压后，TX VCO 的输出信号也稳定在最终的频率 $\omega_c + \Delta\omega_{b1}$ 上。看上去，这个反馈调整过程似乎要经过无穷次迭代，才能最终稳定在 $\omega_c + \Delta\omega_{b1}$ 上。但实际上，当反馈环路增益足够、电路带宽合适的情况下，TX VCO 几乎是在 I/Q 信号发生变化的瞬间就可以稳定在 $\omega_c + \Delta\omega_{b1}$ 上了。当下一个码元时刻到来，I/Q 信号发生变化时，TX VCO 又可以迅速稳定在新的载波频率 $\omega_c + \Delta\omega_{b2}$ 上了。由此，便实现了将 I/Q 信号调制在载波相位上的功能。

而当信道发生变化时，则基带芯片会调整 RF VCO 的输出信号频率，使得鉴相器输出误差电压发生改变，连带着 TX VCO 的输出信号频率随之改变。同样，此时的 TX VCO 输出信号频率是在 ω_c 基础上叠加一个时变量 $\Delta\omega_c(t)$，只不过这个时变量 $\Delta\omega_c(t)$ 不是由 I/Q 信号变化导致的，而是由信道变化而产生的。很快，环路锁定，TX VCO 的输出信号频率便稳定在 $\omega_c + \Delta\omega_c$ 上了。

实际工作中，I/Q 信号肯定是要发生变化的，而信道也往往会发生改变，那么 TX VCO 的输出信号频率可以记为如下表达式：

$$\omega_c(t) = \omega_c + \Delta\omega_b(t) + \Delta\omega_c(t) \tag{9-2-6}$$

式中，$\Delta\omega_c(t)$ 由信道决定，$\Delta\omega_b(t)$ 由 I/Q 信号决定。只不过，$\Delta\omega_b(t)$ 在码元转换时刻随着 I/Q 信号的变化而变化，而 $\Delta\omega_c(t)$ 只要信道一旦固定，就不再变化了。

于是，在考虑信道变化的情况下，可以把式（9-2-5）改写为：

$$S_m(t) = S_I(t)\cos(\omega_c + \Delta\omega_c)t + S_Q(t)\sin(\omega_c + \Delta\omega_c)t$$
$$= A\cos((\omega_c + \Delta\omega_c)t + \theta(t)) \tag{9-2-7}$$

其中，ω_c 对应频段中心频率，$\Delta\omega_c$ 对应某具体信道，$\theta(t)$ 则受 I/Q 信号调制。

由于采用了偏移锁相环架构，使得 TX VCO 在频率合成过程中可以获得最小的动态相位误差以及最小的锁定时间，这有利于发射机的快速稳定；又由于采用负反馈方式，可以有效抑制各种干扰，提高发射机线性度。但这也导致了偏移锁相环架构发射机远比发射上变频和直接变换发射机复杂，成本自然更高。也正因为此，如今的手机平台中，越来越多的发射机已经抛弃偏移锁相环架构，而改用直接变换架构了。

9.3　数字调制与解调

调制是用待传输信息调变载波的某个参数或多个参数，使得这些参数随着调制信号的变化而变化；解调则是调制的逆过程，对包含有信息的某个或多个载波参数进行检测，从而还原出调制信号。目前，在手机中均采用正弦载波调制系统，即携带信息的载波为正弦信号（或余弦信号）。

本节首先了解一下数字调制和模拟调制的概念。

9.3.1　数字与模拟

在 1.4.3 节中我们曾说过，所谓的数字手机，其实是指其调制信号的类型为数字信号。然后，在 2.2.3 节以及 8.1.1 节中都说过，数字手机有且一定有两次调制过程，第一次为基带数字调制，第二次为高频模拟调制。

我们知道，数字调制有三种基本方式，即 ASK（振幅键控）、FSK（频移键控）和 PSK（相移键控），还有在这三种基本方式之上衍生出的 APK/QAM（振幅相位联合键控/正交幅度调制）、OFDM（正交频分复用）等其他调制方式。与数字调制相对应的是模拟调制，同样也有三种基本方式，即 AM（调幅）、FM（调频）和 PM（调相），正好对应数字调制的 ASK、FSK 和 PSK。

从原理上说，数字调制与模拟调制并无区别，只不过模拟调制的调制信号本身是连续的，所以它是对载波参量进行连续调制，接收端则对载波信号的调制参量连续地进行估值（即解调）；而数字调制的调制信号是离散的，故调制的结果是用载波的一些离散状态来表示被传输的信息，接收端则对载波的这些离散调制参量进行检测（即解调）。相比于传统的模拟调制技术，数字调制存在占用带宽大、系统复杂的缺点；但数字调制具有容量大、速率高、保密性好、可实现差错控制等优点，易于实现多用户的同时接入与管理。自第二代移动通信系统开始，所有的蜂窝移动通信网络均采用数字调制技术。

但是，需要强调一点，手机中的数字调制均指基带信号调制，即从数字码元生成基带模拟 I/Q 信号；而 RF 的调制都是模拟调制，即把模拟 I/Q 信号调制在高频载波上，RF 是没有数字调制一说的。为此，我们把第 1 章中的图 1-4-2 重画为图 9-3-1。

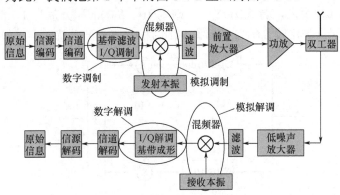

图 9-3-1　手机中的信号处理流程示意图

9.3.2 GMSK 调制

我们以 GSM 制式的 GMSK 调制为例进行分析。GMSK 的核心是 MSK 调制，即最小频移键控；G 表示高斯滤波器（Gaussian Filter），即在进行 MSK 调制前，把基带码元先送入一个低通滤波器进行脉冲成形，由于该滤波器的时域波形类似于高斯分布形态，故称为高斯滤波器，如图 9-3-2 所示。

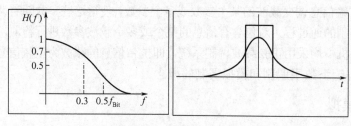

图 9-3-2　高斯滤波器

下面，我们分析一下 MSK 的基本原理。MSK 是频移键控，所以不妨假设基带码元 0 用 $\cos(\omega_1 t + \varphi_1)$ 表示，基带码元 1 用 $\cos(\omega_2 t + \varphi_2)$ 表示，如下式：

$$S_1(t) = \cos(\omega_1 t + \varphi_1) \quad S_2(t) = \cos(\omega_2 t + \varphi_2) \tag{9-3-1}$$

那么，接收端在收到一个信息 $S_r(t)$ 时，如何辨别它到底是 $S_1(t)$ 还是 $S_2(t)$ 呢？

假定 $S_1(t)$ 与 $S_2(t)$ 满足如下两个条件：

（1）在一个码元周期内，$S_1(t)$ 与 $S_2(t)$ 相互正交（即正交基），数学方程如下：

$$\int_0^{T_s} S_1(t) S_2(t) \mathrm{d}t = 0 \tag{9-3-2}$$

（2）在一个码元周期内，$S_1(t)$ 与 $S_2(t)$ 能量有限且相等，不妨将其归一化（即标准化），数学方程如下：

$$\int_0^{T_s} S_1(t) S_1(t) \mathrm{d}t = \int_0^{T_s} S_2(t) S_2(t) \mathrm{d}t = 1 \tag{9-3-3}$$

满足式（9-3-2）与式（9-3-3）的 $S_1(t)$、$S_2(t)$ 也称为标准正交基（之所以提出正交的要求，是为了降低接收端的误码率和占用带宽）。于是，把接收信号 $S_r(t)$ 与 $S_1(t)$ 和 $S_2(t)$ 分别做积分运算，且设定积分区间恰好是一个码元宽度。如果 $S_r(t)=S_1(t)$，则 $S_r(t)$ 与 $S_1(t)$ 的积分值为 1，而与 $S_2(t)$ 的积分值为 0。反之，若 $S_r(t)=S_2(t)$，则 $S_r(t)$ 与 $S_2(t)$ 的积分值为 1，而与 $S_1(t)$ 的积分值为 0。所以，接收端只需比较 $S_r(t)$ 与 $S_1(t)$ 和 $S_2(t)$ 的积分值，谁大就取谁，如图 9-3-3 所示。

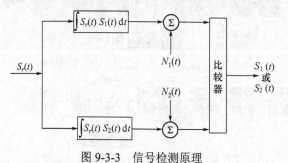

图 9-3-3　信号检测原理

图中的 $N_1(t)$、$N_2(t)$ 表示加性噪声干扰，它们与信道传输失真一起作用，造成接收端误判。另外从图中不难看出，所谓的定积分，其实就是把接收信号与一组正交基分别进行相关运算（长度定为一个码元周期）。所以，该系统也称为相关检测器。

下面，我们推导一下满足正交条件的 $S_1(t)$ 与 $S_2(t)$，其角频率 ω_1、ω_2 之间的关系。把式（9-3-1）代入式（9-3-2）进行计算，可得

$$\left.\frac{\sin[(\omega_1+\omega_2)t+\psi_1]}{\omega_1+\omega_2}\right|_0^{T_s}+\left.\frac{\sin[(\omega_1-\omega_2)t+\psi_2]}{\omega_1-\omega_2}\right|_0^{T_s}=0 \tag{9-3-4}$$

其中

$$\psi_1=\varphi_1+\varphi_2 \qquad \psi_2=\varphi_1-\varphi_2 \tag{9-3-5}$$

注意到 $\omega_1+\omega_2\gg1$，故式（9-3-4）中的第一项近似为 0。那么，要满足正交条件，则必须要求第二项恒等于 0。

为此，把第二项展开，得到

$$\frac{\sin[(\omega_1-\omega_2)T_s+\psi_2]-\sin\psi_2}{\omega_1-\omega_2}=0 \tag{9-3-6}$$

进一步展开计算，可得

$$\frac{\sin[(\omega_1-\omega_2)T_s]\cos\psi_2+\sin\psi_2[\cos(\omega_1-\omega_2)T_s-1]}{\omega_1-\omega_2}=0 \tag{9-3-7}$$

由于 φ_1、φ_2 为任意常数，所以 ψ_2 也为任意数。所以，式（9-3-7）成立的必要条件是分子两项同时为 0，即

$$\sin[(\omega_1-\omega_2)T_s]=0 \Rightarrow \Delta\omega=\frac{k}{2}\omega_s \tag{9-3-8}$$

$$\cos[(\omega_1-\omega_2)T_s]=1 \Rightarrow \Delta\omega=k\omega_s \tag{9-3-9}$$

其中，k 为正整数。根据式（9-3-8）与式（9-3-9），取最小公倍数，则

$$\Delta\omega=k\omega_s \tag{9-3-10}$$

但是，如果初始相位 φ_1、φ_2 已知，不妨令它们相等，则 $\psi_2=0$。于是，式（9-3-7）中只存在第一项，则

$$\Delta\omega=\frac{k}{2}\omega_s \tag{9-3-11}$$

由此可见，对于初始相位确定的正交信号 $S_1(t)$ 与 $S_2(t)$，其频率最小间隔为 1/2 的码元速率，即对式（9-3-11）取 $k=1$；若 $S_1(t)$ 与 $S_2(t)$ 的初始相位不确定，则其频率最小间隔即为码元速率，即对式（9-3-10）取 $k=1$。

在 GSM 手机中，采用相干接收，初始相位确定。于是，可以把 $S_1(t)$ 与 $S_2(t)$ 重写如下：

$$S_1(t)=\cos[2\pi(f_c+f_s/4)t+\varphi_1]$$
$$S_2(t)=\cos[2\pi(f_c-f_s/4)t+\varphi_2]$$

其中

$$f_1=f_c+f_s/4 \qquad f_2=f_c-f_s/4$$
$$\Delta f=f_1-f_2=f_s/2$$

更进一步，可以把 $S_1(t)$ 与 $S_2(t)$ 写成一个表达式，如下：

$$S_{MSK}(t) = \cos[\ 2\pi(f_c + p_k f_s/4)t + \varphi_k]$$

(9-3-12)

$$kT_s \leq t \leq (k+1)T_s$$

其中，p_k 为第 k 个码元信息，其取值为±1；T_s 为一个码元周期；φ_k 为第 k 个码元的相位常数，它在 $kT_s \leq t \leq (k+1)T_s$ 中保持不变。但是，通常对于相位常数 φ_k 的选择，应保证信号相位在码元转换时刻是连续的（突跳的相位会引起频谱扩展）。所以，进一步推导可以发现，在初始相位为 0 的情况下，$\varphi_k = 0$ 或π。

将式（9-3-12）展开，并考虑到 $p_k = ±1$，$\varphi_k = 0$ 或π，可得

$$S_{MSK}(t) = \cos\varphi_k \cos(\pi f_s/2)t \cos 2\pi f_c t - p_k\cos\varphi_k \sin(\pi f_s/2)t \sin 2\pi f_c t$$

$$kT_s \leq t \leq (k+1)T_s$$

(9-3-13)

令

$$I(k) = \cos\varphi_k \qquad Q(k) = -p_k \cos\varphi_k$$

则

$$S_{MSK}(t) = I(k)\cos(\pi f_s/2)t \cos 2\pi f_c t + Q(k)\sin(\pi f_s/2)t \sin 2\pi f_c t$$

令

$$I(t) = I(k)\cos(\pi f_s/2)t \qquad Q(t) = Q(k)\sin(\pi f_s/2)t$$

则

$$S_{MSK}(t) = I(t)\cos 2\pi f_c t + Q(t)\sin 2\pi f_c t$$

$$kT_s \leq t \leq (k+1)T_s$$

(9-3-14)

式（9-3-14）即为 MSK 信号的正交表达。整个 MSK 调制过程描述如下：

（1）由基带码元 p_k 获得 $I(k)$、$Q(k)$。

（2）对 $I(k)$、$Q(k)$ 分别乘以 $\cos(\pi f_s/2)t$、$\sin(\pi f_s/2)$，即正弦脉冲成形，得到 $I(t)$、$Q(t)$。因此 $\cos(\pi f_s/2)t$、$\sin(\pi f_s/2)$ 也被称为加权函数或调制函数。如果把 $\cos(\pi f_s/2)t$、$\sin(\pi f_s/2)$ 看成两个正交载波，则该步骤也可称为 I/Q 调制。

（3）对 $I(t)$、$Q(t)$ 分别混频至载波频率 f_c 上后相加，从而获得完整的 MSK 已调信号。该步骤即上变频。由于 $\cos 2\pi f_c t$ 与 $\sin 2\pi f_c t$ 相互正交（相位差为 90°），故把 $I(t)$、$Q(t)$ 分别称为同相分量和正交分量。

于是，可以给出基于正交表达式（9-3-14）的 MSK 调制器框图，如图 9-3-4 所示，并在其中标注了 I/Q 调制和上变频。

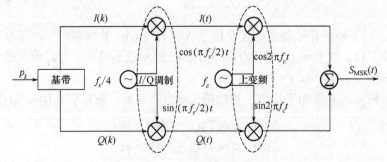

图 9-3-4　MSK 调制器框图

可以将图 9-3-4 与图 9-1-3、图 9-1-4 进行对比。在图 9-1-3 与图 9-1-4 中，基带芯片的 D/A 输出信号，其实就是 I/Q 已调信号 $I(t)$、$Q(t)$。只不过，对于带发射上变频的发射机，会把 $I(t)$、

$Q(t)$ 先混至中频，再上变频到载波频率上（图 9-1-3）；而在直接变换发射机中，则直接把 $I(t)$、$Q(t)$ 上变频到载波频率上而已（图 9-1-4）。

另外，我们可以知道，$I(k)$、$Q(k)$ 是数字信号，但 $I(t)$、$Q(t)$ 却是模拟信号，通常所说的 I/Q 信号指的就是 $I(t)$、$Q(t)$。因此，也可以把 MSK 调制看成一种特殊的数字信号→模拟信号的转换，也就是图 9-1-3 与图 9-1-4 中的 D/A 输出。而且根据 GSM 规范，码元速率 f_s 为 1625/6 = 270.833 Kbps，由此不难算出，I/Q 信号的速率为 270.833/4 = 67.708 Kbps。这便是 GSM 系统 I/Q 信号频率为 1/4 码元速率的由来。

前面已经介绍，GSM 系统在进行 MSK 调制前，会把基带码元送入一个高斯滤波器。之所以这样做，是因为 MSK 已调信号的功率谱旁瓣衰减速度不够，容易造成带外干扰。可以这样设想，假设基带调制波形为理想的矩形脉冲信号（±1）。根据傅里叶变换原理，时域越窄，频域越宽。那么矩形信号的边沿变化率为无穷大，则其频谱不仅为无限宽，而且有较多的旁瓣能量。所以在用矩形脉冲进行 MSK 调制后，已调信号的功率谱也会出现较高的旁瓣分量。而且，矩形脉冲的边沿变化率越大，则已调信号的功率谱旁瓣能量就越多，也即已调信号的旁瓣衰减速度越慢，从而导致强烈的邻道干扰。但如果把理想矩形信号送入一个低通滤波器（参见图 9-3-2），先将矩形脉冲信号中的高频分量（对应其频谱的旁瓣）充分衰减，然后再进行 MSK 调制，便可以使已调信号的功率谱旁瓣迅速衰减下来。所以也常把高斯滤波称为高斯脉冲成形。

那么，如何得到 GMSK 调制的表达式呢？实际上，只要对 MSK 调制表达式（9-3-12）做些修改即可：

$$S_{MSK}(t) = \cos[\, 2\pi(f_c + p_k f_s/4)t + \varphi_k\,]$$
$$= \cos[\, 2\pi f_c\, t + (\pi t/2T_s)p_k + \varphi_k\,]$$

设

$$\theta_{MSK}(t) = (\pi t/2T_s)p_k + \varphi_k \tag{9-3-15}$$

则在一个码元周期内，MSK 已调信号的相位变化为

$$\Delta\theta_{MSK}(T_s) = \theta_{MSK}(t_0 + T_s) - \theta_{MSK}(t_0) = (\pi/2)p_k = \pm\pi/2 \tag{9-3-16}$$

因此，MSK 已调信号在一个码元周期内，相位变化 ±π/2，且由于 $\varphi_k = 0$ 或 π，使得码元交替时，载波相位是连续的。那么，对于 GMSK 调制来说，对输入码元进行高斯滤波器后再进行调制，也要满足这两个条件，即相位连续且每个码元周期变化 ±π/2。

假设输入基带码元序列为 p_k，为不失一般性，我们令调制信号波形为 $p(t)$，则有

$$p(t) = \Sigma\, p_k\, g(t - kT_s) \tag{9-3-17}$$

其中，p_k 为基带码元，$g(t)$ 是持续时间为 T_s 的单位矩形脉冲。

又设高斯滤波器的单位冲激响应为 $h_G(t)$，则它对调制信号 $p(t)$ 的响应为

$$y(t) = p(t) * h_G(t)$$
$$= \Sigma\, p_k\, g(t - kT_s) * h_G(t)$$
$$= \Sigma\, p_k\, y_G(t - kT_s) \tag{9-3-18}$$

其中，$y_G(t) = g(t) * h_G(t)$，是高斯滤波器对单位矩形脉冲 $g(t)$ 的响应。

然后，我们用 $y(t)$ 对载波进行调频。仿照 MSK 调制的式（9-3-15），设

$$\theta_{\text{GMSK}}(t) = \frac{\pi}{2T_s}\int_{-\infty}^{t} y(\tau)\mathrm{d}\tau = \frac{\pi}{2T_s}\int_{-\infty}^{t}\left[\Sigma p_k y_G(\tau - kT_s)\right]\mathrm{d}\tau \tag{9-3-19}$$

于是，GMSK 已调信号可以记为

$$S_{\text{GMSK}}(t) = \cos[\,2\pi f_c t + \theta_{\text{GMSK}}(t)\,]$$
$$= \cos[\theta_{\text{GMSK}}(t)]\cos 2\pi f_c t - \sin[\theta_{\text{GMSK}}(t)]\sin 2\pi f_c t \tag{9-3-20}$$

于是，只要根据 $\theta_{\text{GMSK}}(t)$ 的值，采用式（9-3-20）的正交表达方法，就可以获得最终的 GMSK 调制信号。但是很显然，$y_G(t)$ 的 t 取值范围是从 $-\infty\sim+\infty$，使得 $\theta_{\text{GMSK}}(t)$ 是物理不可实现的。因此，实际系统中均需要对 $y_G(t)$ 进行截断或近似。在此基础上，人们设计了波形储存方法来生成最终的 GMSK 调制信号。

不过，对于 GMSK 来说，需要着重指出一点，高斯滤波器虽然可以有效压缩功率谱宽度，但也会导致码间干扰。道理很简单，频域压缩则时域扩展，使得原本在时间上相互错开的矩形脉冲出现拖尾并重叠，由此导致码间干扰，并且频域压缩越高时域扩展越大，码间干扰也越严重。由此可见，码间干扰的本质其实是时间弥散。

至于 GMSK 波形存储方案细节以及 GMSK 调制的其他内容，如功率谱分布、相位轨迹、误码率、高斯滤波器的 BT_s 参量等，有兴趣的读者可以参考通信原理方面的教材，本书就不再深入探讨了。

9.3.3 QPSK 调制

CDMA 系统采用基于 QPSK 原理的调制方案。

QPSK 即 4PSK，用载波的 4 个相位分别表示基带码元 00、01、10、11 这 4 种状态。一个 QPSK 信号可以用如下表达式描述：

$$S_{\text{QPSK}}(t) = \cos(2\pi f_c t + n\pi/4) \qquad n = 1、3、5、7 \tag{9-3-21}$$

其中，n 表示码元的 4 种状态。

同样，可以把式（9-3-21）展开，得到

$$S_{\text{QPSK}}(t) = \cos(n\pi/4)\cos 2\pi f_c t - \sin(n\pi/4)\sin 2\pi f_c t$$
$$= I(t)\cos 2\pi f_c t + Q(t)\sin 2\pi f_c t \tag{9-3-22}$$

由此可见，QPSK 调制相当于对两个正交载波进行 2ASK 调制后叠加，故 QPSK 是线性调制。这与 GSM 系统最小频移键控的非线性调制是完全不同的。

从式（9-3-22）不难发现，QPSK 调制的 $I(t)$、$Q(t)$ 都是矩形信号，没有使用正弦加权函数做系数。假设输入比特为 1101001101（通常 0 用 -1 表示），如图 9-3-5 所示（注意，在 QPSK 中，每 2 bit 代表一个基带码元，所以 $I(t)$、$Q(t)$ 是经过串/并转换器输出的，其起始点要比输入比特滞后 $2T_b$）。

不仅如此，还可以把基带码元的这些状态，画在以 I、Q 为坐标轴（因为 I/Q 是正交的）的信号平面上。但由于噪声、失真的干扰，实际信号在 I/Q 平面上不再是一个单纯的点，而是围绕其理论值附近波动，类似一团星云的状态，故我们又把这种信号矢量图称为"星座图"（Constellation），如图 9-3-6 所示。作为对比，同时给出 MSK 调制的星座图。

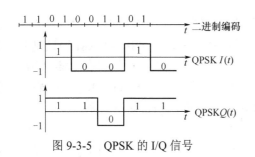

图 9-3-5　QPSK 的 I/Q 信号

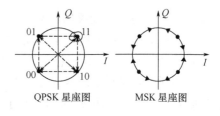

图 9-3-6　QPSK 与 MSK 星座图（仅在 QPSK 的 11 上画了星云团）

在图 9-3-6 中，假定 QPSK 已调信号的初始相位为 0；如果不是 0，则相当于对星座图上各点做了一次整体旋转，但这并不影响其所代表的码元信息。所以，通常采用上述位置点来表示 QPSK 星座。同样道理，MSK 星座图的码元位置也与初始相位有关，但只要做一个旋转补偿，就可以转到与 QPSK 相同的位置，而并不影响其所代表的码元信息。

另外，图中的箭头表示当码元发生变化时，已调信号从一个状态转移到另一个状态的所经过的路径。由此不难看出，对于 MSK 调制，已调信号以及已调信号之间的状态转换总是处在圆周上；而对于 QPSK 调制，已调信号在圆周上，但已调信号之间的状态转换却是沿直线进行，并不在圆周上运动。

之所以会发生这种情况，看一下式（9-3-14）就明白了。由于 MSK 的 I/Q 信号实际上是对基带矩形脉冲乘了一个正弦函数，而 QPSK 的 I/Q 信号就是基带矩形脉冲。所以，MSK 已调信号在状态转换的时候，其路径必定沿着圆周运动，而 QPSK 已调信号在状态转换的时候，其路径必定沿直线运动。我们将在下一节继续讨论这个问题。

现在，我们知道 QPSK 实际上是用星座图上的点来代表码元信息。那么，任意对调两个点位置（比如把 00 与 10 的位置对调），并不会对调制产生任何影响（就像整体旋转不影响码元信息），只不过接收端在解调时，需要重新映射 I/Q 与码元信息的对应关系而已，如图 9-3-7 所示。

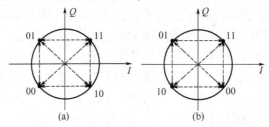

图 9-3-7　对调 00 与 10 两个码元的位置

那么，我们不禁要问，图 9-3-7 中的(a)、(b)两种星座图到底有没有区别？假定发送码元为 11，但由于噪声和信道衰落的影响，接收端可能会误判。直观上，星座图上各个点越靠近，则误判的概率越大（数学上可证明）。换言之，在(a)图中，11 被误判为 00 的概率要小于被误判为 01 或者 10 的概率（因为 11 被误判为 00，需要同时跨越 I/Q 坐标轴，其发生概率自然要比仅仅跨越 I 轴或 Q 轴低得多）；而在(b)图中，11 被误判为 10 的概率要小于被误判为 01 或者 00 的概率。

因此，在通常情况下，可以认为误判仅仅发生在相邻码元中。比如(a)图中，如果发送码元是 11，则误判的结果要么是 01，要么是 10。但是，不管误判为 01 还是 10，仅有 1 个 bit 发生错误。在(b)图中，若发送码元是 11，则误判的结果是 01 或者 00。显然，如果误判为 00，则 2 个 bit 全部错误。这是我们所不希望看到的！

实际应用中的 QPSK 均采用图 9-3-7(a)所示的星座图，相邻码元间仅有 1 bit 的差异。这样，码元误判发生时，也就仅有 1 个 bit 错误。事实上，诸如 M-PSK、QAM 等调制方式的星座图，也都采用这种方案，通过格雷码（Gray Code），使各相邻码元间仅有 1 bit 差异。于是，我们把码元误判称为误码率，或者称为误符号率（英文中码元为 Symbol），用 P_e 表示；而把比特误判称为误比特率，用 P_b 表示。对于 QPSK 调制来说，则有如下关系：

$$P_b = (1/2)P_e \qquad\qquad (9\text{-}3\text{-}23)$$

对于 M-PSK 调制来说，仅需要把式（9-3-23）中的（1/2）改为（$1/\log_2 M$）即可。作为 M-PSK 的特例，BPSK 来说（M=2），误码率与误比特率相等。

其实，笔者推荐"误符号率"的说法。因为误判是指对接收信号在 I/Q 星座图上的位置发生误判。如果一个星座点代表 1 bit，那么误符号率就等于误比特率，如 BPSK。但是，如果一个星座点代表多个 bit，则误符号率显然不等于误比特率，如 M-PSK。笔者接触过不少工程师，发现大家经常把误码率与误比特率混淆，这与部分参考资料写作不严谨有一定关系。

需要指出一点，这里所讨论的 QPSK 均为绝对相位方式，即码元相位以未调载波相位为参考基准，故称为绝对相位的 QPSK 调制。进一步分析可以知道，绝对相位的 QPSK 信号在解调时，会有相位模糊的问题，所以实际使用的 QPSK 调制均为 DQPSK（Differential QPSK），即用前后码元的相对相位差来传送基带信息，而不以未调载波的相位为参考。其实，DQPSK 就是把基带码元所代表的绝对码转换成相对码后再进行 QPSK 而已。

因此，为叙述方便，本章后面就不再严格区分 QPSK 和 DQPSK，统称为 QPSK 了。

9.3.4 恒包络与非恒包络

通常，我们说 QPSK 已调信号是非恒包络的。然而，QPSK 根据基带码元来改变载波的相位，并不会改变载波的幅度。所以就调制本身而言，QPSK 应该是恒幅度调制。这一点从图 9-3-6 的星座图可以明显看出，QPSK 已调信号的 4 个状态都在圆周上，即信号幅度是恒定的，其包络自然也是恒定的。那么我们怎么说 QPSK 已调信号是非恒包络的？这个问题可以从以下两个方面来看。

首先，调制信号（即基带码元）总是恒包络的矩形脉冲。那么，无论单个码元的频谱还是整个调制信号脉冲序列的功率谱，其频带都是无限宽的。所以，QPSK 已调信号的功率谱也是无限宽的，这可以通过计算基带信号和已调信号的功率谱进行严格证明。

然而，无限宽的频谱会产生严重的邻道干扰。因此，任何一个移动通信系统都会要求一定标准的带外衰减（一般在 60 dB 以上）。所以，与 GSM 系统类似，为了抑制 QPSK 的旁瓣能量，会在调制前对矩形脉冲的基带码元进行 LPF 低通滤波（即脉冲成形），以限制其频宽，从而限制已调信号的功率谱宽度（其本质是通过减小旁瓣波动，使能量更加集中在功率谱的主瓣中）。顺便说一句，该 LPF 常为根升余弦滚降函数（Root-Raised Cosine），而接收端的匹配滤波器（含信道传输特性）是同样参数的根升余弦滚降函数，使得级联后的总特性为升余弦滚降（Raised Cosine），从而满足抽样时刻无码间干扰的奈奎斯特第一准则。因此，一个实际的 QPSK 正交调制器框图如图 9-3-8 所示。

显然，经脉冲成形后的调制信号 $I(t)$、$Q(t)$ 将变得平滑，就不再是矩形信号了，而上变频的结果仅仅是把调制信号 $I(t)$、$Q(t)$ 从基带频段搬到载波频段。当 $I(t)$、$Q(t)$ 为矩形脉冲信号时，其合成的 QPSK 已调信号是恒包络的；当 $I(t)$、$Q(t)$ 不再是矩形信号时，其合成的 QPSK 已调信号自然就不会是恒包络了，如图 9-3-9 所示。

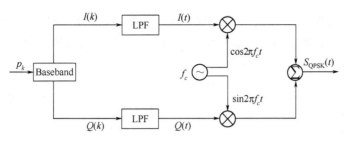

图 9-3-8　QPSK 正交调制器框图

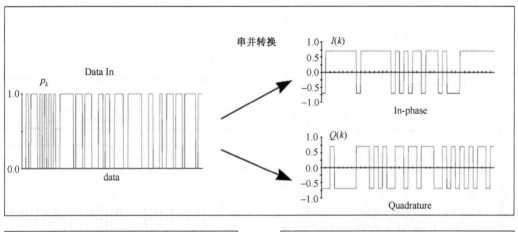

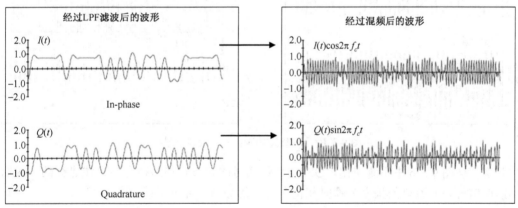

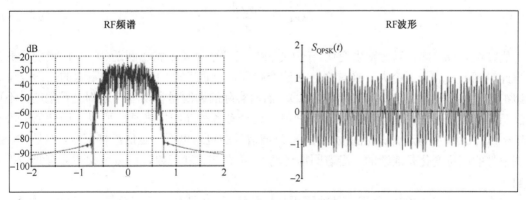

图 9-3-9　实际的 QPSK 调制信号及已调信号

GMSK 调制在本质上与 MSK 一样都属于频移键控，是非线性调制，加高斯滤波器限制了基带码元的频宽，虽对调制信号包络有影响，但并不影响已调信号的包络[从式（9-3-19）就可以清楚地看出来]，如图 9-3-10 所示。

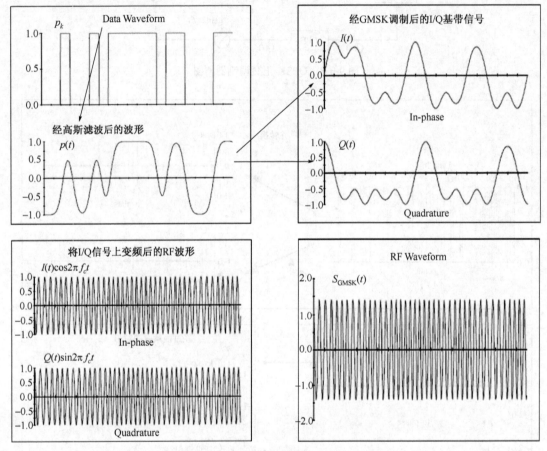

图 9-3-10　GMSK 调制信号与已调信号

其次，从图 9-3-6 中不难看出，QPSK 已调信号的状态转移路径是沿直线进行的。我们知道，已调信号在 t_0 时刻的频率为瞬时相位对时间的导数，如下式：

$$\omega(t_0) = \left.\frac{\partial \phi(t)}{\partial t}\right|_{t=t_0} \qquad\qquad (9\text{-}3\text{-}24)$$

假设在 $t = t_0$ 时刻，码元发生变化，于是 QPSK 已调信号发生状态跃迁（即 $\Phi(t_0)$ 出现突变），使得此时刻的 $\omega(t_0)$ 为无穷大。换言之，在这个瞬间，已调信号的频谱是无限宽的，即发生了频谱扩散现象（实际上是功率谱旁瓣增大）。然而实际的调制器和物理信道都是带限的，不可能满足信号突变要求，而且调制器和物理信道还会有各种非线性失真。所以，即便之前没有对矩形脉冲的基带码元加低通滤波，QPSK 已调信号的包络也不一定能维持恒定。但是，MSK 已调信号的相位变化是连续的（沿着圆周运动），不存在突变现象，自然也就不会有频谱扩散问题。

综合以上两点，QPSK 已调信号就不再是恒包络了，特别是当相邻符号出现 180° 相移时，

QPSK 已调信号甚至会出现包络为 0 的现象，如图 9-3-6 中的 11←→00、01←→10 对角线跳变要经过原点。

于是，我们要求 QPSK 已调信号必须采用线性 RF PA 进行放大的原因就很明确了。相位突变本身就有丰富的功率谱旁瓣能量（尤其是 180° 的相移），并且限带引起的包络起伏将通过非线性 RF PA 的 AM→AM 和 AM→PM 转换效应，导致发射信号频谱的再生与扩散，使旁瓣干扰显著增大，甚至把之前的低通滤波器作用完全抵消，如图 9-3-11 所示。

但 GSM 系统的 GMSK 调制，包络恒定，相位连续，功率谱旁瓣能量小（按−50 dB 带宽或 99%能量集中程度为标准，QPSK 已调信号的频带宽度约为 MSK 已调信号的 12.5 倍与 8.5 倍，比 GMSK 已调信号更要高出很多倍），非线性 RF PA 的频谱扩散现象并不会导致严重问题。所以 GSM 手机为提高发射机电源效率，常采用非线性 RF PA，且多为 C 类。

图 9-3-12 所示为 QPSK、MSK 和 GMSK 的功率谱对比，从中可以看出，尽管 GMSK 信号的功率谱主瓣宽度要大于 MSK 信号和 QPSK 信号，但 GMSK 信号的旁瓣衰减速度远远高于 MSK 信号及 QPSK 信号。换言之，由于 GMSK 信号的旁瓣衰减速度最快，故其能量几乎全部集中在主瓣，而 QPSK 信号的旁瓣衰减最慢。因此，为了有效抑制功率谱旁瓣能量，即邻道载漏比（ACLR，Adjacent Channel Leakage Ratio），或邻道功率比（ACPR，Adjacent Channel Power

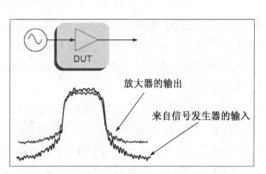

图 9-3-11　非线性 RF PA 的频谱再生示意图

Ratio），人们才会对基带码元首先进行低通滤波（如 QPSK 的 Root-Raised Cosine Filter 和 GMSK 的高斯滤波器），然后再进行数字调制。

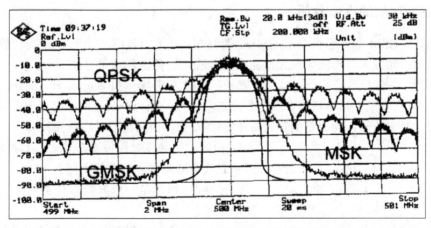

图 9-3-12　QPSK、MSK 和 GMSK 的功率谱对比

后来，在 QPSK 调制的基础上，人们又陆续发明了 OQPSK（Offset QPSK）、π/4 QPSK 等技术，其出发点就是减小相位突变，比如 OQPSK 的最大相位突变为 90°，π/4 QPSK 则为 135°。顺便说一句，MSK 调制其实就相当于正弦脉冲成形的 OQPSK。

目前，CDMA 及 3G 系统广泛使用各种优化的 QPSK 调制技术。

9.4 射频功放

我们知道，GSM 系统属于窄带通信，早期的高通 CDMA 系统也属于窄带通信，目前的 3G 系统则为宽带通信（不过根据国际电联的最新规定，4 MHz 带宽以下的称为窄带，4 MHz 以上的称为宽带）。但是，这种窄带、宽带的定义，是基于基带已调信号带宽而言的，与载波频率无关。其实，相比于高达 1～2 GHz 的载波频率，仅仅几 MHz 的基带已调信号带宽还是非常低的。

因此，当发信机把基带已调信号上变频至载波频率上时，为了有效激励射频功放（需把外接负载变换为放大管所需的数值），抑制带外干扰等，必须给射频功放外接输入、输出匹配网络，这与低频功放的负载电路有巨大区别。

不过，与低频功放类似，射频功放按照导通角的大小，也可分为 A、B、C 等类型。具体到手机中，GSM 系统为 GMSK 调制方式，包络恒定，因此采用 C 类非线性功放可以显著提高其发射效率；而 CDMA 系统为 QPSK 调制方式，虽然从星座图上看，它是恒定幅度，但由于成形滤波器的作用，QPSK 已调信号不再是恒包络的，因此必须采用 A 类线性功放来防止频谱再生问题。

一个比较特殊的情况是 EDGE。我们知道，EDGE 采用 8PSK 调制方式，根据 M-PSK 非恒定包络的原理，EDGE 理应采用线性功放。但是，EDGE 是 GSM 的演进（GPRS 俗称 2.5G，EDGE 俗称 2.75G），所以 EDGE 与 GSM 在物理上使用的是同一颗射频功放。显然，当工作于 EDGE 模式时，该射频功放必须做出相应的调整才能满足 M-PSK 的要求，即所谓的"功放线性化"。通常，功放线性化可采用功率倒退法、负反馈法、预失真法和极化调制法等，而真正在 EDGE 系统中获得广泛应用的是极化调制法（Polar Modulation）。事实上，极化调制的说法听上去很唬人，它的本质其实就是 C 类功放集电极调幅电路而已。

9.4.1 GSM 功放的近似分析

如前所述，GSM 制式手机采用 GMSK 调制方式，恒定包络，故采用 C 类功放，以提高效率。但是，射频放大器与低频放大器在分析方法上是有显著不同的。

我们知道，在低频或音频放大器中，管子的负载为纯电阻（Receiver 和 Speaker 可近似看成纯电阻），若在管子的输出特性曲线上作动态负载线，则为一条直线；而在射频放大器中，为了实现最大功率传输，功率管的输入/输出回路均为谐振回路，且在谐振频率上与管子的输入/输出阻抗呈共轭对称关系。因此，射频放大器的动态负载线与低频放大器截然不同。

图 9-4-1 所示是一个典型的 C 类射频（RF）功放的原理图。

那么，如何得到图 9-4-1 所示的 GSM 手机射频功放的动态负载线呢？根据谢嘉奎《电子线路：非线性部分》中所介绍的方法，可以先做两点假设：

（1）谐振回路具有理想选频滤波特性，其上只产生基波电压分量 V_{cm} 和 V_{bm}（基极和集电极均有并联

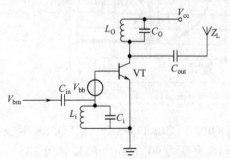

图 9-4-1 C 类 RF 功放的简化原理图

谐振网络，后面述及的输出功率、输出电流、输出电压，若无特别说明，均指基波功率、基

波电流和基波电压），其他谐波分量可以忽略。这样，尽管功率管 T 的基极电流为半个周期的脉冲波，但基极电压却是完整的余弦电压；同理，功率管 T 的集电极电流为半个周期脉冲波，但集电极电压却是完整的余弦电压。

（2）忽略功率管的高频效应及宽度调制效应（要求晶体管特征频率 f_T 远大于实际工作频率），直接利用管子的输入/输出静态特性曲线进行绘制。

由此，不难写出如下方程（注意，集电极电压与基极电压倒相 180°，所以取负号）：

$$v_{BE} = V_{bb} + V_{bm}\cos\omega t \tag{9-4-1}$$

$$v_{CE} = V_{cc} - V_{cm}\cos\omega t \tag{9-4-2}$$

然后，根据设定好的 V_{bb}、V_{cc}、V_{bm} 和 V_{cm}，分别计算 $\omega t = 0°$、$\pm 15°$、$\pm 30°$ 等情况下的 v_{BE} 与 v_{CE}；再将对应的 v_{BE} 与 v_{CE} 逐一标注在功率管输出特性曲线上并连接，就可以作出一条近似的动态负载线了，如图 9-4-2 与图 9-4-3 所示（具体的作图方法可以参见任何一本高频电子线路教材）。

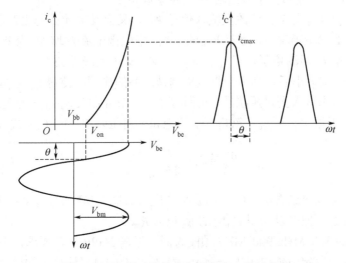

图 9-4-2　C 类功放的集电极电流 i_C 特性曲线

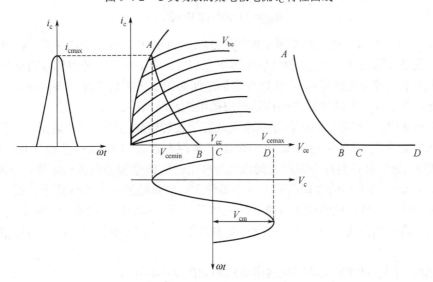

图 9-4-3　C 类功放的动态负载线

由图 9-4-3 可见，随着输入信号的变化，功率管的集电极电流 i_C 与集电极电压 v_{CE} 共同决定的动态点，将沿着 A→B→C→D→C→B→A 的轨迹移动。其中，AB 段管子导通，BD 段管子截止，正好体现了 C 类功放导通角 θ 略小于 90°的特性。

不过有一个问题，V_{cc}、V_{bb}、V_{bm}（V_{bb} 及 V_{bm} 共同决定了集电极电流 i_C 的曲线，如图 9-4-2 所示）是由电路或输入信号所决定的，而 V_{cm} 该如何确定？实际上，从图 9-4-3 不难看出，$V_{cemin} = V_{cc} - V_{cm}$，因此 V_{cm} 越大，则 V_{cemin} 越小。理想状态下，$V_{cemin} \rightarrow 0$，则 $V_{cm} \rightarrow V_{cc}$。于是，为了充分利用管子所能提供的最大功率，我们通常都会使得 $V_{cm} \rightarrow V_{cc}$。但是，很明显，$V_{cm}$ 是集电极谐振网络的基波电压幅度，它与谐振网络的阻抗 R_p 满足如下关系：

$$V_{cm} = R_p I_{cm} = \sqrt{2P_o R_p} \tag{9-4-3}$$

其中，I_{cm} 为集电极电流 i_C 的基波分量（可通过傅里叶级数求解）。因此，当 i_C、R_p 固定的情况下，V_{cm} 就确定了，对应的管子输出功率 P_o 也就确定了。

如果是固定 V_{cc}、V_{bb} 及 R_p，但改变输入信号 V_{bm}，又会发生什么变化？根据图 9-4-2 所示的集电极电流特性曲线不难看出，随着 V_{bm} 的增加，集电极电流 i_C 增加，使得 I_{cm} 也逐渐增加。因而，管子输出功率 P_o 逐渐增加，且 I_{cm}、V_{cm} 与 V_{bm} 基本呈线性关系。

当 V_{bm} 增加到一定大小后，则由于集电极调谐回路的作用，使得 I_{cm} 基本维持恒定（即所谓的功率管从欠压状态进入到过压状态，我们将在下一节介绍欠压/过压的概念），此时管子输出最大功率 P_{omax}，根据 $V_{cm} = V_{cc}$（忽略管子的饱和导通压降 V_{ces}），代入式（9-4-3）可知：

$$R_{opt} \overset{\Delta}{=} R_p = \frac{V_{cc}^2}{2P_{omax}} \tag{9-4-4}$$

由式（9-4-4）可以明显看出，C 类功放所能提供的最大功率 P_{omax} 取决于电源电压 V_{cc} 与谐振网络阻抗 R_p（通常把可以获得 P_{omax} 的 R_p 记为 R_{opt}）。

以 GSM 手机的 850 MHz/900 MHz 频段为例，根据 3GPP 规范要求，手机最大输出功率为 33 dBm，即 2 W。假定电池电压 $V_{cc} = 4$ V，代入式（9-4-4）计算可知：

$$R_{opt} = (4 \text{ V})^2 /(2 \text{ W} \times 2) = 4 \text{ } \Omega \tag{9-4-5}$$

由式（9-4-5）可知，最大功率所要求的理想负载阻抗 R_{opt} 与管子本身无关，也与天线阻抗无关，而仅仅由输出功率 P_{omax} 和峰值电压 V_{cm}（V_{cc}）所决定。但理想负载阻抗与功率管及天线阻抗不可能相等（共轭对称），所以在它们之间必须安插阻抗匹配网络；同理，为了有效激励功率管，在驱动管与功率管之间也需要安插阻抗匹配网络。

在手机电路中，这些阻抗匹配网络基本集成在了各种射频芯片或器件内部。但考虑到 PCB 走线的阻抗控制误差、器件输入/输出端口的阻抗控制误差以及 RF 性能优化的需要（如 Load-Pull 等），通常会在器件与器件之间预留一些用于阻抗微调的阻容感元件，如图 9-4-1 中在功率管输入/输出端增加的微调网络。只要器件之间的传输线阻抗符合要求，则稍稍调整一下这些微调网络的参数，电路就可以很好地工作了。至于匹配网络的设计，可采用 Smith 圆图，也可以使用计算公式（如 T 型、π型和 L 型网络等），有兴趣的读者可以参见相关教材，笔者就不再赘述了。

某 GSM 手机的 RF PA 及其匹配网络原理图如图 9-4-4 所示。

简单介绍一下，在图 9-4-4 中，U1201 为功放（RF3225），U1202 为声表面滤波器，其他阻容感元件则完成耦合、匹配、滤波等功能，就不再逐一分析了。但是需要说明一点，U1201 看似是一个管子，但它实际上是由多个管子构成的多级放大器。一般而言，放大管或驱动管的波形都是小信号，效率问题并不重要，所以管子通常工作在 A 类线性状态；功率管则用于大信号，为提高效率，管子工作在 C 类非线性状态。

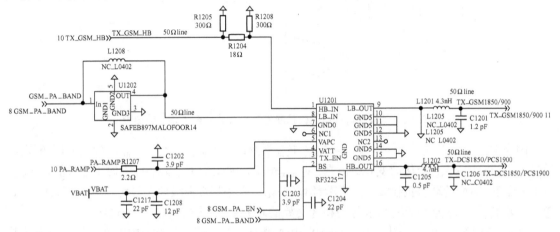

图 9-4-4　某 GSM 手机 RF PA 及其匹配网络原理图

9.4.2　C 类功放的特性

根据式（9-4-1）与式（9-4-2）可知，C 类功率放大器可通过 V_{bb}、V_{cc}、V_{bm} 和 V_{cm} 这 4 个参数进行描述。由于 $V_{cm} = I_{cm}R_p$（I_{cm} 为集电极脉冲电流 i_C 的基波分量），因此也可以把改变 V_{cm} 等价为改变 R_p。

于是，可以依次固定 3 个分量，而仅仅改变第 4 个分量，来定量分析这几个参数对 C 类功率放大器的影响。通常，我们把仅仅改变 R_p 得到的结果称为放大器的负载特性；把仅仅改变 V_{bb} 或 V_{cc} 得到的结果称为放大器的基极调制特性和集电极调制特性；把仅仅改变 V_{bm} 得到的结果称为放大器的放大特性。

对于手机而言，R_p 由集电极调谐回路所决定，一旦完成匹配网络的调试，其值就被固定，而与之相关的功放性能也就被固定；放大特性则是考察功放性能随 V_{bm} 变化的情况，它与改变 V_{bb} 的基极调制特性非常类似，所以二者常被归为一类；集电极调制特性则是考察功放性能随 V_{cc} 变化的情况，在 GSM 手机中主要用于功率控制。

下面，我们首先介绍一下 C 类功放"欠压"状态和"过压"状态的概念。

1. 欠压与过压

根据图 9-4-3 的 C 类功放动态负载线可以知道，在信号变化一周期内，功放管的经历了导通（AB 段）→截止（BD 段）→截止（DB 段）→导通（BA 段）这四个过程，也就是图上的 A→B→D→B→A 这段折线。但是，有一个问题，该如何确定 A 点（即动态负载线顶点）的具体位置？

为此，画出在不同 V_{cm} 情况下集电极脉冲电流 i_C 及其动态负载线的变化趋势，如图 9-4-5 所示。

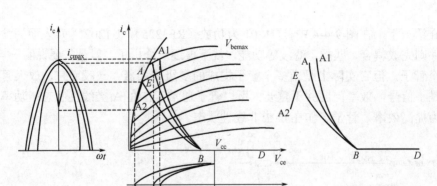

图 9-4-5　改变 V_{cm} 对集电极脉冲电流 i_c 及其动态负载线的影响

因为 V_{bb}、V_{bm} 恒定，所以 $v_{bemax} = V_{bb} + V_{bm}$ 不变，而 $v_{cemin} = V_{cc} - V_{cm}$，考虑到 V_{cc} 恒定，于是 v_{cemin} 将随着 V_{cm} 变化而变化。但是，v_{bemax} 恒定，因此当 V_{cm} 由小增大时（绝对值），v_{cemin} 将由大变小，对应的动态负载线顶点将沿着 $v_{be} = v_{bemax}$ 那条特性曲线向左移动，即图中的 A1→A。通常，我们设 A 点为管子线性区与饱和区交界的临界点，则 A1 点处于线性区。

之后，随着 V_{cm} 的进一步增大，动态点由 A 点向 A2 点移动，管子进入饱和区，集电极脉冲电流 i_c 迅速减小，开始出现凹陷，且随着 V_{cm} 的增大而凹陷加深（集电极电流脉冲之所以出现凹陷而不是削波，乃是集电极负载为谐振回路所致，可参见谢嘉奎《电子线路：非线性部分》）。

通常，当动态线的顶点位于线性区时，我们称放大器处于欠压状态（Under Voltage）；当动态线的顶点位于饱和区时，我们称放大器处于过压状态（Over Voltage）；当动态线的顶点位于临界点时，则称放大器处于临界状态（Critical）。

从图 9-4-5 不难看出：

（1）在欠压状态下，i_C 为接近余弦变化的脉冲波，其高度随着 V_{cm} 的增大而略有减小，导致平均电流 I_{c0} 和基波电流 I_{cm} 微微下降，但也可近似认为不变。因此，电源功耗 P_d（$=V_{cc}I_{c0}$）微微下降，而放大器输出功率 P_o（$=V_{cm}I_{cm}/2$）则近似线性增加，使得集电极输出效率 η_c（$=P_o/P_d$）线性上升。

（2）在过压状态下，i_C 为中间凹陷的脉冲波，随着 V_{cm} 增大，其高度减小且凹陷加深（但由于谐振网络的选频滤波作用，在负载上依然可以得到近似不失真的基波分量），I_{c0} 和 I_{cm} 迅速下降，导致 P_o、P_d 双双下降。但由于 P_d 下降得更快一些，所以 η_c 稍有增加。

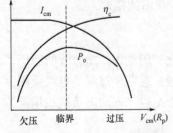

图 9-4-6　C 类功放的负载特性

由此，我们可以近似作出随 V_{cm} 增大，功放管从欠压→过压状态变化过程中，集电极基波电流 I_{cm}、功放管基波输出功率 P_o 及其效率 η_c 的变化关系，如图 9-4-6 所示。

从图 9-4-6 可以看出，当功放管处于临界且稍稍过压的状态时，P_o 及 η_c 都比较大，而在其他状态下，不是输出功率减小就是效率下降。因此，为了在功率和效率之间取得平衡，实际的 GSM RF PA 基本都处于稍稍过压的状态。

2. 饱和功放的由来

前面我们说过，为了在功率与效率之间折中，GSM PA 常常处于临界稍稍过压的状态。但是，我们也经常听到别人说，GSM RF PA 是饱和功放，笔者在一些网络论坛和文献中也经常看到与饱和功放类似的说法。

话说有一次，某 RF 工程师给大家做培训，就说到 GSM RF PA 为饱和功放。恰好笔者也参加了这个培训，会后笔者与他讨论饱和功放的确切含义。他说，饱和功放就是管子工作在饱和区的意思。笔者又问，一直在饱和区？他说是的。于是笔者笑了，也就没再问下去。

我们知道，功放有线性/非线性的区分，也有模拟/数字（开关）的区分。那么，饱和功放到底是什么意思？

与饱和相对应的概念是截止，如果有单纯的饱和功放，那不难想象，似乎也应该有单纯的截止功放（就像世界上有负电子，但也有正电子一样）。但是，我们从没有听说过"截止功放"一词。联想一下音频电路中的数字功放（即 D-Class 功放），这种类型的功放在工作时，其功率管一直处于饱和/截止相互切换的工作状态（故也称开关功放），不可能一直饱和，更不可能一直截止。同样的道理，RF PA 如果采用开关功放，也必须使功率管处于饱和/截止相互切换的状态，不存在单纯的饱和功放或截止功放一说。

另一方面，我们仔细观察图 9-4-3 可以知道，C 类功放在一个信号周期内，管子要经历导通（AB 段）→截止（BD 段）→截止（DB 段）→导通（BA 段）这四个过程。对于导通而言，有可能是饱和导通，也有可能是处于线性区的导通（简称线性导通）。但无论如何，管子至少有一半以上时间处于截止态，另一小半时间要么处于线性导通状态，要么还会从线性导通过渡到饱和导通，不存在如那位 RF 工程师所讲的一直处于导通一说，更不存在一直处于饱和导通一说！

其实，饱和功放更多的是与动态负载线顶点所处的位置相关。根据图 9-4-5，A1、A、A2 分别是三条动态负载线的顶点，且 A1 位于线性区，A 为临界点，A2 位于饱和区。以 A2 所代表的负载线为例（可近似认为三条动态线在横轴同时交汇于 B 点）：

A2←→E：瞬时点在饱和区的动特性；
E←→B：瞬时点在线性区的动特性；
B←→D：瞬时点在截止区的动特性。

因此，处于过压状态下的 C 类功放，其动特性为 A2→E→B→D→B→E→A2，从而构成一个饱和→线性→截止→线性→饱和的完整循环。

严格说来，把过压状态的 C 类功放单纯地称为饱和功放是不准确的。笔者猜测，之所以大家都这么叫，可能是由于过压状态的功放管在导通阶段，一定会在某个瞬间或某个时段达到并稍稍超过饱和状态，故而称之为"饱和功放"，但这并不表明功率管就不会进入线性区和截止区。后面，我们在介绍 C 类功放基极调制特性时，会进一步谈到饱和的概念。

由此看出，一些司空见惯、约定俗成的说法，如果仔细推敲，其背后所蕴含的意义可能会让我们大吃一惊。所以，做工程师的最忌讳"人云亦云"！

3. 高效率

前面我们一直说，C 类功放的效率比较高，但事实上，我们并没有对此结论进行证明。下面，我们先从直观波形上理解其物理概念，然后再从理论上给出数学证明。

首先看直观波形，如图 9-4-7 所示（为作图方便，假定导通角为 90°）。

从图中不难发现，当 i_C 取 i_{Cmax} 时，V_{ce} 取 V_{cemin}（近似为 0）；当 V_{ce} 逐渐增大时，i_C 又逐渐减小；当 V_{ce} 取 V_{cemax} 时（其实当 $V_{ce} = V_{cc}$ 时，i_C 已经下降为 0），i_C 为 0。因此，在一个信号周期内，集电极平均管耗 $P_c = (1/T)\int (i_C V_{ce})\mathrm{d}t$ 很小，也即效率高。理论上，D 类功放的效率更高，因为此时功率管只有饱和与截止两种状态，不像 C 类功放有一个 V_{ce} 逐渐增大、i_C 逐渐减小的过程。对于 D 类功放，当管子饱和导通时，虽然 i_C 取 i_{Cmax}，但 V_{ce} 近似为 0；当管子截止时，虽然 V_{ce} 取最大值 V_{cemax}，但 i_C 近似为 0。因此，D 类功放的管耗 $P_c = (1/T)\int (i_C V_{ce})\mathrm{d}t \rightarrow 0$，其效率更高。顺便说一句，开关电源效率高于线性电源，其物理本质也是如此，读者朋友不妨参见提高篇的 5.2.3 节。

前面，我们通过直观波形已经知道，C 类功放的电源效率的确要高于 A、B 类功放。事实上，利用傅里叶正弦级数展开，可以在数学上严格证明这一点，而且还能够计算出任意导通角 θ 所对应的效率。

现在，把导通角 θ 的影响考虑进去，将图 9-4-7 重画为图 9-4-8。

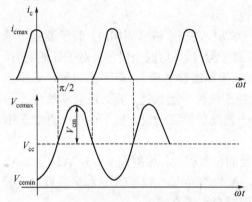

图 9-4-7　C 类功放集电极电流与电压波形（一）

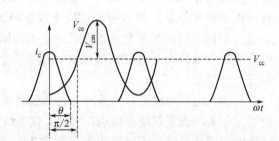

图 9-4-8　C 类功放的集电极电流与电压波形（二）

只需将集电极脉冲电流 i_C 进行傅里叶正弦级数展开，就可以得到其直流分量 I_{c0} 与基波分量 I_{cm}，则功放输出功率为 $P_o = (1/2)V_{cm}I_{cm}$，电源提供功率为 $P_d = V_{cc}I_{c0}$，由此得电源效率：

$$\eta_c = P_o / P_d = (1/2)V_{cm}I_{cm} / V_{cc}I_{c0}$$

由于 V_{cm} 近似等于 V_{cc}，则

$$\eta_c = P_o / P_d = (1/2)I_{cm} / I_{c0} \tag{9-4-6}$$

在此，我们就不具体推导 I_{c0} 与 I_{cm} 的表达式了，直接给出结论（推导过程可参考陈邦媛的《射频通信电路》）：

$$\eta_c = \frac{1}{4}\frac{2\theta - \sin(2\theta)}{\sin\theta - \theta\cos\theta} \tag{9-4-7}$$

对于 A 类功放，代入 $\theta = \pi$，则 $\eta_c = 50\%$；若为 B 类功放，代入 $\theta = \pi/2$，则 $\eta_c = \pi/4 = 78.5\%$。由此可见，这与我们在低频电子线路课程中学习 A、B 类功放时得到的结论完全相同。根据式（9-4-7），还可以画出功放效率与导通角之间的关系曲线，如图 9-4-9 所示。

从图 9-4-9 可以看出，当导通角为 0° 时，效率最高，但管子截止，基波功率为 0，不可取；导通角为 90° 时，为 B 类功放，效率为 78.5%（图中 B 点所示）；导通角为 180° 时，则退化为 A 类功放，效率最低，仅为 50%。

因此，为了获得高效率并兼顾大的输出功率，通常把 C 类放大器的导通角 θ 设置为 60°～80°。

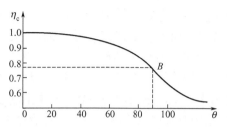

图 9-4-9　功放导通角与效率的变化关系

4．调制特性

C 类功放的调制特性分为集电极调制特性和基极调制特性两种。由于集电极调制特性与功率控制密切相关，而且它还是 EDGE 系统 Polar Modulation PA 的原型，所以我们重点分析一下 C 类功放的集电极调制特性。

我们知道，一个无线电发射机离不开信号调制，但调制既可以在低电平侧实现（即小信号侧），然后通过高频功放放大到所需的功率；也可以在高电平侧实现，直接对高频功放进行信号调制。民用中波与短波广播电台多采用 AM（调幅）方式，而 C 类功放是非线性放大器，并不适合放大非恒定包络的 AM 信号（会产生包络失真与频谱再生现象）。因此，为了充分利用 C 类功放效率高的优点，AM 信号通常是直接在功率放大器中同时完成调制与放大的，通过牺牲一些调制线度来换取发射机的高效率。在集成电路芯片诞生之前，AM 广播电台均是在高电平侧完成信号调制的，目前也有一些业余电台依然采用这种方式。

在本节开始的时候我们说过，集电极调制特性是指固定 V_{bb}、V_{bm} 和 V_{cm} 后，放大器输出特性随 V_{cc} 变化的结果。由于 V_{bb}、V_{bm} 和 V_{cm} 恒定，v_{BEmax} 及 i_C 脉冲宽度就保持不变，因而对应于 v_{cemin}（$=V_{cc}-V_{cm}$）的动态点势必在 $v_{BE}=v_{BEmax}$ 那条输出特性曲线上移动。当 V_{cc} 由大变小时，相应地 v_{cemin} 也由大变小，则放大器从欠压状态逐步进入到过压状态，i_C 脉冲波形也由接近余弦变化逐渐变为中间凹陷，如图 9-4-10 所示。

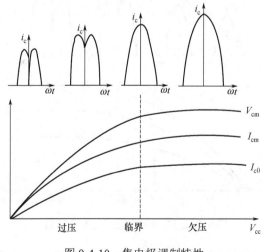

图 9-4-10　集电极调制特性

由图 9-4-10 可以看出：在欠压状态下，随着 V_{cc} 减小，i_C 高度略有减小，因而 I_{cm}、I_{c0} 以

及 V_{cm}（$= I_{cm}R_p$）也将略有减小；而在过压状态下，随着 V_{cc} 减小，i_C 高度进一步降低，凹陷加深，因而 I_{cm}、I_{c0} 及 V_{cm} 将迅速减小。

因此，当 C 类功放处于过压状态时，控制 $V_{cc}(t)$（$=V_{cc}+v_\Omega(t)$），就能够控制 I_{cm} 以及 V_{cm}，从而控制功放的输出功率。进一步地，如果 $V_{cc}(t)$ 可以随着调制信号 $v_\Omega(t)$ 变化，则可在集电极回路上产生振幅按调制信号 $v_\Omega(t)$ 规律变化的调幅电压 $V_{cm}(t)$，从而实现集电极调制（但要确保在 $V_{cc}(t)$ 的变化范围内，功率管总能处于过压状态，也即动态负载线的顶点一直位于饱和区），如图 9-4-11 所示。

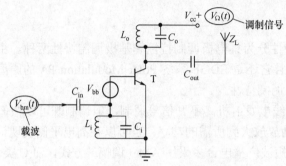

图 9-4-11　C 类功放的集电极调幅电路

接着简要介绍一下基极调制特性。基极调制特性是指 V_{cc}、V_{bm} 以及 R_p 恒定时，放大器性能随 V_{bb} 变化的特性。当 V_{bm} 一定，而 V_{bb} 自负值方向往正值方向增大时，集电极电流脉冲 i_C 不仅宽度增加，而且还因 v_{bemax} 增大而使其高度增加，因此 I_{c0} 和 I_{cm} 增大，结果使 V_{cm} 增大、v_{cemin} 减小，放大器由欠压状态进入到过压状态。之后，随着 V_{bb} 向正值方向进一步增加，i_C 的宽度和高度也均有增加，但同时凹陷也加深，结果使 I_{c0} 和 I_{cm} 均有增加，但增加较为缓慢，可近似认为不变。整个变化过程如图 9-4-12 所示。

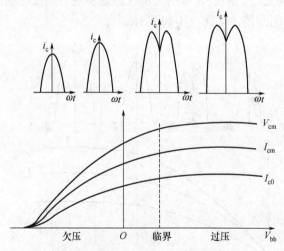

图 9-4-12　C 类功放的基极调制特性

实际使用中一般不会改变功放的偏置电压 V_{bb}，而是改变驱动电压 V_{bm}。事实上，固定 V_{bb}、改变 V_{bm} 和上述固定 V_{bm}、改变 V_{bb} 的情况类似，它们都是使集电极电流脉冲 i_C 的宽度和高度增大，放大器由欠压状态逐渐进入过压状态，其变化特性与图 9-4-12 所示的基极调制特性基本相同。

由此可见，只要在基极驱动信号 $V_{bm}(t)$（$= V_{bm} + v_\Omega(t)$）的变化范围内，功率管总能处于欠压态（也即动态负载线的顶点一直位于线性区），就可以在集电极回路上产生振幅按调制信号 $v_\Omega(t)$ 规律变化的调幅电压 $V_{cm}(t)$，从而实现基极调制。而如果在 $V_{bm}(t)$ 的变化范围内，功率管总处于过压状态，虽不能实现调制效应，但可在集电极回路上输出功率较大、幅度恒定的信号，从而实现限幅效应。然而正如之前所说的，过压的概念太过抽象，所以人们采用了更加通俗的说法："把功放推到饱和态"。

实际电路中集电极调制电路比基极调制电路更为常见一些。首先，集电极调制下的管子工作在过压区，基极调制下的管子工作在欠压区，而管子在过压（偏临界）状态下的输出功率和效率要更好一些（参见图 9-4-6）；其次，在基极调制电路中，将调制信号加载到管子的基极会产生基区宽度调制效应，线性度较差。

9.4.3　极化调制 PA

EDGE，全称为 Enhanced Data Rate for GSM Evolution，即数据增强型 GSM。由名字不难看出，EDGE 的本质是 GSM，只不过增强了其数据通信能力。

就协议栈层看，EDGE 要比 GSM 复杂得多，但这毕竟不是手机硬件研发工程师所关注的问题，我们就不讨论了。就物理层而言，EDGE 对 GSM 做了两点优化：一是把单时隙扩充为多时隙；二是把 GMSK 调制改成了 8PSK 调制。

不难想象，从单时隙扩充到多时隙，即便符号传输率不变，但通过增加单位时间内的传输次数，就可以明显增加数据传输量；而把 GMSK 调制改成 8PSK，相当于从每符号 1 bit 提高到 3 bit，极大提高了数据传输率。两方面结合，就使得 EDGE 的数据传输率比 GSM 提高了很多倍。

9.3.4 节已经详细分析过，M-PSK 已调信号为非恒包络，必须采用 A 类线性功放，否则就会导致频谱再生问题。因此，EDGE 的 8PSK 调制信号理应采用 A 类线性功放，而不是 GSM 的 C 类非线性功放。那么，如何解决 EDGE 与 GSM 共用一颗 RF PA 的问题呢？

一个比较容易想到的方法就是动态调整 PA 的的静态工作点。在 GSM 时，把 RF PA 偏置在 C 类；在 EDGE 时，则把 RF PA 偏置在 A 类，从而实现 EDGE 所要求的线性放大。但如果采用这种方法，在 EDGE 状态下，功放管的效率太低，因为根据式（9-4-7）可以计算出来，其理论最高效率不过才 50% 而已。所以，这个方法不可取。

现在，不妨重新审视一下 GSM 手机 C 类功放的工作特性：

（1）为了兼顾高输出功率与高效率，将功放设置在临界偏饱和的状态，即临界稍稍过压，可参考图 9-4-6 所示的负载特性曲线；

（2）驱动级需要提供足够的驱动电压 $V_{bm}(t)$，促使功放进入过压状态，可参考图 9-4-12 所示的基极调制特性曲线；

（3）在过压状态下，控制管子的集电极电压 $V_{cc}(t)$，就可以控制其输出功率 $P_o(= V_{cm}I_{cm}/2)$，可参考图 9-4-10 所示的集电极调制特性曲线。

对于 EDGE 的 8PSK 信号，既含幅度信息又含相位信息，所以不妨把它看成一个幅度、相位双重调制的信号：

$$S_{8PSK}(t) = A(t)\cos(2\pi f_c t + \varphi_k) \tag{9-4-8}$$

于是，把 $\cos(2\pi f_c t + \varphi_k)$ 作为载波信号，加入基极回路（利用特性 2）；再把 $A(t)$ 作为幅度调制信号，加入集电极回路（利用特性 3），就可以近似实现线性放大了。这便是所谓的极化调制 PA（Polar Modulation PA），简称 Polar PA，如图 9-4-13 所示。

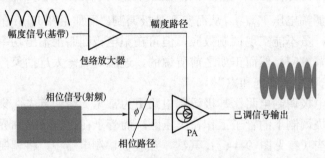

图 9-4-13　极化调制 PA 架构

至于 $A(t)$ 和 $\cos(2\pi f_c t + \varphi_k)$，则都是由基带信号 $I(t)$、$Q(t)$ 转换而来的，方法很简单，就是从笛卡儿坐标系（Cartesian Coordinate）转换成极坐标系（Polar Coordinate）而已，所以这种方法被称为 Polar PA，而 Modulation 一词则源于集电极调制信号 $A(t)$。两相结合，故才有 Polar Modulation PA 一说。

图 9-4-14 和图 9-4-15 分别给出了普通 Polar PA 架构（图中对载波幅度做了归一化），以及高通 RTR8285A 中的 Polar PA 架构。

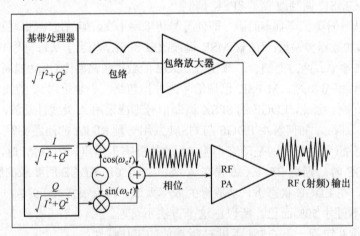

图 9-4-14　普通 Polar PA 架构

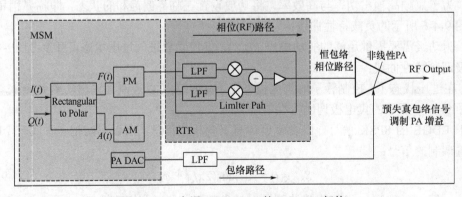

图 9-4-15　高通 RTR6285A 的 Polar PA 架构

事实上，如果我们仔细对比图 9-4-11（传统的 AM 发射机架构）与图 9-4-13 或图 9-4-14 所示的极化调制 PA 架构就不难发现，两者其实并没有什么本质区别。

利用 Polar PA，实现了 8PSK 信号的线性放大。然而，这种线性放大是在忽略了一些条件后才得以实现的，如果考虑到这些条件，情况就不是那么简单了。比如，为了尽可能地提高功放的输出功率，通常会将功放推至接近饱和的状态（即便对于 Polar PA 也是如此）。此时，功率管工作在大信号状态。与小信号状态不同，在大信号状态下工作的功率管，其管子参数会随着信号幅度的变化而变化，尤其是管子的输入/输出阻抗、极间电容等，从而导致管子的 S 参数发生变化，引起各种非线性失真（即 AM→AM 和 AM→PM 畸变）。因此，为了确保管子处于线性状态，还需要一些额外的技术手段。

一个最容易想到的方法，就是功率回退（Power Back-off）。既然管子的输出功率越大，其非线性失真越明显，那么可以适当降低管子的输出功率，从而优化其线性度指标（可利用 3 阶互调进行定量计算，见第 10 章的 10.2.3 节）。所以，3GPP 协议规范有如下要求：GSM 手机在 Low Band 下的最大输出功率为 33 dBm，High Band 为 30 dBm；EDGE 手机在 Low Band 下为 27 dBm，High Band 为 26 dBm；而对于线性度要求更高的 WCDMA 系统，则无论 Low Band 还是 High Band，都固定在 24 dBm。

除了功率回退，还可以采用负反馈、预失真等方案。负反馈的概念很好理解，不再赘述，其架构如图 9-4-16 所示。

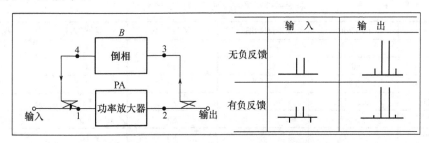

图 9-4-16 改善线性度的负反馈法

预失真（Pre-distortion）则是将信号通过一个非线性发生器预先产生一个畸变信号，然后送入功放中，抵消功放的非线性失真，如图 9-4-17 所示。

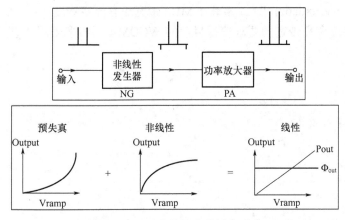

图 9-4-17 改善线性度的预失真法

高通 RTR6285A 采用的就是预失真法，只不过其非线性发生器采用数字信号处理算法实现，而非实际物理器件。首先测量 PA 输出特性曲线，然后依据该特性曲线作出其反函数，再分段计算每一段的补偿量（分段是为减小计算复杂度），最后将计算结果存储在 NV 中，即完成了线性化工作。使用时，则通过查表，直接找到对应的补偿量即可。

9.4.4　WCDMA 线性 PA

前面，我们介绍了 GSM RF PA 和 EDGE RF PA，也知道了它们其实是同一颗 RF PA，只不过在 GSM 时工作于非线性状态，而 EDGE 时工作于线性状态。

从调制原理上看，WCDMA 为 M-PSK 方式，同样必须采用线性 RF PA。那么，WCDMA 手机可以采用与 EDGE 手机相同的 Polar PA 吗？如果可以的话，这将会大大降低手机成本和设计难度。

然而，WCDMA 手机却不能采用 Polar PA！

我们之前说过，WCDMA 手机无论在 Low Band 还是 High Band，其最大输出功率仅为 24 dBm。因此，WCDMA 的功率回退量超过 EDGE，更超过 GSM。由此可以推测，WCDMA 手机对功放线性度的要求比 EDGE 更高。这实际上可以从表 9-4-1 中 PAR（Peak Average Ratio，峰均比）一栏看出来：PAR 越大，说明信号包络变化越厉害，对功放的线性度要求也越高。而 GSM 为恒包络信号，PAR 为 0 dB，故而可以采用非线性功放。

表 9-4-1　各制式手机的 PAR 对比

系统	PAR/dB	PMR/dB	PCDR/dB	带宽/MHz	接入方式
GSM	0	0	30	0.2	TDMA
GPRS	0	0	30	0.2	TDMA
EDGE	3.2	17	30	0.2	TDMA
CDMA ONE	5.5~12	∞	73	1.25	CDMA
UMTS	3.5~7	∞	80	5	CDMA
cdma2000	4~9	∞	80	1.25	CDMA
802.11a/g	8~10	∞	25	20	TDMA

除此以外，WCDMA 为扩频系统，其已调信号带宽为 5 MHz，而 GSM 或 EDGE 为窄带通信，其已调信号带宽仅为 200 kHz（注意：已调信号带宽与频段带宽不是一个概念）。以目前的技术，在 Polar Modulation PA 上实现 5 MHz 带宽还有一定难度。

因此，高线性度和高带宽的要求使得目前的 WCDMA 手机多采用 A 类线性功放。

第 10 章

常规 RF 性能指标

上一章详细介绍了手机中的收/发信机架构、数字调制/解调、RF PA 等基础知识。本章首先回顾一下与射频（RF）相关的常规指标，了解这些指标的物理意义和测试方法；然后，以 GSM 手机为基础，介绍手机射频电路的测试方法与判定门限；最后，再简要介绍一些在 CDMA、蓝牙、Wi-Fi 等系统中出现的 RF 指标。

10.1 测试规范

与音频通话测试类似（可以参考第 7 章"语音通话的性能指标"），手机射频电路也是有指标要求的。不仅如此，正规手机要取得入网许可证，还必须通过各个国家或地区的硬性测试。其中，射频指标是极其重要的一环。

但是，射频指标与音频指标不一样，音频指标的最终载体是人，而射频指标的最终载体是无线电波。所以，不管是何种制式，音频指标的判定都是以人的主观感受为基础，即便 3GPP TS26.131 这种音频客观指标，也是以人体感受为基本出发点的。但射频指标则完全不同，只要不会对人体产生过量辐射（如 SAR 指标），仅需考虑"无线电波的感受"即可。比如 GSM 采用 Burst 方式发射，而 CDMA 采用连续方式发射，所以 GSM 手机有开关谱的概念，而 CDMA 手机则没有。

因此，手机射频指标与具体的制式密切相关！

而对于同一种制式的手机，不同的国家或地区也会有不同的强制要求。通常，美国、欧洲的标准较为严格。但无论如何，所有要求都是基于 3GPP 规范来设定的，只是各个国家考虑到自己的实际情况，取舍不同而已。

因此，我们将以 3GPP 标准规范为蓝本，介绍一些常规的 RF 性能指标，至于其他次要的、特殊的指标，有兴趣的读者可以自行查阅相关规范文档。

10.2 RF 基础知识

这一节，我们先简单回顾一下与 RF 有关的基础知识。

10.2.1 频段划分

通常，按照频率的高低把电磁频段划分如表 10-2-1 所示。

极低频（Extremely Low Frequencies）：30～300 Hz 的信号，并包含交流配电信号（50 Hz）和低频遥测信号。

表 10-2-1 电磁频段划分

名 称	频 段	波 长
极低频（ELF）	30～300 Hz	10^7～10^6 m
音频（VF）	300～3000 Hz	10^6～10^5 m
甚低频（VLF）	3～30 kHz	10^5～10^4 m
低频（LF）	30～300 kHz	10^4～10^3 m
中频（MF）	300～3000 kHz	10^3～10^2 m
高频（HF）	3～30 MHz	10^2～10 m
甚高频（VHF）	30～300 MHz	10～1 m
特高频（UHF）	300～3000 MHz	1～0.1 m
超高频（SHF）	3～30 GHz	0.1～0.01 m
极高频（EHF）	30～300 GHz	10～1 mm
红外线（Infrared）	0.3～300 THz	1～0.001 mm
可见光（Visible Light）	0.3～300 PHz	1～0.001 μm

极低频（Extremely Low Frequencies）：30～300 Hz 的信号，包含交流电网（50/60 Hz）和低频遥测信号。

音频（Voice Frequencies）：300～3000 Hz 的信号，人类语音通常落在这个频段内。因此，标准电话信道带宽为 300～3000 Hz，称为语音频率或语音频带信道。

甚低频（Very Low Frequencies）：3～30 kHz 的信号，包括人类听觉范围的高端。VLF 用于某些特殊的政府或军事系统，比如潜艇通信。

低频（Low Frequencies）：3～300 kHz 的信号，主要用于船舶和航空导航。

中频（Medium Frequencies）：300 kHz～3 MHz 的信号，主要用于商业 AM 无线电广播（535～1605 kHz）。

高频（High Frequencies）：3～30 MHz 的信号，常称为短波（Short Wave，收音机中简写为 SW）。大多数双向无线电通信使用这个范围，著名的 VOA 即在 HF 频带内。业余无线电和民用波段（CB）无线电也使用 HF 范围内的信号。笔者曾经自制过一种调频对讲机，工作频率为 29.6 MHz（开放频段），使用的就是短波频段。只不过通常的短波电台采用调幅或单边带方式，笔者的对讲机采用调频方式而已。

甚高频（Very High Frequencies）：30～300 MHz 的信号，常用于移动通信、船舶和航空通信、商业 FM 广播（88～108 MHz）及频道 2～13（54～216 MHz）的商业电视广播。

特高频（Ultra High Frequencies）：300 MHz～3 GHz 的信号，由商业电视广播的频道 14～83、陆地移动通信业务、蜂窝电话、某些雷达和导航系统、微波及卫星无线电系统所使用。一般说来，1 GHz 以上的频率被认为是微波频率，它包含 UHF 范围的高端。

超高频（Super High Frequencies）：3～30 GHz 的信号，包括主要用于微波及卫星无线电通信系统的频率。

极高频（Extremely High Frequencies）：30～300 GHz 的信号，除了十分复杂、昂贵及特殊的应用外，很少用于无线电通信。

红外线（Infrared）：0.3～300 THz 的信号，通常不认为是无线电波。红外线归入电磁辐射，通常与热有关系。红外信号常用于热寻的制导系统、电子摄影及天文学。

可见光（Visible Light）：可见光指落入人类视觉范围内（0.3～300 PHz）的电磁频率。

根据表 10-2-1 不难看出，目前的手机通信位于特高频（Ultra High Frequency）频段。但是，人们为什么把手机频段设置在 900 MHz 频段附近呢？

20 世纪 60 年代，贝尔实验室为预研和规划蜂窝移动电话系统，选用了 800～900 MHz 频率范围。这有两个好处：

一是可充分提高频谱利用能力。例如，在 35 MHz 时，1%带宽仅为 350 kHz；而在 800 MHz 时，1%带宽约为 8 MHz。

另一个优点是电路元件的尺寸可大为降低，实现小型化手持系统。根据电磁波波长与频率的关系不难知道，电磁波频率越高，则波长越短，天线也就越容易辐射电磁波。

后来，为了扩充系统容量，又陆续增加 850 MHz、1800 MHz、1900 MHz、2100 MHz 等频段。但对于移动电话应用来说，扩展到更高的范围也有实际限制，因为多径衰落会随频率增高而大大增加。当高于 10 GHz 时，除了严重的多径衰落外，降雨也是一个重要的衰减因素。所以，10 GHz 以上的频率对于移动通信是不适合的。实际应用中，对于频率超过 3 GHz 的无线电通信，必须充分考虑风、云、雨、雪等气候变化带来的影响。由此也可以推知，频段较高的卫星电视更容易受到天气的影响。

10.2.2 常见物理单位

RF 性能指标的测量离不开仪表的支持，因此有必要搞清楚仪表上一些常见物理单位的意义。

1. dB

dB 是一个表征相对值的单位。

dB 最早用于功率对比，按 $10 \lg (P_2/P_1)$ 计算。因此，如果 P_2 比 P_1 大一倍，则可理解为 P_2 比 P_1 高 $10 \lg (P_2/P_1) = 3$ dB。

由于 dB 原本用于功率对比，因此在用于电压或电流对比时，人们把 $10 \lg$ 改为了 $20 \lg$，如 $20 \lg (V_2/V_1)$。因此，如果 V_2 比 V_1 大一倍，则可理解为 V_2 比 V_1 高 $20 \lg (P_2/P_1) = 6$ dB。

2. dBm

与 dB 表示相对值的概念不同，dBm 其实是一个功率绝对值，按 $10 \lg (P/1 \text{ mW})$ 计算。

比如发射功率 P 为 1 mW，代表 0 dBm；对于 1 W 的功率，按 dBm 单位进行折算后的值则为：$10 \lg (1 \text{ W}/1 \text{ mW}) = 10 \lg 1000 = 30$ dBm。

3. dBc

有时我们也会看到 dBc，它也是一个表示功率相对值的单位，与 dB 的计算方法完全一样。

一般来说，dBc 是相对于载波（Carrier）功率而言，在大多数情况下，用来度量信号与载波功率之间的相对值，比如用来度量干扰（同频干扰、互调干扰、交调干扰、带外干扰等），以及耦合、杂散等的相对量值。

事实上，在采用 dBc 的地方，原则上也可以使用 dB 替代。

4. dBμV

dBμV 是以 1 μV 为比较单位的，即 $dBμV = 20 \lg (v/1μV)$。

根据功率与电平之间的基本公式 $P = V^2/R$，可知 $20\lg V = 10\lg P + 10\lg R$，再代入 $\mathrm{dB\mu V} = 20\lg(v/1\mu V)$ 及 $\mathrm{dBm} = 10\lg(P/1mW)$ 不难计算出：

$$\mathrm{dB\mu V} = 90 + \mathrm{dBm} + 10\lg R \qquad (10\text{-}2\text{-}1)$$

10.2.3　常见指标

本节简要回顾一下 RF 测量中的关键指标。这些指标有些已经写入 3GPP 协议（如邻道功率比），有些虽没有在 3GPP 中定义，但与 RF 性能密切相关（如特征阻抗）。

事实上，这些指标对于手机研发调试所用的仪表，如综测仪、频谱仪、信号发生器、矢网分析仪等，也是非常重要的。而且实事求是地讲，这些指标对仪表的重要性远高于手机。毕竟，手机靠仪表来检测，如果连仪表性能都不咋地，还怎么检测手机？！

1．特征阻抗 Z_C

特征阻抗 Z_C 是针对高频传输线而言的。对于无损传输线，它定义为传输线的单位长度电感 L_0 比上单位长度电容 C_0，再取均方根，即

$$Z_C = \sqrt{\frac{L_0}{C_0}} \qquad (10\text{-}2\text{-}2)$$

请读者朋友注意，式（10-2-2）所描述的特征阻抗非常重要，以它为基础，还可以进一步得到反射系数 ρ、驻波比 VSWR（Voltage Standing Wave Ratio）等概念，它们在高频、微波、信号完整性等领域获得了广泛应用。另外，实际的传输线都是有损耗的，但在信号频率较高的情况下（如 PCB 为 FR4 介质时，转折频率大约在 10 MHz 数量级），有损线基本上处于低损耗区。此时，有损线的特征阻抗 Z_C 基本上等同于无损线的值。关于这部分内容，我们将在高级篇中的第 14 章"信号完整性"中做进一步分析，本章就不展开了。

通常，手机中的单端传输线特征阻抗为 50 Ω，差分线则为 100 Ω（实际上要略小一些）。

2．噪声系数 F

噪声系数定义为系统输入信噪比 $\mathrm{SNR_{in}}$ 与系统输出信噪比 $\mathrm{SNR_{out}}$ 的比值，即

$$F = \frac{\mathrm{SNR_{in}}}{\mathrm{SNR_{out}}} = \frac{P_i / N_i}{P_o / N_o} \qquad (10\text{-}2\text{-}3)$$

通常，噪声系数也用分贝表示，即

$$\mathrm{NF}\,(\mathrm{dB}) = 10\lg F \qquad (10\text{-}2\text{-}4)$$

由于电路中不可避免地含有各种噪声，所以即便一个输入信噪比为无穷大的信号（即输入信号为不含噪声的纯净信号），输出信号也不可能是绝对纯净的，它必将含有一定的噪声。因此，输出信噪比一定会下降，也就是说噪声系数 F 恒大于 1，即 $\mathrm{NF} > 0\ \mathrm{dB}$。

噪声系数广泛用于高频低噪声放大器（Low Noise Amplifier，LNA）的性能分析中。我们知道，低噪放的性能在很大程度上决定了接收机的接收灵敏度，对于手机自然也不例外。因此，如何降低噪声系数，特别是级联系统的等效噪声系数（见图 10-2-1），是提高接收机灵敏度很重要的一环。关于级联系统等效噪声系数的计算方法，笔者直接给出结论，请读者朋友自行查阅相关教材。

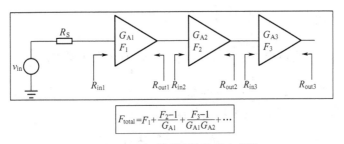

图 10-2-1　级联系统等效噪声系数

可见，第一级放大器的噪声系数 F_1 对于整个级联系统来说最为关键。如果第一级放大器没有增益（即 $G_{A1}<0$ dB），反而有损耗（如天线与接收机 LNA 之间插入的无源滤波器），则对降低系统的噪声系数不利。

与噪声系数等效的另一个概念是等效噪声温度。这两个概念其实只是描述系统内部噪声的方法不同，但完全等效，具有一一对应的关系，推导过程可参见陈邦媛教授的《射频通信电路》，笔者直接给出结论：

$$T_e = (F-1)T_0 \qquad (10\text{-}2\text{-}5)$$

其中，T_e 表示等效噪声温度，T_0 是系统所处的环境温度，F 则是系统在温度下的噪声系数。注意一点，这里的温度均采用开尔文温度，即绝对温度。等效噪声温度特别适合描述那些噪声系数接近 1 的部件，因为它对这些部件的噪声性能提供了比较高的分辨率，如表 10-2-2 所示（取 $T_0 = 290$ K）。

表 10-2-2　噪声系数与等效噪声温度的对应关系

NF/dB	F	Te/K
0.5	1.122	35.4
0.6	1.148	42.9
0.7	1.175	50.8
0.8	1.202	58.6
0.9	1.230	66.7
1.0	1.259	75.1

3. 谐波失真

对于低频电路来说，我们很少考虑谐波失真，但对于高频电路而言，谐波失真就不可以忽略了。究其原因，乃是低频电路通常采用线性模型而不会造成明显误差，高频电路则不然，比如振荡电路、高频放大器、混频电路、调制/解调电路等，它们都是非线性电路，尤其是混频电路，本就是利用器件的非线性原理才实现的频率加减。因此，在大学电子技术或通信工程专业中，通常把低频电路划分在线性电路课程中讲授，而把各种通信电路划分在非线性电路课程中。

根据高等数学的知识，一个具有 n 阶导数的连续函数，可以进行 n 阶泰勒级数（Taylor Series）展开：

$$f(x) = f(x_0) + f'(x_0)(x-x_0) + \frac{f^{(2)}(x_0)}{2}(x-x_0)^2 + \cdots + \frac{f^{(n-1)}(x_0)}{(n-1)!}(x-x_0)^{n-1} + R_n(x) \qquad (10\text{-}2\text{-}6)$$

其中，$R_n(x)$为误差余项：

$$R_n(x) = \frac{f^{(n)}(\xi)}{n!}(x - x_0)^n \qquad (\xi\text{ 在 }x\text{ 与 }x_0\text{ 之间}) \tag{10-2-7}$$

因此，对于 BJT 指数形式的伏安特性而言，可以把指数函数展开为幂级数的形式，代入 $x = v_{BE}/V_T = (V_{BEQ} + v_s)/V_T$，$x_0 = V_{BEQ}/V_T$，则

$$i_C = I_{CQ}e^{\frac{v_{BE}}{V_T}} = I_{CQ}e^{\frac{V_{BEQ}}{V_T}}\sum_{n=0}^{+\infty}\frac{(v_s/V_T)^n}{n!} \tag{10-2-8}$$

由此可见，输出电流中将包含输入信号 v_s 的各阶数项。相较于 $n=1$ 的基波项，$n \geqslant 2$ 的高阶项统称为谐波。一般情况下，随着阶数的上升，这些谐波项的系数迅速下降，趋近于零，因此一般只需考虑 $n = 2$、3 的偶次谐波和三次谐波项，只有在少数情况下会额外考虑到 5 次谐波。

由于谐波失真的存在，放大器会产生增益压缩（Gain Compression）现象。前面，我们把 BJT 的指数伏安特性展成了幂级数的形式，实际上，对于任何一种伏安特性，都可以展成式（10-2-6）所示的泰勒级数形式。只不过对于 BJT 来说，具有无穷阶的导数；而对于 MOS 管来说，只到 2 阶导数，而对于其他器件或者模块，可能有 3 阶导数或者更高阶的导数而已。因此，不管器件模型是什么，总可以把式（10-2-6）的泰勒级数按照幂指数进行同类项合并，写成如下形式：

$$f(v) = a_0 + a_1v + a_2v^2 + \cdots + a_{n-1}v^{n-1} + a_n(v) \tag{10-2-9}$$

然后，令 $v_1 = V_1\cos\omega_1 t = V_m\cos\omega_1 t$ 代入上式，在只考虑 $n \leqslant 3$ 的情况下，我们可以得到基波分量的表达式：

$$f_{base} = V_m\left(a_1 + \frac{3}{4}a_3V_m^2\right)\cos\omega_1 t = V_{base}\cos\omega_1 t \tag{10-2-10}$$

其等效幅度用 V_{base} 表示。

显然，如果 a_1 与 a_3 符号相反，则随着输入信号幅度 V_m 增加，输出基波分量的幅度 V_{base} 反而出现下降，即出现增益压缩的现象。为方便观察，我们采用对数坐标，则可以清晰地看到输出功率随着输入功率的增加而偏离线性的情况，如图 10-2-2 所示（图中同时标注了 1 dB 压缩点）。

至此，有读者可能会提出一个问题，增益压缩的前提条件是 a_1 与 a_3 符号相反，但这一定成立吗？在陈邦媛教授的《射频通信电路》中有这么一句话："如果 $a_3 < 0$（笔者注：意思就是 a_1 与 a_3 符号相反），这是通常的情况。"可见，这个假设并不总成立。为此，笔者查阅了相关资料，终于在东南大学射频与光电集成电路研究所陈志恒编著的《射频集成电路设计基础（讲义）》中发现这样的论述："这种假设并不在所有情况下成立。例如，共发射极的三极管放大器，其集

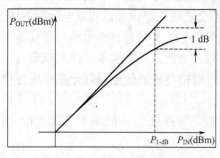

图 10-2-2　增益压缩示意图

电极电流与基极电压之间的指数关系使 a_1 与 a_3 符号相同。但这时我们依然可以观察到增益压

缩的情况，这主要是由于晶体管受电源电压的限制而工作在非线性区所引起的。对于差分电路，包括 Bipolar 和 CMOS，a_1 与 a_3 确实具有不同的符号。"其实，这段话还可以从另一个角度理解，就是由于我们所采用的指数模型没有充分考虑管子在不同工作条件下的状态变化，或者忽略了某些不该忽略的高阶项，导致其精度不够。因此，可以把增益压缩看成一个普遍现象，而不必纠结于 a_1 与 a_3 符号是否相反了。

根据式（10-2-10），可以计算出 1 dB 压缩点对应的输入信号幅度：

$$20 \lg \left| a_1 + \frac{3}{4} a_3 V_{m\_1dB}^2 \right| = 20\lg |a_1| - 1 \text{ dB} \tag{10-2-11}$$

即

$$V_{m\_1\,dB} = \sqrt{0.145 \left| \frac{a_1}{a_3} \right|} \tag{10-2-12}$$

由此可见，1 dB 增益压缩点仅仅取决于放大器的类型及工作点。顺便说一句，对于由 BJT 构成的混频电路，只要把 $v_s = V_1\cos\omega_1 t + V_2\cos\omega_2 t$ 代入式（10-2-8）就不难发现，输出信号包含的频率分量为 $m\omega_1 \pm n\omega_2$，再利用带通滤波器选出所需的频率分量，就实现了混频功能。但很明显，若采用 BJT 混频电路，输出信号中含有太多我们不需要的频率分量。所以，为了改善这种情况，人们发明线性时变电路，将输出信号的频率分量变为 $m\omega_1 \pm \omega_2$，减少了与 ω_2（或 ω_1）相关的众多高次项。进一步地，如果采用 MOS 管混频电路，由于 MOS 管的伏安特性呈平方律关系，因而可以进一步略去更多的无用分量，只生成 $\omega_1 \pm \omega_2$ 的中频信号，大大提升了混频线性度。

4. 互调失真

在分析谐波失真时，假定电路中仅有一个输入信号。但实际上，由于滤波电路不可能是理想的，所以输入到电路的信号往往不止一个。比如前面所说的混频器，本来就要求两个输入信号，其中一个是本振，另一个是信号。但是，对于一个宽带高放而言，同时输入两个信号就有可能出现交调失真和互调失真；对于混频器而言，如果同时输入 3 个及 3 个以上信号，也会产生交调与互调。

交调失真的英文全称为 Cross-Modulation Distortion，互调失真的英文全称为 Inter-Modulation Distortion。与分析增益压缩类似，可以把 $v = v_1 + v_2$ 代入到式（10-2-9）中，就不难得到输出信号的表达式。其实，对于交调失真，只不过 v_1 是正弦信号、v_2 是调幅信号；而对于互调失真，则 v_1、v_2 均为正弦信号。因此，交调失真与互调失真在原理分析上并没有本质区别，本书就不予区分，统称为互调失真了。下面，我们介绍非常重要的三阶互调截点的概念。

以输入信号为正弦波的高频放大器为例。令 $v_1 = V_1\cos\omega_1 t$，$v_2 = V_2\cos\omega_2 t$ 为高放的两个输入信号（GSM 基站通常会有多个不同频率的输入信号），代入式（10-2-9）中，则放大器的输出信号中包含 $m\omega_1 \pm n\omega_2$ 的各种频率分量。但是，随着谐波阶数的上升，对应的系数趋近于零，因此只要考虑 m、n 为较小值的那些分量（通常 m、$n \leqslant 3$）。其次，由于滤波器的存在，会进一步滤除不需要的频率分量。假设本例的高放，ω_1 与 ω_2 处于滤波器的通带内，但是 ω_2 比较靠近 ω_1（比如 ω_1 为 62 信道，ω_2 为 63 信道），则显然有 $(2\omega_1 - \omega_2) \rightarrow \omega_1$ 以及 $(2\omega_2 - \omega_1) \rightarrow \omega_2$。于是，这两个频率分量也可以通过滤波器而进入下级电路。显然，这两个频率分量对于信号 v_1 与 v_2 而言，是不期望出现的，可视为干扰。而且它们不是由两输入信号的谐波产生的，而是由这两个输入信号相互调制产生的，故而称其为互调失真。其中，由非线性器件的三次方项引起的互调称"三阶互调"（如本例 $m+n=3$），由五次方项引起的互调称五阶互调。三阶互调示意图如图 10-2-3 所示。

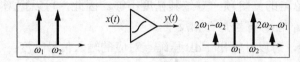

图 10-2-3　三阶互调的频谱

为方便进一步分析，不妨假设 $V_1 = V_2 = V_m$，忽略直流与高次项后，滤波器输出信号可用如下方程表示：

$$f(v) = V_m\left(a_1 + \frac{9}{4}a_3 V_m^2\right)\cos\omega_1 t + V_m\left(a_1 + \frac{9}{4}a_3 V_m^2\right)\cos\omega_2 t +$$

$$\frac{3}{4}a_3 V_m^3 \cos(2\omega_1 - \omega_2)t + \frac{3}{4}a_3 V_m^3 \cos(2\omega_2 - \omega_1)t \qquad (10\text{-}2\text{-}13)$$

根据式（10-2-10），可以很轻松地定义三阶互调失真比（用功率表示）：

$$P_{\text{IMR}} = \frac{P_3}{P_1} = \frac{\frac{1}{2}\left(\frac{3}{4}a_3 V_m^3\right)^2}{\frac{1}{2}(a_1 V_m)^2} = \left(\frac{3a_3}{4a_1}V_m^2\right)^2 \qquad (10\text{-}2\text{-}14)$$

由此可见，不仅是 1 dB 增益压缩点，放大器的互调失真比也仅仅取决于 a_3 与 a_1 的比值。接着，可以把基波功率 P_{o1}（不考虑 $9a_3 V_m^2/4$ 这项）与三阶互调功率 P_{o3} 画在同一张图中，如图 10-2-4 所示。

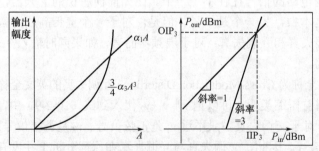

图 10-2-4　输出基波功率与三阶互调功率

图 10-2-4 中，左边为线性坐标（坐标轴为幅度，其中的 A 就是输入信号幅度 V_m），右边为对数坐标（坐标轴为功率）。采用对数坐标的好处就是可以把指数项转成系数项，因此基波输出功率与输入功率的斜率为 1，而三阶互调的斜率为 3，如图中所标注。

随着输入信号功率的逐渐增加，输出基波功率和三阶互调功率都有所增加，但三阶互调功率的增长速率是基波的 3 倍。直到输入信号功率增加到某一点，三阶互调功率等于输出基波功率，对应的输入信号功率记为 IIP_3，输出功率则记为 OIP_3。在放大器中常用 OIP_3 做参考，而在混频器中常用 IIP_3 做参考。

另外，根据式（10-2-12）和式（10-2-14）容易得到，三阶截点对应的输入信号电平要比

1 dB 增益压缩点的输入信号电平高 10 dB 左右（$\sqrt{\dfrac{4/3}{0.145}}$）。同时实践也表明，$IIP_3$ 要比 $P_{1\,dB}$ 高 10～15 dB（工作频率较低可选 15 dB，高频则选 10 dB）。如果厂家手册中仅仅提供了 1 dB 增益压缩电平或功率，则可以按上述原则确定三阶截点的电平及功率。

在陈邦媛《射频通信电路》中有一个计算三阶互调截点和三阶互调失真比的例题。题目就一个假设条件，$IIP_3 = 20$ dBm。问当输入功率 $P_i = 0$ dBm 时，其互调失真比 P_{IMR} 是多少？

书上给了完整的计算过程，笔者就不再赘述了。但是，笔者觉得书上推导过程反而复杂化了。其实，只要以图 10-2-4 为基础（取对数坐标），看看图就可以知道结果了。因此，笔者直接画出该图，读者朋友不妨试试，如图 10-2-5 所示。

由图 10-2-5 可见，P_i 变化 Δ 时，P_{o1} 变化 Δ，P_{o3} 变化 3Δ。根据题意 $IIP_3 = 20$ dBm，$P_i = 0$ dBm，可知 $\Delta = -20$ dB（负号表示下降）。则 P_{o1} 下降 20 dB，P_{o3} 下降 60 dB，因此 $P_{IMR} = -40$ dB，即此时的三阶互调功率比基波功率低 40 dB。

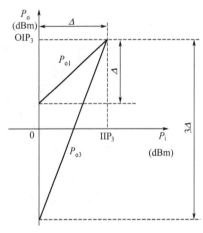

图 10-2-5　IIP_3 与 P_{IMR} 的关系

现在，回过头来看看 9.4.3 节中介绍过的功放线性化，其中有个方法叫"功率回退"。利用三阶互调的概念，很容易理解这种方法的本质。当输入信号功率 P_i 下降 Δ（dB），则输出基波功率 P_{o1} 也下降 Δ（dB），但三阶互调功率 P_{o3} 的下降速度达到 3Δ（dB），所以功放的 P_{IMR} 下降 2Δ（dB），等效为功放线性度获得 2Δ（dB）的提高。

在图 10-2-4 和图 10-2-5 中，横坐标为输入信号功率，纵坐标为输出基波或三阶互调功率，采用对数坐标系，则三阶互调的斜率是基波的 3 倍。但在一些通信机或测量仪表的手册中，我们还经常会看到纵坐标为 dBc，横坐标为输入信号功率的表达方式，如图 10-2-6 所示（取自于 Agilent 公司的 *Agilent Spectrum Analysis Basics—Application Note 150*）。

在图 10-2-6 中，横坐标是输入混频器的信号功率，纵坐标为输出二阶互调功率 P_{o2}、三阶互调功率 P_{o3} 与输出基波功率 P_{o1} 的比值（故采用 dBc 表示）。我们已经知道，若输入信号功率 P_i 变化 Δ（dB），则输出基波功率 P_{o1} 变化 Δ（dB），二阶互调功率 P_{o2} 变化 2Δ（dB），三阶互调功率 P_{o3} 变化 3Δ（dB）。但如果我们仅仅关注二阶互调功率 P_{o2}、三阶互调功率 P_{o3} 与基波功率 P_{o1} 的比值，即功率的相对值，而不关注功率的具体值，那么我们就可以把纵坐标改为 dBc，然后二阶互调失真和三阶互调失真的斜率自然而然的就变为了 1 和 2 了。至于图中的 SOI（原文档中标注为 SHI，实为 SOI）、TOI 分别表示二阶、三阶互调截点（Second-，Third-Order Intercept），即对应 dBc=0 的点，有兴趣的读者可以参阅该文档。

但是在另外一些场合，我们并不知道 IIP_3 的大小，那么该如何测量 IIP_3 呢？其实利用图 10-2-7 即可。假设输入的双音信号功率为 P_i，通过频谱仪测量输出的基波功率 P_{o1} 与三阶互调功率 P_{o3} 之差为 ΔP，则电路的 IIP_3 约为

$$IIP_3 = P_i + (\Delta P/2) \tag{10-2-15}$$

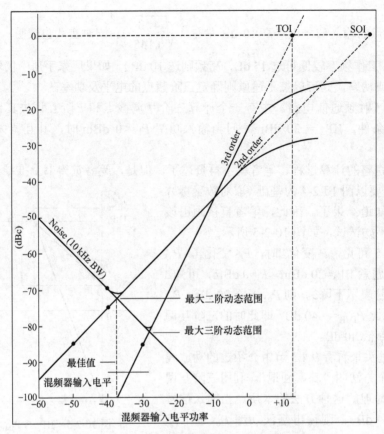

图 10-2-6　以 dBc 表示的二阶、三阶互调功率

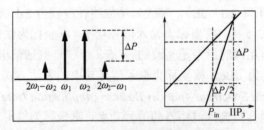

图 10-2-7　IIP_3 的简单测量

与级联系统的等效噪声系数类似，级联系统也有等效的 IIP_3，笔者同样不予推导，直接给出结论，如图 10-2-8 所示。

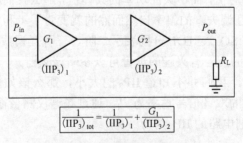

$$\frac{1}{(IIP_3)_{tot}} = \frac{1}{(IIP_3)_1} + \frac{G_1}{(IIP_3)_2}$$

图 10-2-8　级联系统的等效 IIP_3

由此可知，级联系统的三阶互调截点对应的输入功率小于每一级放大器的三阶互调截点输入功率，并且第一级功率增益 G_1 越大，则级联系统的三阶互调截点越趋近于 $(IIP_3)_2/G_1$，换言之，级联系统的线性范围更小。直观上，这个结论也是不难理解的。但要说明一点，在一些教材或资料中，不是用功率增益描述的，而是用电压增益 A 来描述。此时，要把公式中的 G 用 A^2 来代替。

5. 阻塞（Blocking）

阻塞由接收机非线性所导致，其产生原理与前述的互调失真完全相同。只不过在互调分析中，我们关注的是 $m\omega_1 \pm n\omega_2$，特别是 $m + n = 3$ 的三阶项；而在阻塞分析中，我们关注的是 $m = 1$ 的单音（基波）项。

同样，令 $v_1 = V_1\cos\omega_1 t$，$v_2 = V_2\cos\omega_2 t$ 并代入式（10-2-9）中，其中 v_1 为有用信号，v_2 为强干扰信号，则输出信号中的有用信号基波分量为

$$f(v) = V_1\left(a_1 + \frac{3}{4}a_3V_1^2 + \frac{3}{2}a_3V_2^2\right)\cos\omega_1 t \tag{10-2-16}$$

考虑到 v_2 为强干扰信号，即 $V_2 \gg V_1$，则式（10-2-16）可以简化为如下方程：

$$f(v) = V_1\left(a_1 + \frac{3}{2}a_3V_2^2\right)\cos\omega_1 t \tag{10-2-17}$$

于是，基波分量的平均跨导近似为

$$\overline{g}_m = a_1 + \frac{3}{2}a_3V_2^2 \tag{10-2-18}$$

由式（10-2-18）可以清楚地看出来，随着 v_2 幅度的增大（干扰增强），输出有用信号的基波分量迅速减小（如前所述，a_1 与 a_3 符号相反），甚至趋近于零，这便称为"阻塞"。显然，如果接收机附近有一个强功率电台，且这个电台的发射信号正好处于接收机的邻信道附近，则由于接收机的 RX 滤波器很难滤除频率如此靠近的干扰信号，就会使得接收机无法正常接收有用信号，造成阻塞现象。

因此，3GPP 规范对接收机抗阻塞性能有严格的指标要求，视信道间隔的不同，通常要求在阻塞情况下的干扰信号比有用信号至少高 60 dB。

6. 邻道功率比（ACPR）

前面详细分析了谐波失真、交调与互调失真、阻塞等，它们是衡量高频放大器、混频器的重要指标。但是，在一些复杂调制环境下，这些指标并不是特别充分，还需要一些其他指标来描述系统线性度。其中，邻道功率比是个非常重要的指标。

邻道功率比即 Adjacent Channel Power Ratio，用于描述系统非线性对于邻信道造成的干扰，如图 10-2-9 所示。

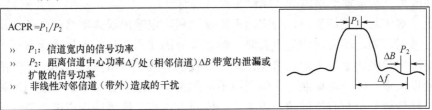

图 10-2-9　ACPR 示意图

事实上，我们在 9.3.4 节中已经介绍过 ACPR 与 ACLR。由于非线性调制或者成形滤波器的原因，已调信号出现频谱扩散现象，从而导致了邻道干扰。因此，通过 ACPR 或 ACLR，我们就可以对邻道干扰水平进行定量测量了。在 CDMA 和 WCDMA 手机中，就要测量该指标，如图 10-2-10 所示。

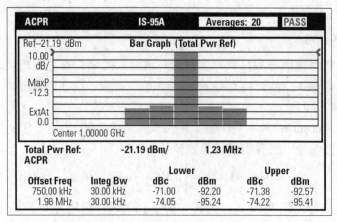

图 10-2-10　某 CDMA 手机 ACPR 测试结果

细心的读者不难发现，阻塞与 ACPR 的出发点相同，只不过阻塞针对接收机要求能够抵抗一定的邻道干扰，而 ACPR 主要针对发射机，要求尽量减小邻道干扰。

对于 GSM 手机，考察邻道干扰的指标为调制谱（Spectrum Due to Modulation）与开关谱（Spectrum Due to Switching）。我们知道，GSM 手机采用 TDMA 多址接入方式，其发射机只在一个个 Slot 中输出射频功率，因此其输出射频频谱受到两方面因素影响，一个是调制，另一个是开关。GSM 调制谱其实就是考察由于调制特性而导致的邻道干扰，它与 CDMA/WCDMA 系统的 ACLR/ACPR 十分相似；但是，GSM 的开关谱则着重于考察 RF PA 反复开关而导致的邻道干扰。因此，GSM 手机的调制谱和开关谱联合在一起，等价于 CDMA/WCDMA 系统中的 ACLR/ACPR。

顺便提一点，在图 10-2-10 中，ACPR 的频谱左右对称，但偶尔也会出现不对称的现象。通常，这是由功放的记忆效应所引起，在大功率设备（如基站）上容易出现，手机上不常见，如果出现，则常采用 9.4.3 节中提及的预失真技术予以修正。原 Nokia 工程师 Steve C. Cripps 所撰写的 *Advanced Techniques in RF Power Amplifier Design* 一书中对此问题有较为详细的讨论。

7. 灵敏度（Sensitivity）

灵敏度是通信接收机一个极其重要的指标，它定义为在给定输出信噪比的条件下，接收机所需的最低输入信号电平。对于手机来说，灵敏度指标也非常重要，只不过按照 3GPP 协议，把测试条件改为了给定输出误码率（或误比特率）而已。

事实上，对于数字通信而言，给定输出信噪比和给定输出误码率这两个条件是等价的。由通信原理教材可知，不考虑信道失真时，解调信号的误码率与输入信噪比有一一对应的函数关系，而输出信噪比则等于输入信噪比减去接收机等效噪声系数。当然，不同的调制方式会有不同的误码率，同一种调制方式但采用不同的解调方法（如相干解调或同步解调与非相干解调或包络解调）也会有不同的误码率。一般而言，相干解调的误码率总是低于包络解调的，但相干解调需要严格的载波恢复和码元定时，使得系统远比包络解调复杂得多。

关于灵敏度的数学方程，有太多资料可以查阅，笔者就不推导了，直接给出结论：

$$P_{in\_min}(dBm) = 10\lg kT + NF(dB) + 10\lg B + SNR_{out\_min} \qquad （10-2-19）$$

其中，k 为玻耳兹曼常数（1.38×10^{-23} J/K），T 为开尔文温度，B 为接收机带宽，NF 为接收机噪声系数，SNR_{out_min} 为接收机最小输出信噪比，P_{in_min} 则为在满足上述条件下所需的输入信号功率最小值。在不考虑最小输出信噪比 SNR_{out_min} 的情况下，我们常把式（10-2-19）的前三项称为"基底噪声"，用 F_t 表示，如下：

$$F_t(dBm) = 10\lg kT + NF(dB) + 10\lg B \qquad （10-2-20）$$

但是很多时候，我们看到的灵敏度却采用如下方程描述：

$$P_{in\_min}(dBm) = -174(dBm/Hz) + NF(dB) + 10\lg B + SNR_{out\_min} \qquad （10-2-21）$$

其实，式（10-2-21）只不过是在式（10-2-19）中代入了 k 与 $T = 290$ K 而已。而之所以取 290 K，乃是地球的平均温度为 17℃，正好为 290 K。但也有一些文献以 25℃ 为参考，大家算算便知，25℃ 与 17℃ 的计算误差约为 0.12 dB，所以也不必刻意计较到底是 17℃ 还是 25℃ 了。

由式（10-2-21）可知，提高接收机灵敏度可以从降低系统带宽 B 和降低系统最小输出信噪比 SNR_{out_min} 入手。但这两个参数往往是固定的，不允许改变。因此，降低接收机的噪声系数 NF 才是提高灵敏度的关键！

8. 动态范围（Dynamic Range）

与灵敏度一样，动态范围也是接收机的一个重要指标，特别是对于仪表来说。我们知道，随着手机的移动，即便不考虑多径干扰，其所接收的信号强弱变化也是非常明显的。当输入信号过小时，误码率迅速上升；当输入信号过大时，又会导致很强的谐波或互调失真。于是，为了保证通信质量，就要求手机必须能够应对输入信号出现大范围变化的情况。

动态范围的下限 P_{min} 通常为基底噪声 F_t 或者与基底噪声相关的输入灵敏度 P_{in_min}，上限 P_{max} 则由可接受的失真决定（注意，无论是 P_{min} 还是 P_{max}，都是针对输入信号而言的）。比如：对于功率放大器，上限为 1 dB 增益压缩点；对于低噪放或者混频器，上限则为无杂散动态范围（SFDR，Spurious Free Dynamic Range）。在陈邦媛的《射频通信电路》中，把 P_{max} 规定为在输出端引起的三阶互调分量 P_{o3} 折合到输入端恰好等于基底噪声 F_t 所对应的输入信号功率，则对应的无杂散动态范围为

$$DR_f = P_{max} / P_{min} = 2(IIP_3 - F_t)/3 \qquad （10-2-22）$$

这个定义是正确的，但太过拗口，而且不利于理解。其实，这个定义具有非常直观的物理意义，我们不妨分析一下。

首先，我们知道动态范围定义为最大/最小输入功率的比值。显然，动态范围越大越好。

其次，不难知道，减小输入信号，则失真降低，但输出信噪比也随之下降（输出信噪比定义为输出基波功率与基底噪声或三阶互调功率的比值）；增加输入信号，则信噪比提高，但失真也随着提高。因此，要想获得最大动态范围，需要对内部失真和信噪比进行平衡。

最后，最小输入功率 P_{min} 被基底噪声 F_t 与系统所要求的最小输出信噪比 SNR_{out_min} 所限定，当系统固定后，就无法改变了。通常，不考虑 SNR_{out_min} 而直接设定 $P_{min} = F_t$；而最大输入功率 P_{max} 则由所能接受的失真所决定。因此，只要找到该点，就能确定最终的动态范围。

于是，不难推测，最大动态范围应该出现在失真（即三阶互调功率）等于噪声基底的位置上，如图 10-2-11 所示。

由图 10-2-11 可见，当 $P_i < P_{min}$ 时，输出基波功率 P_{o1} 被基底噪声 F_t 所淹没，电路无法正常工作；当 $P_{min} \leqslant P_i < P_{max}$ 时，随着 P_i 的增加，输出基波功率 P_{o1} 和三阶互调功率 P_{o3} 线性增加，但由于三阶互调功率 P_{o3} 小于基底噪声 F_t，所以输出信噪比随 P_i 线性上升（此时的噪声项由噪声基底决定）；当 $P_i \geqslant P_{max}$ 时，三阶互调功率 P_{o3} 开始大于基底噪声 F_t，因此信噪比出现下降趋势（此时的噪声项由三阶互调失真决定）。

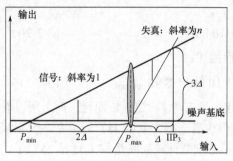

图 10-2-11　动态范围示意图

所以，无杂散动态范围定义为 $P_{min} \rightarrow P_{max}$ 这段区间。仔细对比教科书上的定义，两者的本质完全相同，但利用图 10-2-11，通过对物理概念进行分析，是不是要清晰得多？然后，依然利用图 10-2-11，再考虑到基波与三阶互调的斜率，很容易得到式（10-2-22）的动态范围计算公式（利用图上所标注的几何关系即可）。

笔者发现，很多 RF 工程师在用频谱仪测量手机信号时，有一个操作上的误区，即不管手机发射功率是多少，几乎从不改变频谱仪的输入衰减。根据图 10-2-11 可知，如果输入信号功率 P_i 恰好等于 P_{max} 时，频谱仪混频器输出信号的信噪比最大。因此，随着输入信号功率的变化，频谱仪的输入衰减也要随着变化，这样才能保证频谱仪始终工作在最大动态范围点上，从而防止频谱仪自身的互调失真对测量结果产生影响。比如：某频谱仪对应最大动态范围的输入信号功率为 – 35 dBm，则当输入信号功率为 – 25 dBm 时，频谱仪的输入衰减应设置为 10 dB；当输入信号功率变为 – 15 dBm 时，则频谱仪的输入衰减应随之变为 20 dB。

至于如何确认频谱仪的最大动态范围，有兴趣的读者朋友可查阅具体设备型号的说明书，在 Agilent 的 *Agilent Spectrum Analysis Basics—Application Note 150* 中也有相关内容的详细介绍（若以图 10-2-6 为例，Noise Curve 与 SOI、TOI 的交点分别称为最大二阶、三阶动态范围），笔者就不再赘述了。

顺便说一句，如果考虑系统所要求的最小输出信噪比 SNR_{out_min}，则需要把 P_{min} 修正为 $F_t + SNR_{out\_min}$。此时，动态范围应改写为

$$DR_f = P_{max} / P_{min} = 2(IIP_3 - F_t)/3 - SNR_{out\_min} \qquad (10\text{-}2\text{-}23)$$

对比式（10-2-22）与式（10-2-23）可知，若考虑 SNR_{out_min} 的影响，则接收机的动态范围 DR_f 要减小。实际上，为了保证系统的正常工作，当然应该考虑 SNR_{out_min} 的影响，所以式（10-2-23）更加合理。但是，如果我们抛开不同制式系统对 SNR_{out_min} 的要求（如：GSM，$\geqslant 4.75$ dB；CDMA，$\geqslant -1$ dB；WCDMA，$\geqslant -9.5$ dB），则式（10-2-22）提供了一种统一的衡量方法，因为这种衡量方法仅仅关注接收机自身的性能。

10.3　GSM 手机 RF 测试

本节我们介绍 GSM 手机的 RF 测试指标。但需要说明一点，RF 的测试指标分为传导和辐射两部分，这里主要分析传导部分。

10.3.1 发射机指标

发射机指标主要包括发射功率、载波包络、调制谱、开关谱、频率误差、相位误差、杂散辐射、天线效率、方向图、SAR、TRP 等。下面，我们依次介绍与传导相关的指标。

1. 发射载波功率控制

随着用户的移动，一方面，手机与基站之间的相对位置不断变化；另一方面，即便在同一地点，由于多径干扰，手机与基站之间的信号幅度（包络）呈 Rayleigh 分布或 Rice 分布（亦称广义 Rayleigh 分布），处于快速变化状态。因此，手机的发射功率不能固定不变，必须一直处于动态调整之中。

一般而言，这个动态调整过程为闭环负反馈：基站检测手机信号强度，向手机发出功率控制命令；手机接收到基站的控制命令后，自动调整 RF PA 的发射功率，以满足基站的要求。正是由于基站参与了手机的功率控制过程，因此这也称为闭环功控。相应地，手机也存在开环功控过程，但这主要发生在手机联网注册和呼叫接续瞬间，由手机自行决定发射功率。但不管是闭环功控还是开环功控，仅仅是软件协议栈的区别，它们在物理层面上都需要对真实的 RF PA 进行功率控制。

因此，这里所说的发射载波功率控制，指的是纯粹的 RF PA 功率控制，与开环/闭环无关。按照 3GPP 规范，发射载波功率定义为一个突发脉冲序列中，有用信息比特时间上的功率平均值（常规业务信道 TCH 为 147 bit，允许接入信道 RACH 为 87 bit）。所谓的突发脉冲序列，主要是由于 GSM 采用 TDMA 多址接入所造成的，其实就是一个个时隙（Slot）而已。表 10-3-1 所示是 3GPP 规范所定义的功率等级（900 MHz 频段）。

表 10-3-1　GSM 手机 900 MHz 频段功率等级规范

功率控制等级（PCL）	峰值功率/dBm	容限/dB	
		正常情况	极端情况
5	33	±2	±2.5
6	31	±2	±2.5
7	29	±2	±2.5
8	27	±2	±2.5
9	25	±2	±2.5
10、11 等依次变化	23、21 等依次变化	±2	±2.5
18	7	±2	±2.5
19	5	±2	±2.5

说明一点，在实际的发射功率校准中，大家一般会把最大功率校至 +1～−2 dB 范围内，其他等级依然保持 ±2 dB。但送认证的机器需要考虑测试环境的差异，通常会校到 ±1 dB 以内。

我们曾经在 2.2.4 节介绍过手机 RF PA 的功率控制过程，其中的图 2-2-9 便是这个过程的框图。从图中可以看出，功率控制器需要比较 RF PA 输出功率与预设功率之间的差异，才能实现功率控制。那么，预设功率从何而来？

我们知道，功率控制其实就是对 RF PA 的工作状态或者驱动信号进行控制，而工作状态或驱动信号则是由 ADC、放大器及滤波器等进行控制的。因此，所谓的功率控制器，其实就是由 ADC、放大器、滤波器等部件组成的。只需把预设功率以数据的形式写在存储器中，然后在使用时调用相应的值送入 ADC，经放大、滤波后，调整 RF PA 的工作状态或驱动信号，即可实现功率控制。这些预设功率值通常被称为码表，而存储这些码表的地方则在非易失性的 Flash 中，掉电也不会丢失，俗称 NV 区。

事实上，NV 区的内容不仅掉电不会丢失，就是将整个 Flash 擦除后重新下载版本，理论上也不会丢失这些数据。道理很简单，每个手机的码表都是在生产车间里面一台一台单独校准才获得的，如果重新下载版本时清除这些码表，将导致手机发射功率出现偏差。当然了，很多软件工具可以清除这些码表或者将其重置为默认码表，这在技术上没有任何难度，只要我们愿意这么干。

2. 发射载波包络

该指标的英文全称为 Power vs Time，简称 PVT 模板，主要考察发射机输出功率与时间的关系。

众所周知，GSM 系统允许最多 8 个用户共用一个频点，而每个用户只在分配给他/她的时隙内打开，时隙结束时迅速关闭，以避免对相邻时隙的用户造成影响。因此，GSM 规范对一个时隙内的 RF 突发信号的幅度包络做了规定，对于时隙中的有用信号平坦度也做了相应规定，要求在 1 个时隙（4.615 ms / 8=577 μs）内，其动态范围大于 70 dB，而时隙中有用信号的平坦度优于±1 dB，如图 10-3-1 所示。

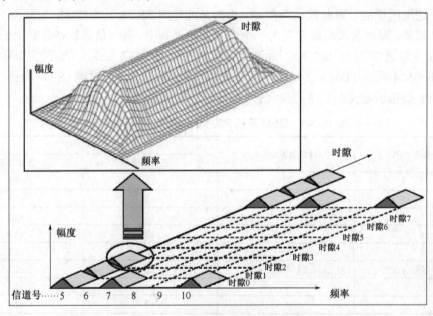

图 10-3-1　发射载波 PVT 示意图

一般，我们会在每个频段的高、中、低三个信道上进行测试，并把手机发射功率设置为最大（严格的测试要求在各个功率等级下进行）。但说明一点，业务信道和接入信道的 bit 数是不一样的，因此需要分别测量这两种信道下的 PVT 数据。

图 10-3-2 所示为某手机在业务信道下的测量结果（采用 R&S CMU200 测量）。

当然，我们也可以分别关注上升沿和下降沿两种情况，如图 10-3-3 所示。

如果测试失败（Fail），则可以通过 RF PA Ramp 信号来进行修正，基本上所有的手机平台厂家都会提供这种工具，如图 10-3-4 所示。

如果修正 RF PA Ramp 信号后还是无法通过测试，则需要重点检查天线开关、RF PA 使能等模块、管脚。

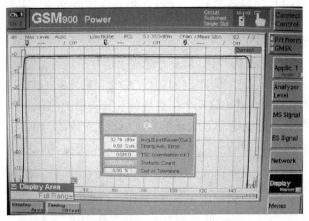

图 10-3-2　某手机 PVT 测量结果（Full Range）

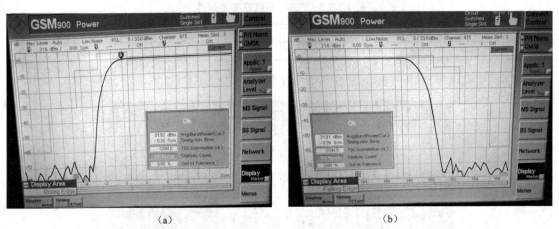

（a）　　　　　　　　　　　　　　　　　（b）

图 10-3-3　上升沿（a）和下降沿（b）测试结果

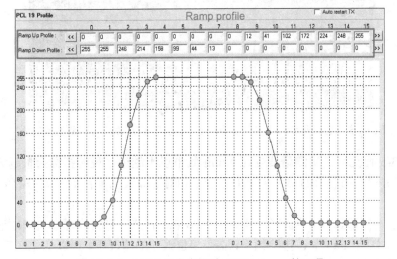

图 10-3-4　MTK 平台中调试 RF PA Ramp 的工具

3．输出射频频谱

我们在前面介绍 ACPR 指标时说过，GSM 手机输出射频频谱受到两方面因素的影响：一个是调制，另一个是开关。因此，人们引入了调制谱和开关谱两个指标，以分别考察由调制特性和开关特性所导致的邻道干扰。

通常，测试会在每个频段的高、中、低三个信道上进行，发射机功率设置为最大。然后，在偏离载波±100 kHz、±200 kHz、±250 kHz、±400 kHz、±600 kHz、±800 kHz、±1000 kHz、±1200 kHz、±1400 kHz、±1600 kHz、±1800 kHz 这几个频点进行（开关谱的测试频点要少一些）。

按照 3GPP 规范要求，调制谱和开关谱的判定标准分别如表 10-3-2 和表 10-3-3 所示（规范中还定义了其他功率级别设备的判定标准，但我们仅关注功率≤33 dBm 的普通手机）。

表 10-3-2　GSM 手机调制谱规范

±100 kHz	±200 kHz	±250 kHz	±（400～1800）kHz
<0.5 dB	<−30 dB	<−33dB	<−60 dB

表 10-3-3　GSM 手机开关谱规范

±400 kHz	±600 kHz	±1200 kHz	±1800 kHz
<−23 dBm	<−26 dBm	<−32 dBm	<−36 dBm

某手机实测调制谱/开关谱如图 10-3-5 所示（采用 R&S CMU200 测试）。

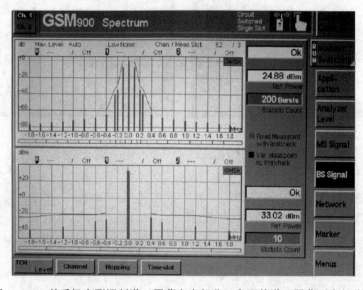

图 10-3-5　某手机实测调制谱（屏幕上半部分）和开关谱（屏幕下半部分）

从图 10-3-5 可见，当实测谱线处在 Limit 线框以下越远，说明指标余量越大，对邻道干扰水平越小。另外，调制谱的单位为 dBc，表示相对于载波功率；而开关谱的单位为 dBm，表示绝对功率。

通常，I/Q 调制器、PLL 频率合成器、RF PA Ramp 信号等模块都会对调制谱或开关谱产生影响。如果开关谱"Fail"，在排除频率误差、相位误差的情况下，可以优化一下 RF PA Ramp 信号，它对开关谱的影响比较大（事实上，PVT 是从时域中考察邻道干扰，而开关谱则是从频域中考察邻道干扰）；如果是调制谱"Fail"，则需要检查收发信机 I/Q 通路是否存在干扰、PLL 频率合成器的相位噪声是否过大等。

4．频率误差（Frequency Error）

频率误差的物理概念非常简单，就是考察发射机输出载波频率偏离标称值的程度。很显然，如果频率误差过大，将导致手机通信质量下降，严重时甚至无法通信。

与前述 PVT、调制谱/开关谱类似，测试也会在每个频段的高、中、低三个信道上进行，同时设定为最大发射功率。按照 3GPP 规范，要求手机在 900 MHz 频段的频率误差≤±90 Hz；在 1800 MHz 频段的频率误差≤±180 Hz，即±0.1×10^{-6}。不过，需要声明一点，上述指标是针对静态信道而言的。对于其他衰落信道条件，则指标要求有所放宽，如在 TU50 信道条件下，要求频率误差≤±160 Hz（850/900 MHz）和≤±260 Hz（1800/1900 MHz）。至于信道条件的物理含义，我们将在下一节解释。

图 10-3-6 所示为某手机频率误差实测结果（采用 R&S CMU200 测量）。

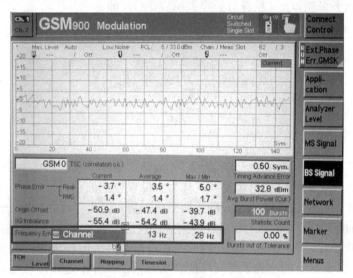

图 10-3-6　某手机频率误差实测结果

事实上我们知道，频率是瞬时相位对时间的导数，所以频率误差与相位误差是密切相关的。严格来说，频率误差其实是对相位轨迹误差曲线做线性回归后该回归线的斜率。

5．相位误差（Phase Error）

第 9 章详细分析了 GSM 手机所采用的 GMSK 调制。GMSK 调制的本质是频移键控，基带码元 1 表示在一个码元周期内，已调信号相位减小 90°；而基带码元 0 表示在一个码元周期内，已调信号相位增加 90°。因此，综测仪可以根据测试码序列计算出理想相位，然后对比实测相位，获得相位轨迹误差曲线，如图 10-3-7 所示。

实测中，综测仪对发射机已调信号采用均匀抽样方式测量，因此理想相位 $\phi_{ideal}(t_n)$、实测相位 $\phi_{true}(t_n)$ 以及它们的差值 $\phi_{err}(t_n)$，其实都是一个个离散的点。图 10-3-7 中画成连续曲线，纯粹是为作图清晰而已。

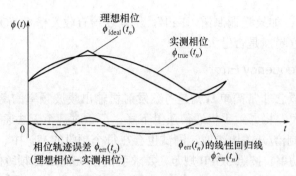

图 10-3-7　相位误差示意图

根据理想相位 $\phi_{\text{ideal}}(t_n)$ 和实测相位 $\phi_{\text{true}}(t_n)$，可计算出相位轨迹误差曲线 $\phi_{\text{err}}(t_n)$。然后，对该轨迹误差曲线进行线性回归分析（数学上就是曲线的最小二乘拟合），可以得到其线性回归线 $\hat{\phi}_{\text{err}}(t_n)$。于是，可以得到峰值误差 $\phi_{\text{err\_max}}$ 和均方根误差 $\phi_{\text{err\_rms}}$ 这两个参数了。同时，该回归线的斜率即为角频率误差 ω_{err}（换算成频率要除以 2π），即：

$$\phi_{\text{err\_max}} = \left| \phi_{\text{err}(t_n)} - \hat{\phi}_{\text{err}(t_n)} \right|_{\max} \tag{10-3-1}$$

$$\phi_{\text{err\_rms}} = \sqrt{\frac{1}{N} \sum_{n=1}^{N} \left(\phi_{\text{err}(t_n)} - \hat{\phi}_{\text{err}(t_n)} \right)^2} \tag{10-3-2}$$

$$\omega_{\text{err}} = \frac{\partial \hat{\phi}_{\text{err}(t_n)}}{\partial t} \tag{10-3-3}$$

根据图 10-3-7 及式（10-3-1）～式（10-3-3）可知，总的相位误差实际上包含两方面因素，一个频率误差，另一个是瞬时相位误差（或称为相位误差的波动）。

频率误差导致的相位轨迹误差有一种长期变化趋势，因此可用线性回归线的斜率来定义，即式（10-3-3）；而瞬时相位误差，其实就是围绕线性回归线的波动，可理解为在频率误差基础上叠加了当前比特的实时误差，通常采用峰值和均方根值进行度量，即式（10-3-1）与式（10-3-2）。因此，仪表给出的相位误差（峰值和均方根值）并不是相位轨迹误差曲线 $\phi_{\text{err}}(t_n)$ 本身，而是它围绕其自身线性回归线 $\hat{\phi}_{\text{err}}(t_n)$ 的波动。

由此我们不难看出，频率误差相当于稳态误差，体现的是频率准确度；而相位误差相当于在频率误差上叠加的随机波动，体现的是频率稳定度。因此，这两个指标其实考察的都是相位轨迹误差曲线，只不过一个关注准确度，另一个关注稳定度。

通常，若频率误差超标，可通过校准使其回到正常值；但若校准后仍不达标，则需检查 13（或 19.2、26）MHz 压控晶体振荡器（含 AFC 控制环路）、温度补偿电路、PLL 频率合成器等。若频率误差"Pass"而相位误差"Fail"，则需重点检查 PLL 频率合成器，特别是其相位噪声、环路带宽、锁定时间以及静态偏置（不合适的偏置将导致 AM→PM 效应，引起额外的相位噪声）。然而很可惜的是，除非平台厂家把权限开放给用户，否则关于 PLL 部分的参数几乎无法优化。

6. 杂散辐射（Spurious Emissions）

发射机的杂散辐射是指在发射信道及相邻信道以外的，所有离散频点上的骚扰辐射，其实就是考察发射机对远离载波频点处的干扰水平。按照来源的不同，杂散辐射分为传导型杂散和辐射型杂散两种。

根据 3GPP 的定义，传导杂散是指由天线连接器处或进入电源线而引起的辐射骚扰；辐射杂散则是指由于机箱或者设备结构而引起的辐射骚扰。其实简单说来，传导杂散就是用射频线缆连接天线插头与 50 Ω 负载进行缆测，辐射杂散则是在天线暗室中进行耦合测试。

通常，测试会在每个频段的高、中、低三个信道上进行，分为发射和空闲两种状态。在发射状态下，要求把手机发射功率设置为最大；在空闲状态下，则要求把手机锁定在综合测试仪的 BCCH 广播信道上。

图 10-3-8 所示为某 GSM 手机发射状态下的传导杂散实测结果。

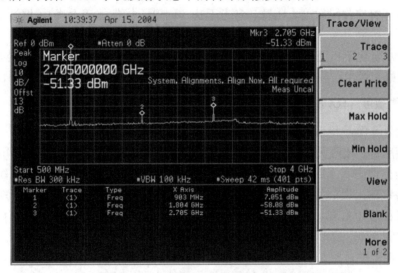

图 10-3-8　某手机传导杂散实测结果

从图中可见，在载波（900 MHz）的二次、三次谐波上出现了较大的杂散辐射。究其原因，乃是 GSM 采用传统的 C-Class RF PA 为非线性功放，其谐波分量原本就比较高。因此，对于 GSM 手机的 RF PA 匹配网络，不仅要关注阻抗匹配，而且要特别重视其滤波性能。

表 10-3-4 与表 10-3-5 所示分别为传导杂散与辐射杂散的判定标准。

表 10-3-4　传导杂散判定标准

状　态　＼　频　段	9 kHz～1 GHz	1～12.75 GHz
发射状态	<− 36 dBm（250 nW）	<− 30 dBm（1 μW）
空闲状态	<− 57 dBm（2 nW）	<− 47 dBm（20 nW）

表 10-3-5　辐射杂散判定标准

状　态　＼　频　段	30 MHz～1 GHz	1～4 GHz
发射状态	<− 36 dBm（250 nW）	<− 30 dBm（1 μW）
空闲状态	<− 57 dBm（2 nW）	<− 47 dBm（20 nW）

根据上述两表不难发现，传导杂散和辐射杂散的判定指标是一样的，只是测量的频段不

一样而已。至于测量时如何设置频谱仪的 RBW（分辨带宽）、VBW（显示带宽）等参数，请读者朋友参考相关规范定义，笔者就不再赘述了。

通常，调制谱、开关谱都会对杂散指标有影响。比如 RF PA Ramp 信号，如果其上升/下降沿过快（从信号完整性的角度看，信号带宽并不取决于信号频率或周期，而是取决于其上升/下降沿的速度，我们将在高级篇"信号完整性"一章中进行分析），就有可能产生过量的带外辐射，从而导致杂散超标。另外，PLL 频率合成器、TX VCO 的相位噪声、RF PA 的匹配滤波网络、整机 EMC 设计等，都会影响杂散指标。

10.3.2 接收机指标

接收机指标有接收灵敏度、阻塞、参考干扰（同道干扰与邻道干扰）、信号指示电平、互调抑制等。

事实上，从优化手机通信质量的角度而言，提高收信机性能指标要比单纯提高发信机发射功率的效果更好。通常，我们说手机信号不好，其实多半都是由于接收机性能不佳引起的。

1. 接收灵敏度（RX Sensitivity）

接收灵敏度是接收机最为重要的一个指标！

正如前面所说，接收灵敏度既可以基于输出信噪比进行测量（可参考提高篇的 8.6.2 节），也可以基于输出误码率（或误比特率、误帧率等）进行测量。而在数字通信系统中，给定输出信噪比与给定输出误码率这两个条件其实是等价的。因此，对于模拟通信系统而言，由于给定输出信噪比较为直观，故以输出信噪比为测量条件；而对于数字通信系统，则由于给定输出误码率比较直观，故以输出误码率为测量条件。

在 3GPP 规范中，定义了三种错误率，分别是：

- 误比特率（BER）：错误比特在全部接收比特中所占的比率。
- 误帧率（FER）：错误帧在全部接收帧中所占的比率。通常，接收帧采用循环冗余（CRC）校验来指示是否出错。
- 剩余误比特率（RBER）：有些帧通过了 CRC 校验，但实际上还可能有错误，剩余误比特率即用来指示这部分的错误率。

在移动环境中，决定接收质量的因素有很多。直观上不难想象，输入信号的功率、信道类型（如广播信道 BCCH、业务信道 TCH）、传播条件（如 AWGN、衰落、跳频等）都会对其产生严重影响。因此，理论上应该测量各种信道类型和传播条件（简称"信道条件"）下的接收质量，才能全面反映接收机的性能，比如 TD-SCDMA 规范就把某多径衰落条件下的误码率作为强制测试项。只不过在通常的测试中默认为静态信道或者压根就没有关注过信道条件。从操作层面看，也不需要太过关注信道条件（毕竟只是手机研发，没必要搞那么复杂）。如果要测试其他信道条件，则需要对信号发生器或者综测仪进行升级，购买相应的 License，而这对于一些小公司来说也是一笔不小的开销。

（1）标称误码率（Nominal Error Rate）

标称误码率其实就是在无干扰且输入信号电平为 −85 dBm 的情况下，接收机输出信号的错误率，通常以误比特率表示，如：

- 静态信道（无衰落、零速度、业务信道）：BER $\leqslant 10^{-4}$；

- TU50 信道（城市环境、速度 50 km/h、无跳频、业务信道）：BER≤3%；
- HT100 信道（丘陵地形、速度 100 km/h、无跳频、业务信道）：BER≤10^{-4}。

（2）参考灵敏度电平（Reference Sensitivity Level）

在给定信道类型和传播条件的情况下，参考灵敏度的性能可以用三种错误率中的任一种描述。比如在 R&S CMU200 中，输入信号电平为– 102 dBm 情况下（3GPP 规范中把– 102 dBm 设定为参考灵敏度），针对 Class Ⅱ，要求剩余误比特率 RBER≤2.4%，如图 10-3-9 所示。

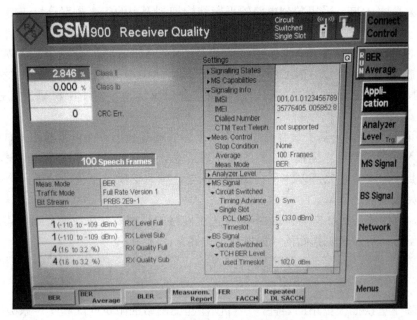

图 10-3-9　参考灵敏度电平下的 RBER

说明一点，Class Ⅱ 指未经 1/2 卷积编码的 78 比特数据，ClassIb 是经过 1/2 卷积编码的 182 比特数据。

（3）接收灵敏度电平（RX Sensitivity Level）

其实，若接收机在参考灵敏度电平– 102 dBm 下的 RBER≤2.4%，则表明接收机符合 3GPP 规范所定义的灵敏度要求了。

不难想象，如果继续降低综测仪的输出信号电平，则手机的输出误码率必然会有所上升。于是，所谓的接收灵敏度其实就是 Class Ⅱ、RBER = 2.4%时，手机所对应的输入信号电平。通常，GSM 手机在 900 MHz/1800 MHz 的接收灵敏度（缆测）都应优于–107 dBm。

如过手机灵敏度不达标，则可以从以下几个方面分析：

① 考察接收机的高频放大器。根据式（10-2-21）可知，接收灵敏度与环境温度 T、噪声系数 NF、系统带宽 B 和系统最小输出信噪比 SNR_{out_min}（与误码率等价）都有关系。但是 B 和 SNR_{out_min} 都是固定的，而 T 在一定范围内波动对灵敏度影响不大。因此，提高接收机灵敏度的最佳方法是降低其噪声系数 NF。再根据图 10-2-1 可知，接收机噪声系数主要取决于其第一级 LNA 的噪声水平。

为此，需要尽可能降低第一级 LNA 的噪声系数 F_1，并适当提高其功率增益 G_{A1}。通常，对于输入级为 BJT 的 LNA，可以适当减小 BJT 的静态电流；而对于输入级为 MOS 管的 LNA，则可以适当增大 MOS 管的静态电流（忽略 MOS 管的闪烁噪声及栅极漏电流）。说白了，就是调整 LNA 的静态偏置，从而优化噪声系数。

② 从混频器考虑。我们知道，混频器是一个非线性器件，不可避免地会产生各种谐波、交调/互调失真。显然，谐波、交调/互调都会对输出信号的信噪比造成影响，从而影响到接收机灵敏度。

因此，可以选用线性度更好的混频器，如采用伏安特性呈平方律关系的 MOS 管代替伏安特性呈指数关系的 BJT、采用差分电路的平衡结构抑制无用的组合频率分量、增加负反馈程度等。

但由于芯片或平台厂家的限制，很少能够对 LNA、Mixer 的工作状态或参数进行调节，一般最多也就是调一调各级 LNA 的 On/Off 和增益、Mixer 输入信号和本振的大小等。因此，优化 LNA 和 Mixer 的方法主要由芯片或平台厂家实现，对于手机研发工程师基本不起作用。

③ 从匹配网络着手。其中最容易想到的一个方法就是减小各种无源器件（如声表、天线开关）的插入损耗（简称"插损"）。直观上不难想象，信号经过匹配网络、声表、开关后会产生或多或少的衰减，而底噪基本不会变化。于是，输入信噪比下降，输出误码率上升，等效为接收机灵敏度随之下降。

事实上，利用式（10-2-3）可以推导出，无源网络的噪声系数在数值上就是其插损，也即功率增益的倒数（可参考陈邦媛的《射频通信电路》）。

$$F_{net} = \frac{SNR_{in}}{SNR_{out}} = \frac{P_i / N_i}{P_o / N_o} = \frac{N_o}{G_p N_i} = \frac{1}{G_p} = Loss \qquad (10\text{-}3\text{-}4)$$

另外，除了更换插损更小的器件，还可以在匹配网络的阻抗匹配和噪声系数匹配之间进行平衡。理论分析表明，阻抗匹配和噪声系数匹配并不一致。在常规设计中，我们都是按照阻抗匹配原则来设计匹配网络，其目的在于使接收机 LNA 尽可能地获得最大输入功率（因为天线接收到的信号非常微弱）。然而，阻抗匹配的结果导致噪声系数并非最佳。因此，可以适当调节匹配网络参数，优化噪声系数。但要切记一点，千万不能调得太狠，阻抗失配会导致传输效率下降，严重时甚至出现驻波，根本无法接收信号。

④ 其他。比如优化电源滤波、I/Q 线保护、射频隔离、自动增益控制、减小本振相位噪声、优化 PCB 布局布线，等等。

2. 接收信号指示电平（RX Level）与接收信号质量（RX Quality）

RX Level 与 RX Quality 很好理解，RX Level 就是手机向基站报告其接收到的信号电平强度，然后基站根据该报告值，在相应时隙中进行功率补偿（指基站的发射功率）；RX Quality 则代表手机接收信号的质量（用误码率表示）。

由于手机的位置移动及信道的衰落特性，手机所接收到的基站信号电平呈现快速变化状态。通过慢随路控制信道 SACCH（这是一个双向专用控制信道），手机将 RX Level 和 RX Quality 上报给基站，基站就可以根据这一报告值，自动调节向手机的发射功率。一般来说，RX Level 高，则 RX Quality 也高；但也有可能出现手机报告的 RX Quality 很低，而 RX Level 很高的情况，这往往表明手机可能受到了一个强干扰信号，提醒基站可以给手机分配一个新的频点或时隙。如果手机报告的邻近小区 RX Level 比当前小区 RX Level 高，则表明手机可以越区切换到另一个信号较强的相邻小区，以获得更好的通信质量。某手机实测 RX Level/RX Quality 实测结果如图 10-3-10 所示。

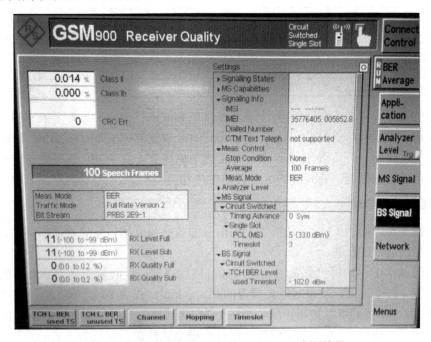

图 10-3-10　某手机 RX Level/RX Quality 实测结果

在移动通信系统中，RX Quality 与 RX Level 一起，作为基站向手机发出功率控制命令的依据。显然，如果手机上报的 RX Level 与 RX Quality 不准，将可能导致基站发出一系列错误的指令。事实上，在实际网络中，手机不仅要测量当前服务基站的 RX Level 和 RX Quality，手机还会测量若干相邻基站的 RX Level，然后将这些测量信息一起发送给当前的基站，最后由基站控制器（BTS）或移动服务交换中心（MSC）决定手机的发射功率，以及是否进行信道/小区切换（由 BTS、MSC 控制的切换分别称为"内部切换"和"外部切换"）。

通常，在测试 RX Quality 和 RX Level 之前，要确保手机的频率误差、相位误差及接收灵敏度（缆测）达标，排除板端故障的可能性。之后，如果 RX Quality 和 RX Level 不好的话，则多半与天线性能不良有关。另外，还要考虑手机是否受到了某些干扰。

3. 阻塞特性（Blocking Characteristics）

阻塞特性分为带内和带外两种。带内是指接收频带及其两侧 20 MHz 内的频率，带外则是从 100 kHz 到 12.75 GHz 范围内去除带内部分的所有频率。

我们前面说过，测量接收机阻塞特性需要输入两个信号：一是有用信号，功率较弱；另一个是干扰信号，功率较强。按照 3GPP 规范，有用信号的强度应比参考灵敏度电平高 3 dB（即 −99 dBm），强干扰信号应该为表 10-3-6 所示的连续正弦波信号（以 900 MHz 频段为例）。

表 10-3-6　强干扰信号阻塞电平

带内/带外	频　率	阻塞电平
带内	600 kHz $\leqslant$ $|f-f_0|$ < 800 kHz	−43 dBm
带内	800 kHz $\leqslant$ $|f-f_0|$ < 1.6 MHz	−43 dBm
带内	1.6 MHz $\leqslant$ $|f-f_0|$< 3 MHz	−33 dBm
带内	3 MHz $\leqslant$$|f-f_0|$	−23 dBm
带外	100 kHz $\leqslant$ f $\leqslant$ 915 MHz	0 dBm
带外	980 MHz $\leqslant$ f $\leqslant$ 12.75 GHz	0 dBm

在表 10-3-6 中，f_0 表示有用信号，f 表示连续正弦波干扰信号。当有用信号和干扰信号同时送入手机后，要求收信机对 Class Ⅱ 的解调信号剩余误比特率 RBER≤2.4%，即满足参考灵敏度性能要求。说明一点，表 10-3-6 仅针对常规手机而言，在 3GPP 规范中还定义了其他功率类别移动台的阻塞性能，有兴趣的读者可以参考相关资料。

4．同道干扰：C/I_c

同道干扰亦称"同频干扰"，是指当无用信号的载频与有用信号的载频相同时，对接收机接收有用信号所造成的干扰。

我们知道，由于移动用户数量的急剧增加，现代蜂窝小区普遍采用频率复用的技术，以提高频谱效率。打个比方，某小区原先覆盖面积为 3 km²，使用 1、62 和 124 共三个信道。为提高频谱利用效率，我们可以把单小区分裂三个微小区（这三个微小区构成一个区群 Cluster），每个微小区均可以使用 1、62、124 信道，但每个微小区覆盖面积仅为 1 km²。于是，虽然覆盖同样的面积，但总信道数得以增加，就可以支持更多的用户数量。很明显，这三个微小区的基站发射功率必须减小，以防止对其他微小区相同频率的基站产生影响。

随着小区不断分裂，使基站服务区不断缩小，而同频复用系数不断增加。最终，大量的同频干扰将取代人为噪声和其他干扰，成为对小区干扰的主要约束，此时移动无线电环境将由噪声受限变为干扰受限。但需要重点指出的是，此时的干扰是一个同频的 GSM 已调信号（相当于其他用户的期望信号），而非普通意义上的窄带噪声（如各种带通高斯白噪）。

不难想象，当相邻小区同频干扰的信干比 C/I_c（也称"载干比"）小于某个特定值时，就会直接影响手机的通话质量，甚至导致手机掉话。按照 3GPP 规范，要求 GSM 小区同频干扰的信干比 C/I_c≥9 dB（考虑到工程余量，实际小区的信干比≥12 dB）。

上面是对小区组网的要求，对于手机来说，则是要求当 C/I_c = 9 dB 时，手机能够满足一定的误码率指标，这便是手机的抗同道干扰能力。测试时，有用信号功率电平为−85 dBm，干扰信号为符合 GSM 调制要求的连续随机信号，功率电平为−94 dBm，两者处于同一信道。与阻塞测试类似，将有用信号和干扰信号同时送入手机后，要求收信机对 Class Ⅱ 的解调信号剩余误比特率 RBER≤2.4%，即满足参考灵敏度性能要求。

5．邻道干扰：C/I_a

邻道干扰与同道干扰的物理意义相同。

由于频率规划的原因，邻近小区中可能会存在与本小区工作信道非常接近的信道，或者由于某种原因致使基站小区的覆盖范围比设计要求范围大，均会引起邻频道干扰。当小区间的邻道信干比 C/I_a 小于某个特定值时，同样会影响到手机的通话质量。

对于手机来说，则是在一定邻道干扰水平下，满足误码率的要求，测试方法与同道干扰相同。只不过 3GPP 规范把邻道干扰分为 200 kHz、400 kHz 和 600 kHz 三种：C/I_{a_1}（200 kHz）为–9 dB，C/I_{a_2}（400 kHz）为–41 dB，C/I_{a_3}（600 kHz）为–49 dB。

10.4　其他 RF 指标

前面主要分析了 GSM 手机 RF 指标的物理意义与测试方法。本节简要介绍一下 CDMA、蓝牙、WLAN 等系统或模块中的 RF 指标。

10.4.1　发射指标

1. 发射频谱模板（Transmit Spectrum Mask）

所谓的发射频谱模板，其实是发射信号的功率谱模板。

我们知道，为了减小邻道干扰，必须限制发射信号的频谱宽度及旁瓣能量。因此，人们制定了发射频谱模板指标，9.3.4 节中的图 9-3-12 其实就是 QPSK/MSK/GMSK 的发射信号功率谱密度分布图。

图 10-4-1 与图 10-4-2 所示分别为 IEEE 802.11b 与 802.11a/g 的发射频谱模板和实测结果（摘自 Agilent 的文档）。

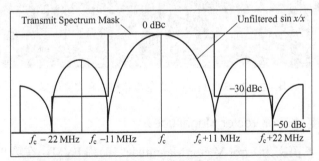

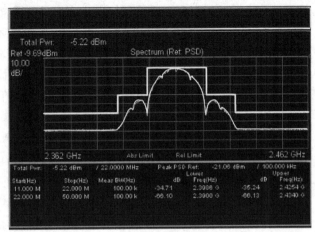

图 10-4-1　802.11b 的发射频谱模板和实测结果

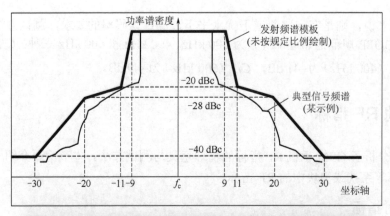

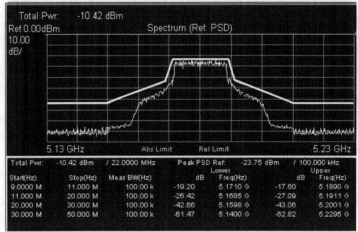

图 10-4-2　802.11a/g 的发射频谱模板和实测结果

2．误差矢量幅度（Error Vector Magnitude）

误差矢量幅度，其英文为 Error Vector Magnitude，简称 EVM。在第 9 章曾介绍过星座图

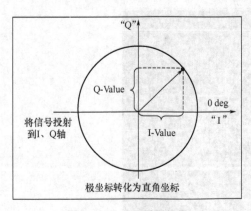

图 10-4-3　I/Q 平面矢量

（Constellation）的概念，即把码元或信号表示成 I/Q 平面上的点。用矢量描述，模值代表码元功率，相角代表码元位置，矢量与码元信息存在一一对应关系，如图 10-4-3 所示。

显然，如果矢量的模值发生变化而相角不变，接收机解调后可能会误判，如图 10-4-4 中的 32QAM 信号；反之，矢量的模值不变而相角发生变化，接收机解调后也可能出现误判，如图 10-4-4 中的 8PSK 信号。因此，对于发射机输出的已调信号来说，无论模值还是相角，都要求在一定范围内波动，误差不能太大。

于是，人们提出了 EVM 指标，用于定量描述实际信号与理想信号之间的误差（均为 I/Q 已调信号），如图 10-4-5 所示。

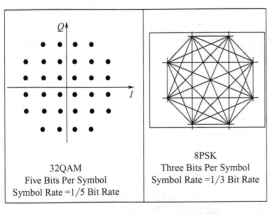

图 10-4-4　32QAM 与 8PSK 的星座图　　　　　　　图 10-4-5　EVM 示意图

WCDMA 协议 3GPP TS25.101 V3.2.2 给出了 EVM 的完整定义：

"The Error Vector Magnitude is a measure of the difference between the measured waveform and the theoretical modulated waveform (the error vector). It is the square root of the ratio of the mean error vector power to the mean reference signal power expressed as %. The measurement interval is one power control group (timeslot)."

不难想象，EVM 测试对于数字调制信号具有极强的洞察力。通过测量 EVM 指标，可以评价整个通信系统的性能，了解个别元件的作用（如滤波器、RF PA 等），察觉数字调制信号极微小的变化，而且还可以识别产生这些微小变化的原因。

在仪表中，EVM 测量就是连续不断地把输入数据流与理想参考信号进行幅度和相位比较（其实就是比较实际信号与理想信号在星座图上的坐标偏差），其测量框图如图 10-4-6 所示。

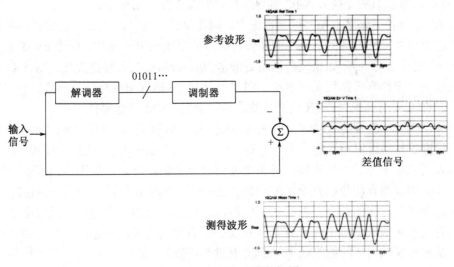

图 10-4-6　EVM 测量的框图

不同的系统通常会采取不同的测试方法，比如 WCDMA 系统在四个象限共采样 2560 个样本（每象限 640 个），而 IEEE 802.11 则采样 1000 个样本进行计算。根据 802.11b 规范，要求 EVM≤35%（–9 dB），而表 10-4-1 给出了 802.11a/g 对于 EVM 的指标要求。

表 10-4-1　802.11 的 EVM 指标要求

数据速率/Mbps	相对星座图误差/dB	EVM/%（RMS）
6	−5	56.2
12	−10	31.6
24	−16	15.8
36	−19	11.2
54	−25	5.6

通常，EVM 的测量结果如图 10-4-7 所示。

EVM	=1.0034	%rms	2.4617	%pk	at	chip	1368
Mag Err	=794.37	m%rms	1.7941	%pk	at	chip	1700
Phase Err	=351.27	mdeg	1.4091	deg pk	at	chip	1368
Freq Err	=3.1263 Hz			IQ Offset	= −33.258 dB		

图 10-4-7　EVM 测量结果

图中，EVM 表示实际信号与理想信号的误差百分数；Mag Err 表示幅度误差百分数；Phase Err 表示相位误差，单位为 deg；Freq Err 表示频率误差，单位为 Hz（实为相位轨迹误差曲线的线性回归线斜率）；IQ Offset 表示仪表解调的 I/Q 信号在星座图上的直流（原点）偏移，即载波抑制（RF Carrier Suppression），也称载波泄漏（TX Carrier Leakage）。

如果 EVM 指标不通过，则主要从两方面分析，一个是 I/Q 调制器，另一个则是 RF 非线性（含混频器、RF PA 等）。

首先分析 I/Q 调制器。如果 I/Q 信号幅度失真或增益不匹配，则必然导致合成矢量的模值或相角失真；如果正交调制器的相移特性不好（I/Q 信号之间非严格的 90°相移，可参考 9.2.1 节中图 9-2-2 的希尔伯特变换），则必然导致合成矢量带有附加相移。

再看 RF 非线性。如果本振相位噪声偏大，则使得已调信号的频谱出现扩展，换言之，星座图上的已调信号将从占据微小范围的点向占据巨大范围的星云变化，导致 EVM 恶化（因为 EVM 是一个统计平均值）；如果发射通道滤波器的幅频/相频响应特性失真，则 TX 信号出现畸变，把这些畸变影响折算到调制器端，则相当于 EVM 指标出现恶化；同理，如果混频器、RF PA 的谐波/互调失真偏大，TX 信号失真，同样会使 EVM 指标恶化。

清华大学李国林教授的《射频电路测试原理（电子版讲义）》中有论述：通常情况下，相位误差与幅度误差是近似相等的。假如平均相位误差（以 deg 表示）超过平均幅度误差 5 倍以上，则表明存在未知的相位调制，成为主要的误差来源；反之，若平均幅度误差远大于平均相位误差，则表明有明显的残余幅度调制。进一步，如果相位误差为主要矛盾时，可以通过测量相位误差与时间的关系，以确认误差根源。比如，若相位误差与码元宽度呈一定函数关系，则有可能是调制信号中包含有残留的或干扰的调相信号；反之，与时间关系不大，则很有可能是本振或锁相环的相位噪声、谐波/互调等所致。

在近似情况下，可以把所有不良影响看成是统计独立的，即 I/Q 幅度失真与正交调制器相移失真、本振相位噪声、互调失真、未知相位/幅度调制等互相独立，则总的 EVM 可近似用如下方程表示：

$$\mathrm{EVM}_{\mathrm{TOTAL}} = \sqrt{\sum_{i=1}^{N} \mathrm{EVM}_i^2} \tag{10-4-1}$$

由式（10-4-1）可见，找到影响最大的 EVM_i，是解决 EVM_{total} 故障的关键。不过要说明一点，EVM 与 RF PA 的发射功率也是密切相关的。由此可见，随着发射功率的增加，RF PA 的非线性程度增加，所以 EVM 会逐步变差（数值变大）。因此，各种规范都会对测量 EVM 时的 RF PA 发射功率做出明确定义。

3. 峰值因子（Crest Factor）

峰值因子又称为峰值因数或峰均比。在 2.5.1 节中，我们接触了峰值因子这个概念，它其实就是信号峰值功率与平均功率之比。

不同于 GSM 的恒包络调制，CDMA 制式的高频已调信号为非恒包络（就 QPSK 数字调制本身而言，它是恒包络的，但由于脉冲成形滤波器的作用，使得已调信号包络出现变化）。显然，非恒包络信号的功率是随包络变化而变化的，如图 10-4-8 所示。

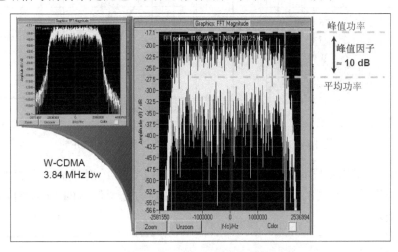

图 10-4-8　WCDMA 手机峰均比

在 Acoustic 测试中引入这个指标是为了方便用一个粉噪信号模拟实际语音信号，那么在 RF 测量中为什么也要引入这个指标呢？其实，9.4.4 节已经指出，峰均比越高，表明对 RF PA 的线性度要求越高。直观上，这个概念不难理解。在同样平均功率的情况下，峰均比越高，则说明峰值功率越大（但所占时间比例越小）。不过对于 CDMA 等手机的 RF PA 来说，必须保证其在最大输出功率情况下都是线性的，也就是说，RF PA 的线性度只取决于信号的最大功率，而与最大功率的持续时间无关。

然而，正如我们在入门篇中所说，峰值因子对于信号的描述并不全面，因为峰值因子仅给定了功率的峰值与平均值之间的比例，并不能得到功率的分布状况。为了定量描述功率分布状况，人们引入了互补累积分布函数（Complementary Cumulative Density Function，CCDF）。QPSK 与 16QAM 信号的矢量图与 CCDF 如图 10-4-9 所示。

从图 10-4-9 可以清楚地看出，16QAM 已调信号的功率分布（指瞬时功率围绕平均功率的波动）比 QPSK 已调信号要更加分散，即 16QAM 信号的包络变化要比 QPSK 信号剧烈得多（从星座图上也不难看出，16QAM 信号的模值要比 QPSK 信号更加分散，因此 16QAM 已调信号的包络变化自然也更大），这同时也从另一个侧面表明，16QAM 已调信号对 RF PA 的线性度要求比 QPSK 已调信号更高。

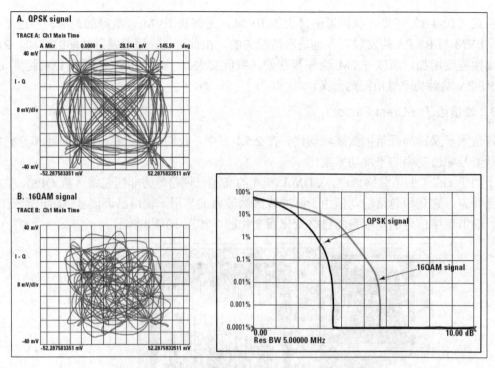

图 10-4-9　QPSK 与 16QAM 信号的矢量图与 CCDF

　　上面介绍的是采用不同调制方式后，已调信号的 CCDF；对于同一种调制方式，比如 QPSK 调制，如果采用不同的脉冲成形滤波器，所得到的已调信号的 CCDF 也有很大区别，如图 10-4-10 所示。

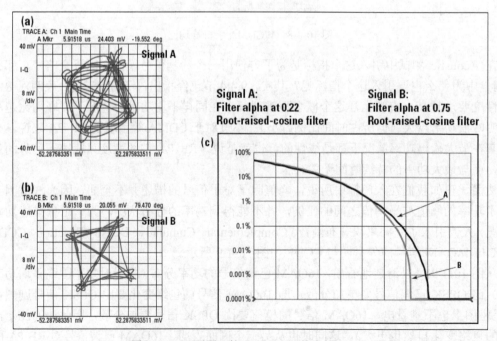

图 10-4-10　不同 α 的 QPSK 已调信号的 CCDF

在图 10-4-10 中，信号 A、B 均为采用根升余弦脉冲成形滤波器（Root-Raised Cosine Filter）的 QPSK 已调信号，但 A 信号滤波器的参数 $\alpha = 0.22$，而 B 信号则为 0.75（$0 \leqslant \alpha \leqslant 1$）。由此可见，脉冲成形滤波器也会对已调信号的 CCDF 产生显著影响。通常情况下，α 值高，则表明滤波器带宽高，其频带利用率低，但时域衰减快，有利于抗码间干扰并优化 CCDF（指对 RF PA 的线性度要求降低）；反之，则滤波器带宽低，其频带利用率高，但时域衰减慢，不利于抗码间干扰并使 CCDF 恶化。

至此可以看出，峰值因子结合 CCDF 就可以很好地描述一个已调信号的功率分布情况，这对于 RF PA 的设计非常重要。事实上，峰值因子中的峰值功率就是取 CCDF 函数值为 0.01% 所对应的点。以 CDMA 制式的 RF PA 为例，它有一个非常重要的指标，即 ACPR 或 ACLR。由于 RF PA 不可能是完全线性的，所以肯定会有稍许功率谱旁瓣泄漏，致使邻道功率增加。那么，采用不同 CCDF 的信号对 RF PA 进行 ACPR 测试，就会得到不同的结果。

Agilent 的文档"Characterizing Digitally Modulated Signals with CCDF Curves"给出了一个示例，把两个 CCDF 不同的 CDMA 已调信号送入同一个 RF PA 进行 ACPR 测试，结果一个信号测试"Pass"，而另一个测试"Fail"，如图 10-4-11 所示（Signal A Pass，Signal B Fail）。

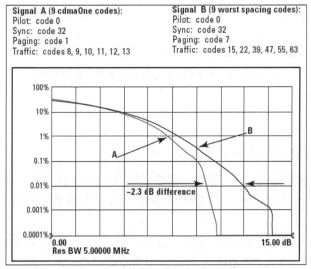

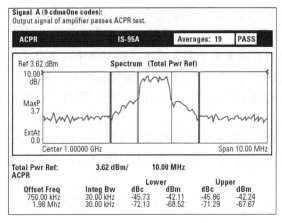

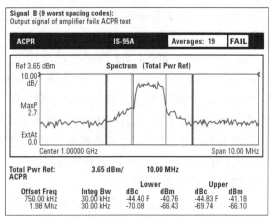

图 10-4-11　某 RF PA 的 ACPR 测试结果

由此可见，在测试 RF PA 的 ACLR 性能时，必须明确定义输入信号的 CCDF，否则就有可能出现误判。不过，对于手机测试来说，综测仪通常都会帮我们预设好相关信号，不需要额外关注。

4．频谱平坦度（Spectral Flatness）

这个概念很好理解，就是信道内的功率谱平坦度，如图 10-4-12 所示的 802.11a/g 测试结果。

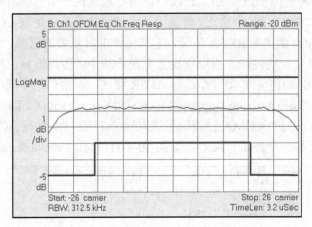

图 10-4-12　802.11a/g 的功率谱平坦度测试结果

10.4.2　接收指标

1．邻道抑制（Adjacent Channel Rejection）

其实，这里的邻道抑制与 8.6.4 节的邻道选择性是一个意思，只不过对于 FM 广播电台来说，属于模拟通信，以输出信号功率为测量条件；而对于数字通信而言，则是以误码率为测量条件。

以 IEEE 802.11b 的规范 18.4.8.3 为例，输入有用信号功率为-70 dBm（即参考灵敏度加 6 dB），邻道干扰信号功率为-35 dBm（间隔至少两个信道 25 MHz 带宽），均采用 11 Mbps 的 CCK 调制方式。若误帧率 FER（Frame Error Rate）< 8×10^{-2}，则表明满足邻道抑制≥35 dB 的要求。

而对于 IEEE 802.11a/g 的规范 17.3.10.2，输入有用信号功率比参考灵敏度电平高 3 dB（具体的参考灵敏度与调制方式、码元速率和信道带宽等有关），然后增加邻道干扰功率（间隔 20 MHz 带宽），直至接收机的误包率 PER（Packet Error Rate）=10%，则有用信号功率与邻道干扰功率的差值（dB），即为邻道抑制比。

在 IEEE 802.11 中，与邻道抑制指标比较接近的还有一个所谓的非邻道抑制（Non-adjacent Channel Rejection），其实是指偏离有用信号两倍信道带宽的邻道，如间隔 40 MHz。不过，我们一般很少关注这个指标。

在此要说明一点，IEEE 802.11x 的标准太多，各个国家与地区的规范也不太统一，读者朋友在调试时需要参考具体的规范要求。

2. 最大输入电平（Maximum Input Level）

前面曾介绍过动态范围的概念。当时，我们用接收机无杂散输出的范围来定义动态范围，可参式（10-2-22）或式（10-2-23）。虽然这个无杂散动态范围对芯片设计师来说很重要，但不方便测试，而且对于手机电路设计工程师来说，也很不直观。

因此，人们提出了最大输入电平指标，即在输入较大功率信号的情况下，满足一定的误码率（或误帧率、误比特率）要求。显然，当固定接收灵敏度和误码率时，最大输入电平越大，则表明接收机的动态范围越大。仍然以 802.11x 为例，最大输入电平要求如表 10-4-2 所示。

表 10-4-2　802.11x 最大输入电平要求

标　准	PER/%	数据速率/Mbps	最大输入电平/dBm
802.11b	8	1、2、5.5、11	−10
802.11g	10	6、9、12、18、24、36、48、54	−20
802.11a	10	6、9、12、18、24、36、48、54	−30
802.11n	10	所有调制方式	−30

第 11 章

ESD 防护

想必各位读者都有冬天脱衣服时被静电刺痛的经历。在电子领域,我们把这种"噼里啪啦"的静电现象称为 ESD(Electro Static Discharge),即静电放电。

静电出现后,如果没有通过合适的路径及时消除,在积聚到一定电量后,便可能因直接接触或感应导致静电放电,瞬间产生 10 A 甚至更高的电流。这些电流一旦流过电子产品的芯片,轻则造成电路功能失常,重则直接烧毁器件。

日常生活经验告诉我们,静电与气候和物体的材料有关。一般说来,气候越干燥,材料所含的丝绸、化纤(如各种腈纶棉)成分越多,越容易发生静电现象。我国地处北半球亚热带,除海南、广东、云南等地,全国大部分地区冬季的气候都异常干燥,尤其是华北、西北地区,手机 ESD 问题格外严重。笔者至今仍记得 2008 年 1 月去北京出差的情景(虽说之前也多次去北京、天津等地出差,但从没有在三九隆冬时节到过北京)。结果,我就记得那次,一天要被电上十多回。特别是当我穿羽绒服时(化纤面料),只要我触摸到金属的东西,就给我电一下,什么暖气片、楼梯扶手、窗户、电脑机箱,等等,搞得我后来摸这些东西时都有点害怕。

本章,我们对手机 ESD 防护进行讨论。

11.1 ESD 的原理

通常,物体是保持电中性状态的,这是由于它所具有的正负电荷相等的缘故。如果由于物体之间相互作用(如摩擦、接触、感应、传导)而引起物体获得或失去电子,物体不再保持电中性而带电荷,电荷的积累使得物体表面带上静电;当电荷积累到足够的强度时,电荷将可能泄放,造成其周围的空气被击穿,从而进入新的电平衡状态。由于其放电速率很快,而且放电时的电阻一般很小,往往会造成瞬时大电流,某些极端情况下,甚至可能超过 20 A。

11.2 ESD 的模型

基于 ESD 产生的原因及其对集成电路等放电的不同方式,通常将静电放电模型分为人体模型(HBM)、机器模型(MM)和带电器件模型(CDM)三种。

11.2.1 人体模型(Human Body Model)

人体模型(HBM)是当前最常用的模型,也是在产品的可靠性检验中必须通过的一个检测项目。HBM 是指因人体在地上走动摩擦或其他因素在人体上已积累了静电后接触电子元器件或者电子设备，人体上的静电便会瞬间从电子元器件或者设备的某个端口进入设备内部，再经由设备另一端口泄放至地，此放电过程能在短到 1 ns 时间内产生数安的瞬间电流，并把电子器件烧毁。目前，基于 HBM 的 ESD 已有工业测试标准，并成为各个厂家用来判断电子产品 ESD 可靠性的重要依据。图 11-2-1 所示为 IEC 61000-4-2 标准简化的等效电路图，其中人体的等效电容（C_c）定为 100 pF，人体的等效放电电阻（R_s）为 1500 Ω。

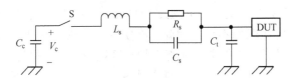

图 11-2-1　HBM、MM 和 CDM 模型下的 ESD 简化等效电路图

11.2.2　机器模型（Machine Model）

机器模型及其标准由日本制定。在 IC 芯片等电子器件制造过程中，积累在机器手臂上的静电电荷接触芯片时会通过 IC 芯片和电子器件的管脚瞬间泄放静电电流。因为大多数机器都是用金属制造的，其机器放电模式的等效电阻（R_s）约为 0 Ω，但其等效电容（C_c）定为 200 pF。由于机器放电模式的等效电阻小，故其放电的过程更短，在零点几纳秒之内产生数安培的瞬间电流。机器模型和人体模型可相互转换。

11.2.3　带电器件模型（Charged Device Model）

带电器件模型是在 IC 芯片以及其他电子设备的制造和运输过程中，因摩擦生电而积累静电荷，但在静电积累的过程中，集成电路并未被损伤。带有静电的 IC 芯片（或者其他电子设备）在处理过程中，当其管脚与地接触的瞬间，IC 芯片内部的静电便会经由管脚向外泄放电流。该模式放电的时间也非常短（在零点几纳秒之内），而且很难真实模拟其放电现象。因为芯片内部的静电会因芯片器件本身对地的等效电容而变，芯片摆放的角度以及芯片所用的封装形式都会造成不同的等效电容。由于多项变化因素难以确定，因此，有关此模式放电的测试标准仍在协议中，但已有此测试机器在销售了。

三种 ESD 模型下的参数范围如图 11-2-1 和表 11-2-1 所示。

表 11-2-1　HBM、MM 和 CDM 模型下的参数范围

ESD 模型	C_c	L_s	R_s	C_s	C_t
HBM	100 pF	5～12 nH	1500 Ω	1 pF	10 pF
MM	200 pF	0.5 nH	8.5 Ω	NA	NA
CDM	10 pF	<10 nH	<10 Ω	NA	NA

11.3　人体模型充放电原理

手机等电子便携式设备与人体接触最多，因此其静电防护设计及测试都以 HBM（人体模型）为基础。在此，有必要首先分析一下人体 ESD 的充放电过程，这样有助于我们更好地理解手机的 ESD 设计原理。

11.3.1 人体充电

首先，我们来看一下人体的充电过程。人体充电过程有多种可能性，一种常见的情况是人体在地毯上走动。我们假设人体是不带电的，当人在地毯上行走时，鞋跟会与地毯碰撞接触。这时，电荷会在地毯和鞋之间移动，具体移动方向取决于鞋子和地毯材料的分子结构。这通常称为摩擦"充电"。那鞋子是带正电还是负电呢？有时人造织物会从橡胶物体吸引电子，而有时相反，这是因为物质表面不纯。因此，在实际中很难预见鞋子是带正电还是负电。但有一点是肯定的，就是鞋子上带的电和地毯上脚印区域带的电是极性相反的电荷。

当人在地毯上行走时，鞋子上的电荷越来越多，直到鞋子存不下为止。与充电过程相反的过程是回放电流。大部分回放电流流过鞋子和地毯，一小部分流过空气。较高的湿度会降低介质的电阻率，增加回放电流。由于回放电流的存在，鞋子的充放电会达到一个平衡点，即充电电流与回放电流相等。

鞋跟上的静电荷会产生一个静电场，在这个静电场的作用下，脚跟处会感应出极性相反的电荷。由静电感应原理可知，人体上的电荷要重新分布。人体组织（除了皮肤以外）是十分良好的导体，因此在人体的其他部分会产生与脚上电荷极性相反的电荷。假设鞋跟从地毯吸引电子，地毯上留下了正电荷，鞋子上带负电荷，这些负电荷会将人体上的正电荷吸引到脚上，于是人体的其他部位剩下负电荷。当人体"充电"达到平衡后，电压可以达到很高，甚至发生辉光放电。只要外界的电场强度足够大，就能维持这一状态。

为了定量描述上述过程，我们以手机为例（为方便分析，假设手机的 GND 与大地相通），建立一个等价的人体模型电路，如图 11-3-1 所示，图中各参数的含义如下（H 表示人体，A 表示手臂，F 表示手指，P 表示手机）：

- C_H 为人体和大地之间的电容，R_H 为人体的电阻，L_H 为人体电感。
- C_A 为人手臂与大地之间的电容，C_{AP} 为人手臂与手机之间的电容，R_A 为人手臂放电路径的电阻，L_A 为人手臂放电路径的电感。
- C_F 为人手、手指与手机之间的电容。
- C_P 为手机与大地之间的电容，R_P 为手机到大地路径的电阻，L_P 为手机到大地路径的电感。

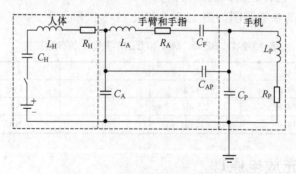

图 11-3-1　人体模型放电等效电路图

当人体接近手机时，会在手机上靠近人体（手臂）部位感应出相反的电荷。同样，手机上的电荷会重新分布。由于本例假设人体带负电荷，因此手机会通过地线失去电子而带正电荷。人体与手机之间的距离越近，手机上相反的电荷越多。手机上"充电"的速度与人体接近手机的速度有关。但即使接近速度很快，"充电"电流的上升速率也很低的。因此，在放电发生之前形成的"充电"过程并不会对手机的工作造成任何影响。

11.3.2　人体放电

前面的模型完整地描述了静电放电事件中发生的充电过程，我们接着分析放电过程。

当人的手指靠近手机时，手指与手机之间的场强会很强，导致空气击穿。这首先形成一个离子导电通路，然后形成电弧，这时开始了主要的放电过程。需要说明的是，静电放电是一个能量的转移过程，但转移能量与放电发生前的静电电压无关，而是放电电流的函数。此外，较高的电压范围内，放电电流一般不与预放电压成正比。这与复杂的放电过程和一些变化的放电参数有关，这里不做深入的讨论。

虽然在电弧发生之前手指向手机逼近的速度并不重要，但是在电弧发生期间手指逼近手机的速度却非常重要。由于形成电弧所需的时间远比电弧的持续时间长，在电弧形成过程中手指保持向手机移动，所以快速移动比慢速移动时形成的电弧间隙小、距离短。对于快速移动，电弧间隙的电压会升得很高，由于其更快的电流上升速率和更大的幅度，因此会产生更强的静电放电。

只要对前面的模型稍微进行修改，就可以用电路来描述静电放电过程。如图 11-3-2 所示，基本模型保持不变，仅在 C_F 的电弧放电路径上并联了电感 L_S 和电阻 R_S。不过，L_S 和 R_S 并不是常数，两者在电弧发生过程中是变化的。特别是 R_S，开始时较大，随着空气电离程度的增加，R_S 越来越小。这个模型虽然有一定的局限性，但是能够比较确切地描述静电放电的过程。

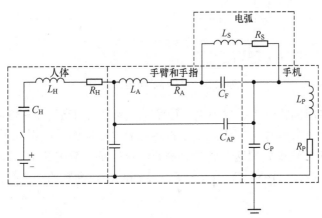

图 11-3-2　人体模型放电等效电路图

当电弧形成时，首先使 C_F 放电。R_S、L_S 和 C_F 形成了一个阻尼震荡回路。阻尼特性取决于 R_S，而回路的振荡频率取决于 L_S 和 C_F。C_F 的量值取决于手指和手的大小。较小的手和较细的手指具有较小的 C_F，而从理论上讲，较小的 C_F 具有较高的频率。但是，较细的手指也会在较低的电压下形成辉光放电。辉光放电的发生会严重影响放电波形。在这个模型中，辉光放电的离子流可以看成将 C_F、C_{AP} 和 C_A 短路的旁路电阻。在电弧发生之前，离子流提供的旁路会对 C_F 充电。这意味着，放电波形中的高频成分会减少。因此，只有当辉光放电没有发生时，静电放电的最高频率才取决于 R_S、L_S 和 C_F 的量值。

当 C_F 放电时，由 C_P、C_A 和 C_{AP} 构成的并联网络也开始放电。但是，这个并联网络的放电电流不仅仅流过 R_S 和 L_S，也流过 R_A 和 L_A。另外，这个并联网络的电容大于 C_F。这意味着 C_A 和 C_{AP} 的放电比 C_F 单独放电要慢。对于 C_H，放电路径包括 R_H、L_H、R_A、L_A 和 L_S。另外，C_H 的放电路径还包含由 R_P、L_P 和 C_P 构成的并联网络。

需要指出的是，在 C_F、C_{AP} 和 C_A 的放电电流中，仅有很少一部分流过手机的接地路径。并且，经过 C_H 的放电电流中的任何高频成分都趋向流过 C_P，而不是手机的地线。手机地线中的电流仅限于 C_H 放电电流中的低频成分。

如前所述，R、L 和 C 的值决定了放电电流的波形。基于 IEC 61000-4-2 标准的人体放电电流波形如图 11-3-3 所示。首先 C_F 的放电电流会产生很高的频率，其次 C_A 和 C_{AP} 的放电产生较高的频率，最后 C_H 的放电产生较低的频率。电容放电不仅会产生上述频率范围内的电流，还会产生阻尼振荡。在放电过程中，低频成分转移的电荷比高频成分多，但是高频成分会产生更强的场。图中，由实验得出的第一尖峰上升时间 $t_r = 0.7 \sim 1$ ns。事实上，计算机模拟计算结果表明，范围可能更宽。

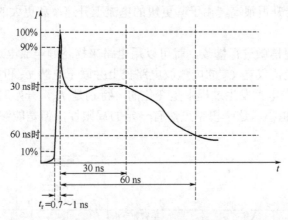

图 11-3-3　人体放电电流波形

不仅电流波形在时间特性上差异很大，而且幅度波动范围高达 $1 \sim 30$ A。正是由于不同条件下静电放电的特性差异性很大，因此电子设备对静电放电的响应很难预测。所幸的是，我们可以用实验统计的方法来处理这个问题。需要注意的是，静电放电时间产生的能量很大，频率很高（高达 1 GHz）。另外，C_F、C_{AP}、C_A、L_A 和 R_A 对高频的产生有很大影响。

11.3.3　多次放电

以上对充电和放电过程进行了完整的讨论，但还要说明一点：许多实验表明，在一个静电放电事件中会发生多次放电。这些放电陆续减弱，间隔从 10 ms 至 200 ms。通常，导致这种多次放电的因素有 $2 \sim 3$ 个。

我们可以再看一下图 11-3-2 所示的人体放电模型。如果 R_H 和 L_H 的值较大，则即使 C_H 上还有电荷，C_A 和 C_F 也会发生完全放电。当 C_A 和 C_F 放电完毕时，电弧会熄灭。这时，C_H 会对 C_A 和 C_F 充电，直到空气再次被击穿。结果再次发生电弧，C_A 和 C_F 开始放电。这个过程将一直持续下去，直到 C_H 上的电荷放净。通常，C_H 上的电荷主要集中在脚跟处，在脚底表面也会分布一些。因此，R_H 包含了皮肤电阻，其阻值是较大的。这可以解释多次放电之间的间隔为毫秒级的现象，更长的间隔则说不通。若放电间隔要大于 200 ms，R_H 和 L_H 的数值就必须很大，而人体几乎达不到这样高的数值。因此，造成更长间隔的放电的原因可能有两个：一个是鞋跟的介质吸收效应。我们可以将鞋跟看成一个 RC 网络，其电阻很大，这个 RC 网络向人体提供电荷；另一个是因为人体向手机移动。如前所述，当没有足够的能量维持电弧通路时，电弧会熄灭。直到手指距离手机更近时，电弧才会再次发生。这时电弧间隙较小，激发电弧所需的能量也较低。

　　无论如何，当人体初始电荷较高时，多次放电更容易发生。多次放电的现象可以解释另一个现象：较高电压的静电放电和较低电压的静电放电都比中等电压的静电放电造成的问题更加严重。之所以会这样，是因为较快的上升时间和高尖峰电流才是造成问题的主要原因。当电压较低时，辉光放电的作用很小，因此上升时间会很快，峰值电流也很大；中等电压时，有辉光放电发生，这使上升时间增加，并减小了峰值电流；当电压较高时，虽然也会有辉光放电发生，但是会发生多次放电。在每个多次放电序列中，会有一次以上的低电压放电，这会导致较高的边沿变化率和高峰值电流，从而有可能产生严重的问题。

11.4　静电的影响

　　在静电放电过程中，将会产生潜在的破坏电压、电流及电磁场：一方面，静电放电电流直接通过电路造成损害；另一方面，ESD 产生的电磁场通过电容耦合、电感耦合或空间辐射耦合等对电路造成干扰。因此，ESD 的两种主要干扰机制是：

　　（1）由于 ESD 电流产生的热量导致器件的热失效；

　　（2）由于 ESD 的高电压导致绝缘击穿。

　　由 ESD 电流产生的热量导致器件的"烧"坏是比较直接而且可以发现的，但对于 ESD 电流引起的电磁干扰却不容易捕捉到。电磁干扰的产生，是因为 ESD 会产生强大的尖峰脉冲电流，其中包含丰富的高频成分（傅里叶分析证明，信号的上升沿越陡，其所包含的频谱分量越多），最高频率甚至可能超过 1 GHz。这些高频脉冲使得 PCB 板上的走线出现天线效应，从而感应出高电平的噪声。此外，ESD 电流产生的场可直接穿透设备，或通过孔洞、缝隙、输入/输出电路等耦合到敏感电路模块中。不仅如此，ESD 电流在系统中流动时，会激发路径中所经过的"天线"，产生波长从几厘米到数百米的辐射噪声，这些辐射能量所产生的电磁噪声将对电子设备造成严重干扰。

　　一般而言，ESD 的失效分为永久失效和暂时失效两种。如果在静电接触传导放电时产生的电压过高、电流过大，有可能造成器件永久性损坏，如冬天用手接触电路，造成设备损坏而不能继续使用。而在有些情况下，仅出现一些较小的电路噪声，导致设备偶尔出现异常，但设备并未损坏，并且之后还可以恢复正常工作（无论自行恢复还是强行手动恢复），这种情况称为 ESD 暂时失效。

　　由此看来，ESD 产生的不仅仅是我们能够直观感受到的对电子设备的损坏，还包括其衍生的电磁干扰，从而有可能影响到其他设备的正常运行。

11.5 ESD 设计原则

根据"木桶原理",系统防护能力由其最薄弱的环节决定。因此,必须首先将系统从概念上分解为若干部分,然后对各个部分采取不同的设计方案,才能有效提高手机的 ESD 防护能力。

11.5.1 软件防护设计

在对付静电放电方面,其实除了众所周知的硬件方法以外,软件也起着重要作用。虽然软件不能防止系统中器件的损坏,但是能够有效地避免非永久性的损伤。通过优化软件代码,一些不可自动恢复的故障(如软件死锁)通常可以避免,而可恢复的故障的发生概率也可以大幅降低,这常被称为软件的健壮性。不过,软件的抗静电放电也是有代价的,通常程序会更大,占用的资源更多,对程序员的要求也更高。但对于手机等消费类电子产品设计而言,如果把这种软件代价与单纯依靠硬件解决 ESD 问题的成本做对比,你就会发现,软件成本简直不值一提。

对于软件工程师,在编写 ESD 抗扰性强的软件时需要树立的一个观念是不确定性和健壮性。比如,ESD 或噪声导致一个中断管脚的状态发生变化,从而触发中断。然后,系统转入中断处理程序后,却发现并没有需要处理的事情,就会自动退出中断处理程序。但是,如果中断处理程序需要等待一个信号量,而实际上中断是被误触发的,这个信号量并不存在,就会造成程序死锁在等待信号量的过程中。为避免该问题,有多种处理方法,比如给等待信号量设置一个最长等待时间、询问中断源是否真正有中断发生等,但最合理的做法是将中断入口的触发条件进行冗余判断,对误触发的中断直接不予理睬。

所有软件的静电防护措施都是通过模拟静电放电而暴露出来的问题,并进行程序编写的。对于手机而言,驱动 IC 厂家通常都会提供静电防护程序,在整个手机设计验证过程中,IC 厂家会根据实际的情况来调试和修改这些防护程序,以达到最优的静电防护效果。总的来说,软件 ESD 防护措施大致可以分为三类:刷新、检验和重新写入。

以电容式触摸屏为例。我们在 2.2.8 节中介绍过,电容式触摸屏利用电容值的变化来定位触摸点的坐标。其实,有兴趣的读者可以试一下,把手指尽量靠近手机屏幕,但不要触碰到屏幕,只要距离足够近,电容式触摸屏就会产生反应。那么我们不难想象,在进行 ESD 测试(我们将在下一节介绍)时,静电枪扫过屏幕,由于枪头带有大量电荷,会引起触摸屏的表面电荷重新分布,从而改变原有的容值,引起屏幕误操作。如果把软件设置为在屏幕上实时显示触摸点(通常会在 ESD 测试中打开该功能,在正式版本中去除),就会在屏幕上出现大量快速移动的小圆圈(即显示点),这就是所谓的误报点,简称报点。电阻式触摸屏基于压力导致的电阻分压效应,其检测原理与电容式完全不同,所以绝对不会存在报点问题。

我们已经知道,电容式触摸屏的报点问题是由其检测原理所致的,并非硬件故障,所以只能从软件上进行优化。于是我们不难想象,如果静电导致的容值变化,其容值变化率、报点移动速率都远远高于手指正常移动的速度,并且会同时出现大量的报点。显然,这基本上不可能是用户的正常操作。因此,通过合适的滤波算法,就可以极大地降低报点的概率,在实际使用中,由 ESD 事件导致触摸屏误操作的概率就更低了。

11.5.2　硬件防护设计

在静电防护方面，如之前所说，软件防护设计的成本是最低的，因为相对硬件防护设计而言，编写软件代码要比改动硬件电路和结构要简单得多。所以，一般在开发设计过程中，除了一些必需的硬件静电防护电路的设计，能通过软件解决的尽量通过软件来实现静电防护，尤其是开发后期，当板端和结构定型时，软件的静电防护就显得更加重要。

但是，软件防护有一定的局限性，它只能避免一些非永久性的损坏。当在验证设计过程中遇到静电放电永久性破坏的时候，就只能通过硬件设计方式来解决，此时需要我们在开发前期（即板端和结构未定型时），就做好 ESD 的防护设计。

硬件上，ESD 问题可以分为主板问题和结构问题两大类。

1．结构设计原则

如果将释放的静电看成洪水的话，那么主要的解决方法与治水类似，就是"堵"和"疏"。如果一个壳体密不透风，静电无从进入，自然不会有静电问题了。但实际的壳体在合盖处常有缝隙，而且许多手机的外壳还镶嵌有金属装饰片，这就对结构设计上提出了更高要求。

用"堵"的方法。通过结构上的改进，可以增大外壳到内部电路之间气隙的距离，从而使 ESD 的能量大大减弱。根据经验，8 kV 的 ESD 在经过 4 mm 的距离后能量可以衰减到零。

用"疏"的方法。比如在机壳内部喷涂导电漆，这样就可以把机壳看成一个金属的屏蔽层，从而把静电引导至壳体上；然后，再将壳体与主板的 GND 连接，把静电从地导走。这样处理的方法既可以防止静电，还能够有效抑制 EMI 干扰。在 4.6 节已经分析过一个类似的案例。不过需要指出一点，喷涂导电漆的做法并不一定是最优方案，甚至有时是完全不可行的方案，因为它会与天线性能产生矛盾。但在远离天线的区域，比如 LCD 位置，有时候为了降低成本或者降低整机厚度，LCD 背面并没有钢片，那么就可以采用喷涂导电漆的方案，提高其 ESD 性能。

总之，ESD 设计在结构上需要注意的地方很多，但基本原则就一条：加强机壳密封，尽可能衰减掉进入机壳的静电能量；对于已经进入壳体内部的 ESD 电流，则尽量将其从主板的 GND 导走，不要让其危害电路的其他部分。

除此以外，机壳上的金属部分设计一定要小心，因为这很可能带来意想不到的风险，需要特别注意。

2．PCB 走线设计原则

结构上很难做到绝对的密封，尤其对于手机而言，Receiver、Speaker、Microphone 等部件必须要"透气"，否则声音出不来也进不去。对于这些无法密封的地方，ESD 就会"趁虚而入"。所以，除了优化结构，还得对藏在机壳里的主板下一番功夫。因为 ESD 最终会影响到主板，所以主板的 PCB 设计就显得尤为重要。ESD 对主板的影响又可以分为对 PCB 内部走线的影响和对 PCB 表层贴片器件的影响。对 PCB 走线而言，主要是静电放电电流产生的场效应对其影响，而静电放电一般会产生电场和磁场。

对于静电放电，PCB 设计的原则如下。

（1）保持环路面积最小

根据麦克斯韦电磁场理论，变化的磁场会在周围空间激发出感生电场。因此，穿过任意一个闭合回路的磁通量发生变化时，就会在回路上形成感生电压。如果闭合回路由导体构成，则感生电压将会驱动电荷在导体中流动，形成感应电流。如果闭合回路不由导体构成，则不产生感应电流，但依然会有感生电场和感生电动势存在，数学方程如下式：

$$\varepsilon = \oint_l \vec{E}_k \cdot \mathrm{d}\vec{l} = -\oint_s \frac{\partial \vec{B}}{\partial t} \cdot \mathrm{d}\vec{S} \tag{11-5-1}$$

其中，$\vec{E}_k$ 为感生电场的场强，ε 为感生电动势。由式（11-5-1）可见，磁场变化率（$\partial B / \partial t$）越快，或者环路所包围的面积越大，则产生的感生电动势越大（指绝对值），因此所形成的感应电流也越大。

通常，磁场变化率是我们无法控制的，因此不予考虑。那么，为了优化 ESD 问题，可以从减小环路面积着手。

① 电源线与地线应紧靠在一起以减小电源和地间的环路面积；

② 多条电源及地线应连接成网格状；

③ 并联的导线必须紧紧地放在一起，最好仅使用一条粗导线；

④ 信号线与地线应紧挨着放在一起；

⑤ 敏感器件之间的较长的电源线或信号线应每隔一定间隔与地线的位置对调一下；

⑥ 在电源线与地线间安装高频旁路电容；

⑦ 合理设计单点接地与多点接地。

（2）使走线长度尽量短

为提高天线的辐射/接收效率，必须使天线长度与电磁波波长接近。这就是说，较长的导线更容易接收静电放电脉冲产生的各种频率成分；而较短的导线只能接收较少的频率成分。因此，短导线从静电放电产生的电磁场中接收并馈入电路的能量就比长导线要少。

从操作层面看，使导线尽可能短是一个比减小环路面积更容易实现的措施。因为它不像信号环路那样难以识别，使环路面积尽可能小有时很难立即看到，但导线的长短则是显而易见的，设计步骤如下：

① 只要能满足 SMT 需求，尽量使所有元件紧靠在一起，PCB 设计人员不应将元件过于分散而占用更多的面积。

② 相互之间具有很多互连线的元件应彼此靠近。例如，I/O 器件应与 I/O 连接器尽量靠近。

③ 如有可能，从线路板的中心馈送电源或信号，而不要从线路板边缘馈送。

减小环路面积，主要针对静电放电电流产生的场效应。减小走线长度，一方面可以降低天线效应，另一方面也有助于防止共模噪声转化成差模噪声，原因很简单，这有助于减小各种 PCB 回路的阻抗差异。

另外，对于 PCB 设计，也应采取一些措施，以尽量减小由于静电场和电荷注入所带来的问题。下面讲述的规则就与这个问题有关。

（3）尽可能使用完整的地平面

在 3.3 节中，我们介绍过多层板及相应的层面分布情况。不仅如此，我们还特地谈到了地平面的概念。当时主要是从降低噪声干扰、屏蔽电磁辐射的角度出发来考虑地平面的作用。

其实，在 PCB 上设置完整的地平面有助于产品的 ESD 性能。一方面，地平面有助于减小环路面积，等效降低了天线效应。同时，地平面作为一个重要的电荷源，可抵消静电放电源上的电荷，这有利于减小静电场带来的问题。另外，如果发生 ESD 放电事件，由于地平面的面积大、阻抗低，电荷很容易注入到其中，而不是传导或者耦合到信号线中。这将有利于对元件进行保护，因为在引起元件损坏前，电荷可以泄放掉（当然，泄放到地平面的电荷过多、电流过大，也有损坏器件的风险，但至少比直接泄放到信号线上对芯片产生损伤的风险要小得多）。

（4）加强电源线和地线之间的耦合

① 将电源平面与地平面尽量靠近，这可以在电源线和地线间产生更多的寄生电容；

② 在电源与地之间接入高频旁路电容。

电源与地平面间的耦合将有助于减小电荷注入。我们知道，物体电荷量的差异所造成的电压差，取决于两物体间的电容（$C = Q/U$）。假定单位库仑的电荷注入到电源线中，会在电源线和地线间产生单位大小的电压。但如果电源线与地线间的电容增加一倍，则单位库仑的电荷将仅仅产生 1/2 单位的电压。显然，电压越小，造成损坏的可能性也相应越小。

那么，如何加强电源线与地线之间的电容耦合呢？简单起见，假设电源线和地线都由平面构成，这样就可以借助平行板电容器进行分析，如图 11-5-1 所示。

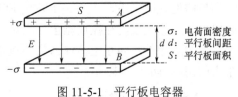

图 11-5-1　平行板电容器

根据静电场的高斯定理

$$\oint_S \vec{E} \cdot d\vec{S} = \frac{\sum Q}{\varepsilon} \qquad (11\text{-}5\text{-}2)$$

不难得到平行板间的场强（忽略边缘效应及板厚）如下：

$$\vec{E} = \frac{\sigma}{\varepsilon} \qquad (11\text{-}5\text{-}3)$$

又根据 $C = Q/V$，可以推导出平行板电容器的电容，如下式：

$$C = \frac{Q}{V} = \frac{Q}{\int_A^B \vec{E} d\vec{l}} = \frac{Q}{\frac{\sigma}{\varepsilon} d} = \frac{\varepsilon S}{d} \qquad (11\text{-}5\text{-}4)$$

因此，增大电源平面和地平面的面积 S、减小其间距 d、增加 PCB 基材的介电常数 ε（$\varepsilon = \varepsilon_r \varepsilon_0$，其中 ε_0 为真空介电常数，ε_r 为介质相对介电常数），都有助于提高其电容值。但是，介电常数由基材决定，手机通常选用 FR4（即 $\varepsilon_r = 4$）材料，无法调整；那么，就剩下间距和面积可以调整。电源平面/地平面的间距通常取决于 PCB 的层面分布，虽可以调整，但显然不及调整电源平面/地平面的面积方便。

事实上，将电源平面与地平面尽量靠近，不仅对 ESD 浪涌电流具有良好的耦合效果，对于减小地弹噪声、降低 EMI 辐射也有很好的作用。不过严格地说，加强电源平面与地平面耦合的主要目的并不是提供去耦电容，而是为高频噪声、浪涌电荷提供一个低电感回流路径。因为按照目前常规的 FR4 基材计算，假定一颗 5 mm×5 mm 的芯片，其内层的电源平面和地平面均占据 25 mm²，平面间距 0.2 mm，则由电源平面与地平面构成的电容仅为 4 pF。这对电源去耦，显然太小了！

根据电磁学原理，电流在导线上分布越分散（即电流密度越小），其产生的自感效应越小；

信号路径和返回路径越靠近，则互感效应越大。对于电源平面与地平面来说，平面越大，自感越小；耦合越紧，互感越大。由于电源平面与地平面正好构成信号路径与返回路径，使得互感磁场与自感磁场方向相反，等效结果是减小了整个回路的感值，从而优化了地弹、浪涌等问题。关于这部分原理的详细讨论，有兴趣的读者可以参考（美）Eric Bogatin 所著的"Signal Integrity: Simplified"（李玉山、李丽平译，电子工业出版社，2006），该书写得很好，直观而易懂。

（5）隔离元件与电荷源

将电子元件与静电放电电荷源隔离开来，可以有效降低静电损坏的风险。对于 PCB 设计来说，应该尽量把主板与可能的静电放电电荷源隔离开，连接器端口或感应电流比较集中的信号线之间也应尽量隔离。

实际设计时，可采取以下两个步骤来进行隔离：

① 使电子元件与 PCB 走线远离会暴露在静电放电中的 PCB 区域，防止操作人员直接触摸到该区域时，发生静电放电导致器件损坏（比如 SIM 卡槽附近凡是可以用手接触的地方，勿放置元器件）。

② 使电子元件和 PCB 走线远离会暴露在静电放电中的任意一个金属物体，包括螺钉、金属机壳、连接器外壳等。

最后需要说明一下，上述关于防止 ESD 危害的 PCB 走线设计仅仅是一些原则上的考虑，实际操作时，这些规则往往很难全部满足。这时，可以按照危害程度，对这些规则进行取舍。通常考虑的顺序是：防止电荷注入到系统电路（因为这可能损坏电路）>防止 ESD 电流辐射场带来的问题>防止静电场。

3. 表贴器件防护设计

尽管我们对 PCB 走线做了各种 ESD 防护设计，但这只是减小了 ESD 电流辐射场的危害。静电放电电流还是会不可避免地进入到 PCB 的表贴芯片和各个模块中，造成器件的"烧毁"。因此，对主板 PCB 表面贴片器件以及电路的防护设计也不容忽视。

对于手机硬件工程师来说，大家都希望 ESD 防护能完全集成到芯片内部，因为这样会节省板级空间，减少系统成本并降低 PCB 设计与布线的复杂度（其实每一个电子工程师都是这么想的）。但从目前的情况来看，前景并不乐观。如今，芯片制程工艺的进步反倒成了片上 ESD 防护的一大难题。一方面，工艺进步主要集中在提升芯片性能与集成度上，这必然会导致芯片的栅极氧化层厚度越来越薄，大大降低了芯片自身的 ESD 防护能力；另一方面，芯片功耗与尺寸不断减小，受制于有限的芯片空间，原本用于 ESD 防护的资源也被大大缩减。

以手机为例，手机的功能越来越强大，而电路板却越来越小，集成度越来越高。手机上凡是用于人机交互的部分，就存在 ESD 风险，尤其是 SIM 卡、耳机、Microphone、Receiver、Speaker、USB 接口等，这些部位很可能将人体的静电引入手机中。所以，硬件工程师必须充分考量这些部件的 ESD 防护能力，不仅可以从优化 PCB 布局布线上着手，还可以额外使用一些 ESD 保护器件，如 TVS（Transient Voltage Suppresser，瞬态电压抑制器）、MLV（Multi-Layer Varistor，多层变阻器，也称压敏电阻）、肖特基二极管、陶瓷电容等。在手机电路中，用得比较多的是 TVS，因此我们重点分析一下 TVS 管的防护原理（对其他防护器件有兴趣的读者可以查阅相关资料）。

3.2.1 节曾经提及用于 ESD 防护的 TVS 管。其实，TVS 管也称瞬态抑制二极管，是一种二极管形式的高效能保护器件。它利用半导体 PN 结的反向击穿工作原理，将静电放电的高压脉冲导入 GND，从而保护各种静电敏感器件。

当发生 ESD 事件时，瞬间放电电压通常会远远超过 TVS 管的击穿电压，于是管子发生雪崩效应，给瞬时电流提供一个超低阻抗的通路，其结果就是绝大部分瞬时电流通过 TVS 管进入 GND，避免直接从其他器件上流过。而一旦发生雪崩效应，只要 ESD 放电过程没有结束（即放电电压恢复到正常值之前），TVS 管的电压就一直维持在钳位电压上（一般钳位电压会小于击穿电压），从而提供一个持续保护能力。当瞬时脉冲结束以后，TVS 管自动恢复到高阻状态，整个回路进入正常工作电压范围。

TVS 管有单向和双向两种。单向 TVS 管的特性与稳压二极管相似（稳压管利用齐纳击穿效应，故又称为齐纳二极管）；双向 TVS 管则相当于两个稳压二极管反向串联。这两种管子的伏安曲线特性如图 11-5-2 所示。

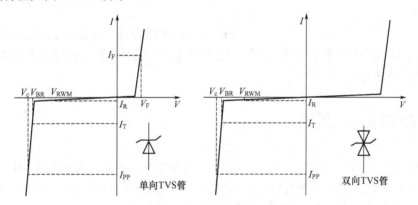

图 11-5-2 TVS 管伏安曲线特性

TVS 的主要性能参数包括最大工作电压、击穿电压、钳位电压、漏电流、电容、响应时间以及寿命等，可参见图 11-5-2 中所示。因为这些参数的物理意义非常直白，笔者就不解释了。需要特别注意的是，当通过的电流超过 TVS 管的额定电流 I_{PP} 时，管子很容易出现烧毁（但无论如何，TVS 管以牺牲自己来保护他人，这难道就是电路中的白求恩大夫？！）。因此，在实际的电路设计中，必须根据具体要求来选用合适的管子。

另一种在手机中获得较多应用的 ESD 防护器件是压敏电阻，俗称 Varistor。压敏电阻有两种，一种是多层压敏电阻（MLV），另一种为金属氧化物压敏电阻（MOV），它们都是利用氧化锌等压敏陶瓷材料的压敏特性实现了对静电的防护。

压敏电阻的电阻体材料是半导体，当施加于两端的电压小于其压敏电压时，压敏电阻相当于 10 MΩ 以上的绝缘电阻；当压敏电阻器两端施加的电压超过其压敏电压时，则压敏电阻的阻值迅速下降并呈现低阻态，从而把电荷快速导走，有效地保护了电路中的其他元器件。

但与 TVS 管不同，压敏电阻采用的是物理吸收原理。因此每经过一次 ESD 事件，材料就会受到一定的物理损伤，形成无法恢复的漏电通道，性能会随着使用次数的增多而下降，存在寿命限制问题。这一点对于关键信号和易感信号的 ESD 防护至关重要！

压敏电阻支持双向保护，它的伏安特性是完全对称的（可看成双向 TVS 管），如图 11-5-3 所示。

总的来说，TVS 管具有响应时间快、钳位电压偏差小、结电容小、反向漏电流小和无寿命限制等优点，因而较适合对信号质量要求高、线间漏电流要求小的各种场合，比如高速信号线、时钟线等。因此，现在的手机设计中大多采用 TVS 管作为防护器件。但与 TVS 管比较，压敏电阻的击穿电压和钳位电压都相对较高，因此其通过电流的能力相对更强，具有良好的浪涌脉冲吸收能力，因而较适合电源接口的 ESD 防护。顺便说一句，读者朋友需要特别注意一点，除了直接炸掉、烧毁之外，TVS 和压敏电阻的主要失效模式均为短路。对于手机产品，它们一旦失效，可能只是损失一台手机而已，但对于工业产品、军工产品等，一定要做好冗余设计。

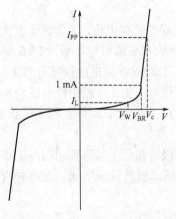

图 11-5-3 压敏电阻的伏安特性曲线

通过以上对 TVS 管和 Varistor 功能的分析，我们不难发现，ESD 防护器件其实是围绕"疏导"这个方法来实现对元器件及电路的保护。换言之，电路上的 ESD 防护是最后一道防线！

11.6 手机的 ESD 测试

由于 ESD 故障会造成手机工作异常、死机，甚至损坏并引发其他的安全问题，所以工信部强行要求手机产品在上市销售前的入网测试中，必须进行 ESD 及其他浪涌冲激电流测试。本节，我们简要介绍一下我国的 ESD 测试标准和相关测试步骤。

11.6.1 我国标准

我国现用的静电放电抗扰度试验标准 GB/T 17626.2 等同于 1995 年的 IEC 61000-4-2 标准。自 1999 年 12 月 1 日正式实施后，该标准又历经了多次修改，逐步完善。在 IEC 61000-4-2 标准中，规定了具体的测试模型、测试环境、测试设备、测试平台及判定标准。

11.6.2 测试模型与环境

对于手机 ESD 测试而言，以人体模型（HBM）为主。

统计研究表明，人体上的静电电压通常会达到 8～10 kV，干燥时节、穿着化纤/羽绒衣服时，甚至会高达 12～15 kV。这样高的电压值与人体充电的方式及环境有关，图 11-6-1 给出了人体最大充电电压与环境以及充电方式的大致关系，其中人体的充电电阻（R_H）在 50～100 MΩ，放电电阻（R_A）大致为 1.5 kΩ。

人体放电模式有两种：接触放电（Contact Discharge，即 ESD 模拟器的电极与手机保持接触，并由模拟器内部的放电开关激励放电）与空气放电（Air Discharge，即模拟器的放电电极靠近手机，由模拟器静电击穿空气，产生放电电流）。标准中还规定了 4 个试验等级和 1 个开放等级，如表 11-6-1 所示。

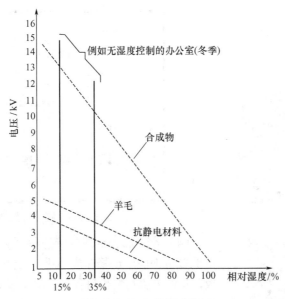

图 11-6-1　人体静电电压

表 11-6-1　人体放电等级

1a　接触放电		1b　空气放电	
等级	试验电压/kV	等级	试验电压/kV
1	2	1	2
2	4	2	4
3	6	3	8
4	8	4	15
×[1]	特殊	×[1]	特殊
1）"×"是开放等级，该等级必须在专用设备的规范中加以规定，如果规定了高于表格中的电压，则可能需要专用的试验设备			

为了尽可能模拟人体对手机的真实放电过程，使环境参数对实验结果的影响减至最小，实验应在规定的气候参数条件下进行，按照 IEC 61000-4-2 标准规定：

- 环境温度：15～35℃。
- 相对湿度：30%～60%。
- 大气压力：86～106 kPa。

1. 测试仪器

ESD 测试除了需要特定的环境条件外，还需要符合技术规范的放电器及测试台等硬件设备。模拟人体放电的设备为电子枪，俗称静电枪，如图 11-6-2 所示（通常，接触放电用尖头，空气放电用圆头）。

ESD 测试实验室中摆放的试验台也有一定的规格标准。IEC 61000-4-2 标准所要求的测试台结构图如图 11-6-3 所示，图 11-6-4 是满足该标准要求的实物照片。

IEC 61000-4-2 标准中，试验台配置如下：

（1）一张放置在接地参考平面上的 0.8 m 高的木桌。

（2）平放在桌面上的水平耦合板（HCP），面积为 1.6 m×0.8 m。

（3）竖放在桌面上的垂直耦合板（VCP），面积为 0.5 m×0.5 m。

图 11-6-2 静电枪照片

图 11-6-3 测试台架构图

图 11-6-4 测试台实物照片

（4）一个 0.5 mm 厚的绝缘垫，将手机电缆与 HCP 隔离；接地参考平面应选择厚度不小于 0.25 mm 的铜或铝金属薄板，其他金属材料也可使用，但至少 0.65 mm 厚度以上。另外，接地参考平面的面积不得小于 1 m^2，且每边至少应伸出 EUT 或耦合板之外 0.5 m，并将它与电力系统大地相连。

（5）耦合板：应采用和接地参考平面相同的金属和厚度，而且经过每端分别设置 470 kΩ 的电阻与接地参考平面连接。

2. ESD 测试步骤

在 ESD 实验室里，测试环境与设备全部准备就绪后，便可以开始实际的测试工作了。

（1）调整手机的工作模式：待机模式（Standby）或通话模式（In Call）。

（2）选择静电枪的放电模式：空气放电（Air Discharge）和接触放电（Contact Discharge）。空气放电需要测试±5 kV、±8 kV、±15 kV；接触放电需要测试±3 kV、±4 kV 和±8 kV 三种电压。

（3）放电频率：每点至少打 10 次，每次放电时间间隔为 1 s，并且每次放电后应立刻接地线（通常为一个与大地相连接的铜丝电刷）将手机上的残留电荷导走。

11.6.3 结果判定

1. 空气放电（Air Discharge）

（1）±5 kV、±8 kV：被测手机不出现任何异常（包括各种硬件和软件异常），功能完全正常则通过（Pass），否则判为失败（Fail）。

（2）±15 kV：只要不是灾难性的、永久性的故障，都是允许的，判为通过，否则判为失败。

2. 接触放电（Contact Discharge）

（1）±3 kV、±4 kV：被测手机不出现任何异常（包括各种硬件和软件异常），功能完全正常则 Pass，否则判为 Fail。

（2）±8 kV：只要不是灾难性的、永久性的故障，都是允许的，判为通过，否则判为失败。

11.7　案例一则

本节，我们介绍一个 ESD 方面的案例。该手机在设计之初，为了充分降低成本，几乎没有考虑任何 ESD 防护，而且电路（含 PCB）、机壳分别由两家公司设计，公差配合不好，到处是缝隙，进一步恶化了整机的 ESD 防护水平。

为了通过工信部的入网测试，我们对该手机进行了大幅改造，最终勉强通过了认证测试。但是，从工厂生产角度而言，这些所谓的改造措施根本不具备任何量产可行性，甚至某些处理方法（如 Receiver 处的 Mylar），对用户的实际使用会产生严重影响，根本连导入量产的可能性都没有。

俗话说得好，麻袋绣花——底子太差！该案例就向我们证明了一条真理：一个在设计之初没有考虑 ESD 的产品，想要在后期导入 ESD 防护，基本上是不可能完成的！

因此，笔者特地向各位读者朋友介绍该案例，让大家看看一个设计之初完全不考虑 ESD 防护的手机，要经历怎样的锤炼，才能勉强通过认证测试。

11.7.1　产品基本状况

主板设计存在严重问题，如图 11-7-1 所示。

首先，由于降成本，采用单面布局六层一阶板，PCB 没有完整的 GND 平面。其次，LCD、Camera、Speaker、Receiver 全部采用 FPC 焊接至主板边缘的方式，无地线屏蔽且信号线之间极易发生串扰。

将机壳装配完毕，目检即发现机壳结构件相互扣合的地方到处是缝隙，从这些缝隙中可以清晰地看见 LCD、键盘背光等元器件。实测结果，在 40%～50%的环境湿度下，±8 kV 基本不过，尤其是正负电压转换的第一枪，必定掉话或重启，简直是"一枪毙命"。

图 11-7-2 为整机装配完成后的照片，从中可以清楚地看到，机壳上到处都是缝隙，惨不忍睹。

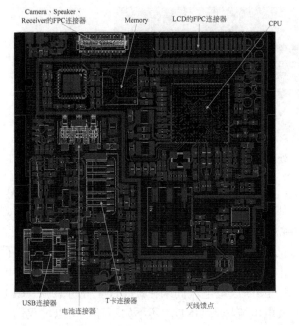

图 11-7-1　PCB 布局图（仅 Top 面，Bottom 面为 w 键盘 Dome）　　　图 11-7-2　整机照片中的缝隙

11.7.2　定位静电导入点

解决 ESD 问题无非就是"堵"与"疏"，但前提条件是要找到静电的引入点，然后进行针对性的堵与疏才能达到效果。对于该项目来说，外壳结构几乎全部泄漏，静电几乎是无孔不入，采用常规方法，堵一处或几处根本行不通，必须进行针对性很强的整改。

所以，我们决定分两步实施测试。首先对 PCB 单板的 GND 进行±6 kV、±8 kV 测试，以确定各个 GND 区块的抗击能力；然后对整个机器的所有缝隙处进行±8 kV 测试，让静电打入机器内，看看哪些地方能扛住，而哪些地方扛不住，从而确定结构上需要整改的地方。

实测结果令人失望，PCB 的 GND 在±8 kV 时必定重启；整机放电，Receiver、Microphone、Speaker、USB 接口、键盘等在±8 kV 时必定重启。

11.7.3　整改方案

根据以往项目的经验，如果连 PCB 的 GND 平面都无法承受一定的静电打击，则必须在静电导入通路上进行堵截。所以，整改过程的第一步就是贴 Mylar，阻断 ESD 的放电路径。

首先，在 Receiver、Microphone、Speaker 的表面贴 Mylar。因为这些器件属电声材料，不能完全堵死。所以，在贴完 Mylar 后必须用镊子戳上一个或者多个小洞眼。但洞眼的位置很有讲究，千万不能正对着进/出音孔，而要稍微偏离一些，在不显著影响声音大小的情况下，最大限度地防止静电直接击打到器件上。有时候，贴一层 Mylar 改善效果不明显，还需要再贴一层。

之后我们实测，±8 kV 静电压根本无法打入机器内部；±10 kV 会出现"滋滋滋"的静电感应响声伴以偶尔的微弱放电，但没有出现掉话或者重启的故障。图 11-7-3 为经过处理后的 Receiver 的照片。

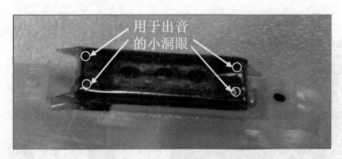

图 11-7-3　经过处理后的 Receiver 照片

解决完电声器件的问题，就轮到键盘了。该手机的键盘由客户提供，按键为硬塑料材质，并且热熔在一块薄金属片上。金属片的底下则是一块绝缘塑料，其两侧各通过一个小小的弹片与主板的 GND 露铜区相接触，如图 11-7-4 所示。

从原理上讲，金属片有利于提高键盘板的强度，而且通过弹片接地，可以把积累的电荷释放到主板 GND 上。但由于该手机主板采用 6 层一阶板设计，GND 被分割得太过严重（即没有完整的地平面），导致其抗静电能力太差，ESD 放电电流尚未在地平面上充分衰减，CPU 就已经重启或掉话了。换言之，此时与其把放电电流导入 GND，还不如不导。所以，我们只能选择继续贴 Mylar，试图将放电电流堵截在键盘板的外面。

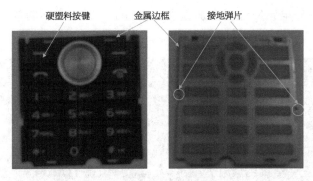

硬塑料按键　　　金属边框　　　接地弹片

图 11-7-4　键盘板照片

但是，金属片的存在又使得这一措施基本失效，因为静电感应让 ESD 放电电流很轻易地就击穿了金属片表面的绝缘漆，或者顺着键盘与前壳之间的缝隙进入手机内部。所以，我们只能让客户重新打样键盘组件，并将该金属片去除，只保留底面的绝缘塑料。然后，在此基础上贴 Mylar，才能勉强阻止 ESD 放电电流的进入，最终处理后的键盘组件照片如图 11-7-5 所示。

经过这么一番处理，我们发现 ESD 放电电流的确是打不进去了，但只要用静电枪顺着键盘表面扫过，即便没有出现空气击穿放电现象，手机依然会重启，尤其是在键盘左上角处，只要把静电枪的正、负极性转换一下，就必然出现自动重启故障。

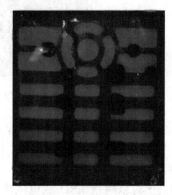

图 11-7-5　去除金属片并贴有 Mylar 的键盘板

这时候，我们需要好好分析一下原因了。既然没有出现放电火花，也就是没有发生空气电离击穿现象，也就是说，没有额外的能量被注入到 PCB，而此时 PCB 依然出现重启而且几乎必现，唯一的解释就是静电感应。当静电枪扫描整个键盘面的时候，PCB 对应的位置便会感应出相应的负极性电荷（假定静电枪处于正极性状态），当这些负极性电荷大量聚集无法扩散至 GND 的时候，就有可能对 CPU 造成干扰，特别是在 CPU 的电源线、I/Q 线、Reset 线附近聚集的话，极易造成掉话或者重启。于是，我们仔细检查键盘左上角对应的 PCB 位置后发现，此处正好是两排测试点，其中就包含 JTAG 的 Reset 以及系统 Reset，如图 11-7-6 中右上角一组高亮标注的测试点。

很显然，当静电枪扫描至键盘左上角（由于 EDA 软件视角导致的 Top/Bottom 镜像原理，图中为右上角，但从键盘面看过去则是左上角），由于感应电荷的作用，使系统 Reset 受到干扰，特别是在静电枪极性转换的瞬间，干扰突然增强，就会造成重启。至于说静电枪极性转换会恶化重启故障，原因很简单：手机充电器普遍采用开关电源，其初级侧为双眼插头，初级与次级之间又是电气隔离的，导致次级侧的地线与电力系统的大地并没有真正连接，整个手机实际上处于浮地状态。那么，手机感应的静电电荷或者受到的 ESD 放电电流就不能通过充电器释放到真正的大地上，而只能在手机与充电器之间衰减并重新分布，最终留有一定数量的残余电荷，且这些残余电荷与静电枪的当前极性相同。一旦静电枪快速转换极性，残余电荷尚未完全衰减，则此时静电枪的极性与残余电荷正好相异，使得空气电离放电或者静电感应过程更加猛烈。说白了，就是实际的放电电压大于静电枪的设定值。

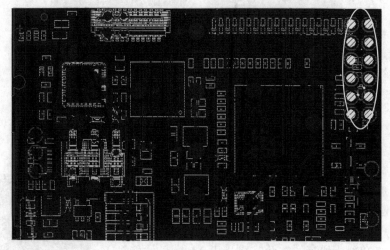

图 11-7-6　JTAG 及系统 Reset 测试点位置（右上角椭圆高亮部分）

对于静电感应造成的故障，堵是没用的，只能采用疏导的方法。简单地说，就是把感应的电荷疏导至 GND 上，尽量让电荷均衡分布，不要在一处聚集。对于该项目，我们先在这些测试点上贴 Mylar 绝缘，然后在 Mylar 的上面再贴一小块导电布并连接至屏蔽罩上。一方面，Mylar 可以阻止 ESD 放电电流直接击打到测试点上；另一方面，导电布可以将感应电荷快速传导至 GND 上，使残余电荷尽量分散开来，从而解决静电感应导致的重启问题。后来，笔者在与华为公司的一名高级工程师交流 ESD 经验的时候，曾谈到过这个问题。当时，他说起了自己的一个案例，原先怎么也测不过的手机，只要测试的时候在手机下面垫几本书就能测过。我们讨论后认为，这两个问题其实都可以归结到静电感应所造成的电容效应。大量的感应电荷聚集在 PCB 上，并与测试台底板构成等效的平板电容器，当电容容值变化时，各种场强也发生变化，从而影响了 ESD 放电电流的路径。

顺便说一句，如果手机连接的充电器采用三眼插头设计，那么几乎就不存在 ESD 问题了。我们曾用各个型号手机，包括该型号手机，连接台式计算机 USB 接口进行 ESD 测试，一切正常。原因在于三眼插头带地线，且它是真正连接到电力系统大地上的。所以，ESD 放电电流基本上会直接通过该地线导入大地。整改后的照片参见图 11-7-7。

在处理键盘的同时，笔者偶然发现客户提供的 USB 线两端的金属接头居然是不连通的！我们知道，一根合格的 USB 线，拨开其最外层的塑料后，应该是一层金属丝网，并且金属丝网与线两端的金属插头是连通的，从而加强其屏蔽效果。显然，这根 USB 线是一个 Cost Down 的配件。也正因为此，导致我们之前在测试 USB 接口时，几乎每枪必死。之后，换上合格的 USB 线，USB 接口处的 ESD 问题大大改善。

至此，本项目的 ESD 整改接近完成，接着再处理一下 PCB 板边的马达连接线、T 卡附近器件、LCD 连接线等，最后装配点胶，将外壳缝隙密封。几天后，前方送测人员传来"喜讯"，ESD 测试顺利通过。

导电布与Mylar

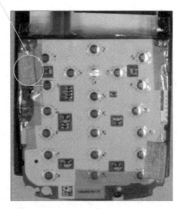

图 11-7-7　针对键盘板静电感应的整改

11.7.4　小结

解决 ESD 问题，无非"堵"与"疏"。在这个案例中，当 PCB 不抗击时，就只能采取堵的方式；但对于静电感应的问题，又只能采取疏的方法。至于如何在堵与疏之间进行平衡，则必须通过实验反复测试，方能确认。

最后，在本章结束之时，笔者还想再次强调一下，这个案例的本意是告诉大家，ESD 问题要在设计之初就充分予以重视，否则就会像这个案例一样，搞得劳民伤财。而且不夸张地讲，这种应付认证测试的做法，归根结底是弄虚作假！切记切记！

高 级 篇

【摘要】从本篇开始，我们将进入手机硬件设计的高级阶段。仔细阅读过入门篇、提高篇的读者就不难发现，入门篇中的内容只定性不定量，提高篇则开始定量计算部分参数指标，但仅限于不太复杂的数学推导。本篇既然是高级篇，必然比入门篇、提高篇在难度上有所增加。所以，在本篇中，我们将会根据电磁场理论、信号处理理论对手机硬件设计进行分析，部分章节还将做深入的数学论证，从而使读者全面而系统地掌握手机硬件设计。

第 12 章

高级音频设计

　　本章主要以高通平台为例，详细分析讨论高通平台中各个语音滤波器的实现原理及性能参数，从而使读者可以站在信号处理的理论高度来看待手机音频调试，全面掌握手机音频调试技术，实现功能与性能的完美融合。

　　由于涉及大量信号处理方面的内容，读者需要具备扎实的信号系统及数字信号处理等基础知识，如做更深入分析时，还需要了解随机过程的数学原理，才能深刻理解手机音频处理算法与技术。另外，本章的主要目的是向读者介绍并理解手机音频设计的原理与性能，不会涉及具体的音频调试过程，这方面的内容请读者参看提高篇中的相关章节。

12.1　音频信号处理滤波器

　　在第 7 章"语音通话的性能指标"中，我们说过，高通平台中的 Acoustic 分为 Voice Call 与 Audio Playback 两部分。顾名思义，Voice Call 应用于通话设计，而 Audio Playback 应用于媒体播放等功能。我们将框图重画如图 12-1-1 所示（与图 7-9-1 完全一样）。

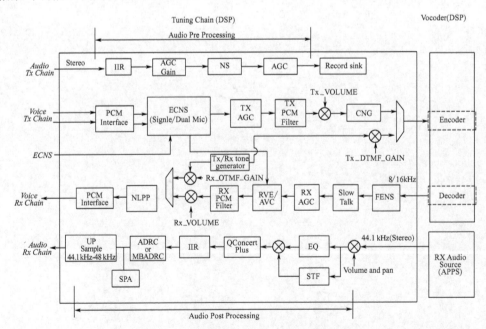

图 12-1-1　高通平台 Acoustic 通路示意图

　　尽管 Voice Call 与 Audio Playback 的应用场景不同，但如果从实现原理上看，它们都是一套数字信号处理算法，仅仅是因为处理的对象不同，才被分成了不同的逻辑通路，物理通路则是没有区别。所以本章仅以 Voice Call 通路为对象，详细讨论高通平台中的音频设计原理及性能，这对于 Audio Playback 通路也是完全适用的。

　　从一般意义上讲，所有的音频处理过程都可以抽象成把信号送入滤波器进行滤波处理。比如，用低通滤波器（Low Pass Filter）滤除信号中的高频干扰，用高通滤波器（High Pass Filter）滤除不需要的直流分量，用自适应滤波器（Adaptive Filter）滤除宽带噪声或者提取信号成分，等等。

　　于是，所有的手机音频处理过程就可以等效为设计、调整相应的滤波器，从而实现不同目的。但请读者朋友注意，滤波器有模拟滤波器和数字滤波器两大类，而这里所说的滤波器均是指数字滤波器，关于这部分内容在提高篇中已经介绍过，就不再赘述了。

12.2　关于 FIR 滤波器与 IIR 滤波器

　　接触过高通平台的读者知道，除了 HPF、SLOPE 滤波器和 EC Block 中自适应滤波器，高通平台 Voice Call 的 Forward/Reverse Link 中，各有一个可供设计者自行调整频响曲线用的滤波器，分别称为 TX/RX PCM 滤波器，如图 12-2-1 所示（用椭圆标注），详情可参阅高通文档 CL93_V1638_2。

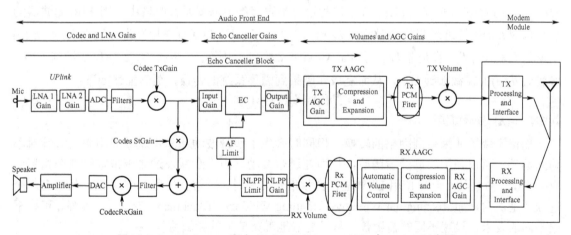

图 12-2-1　Qualcomm 平台 Voice Call Forward/Reverse Link 示意图

　　该滤波器有两种基本类型，分别是 IIR 滤波器和 FIR 滤波器。关于这两种滤波器，在提高篇中，已经对它们进行了初步的分析，并且知道了 FIR 滤波器可以实现线性相位（要求滤波器的单位冲激响应 $h(n)$ 呈奇/偶对称），而 IIR 滤波器及各种模拟滤波器很难实现线性相位。但在滤波器阶数相同的情况下，IIR 滤波器的幅频逼近特性要好于 FIR 滤波器，这使得我们调整滤波器频响的自由度更大。

　　本章则是从信号处理的角度对其进行分析，并尽量给予较为严格的数学证明。

12.3　FIR 滤波器

12.3.1　FIR 滤波器的定义

FIR 滤波器，全称为 Finite Impulse Response Filter，即有限长度冲激响应滤波器。

将信号输入到一个给定的 FIR 滤波器，那么可以在时域卷积获得滤波器的输出；根据时域卷积←→频域乘积转换定理，也可以在频域相乘，再反变换到时域中，从而获得输出信号。数学描述如下所示：

设　　　　　　　　　　$f(t) \longleftrightarrow F(j\Omega)$　　　$g(t) \longleftrightarrow G(j\Omega)$

则　　　　　　　$f(t) \cdot g(t) \longleftrightarrow (1/2\pi)F(j\Omega) * G(j\Omega)$　　　　　　（12-3-1）

　　　　　　　　　$F(j\Omega) \cdot G(j\Omega) \longleftrightarrow f(t) * g(t)$　　　　　　　（12-3-2）

在 RFR/SFR 频响曲线调试中，FIR 滤波器的设计过程类似于频域反变换到时域的过程，即用滤波器补偿系统频响曲线以满足规范要求，然后根据所设计滤波器的频谱函数来反推滤波器的系数。而关于反推 FIR 滤波器系数的设计方法，有窗口设计法和频率采样法这两种基本方法。

12.3.2　FIR 滤波器窗口设计法

窗口设计法的本质是加窗截断。

假定理想 FIR 滤波器的频率响应为 $H_d(e^{j\omega})$，然后需要设计一个滤波器，其频率响应为 $H(e^{j\omega})$，用 $H(e^{j\omega})$ 来逼近 $H_d(e^{j\omega})$。这种逼近最直接的方法就是在时域中，用 FIR 滤波器的冲激响应 $h(n)$ 去逼近理想的冲激响应 $h_d(n)$。但由于 $H_d(e^{j\omega})$ 矩形频率特性为分段连续，故 $h_d(n)$ 一定是无限长序列，且是非因果的（Paley-Wiener 准则）。因而，可以把 $H_d(e^{j\omega})$ 反变换到 $h_d(n)$，然后对 $h_d(n)$ 加窗截断到 $h(n)$，从而完成非因果到因果系统的转换，数学描述如下：

$$h(n) = h_d(n) \cdot w(n)　　　　　　　　　　（12-3-3）$$

其中，$w(n)$ 表示窗函数。

加窗实现了非因果到因果的转换，但同时产生了通带波动和阻带衰减的副作用。针对不同的场景，可以使用不同的窗函数，从而在通带波动、阻带衰减及过渡带带宽等几个指标中取得平衡。顺便说一句，使用 UPV 进行音频信号测量时，经常会使用 FFT 功能，其中有一个选项就是加窗，如 Rectangular Window、Hanning Window、Blackman Window，等等。可以根据不同的要求，设置不同的窗函数，从而更好地观察信号的频域特征。

12.3.3　FIR 滤波器频率采样法

窗口设计法从时域出发，把理想的 $h_d(n)$ 用一定形状的窗函数截断成有限长的 $h(n)$，以此 $h(n)$ 来近似理想的 $h_d(n)$，从而使设计的 FIR 滤波器频率响应 $H(e^{j\omega})$ 也近似于理想频率响应 $H_d(e^{j\omega})$。

但我们不妨回想一下香农采样定理（也称奈奎斯特采样定理）。在时域，对一个带限于 $\pm f_m$ 的信号 $f(t)$，可以用频率 $f_s \geqslant 2f_m$ 的冲激信号进行采样，从而无失真地恢复原时域信号 $f(t)$。转换到频域，对一个时限于 $\pm t_m$ 的频谱 $F(j\Omega)$，可以用频率 $f_s \leqslant \dfrac{1}{2t_m}$ 的冲激信号进行采样，并无失真地恢复原频谱信号 $F(j\Omega)$。

FIR 滤波器频率采样设计法便是基于上述理论，只不过是把连续时间系统的傅里叶变换改为离散时间系统的傅里叶变换而已。

对理想频率响应 $H_d(e^{j\omega})$ 进行等间隔抽样（相当于把频响单位圆 N 等分），得

$$H_d(k) = H_d(e^{j\omega}) \quad (\omega = 2\pi k/N,\ k = 0,\ 1,\ \cdots,\ N\text{--}1) \tag{12-3-4}$$

然后以此 $H_d(k)$ 作为实际 FIR 滤波器的频率特性采样值 $H(k)$，即

$$H(k) = H_d(k) \quad (k = 0,1,\cdots,N-1) \tag{12-3-5}$$

再通过 IDFT，就可以由 $H(k)$ 反变换求出有限长序列 $h(n)$。同样需要说明一点，如果 $H_d(e^{j\omega})$ 分段连续，则 $h_d(n)$ 是个无限长序列，故用 $H(k)$ 反变换得到的 $h(n)$ 也只是对 $h_d(n)$ 的一种近似。

12.3.4　小结

仔细想一想手机频响设计过程，先有全通响应，然后通过工具做出一个滤波器频响，并使该滤波器频响能够补偿全通响应，从而满足 3GPP 的入框要求。所以，工具获取滤波器系数是从频响反推系数，使用频率采样法显然最为直接。

但是，必须强调一点，无论高通平台还是 MTK 平台，笔者尚未看到相关文档介绍过这方面的内容，所以本着实事求是的态度，笔者不能肯定各平台厂家到底是如何从 FIR 频响曲线计算出滤波器系数的。

最后，给出高通 FIR 滤波器的架构，如图 12-3-1 所示（12 阶，对应 13 个系数）。

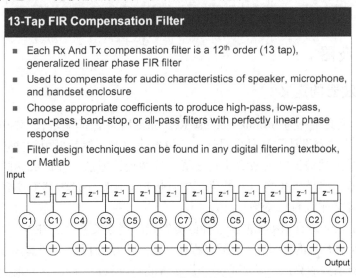

图 12-3-1　高通 FIR 滤波器架构（12 阶）

不过，需要提醒读者，虽然高通给出的 FIR 架构为 12 阶，即 $h(n)$ 应该有 13 个系数。但我们之前已经强调过，FIR 滤波器如果要构成线性相位，则 $h(n)$ 必须满足奇对称或者偶对称。所以，利用高通的 QFILT 工具调整频响后，它仅仅生成了 7 个系数 $h(1) \sim h(7)$，而非 13 个。之所以这样，乃是余下的系数 $h(8) \sim h(13)$ 正好与 $h(1) \sim h(6)$ 关于 $h(7)$ 构成偶对称，自然就不需要单独给出了。但是，高通失算了！国内的手机音频工程师并不一定都是学电子、通信专业出身的，而且就算是相关专业毕业的，毕业后也不一定还能记得奇/偶对称、线性相位的事情，

甚至很大一部分人对滤波器的阶数都没什么概念。笔者曾接触过某工程师，做了多年的音频调试工作，居然对滤波器的概念一无所知。但话又说回来，明明 12 阶的滤波器，你高通偏偏只给 7 个系数，有多少人知道还需要对称反转呀？调试工具明显不够人性化！另外，图 12-3-1 取自高通的文档。但原文档中滤波器系数的标注有误，从左至右应该依次是 $C_1 \sim C_7 \sim C_1$，笔者纠正一下。

MTK 的 META 工具在人性化方面就相对好一些（但 MTK 开放给工程师的调试资源远不及高通广泛），有兴趣的读者还可以对照 MTK 平台的 FIR 滤波器系数（META 工具中可以查看），尽管其滤波器阶数与高通不一样，但系数还是关于中点偶对称的，如图 12-3-2 所示。

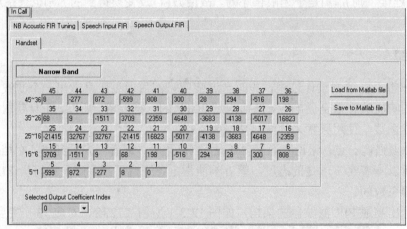

图 12-3-2　MTK FIR 滤波器架构（44 阶）

12.4　IIR 滤波器

12.4.1　IIR 滤波器的定义

IIR 滤波器，英文全称为 Infinite Impulse Response Filter，即无限长度冲激响应滤波器。

常规的 IIR 滤波器设计方法是先设计一个模拟滤波器，然后采用脉冲响应不变法或者双线性变换法，把模拟滤波器映射成数字滤波器。这种设计方法可借助成熟的模拟滤波器设计理论，方便而准确。当然，也可以在数字域中直接把低通数字滤波器变换到各种类型的数字滤波器，从而实现 Z 平面直接变换设计。

那么，高通是如何进行 IIR 滤波器设计的呢？查阅高通文档 80_VR361_1_C，其中给出了一个计算 IIR 滤波器系数的 MATLAB 脚本程序。进一步地分析这个脚本程序就不难发现，高通计算 IIR 滤波器系数的算法，其核心是调用了 Yule-Walker 方程，这与前面所说的 IIR 滤波器模拟域→数字域或者数字域→数字域的变换设计方法完全不同。

12.4.2　Yule-Walker 方程

下面，简要介绍著名的 Yule-Walker 方程。

设 IIR 滤波器的系统函数如下：

$$H(z) = \frac{B_q(z)}{A_p(z)} \quad （零点数为 q，极点数为 p） \tag{12-4-1}$$

其中，$B_q(z) = \sum_{k=0}^{q} b_q(k)z^{-k}$，$A_p(z) = 1 + \sum_{k=1}^{p} a_p(k)z^{-k}$。

用白噪声 $v(n)$ 激励该滤波器，则输出过程 $x(n)$ 与 $v(n)$ 之间的关系是一个线性的常系数差分方程：

$$x(n) + \sum_{l=1}^{p} a_p(l)x(n-l) = \sum_{l=0}^{q} b_q(l)v(n-l) \tag{12-4-2}$$

将式（12-4-2）两边同乘以 $x*(n-k)$ 并取数学期望，可得：

$$r_x(k) + \sum_{l=1}^{p} a_p(l)r_x(k-l) = \sum_{l=0}^{q} b_q(l)r_{vx}(k-l) \tag{12-4-3}$$

考虑到 $v(n)$ 是单位白噪声，$x(n)$ 是 $v(n)$ 激励 $h(n)$ 的输出，则计算可知：

$$r_{vx}(k-l) = h^*(l-k) \tag{12-4-4}$$

把式（12-4-4）代入式（12-4-3），则可以得到如下方程：

$$r_x(k) + \sum_{l=1}^{p} a_p(l)r_x(k-l) = \sum_{l=0}^{q} b_q(l)h^*(l-k) \tag{12-4-5}$$

该式便是著名的 Yule-Walker 方程，通常写成矩阵形式（略）。

由此可以看出，只要我们知道了 $x(n)$ 的自相关序列 $r_x(k)$，便可以由此方程来估计滤波器系数 $a_p(k)$ 与 $b_q(k)$。然而，$b_q(l)h^*(l-k)$ 本身又与滤波器相关，换言之，该方程的解不仅与方程系数相关，还与方程本身的解相关，从而导致 Yule-Walker 方程是滤波器系数的非线性函数，直接求解滤波器系数较为困难。

考虑到物理可实现系统必定是因果系统，即 $h(n)$ 因果可实现，所以可以对上述方程进行简化，当 $k > q$ 时，方程右边为 0，于是得到一个修正的 Yule-Walker 方程，从而求解出系数 $a_p(k)$。至于线性方程组的快速计算，多采用主元对消、高斯消去等方法，只是提醒一下，由实际工程问题建模而来的线性方程组多半是病态的，此时必须转化为最小二乘解，请参阅相关计算数学和工程矩阵教材。

确定了系数 $a_p(k)$ 之后，下一步就是求解系数 $b_q(k)$。还是利用 Yule-Walker 方程，将系数 $a_p(k)$ 代入后，就可以计算出方程右边等式的值。考虑方程右边等式：

$$\sum_{l=0}^{q} b_q(l)h^*(l-k) = b_q(k) * h^*(-k) \tag{12-4-6}$$

也就是说，方程右边就是系数 $b_q(k)$ 与系统冲激响应 $h^*(-k)$ 的卷积结果。然后，利用功率谱共轭对称性进行谱因子分解，从而获得系数 $b_q(k)$。

以上便是关于 Yule-Walker 方程的简单介绍，看起来很复杂，但其实这是一个基于递归原理的方程组，只要编制好程序，实际用起来还是相当方便的。

顺便说一下，在随机数字信号处理教材中，通常把上述 $H(z)$ 称为自回归滑动平均过程（Auto-Regressive Moving-Average），记为 ARMA(p, q)。至此不难看出，FIR 滤波器其实就是一个 ARMA（0，q）过程，又称滑动平均过程，记为 MA(q)。于是，Yule-Walker 方程同样可以用于 FIR 滤波器的设计，从而将 IIR 与 FIR 的设计统一起来。但高通是否是这样做的，则因为文档有限，笔者不能完全确定。

现在还剩下一个问题，就是如何获取输出过程 $x(n)$ 的自相关 $r_x(k)$。这个其实很简单，我们知道自相关与功率谱之间的关系就是一对傅里叶变换。所以，只要获得输出信号功率谱，然后通过 IDFT 反变换就可得到输出过程的自相关 $r_x(k)$，而输出信号功率谱等于输入信号功率谱与系统频谱平方的乘积，如下所示：

$$P_o(e^{j\omega}) = P_i(e^{j\omega})\left|H(e^{j\omega})\right|^2 \tag{12-4-7}$$

当输入信号 $v(n)$ 是单位白噪声时，则 $P_i(e^{j\omega}) = 1$，所以只要对 $H(e^{j\omega})$ 进行采样（$H(e^{j\omega})$ 就是我们所需要的系统频响，可通过工具生成），取平方就可转换为功率谱 $P_o(e^{j\omega})$，再经 IDFT 后可获得输出过程的自相关 $r_x(k)$。

12.5 量化误差与有限字长效应

我们知道，对模拟信号进行数字化，必然会产生量化误差；数字滤波器进行乘法运算时，又存在有限字长效应；对 IIR 滤波器系数进行量化，还会导致稳定性问题。

本节将对这三个问题进行分析，并结合高通文档，看看高通是如何设计这部分算法的。

12.5.1 量化误差

量化误差与量化字长直接相关。量化，相当于连续量到离散量的取样过程，连续量可以有无穷多个值，而离散量所能表示的数据被量化字长所限制，数量有限。以 A/D 转换为例，8 bit 量化可表示 256 个不同值，4 bit 量化可表示 16 个不同值。显然，量化比特数越多，则平均量化误差越小。

不过，量化误差与误差处理方式也相关。我们知道，除特殊要求外，一般的 DSP 算法并不采用浮点制，基本都是定点制，虽然精度差一些，但运算量小，实时性好。对于定点制的量化误差，采用截尾或舍入两种处理方式，误差的统计特性是有区别的。

考虑一个逐次逼近型的 3 bit 量化 A/D，其所能表示的离散量只有 0、1/8、2/8、3/8、4/8、5/8、6/8、7/8 共 8 个值。而输入模拟电压几乎不可能正好落在这 8 个量化点上，于是就不可避免地产生量化误差。由于 A/D 是逐次逼近型，所以量化误差采用截尾处理，即误差为负数，量化值小于真实值。换言之，若真实值分别为 1.4/8、1.6/8，则量化值都为 1/8，量化误差分别为 0.4/8、0.6/8（均取负数）。

采用舍入误差的时候，情况有所不同。一般舍入到第 N 位，是通过在第 $N+1$ 位上加 1，然后截取到第 N 位实现的。仍然以上述 A/D 转换为例，如果采用 4 bit 量化，那么舍入到第 3 位就是把第 4 位加 1，然后截取到 3 bit。换言之，若真实值分别为 1.4/8、1.6/8，则舍入处理后的量化值分别为 1/8、2/8，量化误差分别为 0.4/8（取正）、0.4/8（取负）。从误差分布等效的观点来看，舍入量化相当于用区间中点值代表量化值的截尾量化。

利用概率论的知识，我们可以分别求解截尾误差和舍入误差的统计特性，如均值、方差等，如表 12-5-1 所示，推导过程省略。

实际系统的处理方法与 A/D 的类型及采用的算法有关，比如逐次逼近型 A/D，我们常采用量化值再加 1/2 的方法来代表真实值。在本书案例分析篇的"ADC 与电池温度监测"一章中，笔者专门探讨了这个问题，此处不再赘述。

当信号通过线性系统时，由于量化误差的存在，不难推想，输入信号发生了变化，输出信号就不能完全对应原始输入信号了。利用等效观点，这相当于在原始输入信号上叠加了一个噪声（称为量化噪声），于是输出端就会出现相应的输出量化噪声，如图 12-5-1 所示。

表 12-5-1　截尾处理与舍入处理的误差统计特性

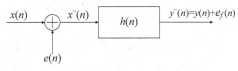

图 12-5-1　量化噪声通过线性系统

误差类型	均值 E	方差 D
截尾处理	$-1/(2 \times 2^N)$	$1/(12 \times 2^{2N})$
舍入处理	0	$1/(12 \times 2^{2N})$

根据图 12-5-1 所示架构，可以定量计算输出端量化噪声 $e_f(n)$ 的统计特性，推导过程请参阅数字信号处理教材，笔者直接给出结论。

设 $e(n)$ 的均值为 m_e，方差为 δ_e^2，则输出过程 $e_f(n)$ 的均值 E_f 与方差 D_f 如下：

$$E_f = m_e \times \sum_{n=-\infty}^{+\infty} h(n) = m_e \times H(\mathrm{e}^{\mathrm{j}0}) \tag{12-5-1a}$$

$$D_f = \delta_e^2 \times \sum_{n=-\infty}^{+\infty} h^2(n) = \delta_e^2 \cdot \frac{1}{2\pi} \int_{-\pi}^{\pi} |H(\mathrm{j}\omega)|^2 \, \mathrm{d}\omega \tag{12-5-1b}$$

说明一点，一个物理可实现系统总是因果的，所以式（12-5-1）中的求和下标从 0 开始；如果系统的冲激响应是有限长度（设为 N），则求和上标到 N–1 为止。

12.5.2　有限字长效应

在实现定点制数字滤波器时，每遇到一次相乘运算都会做一次舍入处理，继而产生一次舍入误差（当系数为±1 时不会进行实际的相乘运算，故不产生误差）。于是，对有限字长效应引起的误差分析就与上述量化误差通过线性系统的分析没有区别，其等效框图也与上述图 12-5-1 完全一致。

不过，需要着重指出一点，两个数字滤波器，即便它们具有相同的数学表达式 $h(n)$、相同的量化误差、相同的有限字长，但如果结构不同，则系统实际输出的误差也不一样，甚至可能出现巨大区别。这一点，不管对 IIR 滤波器还是 FIR 滤波器都是一样的。

举个 FIR 滤波器的简单例子。我们知道，FIR 滤波器冲激响应在满足奇/偶对称的条件下可以实现线性相位。所以，对于线性相位的 FIR 滤波器，如果合理利用 $h(n)$ 对称的特点，其线性相位型结构所需的乘法运算次数仅仅是直接型结构的一半，继而线性相位型结构有限字长效应误差也只有直接型结构有限字长效应误差的一半。

所以，仔细研究前面图 12-3-1 所示的高通关于 FIR 滤波器的设计（采用直接型结构，而没有充分利用 $h(n)$ 的对称性），显然这种架构是不合理的！但从目前高通软件代码只需要填写前面 7 个系数来猜测的话，实际算法应该就是按对称结构设计的。

12.5.3　零/极点波动

前面已经说过，由于系统字长的限制，数字滤波器的系数不可能是无限精度，必然存在误差，从而系统输出也会产生相应的误差。通常，这些问题仅仅是导致精度下降、误差增大，在大多数情况下影响有限。但有一种情况值得重视，那就是 IIR 滤波器的零/极点波动问题。

在前文分析时，我们把有限字长效应导致的系数量化误差作为迭加在输入信号上的随机噪声，而滤波器本身并未发生变化，系数也依然还是原先未被量化的值，相当于把一个随机噪声送入一个无限精度的滤波器。但实际情况却不是这样，由于系数量化导致滤波器已经不再是原来的滤波器，换言之，滤波器系数发生了变化，从而导致系统零/极点发生波动。

对于 FIR 滤波器，没有极点，只有零点，仅仅是系统频响出现畸变，问题不算严重；而对于 IIR 滤波器，极点波动会诱发稳定性问题。我们知道，IIR 滤波器稳定的充要条件是极点位于单位圆内。如果系数量化导致极点靠近，甚至移出单位圆，则 IIR 滤波器将出现振荡故障。所以，必须重视 IIR 滤波器中的极点波动问题。

但是，系数量化又是必然的事情，该如何改善？

假定一个 N 阶直接型结构的 IIR 滤波器，可以利用系数误差传递公式分析任意一个系数波动对于任意一个极点波动的作用，继而得到所谓的极点位置灵敏度表达公式（略）。从这个极点位置灵敏度可以清楚地看出，各个极点之间距离越远，极点位置灵敏度就越低；反之，各个极点彼此之间越密集，其位置灵敏度就越高，由系数量化导致的极点波动现象也越明显。

对于高阶直接型结构的 IIR 滤波器，极点数目多且密集，显然其极点位置灵敏度要比低阶 IIR 滤波器的极点位置灵敏度高很多。所以，把高阶直接型结构 IIR 滤波器设计成多个低阶 IIR 滤波器级联的形式，将有助于改善高阶系统过于敏感的缺点。

进一步，将高阶 IIR 滤波器分解成若干个 2 阶 IIR 滤波器级联，每一个 2 阶子环节有且只有一对共轭极点。由于这一对共轭极点的位置误差与它们到系统其他极点的距离是无关的，所以对各个 2 阶子环节而言，它们之间的极点位置灵敏度是不相关的。换言之，单独保证每个 2 阶子环节稳定就足以确保整个系统稳定，而不用担心改变某个系数导致整个系统出现稳定性问题。

这也就是高通把一个 6 阶 IIR 滤波器（Wide Band 为 10）设计成 3（Wide Band 为 5）个 2 阶子环节级联的原因所在，如图 12-5-2 所示，有兴趣的读者请参见高通文档 80_VR361_1_B。

2.1.2 Cascaded form of an IIR filter

An N stage IIR filter can be designed by cascading N second-order IIR filter stages (called biquads), where N is the number of stages of IIR filter desired. An Nth-order filter implemented as a cascade of biquad filters is more stable than a single Nth-order filter. The biquad filter is described in Section 2.1.3. For illustration purposes, this document shows a sample MATLAB script to design a three-stage second-order IIR filter in Section 3.2.

2.1.3 Biquad filter

The biquad filter is a second-order, 2-pole IIR filter. The Z-transform of a typical biquad filter is given as:

$$H(z) = \frac{b_0 + b_1 \cdot z^{-1} + b_2 \cdot z^{-2}}{a_0 + a_1 \cdot z^{-1} + a_2 \cdot z^{-2}} \tag{1}$$

Usually, the coefficients are scaled by a_0. The time domain equation for the output of the filter is given as:

$$y[n] = b_0 * x[n] + b_1 * x[n-1] + b_2 * x[n-2] - a_1 * y[n-1] - a_2 * y[n-2] \tag{2}$$

The advantage of splitting up a higher-order IIR filter into second-order biquads is stability. A stable IIR filter design is easily achievable for a lower order.

图 12-5-2　将高阶 IIR 滤波器转化为若干个 2 阶子环节级联的架构

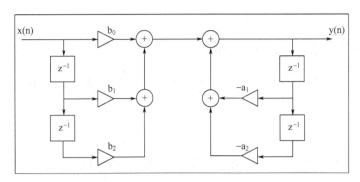

图 12-5-2　将高阶 IIR 滤波器转化为若干个 2 阶子环节的架构（续）

12.6　随机过程通过线性系统

在完成 FIR/IIR 等滤波器的设计后（直接使用相关工具进行调试，可参见提高篇的 7.5 节），整个语音信道就已经可以正常工作了，并且基本可以通过 3GPP 的音频测试项。但很多大牌运营商不仅要求手机通过基本的 3GPP 测试，甚至还会提出许多额外的要求，比如 Double Talk、T-MOS、G-MOS 等指标，而这些指标的调试必须依靠基于迭代算法的自适应滤波器来完成。

本节，我们首先介绍 Rayleigh 商的概念，由此读者朋友可以了解随机过程通过线性系统后的一系列数学特征。需要强调一点，理解了 Rayleigh 商的概念，有助于我们搞清楚为什么需要采用自适应滤波器；然后在下一节，我们将从输入、输出信噪比的角度引出 Wiener 滤波器的概念；最后，将介绍适于实时环境的自适应滤波器，并详细分析其设计原理，从而帮助读者朋友彻底理解手机音频的设计思路以及如何调整高通平台中的自适应滤波器。

在此，笔者先说明一点，Rayleigh 商通常采用矩阵方程描述，相当于离散信号处理；匹配滤波采用积分方程描述，相当于连续信号处理。但它们的目的或准则，都是尽可能提高输出信号的信噪比，所以它们的数学本质相同，都是求函数极值。而 Wiener 滤波器则是从信号的最小均方估计来考虑问题的，其数学本质为函数逼近。所以，Rayleigh 商与 Wiener 滤波器虽有联系，但也有区别，至于到底选用哪一种方法，则取决于具体的应用需求。

12.6.1　Rayleigh 商

在前面的 12.4 节中，我们已经描述了量化误差 $e(n)$ 通过线性系统后，输出 $e_f(n)$ 的统计特性。进一步，设 $x(n)$ 是一个宽平稳随机过程（将在 12.8 节简要介绍宽平稳的概念），均值为 m_x，自相关为 $r_x(k)$。将 $x(n)$ 通过一个单位响应为 $h(n)$ 的确定线性移不变滤波器，则输出随机过程 $y(n)$ 是 $x(n)$ 与 $h(n)$ 的卷积。

$$y(n) = x(n) * h(n) = \sum_{k=-\infty}^{+\infty} h(k)x(n-k) \qquad (12\text{-}6\text{-}1)$$

由此，可以计算出 $y(n)$ 的均值 m_y 与自相关 $r_y(k)$ 如下：

$$m_y = m_x \times \sum_{n=-\infty}^{+\infty} h(n) = m_x \times H(\mathrm{e}^{\mathrm{j}0}) \qquad (12\text{-}6\text{-}2)$$

$$r_y(k) = r_x(k) * h(k) * h^*(-k) \tag{12-6-3}$$

若定义系统单位冲激响应 $h(n)$ 的自相关为 $r_h(k)$：

$$r_h(k) \triangleq h(k) * h^*(-k) = \sum_{n=-\infty}^{+\infty} h(n) \cdot h^*(n-k) = \sum_{n=-\infty}^{+\infty} h(n+k) \cdot h^*(n)$$

则有：

$$r_y(k) = r_x(k) * r_h(k) \tag{12-6-4}$$

于是，输出过程 $y(n)$ 的自相关 $r_y(k)$ 就是输入过程 $x(n)$ 的自相关 $r_x(k)$ 与系统滤波器 $h(n)$ 的确定性自相关 $r_h(k)$ 的卷积。

假设实际系统 $h(n)$ 是有限长度，那么对于输出过程 $y(n)$，可以计算其方差（功率），用矩阵方程描述，如下：

$$D_y = r_y(0) = E\{|y(n)|^2\} = h^H R_x h \tag{12-6-5}$$

其中，h 表示滤波器系数矢量（列向量），h^H 表示 h 的 Hermite 转置（即共轭转置），R_x 表示输入过程 $x(n)$ 的自相关矩阵。

但是，在几乎所有的场景中，输入过程 $x(n)$ 不仅包含真正需要的输入信号 $d(n)$，它还包含混杂在 $d(n)$ 中的噪声信号 $v(n)$。为此，不妨假定 $d(n)$ 与 $v(n)$ 不相关（噪声与信号基本上都是不相关的），则 $r_x(k) = r_d(k) + r_v(k)$，代入式（12-6-4）可知输出过程 $y(n)$ 的功率需要修改成如下函数：

$$D_y = r_y(0) = E\{|y(n)|^2\} = h^H(R_d + R_v)h \tag{12-6-6}$$

设输出随机过程 $y(n)$ 中的信号功率与噪声功率分别为 D_{yd} 与 D_{yv}：

$$D_{yd} = h^H R_d h \qquad D_{yv} = h^H R_v h$$

则

$$D_y = D_{yd} + D_{yv} \tag{12-6-7}$$

由此，可以定义输入随机过程 $x(n)$ 与输出随机过程 $y(n)$ 的信噪比：

$$\mathrm{SNR}_x = \frac{D_{xd}}{D_{xv}} \qquad \mathrm{SNR}_y = \frac{D_{yd}}{D_{yv}} \tag{12-6-8}$$

仔细研究 SNR_y 的表达式不难看出，这就是矩阵中的广义 Rayleigh 商。如果输入噪声 $v(n)$ 是单位白噪，则 R_v 为单位阵，D_{yv} 就直接退化为 $h^H h$。于是

$$\mathrm{SNR}_y = \frac{h^H R_d h}{h^H h} \tag{12-6-9}$$

从式（12-6-9）可以看出，输出信噪比 SNR_y 此时已经完完全全转化为 Rayleigh 商了。

由此，根据矩阵 Rayleigh 商理论，可以得到如下结论：

$$\lambda_{\min} \leqslant \mathrm{SNR}_y \leqslant \lambda_{\max} \tag{12-6-10}$$

其中，$\lambda_{\min}$、$\lambda_{\max}$ 表示 $d(n)$ 自相关阵 R_d 的最小、最大特征值，当滤波器矢量 h 分别取对应于 $\lambda_{\min}$、$\lambda_{\max}$ 的特征向量时，SNR_y 就可以取到 $\lambda_{\min}$、$\lambda_{\max}$。

更一般的情况，如果 $v(n)$ 不是单位白噪声，则 R_v 就不是单位阵，于是 SNR_y 为广义 Rayleigh 商。对于广义 Rayleigh 商，我们可以采用拉格朗日条件法求极值。具体推导过程不再赘述，

有兴趣的读者可以参考有关工程矩阵教材或者模式识别教材中的 Fisher 线性判别（其数学核心就是求解这个广义 Rayleigh 商）。

12.6.2　输入、输出信噪比

从 Rayleigh 商的结果来看，对于一个给定系统（h 确定），输出过程的信噪比取决于输入过程的自相关阵。如果输入信号是宽平稳随机过程，则输出信号的信噪比就被完全确定了。当滤波器发生变化时，输出过程信噪比也随之发生变化，但无论滤波器 h 怎么变，输出过程的信噪比 SNR_y 总是被限定在[$\lambda_{\min}$，$\lambda_{\max}$]范围内。

于是，我们很自然地想问，相对于输入过程确定的信噪比 SNR_x，经过滤波器后的输出过程信噪比 SNR_y 到底是提高了还是降低了，还是不变化？我们不妨举个例子来说明这个问题。

假定输入过程 $x(n) = d(n) + v(n)$，其中 $d(n)$ 是 AR（1）过程，其自相关序列为 $r_d(k) = \alpha^{|k|} (0 \leq \alpha \leq 1)$，噪声 $v(n)$ 是与 $d(n)$ 不相关的单位白噪。将 $x(n)$ 通过一个 2 阶的 FIR 滤波器 $h(n)$，设输出过程为 $y(n)$。

具体的数学推导过程省略，笔者直接给出结论：

$$\text{SNR}_x = 1 \qquad \lambda_{\min} = 1 - \alpha \qquad \lambda_{\max} = 1 + \alpha \qquad (12\text{-}6\text{-}11)$$

$$\lambda_{\min} \leq \frac{\text{SNR}_y}{\text{SNR}_x} \leq \lambda_{\max} \qquad (12\text{-}6\text{-}12)$$

由此可见，随着滤波器矢量 h 的变化，输出过程信噪比与输入过程信噪比的比值在[$\lambda_{\min}$，$\lambda_{\max}$]范围内波动。取 $\alpha = 0.5$，则无论 h 如何变化，输出过程信噪比与输入过程信噪比的比值最低是 0.5（相当于输出信噪比降低），最高是 1.5（相当于输出信噪比提高）。

在通信系统中，SNR_x 相当于输入信噪比，SNR_y 相当于解调信噪比。我们把 $\text{SNR}_y/\text{SNR}_x$ 称为调制制度增益或"解调信噪比增益"，以此表明接收机的解调性能。比如，DSB 信号的调制制度增益为 2，而 AM 信号的调制制度增益仅为 2/3。

在很多实际应用中，我们往往希望含噪输入信号经过系统（滤波器）处理后，信噪比不仅可以获得提高，而且我们最好还能定量计算输出信号的信噪比。根据 12.6.1 节的 Rayleigh 商我们不难知道，对于一个确定系统（即 h 已知），利用先验知识或者采样值来获得信号与噪声的统计特征后，的确可以定量计算输入、输出过程的信噪比。

但是，实际的情况是需要按照一定的规则设计滤波器，并确保该滤波器确实可以提高输出信号信噪比。所以，实际的应用过程是反向的，即给定某个含噪输入信号及其相关统计特征，然后必须设计一个滤波器，使输出过程的信噪比得以提高。

由此，我们引出下一节将要介绍的 Wiener 滤波器。

12.6.3　Wiener 滤波器

在开始本节内容之前，首先假设这样一种场景，如图 12-6-1 所示。

假定 Microphone 拾取的语音信号中，既有真正的语音信号（Signal）又有环境噪声（Noise）。在图 12-6-1 中，横坐标 f 表示频率，纵坐标 $P(jf)$ 来表示信号及噪声的频谱分布（也可认为是信号与噪声各自的功率谱密度分布）。

很显然，当信号 Signal 与噪声 Noise 处于不同频段时（如图 12-6-1 的左图所示），可以通过简单地模拟带阻滤波器直接将噪声滤除，也可以通过模拟带通滤波器（BPF）将信号取出，从而有效地滤除噪声分量，并提高上行语音的信噪比。当然，在此种情况下，使用数字带阻或带通滤波器也是可以的。

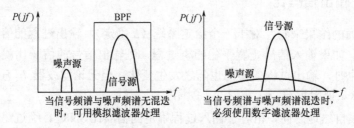

图 12-6-1　信号降噪滤波

但是，如果噪声与信号的频段出现重叠（如图 12-6-1 的右图所示），则模拟滤波器就无能为力了，必须采用数字滤波器。不仅如此，此时的数字滤波器也不再是简单的低通、高通、带通或带阻滤波器。因为信号与噪声已经不能通过频段来进行区分，必须另寻他径。

由此，我们引入基于数理统计原理的随机信号处理。

1949 年，由于通信的需要，美国数学家 Norbert Wiener 研究了如何从噪声观测中最优地估计源信号的滤波器设计问题。所以，Wiener 滤波的核心就是如何从受扰信号中估计（恢复）出源信号，见图 12-6-2 所示。

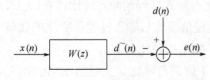

图 12-6-2　Wiener 滤波器的一般框图

假定 $W(z)$ 是个 $p-1$ 阶的因果 FIR 滤波器，$x(n)$ 是与过程 $d(n)$ 统计相关的一组观测信号。将 $x(n)$ 通过 $W(z)$ 进行滤波，从而获得过程 $d(n)$ 的最小均方估计 $\hat{d}(n)$。

首先定义误差 ξ

$$\xi = E\{|e(n)|^2\} \qquad (12\text{-}6\text{-}13)$$

其中，$e(n) = d(n) - \hat{d}(n)$，则 Wiener 滤波器的核心是设计滤波器的系数 $w(k)$，使得 ξ 最小。

当 $x(n)$ 与 $d(n)$ 是联合广义平稳，则上述均方误差 ξ 不依赖于 n。根据复变函数理论，使 ξ 最小化的充要条件是 ξ 相对于 $w^*(k)$ 的偏导数为 0，即：

$$\frac{\partial \xi}{\partial w^*(k)} = 0 \qquad (k = 0, 1, \cdots, p-1) \qquad (12\text{-}6\text{-}14)$$

把 ξ、$e(n)$ 等代入上式并推导，就可以获得一组方程，如下：

$$E\{e(n)x^*(n-k)\} = 0 \qquad (k = 0, 1, \cdots, p-1) \qquad (12\text{-}6\text{-}15)$$

式（12-6-15）又称为"正交性原理"或"投影原理"。再将上式中 $e(n)$ 展开，从而获得如下方程：

$$\sum_{l=0}^{p-1} w(l)E\{x(n-l)x^*(n-k)\} = E\{d(n)x^*(n-k)\} \qquad (12\text{-}6\text{-}16)$$

考虑到广义平稳及自相关的定义，将上式进一步推导，就可以得到如下结果：

$$\sum_{l=0}^{p-1} w(l)r_x(k-l) = r_{dx}(k) \qquad (k = 0, 1, \cdots, p-1) \qquad (12\text{-}6\text{-}17)$$

上述方程组有 p 个方程，p 个未知量 $w(k)$（$k = 0, 1, \cdots, p-1$），再利用自相关序列的共轭对称性，我们可以把方程写成如下简洁形式：

$$R_x w = r_{\mathrm{dx}} \qquad (12\text{-}6\text{-}18)$$

其中，R_x 是 $p \times p$ 阶的 Hermite-Toeplitz 自相关阵，w 是滤波器系数矢量，r_{dx} 是期望信号 $d(n)$ 和观测信号 $x(n)$ 之间的互相关矢量。

这便是著名的 Wiener-Hopf 方程的矩阵形式。很明显，我们在推导该方程的时候，并不要求知道信号与噪声各自的频谱分布，而只需要知道它们的统计特性，比如信号与噪声之间的互相关系数、含噪信号的自相关矩阵等参数，然后我们可以把它应用在图 12-6-1 所示的情景中了。

求解 Wiener-Hopf 方程，不仅可以得到所需滤波器的系数矢量 w，而且可以计算出最小均方误差 $\xi_{\min}$ 等性能指标。具体推导过程请参考有关随机信号处理教材，笔者不再赘述。只说明一点，此处我们假定 Wiener 滤波器是 FIR 架构，实际的 Wiener 滤波器也可以用 IIR 架构实现。

12.6.4　Wiener 滤波器的应用

通过上述介绍可以发现，如果能够知道信号、噪声的统计特性，就可以设计出一个从噪声观测 $x(n) = d(n) + v(n)$ 中估计信号 $d(n)$ 的 Wiener 滤波器，这便是滤波问题。

但是，Wiener 滤波器的应用远不止这点，它还可以实现线性预测、噪声抑制、反卷积等众多功能。在此，仅介绍 Wiener 滤波器在手机中是如何实现 Dual Microphone 降噪的。

与滤波时一样，噪声抑制的目的也是从受噪干扰信号 $x(n) = d(n) + v(n)$ 中估计源信号 $d(n)$，记录 $x(n)$ 的是一个主传感器（Main Microphone）。但与滤波问题不同的是，有关噪声的自相关序列信息不是已知的，而是来自另一个辅助传感器（Auxiliary Microphone）的观测，它放置于噪声场中。显然，Auxiliary Microphone 的测量噪声 $v_2(n)$ 与 Main Microphone 的测量噪声 $v_1(n)$ 是相关的，但不能完全相等。原因很简单，两个 Microphone 的特性可能不同（通常的设计都会保证两个 Microphone 特性相同），由噪声源到两个 Microphone 的传播路径可能不同，信号 $d(n)$ 也可能泄漏到 Auxiliary Microphone 中，等等。由于 $v_1(n) \neq v_2(n)$，因此简单地从 $x(n)$ 中减去 $v_2(n)$ 是不可能估计出 $d(n)$ 的。Wiener 的噪声抑制做法是先由 Auxiliary Microphone 获取的 $v_2(n)$ 估计出 Main Microphone 中的 $v_1(n)$，然后用 $x(n)$ 减去 $v_1(n)$ 的估计值 $\tilde{v_1}(n)$，从而获得 $d(n)$ 的估计值 $\tilde{d}(n)$，即：

$$\tilde{d}(n) = x(n) - \tilde{v_1}(n) \qquad (12\text{-}6\text{-}19)$$

实现框图如图 12-6-3 所示。

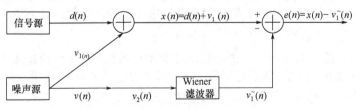

图 12-6-3　Wiener 滤波器的噪声抑制

考虑到噪声 $v_2(n)$ 是 Wiener 滤波器的输入，而 Wiener 滤波器的输出是噪声 $v_1(n)$ 的估计 $\tilde{v_1}(n)$。于是，把式（12-6-18）中的 x 改为 v_2、d 改为 v_1，则 Wiener-Hopf 方程变为

$$R_{v2}w = r_{v1v2} \tag{12-6-20}$$

利用 $v_2(n)$ 与 $d(n)$ 不相关，进一步推导 r_{v1v2} 可知：

$$r_{v1v2} = r_{xv2} \tag{12-6-21}$$

故，最终的 Wiener-Hopf 方程为

$$R_{v2}w = r_{xv2} \tag{12-6-22}$$

实际上，$v_2(n)$ 的产生模型是未知，所以其统计特性（自相关）应该用其采样值进行估计。同样，互相关 r_{xv2} 也由采样值估计。然后代入上述方程，就可以求得对应的 Wiener 滤波器系数矢量 w，从而获得 $d(n)$ 的估计 $\tilde{d}(n)$，也就是降噪后的语音信号。

但是，在大多数实际应用中，$d(n)$ 和 $v_1(n)$ 常常都是非平稳信号，尤其是噪声 $v_1(n)$，非平稳的情况占绝大多数（如猝发的鞭炮、汽车的呼啸而过，等等）。这时，若采用线性移不变 Wiener 滤波器将不能获得最优结果。除此以外，设计 Wiener 滤波器还需要知道信号与噪声的自相关 r_x 及互相关 r_{dx}，而这些整体平均值一般都是未知的，只能通过实时采样来估计，限制了系统的运行速度与精度。所以，实际系统常采用自适应的 Wiener 滤波器，高通平台、MTK 平台也不例外，其最大的特点是允许滤波器系数随时间而调整变化，从而在非平稳环境中也能给出有效的噪声抑制效果。

下一节，我们介绍真正在手机音频信号处理中获得广泛应用的自适应滤波器（Adaptive Filter）。

12.7　自适应滤波器

12.7.1　最陡下降法

如果信号是非平稳随机过程，那么均方误差的统计特性将与时间相关，所以误差的定义也要写成如下形式：

$$\xi(n) = E\{|e(n)|^2\} \tag{12-7-1}$$

进行同样地推导，可以得到此时的 Wiener-Hopf 方程如下：

$$R_x(n)w_n = r_{dx}(n) \tag{12-7-2}$$

其实，从式（12-7-2）的表达形式上看，它与 Wiener 滤波没有区别，仅仅是滤波器系数矢量 w_n 与时间 n 相关。换言之，如果过程是联合宽平稳的，它就退化到前面的 Wiener-Hopf 方程。

显然，我们不可能针对每一个 n 去求解上述非平稳过程的 Wiener-Hopf 方程，尤其在实时环境下几乎是不可能的。所以，我们可以做一点变动，假定某个 w_n 是使第 n 时刻均方误差 $\xi(n)$ 最小的一个矢量估计，那么对于第 $n+1$ 时刻的估计是对 w_n 增加一个修正量，使其更接近期望的解。用直观的语言描述，就是假定某个初始值 w_0，然后按照某个准则对 w_0 增加一个修正，通过不停地迭代，使 w_0 收敛到最终值 w_∞。

那么，该如何设定这个修正准则？数学上，就是在误差曲面的最大下降方向上取一个 μ 步长的增量，即梯度矢量的负方向（梯度矢量指向最快上升方向）。因此，w_n 的修正公式如下：

$$w_{n+1} = w_n - \mu \nabla \xi(n) \qquad (12\text{-}7\text{-}3)$$

将 w_n、$\xi(n)$ 代入上式进行推演，最终可以得到如下方程：

$$w_{n+1} = w_n + \mu E\{e(n)x^*(n)\} \qquad (12\text{-}7\text{-}4)$$

注意，为了使方程简洁，式（12-7-4）中的 $e(n)$、$x^*(n)$ 均为矢量。进一步，把 $e(n) = d(n) - \tilde{d}(n)$ 代入式（12-7-4）中推导，可得如下方程：

$$w_{n+1} = w_n + \mu(r_{dx} - R_x w_n) \qquad (12\text{-}7\text{-}5)$$

注意，若 w_n 是 Wiener-Hopf 方程的解，即 $w_n = R_x^{-1} r_{dx}$，则上式括号里面的修正项为零，对所有的 w_n 都满足 $w_{n+1} = w_n$。进一步研究可以得知，若算法收敛，对步长 μ 是有要求的，并且算法的收敛速度与步长的大小有直接关系。在此，笔者仅给出结论，有兴趣的读者请参看相关随机过程教材。

为使算法收敛，要求：

$$0 < \mu < \frac{2}{\lambda_{max}} \qquad (12\text{-}7\text{-}6)$$

其中，λ_{max} 是自相关阵 R_x 的最大特征值，则算法收敛到 Wiener-Hopf 解，即：

$$\lim_{n \to \infty} w_n = R_x^{-1} r_{dx} \qquad (12\text{-}7\text{-}7)$$

与此同时，可以计算出算法的收敛速度 τ

$$\tau = \frac{1}{2\alpha} \frac{\lambda_{max}}{\lambda_{min}}，\text{其中 } 0 < \alpha = \frac{\mu \lambda_{max}}{2} < 1，\text{表示归一化步长值} \qquad (12\text{-}7\text{-}8)$$

以及最小误差

$$\xi(n) = \xi_{min} + \Delta\xi_n \quad (\xi_{min} \text{ 为 Wiener-Hopf 方程的最小误差}) \qquad (12\text{-}7\text{-}9)$$

当 $n \to \infty$ 时，$\Delta\xi_n \to 0$。至于 $\Delta\xi_n$ 与 n 的变化关系，则与自相关阵的特征值 λ 直接关联（略）。通常，把 $\xi(n)$ 与 n 的关系称为学习曲线，说明自适应滤波器以多快的速度学习到 Wiener-Hopf 方程的解。

如果仔细研究高通文档中关于自适应滤波器的部分就不难发现，其中某些参数的命名，如 compFlinkReleaseK、compFlinkAttackK、LeakRateSlow/Fast、AF_erl（Step size for AF）等，其实已经表达出其含义，再与本节所述的步长、收敛速度等做对比，就可以大致推测出其物理意义。

12.7.2　LMS 算法

在上一节，我们已经获得最陡下降法的权矢量修正式：

$$w_{n+1} = w_n + \mu E\{e(n)x^*(n)\} \qquad (12\text{-}7\text{-}10)$$

但很明显，其中的期望值 $E\{e(n)x^*(n)\}$ 是未知的，需要由样本平均来估计，从而导致算法的实时性不好。并且对于非平稳随机过程，样本统计量与时间 n 相关，所以无法获得准确的期望值。那么，我们干脆抛弃数学期望，直接用 $e(n)x^*(n)$ 来代替 $E\{e(n)x^*(n)\}$，从而获得新的权矢量修正式：

$$w_{n+1} = w_n + \mu e(n)x^*(n) \tag{12-7-11}$$

这便是应用极为广泛的 LMS 算法。

实际上，LMS 算法是用一个样本平均 $e(n)x^*(n)$ 来估计集总平均 $E\{e(n)x^*(n)\}$，因此它作用于 w_n 的校正方向将不是最速下降方向，但由于用样本平均计算梯度是用集总平均计算梯度的无偏估计，所以该校正在平均意义上仍然是最速下降方向。正因为如此，LMS 算法最终也是收敛到 Wiener-Hopf 方程，不过这是在均值（数学期望）意义下收敛。用直观的语言描述，即：LMS 算法最终收敛于 Wiener-Hopf 方程解的附近，并围绕该稳态解进行微小的波动，但这些波动有正有负，其波动的均值（数学期望）为零，但波动的方差不为零。

于是我们知道，LMS 算法与最速下降法的本质区别就是用样本平均代替集总平均，会导致 LMS 算法最终收敛在 Wiener-Hopf 方程解的附近，并进行微小波动，即便初始矢量 w_0 一开始就设置为 Wiener-Hopf 方程稳态解也是一样，从而使 LMS 算法产生一个超量均方误差 EMSE（由围绕稳态解波动所产生）。

至于如何计算这个超量均方误差，请参看相关教材，此处仅说明该超量均方误差正比于步长 μ、Wiener-Hopf 方程的最小均方误差 $\xi_{\min}$、自相关阵 R_x 的迹（即 R_x 所有特征值之和。若 $x(n)$ 为宽平稳过程，也等于 R_x 对角元素之和）这三者的乘积。

至此，可以总结如下：

（1）为了使算法尽快收敛，必须加大步长 μ；

（2）为使算法收敛，步长又不能太大，其值受自相关阵最大特征值 $\lambda_{\max}$ 限制；

（3）学习曲线与超量误差相互制约，如果要算法尽快收敛（增大 μ），则超量误差必然变大；反之，算法收敛速度变慢，但最终的波动变小。

上述结论可用图 12-7-1 和图 12-7-2 表示。有兴趣的读者亦可参阅高通文档 CL93_V1638_2，与此完全一致。

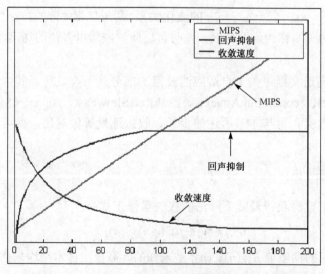

图 12-7-1　运算量、回声抑制效果与收敛速度的关系

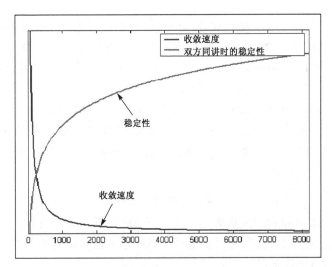

图 12-7-2 收敛速度与 Double Talk 稳定性之间的关系

以上两节简单介绍了自适应滤波器的数学原理。当然，自适应滤波器的内容极其博大精深，应用也极为广泛，就手机而言，不仅在语音信号处理中有其身影，在图像处理、信道均衡等领域也有诸多应用。至于雷达、声呐、空间通信、系统辨识等，那更是随处可见自适应滤波器。

12.8 噪声抑制与回声抵消

12.8.1 Single Microphone 降噪

在前面 12.6 节，我们介绍了基于 Wiener-Hopf 方程，用 Dual Microphone 抑制环境噪声的原理。进一步，如果我们不知道过程的统计特性或者它们之间并不是联合宽平稳，则 Wiener 滤波器失效，必须采用 12.7 节所介绍的自适应滤波器，如 LMS 算法、RLS 算法等，从而实现基于自适应滤波器的 Dual Microphone 降噪功能。在滤波器阶数相同的情况下，自适应滤波器的性能不及 Wiener 滤波器，但自适应滤波器不需要任何统计信息，所以大大扩展了自适应滤波器的应用范围。

但是从成本上考虑，如果可以用 Single Microphone 实现降噪，即便其性能不及 Dual Microphone，但只要在接受范围之内，岂不是更好？

高通有文档分别对 Single/Dual Microphone 降噪进行了介绍，却没有谈具体的实现原理。但文档中写得很清楚，Dual Microphone 方案既可用于平稳噪声抑制，也可用于非平稳噪声抑制；但 Single Microphone 方案对于非平稳噪声是无效的。那么，是否可以用 Single Microphone 方案实现对非平稳噪声的抑制？

在 12.6 节的开头，我们曾经提及平稳过程和非平稳过程这两个概念，那么到底什么是平稳噪声、什么是非平稳噪声呢？这在数学上有一套完整的定义，主要是从随机过程统计特性与时间的相关性上去考虑的，很严谨，但并不好理解，就不再深入讨论。这里只从一些直观感受上对其进行区分。比如发动机的轰鸣或者嘈杂的机床，这类噪声具有固定的频谱、强度等，其统计特性与时间无关，非常好区分，所以是一个平稳随机噪声；而闹市街头的噪声，汽车的鸣笛夹杂着商家的喇叭以及各式各样的人群说话，这类噪声无论频率、强度、音色音调等，其参数都在快速变化，即统计特性随时间变化而变化，故称之为非平稳噪声。

本节讨论 Single Microphone 降噪的原理，这也是基于自适应滤波器技术的。

仔细研究图 12-6-3，其实所谓的 Dual Microphone 降噪就是利用 Auxiliary Microphone 采集到的噪声 $v_2(n)$ 来估计 Main Microphone 中的背景噪声 $v_1(n)$，然后在观测值中减去这个估计的噪声 $\tilde{v_1}(n)$，就得到了期望信号的估计值 $\tilde{d}(n)$。但是在 Single Microphone 降噪方案中，没有 Auxiliary Microphone，就没有参考信号，于是就没法估计 Main Microphone 信号中的噪声分量。

但我们不妨考虑如下过程：

$$x(n) = d(n) + v(n) \qquad (12\text{-}8\text{-}1)$$

其中的 $x(n)$ 是 Main Microphone 采集到的信号，$d(n)$ 是真正的语音信号，$v(n)$ 是环境噪声。我们知道，语音信号是一个窄带信号（严格来说，短时语音信号才是窄带的），而噪声信号近似一个宽带信号，且 $v(n)$ 通常满足：

$$E\{v(n)v(n-k)\} = 0 \quad (|k| \geq k_0) \qquad (12\text{-}8\text{-}2)$$

式（12-8-2）表明经过延时 k 以后，噪声之间互不相关。另外，假设 $d(n)$ 与 $v(n)$ 不相关（实际情况也的确如此，说话者的语音与周围环境噪声显然是不相关的），那么把 $x(n)$ 进行延时，有：

$$E\{v(n)x(n-k)\} = E\{v(n)d(n-k)\} + E\{v(n)v(n-k)\} = 0 \quad (|k| \geq k_0) \qquad (12\text{-}8\text{-}3)$$

于是可以知道，时延过程 $x(n-k)$ 在 $|k| \geq k_0$ 时将与噪声 $v(n)$ 不相关，但与 $d(n)$ 相关（因为 $d(n)$ 是窄带信号。又根据功率谱与自相关构成傅里叶变换对的原理可知，窄带信号的自相关很宽，也即窄带信号两个相距很长一段时间的取值依然有一定的相关性），所以可以将 $x(n-k)$ 作为参考信号，用来估计 $d(n)$，如图 12-8-1 所示。

对比图 12-6-3 与图 12-8-1 可以发现，Dual Microphone 降噪方案中，滤波器输出的是环境噪声（实为环境噪声的估计，下同），误差为语音信号；而 Single Microphone 降噪方案中，滤波器输出的是语音信号，误差为环境噪声。不过，这仅仅是滤波器输出信号的物理意义发生了变化，对于滤波器设计来说并没有本质区别。

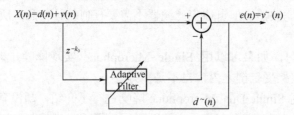

图 12-8-1　Single Microphone 降噪的实现框图

除此以外，在推导上述结论的时候并没有对噪声 $v(n)$ 做任何平稳或者非平稳的假设，所以上述结论对于非平稳噪声也是适用的，不仅可以用 Single Microphone 实现平稳环境噪声抑制，而且对非平稳环境噪声同样有效。由此可见，高通的自适应滤波器设计并不够完善，还有很大的改善空间！

目前，市场上有不少单独的语音信号处理芯片可以专门用来实现环境噪声抑制、回声抑制等功能，较著名的有 Fortemedia 公司的 FM2010/2020 系列。因为笔者有同学在此家公司做研发，所以曾经向他咨询过一些技术细节。简单来说，该系列芯片的环境噪声抑制采用的是可变步长的归一化 LMS 算法，Single/Dual Microphone 均支持。该算法对前文所述的标准 LMS 算法做了两点修正。一是为防止步长过大，导致算法不收敛，而将步长归一化；二是在开始迭代的时候采用大步长归一化值，以加快收敛速度，当迭代到一定程度，再采用小步长归一化值，以减小最终的波动。

高通的 EC Block 中也采用了自适应步长（即可变步长）的设计，从而在收敛速度和稳态波动之间取得平衡，如参数 AF_erl、AF_twoalpha 等，它们的定义可参见文档 CL93_V1638_2，不再赘述。

12.8.2 回声抑制的原理

回声即说话者听见自己的声音从受话器中传来，从而影响说话者的连续性。所以，回声抑制也是手机必备的一个功能。但要说明一点，如果某个说话者听见自己的回音，那么其实是对方手机回声抑制性能较差所致，与说话者自己的机器无关。

通过前面的分析，我们已经知道，在一定的假设条件下，只要合理设计自适应滤波器的结构和算法，Single/Dual Microphone 均可以实现环境噪声抑制功能。那么同样的道理，Single/Dual Microphone 也都可以实现回声抑制功能，而且事实上，Single Microphone 就可以相当不错地实现回声抑制功能了。所以，本节以 Single Microphone 为例，介绍高通平台中是如何实现回声抑制的。

首先参考图 12-8-2（其实就是提高篇中的图 7-2-8），它解释了回声的产生机制。

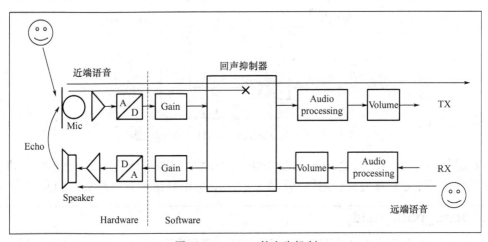

图 12-8-2　Echo 的产生机制

RX 通路中语音信号经 Speaker 传递到本机 Microphone，然后经本机 Microphone 采样、放大，再经 TX 通路回传至网络，最终使远端说话者（Far-end）听见自己的回音。那么，回声抑制所需要实现的就是在 TX 通路中检测出 RX 方向的声音，然后将其滤除，使 TX 通路仅含有本（近）端说话者（Near-end）的语音信号。

显然，如果存在回声问题，表明 TX 通路中必定含有 RX 通路的信号，那么不妨把 TX 通路信号写成如下形式：

$$x(n) = d(n) + v(n) \qquad\qquad (12\text{-}8\text{-}4)$$

其中，$x(n)$是 EC Block 的输入信号，$d(n)$是 Near-end speech，而$v(n)$则是混入 Microphone 中的 RX 通路的信号。

对于 EC Block 来说，RX 通路的信号是已知的，设为$v_2(n)$。显然，$v(n)$与$v_2(n)$是相关的，但由于延时、衰减等原因，$v_2(n) \neq v(n)$，所以不能直接在$x(n)$中减去$v_2(n)$来获得$d(n)$。正确的做法是由$v_2(n)$估计$v(n)$，然后在$x(n)$中减去$v(n)$的估计$v_2^{\sim}(n)$，从而获得$d(n)$的估计$d^{\sim}(n)$。仔细想想，这与前面 12.6 节基于 Wiener 滤波器的双 Microphone 降噪的原理是一模一样的，滤波器的架构也几乎相同，具体的推导过程请参考 Wiener 滤波器相关部分，笔者不再赘述。

到这里，有读者可能会问，12.6 节的 Wiener 滤波器是采用双 Microphone 方案，即含有用于估计环境噪声的参考信号，而此处是单 Microphone 方案，何来参考信号一说？其实这个问题很简单，前面已经说过，RX 通路的信号对于 EC Block 是完全透明的（见图 12-8-2），也就是说，EC Block 完全可以获得参考信号的所有信息，这与是否是双 Microphone 没有任何关系。所以，这也就是本节开头所说的，单 Microphone 方案完全可用于回声抑制，没有必要采用双 Microphone。

至此，我们已经了解了回声抑制的基本原理，但还有一个问题值得思考。我们知道 TX 通路中的$v(n)$与 RX 通路中的$v_2(n)$密切相关，且$v(n)$基本上是$v_2(n)$经过延时、衰减等变化所产生的。那么，如果我们能够确定$v_2(n)$经过多长时间的延时才可以生成$v(n)$，则对于我们所设计的自适应滤波器来讲，相当于增加了一个已知的统计量。换言之，$v(n)$可以由$v_2(n-k_0)$来估计（先前假设$v(n)$由$v_2(n)$来估计的），从而加速滤波器的迭代过程，并可显著降低算法的均方误差，系统框图如图 12-8-3 所示。

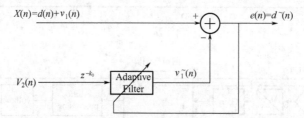

图 12-8-3　用于 Echo Suppression 的自适应滤波器框图

在高通的算法中，有一个"echo_path_delay"的参数，就是用于设定回声通路的大致延时，从而使滤波器可以更好地发挥作用。如图 12-8-4 所示，详细介绍参阅高通文档 CL93_V1638_2。

4.1.1 echo_path_delay

In any system with echo, there is an inherent delay between the original sound and the echo sound. In a mobile telephone, this made up of the delays in the A/D and D/A conversion, filtering, processing, audio I/O buffering, and propagation time between the loudspeaker and microphone.

If this inherent echo delay is not somehow accounted for, then there is a waste of adaptive filter taps as the EC tries to cancel echo in the non-echo delay period. For this reason, there is an echo_path_delay parameter. This will usually be correct for the modes of operation that have been provided as defaults in the AMSS software. However, in some cases, such as external audio CODECs that use the PCM interface, there may a different delay needed.

图 12-8-4　在高通平台中如何设定回声延时

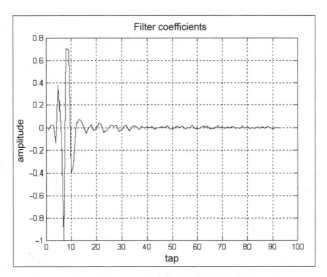

图 12-8-4　在高通平台中如何设定回声延时（续）

笔者曾经遇到一个案例，其 Echo Loss 时好时坏。最后发现，问题就是 echo_path_delay 设置不合理。在本书案例分析篇中亦有介绍，此处暂且不表。

另外，在实际调整回声消除模块时，最好能根据 Handset、Headset、Handfree 等工作模式，设置相应的模式参数。一般而言，在 Handset、Headset 模式下，只需要调整线性回声参数即可；而对于 Handfree 模式，喇叭声音大、回声传播路径复杂，往往需要额外调整非线性回声参数。但要提醒各位读者，Echo Loss 与 Double Talk 是一对矛盾，一定要注意相互兼容。

相关参数在高通文档中都有详细描述，本书就不再介绍了。

12.8.3　Far-end 消噪

本章前面各小节中讨论了回声抑制和噪声抑制的问题。但仔细研究不难看出，我们所讨论的噪声抑制其实是针对上行方向的环境噪声，或者说 Near-End 噪声抑制。用大白话说，就是我花了时间和成本所设计的噪声抑制功能，其实是为了让与我通话的对方听得更清楚，即"我花钱你享受"。

那么，有没有针对下行方向的噪声抑制，即，是否可以实现"我花钱我享受"的 Far-End 噪声抑制功能？答案当然是可以的。2010 年，高通公布了文档 80-VU805-1，其主要内容就是介绍高通最新设计的 FENS 功能（Far-End 噪声抑制），如图 12-8-5 所示。

那么，在数学上是如何实现远端降噪功能的呢？将图 12-8-5 与图 12-8-1 进行对比就不难看出，RX 方向的含噪信号与 TX 方向的含噪信号并没有区别。这样，RX 远端降噪就可以套用 Single Microphone 降噪算法，其组成框图与图 12-8-1 一模一样。

所以，Far-End 噪声抑制不仅适用于平稳噪声，对非平稳噪声也同样有效。但提醒读者一点，不同的平台有不同的算法，而有些平台不能处理非平稳噪声（如 Fortemedia 公司 FM31 芯片的远端消噪功能只能应用于平稳随机噪声）。细心的读者也不难发现，自适应滤波器的设计全部是基于迭代算法实现的（可对比 Wiener 滤波器的框图 12-6-3 与 Single Microphone 噪声抑制自适应滤波器的框图 12-8-1）。从理论上讲，迭代算法是跟踪→反馈→调整→跟踪，从而构成了一个大环路的闭环负反馈系统。所以，不论信号与噪声是否平稳，自适应滤波器都可以正常工作，这就好比电子线路中的负反馈，无论信号发生了何种形式的失真，负反馈均有抑制作用。但不同的算法，在收敛速度、稳态波动、超量误差等方面会有巨大区别，适合处理某一种噪声的算法未必适合另一种噪声，所以才会出现某些平台不适合处理非平稳噪声的情况。

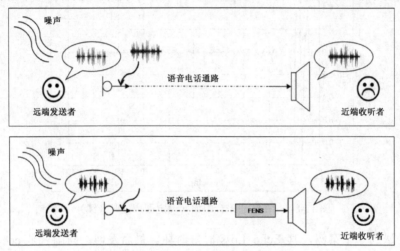

图 12-8-5　FENS 应用场景示意图

12.8.4　其他模式下的 Dual Microphone 降噪

前面，我们介绍了基于 Wiener 滤波器的 Dual Microphone 降噪算法以及基于自适应滤波器的 Single Microphone 降噪算法。

现在，不妨考虑这样一个问题。如果有一台 Dual Microphone 设计的手机，用户进行免提通话（Hand-free Voice Call）或者可视通话（Video Call）。那么，这时候可以实现 Dual Microphone 降噪功能吗？

答案是否定的！读者朋友不妨仔细回想一下我们是如何推导 Dual Microphone 的 Wiener 滤波器方程的。根据图 12-6-3 不难看出，该方程隐含 Auxiliary Microphone 中只有环境噪声，而没有用户语音。所以，算法才能够利用 Auxiliary Microphone 采集到的环境噪声去估计 Main Microphone 中的环境噪声，然后在 Main Microphone 的信号中减掉这一部分估计值，从而得以实现降噪功能。当然了，严格说来，Auxiliary Microphone 中肯定或多或少会包含一些用户语音。但是，相比于 Main Microphone，其所占比例非常小。通常情况下，Auxiliary Microphone 的用户语音比起 Main Microphone 来，要小至少 6 dB 以上（这也是 MTK、高通要求各手机厂家在 Dual Microphone 的位置摆放与结构设计时，必须满足的一个基本条件）。所以，可以近似认为此时的 Auxiliary Microphone 中只有环境噪声。目前，手机多采用直板造型，其 Dual Microphone 的设计结构基本如图 12-8-6 所示。

但是，绝对不会有人在拨打免提电话与可视电话的时候，采用手持握机的方式。当手机与用

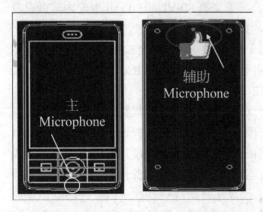

图 12-8-6　Dual Microphone 结构

户拉开一段距离后，Main、Auxiliary Microphone 之间的灵敏度差异迅速减小（指对用户语音的灵敏度）。换言之，这时的 Main、Auxiliary Microphone 之间差异减小，相当于 Auxiliary Microphone 中也开始包含用户语音。结果，环境噪声抑制肯定没有问题，但同时用户语音也会被严重削弱！

同样地问题也会发生在录音、录像、耳机通话等场景中。所以，在这些场景中，是不应该打开 Dual Microphone 降噪功能的（不排除当前市场上的部分 Dual Microphone 手机存在这种设计错误）。对于录音、录像、video call、Handfree voice call 等方式，只能采用 Single Microphone 降噪算法。

12.9 高级音频指标

我们曾经在提高篇中说过，除了传统的 3GPP 音频测试，部分厂家或运营商还有一些高级音频指标，用来评价手机在各种环境下的通话质量，比如环境噪声抑制、语音饱满度评分、Double Talk 的清晰度，等等。这些指标与常规指标最大的区别在于，常规指标（如 SFR/RFR、SLR/RLR、Echo Loss、Idle Channel Noise 等）一般都有对应的参数调整，简单而方便。但这些高级指标基本上没有直接对应的参数，而是一组间接的参数，且各参数之间要保持平衡，否则会导致一些指标无法通过（因为有些指标之间是相互矛盾的）。

本节以中国移动 TD-SCDMA 手机入库测试为例，对这些指标进行简单介绍。

12.9.1 T-MOS

T-MOS，全称 TOSQA Mean Opinion Score，即基于 TOSQA 算法的主观感受及评分。

T-MOS 分为发送 T-MOS 和接收 T-MOS 两个指标，其主要评分依据为发送/接收频响曲线（SFR/RFR），得分越高，表明通话音质越好。

由于人耳对中高频信号比低频信号敏感，为了提高语音的清晰度和降低传输带宽，一般要求对发送语音信号中的高频分量进行适当提升；在接收端，则对语音信号中的低频成分进行适当提升，以补偿发送时仅对高频信号进行的提升（可借鉴 FM 广播中的预加重/去加重概念来理解），如图 12-9-1 与图 12-9-2 所示。

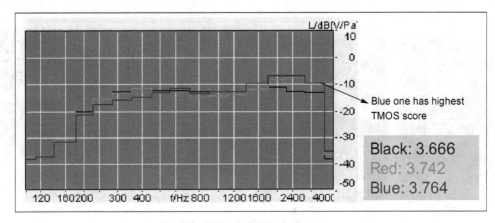

图 12-9-1 TX 方向的 T-MOS

按照中国移动当前的入库标准，要求 TX T-MOS≥3.2，RX T-MOS≥2.5。

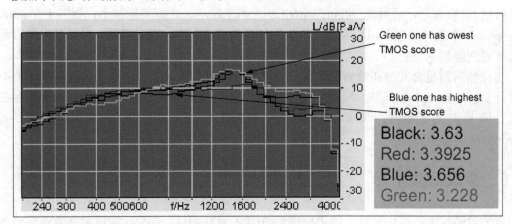

图 12-9-2　RX 方向的 T-MOS

12.9.2　G-MOS

T-MOS 是在安静环境下的测试结果，而 G-MOS 则是模拟噪声环境的测试结果，再具体一点的话，G-MOS 是由 N-MOS（Noise MOS）和 S-MOS（Speech MOS）加权相加获得，得分越高，说明音质越好。

既然是噪声环境，就必须定义噪声的具体形式。我们知道，噪声分为平稳噪声和非平稳噪声两大类，平稳噪声的统计量不随时间变化，其典型代表是白噪和粉噪，而非平稳噪声的统计量与时间相关。就一般情况而言，现实生活中的噪声大多数为非平稳噪声，比如喧闹的马路、嘈杂的咖啡厅等；发动机的轰鸣、电钻钻孔、下雨落在地面等噪声则可近似看成平稳噪声。

于是，针对不同的噪声类型，人们就提出了不同的 G-MOS 测试项。一般情况下，我们以火车站噪声（Train Station）、自助餐厅噪声（Café 或 Pub）、马路噪声（Road）、高速汽车噪声（Car）这四个非平稳噪声场景，外加一个平稳噪声场景（白噪或粉噪皆可），共五种场景进行模拟测试，如图 12-9-3 所示。

图 12-9-3　四种噪声场景下的 G-MOS 测试

图 12-9-4 为某手机火车站噪声的 G-MOS 测试结果。

不过，中国移动的入库测试对 G-MOS 进行了简化，只要求模拟粉噪和自助餐厅噪声这两种场景，直接测量手机对上行环境噪声的抑制度。事实上，中国移动这个测试指标在 3GPP 中有类似的测试项，只不过 3GPP 称其为 "ANR"（Ambient Noise Rejection），而中国移动称其为 "D-Value" 而已。

按照中国移动入库标准，要求 Pink Noise ≥ 0 dB，Café Noise ≥ -8 dB。

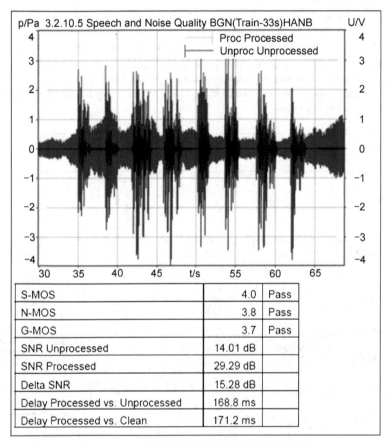

S-MOS	4.0	Pass
N-MOS	3.8	Pass
G-MOS	3.7	Pass
SNR Unprocessed	14.01 dB	
SNR Processed	29.29 dB	
Delta SNR	15.28 dB	
Delay Processed vs. Unprocessed	168.8 ms	
Delay Processed vs. Clean	171.2 ms	

图 12-9-4 某手机火车站的 G-MOS 测试结果

12.9.3 Double Talk

一般情况下，通话的双方不会同时讲话。但如果双方同时讲话，比如虽然自己没在说话，但周围有人在大声说话并被手机 Microphone 拾取，就有可能造成语音信号的衰减，严重时甚至根本听不到对方在说什么。Double Talk 指标则是对比手机在 Single Talk 和 Double Talk 时，对语音信号的衰减程度，也分为发送和接收两个方向。在中国移动入库测试标准中，该测试也称为 "发送方向衰减" 和 "接收方向衰减"。

某手机接收方向 Double Talk 测试结果如图 12-9-5 所示。图中，一条曲线表示 Single Talk，另一条曲线表示 Double Talk。两者之间的差值越小，说明 Double Talk 与 Single Talk 之间的差距越小，即 Double Talk 性能越好。具体的评级标准有 Type1、Type2a 等，如图中所示。

发送方向的测试与接收方向类似，如图 12-9-6 所示。

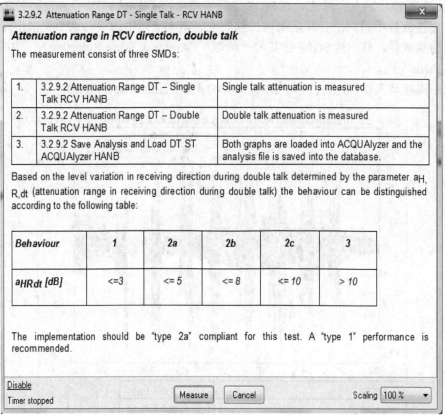

3.2.9.2 Attenuation Range DT - Single Talk - RCV HANB

Attenuation range in RCV direction, double talk

The measurement consist of three SMDs:

1.	3.2.9.2 Attenuation Range DT – Single Talk RCV HANB	Single talk attenuation is measured
2.	3.2.9.2 Attenuation Range DT – Double Talk RCV HANB	Double talk attenuation is measured
3.	3.2.9.2 Save Analysis and Load DT ST ACQUAlyzer HANB	Both graphs are loaded into ACQUAlyzer and the analysis file is saved into the database.

Based on the level variation in receiving direction during double talk determined by the parameter $a_{H,R,dt}$ (attenuation range in receiving direction during double talk) the behaviour can be distinguished according to the following table:

Behaviour	1	2a	2b	2c	3
a_{HRdt} [dB]	<=3	<= 5	<= 8	<= 10	> 10

The implementation should be "type 2a" compliant for this test. A "type 1" performance is recommended.

Disable
Timer stopped
Measure   Cancel   Scaling 100 %

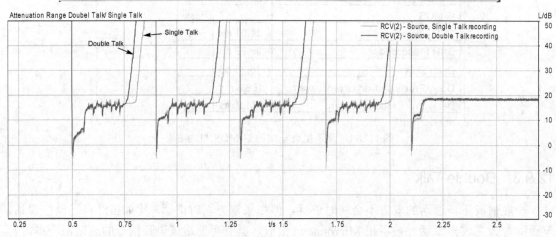

图 12-9-5　某手机接收方向 Double Talk 测试结果

目前，该测试在中国移动入库标准中属于参考项，不做 Pass/Fail 评判。不过，笔者说句玩笑话，该指标还是别调太好了。各位想想，谁打电话的时候会 Double Talk？除非两个人吵架了，脸红脖子粗地一阵狂吼。此时，听得见、听得清楚，还不如听不清楚，最好是听不见！兴许，两个人也就吵不起来了。

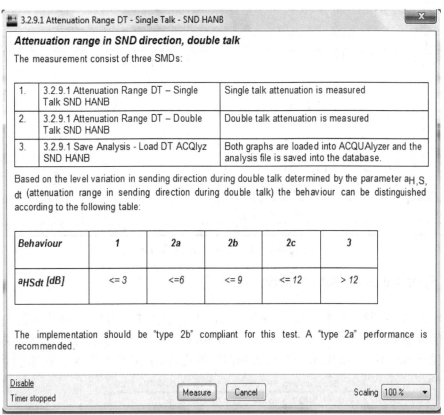

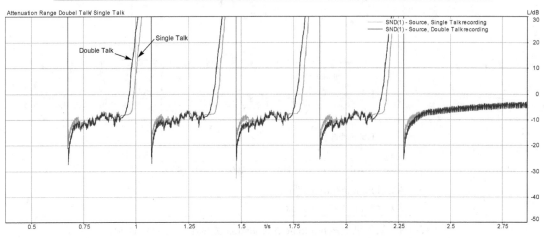

图 12-9-6　某手机发送方向 Double Talk 测试结果

12.9.4　Echo Attenuation vs. Time

该指标测试手机单向通话时，在稳定状态下的回声衰减变化量，又称"与时间相关的回声衰减"，用于考察回声衰减与时间的关系。

按照中国移动的入库要求，需要分别测试在信号电平为–5 dBm0 和–25 dBm0 情况下的回声衰减，并且要求其变化值均不能超过 6 dB，如图 12-9-7 所示。

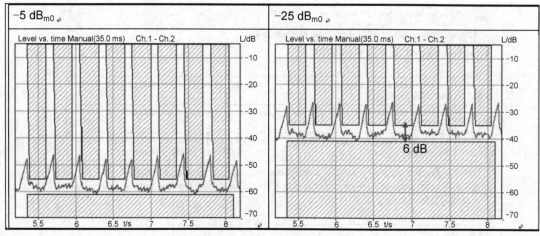

图 12-9-7　Echo Attenuation vs. Time

12.9.5　Spectral Echo Attenuation

该指标又称"各频段回声衰减"。顾名思义，就是考察回声衰减与频率之间的关系，也是使用两个信号电平测试，分别为–5 dBm0 和–25 dBm0。图 12-9-8 为某手机测试结果。

顺便说一句，图中 Limit Mask 所代表的门限值就是中国移动入库规范的判定标准。

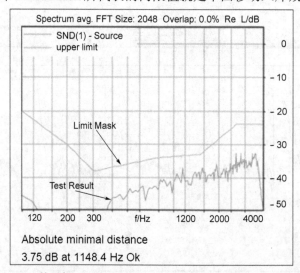

图 12-9-8　某手机 Spectral Echo Attenuation 测试结果（–25 dBm0）

12.9.6　BGNT

BGNT 全称为"Background Noise During Transmission"，分为 Near-End 和 Far-End 两个测试项。

首先解释一下，Near-End 指的是本机用户（即参考端，可理解为物理学中的参照系），Far-End 则是指对方。所以，本机上行语音称为 Near-End Speech，而本机下行语音是从对方传过来的，故称为 Far-End Speech。

现在，让我们假设数学王子高斯正在一个噪声环境中给牛顿爵士打电话。显然，无论高斯是否说话，其 Near-End Speech 中肯定会包含一定的环境噪声。但是，在高斯说话和不说话这两种情况下，其 Near-End Speech 中所包含的环境噪声是否会发生变化？同样，牛顿说话的时候，是否会导致高斯的 Near-End Speech 中的噪声发生变化？

由此可见，所谓近端 BGNT 和远端 BGNT，实际上就是考察近端语音和远端语音是否会影响发送方向的背景噪声。从测试操作层面看，近端/远端 BGNT 就是比较有、无发送/接收方向语音这两种条件下，上行语音中的背景噪声电平变化。事实上，从前面的章节不难看出，降噪也好、消回声也好，都是一组迭代算法。如果信号特征发生变化，就会影响到最终处理效果。所以，有/无近端语音或者有/无远端语音一定都会影响到 Near-End 的背景噪声传输，关键是影响的程度有多大。

同 G-MOS 测试类似，BGNT 也会在不同的噪声场中进行测试。按中国移动的入库规范，要求分别采用 Café Noise 和 Hoth Noise 进行测试，判定标准如下：

- 近端：在两种噪声环境下，最大电平差异小于 10 dB。
- 远端：Café Noise 环境下，电平差异小于 10 dB；Hoth Noise 环境下，电平差异小于 5 dB。

图 12-9-9 和图 12-9-10 是 MTK 提供的某手机近端 BGNT（Hoth Noise）和远端 BGNT（Café Noise）的测试结果，供读者参考。

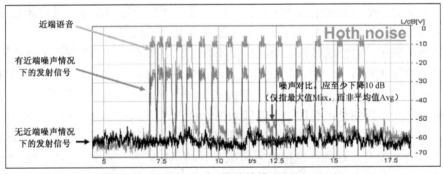

图 12-9-9　近端 BGNT 测试结果（Hoth Noise）

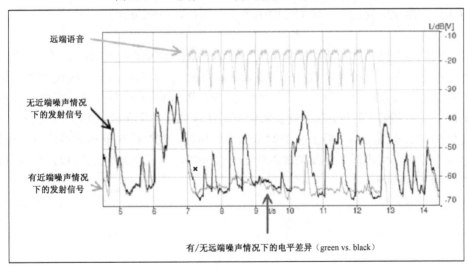

图 12-9-10　远端 BGNT 测试结果（Café Noise）

12.10　小结

至此，本章详细分析了高通平台中音频滤波器设计原理与性能（MTK 等其他平台与此基本相同）。从中我们知道，高通的设计完全符合基本理论，而且绝大部分做得相当不错，只是在个别地方设计得还不够完善，主要是对一些非平稳噪声的处理等（实事求是地讲，笔者对高通的音频调试工具不是很满意，对 MTK 的就更不满意了）。另外，就音频调试而言，还包括 Gain、AGC、AVC 等（提高篇中已有过介绍），但滤波器是整个音频调试的重中之重，也是最复杂、理论水平要求最高的部分。毫不夸张地说，理解了滤波器设计，就理解了手机音频设计与调试的大部分内容。

手机音频设计看似简单，但它其实是一个系统工程，绝不是把腔体、电声器件、电路、信号处理等部件像搭积木一样搭在一起就能达到理想状态的。一个优秀的音频设计，必须处理好上述各个部件之间的关系。过去，手机音频仅仅要求实现最基本的通话功能；现在，手机音频开始强调用户体验；未来，它将向语音识别、语音重建、人工智能等领域发展，应用前景非常广阔。

最后必须指出，所有的音频调试除了客观检测标准，最终还要通过用户的主观试听来判定。尤其当主观的感受不能完全对应客观指标时，必须做出一定的修正。首先满足主观感受，然后兼顾客观测试，不能死守客观标准，更不能死守某个算法参数。

举个简单的例子，过低的接收底噪其实并不好。我们知道，用户在使用手机通话的时候，说话和静默的时间大概各占一半。因此，当用户静默的时候，完全可以关闭其发射机。一方面，这可以降低对整个通信网络的同道干扰；另一方面，这可以有效降低手机的电能消耗，延长电池使用时间。这便是所谓的"不连续发射功能"（Discontinuous TX，DTX）。

但是，对于接收方来说，如果发送方处于较为安静的环境中并且不说话，则接收方的听筒几乎什么声音都没有，这往往给接收方造成一种掉话的错觉。而且，过于安静还会让用户感觉不舒服。所以，在特别强调主观感受的情况下，一旦接收方检测到发送方处于静默状态，会就有意识地向本地听筒注入一定大小的噪声（也称 Comfort Noise），从而提示用户：电话仍然处于连接状态。

通常，发送方利用"声音活动检测模块"（Voice Active Detect，VAD）动态检测语音块中到底是语音信息还是背景噪声，然后决定是否关闭发射机（DTX 仅影响 TCH 业务信道）；而接收方则根据下行控制信道信息（在某些平台中，RX Path 也有 VAD 模块，如高通的 FENS），进行 DRX（不连续接收）处理，从而恢复发送方的话音信息。但是要注意，这个 Comfort Noise 基本都是轻微的白噪或粉噪，听上去类似微风吹过树林，树叶随风摇曳的沙沙声，对此种噪声，人耳感受没有任何不适。但如果加入的是一个同等功率的单音/谐波噪声，则人耳感受就会非常差，如 TDD Noise。

第 13 章

相机的高级设计

在 3G 时代,相机功能几乎成为所有手机的标配。过去,人们外出旅游、聚会、参观,随身携带相机,显得很不方便。但是,成像技术与模组装配工艺的发展,使得相机的体积越来越小、分辨率越来越高,并在手机产品上获得空前广泛的应用。如今,在一些对照片质量要求不是很高的场合,利用手机相机代替相机已经成为大势所趋,甚至一些高端手机的拍照效果已经明显超过中低端相机的水平。

但是,实践也不断地告诉我们,尽管同样宣称×××像素的各款手机,其拍照效果也是千差万别。于是,我们手机工程师不得不面对这样一堆问题:镜头是如何成像的?分辨率决定图像质量吗?色彩又是怎么回事?图像需要处理吗?图像的质量如何检测……

就相机的设计来说,一般分为两个部分:一个是光学成像部分,涉及镜头、模组装配等问题;另一个是照片处理部分,涉及色彩学、图像处理等问题。在手机设计中,相机的光学成像部分全部由模组厂设计、组装,基本与手机工程师没有什么关系;但是,照片处理部分则是由我们手机工程师负责调试的。

因此,本章针对照片处理部分所涉及的色彩学、图像处理问题进行分析讨论,几何光学成像的内容,请读者朋友参考附录 A "几何光学成像"。

由于本章内容对数学有一定要求,所以笔者建议欠缺相关数学基础的读者可以仔细研究一下色度学部分的内容,以便将来接触相机研发调试方面工作时能很快上手。而对于学过数字信号处理并且数学功底较好的读者,笔者建议把本章内容通读一遍,这对进一步理解相机的高级设计必将有所帮助。

13.1 色度学

我们生活在一个五彩缤纷、色彩斑斓的世界中。我们的眼睛告诉我们,这是一张白纸,那是一块红布;我们可以察觉到颜色的改变,同时也能感受到明暗的变化。可是,我们或许根本就没有想过,究竟是什么让白纸显示白色而让红布显示红色?很多时候,我们认为这一切都是顺其自然的,又或者认为物体的颜色是由物体自身向外辐射该种颜色所致。

但是,如果你有一部相机且不做任何颜色调整,在日光下对一张白纸拍照,假定照片所反映的颜色完全等同于你在实际日光下看到的颜色。那么,同样的设置(如光圈、曝光时间、白平衡、感光度等)在白炽灯下对同一张白纸拍照,你看到的照片颜色将与日光下拍照的结果大相径庭。但是,无论在日光下还是在白炽灯下看这张白纸,你的眼睛都会告诉你,这是一张白纸,而且两种环境下看到的白色似乎没有任何区别。

难道相机出现故障了？其实，相机并没有问题，而是我们的眼睛"欺骗"了我们！

由此，在正式开始相机的学习前，我们首先需要了解色度学的基础知识。

13.1.1 光学的预备知识

色度学、图像处理技术都会涉及光学的知识，因此首先介绍一下有关光学的术语及计量单位，以便更好地理解后续内容。

1．发光强度（I）

光源发光的功率称为发光强度（Intensity），其国际单位为"坎德拉"（Candle，缩写为 Cd）。1 Cd 就是全辐射体加温到铂的熔点（2024 K）时，从 1 cm^2 表面面积上发出的光的 1/60。所谓全辐射体就是某一物质加热到某一温度时，它发出的能量分布在整个可见光范围内。理论上的全辐射体就是一个完全黑体，当冷却后，它将吸收所有入射到它上面的光。

2．光通量（Φ）

光通量是每秒光流量的度量，其单位是流明（Lumen，缩写为 Lm）。

流明是指与 1 Cd 光源相距单位距离，并与入射光相垂直的单位面积上，每秒流经的光流量。

3．照度（E）

入射到某表面的光通量密度称为该表面的照度（Illumination，缩写为 Lx），用单位面积的流明数来表示，即：

$$E = \frac{\Phi}{S} \tag{13-1-1}$$

4．亮度（L）

这个概念用来说明物体表面发光的度量。光可以由一个面光源直接辐射出来，也可以由入射光照射下的某表面反射出来，亮度对其两者均适用，数学方程如下：

$$L = \frac{I}{S} \tag{13-1-2}$$

以上 4 个国际单位如表 13-1-1 所示。

表 13-1-1　光学基本术语及计量单位

物理量	SI 单位	缩写
发光强度（I）	Candle	Cd
光通量（Φ）	Lumen	Lm
照度（E）	Illumination	Lx
亮度（L）	Candle/m^2	Cd/m^2

13.1.2 颜色的确切含意

色度学是研究人眼对颜色感觉规律的一门科学。事实上，每个人的视觉并不完全一样，在正常视觉的群体中，也有一定的差别。所以，色度学上被国际广泛引用的数据，是通过对大量正常视觉人群进行综合观测所得出的平均结果。从技术应用的角度来说，已具备足够的代表性和可靠性了。

在日常生活中，我们习惯把颜色归属于物体的自身特性，如前面提到白纸与红布等。但实际上，我们眼中所看到的颜色，除了物体本身的光谱反射特性之外，还和照明条件相关。如果一个物体对于不同波长的可视光波具有相同的反射特性，我们则称这个物体是白色的。而这个物体是白色的结论是在全部可见光同时照射下得出的。同样是这个物体，如果只用单色光照射，这个物体的颜色就不再是白色的了。同样的道理，一块红布如果是在白天日光下得出的结论，那么同样一块布在青光下照射，反映在我们眼中的颜色就不再是红色的，而变成灰白色了。

这些现象说明，人眼所反映出的颜色，不仅取决于物体本身的特性，还与照明光源的光谱成分有着直接关系。所以说，颜色是物体本身的自然属性与照明条件的综合效果，而对这种综合效果的评价就是色度学。

13.1.3　颜色三要素

任何色彩的显示，实际上都是色光刺激人们的视觉神经而产生的感觉，我们把这种感觉称为色觉。色调、明度与色饱合度是色彩的三个特征，也是色觉的三个属性。通常，将色调、明度与色饱合度称为"色彩三要素"。

1. 色调

色彩所具有的最显著特征就是色调，也称色别或色相，是指各种颜色之间的差别。从表面现象来讲，一束平行的白光透过一个三棱镜时，这束白光因折射而被分散成一条彩色的光带，形成这条光带的红、橙、黄、绿、青、蓝、紫等颜色，就是不同的色别。从物理光学的角度上来讲，各种色别是由射入人眼中光线的光谱成分所决定的。

色调，即色别的形成取决于该光谱成分的波长。物理学已经证明，光是电磁波谱中的一部分，其波长范围为 400～700 nm。在这个范围内，不同波长的光呈现出各种不同的色彩。自然界所呈现出的各种色彩大都是由不同波长及强度的光混合在一起而显示出来的结果。

总之，色调是不同颜色之间质的差别，它们是可见光谱中不同波长的电磁波在视觉上的反映。

2. 明度

明度，俗称亮度，是指色彩的明暗程度，任何一种颜色在不同强弱的照明光线下都会产生明暗差别。我们知道，物体的颜色必须在光线的照射下才能显现出来。这是因为物体所呈现的颜色，取决于物体表面对光线中各种色光的吸收和反射性能。前面提到的红布之所以呈现红色，是由于它只反射红光而吸收了红光之外的其余色光。白色的纸之所以呈现白色，是由于它将照射在它表面上的光完全反射出来所致。

如果物体将光线中的各种色光等量吸收或全部吸收，物体将呈现出灰色（等量吸收）或黑色（全部吸收）。对于同一物体，如果照射在它表面的光的能量不同，其反射出的能量也将不相同，于是该物体在不同能量光线的照射下就会呈现出明暗的差别。

白颜料属于高反射率物质，无论什么颜色掺入白颜料，都可以提高自身明度。黑颜料属于反射率极低的物质，因此在同一色别的各种颜色中（黑除外）掺入黑色颜料越多，明度也就越低。在摄影中，正确处理色彩的明度很重要，如果只有色别的变化而没有明度的变化，就没有纵深感和节奏感，也就是我们常说的没层次。

3．色饱和度

色饱和度是指构成颜色的纯度，它表示颜色中所含彩色成分的比例。彩色比例越大，该色彩的饱和度越高，反之则饱和度越低。从本质上讲，饱和度的大小就是颜色与相同亮度的消色的相差程度（当一种光线中的三原色成分比例相同的时候，习惯上人们称之为"消色"）。颜色所包含的消色成分比例越高，则颜色越不饱和；反之，消色比例越低，颜色越饱和。

色彩饱和度与被摄物体的表面结构及光线照射情况有直接关系。同一颜色的不同物体，表面光滑的要比表面粗糙的饱和度大；强光照射比弱光照射饱和度高。除此以外，不同的色别在视觉上也有不同的饱和度，红色的饱和度最高，绿色的饱和度最低，其余颜色适中。

在摄影图片中，高饱和度的色彩能使人产生强烈、艳丽、亲切的感觉；而低饱和度的色彩则使人感到淡雅、冷峻。

13.1.4　三原色及三补色

实验证明，自然界中的各种色彩都可以由红光 R、绿光 G 和蓝光 B 按适当比例混合而获得，而 R、G、B 本身并不能由其他任何色光混合获得。所以，R、G、B 就是组成各种色彩的基本成分，我们就把这三种色光称为"三原色"。

将两种色光相加，如果得到白光，我们就把这两种色光称为互补色。与蓝光、绿光和红光互为补色的三色光分别为黄光、品红光和青光。通常，我们把黄光、品红光和青光称为三补色。各种颜色的 R、G、B 成分如图 13-1-1 所示。

编号	颜色（中/英文）	R:G:B	编号	颜色（中/英文）	R:G:B
1	白色（White）	255：255：255	9	暗肤色（Dark Skin）	94：28：13
2	黑色（Black）	0：0：0	10	亮肤色（Light Skin）	241：149：108
3	红色（Red）	203：0：0	11	天蓝色（Blue Sky）	97：119：171
4	绿色（Green）	64：173：38	12	叶绿色（Foliage Green）	90：103：39
5	蓝色（Blue）	0：0：142	13	橘红色（Orange）	255：116：21
6	洋红色（Magenta）	207：3：124	14	粉红色（Moderate Red）	222：29：42
7	青色（Cyan）	0：148：189	15	橘黄色（Orange Yellow）	255：142：0
8	紫色（Purple）	69：0：68	16	黄绿色（Yellow Green）	187：255：19

图 13-1-1　各种颜色的 R、G、B 成分

三原色与三补色统称为"三基色"。利用三基色混配各种颜色通常采用两种方法，一种是以三原色为基准的相加混色（如彩电、照相机等），另一种是采用三补色为基准的相减混色（如彩色电影、彩色印刷等）。

相加混色与相减混色主要有三点区别：

（1）相加混色由发光体发出的光相加而产生各种颜色，而相减混色是先有白光，而后从中减去（吸收）某些成分得到各种色彩。

（2）前面说过，相加混色由三原色构成，而相减混色由三补色构成。换言之，相加混色的补色就是相减混色的基色。

（3）相加混色与相减混色有着不同的规律。但由于相机采用三原色进行相加混色，所以本书仅讨论三原色及其混色规律。

13.1.5　格拉斯曼定理与 CIE 的颜色表示系统

著名的格拉斯曼（Grassmann）定理表明视觉系统对颜色的反应取决于 R、G、B 三个输入量的代数和，包括以下 4 项内容：

（1）所有颜色都可以由互相独立的三基色混合得到。

（2）假如三基色的混合比相等，则色调与色饱和度也相等。

（3）任意两种颜色混合产生的新颜色与采用三基色分别合成这两种颜色的各自成分，然后再混合起来得到的结果相同。

（4）混合色的光亮度是原来各分量光亮度之和。

为统一标准，国际照明委员会（Commission Internationale de L'éclairage，CIE）于 1931 年制定了 R、G、B 颜色表示系统。CIE 规定，选择 R（波长 700.0 nm）、G（波长 546.1 nm）、B（波长 438.8 nm）这三种色光作为表色系统的三基色。根据相加混色的原理，白光可以由这三种单色光混合得到，于是产生 1 Lm 标准白光所需要的三基色的近似值可以用方程（13-1-3）表示：

$$1 \text{ Lm（W）} = 0.30 \text{ Lm（R）} + 0.59 \text{ Lm（G）} + 0.11 \text{ Lm（B）} \qquad (13\text{-}1\text{-}3)$$

可见，产生标准白光时的三基色比例关系是不相等的，这显然会给实际使用带来一些不方便。为此，人们发明了三基色单位制，也就是所谓的 T 单位制。在使用 T 单位制时，认为标准白光是由等量的三基色组成，因此上述方程改写如下：

$$1 \text{ Lm（W）} = 1 \text{ T（R）} + 1 \text{ T（G）} + 1 \text{ T（B）} \qquad (13\text{-}1\text{-}4)$$

比较这两个方程可以看出：

$$1 \text{ T（R）} = 0.30 \text{ Lm（R）} \qquad 1 \text{ T（G）} = 0.59 \text{ Lm（G）} \qquad 1 \text{ T（B）} = 0.11 \text{ Lm（B）}$$

由此可以得到 T 单位与流明数的关系，在需要的时候可方便地进行转换。

事实上，由三基色相加混色并非一定要选择上述三个特定波长的色光，选择其他波长的单色光（又称"谱色"，指能以单色出现在光谱上而且有一定波长的彩色；若不能以单色出现在光谱上的颜色则称为"非谱色"，如各种紫红色），也能够实现相加混色，如 R（波长为 600 nm）、G（波长为 520 nm）、B（波长为 460 nm）。于是，CIE 提出了基于 X、Y、Z 的假想三基色的色度图，如图 13-1-2 所示（由于本书并非彩色印刷，为方便理解，笔者建议读者朋友在网上搜索标准的彩色图片进行对照）。

对于 CIE 色度图，我们需要理解如下几点：

（1）任意彩色可由适当比例的三种基本彩色匹配出来。在相加混色系统，把适当比例的三基色投射到同一区域，则在该区域会产生一个混合色，但匹配这个混合色的三基色并不是唯一的。

（2）假想的三基色位于三角形的三个顶点，而所有的谱色都位于三角形内的马蹄形曲线上。在马蹄形曲线上标注有波长数，这样就可以根据波长辨别颜色。在马蹄形曲线的底部没有标度，这里是非谱色，波长在这里就没有意义。而人眼所能看到的所有颜色就位于这个马蹄形区域内，故称为"色域"。

（3）各种谱色都定位于马蹄形曲线的边缘上，任何不在边缘而在曲线内部的点都代表一些谱色的混合色。定位在马蹄形曲线边缘上的任意一点都是完全饱和的，当该点离开边缘并接近中间的等能量点（即标准白色点，色饱和度为零），则表明掺入了一定量的白光，并且离开边缘越远，掺入的白光就越多。

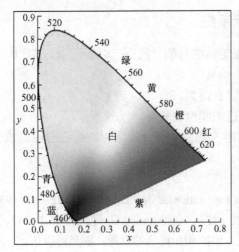
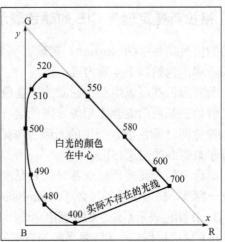

图 13-1-2　CIE 色度图

（4）在色度图上选择任意两点，则位于这两点之间直线上任何颜色都可以用这两种颜色混合出来（由此可见，色域图必定是凸形的）；混合任意三个光源而形成的颜色，都可以在色度图内对应这三个光源顶点所形成的三角形内找到（对于多个光源也是如此）。

（5）给定三个真实光源，这些光源不能覆盖人类视觉的色域。从几何上说，在色域中没有三个点可以形成包括整个色域的三角形，更简单地说，人类视觉的色域不是三角形。所以，选择不同的三基色，按相加混色所能实现的色彩范围是不同的。

最后，我们以太阳光与可见光的频谱分布作为本节的结束，如图 13-1-3 所示。

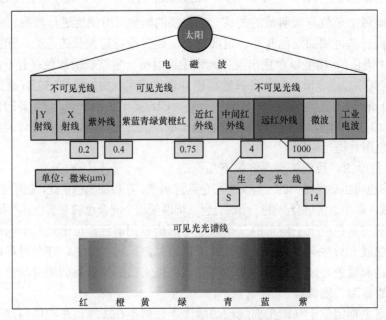

图 13-1-3　太阳光与可见光的频谱

13.2　颜色模型

颜色模型化的目的是按照某种标准利用基色来表示颜色，这就好像把三维空间的任意一个点用三个正交坐标系数来表示一样，任意一种颜色模型是用一个三维坐标系统及这个系统中的一个子空间来表示。而在这个系统中，每种颜色都由一个单点表示。

通常使用的颜色模型或者是面向硬件设备的，或者是面向应用的。在实际应用中，面向硬件设备的模型有 RGB 模型（如彩色摄像机、数码相机）、CMY 模型（如彩色打印机）、YUV 模型（如彩色电视广播）；面向应用的则有 HSI 模型（常用于各种图像处理软件）。下面简要介绍这几种颜色模型。

13.2.1　RGB 模型

RGB 模型基于笛卡儿坐标。颜色子空间如图 13-2-1 所示的立方体，RGB 分别位于三个顶角上，紫色（Magenta）、青色（Cyan）、黄色（Yellow）分别位于三个顶角上，黑色（Black）位于原点，而白色（White）则位于离原点最远的那个顶角上。在这个模型中，灰度级沿着黑、白两点之间的连线，从黑一直延伸到白，其他颜色由位于立方体上或者立方体内的点来表示，数学上即一个从原点延伸的矢量。

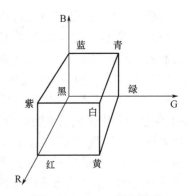

图 13-2-1　RGB 颜色模型

RGB 模型的图像由三个独立的图像平面构成，每个平面代表一种谱色。当输入到 RGB 显示器时，由三个谱色形成的三幅图像在屏幕上组合产生了合成的彩色图像。这样，当图像本身用三原色平面描述时，在后续图像处理中运用 RGB 模型就显得非常方便，比如彩色摄像机、数码相机等。

如果需要对一幅部分图像细节隐藏在阴影中的人脸彩色图像进行增强处理的话，直方图均衡（将在后面 13.6 节中介绍）是处理这类问题的理想工具。但是，如果此时应用 RGB 模型就不太合适了。在 RGB 模型中，人脸彩色图像由 R、G、B 三幅单色图像组合而成，如果对这三幅单谱色图像分别进行直方图均衡再组合起来，就会改变原先的 R、G、B 相对比例，从而导致人脸颜色出现变化，甚至极不协调。所以，处理这类问题的时候，尽管依然会使用直方图均衡，但颜色模型将采用后面介绍的 YUV 模型。

13.2.2　CMY 模型

CMY 模型多用于彩色打印、印刷工业等。其混色原理为相减混色，即前面介绍过的三补色。故，实现从 RGB 模型到 CMY 模型的转换非常简单，即

$$[C \quad M \quad Y]^{\mathrm{T}} = [1 \quad 1 \quad 1]^{\mathrm{T}} - [R \quad G \quad B]^{\mathrm{T}} \tag{13-2-1}$$

关于 CMY 模型，在相机领域中几乎不用，就不再介绍了。

13.2.3 YUV 模型

YUV 模型也是常见的颜色模型，其中 Y 代表亮度，U、V 代表两个相互正交的颜色信息（所谓正交是指 U、V 分量分别调制在两个相互正交的副载波上）。彩色电视广播系统就采用该种模型，很多相机 ISP 芯片也采用该模型输出数据给 CPU 进行后续处理（事实上，Sensor 的输出数据全部是基于 RGB 模型的，但 ISP 芯片会根据需要将数据从 RGB 模型转换成 YUV 模型）。

最初在彩色电视广播系统中引入 YUV 模型是为了有效传输颜色信息并且保证与黑白电视兼容，即彩色电视机可以正常接收黑白电视信号，而黑白电视机也可以正常接收彩色电视信号（只不过这时只能显示黑白图像）。YUV 可以由 RGB 转换而来，如下所示：

$$\begin{bmatrix} Y \\ U \\ V \end{bmatrix} = \begin{bmatrix} 0.30 & 0.59 & 0.11 \\ 0.60 & -0.28 & -0.32 \\ 0.21 & -0.52 & 0.31 \end{bmatrix} \begin{bmatrix} R \\ G \\ B \end{bmatrix} \tag{13-2-2}$$

实际上，Y 分量所代表的亮度信息提供了黑白电视机所要求的所有影像信息。黑白电视机只要根据 Y 分量就可以恢复出图像的黑白成分（灰度），而彩色电视机根据 Y 分量恢复出黑白影像，同时利用 U、V 分量就可以为黑白图像增加彩色信息。

YUV 模型之所以成为普遍应用标准是因为它把颜色分离成亮度和色调两个信息并分别加以编码、传输。由此，我们在处理亮度分量的时候就不会影响到其中的颜色成分。例如，在 RGB 颜色模型中提到的人脸图像增强应用中，可以把摄像机、数码相机输出的 RGB 格式数据首先转换为 YUV 格式，然后仅对其中的 Y 分量进行直方图均衡处理，获得新的亮度分量 Y'，然后再把 Y'UV 格式数据反变换到 RGB 格式，最后输出到彩色显示器上。由此，既增强了图像的细节显示，又不会改变图像的颜色成分。

YUV 模型还有一个优点是合理利用了人眼对亮度变化远比对色饱和度变化敏感得多的特点。这样，YUV 模型中的 Y 分量将占据较大的带宽，而 U、V 分量只需要赋予较小带宽即可以合成一个范围较大的彩色视域。这也就是所谓的"大面积着色定理"，我们将在 13.4 节进一步介绍。

13.2.4 HSI 模型

在 HSI 模型中，H 表示色调（Hue），S 代表色饱和度（Saturation），I 代表亮度或强度（Intensity）。

HSI 模型的建立基于两个重要的事实：

● I 分量与图像的彩色信息无关；

● H 和 S 分量与人感受颜色的方式紧密相联。

这些特点使得 HSI 模型非常适合彩色特性检测与分析。所以，HSI 模型主要面向应用，尤其是对图像处理系统具有重要意义。因为在这类系统中，图像处理的关键是将各种操作建立在颜色特性上，而人们利用这些特性去完成特定的任务。比如，自动判断水果蔬菜成熟度的图像处理系统，用颜色样本匹配或检测彩色产品质量的图像处理系统，等等。

HSI 色彩空间可以用一个圆锥空间来描述，但用这种描述 HIS 色彩空间的圆锥模型相当复杂，但却能把色调、亮度和色饱和度的变化情形表现得很清楚。图 13-2-2 为 HSI 颜色空间。

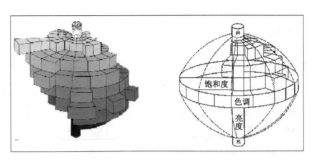

图 13-2-2　HSI 颜色模型

圆锥空间模型从上到下是由白到黑的亮度（灰度）变化过程；如果俯视这个空间模型，得到一个圆形截面，在这个圆形截面上，顺时针旋转是红橙黄绿蓝靛紫的变化过程，即色调在变化；从圆心到半径最大的外圈是则色饱和度由零到最大的变化。

HSI 模型也可以由 RGB 模型转换而来，但计算公式要复杂得多，有兴趣的读者可以参阅阮秋琦教授的《数字图像处理基础》（清华大学出版社，2009 年第一版）一书的 4.5.2 节。与 YUV 模型类似，我们可以对 I 分量进行各种增强处理，得到 I'分量，然后生成新的 HSI'图像。新生成的图像与原图像仅仅是亮度上不同，色度（色调和色饱和度）并不会发生变化。

13.3　白平衡与色温

13.3.1　白平衡

白平衡是摄影、摄像领域一个非常重要的概念，它直接关系到所拍照片或影像的色彩还原度。通过调整白平衡，在任何光源下照射都能将白色物体还原为白色，对某些特定光源下拍摄时出现的偏色现象，则通过加强对应的补色来进行补偿。

但在一些特殊场合，还可以通过调整白平衡来刻意改变图像的色彩，以表达摄影者自身的情感，比如常说的暖色、冷色等。从图 13-3-1 所示照片可以很明显地看出白平衡对图片色彩还原的重要性（由于黑白印刷的原因，无法看出其中的区别，建议读者朋友上网搜索一些对比图形，以加深印象）。

图 13-3-1　不同白平衡设置下的照片

13.3.2 色温

在彻底了解白平衡之前，还要搞清楚另一个非常重要的概念——色温。

所谓色温，简而言之，就是以开尔文温度（K）来定量表示色彩。英国物理学家开尔文认为：假定某一黑体物质能够将辐射到它上面的所有热量吸收，而没有损失，同时又能够将这些热量全部以光的形式释放出来的话，它便会因受到热能的不同而变成不同的颜色。例如，当黑体受到的热力相当于500~550℃时，就会变成暗红色；达到1050~1150℃时，就变成黄色；温度继续升高会呈现蓝色。光源的颜色成分与该黑体所受的热力温度是相对应的，任何光线的色温是相当于上述黑体散发出同样颜色时所受到的温度，这个温度就用来表示该种色光的特性，称为色温。

打铁过程中，黑色的铁在炉火中逐渐变成红色，便是黑体理论最好的示例。色温现象在日常生活中非常普遍，钨丝灯所发出的光由于色温较低而表现为黄色，天然气的火焰是蓝色的，原因是其色温较高。正午阳光直射下的色温约为5600 K，阴天则接近室内色温3200 K，日出或日落时的色温约为2000 K，烛光的色温约为1000 K。由此，我们可以推论：色温越高，光色越偏蓝；色温越低，则越偏红。某一种色光比其他色光的色温高时，说明该色光比其他色光偏蓝，反之则偏红；同样，当一种色光比其他色光偏蓝时，说明该色光的色温偏高，反之偏低。

从图13-3-1可以清晰地看出色温导致图片出现偏蓝和偏红的效果。当然，很多时候，偏红会使人感到温馨，也称"暖色调"；而偏蓝，则使图片冷峻、棱角分明，也称"冷色调"。

13.3.3 白平衡的定义

白平衡，字面上的理解是白色的平衡。那么，到底什么是白色？什么是白平衡？

前文说过，白色是指反射到人眼中的光线由于R、G、B三种色光比例相同且具有一定亮度所形成的视觉反应。我们知道白光是由赤、橙、黄、绿、青、蓝、紫七种色光组成的，而这七种色光又是由R、G、B三原色按不同比例混合形成。当一种光线中的三原色成分比例相同的时候，习惯上人们称之为消色（黑、白、灰、金和银所反射的光都是消色）。通俗地讲，白色不含色彩成分，只有亮度（灰度）的区别。人眼所见到的白色或其他颜色同物体本身的固有色、光源的色温、物体的反射或透射特性、人眼的视觉感应等诸多因素有关。

举个简单的例子，当有色光照射到消色物体时，物体反射光颜色与入射光颜色相同，即红光照射下白色物体呈红色，两种以上有色光同时照射到消色物体上时，物体颜色呈加色法效应，如红光和绿光同时照射白色物体，该物体就呈黄色。当有色光照射到有色物体上时，物体的颜色呈减色法效应。如黄色物体在品红光照射下呈现红色，在青色光照射下呈现绿色，在蓝色光照射下呈现黑白色。所以，在本章后面介绍相机测试的时候，会规定测试所用光源类型、照度与色温等测试条件（如D65光源、200 Lx、色温5100 K等），希望读者引起注意。

于是，白平衡就是在任意色温条件下，相机镜头所拍摄的标准白色经过电路的调整，使之成像后仍然为白色。严格地说，白平衡则是通过调整相机内部的电路，使反射到镜头里的光线都呈现为消色。如果以偏红的色光来调整白平衡，那么该色光的影像就为消色，而其他色彩的景物就会偏青（补色关系）。

13.3.4　人眼的自动白平衡与相机白平衡

由于人眼具有独特的适应性，我们有的时候不能发现色温的变化。比如在钨丝灯下待久了，我们并不会觉得钨丝灯下的白纸偏红。但如果把长时间照射的日光灯突然改为钨丝灯照明时，就会感觉到白纸的颜色偏红了。不过，这种感觉也只能够持续一会儿。人眼神经会自动进行白平衡的调整，只不过我们压根没有感觉到而已。

但相机的 Sensor 并不能像人眼那样具有适应性，为了贴近人的视觉标准，相机就必须模仿人类大脑并根据光线来调整色彩，也就是需要自动或手动调整白平衡来达到令人满意的色彩。以 CCD 相机为例，其 Sensor 内部有三个 CCD 感光组件，它们分别感受蓝色、绿色、红色光，在默认情况下这三个感光电路增益基本相同，为 1:1:1 的关系。而白平衡的调整则是根据被调校的景物改变这种比例关系。比如被调校景物的蓝、绿、红色光的比例关系是 2:1:1（蓝光比例多，色温偏高），那么白平衡调整后的比例关系为 1:2:2，调整后的电路增益中，减少蓝光的增益，增加绿光和红光的增益，于是被调校景物通过白平衡调整电路后，蓝、绿、红的比例才会相同。也就是说，如果被调校的白色偏一点蓝，那么白平衡调整就改变正常的比例关系减弱蓝电路的增益，同时增加绿和红的比例，使所成影像依然为白色。

所以，如果相机的色彩调整与景物照明的色温不一致就会发生偏色。而白平衡则是针对不同色温条件，通过调整相机内部的色彩电路使拍摄出来的影像抵消偏色，从而更接近人眼的视觉习惯。至于如何调整相机的白平衡，请参考相关摄影教材或相机说明书。

13.3.5　Gamma 校正

前面讨论了颜色模型、色彩的获取与处理等内容。但我们知道，任何影像、照片最终都要通过某种设备或介质才能显示，比如 CRT、LCD、相片纸等。因此，必须对显示设备的色彩失真予以补偿。

Gamma 曲线是一种特殊的色调曲线。当 Gamma 值等于 1 时，曲线是与坐标轴成 45° 的直线，表明输入和输出密度相同；高于 1 的 Gamma 值将会造成输出亮化，而低于 1 的 Gamma 值将会造成输出暗化。总之，要求输入和输出比率尽可能地接近于 1。

图 13-3-2 左边是普通 CRT 显示器的亮度响应曲线，可以看到其输入电压提高一倍，输出亮度并不是提高一倍，而是接近于两倍。显然，这样输出的图像同原来的图像相比就发生了输出亮化现象，也就是说未经过 Gamma 矫正的 CRT 显示器其 Gamma 值大于 1。

为了补偿这方面的不足，我们需要使用反效果补偿曲线来让显示器尽可能地输出同输入图像相同的图像，所以这时显示器的输入信号应该按照图 13-3-2 右边所示的曲线进行补偿，这样才能在显示器上得到比较理想的输出结果。

数码 RAW 格式的拍摄是采用线性的 Gamma（即 Gamma =1），可是人眼对光的感应曲线却呈 "非线性" 效应。所以 RAW Converter 会在转换时应用一条 Gamma 曲线到 Raw 数据上（相当于对原始数据进行一次 $f(x)$ 的非线性变换），从而产生更加接近人眼感应的色调。对于以 RGB 为显示单元的设备来说（如 CRT、LCD、CCD 等），就需要同时考察 RGB 三条 Gamma 校正曲线，从而获得一致的输出。

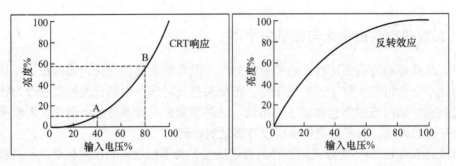

图 13-3-2　Gamma 校正

13.4　人的视觉特性

我们评判一个相机的好坏，除了分辨率、色彩位数等客观标准外，最终还是要通过人眼主观评判相机所拍图片来间接评判相机水平。正如前面介绍的白平衡，不经过调整，相机的部件是很难符合人眼的视觉特性的。所以，要想得到一幅高质量的图片，还必须了解人眼的视觉特性。

13.4.1　人眼构造

人眼由瞳孔、晶状体和视觉细胞三大部分组成，而相机则由光圈、透镜以及感光器件三大部件组成。事实上，相机上的三大件基本就是在模仿人眼的功能。

瞳孔可以缩放，以控制进入人眼内的光通量，其机理相当于相机的光圈。

晶状体是一个扁平形弹性透明体，调节晶状体的曲率以改变焦距，从而使不同距离的景物都可以清晰成像，其机理相当于相机中的透镜。

视细胞位于视网膜上，有两种类型，用于感知不同的光信号。一种称为杆状细胞，对光线具有较高的灵敏度，用以在弱光下检测亮度，仅可分辨景物的轮廓，无色彩感觉；另一种称为锥状细胞，用以在强光下检测亮度和颜色，可以分辨细节和色彩。相机的感光器件正是模拟这两种细胞的功能。

13.4.2　人眼的视觉成像

一幅图像/景物可看成无数多个像点的集合，而每一个像点可看作一个点光源。数学上，点源可用二维冲激函数 $\delta(x, y)$ 表示，利用它则可以表示任意一幅图像 $f(x, y)$。一个光学成像系统则可以用图 13-4-1 来表示。

用数学方程描述如下：

$$g(x, y) = f(x, y) * h(x, y) \qquad (13\text{-}4\text{-}1)$$

即，光学成像系统的输出图像为输入图像与系统函数的卷积。

大量的生理、心理学研究表明，人眼成像系统可以用低通→对数→高通模型来仿真，如图 13-4-2 所示。

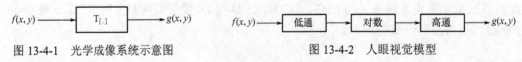

图 13-4-1　光学成像系统示意图　　　　　图 13-4-2　人眼视觉模型

光线从角膜入射，经瞳孔、晶状体照射到视网膜这一过程中，瞳孔总有一定尺寸，晶状体总存在一定光学像差，视细胞本身有一定大小，这些因素限制了人眼的分辨力，相当于限制了视觉系统的上限频率，使视觉系统对高频变化不敏感。这一阶段等效为一个低通滤波器。

物体/景物总有一个客观亮度，但人眼也有自己的主观亮度感受。研究表明，主观亮度与客观亮度为单调非线性，呈对数关系。正是由于这种非线性关系，使人眼可以接受宽达 10^8 倍的亮度范围。

由于视细胞存在侧向抑制作用，可以把它等效为一个高通滤波器。这实际上是视神经侧向抑制作用引起的马赫带效应（Mach Band Effect），反映了人眼对空间频率突变处的"欠调"或"过调"。

13.4.3　人眼的亮度感觉

实验表明，人眼能够分辨的灰度级大约在二十级左右（普通手机相机只有十二三级，高档一点的可以分辨到十五级以上），但人眼却可以分辨上千种颜色（色调与色饱和度）。由此看来，图像中的色度分量比亮度分量更加重要。然而，实际情况却不一定总是这样！我们不妨假想这样一个实验。

假定背景为标准白色，然后将一个单独的色彩放置在背景的前面。显然，任何视力正常、亦非色盲/色弱的人，都可以清楚地分辨出该颜色；然后，换一种相近的色彩放置在标准白色背景的前面，人眼同样可以轻松分辨出该颜色。但是，如果把这两种相近色彩同时放置在背景前面并相互靠近，人眼就可能无法分辨出这两种颜色。大家可以回想一下体检中的色盲检测卡，就是由许多花花绿绿的小色块组成一幅图像。如果这些色块足够小，正常人可能都无法分辨。

此时，人眼只能根据这两种色彩的亮度来对它们进行区分。所以，当一幅图像中存在各种各样颜色相近的色彩时，人眼往往无法同时区分这么多种色彩。究其原因，乃是人眼对亮度变化要比对色度（色调和色饱和度）变化更加敏感。对于光学成像系统或者信号传输系统来说，我们可以把大块的颜色区域分割成若干块小区域，然后将每块小区域中的颜色用某个单一色彩表示，只要小块的面积足够小并且数量足够多，就足以满足人眼的视觉要求了。这其实就是 13.2 节中提到的大面积着色定理。

以我国 PAL 制式的彩色电视机为例。我们知道，PAL 制式的电视信号带宽为 8 MHz，其中图像信号占据 0～6 MHz 频段，语音信号调制在 6.5 MHz 载波上（但语音调制信号带宽很窄），图像+语音的混合信号采用残留边带调制，共占据 7.25 MHz 的带宽，再考虑到各频道之间的保护间隔并取整数，所以规范设定电视信号带宽为 8 MHz（这也就是每个电视频道必须间隔 8 MHz 的由来）。

图像信号由亮度信号和色度信号组成，共占据 6 MHz 带宽。但实际上，色度信号调制在色度副载波上（4.43 MHz），仅占据 1.3 MHz 带宽，其余 4.7 MHz 带宽全部是亮度信号。把图像信号分别通过一个带通和带阻滤波器就可以分离出其中的色度信号与亮度信号，而之所以这样设计，就是由于人眼对大面积彩色不敏感的结果。所以，只要在亮度信号中插入一小部分色度信号就基本可以满足人眼视觉需求了。

至此，我们不难理解亮度信号的重要性了。但如前所述，人眼感知的主观亮度与实际客观亮度之间并非完全相同。因此，了解两者之间的关系将对后续进行图像处理有着重要作用。以下是人眼亮度感觉的主要特性。

1．亮度对比度

图像中亮度的最大值与最小值的比值称为"对比度"，用下式表示：

$$C = \frac{B_{max}}{B_{min}} \tag{13-4-2}$$

有时还采用相对对比度 C_r 定义：

$$C_r = \frac{B - B_0}{B_0} \tag{13-4-3}$$

其中，B_0 为背景亮度，B 为物体亮度。

2．人眼亮度感觉范围

亮度范围是指人眼所感知的亮度从最小值到最大值的范围。尽管人眼能感觉的亮度总范围宽达 $C = 10^8$，但人眼并不能同时感受这么宽的亮度范围。事实上，当人眼适应了某一平均亮度的环境后，所能感受的亮度范围要小得多。在平均亮度适中时，人眼能分辨的亮度上下限之比为 $C = 10^3$；而当平均亮度较低的时候，$C = 10$。

3．亮度对比灵敏度

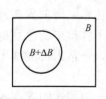
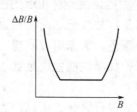

图 13-4-3　恒定背景下的对比灵敏度实验

考虑如下的实验，在一个面积较大、亮度为 B 的背景上放置一个亮度为 $B+\Delta B$ 的圆形目标。改变背景亮度 B，测得人眼刚好能分辨的亮度差值 ΔB，然后作 $\Delta B/B \sim B$ 的关系曲线。

从图 13-4-3 可以看出，在很宽的 B 值变化范围内，比值 $\Delta B/B$ 近似等于一个常数，约为 0.02。该比值称为"韦伯比"（Weber Ratio）或"对比灵敏度"。

4．主观亮度与客观亮度的关系

由人眼的对比灵敏度可知，人眼对亮度差别的感觉取决于相对亮度的变化。假定某客观亮度为 B，对应的主观亮度为 S。现在，客观亮度由 B 变为 $B+\Delta B$，而且这个 ΔB 的变化刚好能被人眼分辨出来。那么，对应的主观感觉亮度将从 S 变为 $S+\Delta S$。于是，可以定义 ΔS 与 ΔB 的关系满足下式：

$$\Delta S = k \frac{\Delta B}{B} \tag{13-4-4}$$

上式两边积分后可得到主观亮度 S 与客观亮度 B 之间的关系为

$$S = k \ln B + K_0 \tag{13-4-5}$$

这也就是图 13-4-2 中所说的主观亮度与客观亮度呈对数关系的由来。

5．亮度对比效应

由式（13-4-5）可知，人眼对亮度的感觉取决于目标物的客观亮度。但如果将目标物放置在背景中，则人眼对目标物的感觉亮度也与目标物与背景之间的相对亮度有关。另外，在客观亮度的突变处，人眼感觉的主观亮度会出现超调现象。

（1）同时对比效应

大小一样且亮度相等的 5 个小方块目标物同时处于不同亮度的背景中，当人眼同时观察目标物和背景时，会感到背景较暗的目标物较亮，而背景较亮的目标物较暗。这是由于人眼在高亮度背景下视觉灵敏度下降所致。这与我们在明亮处观看一根点燃着的蜡烛和在暗处看一根同样点燃着的蜡烛，感觉亮度不同的道理是一样的，这种效应又称为"同时对比效应"。如图 13-4-4 所示。

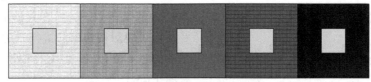

图 13-4-4 同时对比效应

话说笔者平时总是骑摩托车上下班，对于这种亮度同时对比效应有着深刻体会。晚上，如果是骑行在灯火通明的大街上，则几乎感觉不到摩托车的大灯亮度；但是，如果是骑行在昏暗的街巷中，则会感觉摩托车的大灯非常明亮。同样的车灯，感觉差距如此巨大，可知"眼见为实"也不尽然！

同时对比效应还可以推广到如下几种情况：

（i）两目标物亮度相同，但人眼会感觉到背景暗的目标物亮，背景亮的目标物暗；

（ii）两个不同亮度的目标物处于不同亮度的背景中，人眼会按照对比度来判断目标物的亮度；

（iii）对比度相近（$C1 = C2$）的两个目标物，人眼会认为这两个目标物的亮度接近，这被称为"亮度恒定现象"。

（2）马赫带效应

图 13-4-5 是由一系列条带组成的灰度图像，其中每个条带的亮度是均匀分布的，而相邻两条带的亮度相差一个固定值，但人眼感觉每个条带内的亮度不是均匀分布的，而是所有条带的左边部分比右边更亮一些，这便是所谓的马赫带效应。

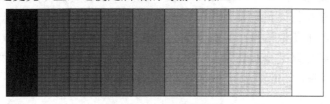

图 13-4-5 马赫带效应

马赫带效应正是图 13-4-2 中高通滤波器的产生原因。

13.4.4 人眼亮度感觉与图像处理

通过上面的学习不难发现，一幅经过处理、传输、接收、恢复后得以重现的图像，其亮度不必完全等同于原图像，只要保证二者的对比度及亮度层次（灰度级）相同，就能给人以真实的感觉。这就为后面的图像处理奠定了灵活的基础。

13.5 图像处理

在一部相机中，镜头、Sensor、电路等部件是获取高质量图片的硬件基础，而通过镜头、Sensor 成像的图片或多或少会有畸变、退化、噪声等不利影响，如果没有后期处理，则最终产生的图片质量很难令人满意。又或者我们需要加强图片的某个显示效果，如锐化、平滑、旋转等，则更加离不开后期处理。所以，一个好的图像处理算法是实现图像质量飞跃的软件灵魂。

光线经过镜头、感光、放大，形成一幅模拟信号图像。由于计算器只能处理数字信号，所以还要对模拟信号进行 A/D 转换，然后才能被送到 ISP 芯片中进行处理。系统框图如图 13-5-1 所示。

图 13-5-1 相机成像流程

在前面介绍色度学时，我们主要考虑的是如何真实地还原物体的原本属性（实际上是贴近人眼的视觉标准），比如物体的色彩、亮度等。即便拍照者利用相机白平衡来改变图像色彩以表达情感，也仅仅是在光学成像角度进行的调整，这与后续的图像处理有本质区别。

举几个简单例子。当前景与背景颜色相近的时候，如果不加处理，则最终拍出的相片中，前景与背景的边界部分就会变得模糊难以辨认，必须采用数字算法对景物边界进行锐化处理；为拍摄夜色中的远景，我们可以提高相机 Sensor 感光度或延长曝光时间，但图像的噪声就会增大，甚至不能接受，必须采用数字算法对图像进行降噪；当被摄物体处于快速运动状态时，就会在 Sensor 上形成拖影，曝光时间越长，被摄物运动速度越快，则拖影现象越严重。此时，必须采用数字算法对图像进行复原。

由此可见，数字图像处理技术在相机中的应用是无所不在的。限于篇幅，本章只能简单介绍图像处理技术中与相机密切相关的一些基础知识，如图像变换、图像增强及图像恢复，对于图像编码、图像分析、图像识别等领域，有兴趣的读者可以参考相关教材。

图像和其他信号一样，既能在空间域（简称"空域"）处理也能在频率域（简称"频域"）处理。空域处理主要包括空间平移、比例缩放、旋转、透视变换及图像灰度插值，其实质是改变像素的空间位置和估计新位置上的像素值。频域处理是指把图像信息从空域变换到频域进行分析和处理。由于图像信息具有数据量大、带宽较宽的特点，把图像从空域变换到频域可以利用各种快速算法来减少运算量；另外，利用正交变换的能量集中作用，还可以在频域中实现图像的高效压缩与编码，从而方便我们提取图像的某些特征。

1. 空域变换

图像的空域变换又称"几何变换"，用来建立一幅图像与其变换后的图像中各个点之间的映射关系，它也是相机 ISP 芯片最基本的一个功能，其通用数学方程如下（取笛卡儿坐标系）：

$$[u \quad v]^{\mathrm{T}} = [X(x, y) \quad Y(x, y)]^{\mathrm{T}} \tag{13-5-1}$$

其中，$[u, v]$ 为变换后图像像素的坐标；$[x, y]$ 为原始图像中像素的坐标；$X(x, y)$ 和 $Y(x, y)$ 分别为水平和垂直两个方向上的空域变换映射函数。

（1）平移变换

若图像像素点(x, y)平移到$(x + x_0, y + y_0)$，则变换函数为

$$u = X(x, y) = x + x_0 \qquad v = Y(x, y) = y + y_0$$

写成矩阵表达式为

$$\begin{bmatrix} u & v \end{bmatrix}^{\mathrm{T}} = \begin{bmatrix} x & y \end{bmatrix}^{\mathrm{T}} + \begin{bmatrix} x_0 & y_0 \end{bmatrix}^{\mathrm{T}} \qquad\qquad （13\text{-}5\text{-}2）$$

（2）比例缩放

指把图像坐标(x, y)缩放(s_x, s_y)倍，其矩阵变换函数为

$$\begin{bmatrix} u \\ v \end{bmatrix} = \begin{bmatrix} S_x & 0 \\ 0 & S_y \end{bmatrix} \begin{bmatrix} x \\ y \end{bmatrix} \qquad\qquad （13\text{-}5\text{-}3）$$

上式中，s_x、s_y分别表示x、y坐标的缩放因子：大于 1 表示放大，小于 1 表示缩小。

（3）旋转变换

将输入图像围绕坐标系原点逆时针旋转θ角度，则变换后的图像坐标为

$$\begin{bmatrix} u \\ v \end{bmatrix} = \begin{bmatrix} \cos\theta & -\sin\theta \\ \sin\theta & \cos\theta \end{bmatrix} \begin{bmatrix} x \\ y \end{bmatrix} \qquad\qquad （13\text{-}5\text{-}4）$$

图像旋转变换的示例见图 13-5-2。

（4）仿射变换

平移、比例缩放和旋转变换都是一种称为"仿射变换"的特殊情况，其一般表达式如下：

$$\begin{bmatrix} u \\ v \end{bmatrix} = \begin{bmatrix} a_2 & a_1 & a_0 \\ b_2 & b_1 & b_0 \end{bmatrix} \begin{bmatrix} x \\ y \\ 1 \end{bmatrix} \qquad （13\text{-}5\text{-}5）$$

图 13-5-2　图像旋转变换示例

① 仿射变换有 6 个自由度（对应 6 个变换系数），因此仿射变换后的平行线依然是平行线，三角形变换后依然是三角形，但不能保证将四边形以上的多边形映像成等变数的多边形。

② 仿射变换的乘积和逆变换依然是仿射变换。

③ 仿射变换能够实现平移、缩放、旋转等几何变换。其实，只要仔细观察平移、缩放及旋转的数学方程，再将它们与仿射变换的表示式进行对比就不难得出该结论。

（5）透视变换

把物体的三维图像表示转换为二维表示的过程，称为"透视变换"，也称"投影映射"，数学方程如下：

$$\begin{bmatrix} u \\ v \\ w \end{bmatrix} = \begin{bmatrix} a_2 & a_1 & a_0 \\ b_2 & b_1 & b_0 \\ c_2 & c_1 & c_0 \end{bmatrix} \begin{bmatrix} x \\ y \\ 1 \end{bmatrix} \qquad\qquad （13\text{-}5\text{-}6）$$

与仿射变换类似，透视变换也是一种平面映像，并且正变换和逆变换都是单值的，而且可以保证任意方向上的直线经过透视变换后依然保持直线。但是透视变换有 9 个自由度（对应 9 个变换系数），故可以实现平面四边形到四边形的映射。

2. 灰度插值

在图像处理中，图像的灰度值只在整数位置有定义（即采样栅格的整数坐标处），而几何变换往往会产生非整数值的坐标，此时就有必要根据整数坐标的灰度值去推断非整数坐标的灰度值，即确定空间位置校正后像素的灰度值，也称为灰度插值变换。

常用的灰度插值变化有三种算法，最近邻法、双线性内插法和三次内插法。

最近邻法是在待求像素的四邻域像素中，将距离待求像素最近的邻域像素值赋给待求像素，这种方法简单，但效果差，会产生直线边缘的扭曲，存在灰度不连续，见图 13-5-3 所示。

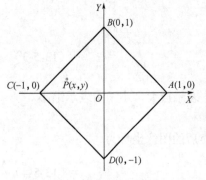

图 13-5-3　最近邻法示意图

A、B、C、D 分别为待求像素 P 的四个邻域像素，O 为坐标原点。则像素 P 的灰度值就是 A、B、C、D 中距离 P 最近的那个像素的灰度值。在本图中，C 点距离 P 点最近，则 P 点灰度等于 C 点值。

双线性插内插法是在待求像素、四邻域像素的两个方向上作线性内插。仍以图 13-5-2 为例，对于 x 方向，用 C、A 两个点内插，求出 $(x,0)$ 的灰度；然后再用 D、B 两点内插，求出 $(0,y)$ 的灰度；综合起来，便得到了 (x,y) 的灰度。

三次内插法是利用三次多项式来逼近理论上的最佳插值函数 $S_{a(x)} \triangleq \dfrac{\sin x}{x}$，可以得到较为平滑的灰度估计。三次内插法的精度高、效果好，但计算量太大，不常用。

13.6　图像增强

图像在生成、传输和变换过程中，由于受到多种因素的影响，会导致图像质量下降。图像增强就是修正这种降质，达到以下两个目的：一是改善图像的视觉效果，提高图像清晰度；二是将图像转换成一种更适合人或机器分析处理的形式。所以，图像增强是相机 ISP 芯片一个极其重要的功能。

事实上，图像增强的本质就是通过有选择地突出图像中我们所感兴趣的信息，抑制无用信息，以提高图像的使用价值。由于观察者对感兴趣信息的特征以及观察者本身的习惯和处理目的各不相同，图像增强往往具有针对性，结果多以人的主观感受评价，缺乏通用、客观的标准。

图像增强方法按作用域分为空域法和频域法两类。

空域法是直接对像素的灰度值进行操作，如灰度变换、直方图修正、空域平滑和锐化等；频域法是在变换域中，对图像的变换值进行操作，然后经逆变换还原图像，从而获得所需的结果，如低/高通滤波、同态滤波等。

13.6.1　灰度变换

受制于成像系统及环境因素，相机生成的原始图像往往对比度不足，造成图像的视觉效果差。对此，可以采用图像灰度值变换的方法，改变图像像素的灰度值，扩展图像灰度的动态范围，提高图像对比度。

灰度变换分为线性变换和非线性变换两大类，线性变换包括扩展、压缩、反转等，非线性变换有对数变换、指数变换等。需要说明一点，这里所说的扩展、压缩、反转，是指灰度值，而非上一节的空间位置。

图 13-6-1 是一个分段线性变换函数。

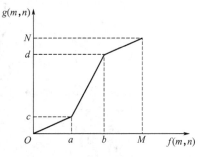

图 13-6-1　灰度分段线性变换

通过分段线性函数，可以把原图像 $f(m, n)$ 映射到 $g(m, n)$ 上。如果映像函数的斜率大于 45°，表明灰度扩展（如图中的 ab 段）；如果映像函数的斜率小于 45°，则表明灰度压缩（如图中其他段）。

除线性变换外，也可以采用非线性变换来增强图像的对比度，并且由于人眼视觉的非线性特征，采用非线性变换往往更加匹配人眼的主观感觉，如对数变换（扩展图像的低灰度范围，同时压缩高灰度范围，使图像灰度分布更加均匀）等。

13.6.2　直方图修正

直方图是统计学中的概念，在数字图像处理中，如果用来表示图像的灰度分布，则称为"灰度直方图"。不同的灰度分布就对应着不同的图像质量。因此，灰度直方图能反映图像的概貌和质量，也是图像增强处理的重要依据。

灰度直方图定义为数字图像中各灰度级与其出现的频数间的统计关系，可表示如下：

$$P(k) = \frac{n_k}{n}(k = 0, 1, \cdots, N-1) \tag{13-6-1}$$

且

$$\sum_{k=0}^{N-1} P(k) = 1$$

上式中，k 为图像的第 k 级灰度值；n_k 表示灰度值为 k 的像素个数；n 为图像的总像素个数；N 为总的灰度级数。

把 $P(k)$ 标记在坐标系中，即是对应图像的直方图，如图 13-6-2 所示。当一幅图像的直方图分布范围很窄时，对应图像的灰度动态范围就小，对比度低，图像看起来就不清晰；当直方图分布均匀的时候，对应图像的动态范围就宽，对比度高，图像也更清晰。

所以，直方图均衡化就是通过对原图像进行某种灰度变换，使变换后的图像的直方图能均匀分布，从而使原图像中具有相近灰度且占据大量像素点的区域之灰度范围展宽，将大区域中的微小灰度变化显现出来，使图像更加清晰。

直方图均衡化适合背景和前景同时太亮或太暗的图像，尤其是当图像的对比度相当接近的时候非常有用，比如更好地显示 X 光图像中的骨骼结构或者显示曝光过度/曝光不足照片中的细节。

具体的均衡化方法涉及数学上的概率论知识，不再赘述，有兴趣的读者请参考相关教材。此处仅以图 13-6-2 和图 13-6-3 为例，来直观感受直方图均衡化的效果（两张图的分辨率是一样的）。

图 13-6-2 为原始图像及其直方图，从中不难看出，原始图像曝光过足，景物太亮，对比度太低，导致直方图基本局限在一个很窄的区域；图 13-6-3 则是经过均衡化后的图像，对比度得到适当提高，直方图分布明显比原始图像要均匀得多。

进一步，为加强图像某方面的特征，如增强某些区域的灰度对比，还可以给定一个直方图，使原图像变换到给定的直方图上，也称为"直方图的规定化"。事实上，均衡化是规定化中给定直方图为均匀分布的一种特例而已。

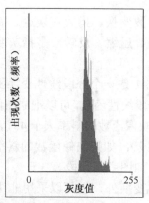

图 13-6-2　原始图像及对应的直方图

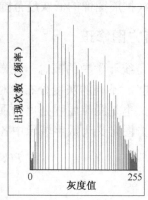

图 13-6-3　均衡化后的图像及其直方图

　　正如前面所说，直方图均衡化适合增强低对比度图像，对于高对比度图像并不适合，如果不加选择随意使用，效果反而不好。以图 13-6-4 所示的两幅图像为例，左边是原图，右边是均衡化后的图像。由于直方图均衡化是把灰度频数变换成近似均匀分布，结果导致背景的天空亮起来，并且出现了伪轮廓。这显然是不符合实际拍摄场景的。

图 13-6-4　高对比度图像直方图均衡化的结果

13.6.3　图像平滑与锐化

　　图像在生成和传输的过程中，不可避免地会受到噪声影响。而噪声反映在图像中，会使原本均匀和连续变化的灰度值突然变大或变小，形成一些虚假的边缘或轮廓。抑制、减弱或消除这类噪声而改善图像质量的方法称为"图像平滑"。

同样，图像在生成和传输过程中，由于成像系统聚焦不好或者信道带宽过窄，结果会使图像目标物轮廓变模糊，细节不清晰（平滑也会在一定程度上模糊图像的边缘）。为了使图像的边缘更加清晰，需要对图像进行勾边（即勾画边缘）处理，这被称为"图像锐化"。

（1）图像平滑

图像平滑分为空域法（邻域平均法、多图像平均法等）和频域法（低通滤波法）两大类。

邻域法是最简单的空域处理法，这种方法的基本思想是用几个像素的灰度平均值来代替每个像素的灰度。图 13-6-5 所示为 8 邻域平均算法，即待求像素 $f(m, n)$ 的灰度值等于周围 8 个像素灰度的平均值。

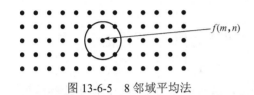

图 13-6-5　8 邻域平均法

邻域平均法基于如下原理。在图像中，大部分噪声都是随机噪声，它们对某一像素点的影响可以看成相互独立的。因此，噪声点的灰度与邻近各点相比会有显著不同（突然变大或变小）。由此，采用邻域平均的方法可以消弱噪声的影响。

假设含噪图像为 f_i，真实图像为 f_s，噪声为 ζ_i（零均值，方差为 σ^2，且与图像不相关），用数学方程来描述，如下：

$$f_i = f_s + \xi_i \tag{13-6-2}$$

设经过邻域平均后的图像为 g，有

$$g = \frac{1}{N} \sum_{i=0}^{N-1} f_i = \frac{1}{N} \sum_{i=0}^{N-1} f_s + \frac{1}{N} \sum_{i=0}^{N-1} \xi_i \tag{13-6-3}$$

设 $\theta = \dfrac{1}{N} \sum_{i=0}^{N-1} \xi_i$，根据概率论中的中心极限定理，对 θ 进行统计计算，有

$$E(\theta) = 0 \qquad D(\theta) = \frac{\sigma^2}{N} \tag{13-6-4}$$

由此可见，图像经过 N 点邻域平均后，噪声的均值保持为 0 不变，但方差减小到原先的 $1/N$。这就证明了邻域平均法确实消弱了噪声，而且 N 越大（邻域越大），噪声消弱的程度就越强。

下面，我们看一个 8 邻域平均的例子，待求像素为 (m, n)，其 8 邻域分布在其四周，如表 13-6-1 所示。

表 13-6-1　8 邻域平均法

$(m-1, n-1)$	$(m-1, n)$	$(m-1, n+1)$
$(m, n-1)$	(m, n)	$(m, n+1)$
$(m+1, n-1)$	$(m+1, n)$	$(m+1, n+1)$

$$g(m, n) = (1/8)\Sigma f(i, j) = (1/8)[f(m-1, n-1) + f(m-1, n) + f(m-1, n+1) + f(m, n-1) + f(m, n+1) + f$$
$$(m+1, n-1) + f(m+1, n) + f(m+1, n+1)] \tag{13-6-5}$$

设矩阵 W 如下：

$$W = \frac{1}{8} \begin{bmatrix} 1 & 1 & 1 \\ 1 & 0 & 1 \\ 1 & 1 & 1 \end{bmatrix}$$

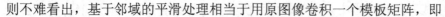

则不难看出，基于邻域的平滑处理相当于用原图像卷积一个模板矩阵，即

$$g(m,n) = f(m,n) * W \qquad (13\text{-}6\text{-}6)$$

仔细研究这个矩阵模板，不难总结出如下规律：

● 模板内系数全为正，表示求和，模板前面所乘的系数小于1，表示平均。
● 模板系数之和为1，表示对一个常数图像[$f(m,n)=$ 常数]处理前后不变。

对于一般图像而言，则表明处理前后的平均亮度保持不变（利用前面介绍的概率论知识）。

于是，可以根据这两个特点构造一个模板矩阵，从而实现各种不同的加权平均算法，如下：

$$W_1 = \frac{1}{10}\begin{bmatrix} 0 & 3 & 0 \\ 2 & 0 & 2 \\ 0 & 3 & 0 \end{bmatrix} \qquad W_2 = \frac{1}{16}\begin{bmatrix} 1 & 2 & 1 \\ 2 & 4 & 2 \\ 1 & 2 & 1 \end{bmatrix}$$

但是，经邻域平均后，图像信号由 f_s 变成 $\frac{1}{N}\sum_{i=0}^{N-1} f_s$，虽然整体大小不变，但平均的结果会引起失真，具体表现为图像中目标物的边缘或细节变模糊。为改善这种情况，可以对邻域平均法采用加门限或者加权的方法来进行优化。以加权法为例，可以增加待求像素点水平与垂直方向邻域点的权重，减小对角邻域像素点的权重，这样既可以消除噪声，又不至于使目标物的边缘太过模糊，如上面的模板矩阵 W_1 与 W_2。

至于频域的平滑处理，只要将空域平滑变换到频域（对式（13-6-3）取 DTFT），就不难看出这两种处理方法是完全等价的，这就好比一个电信号，既可以对其在时域中进行分析，也可以对其在频域中进行分析。具体的讨论分析可参见相关图像处理教材，本文不再赘述。

（2）图像锐化

由于成像系统的缺陷或者平滑处理不好，图像轮廓就会变得模糊，细节不清晰。于是，有必要对模糊图像进行锐化处理。究其模糊的原因，乃是图像受到了平均或者积分运算。所以，可以采用相反的运算（如微分）来增强图像的细节，使图像变清晰。

现在，让我们从直观感受的角度出发，分析一下为什么对图像进行微分后可以增强图像的细节。

首先，图像锐化是指对图像的轮廓进行锐化，以突出图像的边缘，让图像的主体与背景具有更加强烈的对比效果。因此，如果图像的边缘一侧黑、一侧白，则锐化是让黑的地方更黑、白的地方更白。

其次，既然是勾画图像的边缘，那么到底什么是"边缘"？毕竟，边缘只是人眼的主观感受，计算机如何得知边缘信息呢？其实，图像的边缘表明像素点取值不连续，最简单的情况就是黑白图像的灰度值。以图 13-4-5 的灰度条带为例，处在不同条带内的像素点具有不同的灰度值，但处在同一个条带内的像素点具有相同的灰度值。显然，条带边缘线两侧像素点的灰度值是不连续的。因此，边缘线的特征就是其两侧像素的灰度值不连续，并且灰度值跳变越大，则边缘线越明显。

由此可见，如果相邻像素的取值发生较大变化，则它极有可能就是边缘。在数学上，取值发生变化，不就是微分的概念吗？因此，只要对图像进行逐像素微分，并设定一个判决门限，当微分结果大于该门限时（防止噪声引起误判），就认为它是图像的边缘。但需要特别说明的是，逐像素微分的结果，会使图像中灰度连续或者相差不大的地方全部变为 0，而锐化只是加重边缘线两侧像素的对比度。因此，图像锐化的本质是：

锐化图像 = 原图像 + 加重的边缘

用数学方程描述，设原图像为 $f(m, n)$、锐化后的图像为 $g(m, n)$，则有：

$$g(m, n) = f(m, n) + \alpha \, \Delta f(m, n) \tag{13-6-7}$$

其中，α 表示锐化强度，$\Delta f(m, n)$ 表示图像的边缘。

据此，只要算法能够将图像的边缘检测出来，就可以根据式（13-6-7）实现图像锐化功能，并且采用不同的边缘检测算法，就能产生不同的 $\Delta f(m, n)$，从而实现不同的锐化效果。

下面，我们介绍一下基于拉普拉斯（Laplacian）算子的锐化法。

拉普拉斯算子是一种各向同性的边缘检测算子（各向同性是指旋转不变性），该算子及其对 $f(m, n)$ 的作用如下：

$$\nabla^2 = \frac{\partial^2}{\partial m^2} + \frac{\partial^2}{\partial n^2} \qquad \nabla^2 f = \frac{\partial^2 f}{\partial m^2} + \frac{\partial^2 f}{\partial n^2}$$

根据边缘可以由微分获得的原理，可以令 $\Delta f(m, n) = \pm \nabla^2 f(m, n)$，然后代入式（13-6-7），得到锐化图像。但是，到底应该取正号还是取负号？

为此，不妨以图 13-6-6 所示的黑白条带为例进行分析。

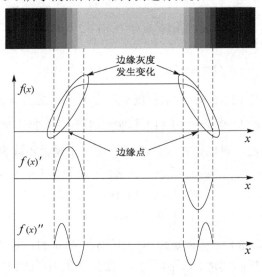

图 13-6-6 黑白条带的灰度变化图

图中，$f(x)$ 表示灰度，$f(x)'$、$f(x)''$ 分别表示灰度的一阶、二阶导数。为了作图方便，我们刻意拉长了从黑到白的这段区间。

通常，我们总是把纯黑的灰度值定义为 Min，而把纯白的灰度值定义为 Max。于是，当条带从黑转向白的时候，灰度会由小增大，然后保持不变；反之，当条带从白转向黑的时候，灰度会由大减小，然后保持不变，如图 13-6-6 中 $f(x)$ 所示。

根据前面的定义，边缘其实就是灰度发生变化的地方，如图中椭圆标注的地方。但是，这个边缘的宽度太宽了。因此，我们常把灰度变化率最高的那个像素点定义为边缘点，也就

是一阶导数 $f(x)'$ 的极值点。事实上，根据图 13-6-6 可进一步得知，$f(x)'$ 的正峰值对应灰度从黑到白，而 $f(x)'$ 的负峰值则对应灰度从白到黑。

利用高等数学中的极值点必要条件，如果函数 $h(x)$ 在 x_0 取极值，则必有 $h(x_0)'=0$ 或者 $h(x_0)'$ 不存在（工程问题中 $h(x_0)'$ 基本都会存在）。另外，根据极值点充分条件，设 $h(x)'$ 在 x_0 的某邻域内可导，若 $h(x_1)'>0$（$x_1<x_0$）且 $h(x_2)'<0$（$x_2>x_0$），则 $h(x_0)$ 取极大值；反之，若 $h(x_1)'<0$（$x_1<x_0$）且 $h(x_2)'>0$（$x_2>x_0$），则 $h(x_0)$ 取极小值。于是，只要把 $h(x)$ 换成 $f(x)'$、$h(x)'$ 换成 $f(x)''$，就可以验证图 13-6-6 中的 $f(x)''$ 是符合这一原理的。事实上，通过一阶导数峰值或者二阶导数过零点，都可以实现图像的边缘检测。

如果利用二阶导数进行锐化处理的话，则由图 13-6-6 不难看出，在边缘线较黑的一侧有 $f(x_0)''>0$，在边缘线较白的一侧 $f(x_0)''<0$。而我们之前说过，图像锐化其实就是让边缘线两侧，黑的地方更黑、白的地方更白。因此，可以很自然地得出结论：在 $\alpha>0$ 的情况下，应该取 $\Delta f(m,n)=-\nabla^2 f(m,n)$；反之，则取正号。通常设定 $\alpha>0$，对应的锐化图像如下所示：

$$g(m,n) = f(m,n) - \alpha\nabla^2 f(m,n) \tag{13-6-8}$$

对于连续信号，锐化可由微分实现，但目前的图像均为数字信号，所以要把微分改用差分方程表示，即：

$$f(n)' = f(n+1) - f(n) \qquad f(n)'' = f(n+1) + f(n-1) - 2f(n)$$

又由于图像 $f(m,n)$ 是二维信号，于是有：

$$\frac{\partial^2 f}{\partial m^2} = f(m+1,n) + f(m-1,n) - 2f(m,n) \tag{13-6-9a}$$

$$\frac{\partial^2 f}{\partial n^2} = f(m,n+1) + f(m,n-1) - 2f(m,n) \tag{13-6-9b}$$

将式（13-6-9）代入式（13-6-8）并进行同类项合并，可得到最终方程：

$$g(m,n) = (1+4\alpha)f(m,n) - \alpha\left[f(m+1,n) + f(m-1,n) + f(m,n+1) + f(m,n-1)\right] \tag{13-6-10}$$

同样，仿照邻域平均的做法，可以把式（13-6-10）用一个模板矩阵表示：

$$W = \begin{bmatrix} 0 & -\alpha & 0 \\ -\alpha & 1+4\alpha & -\alpha \\ 0 & -\alpha & 0 \end{bmatrix}$$

如果 $\alpha<0$，则式（13-6-8）与模板矩阵 W 中所有关于 α 的符号全部取反。于是，锐化图像可以由原图像卷积一个矩阵实现。取不同的 α，就会产生不同的锐化效果，甚至还可以在锐化的同时实现一定的降噪平滑功能，如下面各种模板矩阵：

$$W_3 = \begin{bmatrix} 0 & -1 & 0 \\ -1 & 5 & -1 \\ 0 & -1 & 0 \end{bmatrix} \qquad W_4 = \begin{bmatrix} 1 & -2 & 1 \\ -2 & 5 & -2 \\ 1 & -2 & 1 \end{bmatrix} \qquad W_5 = \begin{bmatrix} -3 & 1 & -3 \\ 2 & 7 & 2 \\ -3 & 1 & -3 \end{bmatrix}$$

其中，W_3 仅仅是水平/垂直方向的四邻域等权值锐化，W_4 是在水平/垂直方向四邻域等权值锐化的同时加上了对角方向的等权值平滑（但锐化和平滑的权值各不相同），W_5 则是对角方向等权值的锐化而水平/垂直方向进行不等权值的平滑。研究这些锐化模板矩阵，可总结出如下规律：

● 模板内系数有正有负，正数表示求和平滑，负数表示差分锐化。

● 模板系数之和为 1，表示对一个常数图像[$f(m, n) =$ 常数]处理前后不变，而对一般图像而言，处理前后的平均亮度基本保持不变。

就数学而言，拉普拉斯算子其实是一种基于二阶导数的锐化方法，实际应用中还有一些基于一阶导数的梯度算子锐化方法，如正交梯度算子、Roberts 梯度算子、Prewitt 梯度算子、Sobel 梯度算子、方向梯度算子等。

与图像平滑类似，图像锐化既可以在空域进行，也可以在频域进行。由于图像的边缘反映在频域中是高频分量，因此可以在频域中通过高通滤波器得到图像的边缘信息，然后再叠加到原图像中去，就可实现频域锐化。故，该方法又称为频域的高通提升滤波法。

13.7　图像恢复

图像在形成、记录、传输的过程中，由于受到光学成像系统的相差、成像衍射、成像非线性、系统噪声多种因素影响，图像的质量会有所下降，图像的这一降质过程称为"图像的退化"，此时的图像就称为"退化图像"。图像恢复，又叫"图像复原"，就是尽可能地减少或消除图像质量的下降，恢复被退化图像的本来面目。与上一节介绍的图像增强相比，图像恢复也可以改善给定图像的质量，但两者有着明显不同。

首先，图像恢复试图利用退化过程的先验知识，来建立图像的退化模型，在退化模型的基础上再采用与退化相反的过程来恢复图像；但图像增强一般无需对降质过程建模。

其次，图像恢复是针对图像整体特性而言，以改善图像的整体质量；而图像增强则是针对图像的某个局部特性而言，以改善图像的显示效果，如图像平滑与锐化。

最后，图像恢复是利用退化过程的逆过程来恢复图像的本来面目，它是一个客观过程，最终结果必须要有一个客观评价准则；而图像增强主要是尝试使用各种技术来改善图像的视觉效果，以适应人的心理、生理需要，而不考虑处理后的图像与原图像是否相符，故而缺少统一的客观评价标准。

表 13-7-1 总结了图像恢复与图像增强的一些重要区别。

表 13-7-1　图像恢复与图像增强的区别

图 像 恢 复	图 像 增 强
利用退化过程的先验知识，建立图像的退化模型，再采用与退化相反的过程来恢复图像	基本不需要对图像的降质过程建立模型
针对图像整体，改善图像的整体质量	针对图像的某个局部特性改善，符合人的需求
利用退化过程的逆过程来恢复图像的本来面目，是一个客观过程，有客观评价标准	改善图像的的视觉效果，适应人的需求，无统一的客观评价标准

13.7.1　退化模型

一个典型的图像退化过程如图 13-7-1 所示。其中，$F(u, v)$ 表示原图像，$H(u, v)$ 表示综合了各种因素后的退化函数，$N(u, v)$ 表示加性白噪声，$G(u, v)$ 表示最终生成的退化图像。理论上，图像退化是多种因素综合的结果，但概率论已经证明，大量随机

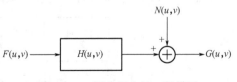

图 13-7-1　图像退化的一般模型

事件的叠加最终符合高斯分布。所以，只要能够获得退化函数 $H(u, v)$ 与加性白噪声 $N(u, v)$ 的统计特性，则原图像 $F(u, v)$ 与退化图像 $G(u, v)$ 就在统计学意义上存在唯一对应关系。

那么，图像恢复就是由 $G(u, v)$ 来恢复原图像 $F(u, v)$ 的过程[恢复图像改写为 $F'(u, v)$，以示与原图像 $F(u, v)$ 的区别]；图像增强则是对恢复图像 $F'(u, v)$ 进行再处理，以满足人的主观视觉要求。

在图像恢复的过程中，一般都要用到退化函数 $H(u, v)$，因此首先需要完成的就是对退化函数的辨识。由于图像退化又是一个物理过程，许多情况下的退化函数可以从物理知识和图像观测中辨识出来。特别是最常见的退化函数只有有限几种，这就大大简化了一大类退化函数的辨识问题。下一节，我们来分析一个线性运动退化的例子。

13.7.2 线性运动退化

线性运动退化是指目标与成像系统间存在相对匀速直线运动而形成的退化。

假设图像 $f(x, y)$ 进行水平（X 轴方向）运动，$x(t)$ 表示其在 X 轴方向上随时间变化的运动参数。设 T 为曝光时间，则模糊图像 $g(x, y)$ 可表示为 $f(x-x(t), y)$ 在时间 $[0，T]$ 范围内的定积分。然后，对 $g(x, y)$ 求相应的傅里叶变换可知：

$$G(u,v) = F(u,v)H(u,v) \qquad (13\text{-}7\text{-}1)$$

如果图像沿 X 轴方向做线性运动，速度为 $x_{(t)} = at/T$（a 表示速度且 $0 \leqslant t \leqslant T$），则可以推导出

$$H(u,v) = \frac{T}{\pi u a}\sin(\pi u a)\mathrm{e}^{-\mathrm{j}\pi u a} \qquad (13\text{-}7\text{-}2)$$

通过逆傅里叶变换，可以获得该退化函数的时域形式，如下所示：

$$h(x,y) = \frac{T}{a}g_a\left(t - \frac{a}{2}\right)(0 \leqslant x \leqslant a, y = 0) \qquad (13\text{-}7\text{-}3)$$

（x、y 分别表示直角坐标系的 X、Y 方向，$g_a(t)$ 表示宽度为 a 的门函数）

由此获得了物体在水平方向线性运动的退化函数。考虑到时域反卷积比较困难，一般都是在频域中进行处理来求取原图像。方法如下：

（1）对退化图像 $g(x, y)$ 求傅里叶变换，获得 $G(u, v)$。

（2）用 $G(u, v)$ 除以退化函数 $H(u, v)$，就可以得到原图像的 $F(u,v)$。

（3）通过逆傅里叶变换，就可以由 $F(u,v)$ 恢复出原始图像 $f(x, y)$。

图 13-7-2 描述了线性运动退化图像的恢复过程，如图 13-7-2 所示。

将上述二维空间水平方向上的线性运动推广至 X、Y 轴同时发生线性运动，可以得到退化函数为（设 $y_{0(t)} = bt/T$）：

$$H(u,v) = \frac{T}{\pi(ua + vb)}\sin\pi(ua + vb)\mathrm{e}^{-\mathrm{j}\pi(ua+vb)} \qquad (13\text{-}7\text{-}4)$$

然后，采用与前面同样的处理方法，就可以恢复出原始图像 $f(x, y)$。

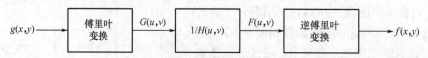

图 13-7-2 线性运动退化图像恢复过程图

在上述推导过程中，我们没有考虑系统噪声的影响。但是，根据图 13-7-1 的退化模型，我们知道退化图像 $G(u,v)$ 与原图像 $F(u,v)$ 的关系为

$$F(u,v)H(u,v) = G(u,v) - N(u,v) \tag{13-7-5}$$

只有在系统噪声不大的情况下才可以忽略 $N(u，v)$ 的影响，直接用 $G(u,v)$ 除以退化函数 $H(u,v)$，就可以得到原图像 $F(u,v)$，再通过 IFT 恢复出原始图像 $f(x,y)$。

但是，当系统噪声较大，或者我们希望获得更好的恢复性能时，就不能忽略系统噪声 $N(u,v)$ 的影响了。一种简单的处理方法是，在给定某个具体成像系统的情况下，系统噪声可以由实验事先获取，然后将其作为一个已知参数，直接参与后续的图像恢复运算。另一种处理方法是多次测量取平均，但这种方法对于静止图像的降噪比较有效，对于运动图像则效果不明显。

13.7.3　图像的无约束恢复

从图 13-7-1 所示的退化模型可以得到矩阵方程：

$$\xi = g - Hf \tag{13-7-6}$$

在对噪声项 ξ 没有先验知识的情况下，寻找一个 f 的最小估计 f^*，使得 f^* 在最小均方误差的准则下最接近于 g，即需要使 ξ 的范数最小，也就是使 $|\xi|^2$ 最小。

设

$$J(f^*) = |\xi|^2$$

使用条件极值

$$\frac{\partial J(f^*)}{\partial f^*} = -2H^{\mathrm{T}}(g - Hf^*) = 0$$

求出

$$f^* = (H^{\mathrm{T}}H)^{-1}H^{\mathrm{T}}g \tag{13-7-7}$$

假设 H^{-1} 存在，则

$$f^* = H^{-1}(H^{\mathrm{T}})^{-1}H^{\mathrm{T}}g = H^{-1}g \tag{13-7-8}$$

这就是无约束条件下的图像恢复。实际上，上述推导是直接从空域求解得到的结果，将循环矩阵 H 对角化并代入上式，就可由空域的无约束恢复转化为频域滤波，如下所示：

$$F^*(u,v) = \frac{G(u,v)}{H(u,v)} = G(u,v)P(u,v) \tag{13-7-9}$$

该滤波器相对于 $G(u,v) = H(u,v)F(u,v)$ 的一般滤波器，其方向正好相反，故上式又称为"反向（逆向）滤波器"，其中的 $P(u,v)$ 称为"恢复滤波器"。

$$P(u,v) = \frac{1}{H(u,v)} \tag{13-7-10}$$

13.7.4　图像的有约束恢复

图像的无约束恢复虽然简单，但存在一个显著的缺点，即当 $H(u,v)$ 在平面上的某些区域等于零或者变得非常小时，利用反向滤波法恢复就会出现病态现象，即 $F^*(u,v)$ 在 $H(u,v)$ 的零点附近剧烈变化，再考虑到噪声的影响，情况就会更加严重。

为了克服无约束恢复的病态性，可以在恢复的过程中施加某种约束，由此诞生了有约束恢复。其核心问题是对 f^* 施加一个线性算子 Q，使得形式为 $\left|Qf^*\right|^2$ 的函数，服从约束条件 $\left|g-Hf\right|^2=\left|\xi\right|^2$ 的最小化问题。一般，这种有附加条件的极值问题可用拉格朗日乘数法处理。

常用的有约束恢复有两种，分别是 Weiner 最小均方滤波和最小二乘平方滤波。具体的推导过程不再赘述，有兴趣的读者请参考相关教材。

最后说明一点，在图像增强与恢复的介绍中，都是以灰度图像为对象进行的。但实际上，在绝大多数应用中，我们接触的都是彩色图像。但如果利用在 13.4 节中讨论过的颜色模型，可以把亮度分量单独提取出来并进行处理，然后再反变换到原图像中，就可以实现各种增强与恢复功能。

13.8　手机相机的测试

本节将基于上面讨论的色度学、图像处理等方面的知识，重点介绍手机相机的测试项目与判定标准。由于各个厂家、各个产品的定位都不相同，所以下面的测试项可根据实际情况进行增加与删减。

13.8.1　色彩还原性（Color Reproduction Quality）

色彩还原准确度是指用数值的方法表示两种颜色给人色彩感觉上的差别，一般用色彩误差和色饱和度来表示色彩还原准确度。该测试主要考察 Sensor 性能，如图 13-8-1 所示。

测试方法：采用 D65 光源，拍摄图卡，取 13～15 三个色块，然后通过软件计算相应值。

测试标准：平均误差 $\Delta E<15$，$\Delta C<12$，色彩饱和度>100%，115%～130% 为优。

至于误差的具体计算过程，涉及色度图中的位置坐标，可参见图 13-1-2。

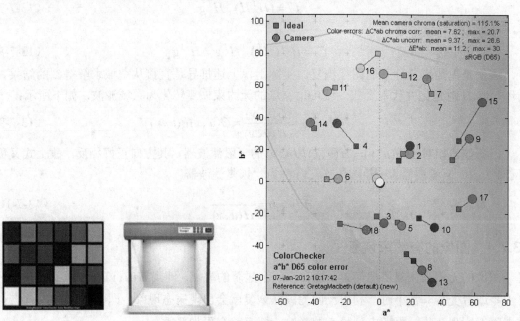

图 13-8-1　色彩还原性测试

13.8.2　鬼影炫光（Ghost Flare）

Ghost 称为"鬼影"，这是一种在强光进入镜头后出现一排晕开的光斑的现象，像是幽灵一样，所以取名为鬼影。当光线穿过两个具有不同密度的透明物体接口时会发生折射，具体地说，当光线从空气射入玻璃，再从玻璃射入空气中时会发生弯曲。在理想的情况下，所有的光线都会折射，但事实上，大约有 95%的光线发生折射，而另外的 5%会被反射回第一种物质中。对摄影镜头来说，这是很严重的问题，因为最后达到胶卷表面的光线少了。对于一个折射系数为 r 的具有 n 组镜片（因此有 $2n$ 个反射表面）的镜头来说，能达到 Sensor 的光线 $L = r \times 2n$。设 $r = 0.95$、$n = 10$，则 $L = 0.36$。也就是说，只有 36%的光线到达 Sensor。其余的光线都被散射掉了，而这其中的一些就会产生鬼影。该测试主要考察光学成像系统的性能，如图 13-8-2 所示。

- 测试方法：一般采用对着日光灯拍照（室内）或斜向/正向太阳拍照（室外）。
- 测试标准：不能有鬼影现象，炫光可以有，但不能太明显。

图 13-8-2　鬼影炫光测试

13.8.3　成像均匀性（Shading）

用摄像设备拍摄均匀的画面，画面中心和画面边缘的亮度差异程度。常用所拍摄的画面周边亮度相对于中心亮度之比来表示，Shading 分为 Lens Shading 和 Color Shading 两种。该测试主要考察光学成像系统的性能，如图 13-8-3 所示。

- 测试方法：光线一定要均匀，色温在 5100 K。计算 4 个角亮度平均值和中心亮度平均值的比值。
- 测试标准：要求边缘照度不能低于中心照度的 60%，Color Shading 参考值为≥90%。

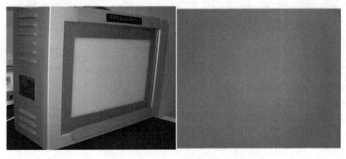

图 13-8-3　Lens Shading 测试

13.8.4 分辨率（Resolution）

分辨率是指分辨物理量细节的能力，指影像上各细部影纹及其边界的清晰程度，可以用 TV Line 的多少来表示。该指针主要考察光学成像系统的性能。

- 测试方法：用摄像设备对 ISO 12233 测试卡中规定的双曲检验测试图形进行拍照，人眼观察再现影像中，在双曲线条数目发生变化时的空间频率即为视觉分辨率。
- 测试标准：如表 13-8-1 所示。

表 13-8-1　分辨率测试

项　目	判　据					
	像素	解析度值		像素	解析度值	
		中心	四角		中心	四角
Resolution	CIF	≥200	≥150	2.0 M	≥800	≥650
	VGA（前摄像头）	≥250	≥200	3.0 M	≥1000	≥800
	VGA（后摄像头）	≥300	≥250	5.0 M	≥1300	≥1000
	1.3M	≥600	≥500	8.0 M	≥1500	≥1200

13.8.5 成像畸变（Distortion）

摄影设备拍摄的画面相对于被拍摄图案的几何变形，也称为畸变。当所摄画面大于被摄图案时为正畸变，也称枕形畸变；反之，为负畸变，也称桶形畸变。该测试主要考察光学成像系统的性能以及 ISP 芯片对畸变图像的纠正能力，如图 13-8-4 所示。

- 测试方法：拍摄几何失真测试图卡。
- 测试标准：图像周边枕形或桶形畸变绝对值应不大于 2%。

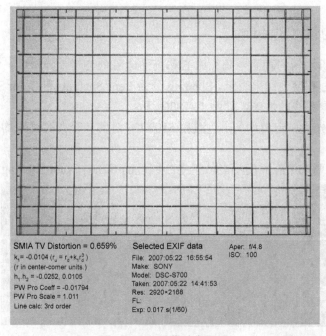

图 13-8-4　成像畸变测试

13.8.6　自动白平衡（Auto White Balance）

AWB 是指自动白平衡，即在不同色温下对白点的矫正能力，主要考察相机对白色的正确判断。该测试主要考察 ISP 芯片的性能，如图 13-8-5 所示。

- 测试方法：目前常用的测试方法是计算中心 R/G，B/G 的值，用软件测试 Color Check Block20～23 的 HSV 值。
- 测试标准：Block20～22：≤0.1；Block23：≤0.12。

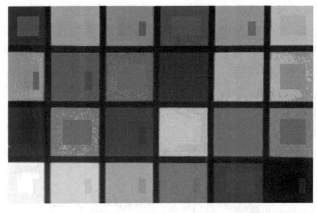

Inner squares: Ideal ColorChecker response: with, w/o luminance correction
28-Dec-2011 14:23:05　　sRGB　　Exposure error = 0.14 f-stops

White Balance Error:　　**HSV Saturation (S)**　　**Degrees K [Mireds]**

0.000	0.026	0.022	0.035	0.011	0.032
+3 [-0.1]	-140 [+3.4]	-111 [+2.7]	-148 [+3.6]	+72 [-1.7]	+263 [-6.0]

Exaggerated White Balance error

图 13-8-5　自动白平衡测试

13.8.7　灰阶（Gray Scale）

摄像设备能够记录从最黑到最白之间的最大灰度范围。动态范围越大，说明能被捕捉的层次越丰富。所有超出动态范围之外的曝光值都只能记录为黑白。实际上，它描述了摄像设备记录影像灰阶等级的能力，可用灰阶测试图片的灰阶级数表达，如图 13-8-6 所示。

- 测试方法：D65 光源，700 Lx 照度下，光线均匀，一般相邻两个灰阶的灰度值（Y 值）差大于或等于 5 的话，可以分辨。
- 测试标准：能区分灰阶测试图卡上从黑到白 12 级的不同灰度。

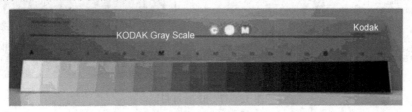

图 13-8-6　灰阶测试

13.8.8　视场角（FOV）

视场角（Field of View，FOV）又称"视角"。在光学仪器中，以光学仪器的镜头为顶点，以被测目标的物像可通过镜头的最大范围的两条边缘构成的夹角，称为视角。视角的大小决定了光学仪器的视野范围，视角越大，视野就越大，光学倍率就越小。通俗地说，目标物体超过这个角就不会被摄入镜头。视角与焦距有关，焦距越长视角越小，焦距越短，则视角越大。这也就是光学变焦的原理，通过改变镜头的焦距从而拍摄相机前方景物的一部分。该项测试主要考察光学成像系统的性能。

视角测量一般使用广角平行光管，因其形似漏斗，俗称漏斗仪。测量方法如图 13-8-7 所示。在被测镜头的一端，察看广角平行光管底部玻璃平面上的刻度，读取其角度值，其最大刻度值即为该被测光学仪器的视角。

- 测试方法：主要看对角。
- 测试标准：≥60°。

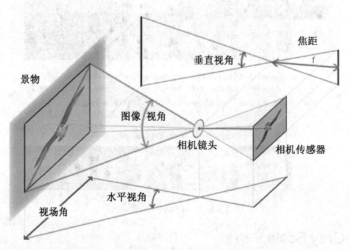

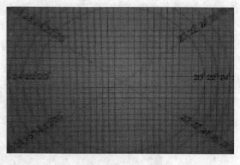

图 13-8-7　视场角测试

13.8.9　曝光误差（Exposure Error）

AE 是指 Camera 自动曝光的能力，使景物在环境光线较暗和光线较亮的情况下都能呈现正常亮度的画面。该项测试主要考察 ISP 芯片的性能，如图 13-8-8 所示。

● 测试方法：测试灰阶动态范围时，软件会显示 Exposure Error 的值，即为曝光误差。

● 测试标准：一般要求光圈系数（f-stops）<0.25。

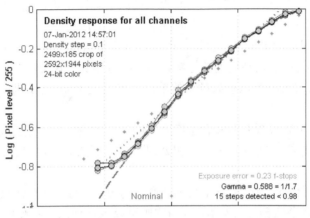

图 13-8-8　曝光误差测试

13.8.10　信噪比

由于 Sensor 的感光区受光面积不大，内部会通过电路放大器对电信号进行放大，在这些过程中会加大噪点，一般来说，增益越大，噪声越大。此处，SNR 定义为亮度的平均值与其标准差的比值。该测试主要考察 Sensor 以及 ISP 芯片的性能，如图 13-8-9 所示。

● 测试方法：在不同照度下（如 20 Lx、100 Lx、700 Lx等照度），用 Imatest 软件测试 Color Checker Block19～24 的 SNR。

● 测试标准：一般要求≥35 dB。

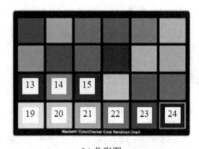

24 色彩图

图 13-8-9　信噪比测试

13.9　调制转移函数

调制转移函数（Modulation Transfer Function）又称 MTF，最早于 20 世纪 40 年代末由美国科学家谢德（Schade）提出，经过 50 多年的发展，目前已成为评价光学成像系统清晰度/分辨率等性能的综合指标。在此仅做一些简单而直观的介绍。

我们知道，图像也是信息的一种，而图像分析的数学基础就是随机信号处理。所以，图像信息论其实就是在通信理论的研究上发展起来的。只不过通信信号处理的是一维时间信息，而图像信号处理的是二维空间信息。通信理论认为，任何一个随时间变化的波形都是由许多频率不同、振幅不同的正弦波组成（即信号的傅里叶分析）；类似地，任何一幅平面图像都是由许多频率、振幅各不相同的 X–Y 方向的空间正弦波组成，高空间频率波决定图像的细节，中空间频率波决定图像的主要内容，而低空间频率正弦波则决定图像的背景和动态范围。为

了理解空间频率波的概念，首先看一个正弦光栅，如图 13-9-1 所示.

从图 13-9-1 所示的正弦光栅图不难看出，从左到右，在单位长度上，黑白交替的频率越来越高。因此，我们也可以认为，这幅图中是由许多不同空间频率的正弦波所组成。

图 13-9-1　正弦光栅

在通信信号中，周期的单位是 s（秒），频率是周期的倒数，单位为 Hz；但在正弦光栅中，周期的单位是 m（米），频率也是周期的导数，但单位为 lp/m（lp 表示 Line Pairs，即线对/米）。考虑到 m 的单位通常太大，所以空间频率的单位习惯上改为 lp/mm，即 1 mm 的宽度中所能包含的线对数。

于是，通过把时间周期/频率的概念推广到空间周期/频率，可以把通信系统中的一维时间信号分析方法推广到二维空间信号来研究和处理。自然而然地，可以在图像信息处理中引入傅里叶分析。

我们知道，一幅图像/景物可看成无数多个像点的集合，而每一个像点可看作一个点光源。数学上，点源可用冲激函数 $\delta(x, y)$ 表示，利用它则可以表示任意一幅图像 $f(x, y)$，所以一个光学成像系统可以用图 13-4-1 与式（13-4-1）来表示，即光学成像系统的输出图像为输入图像与成像系统的卷积（参见 13.4.2 节）。

将式（13-4-1）从空间域经傅里叶变换转换到频率域，如下：

$$G(u,v) = F(u,v)H(u,v) \tag{13-9-1}$$

于是可知

$$H(u,v) = \frac{G(u,v)}{F(u,v)} \tag{13-9-2}$$

即

$$H(u,v) = \left| \frac{G(u,v)}{F(u,v)} \right| e^{j\psi(u,v)} \tag{13-9-3}$$

我们把 $H(u,v)$ 称为"光学传递函数"，其模 $H(u,v)$ 称为 MTF（调制传递函数），其相位 $\psi(u,v)$ 称为 PTF（相位传递函数）。一般而言，相位传递过程对图像质量影响较小，所以目前国内外研究光学成像质量时多以调制传递函数为对象。从 $H(u,v)$ 的表达式可以看出，MTF 其实代表的是像与物的频谱对比度，表明各种空间频率波的传递情况，可用来综合评价一个镜头的指标，包括反差、锐度、解析力等。

采用式（13-9-3）表达 MTF 比较严谨，但不是很直观，通常也可以采用另一种方法来了解 MTF。在图 13-9-1 所示的正弦光栅中，最亮处与最暗处的差别体现了图像的反差，即对比度。我们不妨设最大亮度为 I_{max}，最小亮度为 I_{min}。于是，可以用调制度（Modulation）来表示对比度的大小。定义原始图像的调制度 M_{org} 如下所示（与调幅信号的定义完全相同）：

$$M_{org} = \frac{I_{max} - I_{min}}{I_{max} + I_{min}} \tag{13-9-4}$$

经过光学成像系统后，新图像的调制度为 M_{new}，则

$$\text{MTF} = \frac{M_{\text{new}}}{M_{\text{org}}} \qquad\qquad (13\text{-}9\text{-}5)$$

就像信号经过模拟放大器后噪声系数一定会恶化，通过透镜之后所得图像也是有衰减的。因此 $M_{\text{new}} \leqslant M_{\text{org}}$，即 MTF≤1，在理想情况取 1。对于调制度来说，值越大，则意味着反差越大；当最大亮度与最小亮度完全相等时，则反差完全消失，此时的调制度等于 0。

于是，可以将正弦光栅置于镜头前方，然后在镜头成像处测量其调制度。我们很容易想象，当光栅空间频率很低时，像的调制度几乎等于正弦光栅的调制度；但随着光栅空间频率的提高，像的调制度将单调下降；光栅空间频率高到一定程度后，则像的调制度趋近于 0，也即完全失去了反差！

通俗地说，当正弦光栅越来越右的时候，实际的明暗变化是客观存在的，但是由于空间频率太高，透过镜头所成像的图像会越来越模糊不清，直到看不出明暗的变化。图 13-9-2 为某相机对 ISO 12233 测试卡的拍照结果。

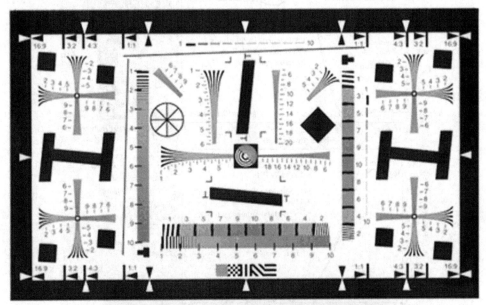

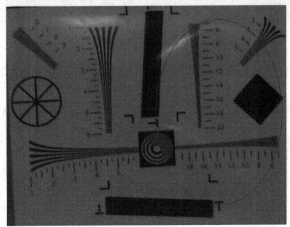

图 13-9-2　某 Camera 对 ISO 12233 测试卡的拍照结果

从图 13-9-2 中可以看出，椭圆圈中的图像反差已经完全消失，即调制度趋近 0。由此我们知道，MTF 最通俗的说法就是用它来反映相机的解像力，包含以下两点：

- 分辨率：单位面积内的像素点阵，但通常用 TV Line 表示，可参见图 13-8-4。
- 锐度：图像边缘的对比度，其实就是我们在 13.6.3 节中介绍的图像锐化。

顺便说一句，电视台经常会发送电视信号测试图像，该测试图像与 ISO 12233 测试卡非常类似。各位读者如果想检测自家电视机的图像分辨能力，最简单的方法就是观察这种检测图像。不过，随着高清电视机的迅速普及，电视信号的分辨力已经不再受电视机本身所限制，而是受限于电视节目信号本身或者有线电视机顶盒。

说了这么多，下面让我们看看 MTF 的测试结果到底是什么样子，请看图 13-9-3。

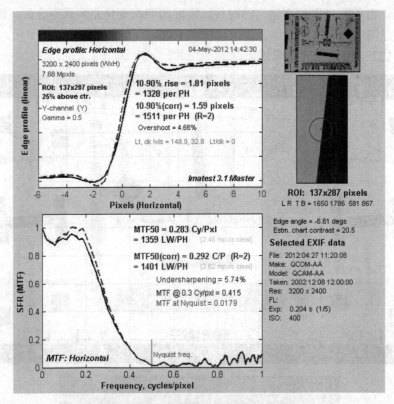

图 13-9-3　某相机的 MTF 测试结果

首先说明一点，以上测试结果是笔者用某手机拍摄 ISO 12233 测试卡所得的结果，拍摄距离以及光源照度并不符合测试规范的标准要求，只做讲解之用。图中，虚线所表示的曲线是 imatest 工具自带的校正曲线，它是基于原始图像加入 7%的软件锐化为评测基准，其他各个单位的物理意义如下。

- Cy/Pxl：Cycle/Pixel，即线对/像素；
- LW/PH：Line Wide / Picture Height，即线宽/图像高度，且 LW/PH = Cy/Pxl × Total Pixels×2；
- per PH：per Picture Height，即单位影像高度所能容纳的像素数，这个值越大表示解像能力越好。

然后，需要把图 13-9-3 分成上下两个部分。上半部分是从空间域进行考察，下半部分则从频率域进行考察。

对于上半部分图，横坐标的单位为像素（Pixels）；纵坐标为 Edge profile，可理解为亮度的变化（事实上，它表示 10%～90%上升距离内，单位影像高度所能容纳的像素数）；原点表示被测图像黑灰交界点（即图右方红色圆圈所标注的测量点），负数部分表示灰色的部分，负数越大表示越往左，右边表示黑色部分，黑色值越大表示越往右。

对于理想成像系统来说，成像图片从白到黑直接跳跃，不需要过渡像素。但是，实际的成像系统肯定会有过渡像素。显然，过渡像素越多，即完成亮度变化所需的像素越多，则说明成像系统的锐度越差。因此，想要提升图像的锐度，使反差变大，则要求在图像亮度分界的地方，提高其亮度变化速率，即用最少的 Pixel 达到最大的变化值。甚至在过度锐化的时候，刻意减小（–2，0）区间的亮度值，并同时增大（0，2）区间内的亮度值，以达到增加锐度的效果！

对于此款相机，其 10%～90% Rise Distance 需占用 1.81 Pixels。通常情况下，该值大于 1，但有些时候也会出现小于 1 的情况，此乃软件锐化所致。另一方面，也可以用变化率的倒数描述锐度，表明单位影像高度所能容纳的像素数，这个值越大则表示解像能力越好。如本例中，相机的分辨率为 3200×2400（W×H，即 8 M），则 per PH=2400 / 1.81=1326。

对于下半部分图，横坐标的单位为（空间）频率（Cycles/Pixel），由左至右，频率逐渐增大；纵坐标表示不同空间频率下所拍照片的调制度与 ISO 12233 测试卡调制度的比值，即成像调制度的（空间）频率响应。

此时，我们把光学成像系统看成线性空间不变系统，那么物体经过系统传递后，随着空间频率的变化，对比度逐渐下降，并在某一频率处截止，即对比度为 0。因此，对任一频点而言，MTF 的值越大，则表明成像系统的解析力越高。

MTF（50）表示锐度值，值越大，则表明图像越锐利（不做锐化处理不可能超过 0.5，因为一组线对至少由两个像素构成）。但并不是越锐利图像质量就越高，过度锐利反而会让人感觉变差，一般锐度轻微增加大概 7%比较适中。

13.10　两个案例

这两个案例与相机关系不大，倒是与 LCD 显示相关，但它恰好体现了色度学中三原色/三补色以及色域图的知识，故记录在本章中。但再次说明一下，由于黑白印刷的缘故，读者朋友可能无法看清图片的色彩，建议上网搜索一些彩图以加深理解。

13.10.1　LCD 反色

某手机在使用过程中，LCD 会偶然性地出现颜色完全失真的现象，如图 13-10-1 的照片所示，左边是 LCD 颜色显示正常时的照片，而右边为 LCD 出现颜色失真时的照片。

仔细观察图 13-10-1 所示的两幅图片，不难发现其中的规律。最为明显的一点，正常图片为白色的地方，故障图片显示成了黑色，即 LCD 出现了灰度反转现象。但如果我们更加仔细一点观察就不难发现，以右上角的 T 卡显示图标为例，红色变成了青色；以最左边一列的 FM Radio 图标为例，蓝色变成了黄色；以 Download 下载图标中的箭头为例，绿色变成了品红色。

由此可见，LCD 不仅出现灰度反转，颜色也出现变化。再联想我们在 13.3.4 节中介绍的三原色与三补色可以清楚地发现，正常图片中的三原色在故障图片中恰好是对应的三补色，即故障图片其实是正常图片的颜色反转。进一步地，在 CIE 色度图中，故障图片任意一像素点的色坐标与正常图片同一像素点的色坐标正好围绕色度图中心点（标准白色）构成中心对称。

图 13-10-1　某手机的 LCD 颜色失真（左边为正常的，右边为失真的）

为进一步验证我们的猜测，通过一个图片工具软件，分别把这两幅图片进行颜色反转，如图 13-10-2 所示（一个简单的方法，截图并粘贴在 Word 文档中，然后按 Ctrl+A 进行全选，Word 会自动对其进行反色或者使用 Windows 的小画家→影像→色彩对换）：

图 13-10-2　将图 13-10-1 进行颜色反转

可见，正常图片的颜色转成了故障图片颜色，而故障图片的颜色则完全恢复了正常（由于拍照、显示等误差，不可能百分百对应），由此证实了我们的猜测。至于为什么会出现颜色反转，就不讨论了，我们只需在进行与颜色相关的操作前，设置一下反色寄存器为 Disable 状态就可以规避这个问题了。

13.10.2　四基色电视

在本章结束前，我们不妨谈谈市场上的夏普四基色 LCD 液晶电视（就是香港演员甄子丹代言的那款）。我们已经知道，采用固定波长的 R、G、B 三原色进行相加混色，所能合成的色域范围就是在色域图上，以这三个固定波长所代表的点为顶点，构成的一个三角形。如果采用四基色（夏普是增加了一个 Yellow，但不确定其波长值），则相当于在色域图中增加一个顶点，可以合成以 R、G、B、Y 为顶点的四边形内的任意色彩。

对于三基色和四基色，R、G、B 三个顶点都是一样的，但增加一个顶点 Y 之后，显然四边形的面积要大于三角形，也就是说，四基色可以合成的色彩范围要比三基色更宽广。不过，这一切都是理论上的。如果读者把国际规定的 R、G、B 三基色标注在图 13-1-2 的色域图上就不难发现，该三角形基本可以覆盖大部分的色域范围，仅仅是在左上角的淡蓝色区域覆盖不足。而夏普采用增加 Y 基色的四基色方式，比三基色所能够增加的色域范围是相当有限的。

无论采用何种方式混色，总是存在混色偏差的。比如某颜色需要的 R：G：B =210.3：44.8：33.7，但由于数字信号离散量化的结果，最接近的颜色只能是 210：45：34。于是，就出现了混色偏差。对照色域图我们不难看出，从 R→G 这段直线附近区域的颜色变化很迅速（人眼对这段区域比较敏感），所以在这块区域的进行混色，有可能产生比其他区域要大一些的偏差。而夏普的 Y 基色正好处于这段直线上，利用 Y 基色参与混色，可以减少混色偏差，从而实现较高的色彩还原能力。这也正是夏普宣传数据中强调四基色可以生动再现黄色、金色表现力的原因。

但是，是否真的能达到广告中的宣传效果，笔者个人看法，宣传的成分远大于实际效果。

第一，不是每个人都能分辨出色域图中所有颜色的。随着图像亮度、对比度、个人视力、色盲/色弱等诸多因素的影响，很多颜色根本无法分辨，特别是相近颜色在图像中相互靠近的时候，人眼是很难分辨它们之间细微差别的。

第二，夏普的四基色是真正的 LCD 四基色，也就是说，LCD 面板采用四基色，这的确比某些厂家基于集成电路芯片的所谓四基色、六基色要更加纯正和高档。但是，问题在于目前的广播电视系统，在摄像端采用三基色摄像、在处理端采用三基色编码，在显示端转换为四基色的话，归根结底，也只是数字信号插值处理的结果（当然也可以对某些特殊颜色进行增强），而如果要实现真正的四基色，就必须使信号产生、处理、显示等过程全部采用四基色方式。

第三，图像质量不仅仅取决于色彩表现力，分辨率、对比度也是很重要的，特别是分辨率。如果不是高清片源，别说四基色，就是五基色、十基色，乃至可以无误差地覆盖整个色域图，一点用处也没有。所以，卖场中的电视显示效果好于在家观看的结果，就在于此。厂家会专门制作高清晰度、高对比度、高亮度、高色彩饱和度的四高片源，而你家能收看到这种节目吗？什么 CCTV 高清台，跟这些片源比起来，都是浮云。

第 14 章

信号完整性

Eric Bogatin 博士（美）在他那本著名的 "*Signal Integrity: Simplified*" 的序言中有这么一句话：

"There are two kinds of designers, those with signal integrity problems, and those that will have them."

翻译成中文，即"有两种设计师，一种是已经遇到信号完整性问题的，另一种是即将遇到信号完整性问题的"。

那么，到底什么是信号完整性？它的研究对象是什么？它对我们的手机电路设计又有什么指导意义？

本章首先介绍信号完整性的概念及研究对象；然后从频谱的角度重新理解阻容感这三大无源器件，并引出第四种无源器件——传输线；接着，重点讨论传输线的反射与端接、有损传输线的趋肤效应与介质耗散等，这些内容将是分析单根传输线特性的基础模型；最后分析传输线中的串扰效应，从而使读者可以理解各种传输线的特性（主要是差分线），如 USB 差分线、MIPI 差分线等。

通常，对于信号完整性的严格分析，需要读者具备"电磁场与波"等课程的知识，数学工具则以场论和偏微分方程为主。但考虑到在手机硬件设计中，经常接触信号完整性的多为 BB 和 Layout 工程师，若采用场论分析和偏微分方程描述的话，严谨有余而直观不足，对 BB 和 Layout 工程师的实践指导意义也不大。另外，从本书前面的章节中不难发现，在硬件设计与分析过程中，物理概念和直观感受往往比抽象的数学方程更有利于解决问题。因此本章尽可能借用"路"的概念来理解"场"，读者仅需具备普通工科物理课程中的电磁学知识（基本不涉及波动方程），数学工具则以初等微积分和常微分方程为主。

14.1 信号完整性概述

信号完整性，单从名字上来讲，纯粹是英文 Signal Integrity 的中文直译。单单看这个名字，信号是主语，完整性则是个修饰语，除此以外，我们并不能得到更多有价值的东西。

但根据这个名字我们不难猜测，如果有信号完整性的说法，那也应该有"信号不完整性"的说法。于是，我们必须首先回答：完整性到底指的是什么？

14.1.1 信号完整性的意义

Bogatin 的著作指出，信号完整性主要研究电路设计中的互连线，它包括互连线的电气参数、互连线上的信号质量、互连线之间的电气耦合与电磁干扰等。

过去，芯片的工作频率与 PCB 布线密度都没有这么高，信号完整性理论并未引起广大工程师的重视。但随着芯片的工作频率越来越高、PCB 布线密度越来越大，不考虑信号完整性将导致信号时序出错、信号反射与振铃、近端与远端串扰、开关噪声、地弹等一系列问题，严重影响电路的性能甚至功能。

举一个简单的例子。假设某个 SDRAM 芯片采用 75 nm 工艺制造，其主频为 100 MHz。现在，厂家把制程能力从 75 nm 工艺提高到了 45 nm。这样，在同样大小的晶圆上可以生产出更多的芯片，产品单价也就随之下跌。也许你认为这是好事：我的系统还是跑在 100 MHz，只是芯片从 75 nm 工艺提升为 45 nm 工艺，能有什么问题？可事实上，从信号完整性的角度考虑，事情就远不是这么简单了！

我们知道，芯片也是由晶体管或者场效应管组成的，只不过它们是采用光刻法直接在晶圆上制造的。所谓的 75 nm、45 nm 工艺，则是指晶体管门沟道的最短长度分别为 75 nm 和 45 nm。显然，沟道长度越短，载流子通过沟道所需的时间就越短，即管子的饱和⟷截止切换速度就越快，则管子所支持的最大开关速度就越高。因此，75 nm、45 nm 等也被称为"晶体管特征尺寸"，在一定程度上可以表征管子的最高工作频率。

回到上面的问题，主频不变，仅仅是芯片的特征尺寸下降，说明管子的边沿变化率提高了。注意，是边沿变化率提高了，主频或者周期并没有改变。由电磁学基本方程 $\vec{E} = -\nabla U$（电场强度 $\vec{E}$ 是电位 U 的负梯度）可知，电位变化率 ∇U 越高，则场强 E 越大（取绝对值）。因此，边沿变化率越高，表明管子在状态切换时产生的场强就越大，其所导致的噪声干扰也越大。其实，在直观上不难想象，边沿变化率越高，则表明 dU/dt 或者 dI/dt 越大，各种辐射、噪声问题显然也会越严重。

14.1.2 手机设计中的信号完整性

笔者曾经接触过一些工程师，发现他们虽然做了很长一段时间的手机电路设计，但对信号完整性依然没有概念。在笔者看来，这倒不是他们工作不努力，而是他们在入行之初，没有人引导他们去学习、理解信号完整性，他们甚至使用了信号完整性的结论（如源端串接匹配），但却不知道这就是信号完整性的具体体现。

因此，笔者决定在本章开始的时候，首先介绍信号完整性理论在手机电路设计中的一些应用，然后再分析它们的产生机制与设计方法。毕竟，建立了感性认识后，再上升到理性阶段就容易多了。

通常，信号完整性包含下述 4 种特定问题。

1．单网络的信号质量（Signal Quality of One Net）

单网络的信号质量主要取决于信号路径上（含返回路径）由阻抗突变所引起的反射、传输线带宽限制所引起的传输失真等。

图 14-1-1 为某 CPU 输出至 SDRAM 的时钟线（采用差分形式）。

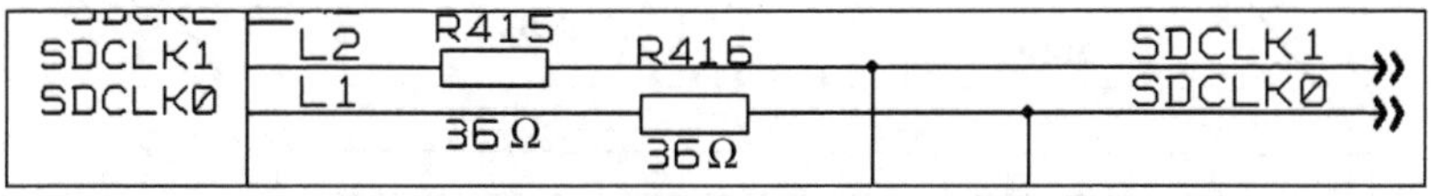

图 14-1-1 某 CPU 输出至 SDRAM 的时钟线

图中，每根时钟线靠近 CPU 管脚的地方各串联了一个 36 Ω 的电阻 R415 与 R416。有人认为，这个电阻是方便示波器测量时钟波形用的。其实，它的真正目的在于使驱动器输出阻抗+串联电阻=传输线特征阻抗（故串联电阻的阻值多在 10～50 Ω），用信号完整性的专业术语来说，就是用于消除信号反射的阻抗匹配。如果未进行阻抗匹配或者阻抗匹配不好，信号就会在源端和负载端之间来回反射，造成明显的振铃现象，如图 14-1-2 所示。

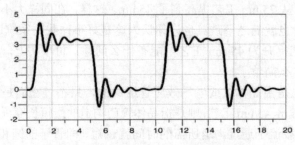

图 14-1-2　阻抗匹配不佳导致振铃现象

另外，对于其他一些高速信号线，如 MIPI、USB 等，我们常常看到器件手册中明确要求它们的走线长度必须小于某个值。如果单从阻抗匹配的角度看，没有反射就没有失真，那为什么还要限制走线长度？

其实，这是由于传输线损耗与频率相关所致。不难想象，实际的传输线肯定是有损耗的，因此信号从源端出发，经过传输线，到达接收端，肯定会出现畸变。如果传输线的损耗与频率无关，那么信号到达接收端后，仅仅是信号的幅度发生变化，信号中各个频谱分量的相对比值并没有变化；但是，传输线的损耗是与频率相关的，并且对高频分量的衰减要大于低频分量，因此接收端的信号就不仅仅是幅度发生变化，各频率分量的相对比值也会改变，从而导致信号失真。

在信号完整性理论中，这被称为"传输线的上升边退化"。后面，我们将会对这个问题进行建模，并推导出传输线的单位长度衰减值。显然，走线越短，总的衰减就越小。因此，一旦设定了某个最大衰减量，传输线的长度也就被固定下来了。如果实际走线的长度超过规定，则眼图测试通常会失败（Fail）。

2．串扰（Crosstalk）

串扰用于描述多个网络之间的耦合干扰。

假定有两根相互靠近的高速信号线，每一根线都满足阻抗匹配且无传输损耗。当信号通过其中一根线时，由于电磁辐射，在另一根线上也会耦合出相应的信号，并且对第二根线来说，耦合信号相当于是噪声干扰。因此，也把这种噪声称为"串扰"，并且把信号的发起端称为"攻击线"，而把受扰端称为"静态线"，如图 14-1-3 所示。

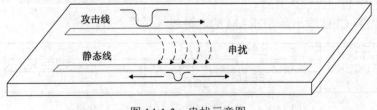

图 14-1-3　串扰示意图

原则上，串扰是指多个网络之间的辐射干扰，但采用互感、互容的概念，便可以用相对简单的电路模型来描述串扰，而非复杂的电磁场模型。

在 PCB 走线时，经常听到 Layout 工程师强调 3 W 原则（指两根信号线之间的间距是线宽的 3 倍），这便是为了降低串扰。两根信号线的间距越大，串扰越小，这是很直观的。但是，有没有想过，静态线上的串扰噪声沿前向和后向两个方向传输有区别吗？两根信号线之间的耦合长度对串扰有影响吗？攻击线上的信号边沿变化率对串扰有影响吗？带状线（Stripe Line）和微带线（Micro Stripe Line）上的串扰有区别吗？……

显然，正确理解上述问题，对于我们进行电路设计具有重要意义！

3. 轨道塌陷（Rail Collapse）

在 PCB 电源布线的时候，我们总是强调要多打地孔，尤其对于大功率负载，恨不得把负载的地与 PCB 的主地直接用通孔连接。多打地孔，这个很容易理解，它可以让负载地与 PCB 地之间的接触更加充分可靠。

于是，又有人说，把地线改为地平面，可以保证接地更加充分。这完全正确！但如果更加具体一些，假设电源在 PCB 的表层，而相邻的地平面在第二层或者第三层，这之间有区别吗？

我们知道，电源平面和地平面相互靠近，会产生平板电容器的效果，等效增加了电源与地之间的去耦电容（可以参考图 11-5-1）。所以，很多时候我们会误以为将电源平面与地平面相互靠近的目的是增加这个去耦电容。但事实上，它的主要目的是降低电源回路的电感，防止地弹电压，而不是增加去耦电容！

另外，在大功率负载的电源输入脚，通常会放置多个电容，其中容值较大的作为储能电容、容值较小的作为去耦电容。但是，有没有想过，储能电容和去耦电容，究竟谁更应该靠近负载？

4. 电磁干扰（EMI）

电磁干扰或电磁兼容的概念很简单，但有时实现起来却非常困难。功率谱的旁瓣、共模电流的辐射等，都有可能造成严重的电磁干扰。而且随着时钟频率的上升，信号的边沿变化率越来越快，问题可能会更加恶化。

通常，解决电磁干扰无非两个方法：要么消除干扰源，要么切断传播路径。显然，PCB 上的屏蔽罩就是用来切断传播路径的。那么，有办法消除干扰源吗？或者降低干扰水平也可以。

对于共模电流造成的辐射干扰，可以通过增加电路共模阻抗的方法来降低共模电流的辐射水平。实际上，3.1.3 节介绍的共模滤波电感采用的就是这个原理。

但是，如果干扰是由发射机的功率谱旁瓣造成的，我们又应该怎么做呢？有人说，那就降低发射功率呗，这不就减小旁瓣干扰水平了？但是，发射功率都是有规范要求的，岂容我等随意更改？本书案例分析篇"GPS 受扰案例一则"中介绍了一个实际案例，从信号的边沿变化率着手，成功解决了一个由功率谱旁瓣造成电磁干扰的故障。

14.2 高频模型

14.2.1 频谱与带宽

很多工程师都知道，随着电路工作频率的提高，信号完整性设计也越来越重要。因此，有一种普遍观点认为：信号完整性与频率相关。

的确，信号完整性是与频率相关，但这个频率指的是主频吗？如果是指时钟主频，那是不是可以认为，只有当主频高于某一个临界值时才需要考虑信号完整性？如果真的是这样，那么这个临界频率到底是多少呢？

其实，我们在上一节关于晶体管特征尺寸那个例子中已经可以看出，主频并不是决定信号完整性的关键，而是信号的上升沿，更确切地说，是信号的边沿变化率！因为信号的边沿变化率决定了信号的带宽，即信号频谱的宽度。

根据傅里叶变换的原理，信号时域越窄，则其频域越宽。比如直流信号 A，其傅里叶变换为 $2\pi A\delta(\omega)$，即信号的频谱分量只有 $\omega=0$ 这一项；而冲激信号 $\delta(t)$ 的傅里叶变换为 1，表明信号的频谱分量在 $-\infty<\omega<+\infty$ 整个频段都有。这被称为傅里叶变换的"尺度压缩"特性，用数学方程描述如下：

设 $f(t)\longleftrightarrow F(\mathrm{j}\omega)$，则

$$f(at-b)\longleftrightarrow \frac{1}{|a|}F\left(\mathrm{j}\frac{\omega}{a}\right)\mathrm{e}^{-\mathrm{j}\omega\frac{b}{a}} \tag{14-2-1}$$

式中，a 为尺度特性，b 为时延特性。不过，时延变换到频域对应的概念是相位，与尺度压缩无关，所以我们在信号完整性分析中通常忽略相位的影响。

1. 周期信号

我们知道，周期信号的频谱就是其傅里叶级数展开系数 C_n 的傅里叶变换。于是，不妨假设有一个矩形波周期信号（边沿变化率为无穷大），其波形与幅度谱如下图所示（只画出了正频率部分），如图 14-2-1 所示。

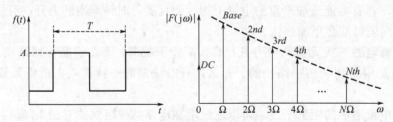

图 14-2-1 矩形波周期信号及其幅度谱

由图 14-2-1 可知，将矩形波周期信号进行傅里叶变换（或傅里叶级数）展开，会得到直流、基波、二次谐波、三次谐波……，一直有无穷多的谐波分量，即信号的带宽无穷大。因此，如果用有限数量的谐波分量去复原这个周期信号，则复原信号仅仅是对原信号的一种近似。并且直观经验告诉我们，所用谐波分量越多，复原效果就越好。但是有一个问题，从 N 次谐波增加到 $N+1$ 次谐波，到底会对复原产生怎样的效果？

好办！在坐标系中将 2 个谐波叠加的复原信号与 3 个谐波叠加的复原信号进行对比，然后依次是 3 个和 4 个对比，4 个和 5 个对比，直到 N 个与 $N+1$ 个对比。这个方法倒是很简单，就是太麻烦了！不过，前人已经把这事给做了（可参见任何一本高等数学或者信号系统的教材），咱们直接引用其结论就是了。一个方波信号用各次谐波叠加后的示意图如图 14-2-2 所示。

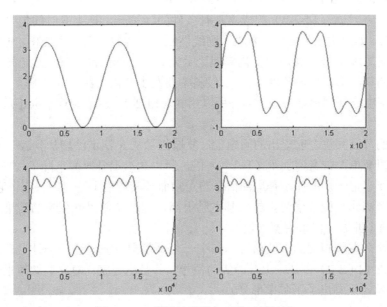

图 14-2-2　谐波次数增加后的时域波形

很明显，随着谐波次数的增加，复原信号的在方波水平段的波动越来越小，而且上升时间和下降时间都越来越短，即复原信号的边沿变化率越来越接近矩形波信号。因此，用有限谐波去复原信号其实就是降低了原信号的带宽。这就给我们一个启发，既然信号的边沿变化率可以体现信号的频谱宽度，那如果把复原信号的谐波数量与其上升（下降）时间标注在坐标系中，并且定义复原信号的带宽就是其最高谐波频率的话，岂不就可以得到信号带宽与上升时间之间的关系？说干就干，如图 14-2-3 所示。

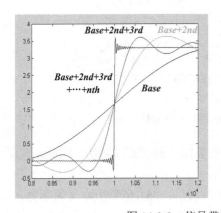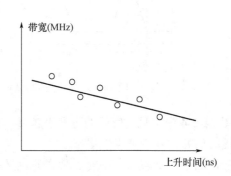

图 14-2-3　信号带宽与谐波数之间的关系

将图 14-2-3 右边坐标系中的各个点进行最小二乘插值，计算其线性回归线，就可以获得带宽（Bandwidth）与上升时间（Rise Time）之间的函数关系。我们就不具体推导这条回归线了，直接给出结论，如下式：

$$BW = 350 / RT \qquad (14\text{-}2\text{-}2)$$

式中，BW 表示带宽（MHz），RT 表示上升时间（ns）。

需要说明一下，式（14-2-2）的成立是有条件的。第一，把上升时间定义为信号电平从10%～90%变化，如果更改为20%～80%，则线性回归线的斜率要发生变化，但形状不变；第二，假定信号是方波信号，其边沿变化率理论上无穷大。如果改为其他边沿形状的信号，如指数上升或者高斯波形，则式（14-2-2）不仅斜率要发生变化，甚至可能不再是线性关系。不过，通常的数字电路基本都是方波信号，所以用式（14-2-2）近似计算带宽还是一个非常好的经验法则。

现在，我们可以回答之前提出的问题了：复原信号从 N 次谐波增加到 $N+1$ 谐波，会有什么变化？答案很简单，带宽增加了（$1+1/N$）倍，所以边沿上升时间下降了（$1+1/N$）倍。

因此，需要牢记一点：并不是周期信号的主频而是其边沿上升时间决定了它的带宽！

比如，一个高频正弦波信号，虽然其主频很高，但若从傅里叶变换的结果来看，它仅仅是在 $\pm\omega_c$ 处的两个冲激，何来带宽一说？

再比如，两个主频相同的方波信号，其中一个是理想方波，另一个是上升沿较慢的实际方波，则根据式（14-2-2）可知，上升沿快的信号，其带宽更宽。对它们做傅里叶分析的结果如图 14-2-4 所示（只画出了正频率部分）。

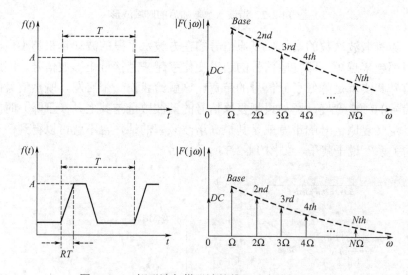

图 14-2-4　矩形波与梯形波的傅里叶变换结果对比

从图 14-2-4 中可见，信号的上升沿越慢，说明其高次谐波衰减越快。因此，主频相同时，上升沿慢的信号，其带宽当然更窄。

现在，回想一下教科书中对于带宽的定义：有以包含 95%能量所定义的带宽，有以频谱下降 3 dB 所定义的带宽，有以频谱第一零点所定义的带宽，等等。但是，相比于上升沿的定义方法，教科书中的定义太过抽象，无法给我们带来任何直觉上的启发。

2．非周期信号

上面，我们讨论了周期信号的频谱、上升沿与带宽之间的关系。但是，大量的数字信号并不是周期信号，该如何处理？

信号系统课程告诉我们，周期信号是功率信号，而非周期信号可能是功率信号（如各种随机噪声），也可能是能量信号（如重复次数有限的脉冲信号）。对于非周期的功率信号，因为它没有确定的波形，也就不存在确定的频谱，通常只能用功率谱进行描述（我们暂不讨论功率谱的问题）；对于非周期的能量信号而言，做傅里叶变换所得到的频谱实际上是频谱密度（信号在任意一个频点的频谱模值为 0，但各个频点之间有相对比值，类似物理学上的密度概念）；而对于周期信号的频谱而言，它其实就是傅里叶级数展开系数的傅里叶变换而已。

为了使非周期信号与周期信号能用同一种方法分析并且方便用计算机计算，我们可以把非周期信号进行周期延拓，然后对信号进行采样（因为数字计算机只能计算离散信号），最后对主值周期内的采样点采用 DFT（Discrete Fourier Transform，离散傅里叶变换）即可。这样，就避免了非周期信号频谱与周期信号频谱在物理意义上不一致的问题。

关于周期延拓、时域/频域采样的详细讨论可以参见相关数字信号处理教材，笔者就不赘述了，只强调一点：一个域离散/连续，转换到另一个域为周期/非周期；反之，一个域周期/非周期，转换到另一个域为离散/连续。对应关系如表 14-2-1 所示。

表 14-2-1 时域与频域的对应关系

时　域	频　域
周期/非周期	离散/连续
连续/离散	非周期/周期

于是，无论信号是周期还是非周期、连续还是离散的，都可以通过 DFT 对其进行频谱分析。但是需要明白一点，只要采用 DFT，就隐含了周期延拓（既有时域延拓，又有频率延拓）与离散化（既有时域离散，又有频域离散）的概念。顺便说一句，正是由于周期延拓的结果，DFT 严格说来仅仅是对傅里叶变换的一种近似，但随着采样点数量的增加，近似程度会越来越好。有兴趣的读者可以参考清华大学胡广书教授的《数字信号处理——理论、算法与实现》（清华大学出版社，1997 年第一版）的 3.7 节，笔者不再赘述。

事实上，数字频谱仪或者示波器频谱分析功能，就是用 DFT 代替傅里叶变换的具体体现。因此，也可以对图 14-2-4 中的矩形波和梯形波进行 DFT 分析，首先把时域波形离散化（图中黑点所示），然后无论时域还是频域，取 0，1，…，$M-1$ 的主值序列（共 M 个点）。不过，如果 $x(m)$ 本身是实数序列，则 $X(k)$ 对 M/2 呈共轭对称性，所以对于幅度谱 $|X(k)|$ 只需要取 0，1，…，$M/2$ 的序列即可，如图 14-2-5 所示（只画了主值周期）。

如此一来，对于非周期信号带宽与上升沿的关系，同样可以采用式（14-2-2）描述。顺便说一句，对比图 14-2-4 和图 14-2-5 就可以看出，DFT 的周期延拓造成了频域截短，它实际上只是对傅里叶变换的一种近似。当然，由于傅里叶变换的高频分量会迅速衰减，所以只要 DFT 在一个时域周期 T 内的采样点数 M 足够多，满足 $N \geqslant M/2$ 时 $F(\mathrm{j}N\Omega) \to 0\,(\Omega = 2\pi/T)$，那么这种近似程度就是可以接受的。

现在，考虑另外一个问题。如果无法得知图 14-2-4 或图 14-2-5 中梯形波的上升时间，但是已经有了梯形波和理想矩形波的频谱图，那么我们如何确定梯形波的带宽？

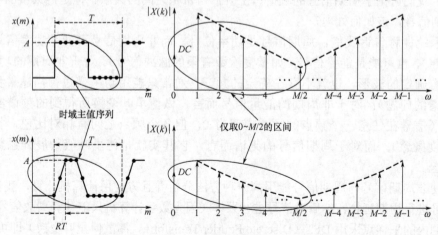

图 14-2-5　矩形波与梯形波的 DFT 结果对比

其实，这是一个谱分量有效性的问题。换言之，对于某个信号，一旦我们确定了其最高有效谱分量 $F(j\omega_{max})$ 或 $X(k_{max})$，频率更高的谱分量 $F(j\omega)$（$\omega > \omega_{max}$）或 $X(k)$（$k > k_{max}$）就不用再考虑了。既然谐波分量对信号的上升沿有影响，那么不难想象，谐波分量越小，则对上升沿的影响也越小。因此，当梯形波的某次谐波分量幅度不及矩形波中对应次数谐波分量幅度的 70%时（按功率计算为 50%），就可以忽略该次谐波。

14.2.2　阻容感模型

对于由分立元件构成的常规阻容感器件，入门篇的"分立元件与 PCB 基础知识"一章已进行过介绍，并且还给出了它们各自的高频等效模型，本节就不再重复了。其实，就笔者个人观点而言，由于手机电路中的阻容感全部采用 SMT 器件，所以它们的寄生参数不会很严重。因此，就通常的情况而言，这些高频等效模型的用处并不是特别大，只要掌握一些基本的原则就可以了（入门篇中均有介绍）。

本节，我们从电磁学角度出发，探讨一下阻容感的原始定义与常见物理模型（主要指由传输线产生的阻容感效应，而非实际存在于 PCB 上的分立元件）。请读者朋友注意，这部分内容对于以后理解传输线有着重要意义！

1．电阻

对于理想电阻，如图 14-2-6 所示。

在该模型中，假定电流是均匀分布在横截面（$W \times H$）上的。但是，当信号频率越来越高时，电流会发生趋肤效应，即电流趋向于导体的表面分布。因此，需要把理想电阻修正如图 14-2-7 所示。

关于各种材料的趋肤深度，可以参考相关资料，笔者仅给出铜导线的结果，如下式：

$$\delta \approx 2\sqrt{\frac{1}{f}} \qquad (14\text{-}2\text{-}3)$$

式中，δ 表示趋肤深度，单位为 μm；f 表示正弦波频率，单位为 GHz。

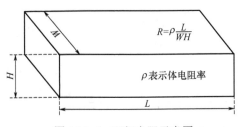

图 14-2-6　理想电阻示意图

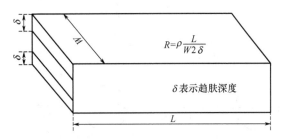

图 14-2-7　考虑趋肤效应后的电阻示意图

根据式（14-2-3）可知，考虑趋肤效应后，铜导线的电阻与 $\sqrt{f}$ 成正比。后面，我们在对有损传输线建模的时候会引用这一结论。

2. 电容

根据电磁学原理，任意两个导体之间都可以构成一个电容，容值则是对其存储电荷能力的直接度量。

最简单的电容是由两块平板相互靠近所构成的平板电容器，我们在提高篇的"ESD 防护"一章 11.5.2 节中已经分析过这种电容，本节就不再赘述了。下面，分析一下其他几种形式的电容。但正如之前说过的，它们并不是实际存在于 PCB 上的分立电容，而是由传输线效应所产生。

我们知道，手机中有时会用到 Cable 线（比如遭遇网络疯抢的红米手机中就有 Cable 线），它们均为同轴线缆形式（通常，内导体连接信号，外导体为屏蔽层），如图 14-2-8 所示。

图 14-2-8　同轴线缆的示意图

为了计算同轴线缆的单位长度电容，需要在距离圆心 x（$r \leqslant x \leqslant R$）处做高斯面，然后根据高斯定理，计算出 x 处的电场强度 $\overrightarrow{E_x}$，如下式：

$$\oint_S \overrightarrow{E_x} \cdot \mathrm{d}\vec{S} = \frac{\sum Q}{\varepsilon} \Rightarrow \overrightarrow{E_x} = \frac{\rho}{2\pi\varepsilon x} \cdot \overrightarrow{x_0} \tag{14-2-4}$$

式中，$\overrightarrow{x_0}$ 表示沿 x 方向的单位矢量。则同轴线缆内外导体之间的电压如下：

$$V = \int_r^R \overrightarrow{E_x} \cdot \vec{\mathrm{d}l} = \frac{\rho}{2\pi\varepsilon} \ln \frac{R}{r} \tag{14-2-5}$$

最后，再利用 $C=Q/V$，代入式（14-2-5）就可以求出同轴线缆的单位长度电容 C_0，如下式：

$$C_0 = \frac{2\pi\varepsilon}{\ln \dfrac{R}{r}} \tag{14-2-6}$$

除了同轴线缆传输线，另外两种以线缆形式存在的传输线分别为双圆杆型与圆杆——平面型，它们常见于电力系统中的架空线，在手机中几乎没有应用，所以笔者就不推导其方程了（方法与同轴线缆相同），直接给出结论，如图 14-2-9 和图 14-2-10 所示。

只需解释一点，根据静电场的镜像原理（可参见赵凯华的《电磁学》或冯慈璋的《电磁场》），可以把圆杆—平面型可以转化为双圆杆型，只不过这时双圆杆的间距为 $2H$ 而已。

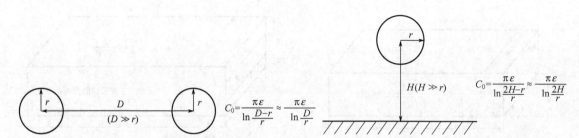

图 14-2-9　双圆杆的单位长度电容　　　　图 14-2-10　圆杆—平面的单位长度电容

在手机电路中，除 Cable 线外，还有两种较为常见的传输线是微带线和带状线。关于这两种传输线的单位长度电容，笔者直接引用 Bogatin 博士的著作，如图 14-2-11 所示。

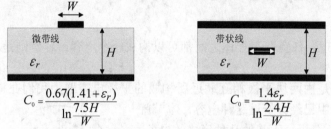

图 14-2-11　微带线与带状线的单位长度电容

说明一点，图 14-2-11 所求解的单位电容忽略了导线厚度的影响。如果需要更加精确地计算结果，只能使用仿真软件。

3. 电感

首先，我们求解一下同轴线缆的单位长度电感。利用安培环路定理，可得

$$\oint_l \overrightarrow{B_x} \cdot \mathrm{d}\vec{l} = \mu I \Rightarrow B_x = \frac{\mu I}{2\pi x}(r \leqslant x \leqslant R) \tag{14-2-7}$$

式中，$\overrightarrow{B_x}$ 的方向与电流方向构成右手正交。则同轴线缆单位长度的磁通量 Φ_0 如下式：

$$\Phi_0 = \oint_S \overrightarrow{B_x} \cdot \mathrm{d}\vec{S} = \frac{\mu I}{2\pi}\ln\frac{R}{r} \tag{14-2-8}$$

根据 $\Phi = LI$，代入式（14-2-8），可知同轴线缆的单位长度电感 L_0 为

$$L_0 = \frac{\Phi_0}{I} = \frac{\mu}{2\pi}\ln\frac{R}{r} \tag{14-2-9}$$

式中，$\mu = \mu_0\mu_r$ 表示介质磁导率。

采用类似的方法，还可以计算出双圆杆型和圆杆—平面型的单位长度电感，如式（14-2-10）与式（14-2-11）所示。

$$L_0 = \frac{\mu}{\pi}\ln\frac{D-r}{r} \approx \frac{\mu}{\pi}\ln\frac{D}{r} \tag{14-2-10}$$

$$L_0 = \frac{\mu}{\pi}\ln\frac{2H-r}{r} \approx \frac{\mu}{\pi}\ln\frac{2H}{r} \tag{14-2-11}$$

至此，有读者可能会有疑惑：为什么要求解这些传输线的单位长度电容、电感？在下一节我们将会看到，传输线的特征阻抗与其单位长度电容、电感是密切相关的。

14.2.3　传输线模型

在上一节中，我们已经接触到传输线这个概念，但并没有解释到底什么是传输线（Transmission Line）。

其实，这涉及电路尺寸与信号波长之间的关系。一言以蔽之，就是当电路尺寸可以与信号波长相比较时，就必须考虑传输线效应，用分布参数代替集总参数。理论上，如果电路呈现分布参数特性，则应该使用电磁场方程描述；但是，对于传输线这类电路，在做一些合理假设的前提下，也可以采用传统的电路理论来分析。

1. 电报方程

假定一个由两条导线构成的均匀传输线，一根来线，一根回线，两根线具有相同的电气参数，只是电压/电流的参考方向不一样而已，如图 14-2-12 所示。

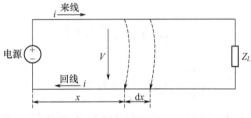

图 14-2-12　传输线示意图

为了使用电路模型进行描述，不妨假设均匀传输线是由一系列集总参数元件组成，其单位长度电阻、电感分别为 R_0、L_0，两线间的单位长度互容（漏电容）、电导（漏电阻）分别为 C_0、G_0。进一步，可以把整条传输线设想为由许多无穷小的长度元 dx 所构成，则每一长度元的电阻、电感、互容和电导分别是 R_0dx、L_0dx、C_0dx 和 G_0dx。这样，就得到了图 14-2-13 所示的电气模型。

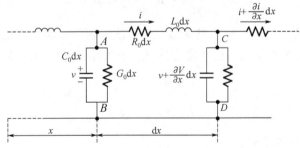

图 14-2-13　均匀传输线的电气模型

对回路 ACDBA 使用 KVL 定理，可得：

$$v - \left(v + \frac{\partial v}{\partial x}dx \right) = R_0dxi + L_0dx\frac{\partial i}{\partial t} \tag{14-2-12}$$

对节点 C 使用 KCL 定理，可得：

$$i - \left(i + \frac{\partial i}{\partial x}dx \right) = G_0dx\left(v + \frac{\partial v}{\partial x}dx \right) + C_0dx\frac{\partial}{\partial t}\left(v + \frac{\partial v}{\partial x}dx \right) \tag{14-2-13}$$

综合式（14-2-12）与（14-2-13）并约去 dx 及高阶无穷小，可得到如下方程组：

$$-\frac{\partial v}{\partial x} = R_0 i + L_0 \frac{\partial i}{\partial t} \tag{14-2-14a}$$

$$-\frac{\partial i}{\partial x} = G_0 v + C_0 \frac{\partial v}{\partial t} \tag{14-2-14b}$$

式（14-2-14）就是均匀传输线方程。最初，人们是在研究电报电话线路的时候提出的这组方程，故亦称电报方程。显然，这是一组偏微分方程，根据边界条件和初值条件就可以得到这组方程的解。但直观上不难想象，这组方程的解不仅与时间 t 相关，也与距离 x 相关。

2. 正弦稳态解

利用相量法，可以得到当传输线激励信号为正弦波情况下的稳态解，只需要对式（14-2-14）做一番改写，如下：

$$-\frac{d\dot{V}}{dx} = (R_0 + j\omega L_0)\dot{I} \triangleq Z_0 \dot{I} \tag{14-2-15a}$$

$$-\frac{d\dot{I}}{dx} = (G_0 + j\omega C_0)\dot{V} \triangleq Y_0 \dot{V} \tag{14-2-15b}$$

式中，$Z_0 = R_0 + j\omega L_0$ 表示单位长度阻抗，$Y_0 = G_0 + j\omega C_0$ 表示单位长度导纳。此时，相量 $\dot{V}$、$\dot{I}$ 仅仅为距离 x 的函数，故可把偏微分转化为常微分的形式。

将式（14-2-15）再对 x 求一次导数，得：

$$-\frac{d^2 \dot{V}}{dx^2} = Z_0 \frac{d\dot{I}}{dx} = -Z_0 Y_0 \dot{V} \tag{14-2-16a}$$

$$-\frac{d^2 \dot{I}}{dx^2} = Y_0 \frac{d\dot{V}}{dx} = -Z_0 Y_0 \dot{I} \tag{14-2-16b}$$

显然，式（14-2-16）已经转化为常系数二阶齐次方程了。而且很明显，$\dot{V}$、$\dot{I}$ 具有完全相同的通解结构，只是系数不同而已（由边界与初值条件决定）。其通解如下：

$$\dot{V} = A_1 e^{-\gamma x} + A_2 e^{\gamma x} \tag{14-2-17a}$$

$$\dot{I} = B_1 e^{-\gamma x} + B_2 e^{\gamma x} \tag{14-2-17b}$$

式中，$\gamma = \sqrt{Z_0 Y_0}$ 表示传播常数。

进一步，利用式（14-2-15a）与（14-2-17a），还可以推导出：

$$\dot{I} = -\frac{1}{Z_0} \frac{d\dot{V}}{dx} = \frac{\gamma}{Z_0}(A_1 e^{-\gamma x} - A_2 e^{\gamma x}) = \frac{A_1}{\sqrt{\dfrac{Z_0}{Y_0}}} e^{-\gamma x} - \frac{A_2}{\sqrt{\dfrac{Z_0}{Y_0}}} e^{\gamma x} \tag{14-2-18}$$

令 $Z_C = \sqrt{\dfrac{Z_0}{Y_0}}$，定义为传输线的"特征阻抗"或"波阻抗"，则式（14-2-18）可以简化为

$$\dot{I} = \frac{A_1}{Z_C} \mathrm{e}^{-\gamma x} - \frac{A_2}{Z_C} \mathrm{e}^{\gamma x} \qquad (14\text{-}2\text{-}19)$$

至于系数 A_1、A_2 的值，则根据边界和初值条件确定，比如知道传输线的始端电压 $\dot{V}_S$ 和电流 $\dot{I}_S$，则不难计算出：

$$A_1 = \frac{1}{2}(\dot{V}_S + Z_C \dot{I}_S) \qquad (14\text{-}2\text{-}20\text{a})$$

$$A_2 = \frac{1}{2}(\dot{V}_S - Z_C \dot{I}_S) \qquad (14\text{-}2\text{-}20\text{b})$$

反之，如果知道传输线的终端 $\dot{V}_L$ 和电流 $\dot{I}_L$，则不难计算出（l 表示传输线的长度）：

$$A_1 = \frac{1}{2}(\dot{V}_L + Z_C \dot{I}_L)\mathrm{e}^{\gamma l} \qquad (14\text{-}2\text{-}21\text{a})$$

$$A_2 = \frac{1}{2}(\dot{V}_L - Z_C \dot{I}_L)\mathrm{e}^{-\gamma l} \qquad (14\text{-}2\text{-}21\text{b})$$

从上述推导过程可以发现，由 R_0、L_0、C_0 和 G_0 可以得到 γ 和 Z_C。因此，我们又把 R_0、L_0、C_0 和 G_0 称为传输线的"原参数"，而把 γ 和 Z_C 称为"副参数"。显然，采用副参数描述传输线比原参数要更加简洁。

3. 特征阻抗

现在，我们已经知道 $Z_C = \sqrt{Z_0 \big/ Y_0}$ 表示传输线的特征阻抗，再代入 $Z_0 = R_0 + \mathrm{j}\omega L_0$ 和 $Y_0 = G_0 + \mathrm{j}\omega C_0$，可知：

$$Z_C = \sqrt{Z_0 \big/ Y_0} = \sqrt{\frac{R_0 + \mathrm{j}\omega L_0}{G_0 + \mathrm{j}\omega C_0}} \qquad (14\text{-}2\text{-}22)$$

对于无损线（$R_0 = G_0 = 0$）或低损线（$R_0 \ll \omega L_0$ 且 $G_0 \ll \omega C_0$），Z_C 可以简化为

$$Z_C = \sqrt{Z_0 \big/ Y_0} = \sqrt{\frac{R_0 + \mathrm{j}\omega L_0}{G_0 + \mathrm{j}\omega C_0}} \approx \sqrt{\frac{L_0}{C_0}} \qquad (14\text{-}2\text{-}23)$$

至此，我们将提高篇中的式（10-2-2）与上式进行对比不难发现，提高篇中的特征阻抗指的是无损线或低损线的情况。在通常的手机电路中，由于传输线的长度普遍较短（很少有超过 10inch 的情况），但频率较高，若不要求严格计算，基本上可以看成低损线。

另外，按照式（14-2-23）可知，无损线或低损线的特征阻抗其实就是单位长度电感除以单位长度电容后再开根号，这也是我们之前刻意求解一些特殊类型传输线的 C_0 和 L_0 的原因所在！

下面，给出一些特殊传输线的特征阻抗 Z_C，如图 14-2-14～图 14-2-17 所示。

笔者记得当初在学习传输线理论的时候，一直无法理解特征阻抗的物理含义，不知道这个特征阻抗如何等效成一个电路模型。后来，笔者终于发现问题的根源在于自己没有很好地理解信号路径（Signal Path）与返回路径（Return Path）的概念。

以图 14-2-15 所示的双圆杆型传输线为例，如果把左边的那根圆杆定义为信号路径，右边那根定义为返回路径。现在的问题是：信号到底是如何行进的？有人说，信号从电源出发，流经左边那根圆杆的全部长度，然后从右边那根圆杆返回至电源，如图 14-2-18 所示。

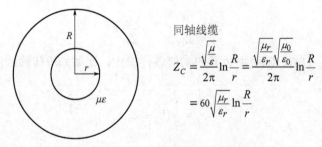

同轴线缆

$$Z_C = \frac{\sqrt{\frac{\mu}{\varepsilon}}}{2\pi} \ln \frac{R}{r} = \frac{\sqrt{\frac{\mu_r}{\varepsilon_r}}\sqrt{\frac{\mu_0}{\varepsilon_0}}}{2\pi} \ln \frac{R}{r}$$

$$= 60 \sqrt{\frac{\mu_r}{\varepsilon_r}} \ln \frac{R}{r}$$

图 14-2-14　同轴线缆的特征阻抗

双圆杆型

$$Z_C = \frac{\sqrt{\frac{\mu}{\varepsilon}}}{\pi} \ln \frac{D-r}{r} = \frac{\sqrt{\frac{\mu_r}{\varepsilon_r}}\sqrt{\frac{\mu_0}{\varepsilon_0}}}{\pi} \ln \frac{D-r}{r} \approx 120 \sqrt{\frac{\mu_r}{\varepsilon_r}} \ln \frac{D}{r}$$

图 14-2-15　双圆杆的特征阻抗

圆杆—平面型

$$Z_C = \frac{\sqrt{\frac{\mu}{\varepsilon}}}{\pi} \ln \frac{2H-r}{r} = \frac{\sqrt{\frac{\mu_r}{\varepsilon_r}}\sqrt{\frac{\mu_0}{\varepsilon_0}}}{\pi} \ln \frac{2H-r}{r} \approx 120 \sqrt{\frac{\mu_r}{\varepsilon_r}} \ln \frac{2H}{r}$$

图 14-2-16　圆杆—平面型的特征阻抗

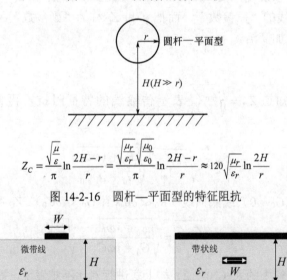

微带线
ε_r

$$Z_C = \frac{87}{\sqrt{1.41+\varepsilon_r}} \ln \frac{7.5H}{W}$$

带状线
ε_r

$$Z_C = \frac{60}{\sqrt{\varepsilon_r}} \ln \frac{2.4H}{W}$$

图 14-2-17　微带线和带状线的特征阻抗（不考虑 μ_r 及导线厚度的影响）

图 14-2-18　双圆杆型传输线的假想电流回路

很显然，图 14-2-18 中的电流回路就是我们对于常规电路的理解。但不妨想一想，当信号在 Signal Path 上前进的时候，是不是会在 Signal Path 和 Return Path 之间形成电场？显然，当信号尚未走到的地方，肯定没有电场；但当信号走到后，如果要形成电场，是不是就要产生从 Signal Path 指向 Return Path 的位移电流 $i_D = \oint_S \dfrac{\partial \vec{D}}{\partial t} \cdot \mathrm{d}\vec{S}$？因此，真实的电流回流路径应该如图 14-2-19 所示，其中 i_C 表示传导电流。

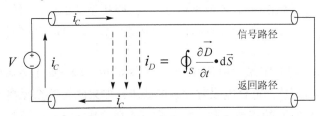

图 14-2-19　双圆杆型传输线的真实电流回路

进一步地，还可以证明传导电流与位移电流相等，所以磁场储能与电场储能也相等，有兴趣的读者可以参考相关教材，笔者不再赘述。

回过头来想一想，这与平板电容器模型是不是很相像？电源加载在 Signal Path 与 Return Path 之间，但只有在波前那一点才有位移电流，才能构成电流回路。事实上，传输线特征阻抗 Z_C 表达的是信号在线上传播时，波前那一点所遇到的阻抗，从回路的角度理解，就是波前那一点在 Signal Path 与 Return Path 之间的阻抗，故而 Z_C 也被称为"波阻抗"。因此，如果非要把 Z_C 用电路回流的概念来理解，则它应该跨接在 Signal Path 与 Return Path 之间，其上流过的是位移电流。

笔者的一位徒弟曾说，他在学习传输线理论的时候曾听老师说过，把一根特征阻抗为 Z_C 的传输线截断，则每一小段的特征阻抗仍然为 Z_C。他那时怎么也不能理解这句话。现在，利用位移电流的概念，把特征阻抗看成波前那一点所遇到的阻抗，这个问题不就迎刃而解吗？所以，笔者想说：数学方程很重要，但物理概念对于工程师更重要！只有真正理解了物理概念，将工程问题转化为物理模型，才能激发我们的直觉，找到解决问题的方向，数学方程不过是在需要的时候查一查而已。

4．行波

根据式（14-2-17），可以把电压、电流相量写成如下形式：

$$\dot{V} = A_1 \mathrm{e}^{-\gamma x} + A_2 \mathrm{e}^{\gamma x} \triangleq \dot{V}^+ + \dot{V}^- \qquad (14\text{-}2\text{-}24\mathrm{a})$$

$$\dot{I} = B_1 \mathrm{e}^{-\gamma x} + B_2 \mathrm{e}^{\gamma x} = \frac{A_1}{Z_C} \mathrm{e}^{-\gamma x} - \frac{A_2}{Z_C} \mathrm{e}^{\gamma x} \triangleq \dot{I}^+ + \dot{I}^- \qquad (14\text{-}2\text{-}24\mathrm{b})$$

以式（14-2-24a）进行分析：

$$\dot{V}^+ = A_1 \mathrm{e}^{-\gamma x} = \left| A_1 \right| \mathrm{e}^{\mathrm{j}\psi_+} \mathrm{e}^{-\gamma x} \triangleq V^+ \mathrm{e}^{\mathrm{j}\psi_+} \mathrm{e}^{-\gamma x} \qquad (14\text{-}2\text{-}25\mathrm{a})$$

$$\dot{V}^- = A_2 \mathrm{e}^{\gamma x} = \left| A_2 \right| \mathrm{e}^{\mathrm{j}\psi_-} \mathrm{e}^{\gamma x} \triangleq V^- \mathrm{e}^{\mathrm{j}\psi_-} \mathrm{e}^{\gamma x} \qquad (14\text{-}2\text{-}25\mathrm{b})$$

将传播常数 $\gamma = \sqrt{Z_0 Y_0} \triangleq \alpha + \mathrm{j}\beta$ 代入式（14-2-25）中，可得：

$$\dot{V} = V^+ \mathrm{e}^{\mathrm{j}\psi_+} \cdot \mathrm{e}^{-\gamma x} + V^- \mathrm{e}^{\mathrm{j}\psi_-} \cdot \mathrm{e}^{\gamma x} = V^+ \mathrm{e}^{-\alpha x} \mathrm{e}^{\mathrm{j}(\psi_+ - \beta x)} + V^- \mathrm{e}^{\alpha x} \mathrm{e}^{\mathrm{j}(\psi_- + \beta x)} \tag{14-2-26}$$

将式（14-2-26）的相量形式改写为时间函数形式，可得：

$$V(t) = V(t)^+ + V(t)^- = V^+ \mathrm{e}^{-\alpha x} \sin(\omega t - \beta x + \psi_+) + V^- \mathrm{e}^{\alpha x} \sin(\omega t + \beta x + \psi_-) \tag{14-2-27}$$

说明一点，很多资料会在 V^+、V^- 前乘以 $\sqrt{2}$。按照相量法的要求，的确应乘以 $\sqrt{2}$，但这其实只是增加一个系数而已，对于分析问题没有区别。从书写简洁的角度出发，我们就省略不乘了。

仔细分析式（14-2-27）中第一项 $V(t)^+ = V^+ \mathrm{e}^{-\alpha x} \sin(\omega t - \beta x + \psi_+)$ 不难发现，它既是时间 t 的函数，也是距离 x 的函数，符合电报方程解的要求。如果固定某个距离 $x=x_1$ 观察，则 $V(t)^+$ 在该点的振动位置将是时间的正弦函数；如果在某个固定瞬间 $t = t_1$ 观察，则 $V(t)^+$ 沿水平方向随 x 变化呈衰减正弦波变化，因此 α 也称为衰减常数。但对于无损线或者低损线（$\alpha \to 0$），则为不衰减的正弦波。

事实上，根据物理学知识，我们知道函数 $\sin(\omega t - \beta x)$ 其实就是一个随时间 t 增加向 x 轴正方向运动的正弦波！而 Ψ_+ 仅仅是初相位，与边界及初值条件相关，但并不会改变波动的形式。因此，也把 $V(t)^+$ 称为入射波，表示从始端向终端移动的正向行波，如图 14-2-20 所示。

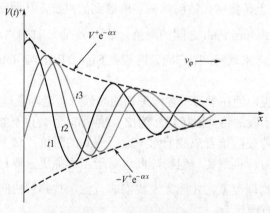

图 14-2-20　入射波沿线传播示意图

图中，虚线表示 $V(t)^+$ 的包络线，三条曲线分别表示 t_1、t_2、t_3 三个时刻（$t_1 < t_2 < t_3$），$V(t)^+$ 沿线的传播情况。

与此同时，还可以求出入射波的传播速度 v_φ，其实也就是一个固定相位点的移动速度，简称"相速"。假定在某瞬间 t 和 $t+\mathrm{d}t$，对应的距离分别为 x 和 $x+\mathrm{d}x$。由于两个点相位相同，故：

$$\omega t - \beta x + \Psi_+ = \omega(t + \mathrm{d}t) - \beta(x + \mathrm{d}x) + \Psi_+$$

从而有

$$v_\varphi = \lim_{\mathrm{d}t \to 0} \frac{\mathrm{d}x}{\mathrm{d}t} = \frac{\omega}{\beta} \tag{14-2-28}$$

因此，β 也称为"相位常数"。再考虑到波速与波长、频率的关系 $v_\varphi = \lambda f$，不难得到：

$$\lambda = \frac{2\pi}{\beta} \qquad (14-2-29)$$

同样的分析方法，根据 $V(t)^-$ 的方程知道它也是一种行波，但由于其 αx 和 βx 的符号与 $V(t)^+$ 恰恰相反，所以可以把 $V(t)^-$ 看成沿 x 轴负方向，以相同相速 v_φ 传播的衰减波，即从终端向始端移动的负向行波。通常，我们把 $V(t)^-$ 称为反射波。

对于电流 $I(t)$，也可以分解成入射电流 $I(t)^+$ 和反射电流 $I(t)^-$ 两部分，并且根据式（14-2-24）可知：

$$I(t)^+ = \frac{V(t)^+}{Z_C} \qquad I(t)^- = -\frac{V(t)^-}{Z_C} \qquad (14-2-30)$$

说明一点，本书把总电流定义为式（14-2-24）所示的入射电流与反射电流相加的形式，但也有教材把总电流定义为入射电流与反射电流相减的形式，即 $I(t) \triangleq I(t)^+ - I(t)^-$，此时 $I(t)^- = \frac{V(t)^-}{Z_C}$。

其实，这取决于入射电流与反射电流参考方向的选择问题。如果定义两者的参考方向相同（如冯慈璋的《电磁场》第二版），则采用相加形式，但实际的反射电流取负号，表明它与参考方向相反；如果定义两者参考方向相反（如邱关源的《电路》第三版），自然是采用相减的形式。从物理概念上分析，反射与入射的方向肯定是相反的（否则就不会叫反射了），所以用相减的形式更能体现物理概念。但从数学形式的美感上看，定义反射电流与入射电流的参考方向一致，可以获得与电压方程一模一样的表达式，更具统一性。

另外根据式（14-2-30）可知，传输线的特征阻抗 $Z_C = \frac{V(t)^+}{I(t)^+} = \frac{-V(t)^-}{I(t)^-} \neq \frac{V(t)}{I(t)}$，只有在没有反射电压/电流的情况下，才有 $Z_C = \frac{V(t)^+}{I(t)^+} = \frac{V(t)}{I(t)}$。

有了入射波与反射波的概念后，就可以引入下一个内容：反射系数。

5. 反射系数

在入门篇的 2.6.2 节已经提到过反射系数的概念，并给出了反射系数的表达式。现在，让我们来推导一下这个表达式。

以电压为例，首先定义传输线上任一点的反射系数为该点的反射波相量与入射波相量之比，即 $\rho_V = \frac{V^-}{V^+}$。然后，假设传输线长度为 l，特征阻抗为 Z_C，求在距离始端 x 处的电压反射系数，如图 14-2-21 所示。

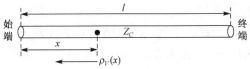

图 14-2-21　传输线的电压反射系数

$$\rho_V(x) = \frac{\dot{V}^-}{\dot{V}^+} = \frac{A_2 e^{\gamma x}}{A_1 e^{-\gamma x}} = \frac{A_2}{A_1} e^{2\gamma x} \qquad (14\text{-}2\text{-}31)$$

将式（14-2-21）代入上式，可得：

$$\rho_V(x) = \frac{\dot{V}^-}{\dot{V}^+} = \frac{(\dot{V}_L - Z_C \dot{I}_L) e^{-\gamma l}}{(\dot{V}_L + Z_C \dot{I}_L) e^{\gamma l}} e^{2\gamma x} = \frac{\dot{I}_L(Z_L - Z_C)}{\dot{I}_L(Z_L + Z_C)} e^{-2\gamma(l-x)} = \frac{Z_L - Z_C}{Z_L + Z_C} e^{-2\gamma(l-x)} \qquad (14\text{-}2\text{-}32)$$

式（14-2-32）就是以终端阻抗 Z_L 和传输线特征阻抗 Z_C 所表示的传输线上任一点 x 的电压反射系数 $\rho_V(x)$，显然它是一个复数。

对于 $x = l$ 的特殊情况（传输线终端），通常简记为 ρ_V。代入方程（14-2-32）可知，终端电压反射系数 $\rho_V = (Z_L - Z_C)/(Z_L + Z_C)$，它退化为一个实数。如果满足 $Z_L = Z_C$（称为阻抗匹配），则 $\rho_V = 0$，表明负载把入射波全部吸收，传输线上不存在反射电压；如果终端开路 $Z_L = +\infty$，则 $\rho_V = 1$，表明负载把入射波全部反射回去；如果终端短路 $Z_L = 0$，则 $\rho_V = -1$，表明负载把入射波倒相后全部反射回去。对于源端驱动器，也可以采用类似的分析方法，得到源端反射系数，不再赘述。

对于传输线上的电流，参考电压反射系数的定义方法，定义电流反射系数为反射电流相量与入射电流相量之比 $\rho_I = \frac{\dot{I}^-}{\dot{I}^+}$。然后，代入式（14-2-19）与式（14-2-21），很容易计算出 $\rho_I = -\rho_V$。但要再次说明一下，本书是按照 $I(t) \triangleq I(t)^+ + I(t)^-$ 定义参考方向的，如果改为 $I(t) \triangleq I(t)^+ - I(t)^-$，则 $\rho_I = \rho_V$。

有了反射系数后，可以把传输线上任一点的电压、电流写成如下表达式：

$$\dot{V}(x) = \dot{V}^+(x) + \rho_V(x)\dot{V}^+(x) = [1 + \rho_V(x)]\dot{V}^+(x) \qquad (14\text{-}2\text{-}33a)$$

$$\dot{I}(x) = \dot{I}^+(x) + \rho_I(x)\dot{I}^+(x) = [1 + \rho_I(x)]\dot{I}^+(x) \qquad (14\text{-}2\text{-}33b)$$

$$Z_{IN}(x) = \frac{\dot{V}(x)}{\dot{I}(x)} = \frac{[1 + \rho_V(x)]\dot{V}^+(x)}{[1 + \rho_I(x)]\dot{I}^+(x)} = Z_C \frac{1 + \rho_V(x)}{1 - \rho_V(x)} = Z_C \frac{1 + \rho_V e^{-2\gamma(l-x)}}{1 - \rho_V e^{-2\gamma(l-x)}} \qquad (14\text{-}2\text{-}33c)$$

式中，$Z_{IN}(x)$ 表示从传输线上任一点处 x 向终端看过去的输入阻抗。显然，$Z_{IN}(x)$ 与特征阻抗 Z_C 及反射系数 $\rho_V(x)$ 都相关，并且传输线扮演了一个阻抗变换器的角色，将负载阻抗变换成式（14-2-33c）所示的阻抗。

对于 $x = 0$ 的特例，则表示从始端向终端看过去的输入阻抗，有

$$Z_{IN}(0) = \frac{\dot{V}(0)}{\dot{I}(0)} = Z_C \frac{1 + \rho_V(0)}{1 - \rho_V(0)} = Z_C \frac{1 + \rho_V e^{-2\gamma l}}{1 - \rho_V e^{-2\gamma l}} \qquad (14\text{-}2\text{-}33d)$$

对于阻抗匹配（$Z_L = Z_C$）的情况，终端反射系数 $\rho_I = \rho_V = 0$。此时传输线上只有入射波，没有反射波，并且恒有 $Z_{IN}(x) = Z_C$，即传输线上任一点的输入阻抗都等于其特征阻抗。

但在一般情况下，如果笼统地说"传输线阻抗"，别人就可能搞不清楚到底指的是特征阻抗 Z_C 还是输入阻抗 Z_{IN} 了。因此笔者觉得，工程师不要怕麻烦，还是说全了、说清楚一点好。

6. 波速

在前面分析行波的时候，我们得到了传输线上的信号波速 $v_\varphi = \omega/\beta$。很明显，这是用传输线副参数表达的公式。但从物理概念上讲，如果能用原参数表达，则更加直观。

根据 $\gamma = \sqrt{Z_0 Y_0} \triangleq \alpha + j\beta$，代入 $Z_0 = R_0 + j\omega L_0$ 和 $Y_0 = G_0 + j\omega C_0$，再经过一系列复杂的计算过程，就可以得到如下表达式：

$$\alpha = \sqrt{\frac{1}{2}\left[R_0 G_0 - \omega^2 L_0 C_0 + \sqrt{(R_0^2 + \omega^2 L_0^2)(G_0^2 + \omega^2 C_0^2)} \right]} \qquad (14\text{-}2\text{-}34a)$$

$$\beta = \sqrt{\frac{1}{2}\left[\omega^2 L_0 C_0 - R_0 G_0 + \sqrt{(R_0^2 + \omega^2 L_0^2)(G_0^2 + \omega^2 C_0^2)} \right]} \qquad (14\text{-}2\text{-}34b)$$

其中，α 的单位为 Np/长度（Np，奈培），β 的单位为 rad/长度。关于 Np 的定义以及上式的具体推导过程，可参见邱关源《电路》第三版的附录。

然后，把式（14-2-34b）代入 $v_\varphi = \omega/\beta$ 就可以得到 v_φ 与传输线原参数之间的关系了。对于无损线（$R_0 = G_0 = 0$）或者无畸变线（$R_0/G_0 = L_0/C_0$），有一个非常简洁的表达式：

$$v_\varphi = \frac{\omega}{\beta} = \frac{1}{\sqrt{L_0 C_0}} \qquad (14\text{-}2\text{-}35)$$

由式（14-2-23）与式（14-2-35）可以看出，传输线的单位长度电感、电容不仅决定了传输线的特征阻抗，也决定了传输线上的信号传播速度！在 Eric Bogatin 博士的著作中，就是采用 L_0、C_0 等原参数描述传输线的。

事实上，根据电报方程，纯粹利用数学知识也可以获得式（14-2-35）。由于式（14-2-14）的每个方程中既有 v 又有 i，相当于一个二元一次方程组，所以需要把它转化为只含有 v 或 i 的方程。为此，将式（14-2-14）分别对时间 t 和空间坐标 x 求偏导，然后综合在一起，就可以得到如下方程组：

$$\frac{\partial^2 v}{\partial x^2} = L_0 C_0 \frac{\partial^2 v}{\partial t^2} + (R_0 C_0 + G_0 L_0)\frac{\partial v}{\partial t} + R_0 G_0 v \qquad (14\text{-}2\text{-}36a)$$

$$\frac{\partial^2 i}{\partial x^2} = L_0 C_0 \frac{\partial^2 i}{\partial t^2} + (R_0 C_0 + G_0 L_0)\frac{\partial i}{\partial t} + R_0 G_0 i \qquad (14\text{-}2\text{-}36b)$$

由式（14-2-36）可见，传输线的电压与电流满足同一个偏微分方程（所以电压波与电流波的传播速度完全相同），只是电压与电流各自的初值条件不一样而已。进一步，对于无损线或低损线，可以把上式进一步简化：

$$\frac{\partial^2 v}{\partial x^2} = L_0 C_0 \frac{\partial^2 v}{\partial t^2} \qquad (14\text{-}2\text{-}37a)$$

$$\frac{\partial^2 i}{\partial x^2} = L_0 C_0 \frac{\partial^2 i}{\partial t^2} \qquad (14\text{-}2\text{-}37b)$$

观察式（14-2-37）可知，它是一维波动方程。如果读者朋友对一维波动方程很熟悉的话，可以迅速写出 $1/v_\varphi^2 = L_0 C_0$，于是很自然地就得到了式（14-2-35）。

至此，我们对传输线理论中的基本内容进行了较为详细的讨论，后面将会看到，这些内容对于我们手机硬件研发工程师具有重要作用。关于传输线更详细的分析，有兴趣的读者可以参考相关教材。

14.2.4　手机中的传输线

在手机硬件设计中，特别对于高速信号的布局布线，一定要考虑传输线效应。但是，必须先确定，手机中有哪些走线属于传输线类型。

首先，通过上面的分析，我们已经知道传输线有几个基本特质：特征阻抗、反射系数、传播速度等。不难推测，只要在 PCB 布局布线设计时考虑到上述这几点的，就很可能是传输线。

如果负载端的反射系数不为 0，就表明负载没有充分吸收驱动端发出的功率，从能量传输的角度而言，我们当然不希望出现这种情况。因此，我们总是要求负载阻抗与传输线特征阻抗相等，即 $Z_L=Z_C$。但是，传输线的特征阻抗基本是固定的（单端传输线的特征阻抗通常为 50 Ω），而负载阻抗则不一定。为此，就要在传输线与负载中间插入阻抗变换网络，把负载阻抗变换成传输线所要求的特征阻抗。由此可见，凡是插入阻抗变换网络的走线，如手机 Transceiver、RF PA 与天线之间的连线，它们肯定是传输线。事实上，提高篇的 9.4.1 节已经提及阻抗变换网络，只不过那时是从最大功率发射的角度提出的。

另外，诸如 USB 线、MIPI 线，凡是要求进行阻抗控制的线，肯定也是属于传输线范畴的。比如 USB 线的单端阻抗规定为 50 Ω，差分阻抗为 90～95 Ω（由于两根信号线之间的耦合，导致其差分阻抗要略小于两倍的单端阻抗，我们将在后面的奇模/偶模传输状态中进行分析）。

那么 CPU 与 Transceiver 之间的 I/Q 线是不是传输线呢？其实，有经验的工程师只要猜一猜就知道 I/Q 线不是传输线了。我们知道，I/Q 是模拟信号，要求保护并尽量缩短长度，防止被干扰。但我们从没有听说哪个 Layout 工程师要求对 I/Q 线进行阻抗控制的，由此说明 I/Q 线没有特征阻抗的概念，又怎么可能是传输线呢？再加上 I/Q 信号带宽很低，线长又短，也不符合传输线的特征。

CPU 与 DDR SDRAM 之间的走线是否是传输线？如果从特征阻抗的角度看，可能有人认为它们不属于传输线，因为实际手机中的 CPU 与 Memory 走线基本都没有实施阻抗控制。但事实上，从信号带宽、走线长度等角度看，它们肯定属于传输线的范畴。那么为什么不进行阻抗控制？其实，这不是 Layout 工程师不想进行控制，而是没法控制。在上一节我们已经看到，手机中的传输线多以微带线或带状线的形式存在，其特征阻抗与单位长度电感、电容相关，而单位长度的电感、电容又取决于 PCB 的介质材料（μ、ε）、介质厚度（H）、线宽（W）等因素。从图 14-2-17 可以明显看出，介质厚度与线宽的比值对微带线和带状线的特征阻抗影响最大。但是，手机 PCB 的厚度与走线宽度都是有一定限制的，特别是厚度受限，如果要严格控制阻抗，就需要把相邻层的铜箔掏空（如 Transceiver←→RF PA←→天线之间的射频线）。这样一来，就会不可避免地压缩其他走线的面积。而 CPU 与 Memory 之间的走线又特别多，如果每根线都进行严格的阻抗控制，哪里还有其他走线的位置呢？因此，Layout 工程师只能退而求其次，不强求阻抗控制，改为平行走线并确保长度相等。平行走线有利于保持阻抗的连续性，消除反射现象；等长控制则可以确保比特序列或位序模式匹配，道理很简单：如果各个数据线之间长度相差很大，信号到达负载（CPU 或者 DDR SDRAM）的时间就会不同。在某个微观时刻上，一根数据线引脚上是当前比特，但另一根数据线引脚可能还是上一个比特，这将导致数据混乱。

14.3　反射与端接

14.3.1　反射的机理

在上一节，我们利用相量法分析了传输线的正弦稳态解，然后从行波的角度出发，定义并求解了传输线上任一点的反射系数及传输线上信号的传播速度等参数。显然，用相量法分析类似电力系统这种单音信号的传输线非常方便。

但在手机电路中，除了 Transceiver⟷RF PA⟷天线之间的射频线，其他传输线上的信号都不是单音信号，对于这些非单音信号的传输线是不可能有正弦稳态解的！那么，对于这些传输线，是否存在反射系数？

答案是肯定的：依然存在反射系数！

在本章开始的时候，我们曾举过一个阻抗匹配不佳导致振铃现象的例子，说明非正弦信号也有反射问题。事实上，根据傅里叶的观点，可以把信号看成一系列正弦波组成，只不过周期信号由离散谱组成，而非周期信号由连续谱组成。显然，对任意一个谱点（正弦波分量）都存在反射的概念，那对于整体而言自然也存在反射的概念了。

在数学上，可以直接求解式（14-2-37），有兴趣的读者可以参阅有关数学物理方程的教材，笔者直接给出其通解，如下式：

$$v(x,t) = f_1(x - v_\varphi t) + f_2(x + v_\varphi t) \triangleq v(x,t)^+ + v(x,t)^- \tag{14-3-1a}$$

$$i(x,t) = \sqrt{\frac{C_0}{L_0}} \left[f_1(x - v_\varphi t) - f_2(x + v_\varphi t) \right] \triangleq i(x,t)^+ + i(x,t)^- \tag{14-3-1b}$$

其中，$v_\varphi = \dfrac{1}{\sqrt{L_0 C_0}}$ 表示波的传播速度，而函数 f_1、f_2 均为任意的，要根据具体的边界条件确定。

以 $v(x,t)^+$ 为对象进行分析。假定在某瞬间 t_0，电压分量 $v(x,t_0)^+ = f_1(x - v_\varphi t_0)$，如图 14-3-1 中实线所示：

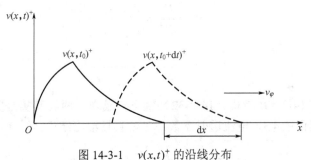

图 14-3-1　$v(x,t)^+$ 的沿线分布

在 $t_0+\mathrm{d}t$ 时，电压分量 $v(x, t_0 + \mathrm{d}t)^+ = f_1(x - v_\varphi \mathrm{d}t - v_\varphi t_0) = f_1(x - \mathrm{d}x - v_\varphi t_0)$，如图 14-3-1 中虚线所示。

由图 14-3-1 可以看出，$v(x, t_0 + \mathrm{d}t)^+$ 与 $v(x,t_0)^+$ 的沿线分布规律完全相同，只是前者比后者在 x 的增加方向上移动了一个距离 $\mathrm{d}x = v_\varphi \mathrm{d}t$ 而已。所以，可以把 $v(x,t)^+$ 看成沿 x 轴正方向移动的入射波，其波速为 v_φ。

同样的分析方法，可以推导出 $v(x,t)^-$ 是沿 x 轴负方向移动的反射波，且与 $v(x,t)^+$ 的波速相同。另外，由式（14-3-1）可以得知：

$$\frac{v(x,t)^+}{i(x,t)^+} = -\frac{v(x,t)^-}{i(x,t)^-} = Z_C = \sqrt{\frac{L_0}{C_0}} \tag{14-3-2}$$

由此，我们证明了不仅是正弦稳态过程，对于传输线上任意信号的暂态过程，都可以看成由入射波+反射波所组成，并且反射系数的定义、公式与正弦稳态完全相同。

至此，我们从数学方程的角度出发，分析了反射的概念。但是从物理模型的角度出发，该如何理解反射呢？最直观的一个问题就是：为什么负载阻抗不等于传输线特征阻抗时会产生反射？

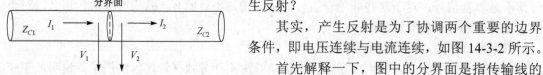

图 14-3-2　反射示意图

其实，产生反射是为了协调两个重要的边界条件，即电压连续与电流连续，如图 14-3-2 所示。

首先解释一下，图中的分界面是指传输线的特征阻抗不连续点，即 $Z_{C1} \neq Z_{C2}$。

根据电磁学原理，电场强度是电位的负梯度（$E = -\nabla U$），如果在分界面出现电压不连续，即 $V_1 \neq V_2$，则此处的电场强度将是无穷大，这显然不可能！同理，如果分界面的电流不连续，即 $I_1 \neq I_2$，则此处的磁场强度将是无穷大，这也是不可能的。因此，在分界面上，必定同时满足 $V_1 = V_2$ 与 $I_1 = I_2$。

假定信号从 Z_{C1} 跨越分界面到达 Z_{C2} 的时候没有产生反射，则必然有 $V_1 = V_1^+ + V_1^- = V_1^+$ 及 $I_1 = I_1^+ + I_1^- = I_1^+$。于是，$V_1 = V_1^+ = Z_{C1} I_1^+ = Z_{C1} I_1$。

考虑到电压连续 $V_1 = V_2$ 且 $V_2 = Z_{C2} I_2$，则必然有 $Z_{C1} I_1 = Z_{C2} I_2$。再考虑到电流连续 $I_1 = I_2$，便可推知 $Z_{C1} = Z_{C2}$，这与已知的条件 $Z_{C1} \neq Z_{C2}$ 不符合。

因此，为了保证电压与电流的连续性，在阻抗不连续的分界面上必定要产生反射！不妨验证一下，$V_1 = V_1^+ + V_1^- = Z_{C1} I_1^+ - Z_{C1} I_1^- = Z_{C1} (I_1^+ - I_1^-)$，$V_2 = V_2^+ = Z_{C2} I_2^+$。再代入电压/电流连续条件，就可以得到分界面的电压/电流反射系数：

$$\rho_V = \frac{V_1^-}{V_1^+} = \frac{Z_{C2} - Z_{C1}}{Z_{C2} + Z_{C1}} \tag{14-3-3a}$$

$$\rho_I = \frac{I_1^-}{I_1^+} = -\frac{Z_{C2} - Z_{C1}}{Z_{C2} + Z_{C1}} \tag{14-3-3b}$$

现在，对比式（14-3-3）与式（14-2-32）就不难发现，两者其实是完全一致的。与此同时，还可以得到分界面的电压/电流透射系数，笔者直接给出结论：

$$\tau_V = \frac{V_2^+}{V_1^+} = \frac{2Z_{C2}}{Z_{C1} + Z_{C2}} = 1 + \rho_V \tag{14-3-4a}$$

$$\tau_I = \frac{I_2^+}{I_1^+} = \frac{2Z_{C1}}{Z_{C1} + Z_{C2}} = 1 + \rho_I \tag{14-3-4b}$$

通常，也把 $-20 \lg \tau$ 称为插入损耗（Insertion Loss），表示信号经过分界面后的损失。至于分界面上，由于电压/电流连续，所以一定满足功率守恒原则，即 $P = V_1 I_1 = V_2 I_2$，则

$$(V_1^+ + V_1^-) \frac{(V_1^+ - V_1^-)}{Z_{C1}} = V_2^+ \frac{V_2^+}{Z_{C2}}$$

整理后可得：

$$\frac{(V_1^+)^2}{Z_{C1}} - \frac{(V_1^-)^2}{Z_{C1}} = \frac{(V_2^+)^2}{Z_{C2}} \tag{14-3-5a}$$

代入 $V_1^- = \rho_V V_1^+$ 可得：

$$\frac{(V_1^+)^2}{Z_{C1}}(1-\rho_V^2)=\frac{(V_2^+)^2}{Z_{C2}} \qquad (14\text{-}3\text{-}5b)$$

从功率传输的角度分析，电源提供的功率分为两部分，一部分形成透射波继续向前传输，另一部分则变成反射波返回到电源。所以，保持传输线的阻抗连续（消除反射）具有非常重要的意义！事实上，不仅是传输线自身的阻抗连续，传输线末端的负载阻抗也应该与传输线阻抗连续（相等），从而避免不必要的功率损耗。

在对手机电路的传输线进行布线时，我们通常会要求 Layout 工程师不要经常换层（换层需要打过孔），其原因就在于每个过孔都具有一定大小的容性或感性，相当于一个阻抗不连续点。显然，过孔越多，阻抗不连续的情况越糟糕，极端情况下会导致严重的反射与功率损耗。

14.3.2 反射图

本节，我们利用反射概念来分析一下时域反射图。首先，假定源端阻抗 $Z_S=0$、负载阻抗 $Z_L=\infty$（相当于空载），电压反射图如图 14-3-3 所示。

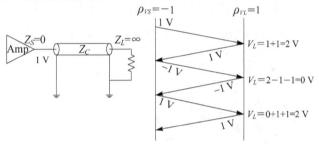

图 14-3-3 $Z_S=0$、$Z_L=\infty$ 的电压反射图

由反射图可见，负载电压在 2 V、0 V 之间振荡，而振荡周期就为 4 倍的传输延时（信号从源端传到负载再反射回源端，一来一回构成半个周期）。同理，只要把电压反射系数取反，就可以画出电流反射图，如图 14-3-4 所示。

如果从平均值的角度来看反射图，负载电压 $V_L=(2+0)/2=1$ V、负载电流 $I_L=0$ A，正好与集总参数计算的值相同。

对于负载短路 $Z_L=0$ 的情况（仍然假定 $Z_S=0$），同样地利用反射图，可以知道电流反射系数 $\rho_{IS}=\rho_{IL}=1$，而电压反射系数 $\rho_{VS}=\rho_{VL}=-1$。故每经过一次反射，不管是在源端还是在负载端，电流都会增加，而电压一正一负相互抵消。所以，经过若干次反射后，负载电压恒定为 0，而负载电流趋向无穷大。显然，这符合负载短路的特点。

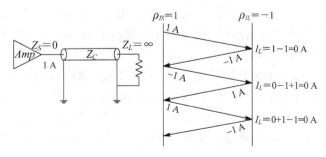

图 14-3-4 $Z_S=0$、$Z_L=\infty$ 的电流反射图

最后，让我们分析一下 $Z_L=R$ 的情况（仍然假定 $Z_S=0$），其电流反射图如图 14-3-5 所示。

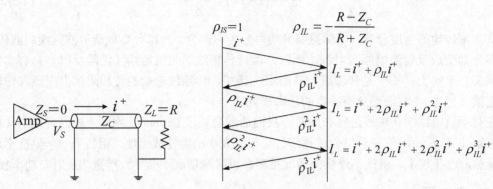

图 14-3-5　$Z_S=0$、$Z_L=R$ 的电流反射图

从反射图中可以看出，经过若干次反射后，负载端的电流满足下式：

$$I_L = i^+ + 2\rho_{IL}i^+ + 2\rho_{IL}^2 i^+ + 2\rho_{IL}^3 i^+ + \cdots + 2\rho_{IL}^n i^+ + \cdots$$
$$= i^+\left[1 + 2\rho_{IL}\left(1 + \rho_{IL} + \rho_{IL}^2 + \rho_{IL}^3 + \cdots + \rho_{IL}^n + \cdots\right)\right]$$
$$= i^+ \frac{1+\rho_{IL}}{1-\rho_{IL}}$$

再代入 $i^+ = \dfrac{V_S}{Z_C}$ 与 $\rho_{IL} = -\dfrac{R-Z_C}{R+Z_C}$，可知：

$$I_L = i^+ \frac{1+\rho_{IL}}{1-\rho_{IL}} = \frac{V_S}{Z_C}\frac{Z_C}{R} = \frac{V_S}{R} \tag{14-3-6}$$

观察式（14-3-6），这不就是直流电路的结果吗？并且通过这个例题可以知道，传输线的特征阻抗与一般意义上的阻抗不是一个概念，否则负载电流就变成 $V_S/(Z_C+R)$ 了。对于负载端的电压反射图，读者朋友可以自己计算，由于源端电压反射系数 $\rho_{VS} = -1$，所以一来一回相互抵消，故最终一定会有 V_L 收敛于 V_S。

在上面几个例子中，我们都是假定放大器的输出阻抗 $Z_S=0$。但实际芯片的输出/输入阻抗不会为 0，所以源端/负载端反射系数不为±1。我们知道，手机传输线的特征阻抗通常设定在 50 Ω（单端接法），而芯片输出阻抗在 10～50 Ω、输入阻抗则在 100 kΩ 以上。所以，在不进行端接匹配的情况下，源端电压反射系数多为负数，而负载端电压反射系数接近 1。

读者朋友可以自己试着画一下这种情况下的电压反射图，或者参考 Bogatin 博士的著作 8.5 节笔者直接给出负载端的电压波形，它基本上呈现如图 14-3-6 所示的状态（因为一来一回两个单程的距离，所以 $T_d = 2l/v_\varphi$）。

通常，我们把图 14-3-6 所示的波形起伏现象称为 Ring（振铃）或者 Overshot（过冲）。直观上不难想象，反射系数越接近±1，则 Ring 或者 Overshot 就越严重，极端情况下甚至导致接收端的门电路误触发。除此以外，过冲还会带来额外的噪声干扰。因此，实现阻抗匹配不仅有利于降低功率传输损耗，对于降低各种辐射干扰、防止芯片误触发也有积极意义。

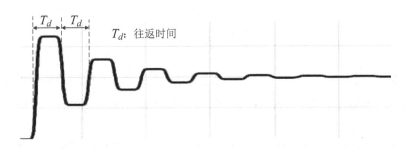

图 14-3-6　$\rho_{VS}<0$、$\rho_{VL}=1$ 的负载端电压波形

图 14-3-7 是一个阻抗匹配不佳的实测波形，其中上半部分的 Channel_1 为 SDIO 的 CMD 信号，下半部分的 Channel_2 为 SDIO 的 CLK 信号。

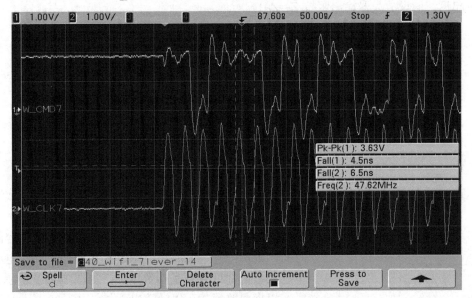

图 14-3-7　阻抗匹配不佳的 CMD 与 CLK

事实上，图 14-3-7 是一个真实的案例。该 SDIO 为某手机中 CPU 与 Wi-Fi 芯片之间的控制接口，由于 CMD 和 CLK 的阻抗匹配不佳，信号出现严重的过冲，导致接口电路误判，Wi-Fi 芯片偶发性的功能失常。后来，我们稍微调整了一下串联在走线中的电阻值，就基本解决了这个问题。但说明一点，由于驱动器在输出高、低电平状态时的输出阻抗不相等，所以无论怎么调整匹配电阻，也不可能完全消除反射，只能折中兼顾，把反射降低到不会影响电路功能或性能的程度即可。

14.3.3　容性反射与时延累加

前面，我们一直假定负载为纯电阻。但实际上，大量的负载都不是纯电阻，比如芯片的输入引脚总有一些容性。对于这些容性负载，会导致两个问题：源端电压的局部凹陷和负载端的时延累加。

根据电磁学原理，电容上的电流 $i_c=CdV/dt$，所以电容的阻抗 Z_{Cap} 如下式（时域）：

$$Z_{\mathrm{Cap}} = \frac{V_{\mathrm{Cap}}}{C\dfrac{\mathrm{d}V_{\mathrm{Cap}}}{\mathrm{d}t}} \qquad (14\text{-}3\text{-}7)$$

把式（14-3-7）代入到 $\rho_V = (Z_{\mathrm{Cap}} - Z_C)/(Z_{\mathrm{Cap}} + Z_C)$ 中可知，容性终端的反射系数会随着时间的变化而变化。为简单起见，假设源端信号的上升时间远小于电容的充电时间，即认为源端信号的边沿变化率无穷大。

在电容开始充电的瞬间，电容的容抗为 0，相当于短路，其电压反射系数为–1；随着充电的进行，电容的容抗上升，电压反射系数为从–1 开始增加；最后，充电完成，电容的容抗无穷大，相当于开路，电压反射系数等于 1。

由此可见，容性负载的反射将使源端电压出现局部凹陷再上升的现象，如图 14-3-8 所示（为简单起见，假设放大器输出阻抗 $Z_S = Z_C$）。

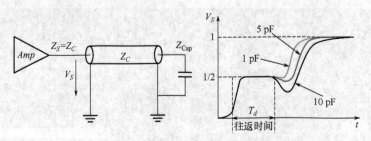

图 14-3-8　容性负载反射导致源端电压波形凹陷

不难想象，电容容值越大，充电时间越长，则反射系数波动的时间也越长，导致源端电压的凹陷程度也会越大。

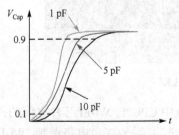

图 14-3-9　电容电压的上升波形

对于负载端 Z_{Cap}，如果信号上升时间小于电容的充电时间，则可把它近似成一个 RC 充电电路，此时电容上的电压 V_{Cap} 随时间常数呈指数增加，如图 14-3-9 所示。

根据电路原理可以计算出，电容电压 V_{Cap} 从 $10\%V_S$ 上升到 $90\%V_S$ 所需的时间为 $\tau_{10-90} = 2.2Z_C C \doteq 2Z_C C$。

假设 $Z_C = 50\ \Omega$，电容量 10 pF，则电容 10%～90% 的充电时间为 1 ns。如果信号上升时间小于 1 ns，那么电容电压的上升时间主要由充电时间决定。如果信号上升时间大于 1 ns，则末端电容器作用是使上升时间进一步延长，且增加量大约为 1 ns（实际稍小于这个值）。因此，通常把电容 10%～90% 的充电时间称为传输线容性终端的时延累加。

有读者问，电容电压上升时间是否可以精确计算？一般而言，即便有很好的软件仿真工具，也是很难做到的。毕竟，芯片和 PCB 的参数不可能十分精确。我们在这里所做的，只是理论上的一个大致估算，而将这个估算值用于指导初始的电路设计已经完全足够了。

上面，我们从时域角度出发来分析容性终端的反射与时延累加问题。但如果将电路从时域转化到 S 域（复频域），则可以利用拉普拉斯变换将反射系数定义为 $\rho_V(S) = \dfrac{Z_{\mathrm{Cap}}(S) - Z_C(S)}{Z_{\mathrm{Cap}}(S) + Z_C(S)}$，然后采用与纯电阻一样的计算方法，最后再反变换到时域。如此一来，不管是纯电阻还是纯电容，亦或是阻容感的组合，皆可用拉普拉斯正反变换进行计算。这方面的例题，有兴趣的读者可以参考冯慈璋的《电磁场》。

14.3.4　走线中间的容性反射

上一节，我们分析了传输线终端为电容的反射情况，但很多时候，电容不一定在终端，而是在传输线的中间，比如各种过孔、测试点焊盘导致的附加容性等，也称容性突变。在这种情况下，走线中间的容性反射将导致源端和负载端都会受到影响。

对于源端而言，这种容性突变可以看作传输线的负载，它将导致源端电压出现局部凹陷，这一点在上一节已经分析过了，不再赘述。那对于传输线真正的接收端，走线中间的容性突变又会导致什么问题？

为简化分析，假设 $Z_S=Z_C$、$Z_L=\infty$ 并忽略源端信号上升时间，则源端电压和负载电压波形如图 14-3-10 所示。

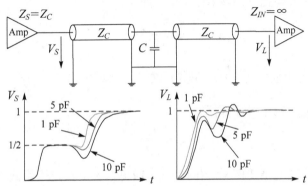

图 14-3-10　走线中间的容性反射

当信号在传输线上前进时，遇到中间的电容，一部分被反射回源端，形成源端电压局部凹陷；另一部透射过去，继续向负载前进。当这部分透射过去的信号到达负载后（图中为放大器），由于放大器输入阻抗无穷大，产生全反射。反射电压回到走线中间的电容时，再次产生反射（此时反射信号向负载端移动），但反射系数接近−1。于是，负载端的电压波形也会产生一个局部凹陷，就像源端电压凹陷一样的道理。随着电容不断充电，其反射系数接近 1，最终负载电压 V_L 收敛于稳态值 V_S。

直观上不难想象，电容的容值越大或者源端驱动信号的上升时间越短，则电容的反射系数也越接近−1，所引起的负载电压凹陷也越大。在某些极端情况下，这种下冲凹陷甚至可能导致接收器误触发。因此，为防止出现这种误触发的情况，要么增加驱动信号的上升时间，要么减小电容的容值（比如减少过孔数量）。但对于某个固定的驱动器来说，其输出信号的上升时间通常是固定的，因此我们所能做的就是尽可能减小走线中间的电容值。

为此，必须首先确定该电容的阻抗对反射系数的影响。不妨假定驱动信号是线性上升边，其上升时间为 t_{rise}，则电容的阻抗 Z_{Cap} 为

$$Z_{\text{Cap}} = \frac{V_{\text{Cap}}}{C\dfrac{\mathrm{d}V_{\text{Cap}}}{\mathrm{d}t}} = \frac{V_{\text{Cap}}}{C\dfrac{V_{\text{Cap}}}{t_{\text{rise}}}} = \frac{t_{\text{rise}}}{C} \tag{14-3-8}$$

现在，这个走线中间的电容是跨接在传输线与 GND（实为返回路径）之间的，所以对于信号的上升沿而言，可以将其看成传输线特征阻抗 Z_C 与电容阻抗 Z_{Cap} 的并联（可参考图 14-2-19），即：

$$Z_P = \frac{Z_{Cap}Z_C}{Z_{Cap} + Z_C} = \frac{Z_{Cap}}{Z_{Cap} + Z_C}Z_C \qquad (14\text{-}3\text{-}9)$$

此时，总的电压反射系数为 $(Z_P–Z_C)/(Z_P+Z_C)$。如果要求反射电压的幅度小于入射电压的 5%（手机电路中常把反射噪声的容限设定在 5%～10%），根据反射系数 $\rho_V= (Z_P–Z_C)/(Z_P+Z_C)= \Delta Z/(2Z_C+\Delta Z)$，当 Z_P 比较接近 Z_C 的时候（通常都会满足），有 $\Delta Z/Z_C \leqslant 10\%$。

因此，对于式（14-3-9）就要求

$$\frac{Z_{Cap}}{Z_{Cap} + Z_C} \geqslant 0.9 \qquad (14\text{-}3\text{-}10)$$

将式（14-3-8）代入到式（14-3-10）后，可得：

$$C \leqslant \frac{t_{rise}}{9Z_C} \qquad (14\text{-}3\text{-}11)$$

如果把反射噪声容限放低至 10%，同样的方法，计算可知 $C \leqslant \dfrac{t_{rise}}{4Z_C}$。但在 Bogatin 博士的著作中，直接假设 $Z_{Cap} \geqslant 5Z_C$，从而得到：

$$C \leqslant \frac{t_{rise}}{5Z_C} \qquad (14\text{-}3\text{-}12)$$

其实，这两种计算方法原理完全相同。统一起见，本书决定采用式（14-3-12）估算。同样，这种走线中间的容性突变也会造成接收端的时延累加，按接收端电压上升到 50%终值计算，公式为 $\Delta t = (1/2)Z_C C$，推导过程可参见 Bogatin 的著作。

举一个例子，假定 $Z_C = 50 \ \Omega$、$t_{rise}=1 \ \text{ns}$，则计算可知 $C \leqslant 4 \ \text{pF}$。我们知道，PCB 上一个过孔的容值为 0.5～1 pF，所以对于反射噪声较为敏感的传输线，一定要严格控制过孔数量！

14.3.5　感性反射

直观上不难想象，感性反射造成的波形失真，与容性反射恰好相反。假定源端信号的边沿变化率为无穷大，则电感在信号流经瞬间呈现开路状态，相当于全反射；随着电流的增长，电感阻抗逐步下降，反射系数也随之下降。于是，源端电压呈现局部突起，读者可以自行画出相关波形。

另外，在清华大学李国林教授的《射频电路测试原理》（电子版讲义）中，把过孔等效为串联在传输线中的电感，如图 14-3-11 所示。

实际上，过孔既有寄生电容效应，也有寄生电感效应，关键看谁的影响大。按照目前手机 PCB 钻孔尺寸，代入图 14-3-11 中的方程，可知过孔等效电感在 0.5～1 nH。为简单起见，假定信号是线性上升边，则过孔寄生电感的阻抗为

$$Z_{Ind} = \frac{L\dfrac{dI_{Ind}}{dt}}{I_{Ind}} = \frac{L\dfrac{I_{Ind}}{t_{rise}}}{I_{Ind}} = \frac{L}{t_{rise}} \qquad (14\text{-}3\text{-}13)$$

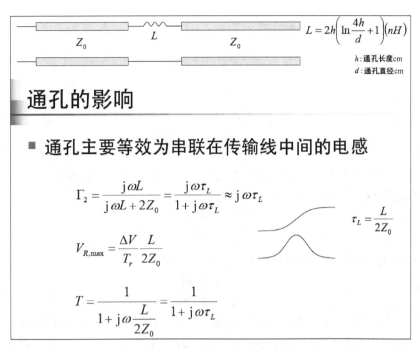

图 14-3-11 把过孔等效为串联电感

由于电感串联在传输线中，所以过孔处的等效阻抗为 $Z_S = Z_{Ind} + Z_C$，其电压反射系数为 $\rho_V = (Z_S - Z_C)/(Z_S + Z_C) = Z_{Ind}/(2Z_C + Z_{Ind})$。同样，为了保证 $\rho_V \leqslant 5\%$，计算可知：

$$L \leqslant \frac{Z_C t_{rise}}{10} \qquad (14\text{-}3\text{-}14)$$

如果放宽至 $\rho_V \leqslant 10\%$，则

$$L \leqslant \frac{Z_C t_{rise}}{5} \qquad (14\text{-}3\text{-}15)$$

由于 Bogatin 博士的著作按照式（14-3-15）估算，所以本书也采用此式。假定 $Z_C = 50\ \Omega$、$t_{rise} = 1$ ns，计算可知 $L \leqslant 10$ nH。乍一看，一个过孔才 1 nH 的寄生电感，远小于 $L \leqslant 10$ nH 的要求。但是，手机传输线上的信号频率越来越高，以 1 GHz 主频计算（周期为 1 ns），假设上升时间为 10% 的周期（通常都符合），按式（14-3-15）计算的话，则 $L \leqslant 1$ nH，已经接近过孔寄生电感的大小。因此，从寄生电感的角度出发，也需要严格控制过孔的数量。

对于接插件，如各种 ZIF、Connector 等，引脚接触电感高达 5～10 nH，将会对传输线信号质量产生严重影响。所以，当 MIPI 线、USB 线流经这些接插件时，一定要小心再小心！

综合式（14-3-12）与式（14-3-15）可知，对于过孔的寄生电容、电感应满足如下方程：

$$LC \leqslant \frac{Z_C t_{rise}}{5} \frac{t_{rise}}{5Z_C} = \left(\frac{t_{rise}}{5}\right)^2 \qquad (14\text{-}3\text{-}16)$$

在某些资料中说，过孔的寄生电感往往比寄生电容的危害更大，其实这是从滤波角度而言的，它降低了旁路电容的效果。对于传输线来说，按照手机电路中常见的 $Z_C = 50\ \Omega$、$t_{rise} = 1$ ns 代入式（14-3-12）与式（14-3-15）计算，两者危害程度差不多。不过，这是在假定源端信号为线性边沿情况下得到的结论。对于更一般的情况，可采用如下分析方法。

设容性、感性突变的电压反射系数分别为 ρ_{CV} 和 ρ_{LV}，代入 Z_P 与 Z_S，可得：

$$\rho_{CV} = \frac{Z_P - Z_C}{Z_P + Z_C} = \frac{-1}{1 + \dfrac{2Z_{\text{Cap}}}{Z_C}} \qquad (14\text{-}3\text{-}17\text{a})$$

$$\rho_{LV} = \frac{Z_S - Z_C}{Z_S + Z_C} = \frac{1}{1 + \dfrac{2Z_C}{Z_{\text{Ind}}}} \qquad (14\text{-}3\text{-}17\text{b})$$

不难想象，谁的危害大，就等效为谁的反射系数更接近 1（电容为负反射，取绝对值）。那么，不妨假定感性突变的危害更大，则应有：

$$\frac{2Z_C}{Z_{\text{Ind}}} \leqslant \frac{2Z_{\text{Cap}}}{Z_C} \qquad (14\text{-}3\text{-}18)$$

把式（14-3-8）和式（14-3-13）代入上式中，可得：

$$Z_C^2 \leqslant \frac{L}{C} \frac{V}{I} \frac{\mathrm{d}I}{\mathrm{d}V} \qquad (14\text{-}3\text{-}19)$$

由此可知，当过孔的寄生电容、寄生电感满足式（14-3-19）时，电感的反射开始占主导地位；反之，则是电容的反射占主导地位。不过，因为涉及 $\mathrm{d}I$、$\mathrm{d}V$ 等参数，对于该式的精确求解，基本只能通过软件仿真获得。

上面的讨论给我们一个启发，既然各个接插件的管脚存在接触电感，那么如果在接插件两端各并联一个小电容，用电容的负反射去抵消电感的正反射，岂不是可以补偿这种感性突变的影响？如图 14-3-12 所示（L 表示感性突变，C_1、C_2 为补偿电容）。

显然，只要使 L、C_1、C_2 并联网络的视在阻抗 Z_{EQ} 等于传输线特征阻抗 Z_C，就可以补偿这种感性突变。考虑到我们在 14.2.3 节推导特征阻抗的时候已经得出 $Z_C \approx \sqrt{\dfrac{L_0}{C_0}}$，所以如果把

L、C_1、C_2 并联网络看成传输线的话，则 $Z_{EQ} \approx \sqrt{\dfrac{L}{C_1 + C_2}}$。通常取 $C_1 = C_2$，可得：

$$C_1 = C_2 = \frac{L}{2Z_C^2} \qquad (14\text{-}3\text{-}20)$$

不妨设 $L = 10\ \text{nH}$，$Z_C = 50\ \Omega$，则计算可知 $C_1 = C_2 = 2\ \text{pF}$。

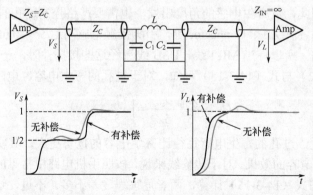

图 14-3-12　用 C_1、C_2 补偿感性突变

14.3.6 端接策略

前面，我们已经多次谈到阻抗匹配的概念。其实，用更加专业的术语描述，就是端接策略，即通过不同的端接方法来保证阻抗匹配。

理论上，凡是阻抗不连续的地方，都应该进行端接匹配。但这显然不具操作性，例如，怎么对过孔进行端接补偿？多大补偿？这些参数都没办法得知。因此，通常的端接匹配都是在两头进行，即源端与终端。

设源端驱动器输出阻抗为 Z_S，终端接收器输入阻抗为 Z_{IN}，传输线特征阻抗为 Z_C。在电子设备中，通常有 $Z_S \leqslant Z_C$ 和 $Z_{IN} = \infty$，如图 14-3-13(a)所示。

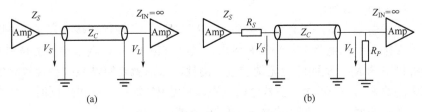

图 14-3-13　源端串联端接、终端并联端接

因此，一个比较容易想到的方法是源端串联端接 R_S，使得 $R_S + Z_S = Z_C$，从而消除源端反射，即 $\rho_{VS} = \rho_{IS} = 0$；终端并联端接 R_P，使得 $R_P // Z_{IN} = Z_C$，从而消除终端反射，即 $\rho_{VL} = \rho_{IL} = 0$。另外，端接电阻要尽量靠两头摆放，即 R_S 要紧靠驱动器，R_P 要紧靠接收器，如图 14-3-13(b)所示。

从原理上讲，端接匹配后，传输线上没有反射，但反射依然会在 R_S 与 Z_S 之间、R_P 与 Z_{IN} 之间存在，只不过 R_S 紧靠 Z_S、R_P 紧靠 Z_{IN}，所以其影响会被大大降低。从另一方面看，我们也可以认为是端接电阻吸收了传输线上的反射信号。

现在，考虑另一个问题：是否需要在源端与终端同时进行端接匹配？

答案是不需要！我们知道，无论在源端还是在终端，只要有一端匹配了，信号在传输线上至多反射一次。假设我们只在源端进行匹配，可以画出如图 14-3-14 所示的电压反射图。

由反射图可知，终端电压永远恒定在 $(1+\rho)V_S$ 上，不会出现图 14-3-6 或图 14-3-7 所示的振铃现象。但需要说明一点，此时 V_S 是指加载到传输线始端的电压，设驱动器开路输出电压为 V_{CC}，则在源端匹配 $R_S + Z_S = Z_C$ 的情况下有 $V_S = (1/2)V_{CC}$。举个例子，如果负载电压反射系数为 1，则 $V_L = (1+1) \times (1/2)V_{CC} = V_{CC}$，符合负载开路的状态；如果负载电阻为 R，根据反射系数计算可知 $V_L = V_{CC} R/(R + Z_C) = V_{CC}R/(R + R_S + Z_S)$，也是符合电路计算结果的。

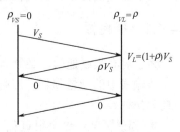

图 14-3-14　源端匹配反射图

既然端接可以只在一端进行，那么应该选择源端还是负载端？

选择源端，需要知道源端驱动器的输出阻抗，但有时候并不能确定这个值，而且驱动器在输出高、低电平状态时，其输出阻抗还不完全相等，所以无法实现严格匹配。另外，如果驱动分布式负载的话，由于反射需要一定时间（如图 14-3-8 中的 T_d），在传输线中间的负载开始只有一半的电压，它必须等待足够长的时间待反射波达到后，才能得到最终的稳定值。不过，手机电路中几乎不存在分布式负载，就不讨论了。

选择负载端，假定它为芯片，因为芯片的输入阻抗可看成无穷大（并联到地），所以只要在输入管脚上并联一个到地的电阻，并设定其阻值与传输线特征阻抗相等就可以实现终端匹配。

如此一来，终端并联匹配看似比较好。但实际上，这种方法忽略了一个问题：功耗！传输线的特征阻抗多为 50 Ω，而芯片的输出电平多在 1.8～2.8 V。因此，芯片在输出高电平的时候，需要提供 30～60 mA 的电流。试问，哪个 GPIO 能输出这么大的电流？再说了，一个 GPIO 要 30 mA 以上，那么 10 个、20 个 GPIO 所需要的电流将成倍增长，这对于手机电池来说，不成了"生命中不能承受之轻"？

尽管源端串联端接不能完全消除反射，但至少没有功耗问题，所以在手机电路中获得了广泛应用，如图 14-1-1 所示。

除了串、并联端接方案，还有戴维南端接、RC 端接、二极管端接等方案。不过，戴维南端接和二极管端接在手机电路中几乎没有应用，就不讨论了。RC 端接实际上是用 RC 串联电路代替并联端接中的 R_P，从而防止无谓的直流消耗，缺点就是容性负载会导致时延累加，不适合非常高速的数字信号。不过，在差分电路中，使用 RC 端接方案可以同时满足共模信号端接和差模信号端接的要求，我们将在本章 14.5.6 节进行分析。

14.4 有损传输线

前面，我们详细讨论了传输线理论、反射图、端接策略等内容。但上述所有分析讨论都基于一个前提，即传输线是无损线或低损线（$\alpha \to 0$），信号经过传输线后，只有时间上的延迟（即相位上的延迟），幅度上没有变化。

但事实上，真正的传输线不可能是无损线，所以信号经过传输线后，要发生衰减；不仅如此，衰减常数 $\alpha(f)$、相位常数 $\beta(f)$ 均与信号频率 f 相关，因此还会伴随幅度失真与相位失真（又称"色散"）问题。

本节，我们假定有损传输线处于阻抗匹配状态，然后对其进行建模。

14.4.1 损耗源

为了对有损线建模，必须首先搞清楚传输线中存在哪些损耗因素。

传输线中的能量损耗一般包括辐射损耗、阻抗失配损耗、串扰损耗、导线损耗以及介质损耗等几种。

- 辐射损耗：这个很直观，传输高频信号肯定伴随有能量辐射。不过，这种能量辐射相对于其他损耗来说可以忽略不计。但是，这并不是能量辐射就不重要，相反，它对于产品通过 EMI（电磁兼容）测试非常重要。考虑到 EMI 并非本书讨论的范畴，笔者就不再赘述了。
- 阻抗失配损耗：阻抗失配必然引起反射，而反射能量最终必然被传输线本身、匹配电阻及负载共同吸收。显然，传输线和匹配电阻吸收的能量就相当于损耗。通常，传输线都是匹配或者接近匹配状态的，所以在对有损线建模时也不怎么考虑失配损耗。
- 串扰损耗：由于互容、互感的存在，传输线上的信号或多或少会耦合到邻近线条上。同辐射类似，串扰会导致邻近线条出现噪声，并影响信号时延，但串扰耦合的能量并不大，所以无需考虑。至于串扰所导致的噪声问题，我们将在 14.5.3 节进行详细讨论。

- 导线损耗：这个非常直观。除非是"超导"，否则导线总有电阻，而且我们在 14.2.2 中介绍过导线的趋肤效应，即随着信号频率的上升，载流子（金属材料中为电子）越来越趋向于导体表面。根据 $R = \rho \dfrac{L}{W 2\delta}$（$\delta$ 表示趋肤深度）可知，频率越高，趋肤深度越小，则导线阻抗也越高，流经导线的传导电流 i_C 就会产生严重的衰减。因此，导线电阻是串联在传输线中的，可用于描述导线损耗（但千万不要把导线电阻理解成它就是导线损耗，后面我们将会看到，它们两者之间满足一定的数学方程）。

- 介质损耗：除非在真空中，否则传输线的 Signal Path 与 Return Path 之间肯定夹有一定的介质。比如手机中常见的 Micro Stripe，在 Signal Path 与 Return Path 之间夹着一层 FR4 的 PCB 基板。根据图 14-2-19 可知，位移电流 i_D 要经过这层介质，当然也会产生衰减，即所谓的"介质损耗"。与导线损耗不同，介质损耗是在 Signal Path 与 Return Path 的并联回路中产生的。通常，介质损耗与材料特性及信号频率都有关系。

14.4.2　导线损耗

我们以手机 PCB 中最常见的 Micro Stripe 为例进行分析，如图 14-4-1 所示。

图中，假定信号路径的宽度为 W，返回路径的宽度为 $3W$，导线厚度均为 1/2 oz（入门篇 3.3.1 节有关于铜厚的定义，目前手机 PCB 的表层铜厚多为 1/2 oz、内层铜厚则多为 1/3 oz 或 1/2 oz），黄色虚线箭头表示从信号路径指向返回路径的电力线。

有读者会问，为什么返回路径的宽度是信号路径的 3 倍？在 Bogatin 博士著作的 7.17 节指出：对于标称 50 Ω 的微带线来说，返回路径宽度为信号路径宽度3 倍时，其特征阻抗与返回路径无穷宽时相比，差距

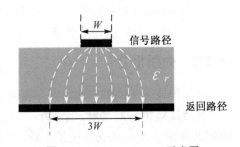

图 14-4-1　Micro Stripe 示意图

不到 1%。因此，在近似计算的情况下取 3 倍足以，我们直接引用这个结论，就不再论证了。

首先，取信号路径分析。考虑到趋肤效应，其阻抗为 $R_S = \rho \dfrac{L}{W 2\delta}$。注意，这里隐含 $2\delta \le$ 1/2 oz。

然后，取返回路径分析。由于返回路径的宽度是信号路径的 3 倍，所以要把 W 改成 $3W$。另外，与信号路径不同，返回路径的电流基本只分布在导线的上表面，而信号路径的电流在导线的上、下表面近似均匀分布，所以还要把 2δ 改成 δ。

下面，我们简单解释一下电流为什么会如此分布。

我们知道，随着频率的增加，回路电感对于阻抗的贡献开始超越直流电阻。由于电流总是以最小阻抗路径传输，所以信号频率越高，电流就越往导线表面扩散，即电流密度越低，从而减小回路电感。因此，对于信号路径来说，电流尽量向导线的上、下两个表面分散开。除此以外，对于两根相互靠近的通电导线而言：若电流方向相同，则磁力线相加，磁通量变大，等效为电感增加；若电流方向相反，则磁力线相减，磁通量变小，等效为电感减小。由

于返回路径的电流方向与信号路径正好相反，所以返回路径电流总是趋近于信号路径，故它只在导线的上表面流动。由此可见，趋肤效应的本质是最小化回路电感（阻抗），详细分析可参考 Bogatin 博士著作的 6.16 节。

于是，可以得到返回路径的阻抗近似为 $R_R = \rho \dfrac{L}{3W\delta}$。总阻抗则为信号路径阻抗与返回路径阻抗之和，即：

$$R_\Sigma = R_S + R_R = \rho \frac{5L}{6W\delta} \qquad (14\text{-}4\text{-}1)$$

其中，R_Σ 表示传输线总电阻，单位为 Ω；ρ 表示电阻率，单位为 $\Omega\cdot\text{in}$（尽管都记做 ρ，但注意与反射系数区分开来）；L、W 分别表示线长、线宽，单位为 in（PCB 的尺寸基本以英制为单位）；δ 表示趋肤深度，且满足式（14-2-3）。

由式（14-4-1）可知，微带线的导线阻抗与线宽 W、线长 L、导线电阻率 ρ 及趋肤深度 δ 等参数有关，并且由于铜的趋肤深度 δ 正比于 $\sqrt{\dfrac{1}{f}}$，所以导线阻抗正比于 $\sqrt{f}$。为了对不同长度传输线的衰减情况进行比较，可以把式（14-4-1）取单位长度，即：

$$R_0 = \frac{R_\Sigma}{L} = \frac{5\rho}{6W\delta} \qquad (14\text{-}4\text{-}2)$$

对于 Stripe Line 的情况，由于返回路径由两块平面构成，所以单位长度电阻会比 Micro Stripe 小一些，读者朋友可以自行分析。

14.4.3 介质损耗

介质损耗分为两种情况，一个是直流漏电流，另一个是耗散因子。

直流漏电流很好理解，就像一个电容器加上直流电压后，或多或少会有一点漏电流。对于 PCB 中的介质，从物理模型上看，也是一个电容器（见图 14-4-1）。

因此，介质漏电流计算公式与导线电阻完全相同，只不过对于 PCB 常用的 FR4 材料而言，其直流电阻率 ρ 非常大，典型值为 $2\times10^{12}\Omega\cdot\text{in}$。不妨计算一下，以手机中的 Micro Stripe 为例，假定其长度 $L=10$ in（对于手机 PCB 来说几乎是极限了）、特征阻抗 $Z_C=50\ \Omega$、$W/H=2$，则漏电阻高达 $10^{11}\Omega$，若以 3 V 电源计算，其消耗功率约 0.1 nW。所以，对于介质的直流损耗基本不用考虑。

耗散因子损耗就比较抽象了。我们在电磁学课程中学习过，介质存在极化现象。将其放置在电场中，就会在介质表面产生极化电荷。其实，这就是静电场高斯定理最终用电位移矢量 $\overline{D}$ 描述，而不是用电场强度矢量 $\overline{E}$ 描述的原因。

现在，如果把介质放在交变电场中，很显然，随着电场的变化，极化电荷会重新分布。最简单的情况，就是在交流电场，随着电场倒相，极化电荷也会随之倒相，如图 14-4-2 所示。

当电场方向改变时，电偶极子的方向也随之改变，这就好像在介质内部产生了一个短暂的电流。随着电

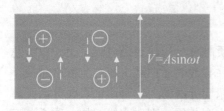

图 14-4-2 极化电荷随交流电场运动

频率的增加，电偶极子摆动速度加快，所以在单位时间内的电荷变化量增加，等效电流也相应增加，换言之，介质材料的等效电阻率下降或者说等效电导率上升。

为了定量描述介质漏电导与介电常数 ε_r、信号频率 f 之间的关系，人们提出耗散因子的概念，其方程如下：

$$\sigma = 2\pi f \varepsilon_0 \varepsilon_r \tan(\delta) \tag{14-4-3}$$

其中，

- σ：介质的交流漏电导率（即单位长度的漏电导），单位为 S·in；
- ε_0、ε_r：真空介电常数与材料的相对介电常数；
- $\tan(\delta)$：材料的耗散因子，而 δ 表示耗散因子角（用弧度表示，尽管与趋肤深度用同一个希腊字母表示，但完全不是一个概念，注意区别）。

下面，我们解释一下人们为什么把耗散因子用正切函数表示。以电容为例，在未填充介质的电容上加载交流电压的时候，流经电容的电流 I 如下式（频域表示）：

$$I = C\frac{dV}{dt} \triangleq j\omega CV \tag{14-4-4a}$$

如果在电容中填充介电常数为 ε_r 的介质，则应把式（14-4-4a）修正为

$$I = \varepsilon_r C\frac{dV}{dt} \triangleq j\varepsilon_r \omega CV \tag{14-4-4b}$$

由于虚数 j 的作用，流过电容的电流与电压之间相差 90° 的相位角。但是，由介质交流漏电导 σ 所产生的漏电流与电压同相（可参见图 14-4-2）。因此，考虑到漏电流效应，流经电容的电流应该用式（14-4-5）表示，如下：

$$I = I_P + jI_Q \tag{14-4-5}$$

其中，I_P、I_Q 表示电容电流的实部（漏电流，与电压同相）与虚部（交流电流，与电压相差 90°，亦称为"正交"），且 jI_Q 就是式（14-4-4b）。

显然，如果我们将式（14-4-4b）稍加修正，把 $j\varepsilon_r$ 用 $\varepsilon_{rP}+j\varepsilon_{rQ}$ 表示，其中 ε_{rP} 代表同相电流，$j\varepsilon_{rQ}$ 代表正交电流，不就可以直接得到式（14-4-5）了吗？此时，有：

$$I = (\varepsilon_{rP} + j\varepsilon_{rQ})\omega CV = \omega\varepsilon_{rP}CV + j\omega\varepsilon_{rQ}CV \triangleq I_P + jI_Q \tag{14-4-6}$$

与此同时，我们将复介电常数 ε_r 画在复平面中，如图 14-4-3 所示。

仔细研究图 14-4-3 与式（14-4-6）便不难发现，我们通常意义上的介电常数不过是复介电常数 ε_r 的实部 ε_{rQ}（它产生正交电流），而漏电流介电常数则是复介电常数 ε_r 的虚部 ε_{rP}（它产生同相电流），且满足下式（取绝对值）：

$$\varepsilon_{rP} = \varepsilon_{rQ} \tan(\delta) \tag{14-4-7}$$

下面，我们就可以推导式（14-4-3）了。假设电压加载在介质的上、下两个表面上，则漏电流从上表面流向下表面且与电压相位相同，如图 14-4-4 所示。

漏电导 $G = I_P/V$，根据式（14-4-6）与式（14-4-7）可知：

$$G = \frac{I_P}{V} = \frac{\omega\varepsilon_{rP}CV}{V} = \omega\varepsilon_{rQ}\tan(\delta)C \tag{14-4-8}$$

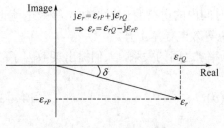

图 14-4-3　复介电常数

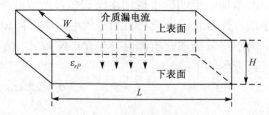

图 14-4-4　介质漏电流示意图

根据图 14-4-4 可知 $G = \dfrac{1}{R} = \sigma \dfrac{LW}{H}$（注意此时的高度 H 对于漏电流来说是长度），代入上式得：

$$\sigma = \frac{H}{LW} \omega \varepsilon_{rQ} \tan(\delta) C \tag{14-4-9}$$

我们知道，对于未填充介质的平板电容器来说，$C = \varepsilon_0 \dfrac{LW}{H}$，代入上式，可得：

$$\sigma = \frac{H}{LW} \omega \varepsilon_{rQ} \tan(\delta) \times \varepsilon_0 \frac{LW}{H} = \omega \varepsilon_0 \varepsilon_{rQ} \tan(\delta) \tag{14-4-10}$$

对比式（14-4-10）与式（14-4-4），两者完全一样，只不过式（14-4-10）是把式（14-4-3）中的 ε_r 用其实部 ε_{rQ} 表示而已。不过，由于耗散因子 $\tan(\delta)$ 通常都比较小（FR4 材料的典型值为 0.02），所以我们基本上就用 ε_r 代替 ε_{rQ} 了。

有读者可能会问，上面的推导过程中假设介质是矩形体，如果是其他形状呢，比如同轴线缆？读者朋友不妨计算一下同轴线缆的电容与漏电导，笔者直接给出结果（其中 d 表示同轴线缆长度）：

$$G = \frac{\sigma 2\pi d}{\ln \dfrac{R}{r}} \qquad C = \frac{2\pi \varepsilon_0 d}{\ln \dfrac{R}{r}} \tag{14-4-11}$$

然后将式（14-4-11）代入式（14-4-8）计算，结果与式（14-4-10）完全一样。对于其他形状，有兴趣的读者可以自行推导。

14.4.4　有损线建模

根据导线损耗呈串联效应、介质损耗呈并联效应，再考虑到传输线的单位长度电感、电容，我们可以直接画出有损传输线的近似模型（只需把图 14-2-13 改成单位长度即可），如图 14-4-5 所示。

图中，L_0、C_0 表示传输线单位长度电感和单位长度电容；R_0、G_0 表示传输线单位长度串联电阻与介质单位长度并联电导，且 R_0、G_0 与频率 f 相关。

对于这个模型，我们在 14.2.3 节已经求出了传输线的衰减常数 α，如式（14-2-34a）所示。但很显然，这个表达式太过复杂，需要进一步化简。

通常，总是假定传输线工作在低损耗区，即 $\omega L_0 \gg R_0$ 且 $\omega C_0 \gg G_0$。事实上，Bogatin 博士著作的 9.7 节论证了，低损耗区的临界频率下限约为 2 MHz。所以，手机中的传输线肯定工作在低损耗区。这样，式（14-2-34a）就可以化简为

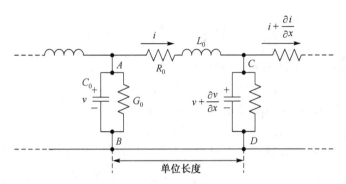

图 14-4-5　有损传输线建模

$$\alpha_{\mathrm{Np}} = \frac{1}{2}\left(\frac{R_0}{Z_C} + G_0 Z_C\right) \qquad (14\text{-}4\text{-}12a)$$

说明一点，式（14-4-12a）中，α_{Np} 的单位为 Np/单位长度，使用起来不如 dB/单位长度方便。于是，根据 1 Np=8.68 dB，我们把它改写如式（14-4-12b）：

$$\alpha_{\mathrm{dB}} = 4.34\left(\frac{R_0}{Z_C} + G_0 Z_C\right) \qquad (14\text{-}4\text{-}12b)$$

由于 R_0、G_0 表示单位长度的电阻、电导，所以 α_{dB} 的长度单位与其相同。比如，R_0、G_0 取 inch，则 α_{dB} 为 dB/ in。

从式（14-4-12b）可以看出，传输线的单位长度损耗由两部分组成：一部分是由导线损耗引起的衰减 α_{cond}，另一部分是由介质损耗引起的衰减 α_{diel}，分别如下：

$$\alpha_{\mathrm{cond}} = 4.34\frac{R_0}{Z_C} \qquad (14\text{-}4\text{-}13a)$$

$$\alpha_{\mathrm{diel}} = 4.34 G_0 Z_C \qquad (14\text{-}4\text{-}13b)$$

于是，通过式（14-4-13），我们就把导线电阻、介质漏电导与传输线衰减联系在一起了。以 Micro Stripe 为例，将式（14-4-2）代入式（14-4-13a）可知，导线损耗为

$$\alpha_{\mathrm{cond}} = 4.34\frac{R_0}{Z_C} = 4.34\frac{1}{Z_C}\frac{5\rho}{6W\delta} = 3.62\frac{1}{Z_C}\frac{\rho}{W\delta} \qquad (14\text{-}4\text{-}14)$$

注意一点，对于式（14-4-14）而言，各个物理量之间的单位要一致。如果它们都是取国际标准单位，自然没有问题。但我们之前说了，PCB 设计多采用英制单位，比如铜导线的电阻率 $\rho = 0.72 \times 10^{-6}\,\Omega \cdot \mathrm{in}$，线宽 W 用 mil 表示，而趋肤深度 δ 的公式（14-2-3）却是用 μm 表示的。显然，要是直接把数据代入公式而不事先换算，就会出现严重错误。不妨以上述几个参数单位，演示一下换算过程：

$$\frac{\rho}{W\delta} = \frac{0.72 \times 10^{-6}\,\Omega \cdot \mathrm{in}}{\left(W \times 10^{-6}\right)\mathrm{in} \times \left(\dfrac{2\sqrt{1/f} \times 10^{-4}}{2.54}\right)\mathrm{in}} = \frac{9.14}{W}\sqrt{f}\,(\Omega/\mathrm{in}) \qquad (14\text{-}4\text{-}15)$$

将式（14-4-15）代入式（14-4-14）中，可得：

$$\alpha_{\text{cond}} = 3.62 \frac{1}{Z_C} \times \frac{9.14}{W} \sqrt{f} = \frac{33}{WZ_C} \sqrt{f} \qquad (14\text{-}4\text{-}16)$$

其中，W 单位为 mil，Z_C 单位为 Ω，f 单位为 GHz，则 α_{cond} 单位为 dB/in。

举个简单的例子，设 Micro Stripe 的线宽为 $W=10$ mil，$Z_C = 50$ Ω，$f = 1$ GHz。代入式（14-4-16）中，可得 $\alpha_{\text{cond}} = 0.067$ dB/in，考虑到设计冗余后可取 $\alpha_{\text{cond}}=0.1$ dB/in。

类似的推导方法，可以计算出介质损耗引起的单位长度衰减 α_{diel}。由式（14-4-8）可知 $G_0 = \omega \tan(\delta)C_0$（注意，原方程假定电容不含介质，但此处的 C_0 是包含介质在内的单位长度电容，所以省略了 ε_{rQ}），另外 $Z_C = \dfrac{1}{v_\varphi C_0} = \dfrac{\sqrt{\varepsilon_0 \varepsilon_r \mu_0 \mu_r}}{C_0} \approx \dfrac{\sqrt{\varepsilon_0 \mu_0} \sqrt{\varepsilon_r}}{C_0}$（其中，$v_\varphi$ 表示传输线上的信号传播速度且 $\mu_r \to 1$），将它们代入式（14-4-13b）中，可得：

$$\alpha_{\text{diel}} = 4.34 G_0 Z_C = 4.34 \omega \tan(\delta) C_0 \frac{\sqrt{\varepsilon_0 \mu_0} \sqrt{\varepsilon_r}}{C_0} = 4.34 \sqrt{\varepsilon_0 \mu_0} \sqrt{\varepsilon_r} \omega \tan(\delta) \qquad (14\text{-}4\text{-}17)$$

代入常数 ε_0、μ_0（事实上，真空中的光速 $c = \dfrac{1}{\sqrt{\varepsilon_0 \mu_0}} = 3 \times 10^8 \, \text{m/s} = 12 \, \text{in/ns}$），并注意到单位换算，可得：

$$\alpha_{\text{diel}} = 90.1 f \sqrt{\varepsilon_r} \tan(\delta)(\text{dB/m}) = 2.3 f \sqrt{\varepsilon_r} \tan(\delta)(\text{dB/in}) \qquad (14\text{-}4\text{-}18)$$

其中，f 的单位为 GHz，α_{diel} 的单位为 dB/in。

同样举个例子，设 FR4 材料的耗散因子 $\tan(\delta) = 0.02$，$f=1$ GHz，代入式（14-4-18）可得 $\alpha_{\text{diel}} = 0.09$ dB/in，考虑到设计冗余后可取 $\alpha_{\text{diel}} = 0.1$ dB/in。

进一步分析，由式（14-4-16）与式（14-4-18）可知，导线损耗导致的单位长度衰减 α_{cond} 正比于 $\sqrt{f}$，介质损耗导致的单位长度衰减 α_{diel} 正比于 f。所以不难想象，在某临界频率 f_0 上，有 $\alpha_{\text{diel}}=\alpha_{\text{cond}}$。但随着频率上升，$\alpha_{\text{diel}} > \alpha_{\text{cond}}$，介质损耗将开始占据主导地位。因此，可以求出临界频率 f_0，如下：

$$f_0 = \left(\frac{14.35}{WZ_C \sqrt{\varepsilon_r} \tan(\delta)} \right)^2 \qquad (14\text{-}4\text{-}19)$$

进一步简化，代入 FR4 材料的耗散因子 $\tan(\delta) = 0.02$，$Z_C = 50$ Ω，则

$$f_0 = \left(\frac{7.2}{W} \right)^2 \qquad (14\text{-}4\text{-}20)$$

由式（14-4-20）可知，当 Micro Stripe 的线宽在 8 mil 左右时，临界频率 $f_0=1$ GHz；若线宽变窄，则临界频率上升。需要说明一点，式（14-4-16）、式（14-4-18）及式（14-4-20）中的 f 都是指正弦波信号；对于方波信号来说，不同的谐波分量，其衰减程度也不一样，但一定是频率越高，衰减就越严重。

14.4.5 眼图

笔者记得第一次接触眼图概念是在学习通信原理课程的时候。那时，通过测量眼图来定性分析信道失真所导致的码间干扰（ISI，也称符号间干扰）。至于码间干扰的数学推导，有兴趣的读者朋友可以参考任何一本通信原理教材，笔者就不再赘述了，只是从概念上进行一番简单介绍。

我们知道，任何信道都是频带受限的。通常，基带信号的上升沿极快，可近似看成冲激信号或非常窄的脉冲信号。根据傅里叶的尺度变换原理，这些冲激信号或窄脉冲信号的带宽为无限大。将带宽无限大的信号送入频带有限的信道传输，则接收端的波形肯定会出现失真。频域压缩对应时域扩展，于是接收端的波形会被严重展宽，即时域延展，如图 14-4-6 所示。

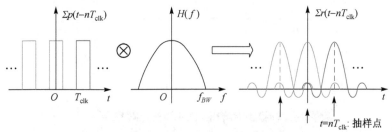

图 14-4-6 码间干扰示意图

由于信号的高频分量被信道衰减，导致接收端波形变得平滑。对于有损传输线来说，道理是一样的。把一个宽带信号送入有损传输线后，由于有损传输线对高频分量的衰减程度要远远高于低频分量，因此信号一定会产生时域扩展现象。每个脉冲都被拉伸，若其拖尾延展到相邻脉冲的时间段内，前后脉冲波形相互重叠，就会造成接收端在抽样判决时误判，如图 14-4-6 所示。所以，有损传输线的终端一样会产生码间干扰问题，且传输线长度越长，则高频分量衰减越厉害，码间干扰问题也将越严重！

所以，对于手机中的 USB、MIPI 等典型传输线，即便它们都处于阻抗匹配状态，我们也会对其线长设定一个最高限值，目的就是防止码间干扰。不过，好在手机尺寸有限，走线也不会太长，所以码间干扰问题在手机中并不是特别严重（系统设备中重点关注）。

现在，大家不妨回想一下，我们在日常工作中是不是经常遇到这种场景：用手机连接电脑 USB 接口，总是连不上或者老是断，但是换短一点的连接线或者质量好一点的连接线，就没有问题。其实，这无非两种原因：一个是线太长，导致码间干扰；另一个就是阻抗不匹配，信号反射太严重。

某型号手机实测的 USB 眼图如图 14-4-7 和图 14-4-8 所示。

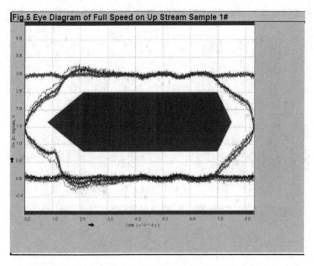

图 14-4-7 某手机实测 USB 眼图（Full Speed）

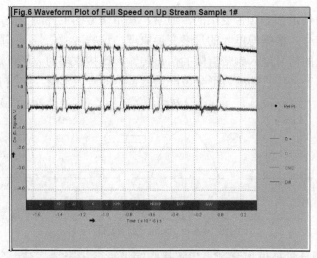

图 14-4-7　某手机实测 USB 眼图（Full Speed）（续）

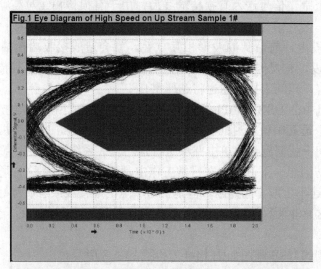

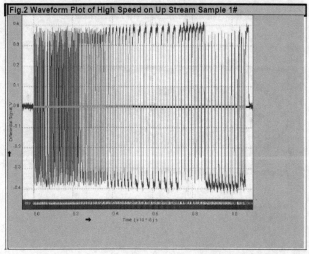

图 14-4-8　某手机实测 USB 眼图（High Speed）

图中，上半部分是眼图，下半部分是对应的时域波形（我们将在 14.6 节进一步介绍眼图的测试方法与判定标准）。很明显，由于 High Speed 的传输速率要高于 Full Speed，所以 High Speed 的眼图结果也会比 Full Speed 要差一些。

在 MTK6575 的 Layout Check List 中，有关于 MIPI 接口的线长要求，如图 14-4-9 所示。

MIPI DSI 差分信号线需根据 PCB 迭构，计算出符号差分 100 Ω阻抗的 trace space and width 进行 layout
MIPI DSI 差分信号线需要上下左右包地（建议走内层，并可同时达到降 EMI 干扰问题）
MIPI DSI 差分信号线总长不能超过 3000 mil
MIPI DSI 差分信号线 Pair-to-pair 差不能超过 500 mil
MIPI DSI 差分信号线 Line+/Line-差不能超过 200 mil

图 14-4-9　MTK6575 对 MIPI 线长的要求

图中可见，MTK 规定 MIPI 线总长不能超过 3000 mil（3 inch），我们不妨分析一下。目前，MIPI 线的最高工作频率为 1 GHz，按上升沿占 7%周期，根据式（14-2-2）可知其带宽（最高频率分量）约为 5 GHz。目前手机 PCB 的常规设计：FR4 材料，MIPI 走 Stripe Line，其宽度多在 4～5 mil，取最糟糕的 W = 4 mil 计算，代入式（14-4-16）与式（14-4-18）可知：α_{cond} = 0.37 dB/in、α_{diel}=0.46 dB/in。

因此，该 MIPI 线对 5 GHz 频率分量的单位长度衰减为 α_{Σ} =α_{cond}+α_{diel}=0.83dB/in。若线长 3 in，则对 5 GHz 频率分量的总衰减近似为 0.83 dB×3=2.5 dB。由此可见，MTK 是按照 MIPI 接口最高频率分量 5 GHz 衰减不超过 3 dB 来设定的线长。将来，随着 MIPI 的传输速率越来越高，对线长的要求也会越来越严格。

不过要说明一点，并不是线长超标就一定会有严重问题。一般像 USB、MIPI 这种高速信号传输，协议栈都支持校验和重传机制。因此，尽管码间干扰会导致接收端误判，但只要码间干扰不是特别严重（可以通过测量眼图确定），校验和重传机制可以在很大程度上保证数据的正确性。比如，某项目由于结构受限，其 LCM 的 MIPI 走线长度 6 in，大大超出 MTK 的规定。但我们分析了走线情况、LCM 的数据传输率等参数，估计问题不大。

现在，不妨考虑这么一个问题：高频信号被衰减相当于频域压缩，就会使信号在时域扩展，等效上升沿拉长。那么能否在有损传输线的长度和信号上升边延长之间建立关系？

当然可以！令有损传输线的 Total Loss = $\alpha_{\Sigma}×d$ = (α_{cond}+α_{diel})×d=3 dB，其中 d 表示传输线的长度。然后，把式（14-4-16）与式（14-4-18）代入上述方程，就可以得到对应的 3 dB 带宽 $f_{3\text{dB}}$。最后，再根据式（14-2-2）就可以计算出相应的上升沿 RT = 350/$f_{3\text{dB}}$（该 RT 也被称为传输线的"固有上升沿"，记为 RT_{TL}）。

不过，α_{cond} 正比于 $\sqrt{f}$、α_{diel} 正比于 f，所以上述 Total Loss 的求解比较麻烦。我们可以事先估计一下 $f_{3\text{dB}}$，若其大于临界频率，我们就忽略 α_{cond}；反之，则忽略 α_{diel} 的影响。然后，重复前面的计算步骤就可以了。Bogatin 博士著作的 9.13 节推导了 FR4 材料、耗散因子为 0.02 时，α_{diel} 对上升沿的影响大约是 10 ps/in，即每传输 1inch，上升沿增加 10 ps。

对于更一般的情况，比如源端信号的上升沿与传输线固有上升沿具有相同的数量级，则总的上升沿为

$$RT_{\text{out}} = \sqrt{RT_{\text{in}}^2 + RT_{TL}^3} \qquad （14\text{-}4\text{-}21）$$

其中，RT_{out} 表示传输线终端的上升沿，RT_{in} 表示传输线源端的上升沿，RT_{TL} 表示传输线的固有上升沿。

将式（14-4-21）改写为：

$$\frac{RT_{out}}{RT_{in}} = \sqrt{1 + \left(\frac{RT_{TL}}{RT_{in}}\right)^2} \qquad (14\text{-}4\text{-}22)$$

由式（14-4-22）可见，若传输线的固有上升沿相对源端信号上升沿只占很小一部分，则终端信号上升沿就基本取决于源端信号，而与传输线无关。工程上，我们通常设定终端信号的上升沿增加不超过 25%，即：

$$\frac{RT_{out}}{RT_{in}} = \sqrt{1 + \left(\frac{RT_{TL}}{RT_{in}}\right)^2} \leqslant 1.25 \Rightarrow \frac{RT_{TL}}{RT_{in}} \leqslant 0.5 \qquad (14\text{-}4\text{-}23)$$

为简单起见，仅仅考虑 α_{diel} 的影响，如下：

$$\frac{RT_{TL}}{RT_{in}} = \frac{10 \times d}{RT_{in}} \leqslant 0.5 \Rightarrow d \leqslant \frac{1}{20}RT_{in} \qquad (14\text{-}4\text{-}24)$$

其中，RT_{in} 的单位为 ps，d 的单位为 inch。

代入上例中的参数，设 MIPI 接口的最高工作频率为 1 GHz，上升沿占 7%周期，由式（14-4-24）计算可知 $d \leqslant 3.5$ in。如果放宽对终端信号上升沿的要求，比如按我们在实际案例中的 $d = 6$ in 来计算，则终端信号上升沿 RT_{out} 大约比源端信号上升沿 RT_{in} 增加了 80%。乍一看，增加 80%似乎会有严重问题，但实际上，终端信号上升沿只不过是从占周期的 7%增加到 12%而已。所以，我们查阅了 LCM 的时序图并与 MTK 沟通后，认为 6 in 长度问题不大，后来的事实也证明了我们的推测是正确的。

14.5 传输线的串扰

串扰是指有害信号从一个网络转移到相邻网络，它是信号完整性领域的一个重要研究方向。在本章开始的时候我们曾说过，有害信号的发起端称为攻击线或动态网络，而被干扰的网络则称为受害线或静态网络。

本节，我们将利用互容、互感的概念来构建串扰模型。

14.5.1 串扰模型

本书第一次提到串扰是在提高篇的 8.6.5 节，并且是用耳机左、右声道的公共阻抗描述串扰，如图 14-5-1 所示。

这种情况的串扰是由于不同网络间存在直接的电路耦合所致，非常直观。但是在很多时候，各个网络之间并不存在直接的电路耦合，比如 USB 差分线、MIPI 差分线、DDR SDRAM 数据线，等等。对于不存在直接电路耦合的网络，串扰又是如何发生的呢？

根据电磁学理论，任何两个导体之间都存在一定量的电容。因此我们不难想象，USB 的两根差分线之间、DDR SDRAM 各个数据线之间也存在相应的电容。只不过这些电容处于两个不同的信号线（网络）之间，物理上用互容 C_M 描述。

同样，信号线上有电流 I 通过时，就会在其周围激发出磁场 $\vec{B}$。如果有一个闭合路径恰好处在这个磁场当中，就会产生穿过此闭合路径的磁通量 Φ，于是互感 L_M 定义为 $L_M = \dfrac{\phi}{I}$。显然，互感与两路径的相对位置有关，在某些情况下，甚至会有互感为 0 的可能，如图 14-5-2 所示。

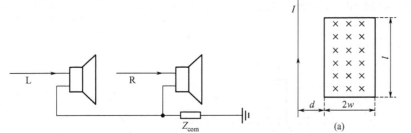

图 14-5-1　左、右声道的公共阻抗导致串扰

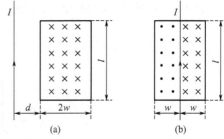

图 14-5-2　信号线之间的互感

通电导线与矩形线圈处于同一平面。对于图 14-5-2(a)，通电导线产生的磁场垂直于线圈（方向垂直纸面向内，用×表示），磁通量不为 0，即互感 L_M 不为 0；但对于图 14-5-2(b)，线圈左半部分磁场与右半部磁场关于导线呈中心对称，但方向相反，所以线圈的磁通量为 0，互感 L_M 也为 0。

但就手机 PCB 来说，出现图 14-5-2(b)所示情况的可能性微乎其微。理由很简单，PCB 中几乎不可能出现如此对称的走线形式。

综合互容、互感，我们就可以构建串扰模型了。简单起见，我们以无损传输线为例，如图 14-5-3 所示。

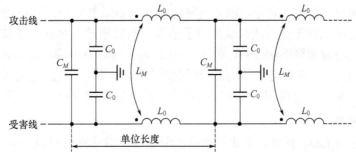

图 14-5-3　用单位长度互容 C_M、互感 L_M 描述两根传输线之间的串扰

图中，C_0、L_0 表示单根传输线的单位长度电容、电感，C_M、L_M 表示两根传输线之间的单位长度互容、互感。

对于由多根传输线组成的网络，任意两根传输线之间都会构成图 14-5-3 所示的情况。此时，若要对整个网络进行数学建模，则必须使用矩阵方程。其中，矩阵的对角线元素是每根传输线各自的单位长度电容 C_x、电感 L_x，而其他元素则为两两间的单位长度互容 C_{xy}、互感 L_{xy}。我们知道，对于任意两根信号线，总有 $C_{xy} = C_{yx}$、$L_{xy} = L_{yx}$。所以不难想象，电容、电感矩阵都满足 Hermite 矩阵形式，即 $U = U^H$（U^H 表示矩阵 U 的共轭转置）。但随着线间距的增加，线与线之间的互容 C_{xy} 和互感 L_{xy} 都会迅速下降。所以在通常情况下，只需要分析两根相邻线之间的串扰即可，同时还假定传输线单位长度电容、电感满足 $C_x = C_y = C_0$、$L_x = L_y = L_0$，并且认为攻击线和受扰线均满足阻抗匹配，从而简化分析过程。

14.5.2 容性耦合与感性耦合

有了图 14-5-3 所示的传输线串扰模型，就可以定量计算互容、互感耦合电流了。由电磁学原理可知，只有在 $dV/dt \neq 0$、$dI/dt \neq 0$ 的区域才有耦合电流 $I_M = C_M \dfrac{dV}{dt}$ 和耦合电压 $V_M = L_M \dfrac{dI}{dt}$，如图 14-5-4 所示。

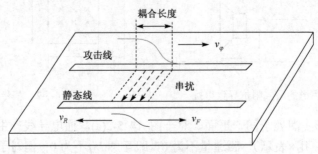

图 14-5-4　串扰耦合长度

从图 14-5-4 中还可以看出，耦合长度 Couple Length$=v_\varphi \times t_{rise}$，也称饱和长度（我们把 Couple Length 简记为 CL_{sat}）。若按 FR4 材料计算，$v_\varphi = 6$ in/ns，则

$$CL_{sat} = 6t_{rise} \tag{14-5-1}$$

其中，t_{rise} 的单位为 ns，CL_{sat} 的单位为 in。另外，假定传输线长度 Len 大于饱和长度 CL_{sat}。

对于攻击线来说，信号（传导电流）向终端前进，如图中 v_φ 所示；但静态线的情况就不一样了，由于耦合区域对于静态线来说相当于信源，所以通过互容耦合过来的噪声电流，在静态线上是同时向源端和终端前进的，如图中 v_F 和 v_R 所示，并且满足 $v_\varphi = v_F = v_R$。另外，由于静态线为均匀传输线，且源端与终端均处于阻抗匹配状态，所以 $I_{CFsat} = I_{CRsat}$（I_{CFsat}、I_{CRsat} 分别表示静态线耦合区域上，前向和后向两个方向上的瞬时容性耦合电流，且电流方向均是从信号路径指向返回路径）。

设传输线总长为 Len，因此从攻击线耦合到静态线上的总电量 Q 满足如下方程：

$$Q = C_M \text{Len} V \tag{14-5-2}$$

又由于静态线上，耦合区域中的瞬时噪声电流一半向源端运动，一半向终端运动，所以前向运动的总电量 Q_F 与后向运动的总电量 Q_R 相等，故：

$$Q_R = Q_F = \frac{1}{2}Q = \frac{1}{2}C_M \text{Len} V \tag{14-5-3}$$

但是很明显，静态线上前向运动的噪声电流与攻击线上的信号是同时到达各自终端的，且持续时间就是信号上升沿 t_{rise}。因此，在静态线终端得到的电流 I_{CF} 为

$$I_{CF} = \frac{Q_F}{t_{rise}} = \frac{1}{2}C_M \text{Len} \frac{V}{t_{rise}} \tag{14-5-4a}$$

对于静态线上的后向运动噪声电流，一共持续了 $2\text{Len}/v_\varphi$ 的时间，故在静态线源端得到的电流 I_{CR} 为

$$I_{CR} = \frac{Q_R}{2\dfrac{\text{Len}}{v_\varphi}} = \frac{1}{4} C_M v_\varphi V \tag{14-5-4b}$$

由式（14-5-4）可以看出，静态线源端噪声电流 I_{CR} 仅仅与单位长度互容 C_M、信号速度 v_φ 及信号电压 V 相关，但与传输线总长 Len 无关；而静态线终端噪声电流 I_{CF} 则与单位长度互容 C_M、传输线总长 Len、信号上升沿 t_{rise} 及信号电压 V 相关，但与信号速度 v_φ 无关。

事实上，如果把耦合区域看成静态线的信源，然后从物理模型上分析，每经过一个耦合长度 CL_{sat}，前向运动的电量要增加 $Q_{F\text{sat}}$，即前向电流增加 $I_{CF\text{sat}}$；后向运动的电量 $Q_{R\text{sat}}$ 不变，但持续时间增加一倍，故后向平均电流维持在 $I_{CR\text{sat}}/2$ 不变。由此，就可以知道：

$$I_{CF\text{sat}} = I_{CR\text{sat}} = \frac{1}{2} C_M \text{CL}_{\text{sat}} \frac{V}{t_{\text{rise}}} = \frac{1}{2} C_M v_\varphi V \tag{14-5-5a}$$

$$I_{CF} = I_{CF\text{sat}} \frac{\text{Len}}{\text{CL}_{\text{sat}}} = \frac{1}{2} C_M \text{Len} \frac{V}{t_{\text{rise}}} \tag{14-5-5b}$$

$$I_{CR} = \frac{1}{2} I_{CR\text{sat}} = \frac{1}{4} C_M \frac{\text{CL}_{\text{sat}}}{t_{\text{rise}}} V = \frac{1}{4} C_M v_\varphi V \tag{14-5-5c}$$

顺便说一句，在 Bogatin 博士的著作中，对式（14-5-4）也有相关论述。但笔者觉得书中的推导过程太过麻烦，而且没有很好地利用物理模型，反而不直观。采用笔者的推导方法，与 Bogatin 博士的结论完全一样，但更加简洁。

感性耦合电流的行为与容性耦合电流是相似的。受到攻击线 $\text{d}I/\text{d}t$ 的驱动，在静态线上产生感性耦合电压 $V_M = L_M \dfrac{\text{d}I}{\text{d}t}$。又由于静态线的特征阻抗 Z_C，将耦合电压转化为耦合电流 $I_M = V_M/Z_C$，并向源端和终端两个方向运动。

但是，与容性耦合电流有点区别，感性耦合电流前向运动时的环路方向与容性耦合电流正好相反，而反向运动时的环路方向与容性耦合电流相同。换言之，反向运动时，感性耦合电流是从信号路径指向返回路径，与容性耦合电流相同；前向运动时，感性耦合电流是从返回路径指向信号路径，与容性耦合电流相反！如图 14-5-5 所示。

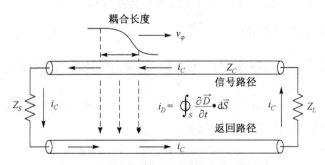

图 14-5-5　静态线感性耦合电流的环路方向

之所以会出现静态线感性耦合电流环路与攻击线电流环路方向相反，乃是静态线感生磁场抵消攻击线磁场的结果，正好符合电磁感应的原理（感生磁场要抵消原磁场的变化）。

与容性耦合电流一样的推导方法，可以知道前向、反向运动的感性耦合电流 I_{LFsat}、I_{LRsat}、I_{LF}、I_{LR} 分别为（在阻抗匹配的情况下有 $Z_S=Z_C=Z_L$）：

$$I_{LFsat} = I_{LRsat} = \frac{1}{2}\frac{V_M}{Z_C} = \frac{1}{2}L_M C L_{sat}\frac{I}{t_{rise}}\frac{1}{Z_C} = \frac{1}{2Z_C}L_M v_\varphi I \tag{14-5-6a}$$

$$I_{LF} = I_{LFsat}\frac{Len}{CL_{sat}} = \frac{1}{2}L_M C L_{sat}\frac{I}{t_{rise}}\frac{1}{Z_C}\frac{Len}{CL_{sat}} = \frac{1}{2Z_C}L_M Len\frac{I}{t_{rise}} \tag{14-5-6b}$$

$$I_{LR} = \frac{1}{2}I_{LRsat} = \frac{1}{4}L_M C L_{sat}\frac{I}{t_{rise}}\frac{1}{Z_C} = \frac{1}{4Z_C}L_M v_\varphi I \tag{14-5-6c}$$

综合式（14-5-5）与式（14-5-6），可以得到总的源端感应电流 I_R 与终端感应电流 I_F，如下：

$$I_R = I_{CR} + I_{LR} = \frac{1}{4}C_M v_\varphi V + \frac{1}{4Z_C}L_M v_\varphi I \tag{14-5-7a}$$

$$I_F = I_{CF} - I_{LF} = \frac{1}{2}C_M Len\frac{V}{t_{rise}} - \frac{1}{2Z_C}L_M Len\frac{I}{t_{rise}} \tag{14-5-7b}$$

对于无损且阻抗匹配的均匀传输线，有 $Z_C = \sqrt{\frac{L_0}{C_0}} = \frac{V}{I}$ 及 $v_\varphi = \frac{1}{\sqrt{L_0 C_0}}$，代入到式（14-5-7）中，可得：

$$I_R = I_{CR} + I_{LR} = \frac{1}{4}\left(\frac{C_M}{C_0} + \frac{L_M}{L_0}\right)I \tag{14-5-8a}$$

$$I_F = I_{CF} - I_{LF} = \frac{Len}{t_{rise}}\frac{1}{2v_\varphi}\left(\frac{C_M}{C_0} - \frac{L_M}{L_0}\right)I \tag{14-5-8b}$$

由式（14-5-8）可见，只要知道了传输线的单位长度互容 C_M、互感 L_M、自容 C_0、自感 L_0 以及传输线总长 Len、信号上升沿 t_{rise} 等参数，就可以定量计算攻击线与静态线之间的耦合电流。通常，也把 $\frac{C_M}{C_0}$、$\frac{L_M}{L_0}$ 称为相对容性耦合和相对感性耦合。

再次强调一点，上述方程的推导必须假定传输线处于阻抗匹配状态。否则，无论攻击线的反射还是静态线的反射，都将导致耦合电流变得异常复杂。

14.5.3　近端串扰与远端串扰

根据串扰电流的表达式（14-5-8），可以进一步得到串扰系数的概念，即静态线串扰电压（稳态值）与攻击线电压之比。

显然，静态线的串扰系数分为源端串扰系数 N_{EXT}（也称近端串扰系数）和终端串扰系数 F_{EXT}（也称远端串扰系数）两种，定义如下：

$$N_{EXT} = \frac{V_R}{V} = \frac{I_R}{I} = \frac{1}{4}\left(\frac{C_M}{C_0} + \frac{L_M}{L_0}\right) \tag{14-5-9a}$$

$$F_{\text{EXT}} = \frac{V_F}{V} = \frac{I_F}{I} = \frac{\text{Len}}{t_{\text{rise}}} \frac{1}{2v_{\varphi}} \left(\frac{C_M}{C_0} - \frac{L_M}{L_0} \right) \triangleq \frac{\text{Len}}{2t_{\text{rise}}} k_f \qquad (14\text{-}5\text{-}9\text{b})$$

其中，k_f 也称为 "远端耦合系数"。

于是，可画出由攻击线上升沿造成的静态线近端串扰电压与远端串扰电压的大致波形，如图 14-5-6 所示。

对于由攻击线下降沿造成的静态线串扰噪声，由于下降沿的 dV/dt、dI/dt 相当于上升沿取负号，所以近端串扰和远端串扰均倒相 180°，如图 14-5-7 所示。

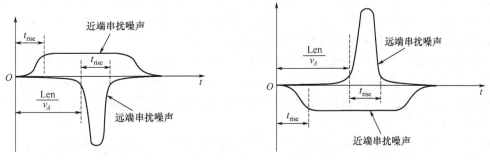

图 14-5-6　攻击线上升沿造成的静态线串扰噪声示意图　　图 14-5-7　攻击线下降沿造成的静态线串扰噪声示意图

在实际电路中，攻击线上基本都是方波信号（方波信号既有上升沿也有下降沿），所以静态线上的近端串扰和远端串扰将按照图 14-5-6 与图 14-5-7 的规律交替出现。但对于静态线来说，远端串扰更为重要，因为静态线的接收器就位于此处。

另外，图 14-5-6 与图 14-5-7 是在传输线两端均处于端接匹配状态，即 $R_S+Z_S=Z_C=R_P//Z_L$ 的情况下获得的。但我们在 14.3.6 节曾说过，手机电路中的阻抗匹配基本采用源端串联端接方式（$R_S+Z_S=Z_C$），并不会在负载端并联匹配电阻 R_P。也就是说，此时负载端或者远端处于开路状态（接收器的输入阻抗通常比较大）。显然，在这种情况下，攻击线的远端将出现反射（反射系数接近 1），这必将导致静态线上的串扰波形发生变化。对于攻击线上的反射信号来说，位于静态线远端的接收器此时变成了后向端，因而形成近端串扰；而静态线的源端反而形成远端串扰。于是我们不难想象，静态线的接收器将在出现远端串扰后紧接着出现近端串扰。所以，当攻击线处于源端匹配、负载开路状态下时，静态线接收器端的串扰波形将如图 14-5-8 所示。

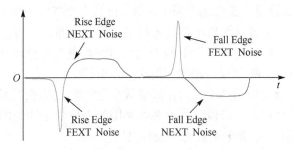

图 14-5-8　攻击线负载开路时静态线接收器上的串扰噪声

不管攻击线处于何种匹配状态，反正对于静态线来说，串扰终归不是我们希望的东西。那么有没有什么办法可以消除或者减小静态线上的串扰噪声呢？

1. 消除串扰

根据式（14-5-9）可知，静态线上的近端串扰不可能被消除；但如果满足 $\dfrac{C_M}{C_0} = \dfrac{L_M}{L_0}$，则静态线上将不出现远端串扰。另外，由于大部分接收器均位于传输线的远端，因此消除远端串扰对于防止接收器误触发具有重要意义。问题是该如何实现 $\dfrac{C_M}{C_0} = \dfrac{L_M}{L_0}$ 呢？

我们不妨想象一下，如果一对耦合线处在真空中，除此以外，附近没有任何其他介质，则耦合线的相对容性就与相对感性相等，远端耦合系数 k_f 为 0；如果耦合线的周围空间充满了同质介质，则介电常数从 ε_0 变成 $\varepsilon_0\varepsilon_r$，$C_M$、$C_0$ 均增加 ε_r 倍，但 C_M / C_0 不变。而介电常数对磁场没有影响，所以此时的远端耦合系数 k_f 依然为 0。

由此可以推知，只要耦合线的所有电力线（包括耦合线自身的电力线以及耦合线之间的电力线）处在同一种介质中，就不存在远端串扰。因此，带状线一定满足 $k_f=0$，但大多数微带线不满足 $k_f=0$。为此，我们只需要把微带线和带状线的电力线示意图画出来就一目了然，如图 14-5-9 所示。

从图中可见，Micro Stripe 的电力线一部分在介质（ε_r）中，另一部分在空气（ε_0）中，所以相对容性与相对感性耦合不相等，$k_f \neq 0$；Stripe Line 的所有电力线均被限制在介质中，所以相对容性与相对感性耦合相等，远端耦合系数为 0。

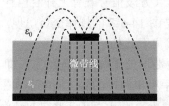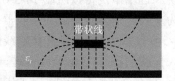

图 14-5-9　微带线与带状线的电力线

但说明一点，图 14-5-9 是单根 Micro Stripe 和单根 Stripe Line 的电力线分布图。如果是由双根 Micro Stripe 和双根 Stripe Line 组成的耦合线对，则耦合线对的电力线分布情况将随驱动信号的变化而变化。最简单的情况，用共模信号驱动耦合线对时，电力线相互排斥；而用差模信号驱动线对时，电力线相互吸引。但不管是用差分信号驱动还是共模信号驱动，Micro Stripe 耦合线对的电力线总是一部分在介质中，另一部分在空气中；而 Stripe Line 耦合线对的电力线则全部在介质中。笔者只画出单根传输线的电力线分布，一方面是因为这已经可以说明问题，另一方面是为了暂时避开差分/共模驱动信号影响电力线分布这一问题。关于这部分内容，我们将在介绍耦合线奇/偶模传输效应时进一步分析。

从图 14-5-9 还可以演化出另一个概念，即等效介电常数 ε_{eq}。很明显，微带线的电力线并不全部包含在介质中，换言之，可以认为微带线周围的介质是不均匀的，所以微带线的介电常数就不是 ε_r，而应该用等效介电常数 ε_{eq} 表示，且 $\varepsilon_{eq} \leqslant \varepsilon_r$。

如果把微带线的信号路径嵌入到介质中，构成所谓的"嵌入式微带线"，其等效介电常数就会上升。如果信号路径嵌入介质较深，电力线全部被介质包围，则称为全嵌入式微带线，此时 $\varepsilon_{eq} \to \varepsilon_r$。不过在笔者看来，用嵌入式微带线还不如干脆用带状线呢，所以手机中很少有嵌入式微带线，本书中的微带线单指图 14-5-9 所示的这种介质夹在信号路径和返回路径之间的微带线。理论分析表明，线宽、介质厚度、铜厚、导线周围介质等因素，都会影响微带线等效介电常数的大小，又由于等效介电常数决定了传输线的特征阻抗，所以微带线的阻抗控制性能远不及带状线（微带线的优点是走线方便、受限少），这也就是我们要求 Layout 工程师尽量把手机中的高速信号设计为带状线的原因所在。

2. 降低串扰

消除串扰是最高目标，但除了远端串扰可能被消除外，近端串扰是不可能被消除的。既然不能消除近端串扰，有没有可能降低近端串扰呢？又或者在无法消除远端串扰的时候，是否可以同时降低远端和近端串扰呢？

从式（14-5-9）出发可知，降低近端串扰的核心是减小相对容性耦合与相对感性耦合；降低远端串扰则可以从减小传输线长度、降低信号上升沿等着手。

直观上，将耦合线对之间的距离拉大，就可以有效降低线对之间的耦合程度。问题在于拉大到多少距离？计算机仿真的结果，如果要使近端串扰系数 $N_{EXT} \leqslant 2\%$，则线间距应该为两倍的线宽，即 $D=2W$。Bogatin 博士著作的§10.11 给出了微带线、带状线的线间距与近端串扰系数的仿真结果，笔者摘录如表 14-5-1 所示。

增加耦合微带线的线间距，相对容性耦合与相对感性耦合都有所下降，但相对感性耦合的变化量更大，所以耦合微带线的远端串扰系数也会下降。不过，由于远端串扰与传输线总长和信号上升沿有关，所以我们常用 $k_f \times v_\varphi = \dfrac{1}{2}\left(\dfrac{C_M}{C_0} - \dfrac{L_M}{L_0}\right)$ 代替 F_{EXT}，如表 14-5-2 所示。

表 14-5-1 线间距对近端串扰系数的影响

N_{EXT} ＼ 线间距	1W	2W	3W
微带线	4.4%	1.9%	1.0%
带状线	6.5%	1.9%	0.57%

表 14-5-2 线间距对远端串扰的影响

$k_f \times v_\varphi$ ＼ 线间距	1W	2W	3W
微带线	−4.0%	−2.2%	−1.4%
带状线	0	0	0

由表 14-5-2 同时可以看出，微带线的远端串扰系数为负数。关于这一点，可以这么理解：自容代表了传输线自身信号路径与返回路径之间的电力线数量，互容则代表了传输线之间的电力线数量。当电力线全部在介质中时，相对容性耦合才等于相对感性耦合，就像带状线的情况。而微带线的电力线有很大一部分不在介质中，所以微带线的互容会下降得很厉害，从而导致其相对容性耦合小于相对感性耦合，即 $\dfrac{C_M}{C_0} < \dfrac{L_M}{L_0}$。

话说笔者在工作中经常遇到 BB 工程师与 RF 工程师、HW 工程师与 Layout 工程师争执走线间距的事情。RF 说 BB 走线太靠近敏感线，BB 就问 RF，你怎么证明是太靠近还是不太靠近？HW 要求 Layout 把线间距拉开，而 Layout 就说根本没地方放。很少有达成一致的时候。

究其原因，乃是大家缺少定量分析！你问他们各自的理由，得到的回答几乎全部是"经验"。然而，经验仅供参考，在条件发生变化时，它甚至连参考的意义都没有。其实，我们只要设定一个门限值，然后根据表 14-5-1 与表 14-5-2，并适当考虑一些其他干扰因素（如反射、衰减等），就可以大致估算出不同线间距产生的近端与远端串扰值。这样，岂不是更有说服力？

14.5.4　差分阻抗与共模阻抗

在入门篇的 2.5.1 节，我们说手机 Microphone 电路多采用差分电路或者伪差分电路的形式。那时，我们是从抗共模干扰的角度来分析差分电路的。

事实上，不仅是 Microphone 电路，手机中采用差分电路的信号线太多了，比如 I/Q 线、USB 线、MIPI 线、DDR SDRAM Clock 线等。就发展趋势来看，手机中的传输线将会越来越多地采用差分电路的形式。但是，正如我们在上一节提及的，耦合传输线对之间的电场分布将会因为驱动信号的不同而发生明显变化，最简单的情况就是差分驱动和共模驱动导致的传输线等效介电常数与相对容性的变化。也就是说，存在耦合（串扰）现象的传输线将会表现出与无耦合传输线完全不同的特性！

1．传输线之间无耦合

首先，我们分析一下传输线之间不存在耦合现象时，传输线的差分阻抗与共模阻抗。假定传输线为均匀传输线且满足阻抗匹配（$Z_S=Z_C=Z_L$），如图 14-5-10 所示。

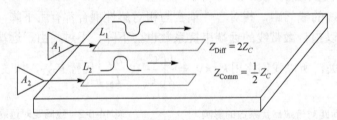

图 14-5-10　无耦合传输线的差分阻抗与共模阻抗

由于传输线之间不存在耦合现象，所以必然有 $Z_{\text{Diff}}=2Z_C$、$Z_{\text{Comm}}=Z_C/2$，这与我们在电子线路课程中学习差分对时所得到的结论完全相同。

2．传输线之间有耦合

现在，考虑传输线之间存在耦合现象时，传输线的差分阻抗与共模阻抗。不妨设单根传输线的单位长度电容、电感分别为 C_0、L_0，两根传输线之间的单位长度互容、互感则分别为 C_M、L_M。

分三种情况讨论：

（1）一根传输线接地

设 L_2 接地，L_1 加载驱动电压，取 L_1 分析：

$$I_1 = C_0\frac{\mathrm{d}V_1}{\mathrm{d}t} + C_M\frac{\mathrm{d}V_{12}}{\mathrm{d}t} = C_0\frac{\mathrm{d}V_1}{\mathrm{d}t} + C_M\frac{\mathrm{d}V_1}{\mathrm{d}t} \triangleq C_L\frac{\mathrm{d}V_1}{\mathrm{d}t} \tag{14-5-10a}$$

$$V_1 = L_0\frac{\mathrm{d}I_1}{\mathrm{d}t} + L_M\frac{\mathrm{d}I_2}{\mathrm{d}t} = L_0\frac{\mathrm{d}I_1}{\mathrm{d}t} \tag{14-5-10b}$$

其中，$C_L=C_0+C_M$。顺便说一句，在一些仿真软件中，C_0 是 SPICE 电容矩阵的对角线元素；而 C_L 是麦克斯韦电容矩阵的对角线元素，也称负载电容。

因此，L_1 的等效单位长度电容、电感分别为 $C_0 + C_M$、L_0。显然，L_1 的特征阻抗将发生变化，如下式：

$$Z_{CL_1} = \sqrt{\frac{L_0}{C_L}} = \sqrt{\frac{L_0}{C_0 + C_M}} = Z_C \sqrt{\frac{1}{1 + \dfrac{C_M}{C_0}}} \tag{14-5-10c}$$

由式（14-5-10c）可知，由于相对容性耦合的影响，单根传输线的特征阻抗会下降。随着耦合传输线的线间距增加，C_0 基本不变，而 C_M 迅速下降，所以特征阻抗会逐渐上升，并最终收敛于 Z_C（直观上不难想象，距离无穷远就相当于无耦合的情况）。

（2）差分驱动

当驱动信号为差分电压时，取 L_1 来分析：

$$I_1 = C_0 \frac{dV_1}{dt} + C_M \frac{dV_{12}}{dt} = C_0 \frac{dV_1}{dt} + 2C_M \frac{dV_1}{dt} \triangleq (C_L + C_M)\frac{dV_1}{dt} \tag{14-5-11a}$$

$$V_1 = L_0 \frac{dI_1}{dt} + L_M \frac{dI_2}{dt} = L_0 \frac{dI_1}{dt} - L_M \frac{dI_1}{dt} = (L_0 - L_M)\frac{dI_1}{dt} \tag{14-5-11b}$$

由于耦合的影响，L_1 与 L_2 之间会有互容、互感电流，又由于是差分驱动电压，所以一定有 $dV_{12} = 2dV_1$、$dI_2 = -dI_1$。

因此，L_1 的等效单位长度电容、电感分别为 $C_L + C_M$ 与 $L_0 - L_M$，则其特征阻抗为

$$Z_{CL_1} = \sqrt{\frac{L_0 - L_M}{C_L + C_M}} = \sqrt{\frac{L_0 - L_M}{C_0 + 2C_M}} = Z_C \sqrt{\frac{1 - \dfrac{L_M}{L_0}}{1 + 2\dfrac{C_M}{C_0}}} \tag{14-5-11c}$$

由此可见，用差分电压驱动耦合传输线时，每根传输线的实际特征阻抗都小于标称特征阻抗，并且会随着耦合度的减小（如增加线间距）而增大，直至收敛于 Z_C。

（3）共模驱动

当驱动信号为共模电压时，仍然取 L_1 来分析：

$$I_1 = C_0 \frac{dV_1}{dt} + C_M \frac{dV_{12}}{dt} = C_0 \frac{dV_1}{dt} \triangleq (C_L - C_M)\frac{dV_1}{dt} \tag{14-5-12a}$$

$$V_1 = L_0 \frac{dI_1}{dt} + L_M \frac{dI_2}{dt} = L_0 \frac{dI_1}{dt} + L_M \frac{dI_1}{dt} = (L_0 + L_M)\frac{dI_1}{dt} \tag{14-5-12b}$$

$$Z_{CL_1} = \sqrt{\frac{L_0 + L_M}{C_L - C_M}} = \sqrt{\frac{L_0 + L_M}{C_0}} = Z_C \sqrt{1 + \frac{L_M}{L_0}} \tag{14-5-12c}$$

由此可见，用共模电压驱动耦合传输线时，每根传输线的实际特征阻抗都大于标称特征阻抗，并且会随着耦合度的减小（如增加线间距）而减小，直至收敛于 Z_C。

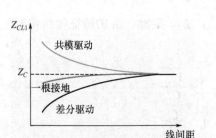

图 14-5-11　单根传输线的特征阻抗变化趋势

我们将上述三种情况的单根线特征阻抗变化趋势画在图 14-5-11 中。

在 14.2.4 节，我们曾提及 USB 线的特征阻抗 $Z_C = 50\ \Omega$，而差分阻抗 $Z_{\text{Diff}} = 90\sim95\ \Omega$。理论上，差分阻抗 $Z_{\text{Diff}} = 2Z_C = 100\ \Omega$，为什么会减小呢？根据图 14-5-11 就很好理解了。因为差分驱动时，单根线的实际特征阻抗要低于标称特征阻抗，所以差分阻抗自然也要低于两倍的标称特征阻抗了。

14.5.5　奇模传输与偶模传输

由上一节的讨论可知，驱动电压的类型会影响耦合传输线的特征阻抗。因此，人们提出了奇模传输和偶模传输的概念。

所谓奇模传输，指用差分信号驱动耦合传输线。此时，每根传输线的特征阻抗有了一个新名词——奇模阻抗，用 Z_{odd} 表示，其实就是式（14-5-11c）；相应的，偶模传输指用共模信号驱动耦合传输线，每根传输线的特征阻抗被赋予了另一个新名词——偶模阻抗，用 Z_{even} 表示，也就是式（14-5-12c）。不过严格说来，奇/偶模状态并不完全对应差分/共模驱动，只不过绝大多数的耦合传输线都呈对称形式，所以可用差分/共模电压驱动传输线，产生所谓的奇/偶模传输状态。如果耦合传输线不具备对称性质，则奇/偶模状态的驱动方式就不是这么简单了（我们仅讨论对称的情况）。

根据差分阻抗 $Z_{\text{Diff}} = 2Z_{\text{odd}}$、共模阻抗 $Z_{\text{Comm}} = Z_{\text{even}}/2$，并将式（14-5-11c）和（14-5-12c）代入，可得：

$$Z_{\text{Diff}} = 2Z_{\text{odd}} = 2Z_C \sqrt{\dfrac{1 - \dfrac{L_M}{L_0}}{1 + 2\dfrac{C_M}{C_0}}} \tag{14-5-13a}$$

$$Z_{\text{Comm}} = \frac{1}{2}Z_{\text{even}} = \frac{Z_C}{2}\sqrt{1 + \frac{L_M}{L_0}} \tag{14-5-13b}$$

由式（14-5-13）可知，耦合传输线的差模阻抗与偶模阻抗不相等，且 $Z_{\text{odd}} < Z_{\text{even}}$。但是在无耦合传输线中，差模阻抗与偶模阻抗相等。

粗略一看，对于耦合传输线，其单根传输线的特征阻抗居然与驱动电压的类型有关，是不是很奇怪？然而这就是事实！除此以外，还可以求出信号的奇模传输速度和偶模传输速度，如下式：

$$v_{\text{odd}} = \frac{1}{\sqrt{(L_0 - L_M)(C_L + C_M)}} \tag{14-5-14a}$$

$$v_{\text{even}} = \frac{1}{\sqrt{(L_0 + L_M)(C_L - C_M)}} \tag{14-5-14b}$$

显然，v_{odd} 与 v_{even} 不一定相等。进一步分析，令：

$$F = (L_0 - L_M)(C_L + C_M) - (L_0 + L_M)(C_L - C_M) = 2(L_0 C_M - L_M C_L) \tag{14-5-15}$$

为了判断 F 是大于 0、小于 0 还是等于 0，再令：

$$G = \frac{L_0 C_M}{L_M C_L} = \frac{\dfrac{C_M}{C_L}}{\dfrac{L_M}{L_0}} \qquad (14\text{-}5\text{-}16)$$

因此，若 $G > 1$，则 $F > 0$，即 $v_{even} > v_{odd}$；若 $G < 1$，则 $F < 0$，即 $v_{odd} > v_{even}$；若 $G = 1$，则 $F = 0$，即 $v_{odd} = v_{even}$。

根据 14.5.3 节的内容可知，带状线的电力线全部处在介质中，其相对容性耦合与相对感性耦合相等，所以带状线的 $G = 1$，即 $v_{odd} = v_{even}$；微带线的电力线有很大一部分处于空气中，其相对容性耦合小于相对感性耦合，所以微带线的 $G < 1$，即 $v_{odd} > v_{even}$。

事实上，如果从麦克斯韦方程组出发，然后把微带线和带状线在奇/偶模状态的电场分布画出来，可以得到同样的结论，如图 14-5-12 所示。

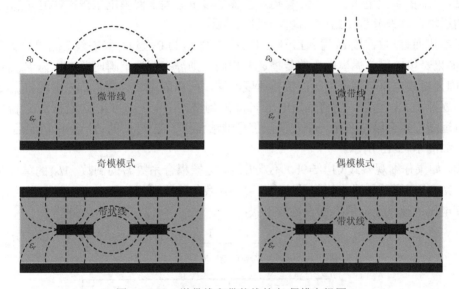

图 14-5-12　微带线和带状线的奇/偶模电场图

根据电磁场波动方程可知，电磁场的传播速度（信号传播速度）为

$$v_{\varphi} = \frac{1}{\sqrt{\varepsilon_0 \varepsilon_r \mu_0 \mu_r}} \approx \frac{1}{\sqrt{\varepsilon_0 \mu_0} \sqrt{\varepsilon_r}} = \frac{c}{\sqrt{\varepsilon_r}} \qquad (14\text{-}5\text{-}17)$$

其中，c 表示真空中的光速。

因此，不管是微带线还是带状线，也不管是奇模状态还是偶模状态，只要把式（14-5-17）的 ε_r 用对应的等效介电常数 ε_{eq} 代入，就可以求得信号传播速度。

对于微带线，在奇模状态下，有大量的电力线处在导线上方的空气中；在偶模状态下，大部分电力线处在导线下方的介质中。由于介质的介电常数要大于空气，所以偶模状态下的等效介电常数 ε_{eq} 要大于奇模状态下的等效介电常数 ε_{eq}，故 $v_{odd} > v_{even}$。

对于带状线，无论奇模状态还是偶模状态，所有的电力线均处在导线下方的介质中。所以偶模状态下的等效介电常数 ε_{eq} 与奇模状态下的等效介电常数 ε_{eq} 一样大，故 $v_{odd} = v_{even}$。

从这个角度看，所谓的远端串扰其实也可以用奇/偶模传播速度来解释。首先，把耦合传输线上的电压分解为奇模电压 V_{odd} 与偶模电压 V_{even}，如下：

$$V_{odd} = V_{Diff} = V_1 - V_2 \tag{14-5-18a}$$

$$V_{even} = V_{Comm} = \frac{1}{2}(V_1 + V_2) \tag{14-5-18b}$$

然后，可以把传输线上的电压写成 V_{odd} 与 V_{even} 组合方式，如下：

$$V_1 = V_{even} + \frac{1}{2}V_{odd} \tag{14-5-19a}$$

$$V_2 = V_{even} - \frac{1}{2}V_{odd} \tag{14-5-19b}$$

根据式（14-5-19），可以把耦合传输线对上的电压看成：以 V_{even} 传输的耦合电压叠加了 $\pm(1/2)V_{odd}$ 的奇模电压。由于奇模电压传输速度 v_{odd} 大于偶模电压传输速度 v_{even}，所以在传输线的远端，奇模分量先到达，偶模分量后达到。

对于串扰而言，攻击线 L_1 输入信号为 V_1、静态线 L_2 为 0。因此，静态线 L_2 上的 $V_{even}=V_{odd}/2 = V_1/2$。如果奇模电压与偶模电压的传播速度相同，则静态线远端瞬时总电压为 $V_{even}-V_{odd}/2 = 0$。但正因为奇模电压与偶模电压的传播速度不同，所以静态线远端将首先出现 $-V_{odd}/2$ 分量，源端噪声逐渐增大；然后，随着偶模电压 V_{even} 的到来，由于 V_{even} 的正边沿抵消 $V_{odd}/2$ 的负边沿，所以远端噪声会维持在某一个定值；信号继续传播，当 V_{even} 的边沿全部达到后，远端噪声消失，如图 14-5-13 所示。

其实，如果仔细观察式（14-5-9b）不难发现，远端耦合系数 k_f 的倒数，$1/k_f$ 的单位是 in/ns，换言之，$1/k_f$ 代表了某种形式的信号速度！现在，我们终于可以知道，它实际上指的是奇模电压与偶模电压的速度差，用方程表述如下式：

$$k_f = \frac{1}{v_{even}} - \frac{1}{v_{odd}} \tag{14-5-20}$$

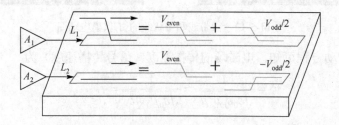

图 14-5-13　奇/偶模电压传播速度差导致远端噪声

从图 14-5-13 也可以看出，如果奇模电压与偶模电压在传输线上的传播时延差小于信号上升沿，则远端噪声会随着传输线耦合长度的增加而增加；但如果时延差大于信号的上升沿，则静态线的远端串扰将会稳定在奇模电压峰值上，然后随着偶模电压分量的到达，远端串扰开始下降，直至消失。因此，远端串扰有"饱和长度"一说，即传输线长度超过这个饱和长度后，远端串扰会被限定在奇模电压峰值上，不再随着传输线耦合长度的增加而增加了。饱和长度定义为 Len_{sat}，计算公式如下：

$$\text{Len}_{\text{sat}} = \frac{t_{\text{rise}}}{\dfrac{1}{v_{\text{even}}} - \dfrac{1}{v_{\text{odd}}}} \tag{14-5-21}$$

举个例子，在 FR4 基材的紧密耦合微带线中，$v_{\text{even}} = 6.8$ in/ns、$v_{\text{odd}} = 7.4$ in/ns（我们直接引用 Bogatin 博士的结论），设信号上升时间为 1 ns，代入式（14-5-21）中，可知饱和长度 $\text{Len}_{\text{sat}} = 83$ in。通常，不要说是手机，就是系统设备，也不太可能有这么长的走线。所以，在不严格的情况下，我们经常说远端串扰随传输线耦合长度的增加而增加。其实，这隐含了一个附加条件，即耦合长度小于饱和长度。

14.5.6　差分对的端接

14.3.6 节分析过几种端接策略。不过在那时，都是用单根传输线进行分析的，对于差分对传输线，情况就不一样了。

假定差分对的终端负载阻抗均为无穷大，则无论差分对之间是否存在耦合，总是有 $Z_{\text{Diff}}=2Z_{\text{odd}}$、$Z_{\text{Comm}}=Z_{\text{even}}/2$。因此，差分信号和共模信号将感受到不同的阻抗。显然，为了保证传输线上无反射，必须在负载端对差分信号和共模信号同时端接。为此，可以采用 π 型端接或者 T 型端接，如图 14-5-14 所示。

图 14-5-14　差分对的 π 型端接和 T 型端接方案

通常情况下，$Z_{\text{odd}}=45\sim50\ \Omega$、$Z_{\text{even}}=50\sim55\ \Omega$。因此，$Z_{\text{Comm}}=Z_{\text{even}}/2=25\sim27.5\ \Omega$，这将对驱动源的直流带载能力提出极高要求！所以，上述端接方案需要再做一些修改，以 T 型端接为例。我们会在 R_C 支路上串联一个小电容，从而防止无谓的直流消耗，同时又不会对差分信号产生影响。工程上，要求在信号带宽内，电容的容抗要小于共模阻抗，即共模信号所感受到的时间常数远大于信号上升时间 t_{rise}。所以，只需设定 $C=5t_{\text{rise}}/Z_{\text{even}}$ 即可。

14.6　眼图案例一则

14.6.1　案例背景

这是笔者在 52RD 上所看到的一个案例，原文由 Onsemi 的应用工程师 Edwin Romero 所撰写。笔者阅读后，觉得该案例可以增加大家对反射、眼图等内容的感性认识，故稍加修改后，摘录于本书中。

目前，USB 接口已成为手机的一项标准配置。最初，USB 1.1 版本的数据传输率仅为 12 Mbps，到 USB 2.0 阶段时增加到 480 Mbps，而现在 USB 3.0 的数据传输率则高达 5 Gbps。

我们在 14.4.4 节已经论述过，导线损耗与 $\sqrt{f}$ 成正比，而介质损耗与 f 成正比。所以，随着 USB 传输率的不断上升，传输线的损耗必将越来越大。除此以外，USB 接口线上的 ESD

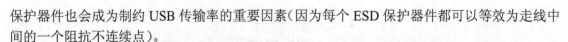

保护器件也会成为制约 USB 传输率的重要因素（因为每个 ESD 保护器件都可以等效为走线中间的一个阻抗不连续点）。

手机中的 USB 接口原理图通常如图 14-6-1 所示。

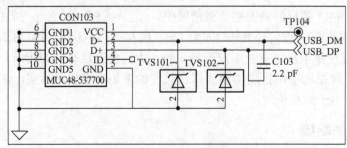

图 14-6-1　USB 接口原理图

图中，TVS101、TVS102 为 ESD 保护器件。由于 TVS 管呈容性，所以可以把它们看成 USB 走线中间的容性突变。根据 14.3.4 节的式（14-3-12）可知，为了使反射系数小于 10%，必须限制 TVS 管的等效容值。

下面，我们就通过具体的眼图测试来看看不同 TVS 管对 USB 2.0 高速传输的影响。

14.6.2　USB 2.0 眼图简介

我们知道，无论传输损耗还是信号反射，都可以使用眼图进行分析。

通过在示波器的垂直轴对数字信号进行反复采样、同时采用相应数据率对水平时间扫描进行触发，就可以生成眼图。由于其所获得的图形看上去很像眼睛，故称为眼图（Eye Diagram），如图 14-6-2 所示。

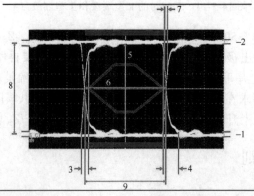

1. 零电平：指逻辑值0
2. 1电平：指逻辑值1
3. 上升时间：信号在上升曲线从10%电平升至90%电平所需的转换时间
4. 下降时间：信号在下降曲线上从90%电平降至10%电平所需的转换时间
5. 眼高：垂直展开度。确定噪声导致的眼图封闭
6. 眼宽：水平展开度。确定抖动对眼宽的影响
7. 确定性抖动：与其他转换相关的反射导致的转换时间与理想时间的偏离
8. 眼幅：逻辑0电平和逻辑1电平平均值间的差异
9. 比特率：比特周期的反转

图 14-6-2　USB 2.0 的眼图模板

通常，人们采用模板（Mask）来对可接受的信号质量进行定义。这模板由"眼睛"中间的六边形和包围"眼睛"的矩阵所组成。不难想象，"眼睛"睁开得越大，表明数据完整性

越高；如果测得的信号迹线穿越模板的边线，则表明信号质量不可接受。

关于 USB 2.0 眼图模板的详细规范，读者朋友可到 USB 应用者论坛（www.usb.org）下载。

14.6.3　不同容值 TVS 管对眼图的影响

仅就反射而言，不在 USB 走线上增加任何 TVS 管是最好的选择，因为这不会造成阻抗不连续。一个未加 TVS 管的 USB 2.0 眼图测试结果如图 14-6-3 所示，它代表了没有信号衰减的纯粹 USB 2.0 高速信号（不考虑线路上的其他杂散电容）。

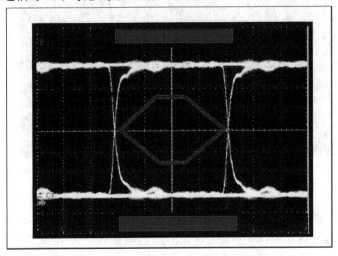

图 14-6-3　无 TVS 管的 USB 2.0 眼图测试结果

但是我们知道，USB 接口属于金属外露件，如果接口处不加 TVS 管的话，极易造成手机芯片的损坏，而且基本上不可能通过 ESD 测试。所以，我们在 DM、DP 上各增加了一个 0.5 pF 的 TVS 管（型号为安森美的 ESD9L5.0ST5G），如图 14-6-4 所示。

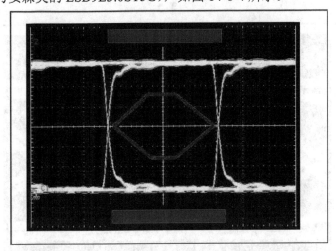

图 14-6-4　容值 0.5 pF 的 TVS 管 USB 2.0 眼图测试结果

对比图 14-6-4 与图 14-6-3，两者几乎没什么区别。由此说明，仅 0.5 pF 的 ESD9L5.0ST5G 对 USB 2.0 高速数据的信号完整性几乎没有影响。

如果继续增加 TVS 管的容值会怎样？图 14-6-5 是将 0.5 pF 的 TVS 管更换成 6.0 pF 的 TVS 管（型号为安森美的 ESD9C5.0ST5G）的 USB 2.0 测试结果。

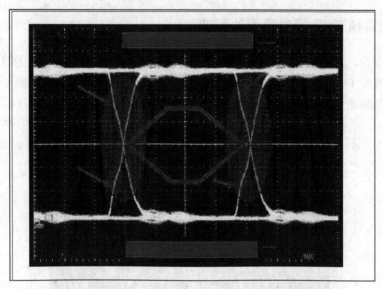

图 14-6-5　容值 6.0 pF 的 TVS 管 USB 2.0 眼图测试结果

图中，"眼睛"的边缘已经开始接近六角形模板，而且对比图 14-6-3 可知，此时的信号上升沿和下降沿明显变缓了（14.3.3 节所讨论的时延累加效应），由此说明高容值 TVS 管会导致信号质量下降。尽管图 14-6-5 所示的测试结果满足 USB 2.0 的眼图规范，但它也同时显示该 TVS 管占用了部分的电容预算。由于实际设计中，线路上的其他元器件及电路板本身都可能增加额外的电容，所以这会对其他元器件以及 PCB 布局布线提出更高要求。

最后，我们再更换一颗 65 pF 的 TVS 管进行测试（型号为安森美的 ESD9X5.0ST5G），如图 14-6-6 所示。

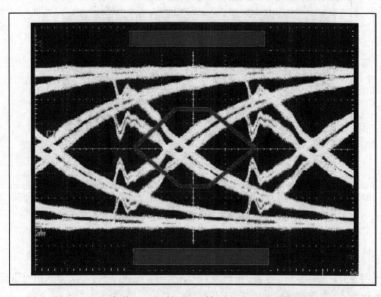

图 14-6-6　容值 65 pF 的 TVS 管 USB 2.0 眼图测试结果

　　在该眼图测试结果中，信号迹线穿越整个六边形模板，上升时间和下降时间大幅增加，说明信号质量严重退化，该 TVS 管不能应用于 USB 2.0 的高速数据传输。

14.6.4　小结

　　信号完整性涉及电磁场、信号处理、电磁兼容、PCB 工艺与制造的等多个领域，内容博大精深。就像牛顿力学不可能用一个章节阐述一样，信号完整性也不是一个简短的章节所能涵盖的。所以，尽管这是本书中字数最多、方程最多、图表最多的一章，但真的只是整个信号完整性大厦的"冰山一角"。

　　如果读者朋友对信号完整性理论有进一步兴趣，笔者强烈推荐如下文献：Eric Bogatin "Signal Integrity：Simplified"，赵凯华《电磁学（第二版）》，吴大正《信号与线性系统分析（第三版）》，邱关源《电路（第三版）》中的附录《均匀传输线》，以及冯慈璋《电磁场（第二版）》中的《均匀传输线中的导行电磁波》。依笔者的经验，充分理解上述教材或章节，可以达到事半功倍的效果。

第 15 章

各种新功能

本章简要介绍一些手机新功能、新应用，这些功能有些已经被纳入强制规范，比如美国国家标准化组织（American National Standard Institute，ANSI）在 2007 年出台的 HAC 规范，要求未来几年在美国本土上市的手机必须陆续进行 HAC 认证测试；有些功能虽然目前尚未被纳入强制认证范围，但不排除有此可能，如 TTY。

所以，本章在介绍这些新兴功能时，将重点分析它们的测试标准与调试方法，这也是我们进军高端市场所必须具备的基础。

15.1 HAC

15.1.1 HAC 的概念

HAC 全称 Hearing Aids Compatibility，即助听器兼容。

我们知道，听力受损人士通常都会佩戴一个助听器，以帮助其与他人正常交流。但是，常规助听器的设计仅仅考虑人与人或者人与环境之间的直接交流，很少考虑助听器与手机、PDA 等便携式电子、通信产品的兼容性。那么，HAC 认证测试就是考察手机与助听器配合使用时，它们之间的相互影响以及对这些影响程度的评级。

众所周知，电子产品工作时会对外辐射电磁波并同时受到外界电磁波的辐射干扰，换言之，不管是大是小，这些影响是客观存在的。在极端情况下，手机会严重干扰到助听器的正常工作；反之，助听器也会严重干扰到手机的正常工作。那么，既然有影响，该如何评价这些影响？

于是，美国标准化组织于 2007 年正式提出了 HAC 认证测试标准，即 ANSI C63.19—2007 规范（后面简称为 ANSI C63 规范）。同年，由原国家信息产业部电信研究院牵头，联合华为与中兴两家通信设备制造商，共同起草了我国的 HAC 测试规范，即 YD/T 1643—2007《无线通信设备和助听器兼容性测试方法》（后面简称为 YD/T 1643 规范）。

笔者曾经仔细对比过 ANSI C63 和 YD/T 1643，两者内容几乎相同，甚至 YD/T 1643 的部分文字直接就是译自 ANSI C63。所以，本文主要以 ANSI C63 为基准，对 HAC 兼容测试进行讨论，如遇到 ANSI C63 和 YD/T 1643 不一致的地方，则单独加以指出。

15.1.2 助听器的工作模型

在上一节我们说过，HAC 兼容实际上是既要考察手机对助听器的影响，也要考察助听器对手机的影响。相应地，HAC 测试分为 WD（Wireless Devices，如手机）测试和 HA（Hearing Aids，即助听器）测试两个部分。考虑到我们的关注点是手机，所以就不介绍 HA 测试的内容了。

通常，听力受损人士所佩戴的助听器是一个专用的、可佩戴的、利用空气传导以增强声音的设备，用于补偿听力损失。按照佩戴方式，分为耳背式助听器（BTE）、耳内式助听器（ITE）、耳道式助听器（ITC）、完全深耳道式助听器（CIC）等多种类型。图 15-1-1 是一种简单的耳背式助听器。

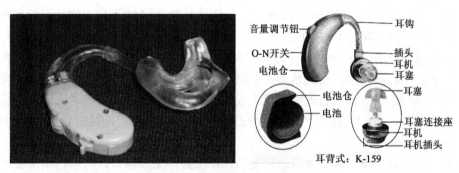

图 15-1-1　耳背式助听器实物图

市场上的助听器，形状各式各样，图 15-1-1 仅仅是最简单、最常见的一种形状。但无论助听器形状差别有多大、佩戴方式有何区别，从基本原理上分析，助听器只有两种工作模式，即麦克风（Microphone）耦合模式与电感（Inductor）耦合模式。

- Microphone 耦合模式：助听器内置 Microphone，通过 Microphone 拾取周围声音，然后经放大器推动其内置受话器发声，也常简称为 M 耦合。这种类型助听器说白了就是一个声→电→声转换的 Microphone 放大器，结构简单，价格便宜，在当前市场上占绝大多数。
- Inductor 耦合模式：助听器内置 Inductor，输入声音不再由 Microphone 拾取，而是通过内置电感耦合音频磁场信号（类似变压器在初级、次级间耦合能量），然后再经放大器推动内置受话器发声，从而还原出原始音频信号，也常简称为 T-Coil 耦合，或者更简单地称为 T 耦合。这种类型助听器其实是磁→电→声转换。

图 15-1-2 描述的是听力受损人士在佩戴助听器时拨打电话的场景，其中还包括上述两种工作模式下的各种信号传播路径。

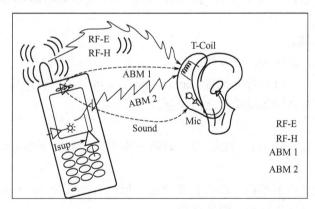

图 15-1-2　M 耦合与 T 耦合的各种信号

M 耦合比较简单，手机 Receiver 发出声音，直接被助听器的 Microphone 所拾取，然后经助听器内部的放大、滤波等电路处理后，输出至用户耳中。整个过程比较简单，如图中 Sound→Mic 的箭头。

T 耦合的路径如 ABM1/ABM2→T-Coil 的箭头所示。

ABM2 定义为手机辐射的低频磁场干扰，比如 LCD 背光控制所产生的 PWM 谐波等。

ABM1 定义为手机辐射的低频磁场信号，但注意，与 ABM2 不同，这是有意义的信号，而不是干扰。根据麦克斯韦电磁感应原理，电生磁（变化电场激发有旋磁场）、磁生电（变化磁场激发有旋电场）。对手机 Receiver 输入交变电信号，就会在受话器周围产生对应的交变磁信号。助听器的 T-Coil 线圈感受到这个交变磁场，就会形成感生电场。由于 T-Coil 线圈本身又处于闭合回路中，于是就会自然而然地生成感应电流。这样，就实现了通过磁场耦合音频信号的目的。所以，ABM1 称为"音频频段磁信号——有意信号"，英文全称为 Audio Band Magnetic Signal-Desired。

说实话，因为这个英文名词本身就很复杂，中文翻译更加拗口。所以，教读者一个记忆方法：ABM1 是一个落在音频段的磁场信号，但它是我们所期望得到的信号，故称之为"音频频段、有用的、磁场信号"更贴切，在不至于引起歧义的地方干脆称为"低频磁场信号"则更加简单直白。

相应地，ABM2 称为"音频频段磁信号——无意信号"，英文全称为 Audio Band Magnetic Signal-Undesired。用笔者的话来说，就是"音频频段、无用的、磁场干扰"，即"低频磁场干扰"。

至于 RF-E/RF-H，则是手机天线所辐射的电场/磁场信号，但对于助听器来说，不管是 M 耦合还是 T 耦合，它们都相当于是高频干扰。

由此，我们可以分别从 Microphone 耦合及 T-Coil 耦合来考察 HAC 标准，而实际的 ANSI C63.19-2007 也是这样设置的。但作为手机设计者来说，不能确定用户使用的助听器到底支持何种耦合方式，所以必须要求手机能够同时满足 M 耦合与 T 耦合的测试标准。

15.1.3 两种耦合的优缺点

根据图 15-1-2 以及对 M/T 耦合的介绍，我们可以很容易地总结这两种耦合方式各自的优缺点。

（1）Microphone 耦合

优点：结构简单、器件少、成本低。

缺点：性能不稳定，由于助听器的 Microphone 不能区分环境噪声与手机受话器发出的有用信号，使得助听器对外界环境噪声无抑制能力。

（2）T-Coil 耦合

优点：有用信号以磁场形式传递，是一种磁→声方式，故助听器可以完全不受外界环境噪声影响。

缺点：要求配套使用的手机和助听器必须能够把电信号转换成足够强度的磁信号或者相反的过程，成本高，信号失真大，设计复杂。

15.1.4　HAC 评级

从助听器与手机的工作模型可以看出，在 Microphone 耦合模式下，手机的 RF 部分会对助听器产生电场与磁场的双重干扰，且均为高频干扰；在 T-Coil 耦合模式下，手机既产生有用的低频磁场信号（ABM1），也产生无用的低频磁场干扰（ABM2），如 LCD 背光芯片、GSM TDD Noise 等。所以，只要我们能够分别对无用干扰与有用信号进行量化测试，就可以实现 HAC 评级。并且在 ANSI C63.19 规范中还定义，手机的 HAC 级别越高，表明其对助听器的干扰越小。

助听器同样也会对手机产生电磁干扰。但从实际情况来看，手机是通信电台，助听器是被动接收，基本上只可能是手机干扰助听器，助听器干扰手机的可能性不大。所以，对助听器来说，主要考察其抗干扰能力。因此，ANSI C63 从抗扰度出发，对助听器也进行 HAC 定级，且级别越高，表明助听器抗干扰能力越好。

于是，所谓的 HAC 评级，实际上是对手机和助听器分别进行评级，然后再把手机 HAC 级别与助听器 HAC 级别相加。总级别越高，说明两者在配合使用时越不容易相互干扰，据此来综合考察手机与助听器之间的兼容程度。

不过，我们再次强调一下，本文不考虑助听器的 HAC 级别，而仅仅考虑手机方面。前面说过，手机与助听器之间有两种耦合方式，相应地就有两种评级标准，所以这两种评级标准就分别称为"M 评级"和"T 评级"，对应的英文缩写为 M-Rating 与 T-Rating。

15.1.5　M 评级

M 评级表明助听器工作在 Microphone 耦合模式下，手机受话器发出声音，然后由助听器的 Microphone 接收声音并放大输出。由于手机天线会辐射出很强的高频电磁场，这可能对助听器的正常工作产生干扰。所以，M 评级其实就是对手机所辐射的电场强度（RF-E）与磁场强度（RF-H）进行评级。

在实际使用中，手机和助听器配合使用时，两者靠得比较近。所以，这里的电场干扰与磁场干扰都属于近场干扰，测量也仅限于一个很小的范围。为了方便操作，ANSI C63 规范精确定义了参考平面/测量平面，如图 15-1-3 所示。

首先，以手机受话器为中心点，画一个 5 cm×5 cm 的正方形，并在其中画出 9 宫格。然后，把紧贴在手机表面的 9 宫格定义为参考平面，把距离参考平面 10 mm 的 9 宫格定义为测量平面。最后，使用电场探头或磁场探头依次扫描测量平面，测量最大场强。如果是 GSM 制式手机，由于其发射机采用不连续发射方式，则在多个脉冲周期内，通过峰值测量，再根据测量平均值和已知的发射占空比进行计算得到平均场强。另外在实际测试中，边界的三个相邻网格还有可能被排除在测试区域之外，以避免形成热点（Hot Spots）。然后，在受话器所处的中心网格及剩余的 5 个网格中进行测量，所得到的最大峰值就代表了手机的 M 评级。

热点的概念则与天线辐射有关。实际测量发现，在某些点上，特别是靠近天线根部的区域，有时会出现非常大的辐射场强，但衰减很快，大部分热点在距离增加 1 cm 之后就迅速衰减至不足峰值场强的几分之一。如果使用中出现热点现象，用户通常都会适当移动手机，从而获得一个良好的音频输出。所以，热点问题对实际使用不会有明显影响，但测试中无法避免，于是 ANSI C63 规范在制定初期，曾对热点问题进行广泛的讨论，并决定如果出现热点，干脆排除掉其中场强最高的三个，从而避免对手机或助听器制造商的要求过高。当然了，目前的测试仪表与配套软件统一按照 ANSI C63 规范设计，会自动排除测试过程中出现的热点，无须人工操作。

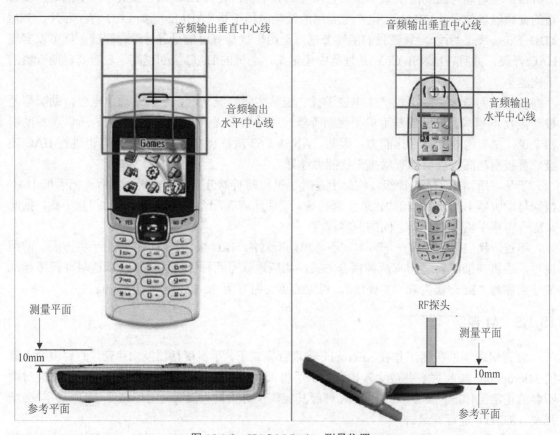

图 15-1-3　HAC M-Rating 测量位置

按照 ANSI C63 规范，依干扰强度排序，M-Rating 可分为 4 个等级，即 M1～M4。其中，M4 的级别最高，表明手机对助听器的辐射干扰最小；M1 最差，表明手机辐射强度最高。如果在 9 宫格的不同区域，有不同的测试结果，则按照最差原则定级。

具体的评级标准见图 15-1-4。测试以 960 MHz 为分界点，分为低频和高频两个频段。在图中，其他参数都很好理解，只有一个 AWF 因子需要说明一下。AWF，全称为 Articulation Weighting Factor，即清晰度权重因子。我们知道，CDMA 系统采用连续方式发射，不存在 Transmit Burst；GSM 采用不连续方式发射，所以存在先天性的 TDD Noise 缺陷（217 Hz 的基波及各次谐波）。人类的语音信号基本处于 200～3000 Hz，所以对于语音识别而言，217 Hz 干扰信号（及各次谐波）在音频范围造成的影响最为严重。实验表明，217 Hz 的 TDMA 干扰信号对语音清晰度的降级要比 50 Hz 的 TDMA 干扰信号所引起的语音清晰度的降级高约 5 dB。所以，ANSI C63 规范通过引入 AWF，可以根据干扰声音的频谱分布，将来自不同干扰源的读数归一化，如表 15-1-1 所示。

Category			Telephone RF parameters < 960 MHz			
Near field	AWF		E-field emissions		H-field emissions	
Category M1/T1	0	56~61	dB（V/m）	5.6~+10.6	dB（A/m）	
	−5	53.5~58.5	dB（V/m）	+3.1~+8.1	dB（A/m）	
Category M2/T2	0	51~56	dB（V/m）	+0.6~+5.6	dB（A/m）	
	−5	48.5~53.5	dB（V/m）	−1.9~+3.1	dB（A/m）	
Category M3/T3	0	46~51	dB（V/m）	−4.4~+0.6	dB（A/m）	
	−5	43.5~48.5	dB（V/m）	−6.9~−1.9	dB（A/m）	
Category M4/T4	0	< 46	dB（V/m）	< −4.4	dB（A/m）	
	−5	<43.5	dB（V/m）	<−6.9	dB（A/m）	

Category			Telephone RF parameters > 960 MHz			
Near field	AWF		E-field emissions		H-field emissions	
Category M1/T1	0	46~51	dB（V/m）	−4.4~+0.6	dB（A/m）	
	−5	43.5~48.5	dB（V/m）	+6.9~−1.9	dB（A/m）	
Category M2/T2	0	41~46	dB（V/m）	−9.4~−4.4	dB（A/m）	
	−5	38.5~43.5	dB（V/m）	−11.9~−6.9	dB（A/m）	
Category M3/T3	0	36~41	dB（V/m）	−14.4~−9.4	dB（A/m）	
	−5	33.5~38.5	dB（V/m）	−16.9~−11.9	dB（A/m）	
Category M4/T4	0	< 36	dB（V/m）	< −14.4	dB（A/m）	
	−5	<33.5	dB（V/m）	<−16.9	dB（A/m）	

图 15-1-4　手机 M 评级标准

表 15-1-1　各种系统的 AWF

Standard	Technology	AWF(dB)
TIA/EIA/IS-2000	CDMA	0
TIA/EIA-	TDMA（50 Hz）	0
J-STD-007	GSM（217）	−5
TI/T1P1/3GPP	UMTS（WCDMA）	0
iDEN	TDMA（22 Hz and 11 Hz）	0

事实上，我们仔细观察一下图 15-1-4 就不难发现，RF-E Field 及 RF-H Field 的最终门限其实就是原门限值加上二分之一的 AWF 而已。

15.1.6　T 评级

T 评级表明助听器工作在 T-Coil 耦合模式下，手机受话器将音频信号转化为相应的磁场信号，然后由助听器内部电感线圈接收该磁场信号，并最终还原出音频信号。除此以外，诸如 LCD 背光 PWM 控制、GSM TDMA Noise 等无意义的（电）磁场信号还会对助听器产生干扰。所以，T 评级要分别考察 ABM1 与 ABM2，包括 ABM1、ABM2 的绝对值以及它们的相对比值，从而综合判断 T-Coil 状态下的性能水平。

由于 T 评级需要测量的是音频频段磁场，与 M 评级的测量对象完全不同，所以 ANSI C63 针对 T-Coil 也定义了相应的参考平面、测试平面、参考轴及测量点，如图 15-1-5 所示。

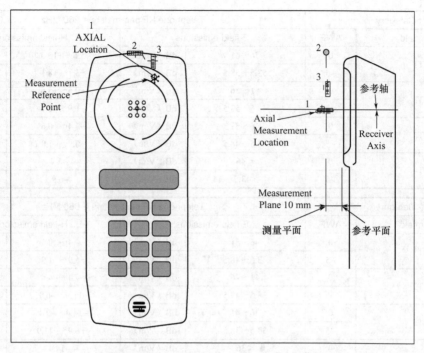

图 15-1-5　HAC T-Rating 评级测量位置

图中，位置 1 称为轴向（通常称为 Z 方向），位置 2 与位置 3 称为径向（通常称为 X、Y 方向）。如果 Receiver 处于手机中心，且其磁场呈圆形对称状态，则测量轴与参考轴是重合的。但是，并不是每种手机都能满足中心对称的条件。所以，为了使测量结果在轴向和径向都达到最佳，规范允许测量轴稍稍偏离参考轴，但不超过 10 mm。所以，在最终的测报中，必须提供实际测量点的三维坐标。

下面介绍一下具体的 T-Coil 评级规则。

1. 磁场强度

T-Coil 采用磁场耦合信号原理，所以对磁场强度是有一定要求的，即 ABM1 不能过小。直观上不难想象，如果 ABM1 过小，就会导致助听器无法接收到足够强度的信号，影响用户使用。

于是，根据 ANSI C63 规范，以 1 kHz 单音信号测试，要求 X、Y、Z 三个方向上的都必须满足≥–18 dB（A/m）。不过，在我国的规范中，则要求 Z 方向≥–13 dB（A/m），而其他两个方向≥–18 dB（A/m）。

2. 磁场频率响应

类似语音通话测试中的发送/接收频响曲线 SFR/RFR（请参阅第 7 章"语音通话的性能指标"），磁场强度与频率也是相关的。另外，在通常的使用情形中，助听器正对着手机的 Z 轴方向。所以，ANSI C63 定义了 T-Coil 模式下的 Z 轴磁场频率响应曲线模板，如图 15-1-6 所示。

另外，磁场频率响应模板按照 Z 轴磁场强度大小分为两种情况，图 15-1-6 左边那幅对应的是≤–15 dB（A/m），右边那幅是>–15 dB（A/m）。相应的，我国标准是以–10 dB（A/m）为门限。

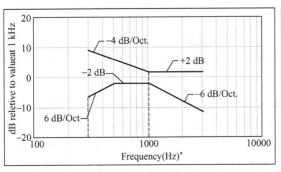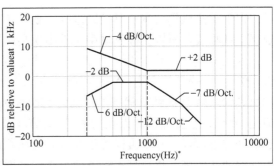

图 15-1-6　HAC T-Rating 评级的 Z 轴磁场频率响应模板

3. 信号质量

磁场强度与磁场频率响应两个指标仅仅考虑了 ABM1 的性能，而没有考虑到 ABM2 对信号质量的影响。所以，为了全面评价 T-Coil 的性能指标，ANSI C63 规范还要求必须考查（ABM1/ABM2）的比值，即磁场信噪比。事实上，恰恰是（ABM1/ABM2）的比值，才决定了 T-Coil 的最终评级。

与 M 评级类似，T 评级也分为 4 个级别，T1～T4，其中 T4 最高，T1 最低。具体判定标准如表 15-1-2 所示。

表 15-1-2　HAC T-Rating 评级标准

Category	Telephone parameters WD signal quality [(signal+noise)-to-noise ratio in decibels]
Category T1	0～10 dB
Category T2	10～20 dB
Category T3	20～30 dB
Category T4	> 30 dB

在 ANSI C63 规范中，要求测量 X、Y、Z 三个方向的 SNR，并以最差值作为评级标准。而在我国规范中，只要求测量 Z 轴方向的信噪比。笔者认为，如果从实际使用来看，助听器通常都是正对手机 Receiver 的 Z 轴方向，所以根据 Z 轴方向的 SNR 来进行定级也不是不可以。至于美国规范要求同时测量三个方向，可能还是稍微严格了一些。

15.1.7　HAC 认证常见问题

HAC 认证在国内尚未纳入强制测试范畴，因此很多研发工程师没听说过 HAC 认证，或者对 HAC 认证不熟悉。根据笔者经验，导致 HAC 测试不合格的问题无非以下两点。

1. M 评级不合格

M 评级主要考察手机在近场（Near Field）状态下辐射的高频电磁场（RF-E/RF-H），很明显，手机发射功率越大，RF-E/RF-H 就越强。所以，ANSI C63 规范要求手机在测试时必须处于最大发射功率状态。

所以，相比 CDMA 制式手机，GSM 制式手机辐射功率大，更难以通过该项测试；同样是 GSM 制式，由于 900 MHz 频段比 1800 MHz 的功率高，所以理论上 900 MHz 更难通过测试。但由于测试规范本身对频段进行了划分（见图 15-1-4），再加上天线对高频段的辐射效率要优于低频段，所以实际测试中经常出现高频段 M 评级不达标的情况。

我们知道，天线效率（增益）是一个重要参数，工程师有时绞尽脑汁都无法达到指标要求。然而在 HAC 认证中，M 评级又或多或少与天线效率有些矛盾。直观上，天线效率越高则辐射越强，M 评级结果就越差，就像 Monopole 天线，辐射效率越高对 SAR 的影响越显著。但是，我们往往更加看重天线效率，毕竟这涉及大多数用户，所以牺牲效率换取 M 评级或 SAR 的做法并不可取。一个可以考虑的方案是在测试点附近放些屏蔽/吸波材料，在不影响天线基本性能的情况下，将测试点附近的电磁能量屏蔽或吸收掉，从而改善 HAC 或 SAR 的结果。另外说明一点，天线效率、方向图等参数严格说来是在远场（辐射场）定义的指标，而 HAC、SAR 则是在近场（感应场）定义的指标，远/近场之间不是简单的线性关系。

2．T 评级不合格

T 评级主要考察 T-Coil 耦合模式下的音频频段磁场性能，有磁场强度、磁场频响曲线和磁场信噪比三个指标。

通常，磁场强度和磁场频响曲线不会有太多问题。如果磁场强度不够，在不超功率的情况下，可以适当增加 Receiver 的输入功率；若频响曲线没通过，则可以修正音频数字滤波器。

但是，如果磁场信噪比没通过，则是比较头疼的。

可以想象，磁场强度和磁场频响曲线都通过，说明 ABM1 信号比较正常，但磁场信噪比没通过，则说明无意信号 ABM2 太大，即音频频段的干扰磁场太大。一般的金属材料对静电场或低频电场的屏蔽效果较好，但对磁场屏蔽效果不好。我们也曾试验过，即便把手机用铜皮全部包裹并接地，ABM2 也几乎没有任何变化。有一种材料，称为"坡莫合金"，它对磁场的屏蔽效果较好，但要求磁力线斜射入坡莫合金屏蔽层（其物理原理是磁力线通过相对磁导率差异较大的两种介质后产生的折射，也称"磁场的边界条件"，有兴趣的读者可参见电磁学教材）。这一点对手机设计来说很难保证，而且还可能屏蔽掉 ABM1 信号，导致实际的 SNR 无法提升。

从理论上说，ABM1 信号只取决于 Receiver 输出的磁场强度，无意磁场 ABM2 则取决于手机电池、TDD Noise 等多种因素，但与 Receiver 的输出功率几乎没有关系。所以，只要能保证 Receiver 的安全工作，增大 Receiver 的输入功率，是解决 SNR 不达标最简单、最直接的方法。

但如果 Receiver 已经接近或超过其额定功率，而 T 评级 SNR 依然不达标，这时可以在 Receiver 上并联一颗大电感（其直流阻抗通常不小于 32 Ω），利用电感的电→磁转换，提高 ABM1 信号强度，等效提高 Receiver 的电→磁转换灵敏度。在一些低端手机中，常采用 Receiver 与 Speaker 二合一的设计（实际上就是一颗 Speaker 兼作 Receiver），由于 Speaker 的额定功率远大于 Receiver，灵敏度也更高，所以这种手机反而很容易通过 T-coil 的测试。

15.2　TTY/TDD

15.2.1　TTY/TDD 的定义

TTY 的英文全称为 Tele Type Writer，常简称为 Teletype 或 Teleprinter，中文一般翻译为电传打字机。借助 TTY 终端，用户既可以用手机传输文本字符信息，也可以用手机传输正常的语音信号。

有读者朋友可能会问，传送文本不就是手机的短信服务 SMS 吗？何需 TTY？

与通常的短信 SMS 方式不同，TTY 必须首先建立链接，然后才能传输信息，其本质为实时通信，而短信的本质是存储转发，不需要发送方与接收方建立实时链接；其次，TTY 是双工通信（实为半双工），短信则不是；最后，TTY 可以在 TX 方向传输字符，RX 方向接收正常语音，也可以在 RX 方向接收字符，TX 方向传输正常语音，或者同时在 TX/RX 方向传输字符，但短信明显不具备这种功能。事实上，TTY 是手机呼通电话后，进入 TTY 工作模式而已。

比如一个聋子拨通了一个哑巴的手机，显然，聋子能说不能听，哑巴则是能听不能说。那么，聋子可以在 TX 方向正常说话，哑巴则可以在 RX 方向正常收听；哑巴在 TX 方向使用 TX_TTY 设备发送字符，聋子则在 RX 方向使用 RX_TTY 设备接收信息。这样，聋哑双方都可以进行交流了。而如果聋哑双方中的任何一方缺少 TTY 设备，通信就无法进行下去了。当然，如果非要让聋哑双方通过短信方式交谈，也不是不可以，但这不符合 TTY 的设计目的。

由此可见，TTY 终端对于听/说有障碍的人群利用手机，进行实时"通话"有很重要的作用。从某种意义上说，TTY 终端相当于聋哑人的耳朵和嘴巴。所以，TTY 终端也是手机 Receiver 和 Microphone 功能的延伸。有时候，我们也把 TTY 终端称为 TDD（Telecommunications Devices For The Deaf），指的就是这种给聋哑人群提供沟通交流的终端设备。

目前，TTY 终端在北美国家获得了广泛应用，不少运营商甚至会对集采手机强制要求具备 TTY 功能。

15.2.2　TTY 终端

TTY 终端本身并不具备手机的无线通信功能，它只是作为手机的外设，对聋哑人群实现手机 Receiver 与 Microphone 功能的延伸而已。

那么，TTY 设备到底是如何实现这种延伸功能的？

我们知道，每个字符都有对应的 ASCII 码。对于哑巴来说，只要他/她把想说的话写出来，然后把这些 ASCII 码信息传递出去，等同于说话；而对于聋子来说，只要对方把想说的话写出来，转换成 ASCII 码后发送过来，聋子可以看到这些信息，等同于收听。

但是，这里面还有一个问题，ASCII 码是 0/1 数字编码，TTY 设备该如何将这些编码信息传送给手机呢？考虑到 TTY 实现了 Receiver 和 Microphone 功能，那么从直观上想象，如果 TTY 设备能把这些 ASCII 码转换成相应的模拟信号，然后再把这些模拟信号送入手机的音频 TX/RX 通路上，不就可以解决数字与模拟之间的转换了吗？另一方面，手机通过常规的语音通道传输这些信息，而不关心这些信息到底是由 TTY 终端产生的还是普通的用户语音，就能够实现 TTY 与正常语音通信的兼容。

因此，只要把 TTY 终端连接在手机的模拟音频输入/输出接口上，并且确保 TTY 设备输出/输入的是模拟信号，就可以解决上述问题。显然，手机的耳机接口正好满足上述要求。所以，通常的设计都是把 TTY 终端连接在手机的耳机插孔上的，Microphone Channel 对应 TTY 终端的 TX 方向，Left/Right Channel 对应 TTY 终端的 RX 方向，如图 15-2-1 与图 15-2-2 所示。

以上行链路的数字→模拟的转换为例，美国 FCC 规定了 TTY 协议所采用 ITY-T v.18 标准，又称 Baudot Code。其实，Baudot Code 就是字符的 ASCII 码，只不过 Baudot Code 会在 ASCII 码的前面加 1 bit 的起始位，在 ASCII 码的后面再加 1 bit 或 2 bit 的停止位。然后，TTY 设备采用 FSK 调制方式，用 1400 Hz 和 1800 Hz 这两个单音信号分别代表数字 0 和 1，从而把数字信息转换成对应的模拟信息,又称 Baudot Tones。然后,TTY 设备把这些单音信号通过耳机通路,直接传输给手机。剩下的工作,比如语音编码、调制等,则完全交由手机负责,与 TTY 设备无关。至于下行链路的模拟→数字的转换,手机协议栈或编解码器识别出语音帧中的 TTY 数据,解调出其中的 Baudot Tones,并传输给 TTY 设备。TTY 设备再进行 FSK 解调,就可以还原出 ASCII 码了。

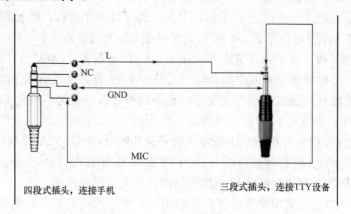

图 15-2-1　TTY 设备连接插头的引脚定义

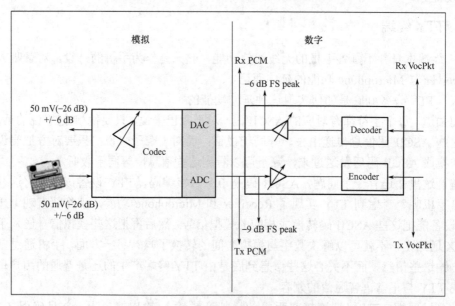

图 15-2-2　TTY 设备与手机之间的连接

但是,需要提醒读者朋友两点。第一点,手机中的耳机接口多为立体声方式,采用 4 段式插头(Mic、Left、Right 和 GND),且有 OMTP 和 Non-OMTP 之分,而 TTY 终端则为 3 段式插头(TX、RX 和 GND)。因此,在设计电路连接或转接器的时候,需要注意引脚间的对应关系。如果手机能够自动区分插入的是 4 段式插头还是 3 段式插头则更好,否则就需要用户在 UI上进行选择。另外一点,TTY 设备与手机之间交互的信号是模拟信号,所以不仅整个通路需要设置一定的增益,而且对输入信号的幅度也有要求,过大或者过小,都容易造成误码。按照高通的推荐,信号幅度在 50 mV(−26 dB,以 1 V 为 0 dB 基准)±6 dB 为宜。

至此，我们不难看出，TTY 终端至少需要包含三部分：键盘（输入设备）、显示屏（输出设备）和调制解调器（数模转换），如图 15-2-3 所示。

图 15-2-3　两个 TTY 终端的实物图

15.2.3　TTY 呼叫系统

我们知道，用户使用 TTY 终端进行会话交流时，发送和接收信息都是通过手机来处理的，而不是 TTY 设备。TTY 设备仅仅连接到手机的音频路径，是手机与外设间的交互关系，跟对方的手机以及通信网络没有关系。因此，所有的电话服务（包括紧急呼叫、SMS、语音通话等）都不受 TTY 特性影响。

CDMA 网络和 UMTS/GSM 网络的 TTY 呼叫系统示意图如图 15-2-4 和图 15-2-5 所示。

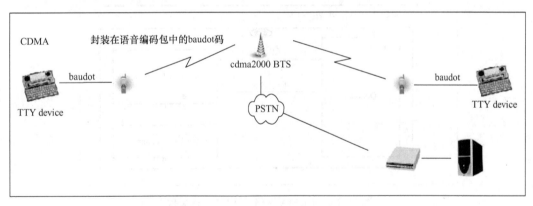

图 15-2-4　CDMA 制式的 TTY 呼叫系统

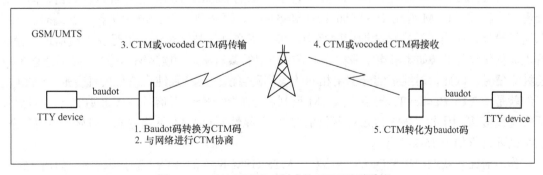

图 15-2-5　UMTS/GSM 制式的 TTY 呼叫系统

从用户的角度看，CDMA 制式与 UMTS/GSM 制式的 TTY 呼叫系统是没有区别的。但若从系统工作原理上看，两者存在较大区别，笔者仅做些简单介绍，进一步的处理过程请读者朋友参阅相关协议文档。

在 CDMA 网络中，TTY 设备生成 Baudot Tones 并发送给手机，手机在语音编码器中对其进行编码，然后经过空中接口传播。在接收端，TTY 设备再对 Baudot Tones 进行 FSK 解调，获得字符。此时，对 TTY Baudot Tones 的编码主要在语音编解码器中进行，上层协议栈对此毫不关心，其处理流程如图 15-2-6 所示。

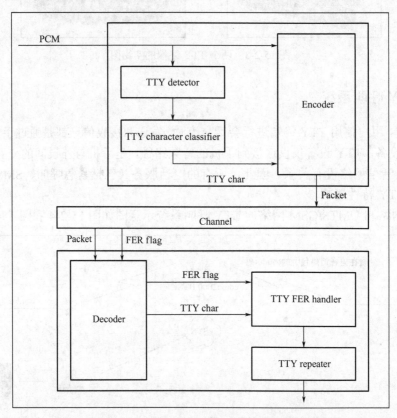

图 15-2-6　CDMA 网络的 TTY 处理流程

在 UMTS/GSM 网络中，手机首先对 TTY 终端的 Baudot Tones 进行解码、纠错、同步等处理，然后进行 CTM 调制（Cellular Text Modem），再送到后级 DSP 中进行语音编码。之所以这样设计，是由于数字移动通信网络中，各种语音算法是针对语音信号在无线信道传输的特点而优化设计的（如本书第 1 章的 1.4 节中介绍的参量编码、预测编码等），并不适合 TTY 的纯音信号。因此，对纯音信号调用相同的编解码算法，会导致纯音信号失真变形。CTM 的目的就是使 TTY Baudot Tones 经过 CTM 调制后更加像一个语音信号，从而使 TTY 信号更加适应无线信道。因此，UMTS/GSM 网络的 TTY 可靠性比 CDMA 网络更高，但显然也更复杂，整个处理过程如图 15-2-7 所示。

作为对比，我们给出 CDMA 网络和 UMTS/GSM 网络的 TTY 信号频谱图，如图 15-2-8 所示。

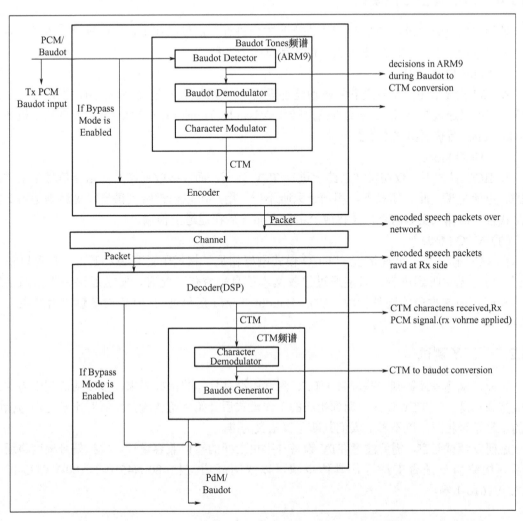

图 15-2-7　UMTS/GSM 网络的 Baudot Tones 处理流程

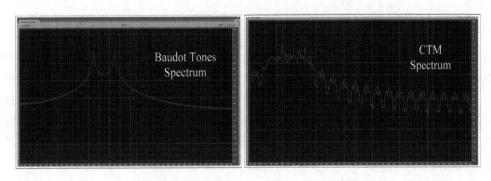

图 15-2-8　Baudot Tones 与 CTM 的频谱图

由图 15-2-8 可以清楚地发现，Baudot Tones 的频谱实际上就是两个单音信号，而 CTM 的频谱却比较复杂，没有明显的特征，唯一可以确认的就是 CTM 频谱具有更多的频率分量。

15.2.4　TTY 设备工作模式

前面我们已经说过，TTY 既可以在上行方向进行，也可以在下行方向进行，或者同时在两个方向进行。于是，TTY 设备工作模式就有如下三种。

（1）Full TTY Mode

在 Full TTY 模式下，发送和接收通路都需要使用 TTY 设备连接手机。用户无论接收还是发送，都可以通过 TTY 设备将文本信息转化成 Baudot Tones 后发送给手机，或者从手机获得 Baudot Tones 后解调出文本信息。

（2）HCO Mode

在 HCO 模式下，仅在发送通路上进行 TTY 处理，而在接收通路上，语音信号是正常接收的。也就是说，此种模式下，相当于只听不说，用户可以正常听到语音，说话则是用文本信息代替，即输入文本内容，转化成 Baudot Tones 后在通道上传输。

（3）VCO Mode

在 VCO 模式下，处理情况和 HCO 模式刚好相反，相当于是只说不听，用户可以正常说话，但是无法听到语音，只能通过接收文本信息来替代。此时，发送通路和正常通话情况下相同，而接收通路则是接收对方的 Baudot Tones 后再通过 TTY 设备解码后产生文字信息。

15.2.5　TTY 测试

目前，就笔者接触到一些项目，TTY 测试还没有具体的指标要求，多以功能判定为主。一般步骤都是打开 TTY 设备，调到相应的工作模式后开始字符传输，然后对比发送端与接收端的字符是否相同，以不影响人们判断正确语义为准。

就研发调试而言，需要注意 TTY 设备与手机之间的接口兼容设计、模拟信号幅度与通路增益、网络协议是否支持等，具体步骤可以参阅高通文档 80-N4510-2、80-VT385-1 和 CL93-V1610-1 等。

15.3　无线充电

15.3.1　无线充电的概念

随着便携式媒体播放器、智能手机和平板电脑等电池供电的消费类电子设备的不断普及，导致家里到处充斥着大量不同的充电器和成捆的电线。因此，以无线方式给设备充电的概念应运而生，现在已经有部分高端手机可以实现无线充电（Wireless Charging），但此项技术仍处于迅速发展和逐渐完善的阶段。由于不需要充电线缆，对设备进行无线充电有许多吸引人的地方。说得更直白点，无线充电的目的就是通过不同于有线或连接器的创新方式，提供一个给设备电池充电的新途径。

15.3.2　无线充电的方式

无线充电技术可以分为四种类型：

第一类是通过电磁感应"磁耦合"进行短程传输，它的特点是传输距离短、使用位置相对固定，但是能量效率较高、技术简单，很适合作为无线充电技术使用。

第二类是将电能以电磁波"射频"或非辐射性谐振"磁共振"等形式传输，它具有较高的效率和非常好的灵活性，是目前的开发重点。

第三类是"电场耦合"方式，它具有体积小、发热低和高效率的优势，缺点在于开发和支持者较少，不利于普及，目前村田公司在大力投入研发。

第四类则是将电能以微波的形式传送——发射到远端的接收天线，然后通过整流、调制等处理后使用，虽然这种方式能效很低，但使用最为方便，英特尔是这项技术的支持者。

图 15-3-1 是一个简单的无线充电的架构图，主要分为发送装置和接收装置。

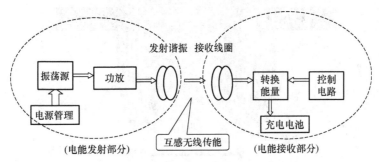

图 15-3-1 无线电能传输装置方案示意图

1. 电磁感应方式

最早的无线充电方案采用电磁感应技术实现。其实，可以将这项技术看作分离式的变压器。我们知道，现在广泛应用的变压器由一个磁芯和两个线圈（初级线圈、次级线圈）组成；当初级线圈两端加上一个交变电压时，磁芯中就会产生一个交变磁场，从而在次级线圈上感应出一个相同频率的交流电压。电能从输入电路转变成磁能，再由磁芯将磁能传输至输出电路，最后经感应线圈转变回电能。如果将发射端的线圈和接收端的线圈放在两个分离的设备中，当电能输入到发射端线圈时，就会产生一个交变的磁场，交变磁场穿过接收端的线圈，就产生了交变的感应电流，这样我们就构建了一套无线电能传输系统（简单的电磁感应方式如图 15-3-2 所示，摘录于电子发烧友网站）。

这套系统的主要缺陷在于，磁场随着距离的增加而迅速衰减，一般只能在几毫米至 100 毫米的范围内工作，加上能量是朝着四面八方发散式的，因此感应电流远远小于输入电流，能源效率并不高（而变压器利用高导磁的磁芯，使磁力线几乎全部集中在磁芯中传输，因此能量传输效率很高）。但对于近距离接触的物体这就不存在问题了。最早利用这一原理的无线充电产品是电动牙刷，如图 15-3-3 所示。电动牙刷由于经常接触到水，所以采用无接点充电方式，可使充电接触点不暴露在外，增强了产品的防水性，也可以整体水洗。在充电插座和牙刷中各有一个线圈，当牙刷放在充电座上时就有磁耦合作用，利用电磁感应的原理来传输电力，感应电压经过整流后就可对牙刷内部的充电电池充电。

这种工作方式用在智能手机中完全可行，诺基亚、苹果、摩托罗拉、LG、三星等都在开发各自的无线充电器。目前可以采用无线充电的手机中，大家较为熟知的就得算诺基亚的 Lumia 920 了。理论上说，只要在充电座和手机中分别安装发射和接收电能的线圈，就能实现像电动牙刷一样的无触点充电。由此，手机的充电方式可以变得更加灵活，接口也有望得到统一，提高用户使用的方便性。

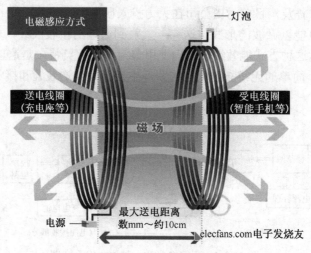

无线充电原理
电流流过线圈会产生磁场。其他未通电的线圈靠近该磁场
就会产生电流。无线充电就应用了这种称为"电磁感应"
的物理现象

图 15-3-2　电磁感应方式

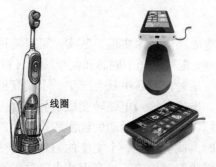

图 15-3-3　电动牙刷和诺基亚 Lumia 920

2. 磁共振方式

磁共振方式的原理与声音共振的原理相同，排列好振动频率相同的音叉，一个发出声音的话，其他的也会共振发声。同样道理，排列在磁场中的相同振动频率的线圈，也可从一个向另一个供电。磁共振方式由能量发送装置和能量接收装置组成，当两个装置调整到相同频率，或者说在一个特定的频率上共振，它们就可以彼此交换能量，如图 15-3-4 所示。

磁共振方式与电磁感应方式相类似，都是两组线圈之间耦合磁场能量。但磁共振方式的两组线圈具有相同的自谐频率，所以相比电磁感应方式，磁共振方式可延长传输距离，而且无须使线圈间的位置完全吻合。磁共振技术在距离上有了一定的宽容度，它可以支持数厘米至数米的无线充电，使用上更加灵活。磁共振同样需要使用两个规格完全匹配的线圈，一个线圈通电后产生磁场，另一个线圈因此共振，产生的电流就可以点亮灯泡或者给设备充电。

除了距离较远外，磁共振方式还可以同时对多个设备进行充电，并且对设备的位置并没有严格的限制，使用灵活度在各项技术中居于榜首。在传输效率方面，磁共振方式可以达到40%～60%，虽然相对较低，但进入商用化没有任何问题。

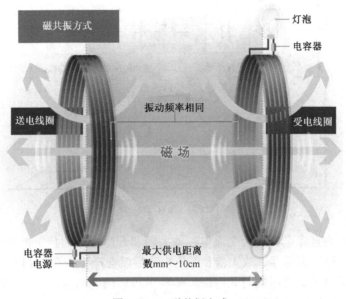

图 15-3-4　磁共振方式

富士通公司在 2010 年对磁共振系统进行展示，在演示中它成功地在 15 cm 距离内点亮灯泡（见图 15-3-5），具备良好的实用价值。除了富士通外，长野日本无线、索尼、高通、WiTricity 都采取这项技术来开发自己的无线充电方案，其中 WiTricity 的应用领域是为电动汽车无线充电。

图 15-3-5　磁共振点亮灯泡

3．电场耦合方式

日本村田制作所开发的电场耦合无线供电系统则属于少数派，隶属于这一体系的还包括日本的竹中工务店。电场耦合方式与电磁感应及磁共振方式都不同，它的传输媒介不是磁场而是电场。

这套系统包括两组电极（分别为起接地作用的负电极和用于产生电场的正电极）、振荡器、放大器、升压/降压电路、整流电路等，如图 15-3-6 所示。

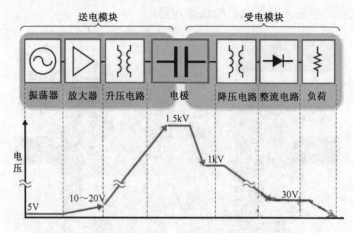

图 15-3-6　电场耦合方式

振荡器将输入的直流电转变为交流电，放大器和升压电路则负责提升电压。例如，接入为 5 V 的适配器，经过振荡器、放大器和升压电路后就会产生一个 1.5 kV 的高压电，驱使正电极产生一个高压电场。受电端与此对应，接收电极感应到高压电场，再经过降压电路及整流电路后，就产生了设备能实际使用的低压直流电压。

相对于传统的电磁感应方式，电场耦合方式有三大优点：充电时，设备的位置具备一定的自由度；电极可以做得很薄、更易于嵌入；电极的温度不会显著上升，对嵌入也相当有利。

首先在位置方面，虽然它的距离无法像磁共振那样能达到数米的长度，但在水平方向上有同样的自由度，用户将终端随意放在充电台上就能够正常充电。图 15-3-7 是电场耦合与电磁感应的对比结果，电极或线圈间的错位用 dz/D（中心点距离/直径）参数来表示。当该参数为 0 时，表示两者完全重合，此时能效处于最高状态；当该参数为 1 时，表示两者完全不重合。可以看到，此时电场耦合方式只是降低了 20%的能量输入，设备依然是可以正常充电，而电磁感应式稍有错位，能量效率就快速下降，错位超过 0.5 时就完全无法正常工作，因此，电磁感应式必须有非常精确的位置匹配。

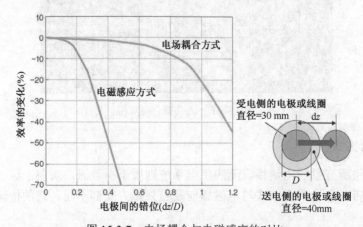

图 15-3-7　电场耦合与电磁感应的对比

　　电场耦合方式的第二个特点是电极可以做到非常薄。比如，它可以使用厚度仅有 5 μm 的铜箔或铝箔，对材料的形状也无要求，透明电极、薄膜电极都可以使用，除了四方形外，也可以做成其他任何非常规的形状，如图 15-3-8 所示。这些特性决定了电场耦合技术可以很容易地整合到对厚度要求高的手机产品中，这也是该技术相对于其他方案最显著的优点。显而易见，若采用电场耦合技术，手机厂家在设计产品时就有很宽松的自由度，不会在充电模块设计上遭受掣肘。

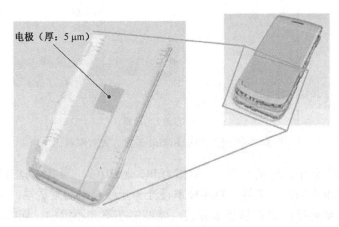

电极（厚：5 μm）

图 15-3-8　电场耦合方式的电极材料

　　第三个优点就是电极部分的温度并不会上升。困扰无线充电技术的一个难题就是充电时温度较高，会导致接近电极或线圈的电池组受热劣化，进而影响电池的寿命。电场耦合方式则不存在这种困扰，电极部分的温度并不会上升，因此在内部设计方面不必太刻意。电极部分不发热主要得益于提高电压，如在充电时将电压提升到 1.5 kV 左右，此时流过电极的电流强度只有区区数毫安，电极的发热量就可以控制得很理想。不过美中不足的是，送电模块和受电模块的电源电路仍然会产生一定的热量。通常，内部温度会提升 10～20℃，但电路系统可以被配置在较远的位置上，以避免对内部电池产生影响。

　　目前，村田制作所已获得这种构造的技术专利，并成功地开发出 5 W 和 10 W 充电的产品，未来则朝着小型化和大功率产品的方向前进。

4．微波谐振方式

　　英特尔公司是微波谐振方式的拥护者，这项技术采用微波作为能量的传递信号，接收方接收到能量波以后，再经过共振电路和整流电路将其还原为设备可用的直流电。这种方式就相当于我们常用的 Wi-Fi 无线网络，发收双方都各自拥有一个专门的天线，所不同的是，这一次传递的不是信号而是电能量。微波的频率在 300 MHz～300 GHz，波长则在毫米到米级别。微波传输能量的能力非常强大，家庭中的微波炉即是用到它的热效应，而英特尔的微波无线充电技术，则是将微波能量转换回电信号。

　　微波谐振方式的缺点也相当明显，由于微波能量是四面八方发散的，导致其能量利用效率低得出奇，如英特尔的这套方案，供应电力低至 1 W 以下，乍一看起来实用性相当有限。而它的优点则是位置高度灵活，只要将设备放在充电设备附近即可，对位置的要求很低，是最符合自然的一种充电方式。从图 15-3-9 所示中可以看到，当设备收发双方完全重合时，电磁感应和微波谐振方式的能量效率都达到峰值，但电磁感应明显优胜。不过随着 *X-Y* 方向发生位移，电磁感应方式出现快速的衰减，而微波谐振则要平缓得多，即便位移较大也具有相当的可用性。

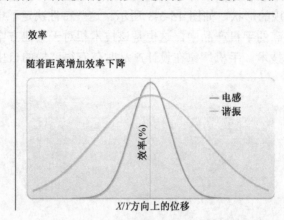

图 15-3-9　电磁感应和微波谐振方式效率对比

尽管能量和效率处于较低的水平上，但作为 PC 业的巨头，英特尔具有化腐朽为神奇的本领，而它的做法也相当巧妙：英特尔将超极本设计为无线充电的发送端，Atom Z 平台手机作为接收端，这样只要将手机放在超极本旁边，就能够在不知不觉中、连续不断地充电。相信在上班时，大多数用户都有将手机放在桌面上的习惯，此时充电工作就可以在后台开始了。即便英特尔所用的微波谐振方式只能充入很低的电量，但在长时间的充电下，智能手机产品的电力几乎将永不衰竭，至少从用户角度上看是这样，因为只要他携带着笔记本电脑，就根本不再需要关注充电问题。

无线充电技术被英特尔提升到战略性的高度，原因就在于这项技术具有最好的空间自由度，手机可以在充电设备附近任意放置，都能实现正常的充电任务。同时，英特尔巧妙地利用了自身在笔记本电脑上的资源，将笔记本电脑，尤其是超极本作为无线充电平台，用户根本无须再额外接一个 USB 端口的充电板，就能直接为手机充电。同时，连续不间断充电的方式，也让 Atom 平台手机永远不会有电力匮乏的忧虑，巧妙地弥补了该平台耗电量稍大的问题。

除硬件之外，英特尔还专门为此无线充电系统设计了配套的软件，提供了充电设备检测、智能控制、设备位置校验等功能；更为强大的是，该软件可以控制发射端的电磁波发射范围和方向，以充分保证无线充电的效率。

15.3.3　无线充电的效能指标

效率、安全、功率是无线充电的三大效能指标。

电动牙刷早在 10 年前就推出无线充电了，当时由于功率需求低所以不需要考虑效率与安全。早期的系统转换效率只有 20%～30%，且没有安全机制并不会辨识目标连续供电，这样的系统就像是一个微型电磁炉。由于功率很小，接收需求只有 0.1 W 上下，20%的转换效率表明有 80%的能量在传送过程中被转成热量散失。这样推算，发射器提供 0.5 W 的功率，到接收器则为 0.1 W 的功率，0.4 W 的热量对系统的温度上升并不明显，且系统最大输出能力仅为 0.5 W 左右，所以在发射器上放置金属异物也不会产生危险。

时至今日，电子产品的充电功率需求远高于 0.1 W。以市面上的常见手机来说，需要接收

5 V · 1 A（5 W）的充电功率，若此时仍采用电动牙刷的设计方案，就会导致严重问题。接收端 5 W 的需求再按 20% 的转换效率计算，约有 20 W 的功率转换成热能散逸。这样的能量会产生庞大的热能，导致系统温度大幅上升。不仅如此，由于系统最大输出能力为 25 W，在发射器上放置金属异物甚至可能会导致火灾。所以，功率需求提高所衍生的一系列问题需要全新的设计来进行优化，这也是 10 年前即已出现的无线充电至今还在改良中的原因。

1. 无线充电的效率因素

早期的无线充电系统基本采用电磁耦合方式，现在的发展趋势则是采用磁共振的方式。各种磁共振系统在架构上大致相同，都由如图 15-3-10 所示的部件组成。

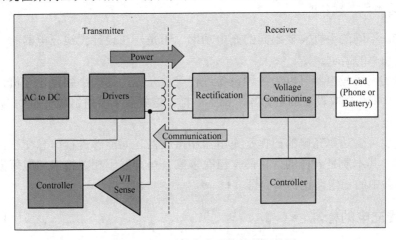

图 15-3-10　无线充电系统简单架构图

该架构的原理是 DC→AC→DC，相当于电力电子系统中的整流逆变电路。在这个系统中，有 4 个主要的功率损耗点，分别是：

（1）发送端驱动组件中，电流通过 MOSFET 的损耗。

（2）通过发送线圈、接收线圈（含谐振电容）电流的损耗。

（3）接收端交流到直流转换损耗。

（4）接收端稳压转换损耗。

因此，要提高无线充电的效率，可以从上述 4 个方面分别加以优化。

2. 无线充电的安全

事实上，无线充电设计最艰难的部分在于安全。与微波炉一样，无线充电设备也会发射电磁波，这就产生了两个问题：

其一，当发射器上没有放置目标充电装置时，发射器一直处于能量发射状态，长时间工作会造成能源的浪费，不符合现在产品的节能趋势。

其二，当发射器上放的是金属异物时，电磁波会对其加热，轻则烧毁装置，重则发生火灾危及人员生命财产。所以无线充电系统若要上市销售，必须有一个重要的功能，即充电目标辨识，当正确的目标物放置在发射器上才开始送电，若不是则不送电。用来侦测近距离装置的方法有很多，但如何做到成本低廉依然很困难（毕竟市场不可能接受一个价格昂贵的充电器，而不管你是有线的还是无线的）。

目前有两个实用的方法来完成这个功能：

（1）磁场激活：在受电端（如手机）上装一个磁铁，当发射端感应到磁力后开始发送能量。这个方法简单有效，因为没有人会无意中放一个磁铁在发射器上让它烧毁。

（2）交互式：将信息调制在感应线圈上传送。实际上，这种方法很早就运用在了 RFID 和电力线载波通信领域了。当两个线圈进行能量传输时，将信息调制在上面一起传送，这样就可以实现发送端与接收端的信息交互。这个方法最安全，但相对也是最复杂的。毕竟，感应线圈上除了有高能量的电力传输，还包含了系统噪声与负载电流变化等各种干扰，如何有效、可靠地传送信息是一大难题。

3．可变功率的无线充电

我们知道，不同的手机需要不同的充电功率。于是，在设计无线充电器时，必须考虑不同手机对充电功率的需求。

一个理想的无线充电器可以为各种设备进行有效充电，比如小到蓝牙耳机，大到笔记电脑等。但此时，每个接收设备的电力需求都不一样，这就要求发射器能够自动调节功率输出，即可变功率充电。

因此，实现可变功率充电的前提是充电器和接收器之间能够进行信息交互，这与前面所说的安全充电，其本质是一样的。目前，已有多家公司开发了相关技术，但每家公司的方法有所差异，实践中的稳定性也仍需验证。

15.3.4　无线充电的标准

无线充电技术要实现广泛的商用化，设备标准化工作显然是关键，毕竟智能手机及充电产品林林总总、数不胜数，如果没有标准的统一规范，将无法在兼容方面达成一致。图 15-3-11 是几个无线充电技术联盟的对比信息。

	WPC	A4WP	PMA
类型/名称	Wireless Power Consortium	Alliancefer Wireless Power	Power Matters Alliance
	Qi	Alliance for Wireless Power	P
基础技术	电磁感应	磁共振	电磁感应
会员	137	36	40
主要成员	飞利浦（Philips）、松下（Panasonic）、宏达电（HTC）	高通（Qualcomm）、三星（Samsung）、恩智浦（NXP）	黑莓（BlackBerry）、星巴克（Starbucks）、恩益禧（NEC）

图 15-3-11　无线充电技术联盟

1．Qi 标准

Qi 标准为电磁感应式。

第一个亮相的标准是由无线充电联盟（Wireless Power Consortium，WPC）在 2010 年 8 月推出的 Qi 标准，WPC 联盟成立于 2008 年，其目的是达成无线充电技术标准的统一，并确保任何成员公司之间的产品兼容性。WPC 联盟的成员目前已经超过 100 多家，大量的手机厂商（摩托罗拉、诺基亚、RIM、三星、LG 等）、芯片制造商（飞思卡尔、德州仪器）

再到运营商（威瑞森无线、日本 NTT DoCoMo）都是 WPC 的成员，在目前拥有主导地位。

WPC 的标准称为 Qi（发音为 chee，即中文的"气"，代表生命力），它采用的技术方案就是传统的电磁感应式。在标准颁布后，第一批具有 Qi 无线充电功能的产品在 2010 年年底率先推出，HTC、LG、摩托罗拉、三星、富士通、NEC（日本电气）、夏普等公司也先后制造出内置 Qi 无线充电功能的智能手机产品。但当时业界的注意力都放在智能手机的硬件和 OS 上，无线充电功能一直没有获得真正意义上的广泛使用。

造成这种情况的另一个原因就在于充电设备的滞后。如上文所述，电磁感应式充电的最大弊端在于其对位置要求很高。对此，Qi 标准也明确规定了三种解决方案，分别为可移动式线圈、多线圈和磁铁吸引方式。

松下和三洋是可移动式线圈方案的代表者，他们将充电底座的线圈设计在一个可移动的伺服机构上，当设备放在充电座上后，检测机构将位置信号及时传送给底座的控制系统，然后驱动伺服机构、将底座线圈移动到设备的正下方，使得两个线圈高度重合。显然，这种方案可以做到很高的能量效率，但充电底座的设计过于复杂，一旦伺服机构无法正常工作，整个充电座便因此报废。与这种方法不同，Maxell、Energizer 的多线圈设计就比较高明，它们为充电座设计了多个线圈构成的线圈阵，当设备放在上面时，与接收端线圈重合面积最大的线圈会处于激活状态，从而实现小范围的自由放置。这套方案固然无法做到效率完美，但胜在可靠性高和成本低廉。

还有一种方法就是在底座线圈中央放置一个强磁铁。当设备放在附近时，在磁铁的作用下，设备上的接收线圈可以与底座线圈的位置相吻合，这也是比较讨巧的一种方案，它的开发者是安利旗下的 Fulton 公司。

Qi 标准最大的问题在于成员太多，彼此都要顾及相互的利益，而手机厂商又缺乏热情——对智能手机厂商而言，支持无线充电技术会给设备开发带来麻烦，并面临一些诸如发热量高、电池寿命有限等不必要的风险，所以它们对于无线充电技术兴趣不高。因此，在 Qi 标准推出之后的两年内，都不见手机厂商有太大的动作。直到诺基亚发布的 Windows Phone 8 平台智能手机 Lumia 920 身上，我们才看到 Qi 标准获得公开支持。诺基亚也为 Lumia 920 带来了配套的充电板，充电板本身则采用 USB 接口来供电。

2. WiPower 标准

WiPower 标准为磁共振方式。

作为智能手机业的两大超级巨头，高通和三星对 Qi 标准并不感兴趣，他们认为位置受限使得该标准丧失了无线充电的方便性。这两家公司宣布成立了一个名为 Alliance for Wireless Power（A4WP）的新组织，选择了位置自由度高、可同时充电多个产品的磁共振技术作为标准方案。

A4WP 将这套方案称为 WiPower，除了针对智能手机、笔记本电脑等设备外，它还将实现对电动汽车的无线充电。A4WP 虽然尚未公布详细的标准细节，但它对 Qi 构成的挑战已显而易见：三星是世界上最大的智能手机厂商，而高通又是最大的芯片供应商，加上磁共振技术自身又具有显著的优势，一旦进入成熟阶段，将会对电磁感应的 Qi 标准构成全面的挑战。大概也是意识到这一点，WPC 联盟近来也开始将磁共振作为可选的标准之一，如果没有太大意外的话，磁共振可能会成为无线充电的主导技术。

3．Power Matters Alliance 标准

Power Matters Alliance（PMA 联盟）标准为电磁感应式。该标准是由 Duracell Powermat 公司发起的，而该公司则由宝洁与无线充电技术公司 Powermat 合资经营，拥有比较出色的综合实力。除此以外，Powermat 还是 Alliance for Wireless Power（A4WP）标准的支持成员之一。

目前已经有 AT&T、谷歌和星巴克三家公司加盟了 PMA 联盟。PMA 联盟目前致力于 Duracell Powermat 公司推出过一款 WiCC 充电卡，采用的就是 Power Matters Alliance 标准。WiCC 比 SD 卡大一圈，内部嵌入了用于电磁感应式非接触充电的线圈和电极等组件，卡片的厚度较薄，插入现有智能手机电池旁边即可利用，利用该卡片可使很多便携终端轻松支持非接触充电。另外作为支持，星巴克计划在波士顿地区 17 家门店进行 Duracell Powermat 无线充电试点，这将为 PMA 在美国立足提供有力的支撑。

15.3.5　对无线充电的疑问

无线充电技术其实在 19 世纪就有了，但是到了 21 世纪还没有广泛应用到日常生活中，因为在目前的发展阶段，对于无线充电技术，还有许多问题尚未完全解决。

（1）会不会生活在电磁辐射的海洋中？

现在人们谈辐色变，尤其是在经历了日本"3·11"大地震的辐射恐慌之后，对于辐射这一目前还没有完全研究透彻的问题，大家还是持拒绝的态度。

以前人们打电话能用固话坚决不用手机，估计现在对于无线充电也会持类似的态度，未知世界的东西能少用就尽量少用。无线充电由于电感线圈的存在，必然会产生磁场辐射。尽管业内人士也一直在强调，适量的辐射在理论上对人的健康不构成威胁（曾记否，有专家表示，适量的三聚氰胺、塑化剂对人的健康无害。但你若问专家：你愿意吃吗？我打赌他绝对不回答你）。大家不妨想想阳光中的紫外线，它也是一种电磁辐射，人的健康离不开紫外线，但晒多了肯定容易得皮肤癌。因此，在没有彻底搞清楚真相以前，辐射问题依然是大家最为关注的方面。

（2）会不会对手机其他模块或者其他用电设备产生干扰？

比如在磁感应方式中，随着馈送给电池的功率增加，对于充电效率和摆放耦合线圈的灵活性要求也会提高。这种感应方法主要考虑的因素是：如何控制此过程中电磁感应对设备其他有用信号产生的电磁干扰（EMI），如手机中的 Wi-Fi、蓝牙、近场通信（NFC）、蜂窝系统和调频广播等众多无线语音和数据通信，它们可能都会受到这种电磁场的干扰。

当然，另外一个考虑因素是在更高功率电平和更宽摆放误差等约束条件下，使功率传输效率尽可能高。在过去几年中，业界对于如何实现感应充电技术提出了许多新的想法，但规避 EMI 影响的进展不像期望的那样顺利，因为达到 EMI 兼容需要付出艰巨的努力。

再者，平时我们都有这样的经历，手机放在电脑或者电视旁边时候，如果有短信或者电话进来，电脑或者电视屏幕就会受到干扰。如果再把用来充电的无线充电器放到房间里，是否也会对很多的家用电器产生干扰呢？

（3）无线充电的成本是否高于直充？

任何一件商品，只有成本降低到广大群众能够接受的水平，才具备普及开来的可能性。毕竟，无线充电技术虽然是早就有的技术，但真正从实验室走向市场，它还是一个新事物。

无线充电包括电源管理模块、发射电路、接收转换电路和充电电路，而且还会涉及很多的专利费用，成本一定高于目前广泛使用的有线充电和万能充电器。市场才是硬道理，没有一个厂商会愿意为推广高科技而付出更多的资金代价（若不相信，可以看看摩托罗拉铱星计划的下场）。

（4）使用起来有没有限制性？

就目前来说，无线充电器还无法达到无线网络那么大范围的覆盖率，虽然充电板和接收器是两个部分，但是彼此还不能分开太远，否则充电效率会大幅下降，甚至无法充电。

（5）充电效率能不能追上直充？

无线充电器充电的转化率比起有线充电器来说，要低不少，目前最高只能达到 85%，也算是一种能源浪费吧。当然，这已经是很不错的效果了。节约了电线浪费了电能，此中博弈还有待论证。但是业内有一种展望，相信随着技术的进步，无线充电转换效率会追赶上直充。

面对以上诸多问题，需要彻底解决以后才有可能走上规模化应用的道路。

15.3.6　小结

任何一种给人们带来方便的技术，总会受到大众的欢迎。无线充电技术的到来，让智能手机摆脱了最后一条线缆的羁绊，我们能预见到无线充电将会成为主流的应用方式，传统的充电线缆则会成为必要的补充。

倘若我们深入分析，便很容易在这四种流行的无线充电方式中辨明优劣：

- 电磁感应体系的 Qi 标准，固然拥有很高的能源效率，但使用不便是它的致命伤。
- 基于磁共振的 WiPower 技术以其灵活的使用方式、可靠的效率以及支持大功率等方式，有望获得更广泛的支持。
- 电场耦合方式的优点在于充电位置自由，电极薄，电极部的温度不会上升。
- 英特尔的微波共振技术，尽管效率最低、但使用最为方便，尤其将超极本、智能手机捆绑一体的优势为其增色不少，只要今后 Atom Z 平台表现得不太差，在智能手机领域占有一席之地并不会有太大的问题。

另外，除了 HAC、TTY，各种新的功能还有 NFC（Near Field Communication，近场通信）、OTG，等等，不过这些功能应用现在已经比较常见，各种资料也比较多，笔者就不再介绍了。

案例分析篇

【摘要】从本篇开始，我们将利用前面各个篇章所介绍的知识，对实际案例进行分析，从而使读者可以理论联系实践，更快、更好地掌握手机硬件的设计方法，提高故障分析能力。在前面各篇章中出现过的案例，本章就不再赘述。

第 16 章

ADC 与电池温度监测

我们知道，电子线路有数字电路和模拟电路之分，信号处理技术有模拟信号处理和数字信号处理之分。随着计算机技术的迅速发展，数字电路及数字信号处理的应用领域越来越广泛，除了传感器、微弱信号处理等领域，很多原本由模拟电路和模拟信号处理技术实现的功能，逐步演进到采用数字电路和数字信号处理技术来实现，最明显的就是数字手机全面取代模拟手机。

但是，从宏观上讲，现实世界是不存在数字信号的（微观世界是数字的，比如量子力学证明能量是不连续的，密立根油滴试验证明电荷是不连续的，等等）。我们说话的声音是模拟的，我们感受的温度是模拟的，我们的感觉器官相当于一个个独立的传感器，它们把现实世界的模拟信号采集并传递给我们的大脑进行处理。

对于手机，也有类似的处理系统。Microphone 采集用户的语音信号，然后交给 CPU 进行处理；温度传感器采集 RF PA 的温度，然后交给 CPU 处理；电量计采集电池的电量，然后交给 CPU 处理，等等。但是，不同于人类睿智的大脑，手机 CPU 归根结底只能处理数字信号，而传感器所采集的信号都是以模拟信号方式存在的。为了利用 CPU 强大的数字信号处理能力，必须有一个模拟信号→数字信号的转换过程，而这个转换过程，通常就由 ADC（Analog Digital Converter）实现。

16.1　ADC 的重要性

ADC（Analog Digital Converter），即模数转换器。通常，我们把 ADC 简称为 AD 或 A/D。尽管单独的 A/D 芯片（或模块）在手机电路中看不到，但 A/D 在手机芯片的内部随处可见。Microphone 输出的模拟信号必须被 A/D 转换成数字信号，才能进行后续的语音编码、信道编码、数字调制等处理；E-Compass 芯片感受到的地球磁场必须经过 A/D 转换后才会交给 CPU 进行后续处理；触摸屏控制芯片内部有 A/D；充电控制芯片或模块内部有 A/D；电池温度与电量的侦测，也都离不开 A/D 转换。

然而，很多硬件工程师并不重视 A/D，更不对其进行研究。在他们看来，一是 A/D 很简单，似乎没什么需要注意的；二是 A/D 既然集成在芯片内部，那就应该交给 BSP 工程师处理，与硬件工程师有什么关系？然而，这种观点实在是大错特错！既然 A/D 的输入信号是由硬件（或传感器）提供的，怎么能说与硬件工程师无关呢？何况，A/D 本身还涉及数字信号处理技术，并不像很多人想象的那样容易。目前，国内的手机硬件工程师大多是学电子/电气专业出身，而 BSP 工程师很多一部分是学计算机/软件专业出身的。如果一个硬件工程师把与 A/D 有关的研发工作甩手给一个学软件的 BSP 工程师去全权处理而不闻不问，依笔者个人的看法，这种硬件工程师的职业素养太差。

闲扯了这么多，笔者无非就是想说明 A/D 很重要，千万不能小视。读者朋友如果不信，笔者可以先提两个问题。给你一个 A/D，假定 A/D 为逐次逼近型，量化精度为 8 bit。现在，要求你设计一个基于 NTC 方式的电池温度监测电路。请问，你的误差可以控制在±1℃吗？更进一步，你的误差分布是怎样的？

如果你可以回答这两个问题，那就直接略过本案例；如果你不能，那么好，本案例的目的就是帮助你回答这两个问题。

16.2　A/D 的基本原理

16.2.1　模拟与数字

模拟，其实就是连续，它包含两方面的意思，一是时间连续，另一个是取值连续；相应的，数字就是离散，一是时间离散，另一个是取值离散。

以语音信号为例。假定我们截取了一段语音信号，如图 16-2-1 所示。

很显然，语音信号在时间上从 t_0 到 t_1 是连续的，中间没有间断，也即时间上非离散；不仅如此，语音信号在幅度上从最低的 A_0 到最高的 A_1 也是连续的，中间没有间断，也即取值上非离散。

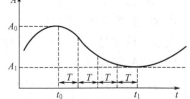

图 16-2-1　一段语音信号示意图

但是，如果把该语音信号送入一个 A/D 后，情况就不一样了。

第一，A/D 转换不可能，也完全没有必要时时进行（基于奈奎斯特抽样定理），它肯定是每隔一定的时间段才进行一次转换，而且这个时间段通常是固定的，称为采样周期 T，如图 16-2-1 所示。于是，A/D 转换的第一步就是将连续时间信号变为离散时间信号，该过程称为采样（Sampling）。

第二，幅度连续的信号经过 A/D 采样后，信号幅度的取值就不再是连续的了。比如一个 8 bit 量化精度的 A/D，其所能代表的值 $0\sim2^8-1$，即 $0\sim255$，共 256 种取值。如果设定 $A_0=0$，$A_1=255$。那么，模拟信号实际上有无穷多种取值可能，比如 0.8、23.7。但是，A/D 量化的结果，却只有 0、1、2，$\cdots$，254、255，共 256 种可能。所以，A/D 转换的第二步就是将连续取值信号变为离散取值信号，该过程称为量化（Quantifying）。

于是，一个连续时间的连续取值信号（一般简称为连续时间的连续信号，或更简单地称为连续信号）经过 A/D 转换后，就变成了一个离散时间的离散取值信号（一般简称为离散时间的离散信号，或更简单地称为离散信号、数字信号），而对于手机 CPU 来说，它只能处理离散信号。顺便说一句，数字信号处理课程中的数字信号，均是指这种离散时间的离散取值信号。

综合上述两点，一个 A/D 转换器的功能可用图 16-2-2 来表示。

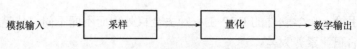

图 16-2-2 A/D 转换器的内部框图

16.2.2 A/D 的分类

按照 A/D 实现模拟→数字转换的原理，A/D 分为并行 A/D、逐次逼近型 A/D、双积分型 A/D 和 Σ-Δ 型 A/D 几种。

（1）并行 A/D

优点：转换速度最快，只受门级电路延迟的限制。

缺点：随着分辨率的提高，芯片内的组件数目按几何级数增长，导致芯片成本和面积急剧上升。

（2）逐次逼近型 A/D

优点：转换精度高，速度较快且转换时间固定。

缺点：抗干扰能力不及双积分型。

（3）双积分型 A/D

优点：利用正反方向两次积分原理（相当于采样时间内的平均值），抗干扰能力强，对芯片外围 RC 参数变化不敏感。

缺点：速度最慢，仅适合低频信号。

（4）Σ-Δ 型 A/D

优点：采用数字信号处理中的过采样与噪声整形技术，精度较高。

缺点：速度慢，适于中低频信号，如语音等。

在手机电路中，应用最为广泛的当属逐次逼近型 A/D 与 Σ-Δ 型 A/D。一般地，在 CPU 内部，语音信号采样使用 Σ-Δ 型 A/D，而其他诸如电压采样、温度监测等，均使用逐次逼近型 A/D。

本文所探讨的电池温度监测以逐次逼近型 A/D 为基础，但考虑到手机芯片中也有 Σ-Δ 型 A/D，所以我们会在 16.2.4 节中对 Σ-Δ 型 A/D 进行简单介绍。

16.2.3 逐次逼近型 A/D 的原理

逐次逼近型 A/D 的转换原理类似天平称重。我们知道，天平称重是从最重的砝码开始逐一放置，与被称物体进行比较。如果物体重于砝码，则保留该砝码，否则移去，换上下一个较轻的砝码重新比较。依次称量，直至天平平衡，把所有砝码重量相加，即得物体重量。

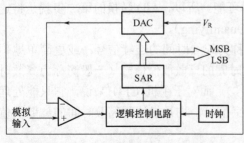

图 16-2-3 逐次逼近型 A/D 内部框图

逐次逼近型 A/D 也是基于这种依次比较的原理，其内部框图如图 16-2-3 所示。从图中可以看出，逐次逼近型 A/D 内部包含一个电压比较器、一个逻辑控制电路（含移位寄存器和输出寄存器）以及一个 D/A（数模转换器）。D/A 从高位到低位逐位增加转换位数，产生不同的已知电压。然后将输入电压依次与这些已知电压进行比较，就可以获得最终的转换结果。

以 4 bit 的逐次逼近型 A/D 为例，其输出范围为 0000～1111 共 16 个值。逻辑控制电路首先将最高位置 1，其余位置 0。然后 D/A 把 1000 转换成对应的模拟量与输入电压进行比较，如果其小于输入电压，则保留最高位的 1 后，逻辑电路再把次高位也设为 1，D/A 将 1100 转换成模拟量再与输入电压进行比较。此时，如果 1100 对应的模拟量大于输入电压，则去除次高位的 1，再把次次高位设为 1，即把 1010 转成模拟量与输入电压比较。依次类推，最终完成所有的 4 bit 比较。

由此可见，该类型 A/D 的转换过程是从高到低逐位比较，慢慢逼近，直至相等，故而称之为逐次逼近型。顺便说一句，D/A 将数字量转换成对应的模拟量通常采用如下方案：

设逻辑控制电路输出值为 D，则 D/A 转换结果为 $V_{ref} \times D/2^N$，其中 V_{ref} 是 D/A 或 A/D 的参考电压，N 表示 A/D 的量化精度。由于 $D \leqslant 2^N$，所以总是有模拟输入电压 $V_i \leqslant V_{ref}$。通常情况下，我们不再考虑模拟量 V_{ref} 的影响，而直接用数字量进行讨论，如无特别说明，后文也做如此约定。

16.2.4 逐次逼近型 A/D 的量化误差

仍然以 4 bit 逐次逼近型 A/D 为例。我们知道，其输出量化值为 0、1、2，…，14、15 共 16 个值。但根据之前的介绍，A/D 转换实际上是把连续时间的连续取值信号转换成了离散时间的离散取值信号。

时间的连续/离散基本不是问题，只要采样周期满足奈奎斯特抽样定理，就可以无误差地恢复出原信号，对于直流信号或者频率变化很低的信号（如温度），就更不是问题了。严格来说，时域有限，则频域无限，是不可能满足奈奎斯特抽样定理的。但只要采样率足够高，所造成的混叠效应就很小，基本不用考虑这点误差。

但是，将连续取值的信号量化成离散取值的信号，必然存在量化误差。比如，幅度为 1.4 的信号经过逐次逼近型 A/D 转换后，量化值为 1；幅度为 3.8 的信号经过逐次逼近型 A/D 转换后，量化值为 3。也就是说，小数点以后的部分被量化没了。那么为什么不是小数点后四舍五入呢，比如 1.4 量化为 1，3.8 量化为 4？

这与逐次逼近型 A/D 的量化方式有关，读者朋友不妨以 3.8 为例，将量化过程大致演算一遍。第一次，D/A 输出 1000，显然 8 > 3.8，将最高位的 1 去除后再把次高位置 1；第二次，D/A 输出 0100，显然 4 > 3.8，将次高位的 1 去除后再把次次高位置 1；第三次，D/A 输出 0010，显然 2 < 3.8，将次次高位的 1 保留后再把最低位置 1；第四次，D/A 输出 0011，显然 3 < 3.8，将最低位的 1 也保留下来。如果 A/D 量化精度不止 4 bit，则继续下去，但本例中只有 4 bit，所以量化过程到此结束，A/D 输出最终的量化结果，即 0011，也就是 3。

请参看图 16-2-4 所示的逐次逼近型 A/D 的量化示意图。

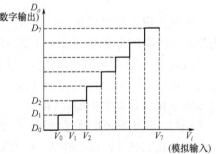

图 16-2-4 逐次逼近型 A/D 的量化示意图

当 $0 \leqslant V_i < V_0$ 时，量化结果为 D_0；当 $V_0 \leqslant V_i < V_1$ 时，量化结果为 D_1；当 $V_6 \leqslant V_i < V_7$ 时，量化结果为 D_7。依此规则，继续下去，直至 A/D 的最大输入量程。

于是，可以定义量化误差为

$$\text{err} = x_i - [x_i] \tag{16-2-1}$$

其中，err 表示量化误差，x_i 表示真实值，$[x_i]$ 表示量化值（其实就是对真实值取整）。

从式（16-2-1）可以看出，量化误差其实就是截断误差（Truncation Error）。不难想象，一个输入信号 x_i，若真实值恰好为 0、1、2、…、14、15 的整数中的一个，出现这样的情况，其概率是非常低的。所以，对于量化误差 err，必须采用概率统计的方法进行分析。

首先，根据式（16-2-1）可以很明显地看出，只要不超出 A/D 的量化范围，无论 x_i 为何值，总有 $0 \leqslant \text{err} < 1$。

最后，假定 x_i 处于 3～4，那么，从统计学的角度而言，x_i 的真实值既可能是 3.2，也可能是 3.5 或者 3.74，并且 x_i 落在 3～4 内任意一点的概率是相等的。同样，如果 x_i 处于 6～7，则 x_i 落在 6～7 任意一点的概率也是相等的。换言之，err 落在 0～1 任意一点的概率是相等的。所以，err 实际上就是概率统计理论中最简单，也是最重要的一种分布——均匀分布，其概率密度函数如下所示：

$$f(\text{err}) = 1/(b-a) \quad (a \leqslant \text{err} < b) \tag{16-2-2}$$

由此，计算出 err 的数学期望和方差如下：

$$E\{\text{err}\} = (a+b)/2 \quad D\{\text{err}\} = (b-a)^2/12 \tag{16-2-3}$$

考虑到本例的特殊情况，有 $a = 0$，$b = 1$（因为是连续型随机变量，所以区间可开可闭）。

进一步，还可以定义 A/D 的量化信噪比为输入信号功率与量化误差功率之比，并计算出量化信噪比的具体值。在此，不再推导相关数学表达式，仅仅指出一点，A/D 量化精度增加 1 bit，则量化信噪比提高 6 dB，有兴趣的读者可以参阅数字信号处理教材。

16.2.5 量化处理

现在，我们已经知道逐次逼近型 A/D 存在量化误差 err，然后我们推导出了 err 的概率密度函数，并且定量计算出了 err 的数学期望和方差。那么，我们为什么要费这大劲研究它？

现在，我们把 $a = 0$，$b = 1$ 代入式（16-2-3）计算可得：

$$E\{\text{err}\} = 1/2 \quad D\{\text{err}\} = 1/12 \tag{16-2-4}$$

也就是说，尽管有 $0 \leqslant \text{err} < 1$，但量化误差 err 的均值为 1/2（数学期望的几何意义），其围绕均值波动的程度为 1/12（方差的几何意义）。

直观上，用取整值 $[x_i]$ 来代替真实值 x_i 肯定是不合适的，因为这会导致量化误差，并且根据式（16-2-4）可以计算出，量化误差的均值为 1/2。所以，如果我们用 $[x_i]+1/2$ 来代替 $[x_i]$ 作为 x_i 的量化值，似乎更加合适。

现在，我们来证明上述结论。假设真实输入电压为 x_i，且 x_i 在[0, 1]区间均匀分布（为简单起见，我们把区间[a, b]归一化为[0, 1]），此时 x_i 的数学期望为 1/2。但根据逐次逼近型 A/D 的工作原理，我们知道，x_i 一定会被量化成 $[x_i]=0$。

令

$$\text{err}_1 = |x_i - 0| \quad （\text{err}_1 表示真实值 x_i 与量化值 [x_i] 之间的距离，取绝对值）$$

$$\text{err}_2 = |x_i - 1/2| \quad （\text{err}_2 表示真实值 x_i 与 E\{x_i\} 之间的距离，取绝对值）$$

计算可知：

$$E\{\text{err}_1\} = 1/2 \qquad D\{\text{err}_1\} = 1/12 \qquad\qquad (16\text{-}2\text{-}5)$$

$$E\{\text{err}_2\} = 1/4 \qquad D\{\text{err}_2\} = 1/48 \qquad\qquad (16\text{-}2\text{-}6)$$

对比式（16-2-5）与式（16-2-6）可知，相比区间中点 1/2（即 $E\{x_i\}$）与区间的两端（err_1 是按照区间的始端 0 计算的，实际上按照区间的末端 1 计算也是一样的结果），真实电压 x_i 偏离区间中点的平均距离要比偏离区间两端的平均距离更小（数学期望），并且 x_i 偏离区间中点的波动程度也要比偏离区间两端的波动程度（即方差）更小！

由此我们可以得出结论，虽然量化误差无法避免，但从概率上考虑，真实值 x_i 更有可能围绕在 $[x_i]+1/2$ 处波动。所以，用 $[x_i]+1/2$ 代替 $[x_i]$ 就等效为使量化误差的波动更小。也就是说，应该把 A/D 转换得到的原始量化值加上 1/2，然后再交给 CPU 进行后续处理。

在高通平台中，也要求 BSP 工程师在获得 A/D 转换值之后一定要 +1/2 进行误差补偿，相关代码如图 16-2-5 所示，有兴趣的读者可参阅高通文档 80-VP671-1。

```
Truncation error
    The truncation error ADC_CAL_IDEAL_LSB() / 2 is being used in
adc_cal_perform_calibration().

LOCAL int32 ADC_CAL_IDEAL_ADC_COUNT(int32 mV)
    {
        return (mV * ADC_CAL_ADIE_MAX_READING / ADC_CAL_ADIE_VREF_MV );
    }
    It should be
        return (mV * ADC_CAL_ADIE_MAX_READING / ADC_CAL_ADIE_VREF_MV + 0.5);
    As "+0.5" was compensated later, it becomes "ADC_CAL_IDEAL_LSB () / 2"
finally.
```

图 16-2-5　对截断误差做 +1/2 的补偿处理

但是，笔者后来请 BSP 工程师查阅了具体的软件代码，却发现高通所提供的软件包中，并没有做 +1/2 的补偿。

16.2.6　Σ-Δ 型 A/D

至此，我们知道逐次逼近型 A/D 的量化误差取决于 N（量化精度）。N 越大，则量化误差越小，精度越高，但芯片越复杂。现在，我们先不考量芯片复杂度，而是单纯增大 N，是否可以提高量化精度？

答案是否定的！

由于逐次逼近型 A/D 存在固有误差（参见 16.4.2 节），通过增加 N 来减小量化误差是有极限的。当固有误差接近量化误差的时候，无论再怎么增加 N 都不可能提高 A/D 转换的精度了。这就促使人们去寻求新的变换方法，其中就包括 Σ-Δ 型 A/D。

Σ-Δ 型 A/D 采用了两个关键技术，一是过采样（Over Sampling），二是噪声整形（Noise Shaping）。

过采样技术是用远高于奈奎斯特采样频率的频率对输入信号进行采样。比如，语音信号的带宽为 4 kHz，那么奈奎斯特采样频率为 8 kHz。但 Σ-Δ 型 A/D 用远高于 8 kHz 的频率进行采样，比如以 128 倍过采样率采样（128×8 kHz）。

根据信号系统理论，信号采样从时域上看，是输入信号与采样冲激相乘；从频域上看，则是输入信号频谱与冲激信号频谱相卷，如式（16-2-7）所示：

$$f_s(t) = f(t) \times \sum_{n=-\infty}^{\infty} \delta(t-nT_s) \leftrightarrow F_s(j\omega) = \frac{1}{2\pi} F(j\omega) * \omega_s \sum_{n=-\infty}^{\infty} \delta(\omega - n\omega_s) \qquad (16\text{-}2\text{-}7)$$

那么，频域卷积的结果就是把输入信号和量化噪声的频带展宽（因为输入信号和噪声都是随机信号，所以此处的频谱是指功率谱）。如果 A/D 的量化比特数（即量化精度）没有变，则量化噪声总功率也不会变，那么频域展宽的结果相当于把量化噪声的功率谱密度降低。于是，利用过采样技术，可以把量化噪声的带宽大为扩展，甚至让其远远高于信号带宽，然后再通过一个 LPF（低通滤波器）滤除高频段的噪声信号，就可以提高系统信噪比。比如，语音信号带宽为 4 kHz，经奈奎斯特采样后的带宽扩展为 8 kHz，如果用过采样技术，把 8 kHz 带宽的信号展宽到 128 kHz 后，再通过一个低通滤波器把 8～128 kHz 频段的噪声滤除，则量化噪声总功率下降到原来的 1/16。

进一步推导可知，在信号功率不变的情况下，采样频率提高一倍，量化信噪比提高 3 dB [$10\lg(f_s/f_m)$]，相当于量化精度增加 0.5 bit。事实上，该技术与 CDMA 系统采用的扩频方式极为类似。在 CDMA 系统中，将基带信号与一组高速 P/N 扩频码相乘（即"调制"）。由于扩频码带宽远大于基带信号带宽，相乘的结果就相当于把基带信号的频谱展宽至扩频码的频宽。于是，已调信号功率不变，但频宽比基带信号扩大 N 倍，功率谱密度则比基带信号下降 N 倍。

不过，单纯依靠过采样方式来提高系统信噪比的效果并不明显，还要结合噪声整形技术。因为在过采样中，量化噪声是均匀分布在整个过采样频段内的。如果可以把噪声的功率谱密度尽量往高频方向推，那么经过低通滤波器后的噪声总功率不是又有所下降吗？这样，就可以进一步提高量化信噪比。

于是，人们设计出了由差分电路（Δ）和累加器（Σ）构成的噪声整形电路，也称为 Σ-Δ 调制器，将量化噪声的功率谱密度从原先的均匀分布转变成向高频段集中分布。在此，我们不推导其数学方程，仅仅给出一个 1 阶噪声整形系统的传递函数 $H(f)$，如图 16-2-6 所示。

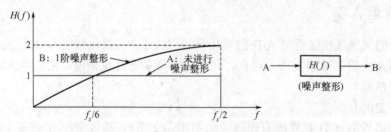

图 16-2-6　1 阶噪声整形系统传递函数

由此可见，经过噪声整形系统 $H(f)$ 处理后，整个噪声功率不变，但在 $f_s/6$ 频率以下的功率谱密度比未整形之前要有所下降。如果采用 2 阶系统（目前的主流方案），则噪声在低频段的功率谱密度下降更为迅速。

常规的逐次逼近型 A/D 的量化精度最多只有 10 bit 或者 12 bit，但 Σ-Δ 型 A/D 综合过采样技术与噪声整形技术，使得其可以用 1 bit 量化达到相当于逐次逼近型 A/D 的 16 bit 量化精度。不过，从图 16-2-6 也不难看出，1 阶 Σ-Δ 调制器在 $f_s/6$ 频率以上时，其噪声功率谱密度比未整形之前还要高。换言之，0～$f_s/6$ 是 1 阶 Σ-Δ 调制器的工作频段。这也就决定了 Σ-Δ 型 A/D 的极限工作频率不可能做得很高，所以目前 Σ-Δ 型 A/D 通常用于音频信号的采样。

16.3　电池温度监测电路

前面，我们对逐次逼近型 A/D 的工作原理、量化误差等知识进行了详细的讨论。现在，让我们来看看，如何利用逐次逼近型 A/D 设计一个"可靠的"电池温度监测电路。

请注意，这里所说的可靠性，指的是可以从理论上预先计算出监测温度与实际温度之间的误差情况，包括最大误差、误差分布、置信区间等，读者朋友们在阅读下文之前不妨先想一想，你会如何设计这个电路？

电子线路中应用较为广泛的温度检测方法，不外乎热电偶、半导体 Temp = $f(i)$、NTC（Negative Temperature Coefficient，负温度系数）电阻这三种。

热电偶利用金属材料的温差电效应制成。传感器（即热电偶）将温度转化为电偶两端的电压，然后经过放大、滤波、整形、A/D 转换，计算出对应的温度。

半导体 Temp = $f(i)$ 则是利用半导体材料的温度电流特性制成。随着温度变化，传感器的输出电流发生相应变化，经电流→电压转换、放大、滤波、整形、A/D 量化，同样可以计算出对应的温度。在不考虑微观物理机制区别的时候，也常把金属热电偶和半导体热电偶统称为温差电偶。

NTC 电阻则是利用电阻阻值随温度变化的特性。随着温度上升，NTC 电阻的阻值逐渐降低，经阻值→电压（或电流）转换、A/D 量化等步骤，从而计算出相应的温度。实际电路中，还有一种 PTC 电阻，即正温度系数，其阻值随温度上升而上升，常见于各种电池保护电路、CRT 显示器消磁线圈等。但无论 NTC 还是 PTC，检测原理都是一样的，我们就不予区分了。

一般地，带温度检测功能的便携式数字万用表常用金属热电偶。测量时，将热电偶紧贴在被测物体表面，再通过一根很长的"小辫子"连接万用表，使用比较方便。理论上，金属热电偶的测量范围广，灵敏度和准确度都很高，特别是采用铂铑合金制作的温差电偶稳定性非常高，常用来作为标准温度计。但是，如果热电偶与被测物体表面接触不充分，受热不均匀，再加上连接线的损耗，必须进行精确补偿，否则测量精度难以保证。笔者家里自用的 Victor V9805 型数字万用表采用的就是金属热电偶，测量误差在 3℃ 以上。

电子温度计等仪表常采用半导体 Temp = $f(i)$ 方式，工作稳定、精度高，但温度与电流呈非线性关系，同金属热电偶一样，半导体热电偶也必须校准补偿，设计难度较大。

NTC 电阻方式的电路简单，成本低廉，但精度一般，适合要求不太高的场合。

手机电路中的温度监测基本都是采用 NTC 电阻方式。一个最简单的基于 NTC 电阻的电池温度监测电路如图 16-3-1 所示。

CON602 是电池连接器，其中的 2 脚 TMP 连接了电池内部的一颗 NTC 电阻。利用 R613 与 NTC 电阻形成的分压电路，经 A/D 转换，可以得到 NTC 电阻上的电压。然后根据 R613

的阻值，不难得到 NTC 电阻的阻值大小。最后利用 NTC 电阻的温度——阻值关系，从而计算出 NTC 电阻的温度，也就是电池的温度。

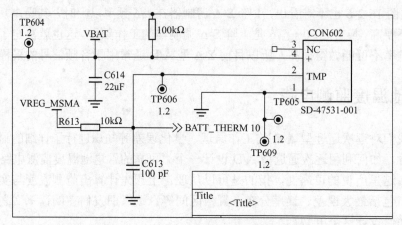

图 16-3-1　基于 NTC 电阻的电池温度监测电路原理图

　　的确，这个电路非常简单，似乎只要电池厂家提供了 NTC 电阻的具体型号，计算出电池温度并不困难。但通常情况下，厂家所提供的 NTC 电阻的温度——阻值关系如表 16-3-1 所示。

表 16-3-1　某型号 NTC 电阻的温度——阻值关系

TEMP/℃	R-low/kΩ	R-center/kΩ	R-high/kΩ
−40	281.4	329.0	383.6
−35	205.1	237.4	274.1
−30	151.0	173.2	198.1
−25	112.5	127.8	144.8
−20	84.64	95.33	107.1
−18	75.71	84.98	95.15
−15	64.25	71.75	79.92
−10	49.26	54.56	60.28
−5	38.05	41.81	45.83
0	29.65	32.33	35.16
5	23.28	25.19	27.20
10	18.42	19.79	21.20
15	14.67	15.65	16.66
20	11.77	12.47	13.18
25	9.500	10.00	10.50
30	7.620	8.072	8.531
35	6.150	6.556	6.971
40	4.994	5.356	5.730
45	4.079	4.401	4.736
50	3.350	3.635	3.934
55	2.767	3.019	3.286
58	2.473	2.708	2.957
60	2.298	2.521	2.758

该表表达了两个内容。第一，就像一个标注为±5%精度的普通电阻一样，在同样温度下，同型号 NTC 电阻的阻值也具有分散性，该如何处理？第二，NTC 电阻的温度——阻值关系并不是显式的函数表达式，而是在若干温度下的实测值（事实上，NTC 电阻的温度——阻值关系是有显式函数表达式的，且常为指数关系，但由于其阻值具有分散性，该表达式只能 R_Center 与温度的关系，故在实际中不常用）。

下面，我们先解决第二个问题，即根据图 16-3-2，找到温度与电阻之间的具体对应关系。至于第一个问题，留待下一节误差分析中再讨论。

一个比较容易想到的方法是采用多项式插值的方法来拟合温度与电阻。其中，最简单的多项式插值是一阶线性插值，即用两个采样点 (X_1, Y_1)、(X_2, Y_2) 构成 $Y=aX+b$ 的形式来拟合 (X, Y) 曲线。但是很明显，如果原函数 (X, Y) 并非线性关系，则一阶插值将产生较大误差。对于 NTC 电阻来说，其温度——电阻显然是非线性关系，必须采用高阶插值，才有可能获得较小的拟合误差。

假定对 50～60℃区间采用 3 阶拉格朗日插值，其插值点分别为 50℃、55℃、58℃和 60℃（N 阶插值需要 $N+1$ 个插值点）。具体的插值函数推导过程请读者参阅相关数值分析教材，本文不再赘述。

就表 16-3-1 所示参数，插值函数如下（以表 16-3-1 中 R_Center 计算）：

$$T_{(R)} = 0.03R^3 + 1.45R^2 - 18.72R + 97.49 \qquad (16-3-1)$$

（电阻的单位为 kΩ，温度的单位为℃）

不妨验证一下，代入 $R =2.85$ kΩ，则计算可知对应的温度为 56.6℃。

至于其他区间，比如 30 ～ 40℃区间、40 ～ 50℃区间等，也可以采用类似的方法，从而实现分段插值（各区间插值函数的阶数可以相同，也可以不同）。

事实上，高通提供了一个 API 接口函数（采用的是分段线性插值，即把区间分段，且每段区间采用一阶线性插值），可以用来实现 A/D 采样电压与温度之间的转换。前提条件是必须按照高通的推荐电路及器件参数来设计，并计算出 NTC 电阻在各阻值下的电压分压值后填入代码，否则计算出错。所以，我们决定直接采用电阻——温度的拟合方式，而一旦掌握该方法，其他类似的问题都可以迎刃而解。

16.4　误差分析

至此，整个电池温度监测电路的架构已经成型，我们也可以解决 NTC 电阻阻值与温度的函数关系，问题似乎得到解决。但正如我们一直强调的，作为研发工程师，必须能够定量计算出电路或系统的各种性能指标，那么对于图 16-3-1 所示的电路，其监测精度到底如何？

首先，我们定性分析一下误差的若干来源。

（1）NTC 电阻的离散性：即同一型号 NTC，其温度与阻值之间的波动。

（2）A/D 转换的离散性：包括 A/D 量化误差（与分辨率相关）与 A/D 本身的误差（可用 Vref 波动所导致的 OFFSET 偏差来进行量化）。

（3）电路拓扑：引线电阻、上拉电阻波动导致的误差，如图 16-3-1 中的 R613 等。

（4）多项式插值的误差。

以下分别对这几个误差进行分析。但先明确一点，在分析以上几种误差时，默认各个误差之间不相关（实际情况也是如此），比如多项式拟合是有误差的，但讨论 NTC 电阻离散性导致的误差时，认为此时的多项式拟合不存在误差。

16.4.1　NTC 电阻离散性导致的误差

读者朋友仔细对照一下图 16-3-2 所示的电阻—温度关系就很容易明白，在曲线拟合式（16-3-1）的过程中，使用的是平均值 R_Center，那么当 NTC 电阻的阻值偏离 R_Center 后，会导致多大的误差？

首先，不妨假定在任意温度下，NTC 电阻的阻值围绕 R_Center 的波动程度最大为 10%。然后，令 $\Delta T = T(R \pm 0.1R) - T(R)$，再代入式（16-3-1）的电阻—温度函数关系，就可以得到 R 与 ΔT 的函数关系[由于 $T(R \pm 0.1R)$ 并不关于 $T(R)$ 呈对称关系，所以必须分别计算 $+0.1R$ 与 $-0.1R$]。显然，这是一个关于 R 的 3 阶函数。对 ΔT 求导数，可知 $\Delta T'$ 为抛物线，并求得其两个零点。然后，根据 $\Delta T'$ 在零点处的正、负关系，就可以知道 ΔT 与 R 呈单调递增还是单调递减关系，并求出分界点与极值。

上述过程其实就是高等数学中的一元函数求极值，比较简单，所以具体推导过程不再赘述，笔者仅仅给出结果，在 $2\,k\Omega \le R \le 4\,k\Omega$ 区间（仅考虑 50～60℃区间）：

$$|\Delta T| \le 2.5℃ \tag{16-4-1}$$

至于其他区间，也是一样的推导过程。

由此可见，若 NTC 电阻阻值围绕 R_Center 波动±10%，其导致的测量值与真实值之间的最大误差在±2.5℃左右。

16.4.2　A/D 转换导致的误差

对于 A/D 转换导致的误差，分为两部分：一个是量化误差，另一个是噪声干扰。

（1）量化误差，与 A/D 分辨率有关，我们在 16.3 节已对量化误差作了详细的讨论。

（2）噪声干扰导致的误差，可分为随机误差和稳态误差两类。

我们知道，电阻有热噪声、电路有随机干扰，当它们作用在 A/D 的输入端口时，就会导致 A/D 转换结果出现偏差。从严格的随机过程角度分析，各种噪声干扰的分布是不尽相同的，比如有些可能是高斯分布，有些可能是泊松分布，还有些可能是均匀分布等。单单启动一次 A/D 转换所获得的采样值，我们很难保证其精度，甚至无法分析采样值与真实值之间的偏离程度。

但是，概率论中的同分布中心极限定理告诉我们，假如 X_1、X_2、X_3，…，X_N 相互独立并服从同一分布（称为"独立同分布"），且具有有限的数学期望和方差，即

$$E\{X_i\} = \mu \qquad D\{X_i\} = \delta^2$$

令

$$Y_N = \frac{\sum\limits_{i=1}^{N} X_i - N\mu_i}{\delta\sqrt{N}} \tag{16-4-2}$$

则 $N \to \infty$ 时，Y_N 服从标准正态分布，即 $Y_N \sim N$（0，1）。也就是说，无论 X_i 是离散型还是连续型随机变量，也无论其本身服从何种分布，只要满足定理条件，则随机变量 Y_N 的极限分布就是标准正态分布 N（0，1）。从另一个方面看，可以认为 $\sum\limits_{i=1}^{N} X_i$ 服从 N（$N\mu$，$N\delta^2$）的正态分布（不符合严格的数学定义，除非 X_i 本身是正态分布），即：

$$\sum_{i=1}^{N} X_i \sim N\left(N\mu, N\delta^2\right) \tag{16-4-3}$$

在实际中，当然不可能取 $N \to \infty$，但具体取何值的时候，Y_N 可以近似看成标准正态分布，则要具体情况具体分析。一般，N 不小于 10。

由此我们可以联想，假定某次测量中，由电阻热噪声导致的 A/D 转换误差是 X_i，它有数学期望 μ 和方差 δ^2；再进行一次测量，由电阻热噪声导致的 A/D 转换误差是 X_{i+1}，它具有相同的数学期望 μ 和方差 δ^2。那么，将 N 次测量结果相加，按照式（16-4-3）不难得知，尽管每次由电阻热噪声所导致的 A/D 转换的误差不尽相同，但误差总和可以近似看成服从 N（$N\mu$，$N\delta^2$）的正态分布。

于是，令

$$Z_N = \frac{1}{N} \sum_{i=1}^{N} X_i \quad （N \text{ 表示测量次数}） \tag{16-4-4}$$

则根据正态总体样本均值分布定理，有

$$Z_N \sim N\left(\mu, \frac{\delta^2}{N}\right) \tag{16-4-5}$$

可见，只要对 N 次测量结果取平均，则由电阻热噪声导致的 A/D 转换的误差，其均值不变，但方差减小到原先的 $1/N$。同样，对于其他各种电路噪声干扰，按照相同的处理方法，各种误差的均值不变，但方差都减小到原先值的 $1/N$。

即总误差 Err_N 符合如下分布：

$$Err_N \sim N\left(\sum_{k=1}^{M} \mu_k, \frac{1}{N} \sum_{k=1}^{M} \delta_k^2\right) \tag{16-4-6}$$

其中，N 为测量次数，k 为 M 个误差源中一个，μ_k、δ_k^2 则是第 k 个误差源的均值与方差。

于是，采用多次测量取平均，是消除误差自身波动的一个好方法，且测量次数 N 越多，总波动 $\frac{1}{N} \sum\limits_{k=1}^{M} \delta_k^2$ 越小。但如果某项误差本身具有非零均值（即数学期望 $\mu_k \neq 0$），那么取平均的方法是不能够消除这种非零均值误差的。

这也就是我们在本节开头所说的，噪声干扰所导致的误差分为稳态误差（$\sum\limits_{k=1}^{M} \mu_k$）与随机误差（$\frac{1}{N} \sum\limits_{k=1}^{M} \delta_k^2$，可将其看成叠加在稳态误差之上的波动）的由来。

好在图 16-3-1 所示电路中的随机干扰大都可以看成零均值，所以只要多次测量后取平均，就可以近似认为消除了各种随机干扰。

另外，对于由 A/D 转换产生的误差中，还有一种既非量化误差、也非随机噪声所导致的，它是由于 A/D 非线性或者是 A/D 参考电压 V_{ref} 偏离标称值所导致的。

理论上，A/D 转换的结果应该是一个台阶式的波形，从包络线上看，则近似一个通过原点的直线（可参图 16-2-4）。但逐次逼近型 A/D 内部的比较器存在直流偏置，结果导致 A/D 转换的包络线偏离这条通过原点的直线，从而出现偏移误差。不仅如此，逐次逼近型 A/D 内部的 D/A 转换器的非线性，还会导致非均匀量化。比如，A/D 的量化步长本应该是 1（把 $1/2^N$ 规一化），但在模拟输入电压较低时，量化步长可能为 1.05（指模拟电压需要变化 1.05 个单位才能引起 ADC 输出 1 bit 的变化），而在模拟输入电压较高时，其量化步长可能为 0.95，从而出现非均匀量化的误差；又比如 V_{ref} 标称为 1.25 V，但实际的 V_{ref} 为 1.22 V。于是，当所有的计算都以 1.25 V 为基准时，必定会产生误差。事实上，有些 A/D 本身就是非线性量化的（如各种 A-Law 或 μ-Law 的 A/D），输入小信号时的量化幅度小，输入大信号时的量化幅度大，从而提供较大的动态范围。

不管是比较器直流偏置导致的非线性误差，还是 D/A 转换导致的非线性误差，又或是参考电压 V_{ref} 波动导致的误差。这些误差都由 A/D 内部工艺所致，无法通过多次采样取平均的方法来修正。所以，通常把这类误差称为 A/D 的固有误差。

对此，可以引入 OFFSET 将这些误差进行部分修正。对 A/D 输入一系列标定值，如 0.50 V、0.75 V、1.00 V、1.25 V、1.50 V、1.75 V，然后将各个采样值与这些已知的标定值进行比较，从而获得该 A/D 的固有误差。一种最简单的处理方法，就是把这些固有误差取平均后作为 OFFSET，从而修正 A/D 的固有误差；又或者可以等效去修正 V_{ref}，也可以大大消除 A/D 的固有误差，如图 16-4-1 所示。

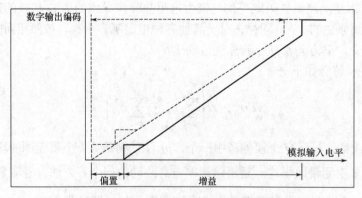

图 16-4-1　通过 OFFSET 修正 A/D 的固有误差

几年前，笔者在某公司工作时，有个项目 PMU 芯片输出的参考电压 V_{ref} 波动较大，结果使部分手机的电池电压采样总是不准，不得不进行补偿，采用的就是修正 V_{ref} 的方法。高通所提供的原始软件则是基于 OFFSET 的修正方法，读者朋友可以查阅相关文档。

16.4.3　电路拓扑导致的误差

我们知道，线路有损耗、电阻有波动，这些都会造成 A/D 转换出现误差。所以，不同的电路拓扑结构会产生不同的效果，而一个设计良好的电路，则可以有效消除这些不良影响。这方面的内容，有兴趣的读者可以参考一些检测技术方面的书籍，我们就不多加介绍了，仅仅针对图 16-3-1 所示的电路作一简单的误差分析。

在图 16-3-1 中，

$$R_{\text{NTC}} = \frac{D_{\text{SAP}} \times R_{613}}{2^N - D_{\text{SAP}}}$$
(16-4-7)

其中，N 表示 A/D 的量化精度，D_{SAP} 表示 A/D 转换值。

根据式（16-4-7）可以计算出，当 R_{613} 变化 5%时，R_{NTC} 也变化 5%。实际上，随着 R_{613} 的变化，D_{SAP} 也会有些变化，使 R_{NTC} 的变化略低于 5%。对此，我们不妨代入 R_{NTC}=3 kΩ，R_{613}=10.5 kΩ 验证，计算后可知 R_{NTC} 偏差约为 4%。

16.4.4　多项式插值导致的误差

既然是用多项式插值拟合 NTC 电阻的阻值—温度关系，很难保证没有误差，尤其是当阻值—温度并不符合多项式关系的时候（前面已经说过，它们实际上呈指数关系），肯定存在拟合误差。

理论上可以证明，对原函数 $F(x)$ 做 N 阶拉格朗日插值多项式获得 $L_N(x)$，如果原函数 $F(x)$ 存在 $N+1$ 阶导数，则 $L_N(x)$ 拟合导致的误差通常与高阶导数 $F^{(N+1)}(x)$ 相关，且小于某个特定值（有兴趣的读者可以参阅数值分析教材）。

另外，关于多项式插值还有一个内插和外插的概念。比如我们使用 50～60℃的样本点进行拟合得到式（16-3-1），那么对于计算该区间内的温度（即内插），精度很高，而一旦超出该区间（相当于外插），则精度迅速下降。也正因为如此，可以把整个区间分段，分别对每一段进行插值计算。这样，当计算得到一个 NTC 电阻的阻值后，可以先判断其所处温度区间，然后再调用相应的插值函数，从而实现内插。

通常，在要求不高的场合，比如手机中的电池温度监测，并不需要做到像计量仪表那样高的精度，基本可以忽略由多项式插值拟合所导致的误差。如果非要降低这方面的误差，则可以采用最小二乘法进行曲线拟合。

因为任何测量都有误差，即便每次测量同一个物理量，结果也都会有波动，通过有限次的测量再取平均也不可能消除误差。前面，我们使用拉格朗日插值多项式进行曲线拟合时，隐含了插值点无误差的假设（即 R_Center 的测量值是准确的）。但实际的插值点包含误差，所以拟合曲线与真实曲线之间也肯定存在误差。那么，基于最小二乘原理的曲线拟合并不是让曲线通过插值点，而是允许拟合曲线围绕插值点附近微小波动。相比拉格朗日插值多项式拟合，最小二乘拟合在插值点上存在波动，但却能保证整个拟合曲线与插值点之间的误差平方和最小。所以，从平均误差最小化的意义上看，最小二乘法是优于拉格朗日插值多项式的。数学上，我们也把基于最小二乘原理的曲线拟合称为回归分析。相对应地，如果是拟合 $y= kx+b$ 的一阶函数，则称为一元线性回归。如果是拟合一个 n 维线性函数 $y=k_1x_1+k_2x_2+\cdots+k_nx_n$，则相当于求解 $A_{m \times n}X=b$ 的线性方程组。当方程组有唯一解[即 $r(A) = r(A|b) = n$]或者有若干线性无关解[即 $r(A) = r(A|b) < n$]，则直接求解即可。但由测量值构建的方程组经常会出现没有解的情况

[即 $r(A) \neq r(A|b)$]，而实际问题肯定是有解的，只是测量误差导致方程组无解。那么，转而求其最小二乘解，即 $(A^TA)X=A^Tb$ 的解（若 A 为复数矩阵，则把 A^T 改为 A^H，表示 Hermite 共轭转置）也称矩阵的广义逆。于是，通过矩阵的广义逆理论，可以把一系列回归问题用矩阵的方式进行描述，十分方便。相关知识，有兴趣的读者可参阅工程矩阵或高等代数方面的教材。

16.5 系统总误差

现在，从随机过程的角度来总结一下图 16-3-1 所示的电池温度监测系统的总误差。

第一，Temperature 与 NTC Resistor 从系统建模的角度看，可以把 NTC Resistor 作为输入，经过一个线性系统 H(res)，从而获得输出 Temperature，并设系统 H(res)的传递函数为 $H(e^{j\omega})$。不过，需要说明一点，一阶插值函数才是线性系统，而我们采用的高阶插值并不是线性系统。采用分段线性插值，后续的数学计算过程就简单了（高通采用该方法）；或者系统本身并不复杂，可以直接计算出随机过程通过非线性系统后的输出情况（如本文的方法）。

第二，NTC Resistor 本身是个正态分布的随机过程 Resistor(temp)，并有确定的均值 E(temp)及方差 D(temp)。注意，这里的均值 E(temp)及方差 D(temp)都是与温度 temp 相关的随机过程。

第三，正态分布的 Resistor(temp)经过线性系统 H(res)，则输出过程 Temperature(res)依然是正态分布，其均值为 E(temp)$\times H(e^{j0})$，方差为 $D(\text{temp})\times\dfrac{1}{2\pi}\displaystyle\int_{-\pi}^{\pi}\left|H(e^{j\omega})\right|^2 d\omega$。

第四，对于 A/D 量化、电路拓扑、电路噪声等各种干扰所导致的误差，可近似认为它们各自服从相应参数的正态分布，且相互独立。

最终，系统输出过程的均值为各个均值之和，而方差则为各个方差之和，即：

$$\text{Avg(temp)}= E(\text{temp})\times H(e^{j0}) + \sum_{k=1}^{M}\mu_k \tag{16-5-1}$$

$$\text{Dev(temp)} = D(\text{temp})\times\frac{1}{2\pi}\int_{-\pi}^{\pi}\left|H(e^{j\omega})\right|^2 d\omega + \frac{1}{N}\sum_{k=1}^{M}\delta_k^2 \tag{16-5-2}$$

事实上，关于误差分布、误差传递、置信区间等知识，本就是一套完整的理论，在测量技术或物理实验的教材中，对此一般都会有详细而严谨的分析。但是，考虑到本案例的目的是使读者建立起基本的误差分析概念，笔者也就没有过多涉及上述知识，而采取具体问题具体分析的方法。我们可以用图 16-5-1 所示的"打靶"来形象地描述一个测量系统的误差分布情况，其中靶心表示真实值（该图取自清华大学李国林、雷有华教授的《射频电路测试原理（电子版讲义）》）。从中不难看出，噪声干扰中的稳态误差、A/D 非线性或者参考电压 V_{ref} 偏离标称值所造成的误差，相当于对靶心的一个固定偏离（第二幅图），其他诸如 NTC 电阻阻值波动、噪声干扰中的随机误差、A/D 量化误差等，相当于围绕靶心的随机偏离（第一幅图）。从理论上讲，误差是无法避免的。于是，所有的处理方式都只有一个目的，就是尽量消除固定偏离，并使测量（或处理、计算）值能够仅仅围绕在真实值附近，即第三幅图所示的情况。

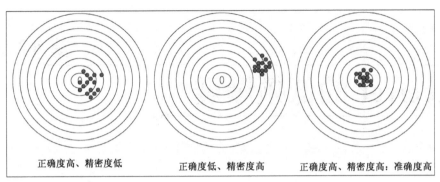

图 16-5-1　测量（或处理、计算）误差的分布状态示意图

16.6　实际测试结果

最后，为了检验设计效果，我们从库房随机挑选了 10 部手机做测试。将它们同时放入恒温箱中，然后将恒温箱的温度分别设定为 35℃ 、40℃ 、45℃ 、50℃ 、52℃ 、55℃ 和 58℃ ，并在每个温度下，保持 30 分钟后再读取手机测量的电池温度值。

实测结果如表 16-6-1 所示。

表 16-6-1　10 部手机的实际测量结果

温度　序号	35℃	40℃	45℃	50℃	52℃	55℃	58℃
No. 1	35℃	40℃	45℃	52℃	53℃	55℃	59℃
No. 2	36℃	41℃	44℃	50℃	53℃	56℃	60℃
No. 3	35℃	40℃	45℃	51℃	52℃	55℃	58℃
No. 4	34℃	39℃	46℃	50℃	52℃	55℃	57℃
No. 5	35℃	41℃	45℃	51℃	52℃	55℃	59℃
No. 6	34℃	41℃	45℃	50℃	51℃	54℃	58℃
No. 7	34℃	40℃	44℃	49℃	50℃	57℃	60℃
No. 8	35℃	40℃	47℃	51℃	54℃	56℃	60℃
No. 9	35℃	42℃	46℃	50℃	52℃	56℃	59℃
No. 10	35℃	39℃	45℃	49℃	52℃	55℃	58℃

从表 16-6-1 可以看出，最大偏差仅为±2℃左右，就手机应用来说，检测结果还是相当准确的。

至此，我们完成了电池温度监测的全部分析并给出了实测结果。有读者可能会问，不就是个温度监测嘛，有必要搞那么复杂的分析？看看图 16-6-1 吧。

仅仅 1℃ 的差距，量变转化为了质变。朋友们不妨再想想导弹、卫星、航空母舰这些高尖端装备，不也是都由一个个看似简单的部件组装起来的吗？只有把每一个部件做好、做精，最终才有可能获得一个优秀的产品。

相差仅仅 1℃而已

图 16-6-1　仅仅 1℃的差距

第 17 章

Receiver 的低频爆震

这是一个典型的客观测试指标全部合格但主观感受不好的案例。希望通过对该案例的分析，能使音频工程师从主客观统一的角度看待手机音频设计。

需指出一点，本案例涉及手机通话测试规范，读者朋友应对这方面内容有所了解，如果不太清楚的话，请先参阅本书提高篇的第 7 章。

17.1 项目背景

某型号手机是我公司在 2010 年初为 M 公司研发的一款 WCDMA/GSM 双模手机，功能复杂，质量严格，对 Acoustic 的指标要求远甚于前期几个项目。无论研发期间的客观测试，还是后期各种入网认证测试，该项目统一采用 Type3.3 标准。

Type3.3 的高泄特征使得该型号手机在通话中听筒爆震问题十分严重，再加上该手机为 IP54 防水等级，导致听筒爆震问题雪上加霜（关于防水与音频的矛盾，我们将在 20.5 节进行分析）。

17.2 故障现象

使用硬件版本为 P2 的机器（含相应的音频参数），将听筒音量调至最大，然后拨打 112 或者 10086。此时，部分手机的听筒将出现破音、杂音，特别是在说到某些单词的情况下更加明显，如"急救"、"Police"等，感觉整个听筒已经出现爆震。但是，在拨打常规电话时，听筒播放的对方语音完全正常，而且很柔和。

之前，我们在其他项目的研发过程中已经发现，一些设计不太完美的手机，在拨打中国移动 10086 服务台或者 112 声讯台时存在严重的听筒破音现象。当时我们分析的结果，10086/112 这两个声讯台录音电话的响度高（明显高于普通人正常讲话的响度，且不同地区或城市的 10086/112 差别也很大），而且低频分量特别足。

如果我们将 RFR 频响曲线中的低频成分尽量压缩，而保留较多的中高频成分（但维持原响度 RLR 不变），则破音现象大为改善。副作用是常规语音通话变得尖锐，声音单调、不柔和。M 公司对于音频有一套完整的判定标准，最终目的是主客观统一。根据以往经验，客观指标相对比较容易达成，但实现主客观统一还是有难度的，特别是对于声讯台录音电话，嘈杂环境下的通话，双方同讲等应用场景。本案例就是客观指标合格，但对某些声讯台电话的主观感受欠佳。

17.3　调试过程

17.3.1　检查 Receiver 的 SPL 与 THD

该手机使用的 Receiver 单体型号为 120623（长 12 mm，宽 6 mm，高 2.3 mm），标称功率 30 mW（白噪），最大功率 50 mW（1 s On，59 s Off，持续 1 h）。

首先检查 Receiver 单体的 SPL/THD。取前壳一只，将 Receiver 单体装入前壳音腔中，并在单体的弹片脚上各焊一根漆包线引出至信号发生器，然后输入 30 mW 正弦波扫频信号，耳承为 Type3.2LL 与 Type3.2HL，对比测试，结果未见异常，如图 17-3-1 与图 17-3-2 所示。

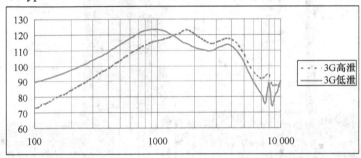

图 17-3-1　Receiver 的 SPL（30 mW，Sine Wave Sweep）

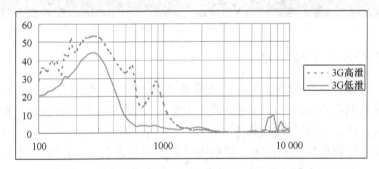

图 17-3-2　Receiver 的 THD（30 mW，Sine Wave Sweep）

后来，我们在产线不断发现有破音、杂音的机器出现，部分机器甚至在 3 格、4 格音量就已发生破音（10 为满格），而更换新单体后基本都能解决。但将不良品寄回厂家做 SPL/THD 分析，却没有发现任何问题。一个偶然的机会，我们让厂家对单体做了纯音信号的 FFT 测试，终于发现 SPL/THD 对于判定 Receiver 单体的性能其实是不全面的。此处先不论述，文末将会对该测试进行详细讨论。

17.3.2　调整 Receiver 的功率

一般而言，实际通话中如果发生破音，多半还伴随着功率超标问题。但是，实际语音通话中，声音的大小是时刻变化的，采用示波器、毫伏表等常规仪表很难给出一个准确值，而客观指标中的接收响度尚不能完全反映这一状况。保守的做法是用示波器测量 Receiver 两端的电压，确认峰值 $V_{\text{p-p}}$ 处于额定功率范围内。这样功率肯定不会超标，但实际通话中的响度必然偏低。大胆的做法是确保某一个时间段内的 RMS 值不超过额定功率，比如保证每 500 ms 内的

RMS 不超标即可，但如果存在较短时间内的过载，该方法是无法检测出来的。因此，更为合理的方法是综合考虑 V_{p-p}、RMS 以及它们的概率密度分布。关于受话器功率方面的探讨，请参考入门篇的 2.5.1 节介绍的 Crest Factor（峰值因子）与 CCDF（互补累积分布函数）。

按 M 公司的 Over Drive 测试标准，我们通过计算机发送一个测试音源给 CMU200（手机综测仪），CMU200 将其调制并传送给手机，发现 Receiver 在某个时间段的 RMS 值稍稍超过 30 mW 的额定功率（V_{p-p} 值没有超标），如图 17-3-3 所示。查阅听筒供货商规格书，Receiver 的瞬间最大功率可达 50 mW。如此，Receiver 是可以承受目前功率设定的，但从器件安全角度考虑，我们决定还是将最大功率降低一些。

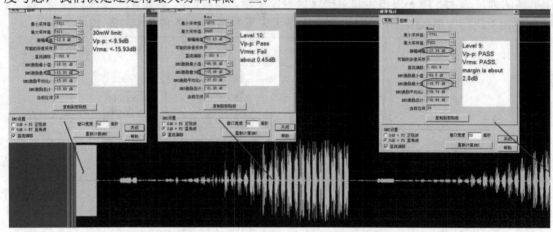

图 17-3-3　Receiver Over Drive 测试结果

17.3.3　调整 RFR 的低频部分

前文说过，某些声讯台录音电话的低频分量过大。如果将频响曲线中的低频成分尽量压缩，而保留较多的中高频成分（但维持原响度不变），则破音现象大为改善。副作用是常规语音通话变得尖锐，声音单调、不柔和。

如果只是简单地将低频成分压缩，除响度会发生明显改变外，RFR 客观测试也是无法通过的。所以，我们在调整 RFR 的同时，也调整了测试架的三维坐标（主要是 Endstop）及压力。这样，一方面我们可以大幅消减低频成分；另一方面，我们通过更改三维坐标来补偿频响曲线及响度，从而通过 RFR 客观测试。

其实，仔细研究一下 Receiver 的 THD 曲线（图 17-3-2）就不难发现，单体在低频段的 THD 明显要高于其他频段。所以，减少低频成分自然会对音质有所改善。

17.3.4　Receiver 的工作高度

在对不良单体进行实验的时候，偶然一次，我们用手压住 Receiver 单体进行听音测试，发现杂音现象非常明显，而且随着压力的增加，杂音问题越发恶化。电话咨询 Receiver 的生产厂家，得到明确答复，压力过大的确会导致听筒出现杂音。但具体多大的压力才安全，厂家暂时无法给出确切的数据，仅仅给了一个 10 N 左右的大概数值。于是，我们查阅了一些其他 Receiver 生产厂家的器件手册并一一进行了电话咨询，得到的结论基本相同，正常 Receiver 单体至少可以承受 10～20 N 的压力。

在该型号手机中，Receiver 装配于前壳腔体，然后直接压在 PCB 上的。所以，压力大小与 Receiver 的安装高度密切相关。于是，我们首先检查了结构图纸并进行了实际测量。按设计图纸，前壳 Receiver 音腔的工作高度为 2.55 mm（实测也是如此）。Receiver 本体高度 2.3 mm，其上贴有两层胶和一层防水膜共 0.05 mm×2 + 0.1 mm = 0.2 mm，背面又贴有 0.15 mm 的导电布，总共为 2.65 mm。再考虑公差，厂家推荐其工作高度为 2.7 mm。显然，我们的前壳音腔工作高度存在问题。

为进一步验证是否是压力过大导致杂音，我们还从生产线领取了一些 8 格、9 格出现破音的机器。然后，将前壳上半部分靠近 Receiver 处的两颗螺钉拧下，部分手机恢复正常；如果再将前壳卡扣稍微松开一些，又有几台机器恢复正常。由此可见，压力问题的确是造成故障的原因。进一步，我们在随后的小批量生产中，将 Receiver 背面的导电布撕掉，同时螺钉的锁紧扭力下调 10%，故障率明显下降。

至此，我们已经可以明确压力的确是导致 Receiver 故障的原因。但是，压力是否是唯一的原因？

为此，我们对生产线检验正常的机器进行了类似的加压测试，结果发现即便所加压力远远大于机壳装配后的压力，正常的机器依旧正常，而不良的单体稍微加压就出现破音。有些机器甚至在 3 格、4 格即已出现破音，而且压力拆除后也无法恢复（厂家认为出现了永久损坏）。

所以，我们并不认为压力是故障产生的根源，它更多的是单体本身质量不良的一种外在表现，而非本质原因。

17.3.5　Receiver 厂家的测试过程

起初，当我们把这个问题反馈给厂家的时候，厂家在态度上很重视（赞一个），但一直不能很好地定位故障的原因（事后才知道是检测方法不太合理）。另外，由于我们的前壳工作高度设计的确不合理，加之该款 Receiver 早已经量产并批量发货给另一家设计公司，所以厂家开始也显得很无奈。

但实际上，我们的实验已经表明，故障的发生需要同时满足两个触发条件：一个是频率，另一个是功率。于是，我们便与那一家设计公司的音频工程师取得了联系（在南京，手机设计圈子是很小的，很多时候，大家彼此都认识），交流后得知，使用该型号 Receiver 的手机是一款出口韩国的产品，对 RFR 没有硬性要求，所以该款产品低频不入框，规避了频率问题（即低频不足）；而他们当前正在研发的同为 M 公司的项目，虽然 RFR 入框，但响度偏小（客观测试指标满足 M 公司要求，但那是通过调整三维坐标及压力进行响度补偿后的测试结果，主观听音要比我们低一个等级），从而规避了功率问题。

起先，厂家的品管工程师对生产线挑选下来的不良单体依次输入一个周期为 2 s、功率为 30 mW 的 300～3400 Hz 扫频信号进行主观听音，结果没有发现任何问题。老话说得好，不怕不识货，就怕货比货。一个一个单独听，没有对比，怎么可能听出问题来？于是，我们请厂家工程师把扫频信号改为点频信号，并同时对比不良品和良品，问题就暴露出来了。

测试结果发现，将良品单体和不良单体并联，依次输入各频率纯音信号，300 Hz、400 Hz 直到 1000 Hz。在低于 700 Hz 的低频段，不良单体的响度远远高于良品单体，而且伴随着非常明显的杂音；而当频率高于 800 Hz 后，不良单体的杂音问题有所改善，但其响度还是要明显高于良品单体。相同的实验，我们在自己的实验室也得到了同样的结果。

显然，厂家工程师最初的测试方法存在两个问题：一是没有同时对比良品单体；二是扫频信号周期过短，再考虑问题仅仅出在低频段，持续时间更是短到不足 0.5 s，人耳如何分辨的出来？

17.4 FFT 测试

至此，我们和 Receiver 的生产厂家终于达成第一步共识，即部分单体的确存在故障。但对于故障产生的原因，两家却依然有分歧。Receiver 厂家认为故障乃是压力所致，且压力过大会出现永久损坏。但我们认为，尽管我们存在结构高度导致的压力问题，但如果将问题全部归结于此，显然是不充分的。更何况，Receiver 厂家无法给出压力数值的安全范围，也无法解释为什么良品单体施加超量压力也完全正常的现象。

于是，我们提出，可以对 Receiver 单体进行纯音信号的 FFT 测试。简单说来，就是对单体输入一组标定功率的离散点频信号，然后通过标准麦克风采集 Receiver 的声音并进行 FFT 分析，由此来判断单体是否存在故障。

事实上，THD 就是由 FFT 计算而来的。但 THD 是看整体的输出结果，而 FFT 则是把整体解剖开来看细节。在某些特殊的情况下，会出现 THD 结果很好而实际上 FFT 结果很差的现象（请参阅本章最后一个案例：Good Speaker or Bad Speaker）。

如果信号在时域为一个周期信号，则 FFT 是计算该周期信号在频域中的基波及各次谐波；如果信号在时域为一个非周期信号，则 FFT 相当于该非周期信号频谱的抽样，其抽样点为 $k\omega_s/N$（ω_s 为抽样频率，N 为抽样点数，$k = 0$，1，…，$N-1$）。关于这部分内容，涉及数字信号处理方面的知识，有兴趣的读者可参阅相关教材。

图 17-4-1 到图 17-4-7 是 Receiver 厂家从其生产线随机选取的一颗样品分别在 500 Hz（20/30 mW）、800 Hz（20/30 mW）、1000 Hz（20/30 mW）及 600 Hz（10 mW）下的 FFT 测试结果。

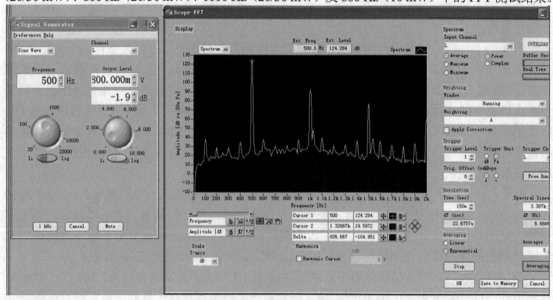

图 17-4-1　样品 A 的 FFT 测试结果（500 Hz，20 mW）

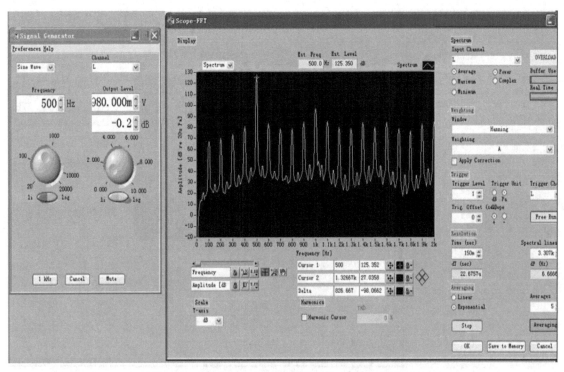

图 17-4-2　样品 A 的 FFT 测试结果（500 Hz，30 mW）

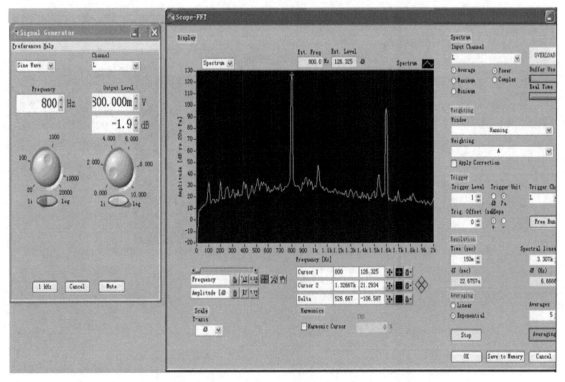

图 17-4-3　样品 A 的 FFT 测试结果（800 Hz，20 mW）

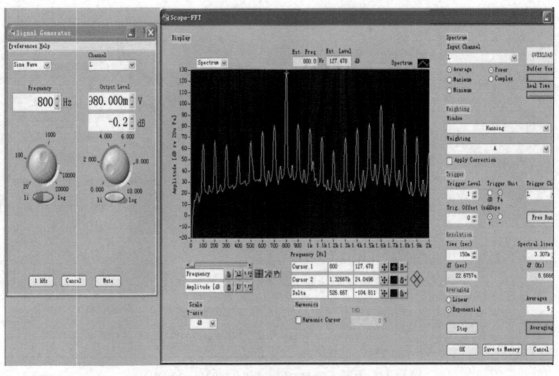

图 17-4-4　样品 A 的 FFT 测试结果（800 Hz，30 mW）

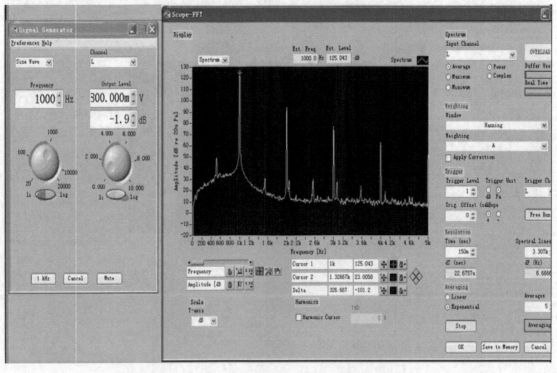

图 17-4-5　样品 A 的 FFT 测试结果（1000 Hz，20 mW）

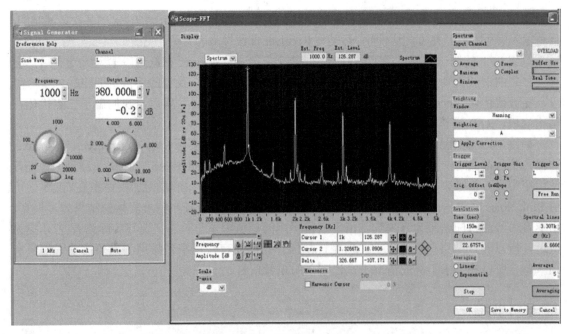

图 17-4-6　样品 A 的 FFT 测试结果（1000 Hz，30 mW）

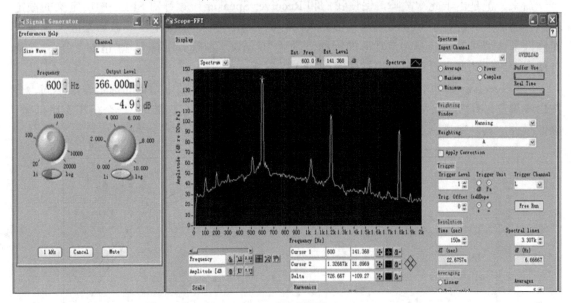

图 17-4-7　样品 A 的 FFT 测试结果（600 Hz，10 mW）

从这个结果不难分析：

第一，若输入信号频率为 ω，则 Receiver 除了在 ω 产生响应，还会在 2ω、3ω，$\cdots$，$n\omega$ 等各倍频处产生逐级衰减的谐波响应（见图 17-4-1、图 17-4-3、图 17-4-5 到图 17-4-7）。这与 TDMA Noise 会在 217 Hz 及其各次谐波处产生谱峰类似。

第二，若输入功率在 20 mW 内，Receiver 无问题；若功率达到 30 mW（实测只要 25 mW），则 Receiver 除了在 2ω、3ω，$\cdots$，$n\omega$ 产生响应，还会以 100 Hz 为步长，产生 $n\times100$ Hz 的各次谐波响应（见图 17-4-2 与图 17-4-4）。但频率超过 1000 Hz 后，故障消失（见图 17-4-6）。

第三，即便输入功率较低，Receiver 也会以 550 Hz 为步长，产生 $n×550$ Hz 的各次谐波响应，且与输入信号频率无关（原因不明，怀疑与 Receiver 非线性失真有关，见图 17-4-5 与图 17-4-7）。

这组 FFT 的测试结果已经可以很清楚地表明，该款 Receiver 在低频段输入大功率后，会存在严重的谐波失真问题。考虑到该型号 Receiver 已经量产，我们的手机也即将进入量产阶段，更改或优化 Receiver 单体性能在项目时间上已经来不及了。所以，我们做了三点优化：结构修模、RFR 调整、降低 Receiver 的输入功率。

最终，该故障得到了满意解决。不过，笔者再次强调一点，实际使用时，Receiver 与 Speaker 的输入信号都具有一定频带宽度，而非单音信号。根据 IEC 268-1 规范，在谐波测量中，推荐使用窄带噪声信号来代替单音信号，并且规定了窄带噪声的具体形式为加权稳态高斯噪声（可由 Pink Noise 经过一个滤波器获得），且峰值因子为 3。用窄带噪声信号测量的结果为片失真，用单音信号测试的结果为点失真。由于窄带噪声的峰值因子与瞬态情况与实际语音/音乐更为接近，所以测试结果也更为真实。但是，从操作角度而言，用窄带噪声测量要比单音信号麻烦一些，所以在要求不高的情况下，也常采用单音信号。

17.5 小结

后来，正是由于此次故障，促使我们和 Receiver/Speaker 厂家针对 SPEC 中所定义的额定功率等测试条件进行了严格的规定（可见入门篇的 2.5.1 节）。事实上，厂家后来因为本案例而修改了该型号 Receiver 额定功率的标称值，从 30 mW（白噪）下降为 20 mW（白噪）。读者朋友在后续的产品设计中，也需要密切关注以下几点：

（1）Receiver 的功率及 THD（或 FFT）。目前，各厂家对于额定功率的标定方法不同，有按白噪测定，有按粉噪测定，还有按扫频信号测定。按照 IEC268-1 规范，一个模拟音频信号，除低频外，其功率谱密度接近粉噪形式，如图 17-5-1 所示。

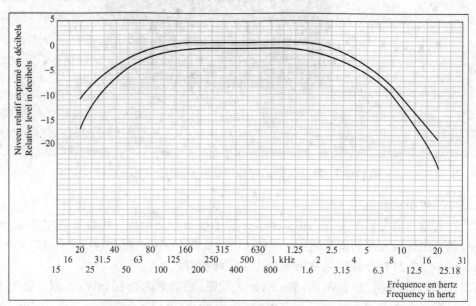

图 17-5-1 IEC 268-1 定义的模拟音频信号功率谱

（2）确保 RFR 入框的前提下，适当压缩低频成分；如果压缩后的 RLR 不合要求，在确认主观音量足够的前提下，可调整测试架三维坐标以满足客观标准。

（3）设计 Receiver 腔体工作高度时一定要注意考虑单体和结构件的公差。

17.6　FFT 在音频设计中的应用

最后，我们举两个例子来说明 FFT 在音频设计上的应用。

17.6.1　Audio PA Noise Analysis

请先看图 17-6-1。

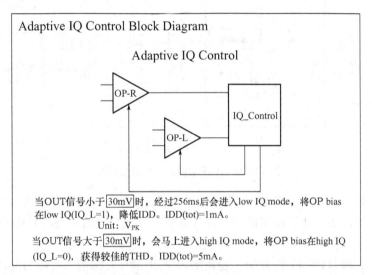

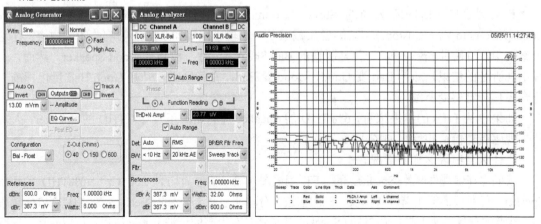

图 17-6-1　某 Stereo Audio PA 正常模式下的输出信号

该 PA 支持立体声输出（分别用红色/蓝色表示左/右声道），右下角为其输出信号频谱图。从图中可以看出，左、右声道的输出信号均为 1 kHz，且除了正常的底噪，输出信号中没有额外的谐波干扰，输出信号的总谐波失真（THD+N）为 23 μVrms。

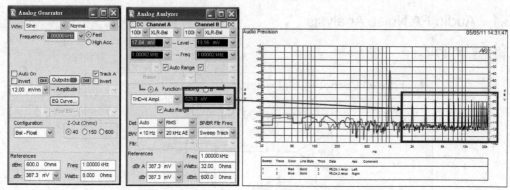

Sub-harmonic noise when APA2181 operate in low IQ mode [4]

图 17-6-2　不正常模式下的输出信号

输入信号与前面的一样，但 PA 工作出现异常后，输出信号的频谱图发生明显变化。除了 1 kHz 的基波信号，还出现了众多的高次谐波分量，导致总谐波失真（THD+N）急剧上升到 528 μVrms。

由此可见，利用 THD/FFT 分析，检测输入/输出信号的频谱，可以帮助我们很快速地定位故障环节。

17.6.2　Good Speaker or Bad Speaker

该案例取自 LISTEN 公司的 Steve F. Temme 所撰写的"Are You Shipping Defective Loudspeakers to Your Customers"，笔者仅截取了一小段，并增加了关于等响曲线的内容。在这个案例中，有两种 Speaker，一种是所谓的 Bad Speaker，另一种则是 Good Speaker。然而，人耳主观听音的结果，却是 Bad 变 Good，Good 变 Bad。究其原因，乃是 Good/Bad 量化标准不符合人耳听觉感受所致。

如果单从 THD 的结果来看，6% THD 的 Speaker 性能显然不及 2% THD 的 Speaker，人耳的主观感受却恰恰相反，如图 17-6-3 所示。

为什么会出现这样的情况？

我们先仔细观察两款 Speaker 的 FFT 测试图（输入信号为均为 200 Hz）。6%THD 的那款 Speaker，低频段的输出谐波（二次、三次谐波）分量明显高于 2%的 Speaker；但超过 2 kHz 频段后，其谐波分量迅速下降，而 2%的 Speaker 却依然具有很高的谐波分量。所以，可以确认，低频段较大的谐波分量（400、600 Hz）是导致"Good" Speaker 的 THD 测量结果较差的主要原因。

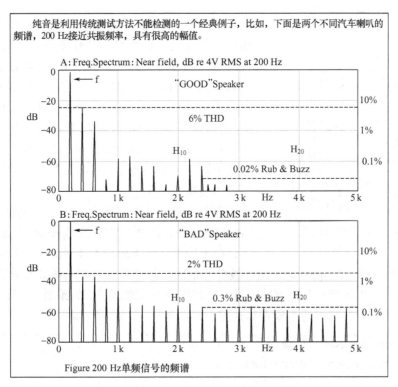

图 17-6-3　Good/Bad Speaker 的频谱图

　　接着，我们探讨一下响度的概念。在物理学上，描述声波有一个很重要的参数，即声压或声压级（Sound Pressure Level，实际上是绝对声压与参考声压的比值取对数）。在日常生活中，我们说一个声音响亮，多半意味着这个声音的声压级高。当然，这肯定是正确的，一个声音的声压级越高，其响度也必然越高。但是，我们有没有想过，如果两个音源的声压相同，但频率各不同，那么我们所感受的响度还会是一样的吗？

　　如果我们感受的响度是一样的，说明响度完全可以由声压反映，于是响度就是一种客观感受；如果我们感受的响度是不一样的，说明响度不可以由声压所反映，至少不能完全由声压所反映，那么响度就是一种主观感受。实际的测试结果表明，两个声压相同、频率不同的声音，人耳的主观感受是不同的，而且会随着频率的变化而发生显著变化（笔者曾测试过自己的听力范围，以听得见/听不见来判定，大约在 35 Hz～15 kHz 频段）。

　　由此，我们可以知道，响度其实是一个主观概念，其单位为 Phon（方）。从本质上说，它其实是人耳对声压与频率综合后的主观量化。换言之，一个主观响度可以由客观声压，经频率加权处理获得。而根据加权方式的不同，又分为 A 加权、B 加权和 C 加权几种。其中，A加权的结果较为贴近大多数人的感官，故声压常以 dBA 为单位，dB 表示分贝，A 则表示 A加权。

　　考虑到人耳所感受到的主观响度不仅与声音的声压有关，与声音的频率也密切相关，于是人们提出了等响曲线的概念，如图 17-6-4 所示。

　　在图 17-6-4 中，每条曲线上对应不同频率的声压级是不相同的，但人耳感觉到的响度却是一样的。每条曲线上所标注的数字，为响度的单位 Phon（方）。由等响曲线可以得知，当音

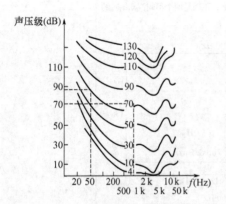

图 17-6-4　人耳的等响曲线

量较小时，人耳对高低音感觉不足（最底下那条曲线，相对其他曲线比较平滑，没有峰谷）；而音量较大时，人耳对高低音感觉充分，并且对 1～4 kHz 之间的声音较为敏感。例如，1 kHz 声音的声压级是 60 dB，而另一个频率的声音听起来与这个 60 dB 的 1 kHz 声音一样响，则该声音的响度级就是 60 Phon；如果 70 dB 的 50 Hz 纯音和 50 dB 的 1 kHz 纯音听上去的响度一样，则它们都位于同一条 50 Phon 的等响曲线上，但两者的声压级却差了整整 20 dB。

现在，我们可以回答为什么 6% THD 的 Speaker 是 Good Speaker，而 2% THD 的 Speaker 却是 Bad Speaker 了。由于等响曲线效应，人耳对高频信号远比低频信号更加敏感，而 2%THD 的 Speaker 输出谐波种有很大一部分正好落在人耳最为敏感的 2～4 kHz 之间，使得人耳可以清晰地听到这些声音，从而影响了主观感受。如果要使 THD 指标很好地反映人耳的主观感受，可以适当修正其计算方法，如图 17-6-5 所示。

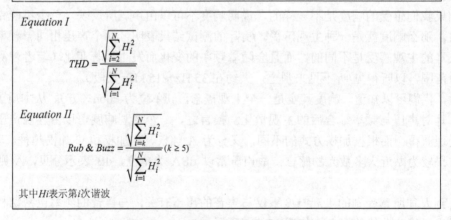

图 17-6-5　重新定义 THD 的计算方法

从本章三个案例不难发现，单纯采用 THD 来衡量电声器件的性能在有些时候是不充分的，但是如果配合 FFT 分析，则可以达到事半功倍的效果。

UXX 的 TDD Noise

TDD Noise，即 Time-Division-Duplex Noise，是 GSM 手机的典型故障，而且几乎所有的手机硬件工程师都会碰到这个问题。

我们知道，TDD Noise 的根源在于时分通信方式，是 TDMA 系统的固有现象，无法消除。原则上，只能通过合理布局、精心布线、电路设计、参数调整等多种方式来进行优化。

在本案例中，TDD Noise 的最终解决方案其实非常简单，但回顾故障的解决过程，却值得思索，故收入本书供读者参考。

18.1 项目背景

UXX 是某公司在 2009 年初全力打造的一款 TD/EDGE 双卡双模智能手机。与现在智能机满天飞的情况不同，2009 年的时候，智能机还不是很普及，尤其是双卡双模的智能机非常少。所以，该项目在立项之初就受到公司各级老大的密切关注。

按照项目计划，要求第二版硬件就得进行 CTA 入网认证，时间紧，导致语音通话性能调试很不充分。随着送测日期临近，我们不得不加快音频调试（TS26.131/132）。然而，就在我们顺利完成卡 1_TD 和卡 1_EDGE 的调试后，却发现无论怎么调整参数，卡 2_EDGE 均无法达到指标要求。具体来说，就是卡 2_EDGE 的小信号发送失真（Send Distortion）无法通过。

18.2 故障现象

在探讨该问题之前，我们首先看以下两张测试结果图，其中图 18-2-1 是卡 2_EDGE 小信号发送失真的测试结果，图 18-2-2 是卡 1_EDGE 发送失真（小信号项）的测试结果（在提高篇第 7 章中，我们采用 UPV 测试系统，此处采用 Head Acqua 测试系统。两个系统的判定标准都是一样的，只是测试结果的绘图方式不一样）。

对比图 18-2-1 与图 18-2-2 可以清晰地发现，卡 2_EDGE 的上行信号中存在明显的 217 Hz 及其各次谐波干扰（用圆圈标记的部分），而卡 1_EDGE 则要干净得多。

事实上，在第一版硬件的时候，我们也进行了初步的音频调试。那时，虽然测试结果的余量不大，但卡 2_EDGE 还是可以勉强达到指标要求的。这次为硬件第二版，难道硬件改版后的性能反而更差？为验证是否软件版本或者手机个体原因，我们对前后两个硬件版本的手机分别更新了若干软件版本重新测试，发现第一版手机依然可以通过测试，而第二版手机却怎么都不能通过。显然，这个问题与软件版本或手机个体无关，只取决于硬件版本。

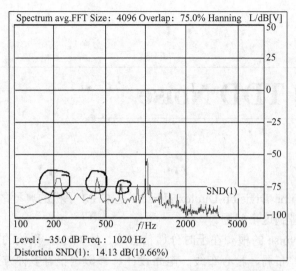

图 18-2-1 卡 2_EDGE 发送失真（小信号项）测试结果

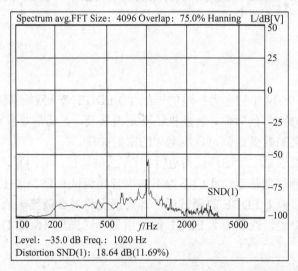

图 18-2-2 卡 1_EDGE 发送失真（小信号项）测试结果

经过仔细检查、对比新旧手机的布线、装配，并没有发现能够引起故障的明显原因，所以我们把目光转向了天线。按照手机研发规律，第二版机器的天线性能会远超第一版（很多时候，第一版机器根本就没有天线，只能焊一根短线代替天线），第三版机器的天线才会被固定下来。于是，我们以 Cable 方式连接手机与综测仪重新测试。结果，第一版手机通过，第二版手机却依然不合格。

可是，就在我们用 Cable 方式测试第一版机器的时候却发现综测仪上显示的手机发射功率似乎不对，仪表显示值比我们的设定值要低 6 dB！于是，我们赶紧找来负责该项目的 RF 工程师进行确认。果然，由于该项目是一个新平台，第一版机器在调试时，RF 校准工具还有一些问题，导致机器发射功率不够，而且低很多。而我们在音频测试的时候，默认采用天线耦合方式连接综测仪，再加上第一版机器的天线效率较低，所以我们并没有在意综测仪显示的手机发射功率值。而第二版机器调试时，RF 校准工具的 Bug 早已解决，音频问题才得以暴露。

重新对第一版机器进行校准、测试，结果与第二版机器完全一致。看来，两个版本的手机都有 TDD Noise。

18.3　实验测试

首先，我们必须确认为什么只有卡 2_EDGE 会产生如此明显的 TDD Noise。从设计原理上分析，卡 1_EDGE 与卡 2_EDGE 均采用同一组 Microphone、同一个 CODEC，仅仅是 CODEC 的输出路径有区别。所以，我们检查了 CODEC 输出到卡 2 的 LAYOUT，未见异常。再将 CODEC 输出到卡 2 的路径断开，重新测量发送失真，TDD Noise 几乎完全消失。由此说明，TDD Noise 在音频信号进入卡 2 之前就已经产生了。

然而，CODEC 及其前端电路为卡 1、卡 2 所共用，既然卡 1 没有问题，缘何只有卡 2 有问题？分析了 PCB 的布局后，原因便一目了然。如图 18-3-1 所示。

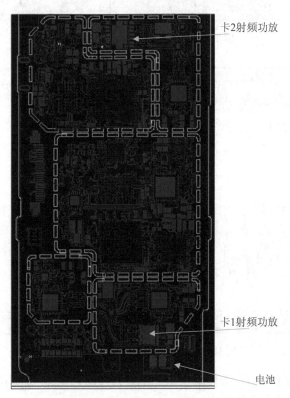

图 18-3-1　UXX 双模手机布局图

卡 1 的射频功放紧靠电池，而卡 2 功放却在 PCB 的另一端，离电池较远（板长大约 10 cm）。所以，即便卡 1、卡 2 采用同样地发射功率或同样地发射电流，电池上的 TDD 纹波也不一样，而且必然是位于板子上端的卡 2 比下端紧靠电池的卡 1 要更加恶化。为验证该结论，我们分别测试了在同样发射功率（PCL=12，P_{out}=19 dBm）的情况下卡 1 与卡 2 的发送底噪（由于测试仪表已到校准日期，送厂家校准，只好临时改用 UPV 的早期产品 UPL 测试），结果如图 18-3-2、图 18-3-3 所示。

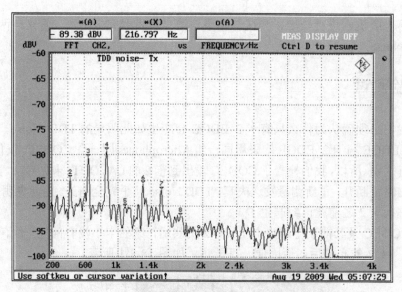

图 18-3-2　卡 1_EDGE 的发送底噪

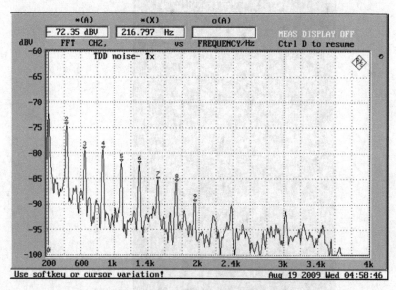

图 18-3-3　卡 2_EDGE 的发送底噪

　　观察图 18-3-2 与图 18-3-3，可以非常清楚地发现 TDD Noise 确实存在，且卡 2 比卡 1 受到的干扰更大，以至于无法通过指标。

18.4　定位噪声引入点

　　前文已经证明，导致卡 2 无法通过测试的原因为 TDD Noise，那么下面的任务就很明确了。对于任何一个干扰信号，其消除方法无非两个，要么找到源头将其消灭，要么找到干扰路径将其切断。由于 TDD Noise 为 TDMA 系统的固有属性，无法消灭，最好的方法是在设计之初就优化好 PCB 的布局、布线，而目前所能做的只能找干扰路径。

将 Microphone 与 CODEC 之间的链路断开并测量发送底噪，几乎没有任何 TDD Noise，说明噪声并不由 Microphone 之后的电路产生，而是在 Microphone 之前（包括 Microphone）就已经产生了，相关部分的原理图如图 18-4-1 所示。

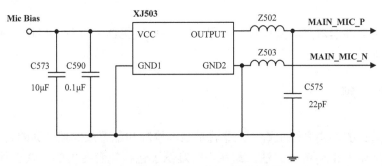

图 18-4-1　Microphone 部分的原理图

XJ503 为 Microphone（采用 Knowles 的硅麦），设计为差分输出方式。但读者稍微研究一下该原理图便可知，语音信号从 MAIN_MIC_P 输出，而 MAIN_MIC_N 既是交流，也是直流。所以，该 Microphone 并不是真正的差分输出，而是"伪差分"（可参见 2.5.1 节）。

问题就出在这个伪差分电路上。首先，我们把 MAIN_MIC_P 上的 Z502 断开，而保留 MAIN_MIC_N，测量发送底噪，无 TDD Noise 干扰；然后，保持 MAIN_MIC_P 上的 Z502 呈断开状态，但把 MAIN_MIC_P 直接短接到 MAIN_MIC_N 上，却出现与正常测试时一模一样的 TDD Noise。

就是这个现象引起了我们的疑惑！如果 CODEC 的放大器配置成为差分输入的话，出现这样的结果是说不通的。理由很简单，P/N 端短接后，TDD Noise 将作为共模信号而被放大器所抑制，怎么会出现单接 N 端无 TDD Noise，P/N 短接反倒有 TDD Noise 的事情？

询问驱动工程师后得知，因为继承以前项目的软件代码，在 Microphone 输出至 CODEC 时，软件并没有将 CODEC 的放大器配置为差分输入方式，而完全忽略了 MAIN_MIC_N 上的地线信号。所以，尽管硬件设计为差分输入，但实际的效果却呈单端输入。之后，BSP 工程师只花了 15 分钟时间就完成了代码修正和下载，重新测量发送底噪，结果如图 18-4-2 所示。

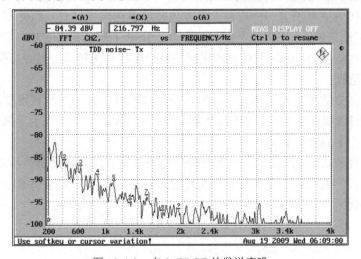

图 18-4-2　卡 2_EDGE 的发送底噪

对图 18-3-3 与图 18-4-2，结果非常明显，修改代码后的卡 2_EDGE 的 TDD Noise 几乎完全被抑制。再测量发送失真，轻松通过，余量可达 3～4 dB，部分机器可达 8～10 dB。不仅如此，此时重新测量卡 1 音频，无论 TD 模式还是 EDGE 模式，均比之前的结果有大幅度改善，余量提升明显。

后来，在工信部泰尔实验室正式入网测试中，UXX 机器的音频未出现任何问题，轻松通过了所有测试项目。

18.5　案例反思

从本故障最终的解决方法上看，无非就是功率校准和配置放大器，真的是非常非常简单。然而，就是这非常非常简单的方法，却在当时难倒了包括笔者在内的一众工程师。说起来惭愧，还是笔者动烙铁改电路的时候，一不小心把硅麦 XJ503 的 P/N 端给短接了没发现，才在后来的测试中发现问题的根源。

不夸张地讲，这个故障比起笔者解决过的其他问题来说，技术上简直不值一提。但是，笔者对此事却有深刻的反思，不是针对音频，也不是针对技术，而是针对做事的方法。

（1）音频调试手机必须确认发射功率，并且要注意不同版本天线之间的区别。

其实，大家都知道这一点。但为什么还会发生这样的事情？就是因为没有检查机制，而所有人又都想当然了。Audio 工程师以为 RF 工程师提供的机器已经过校准，RF 工程师以为 Audio 工程师知道功率不准。结果，故障在第一版手机中被完全隐藏。

所以，我们后来制定了一套规则，Audio 工程师必须对机器的 RF 性能进行确认！如果发射功率或者天线状态不对，则记录情况、确定改善时间，待改善后重新测试。其实，这一条对所有有关联的事情都是一样的，各道工序之间必须有检查机制。

（2）历史经验需要借鉴，但不可以迷信历史经验。

最初，曾有一个 BSP 工程师对 UXX 的 CODEC 配置为单端输入方式提出过异议。然而，在她询问项目组的老员工后，得到的建议却是过去的项目都是这么配的，两年下来也没遇到什么音频问题，所以 UXX 就不要改了。于是，一个隐藏的 bug 也被继承了下来。

因为最初的代码来源于另一个项目，笔者当时虽也在该项目组，但并不负责音频调试。所以，笔者实在无法理解，一个硬件工程师怎么会让 BSP 工程师把 CODEC 配置成单端输入？这是违背电路基本常识的，何况图纸上本来就是差分电路？两年后，当有工程师提出异议时，却未得到应有的重视！

那么为什么过去的项目没有问题？其实，依笔者的看法，不是没有问题，而是问题还不至于大到无法通过测试指标而已。就像 UXX，错误的配置并不会导致卡 1 测试失败，但正确的配置却可以使卡 1 的余量翻番。

所以，我们后来规定，只要软件配置与硬件电路不符、只要设计思路与大家的常识不符、只要有人提出异议，就必须正面解释！历史经验仅在做决策时供大家参考，但不可以作为解释工程疑问的依据。

第 19 章

EN55020 案例一则

EN55020 是 CE 的认证测试项目，主要考察 RF 接收机的抗扰度水平，对应的中国国家规范为 GB9383。需要说明一点，EN55020 和 GB9383 是针对声音和电视广播接收机抗扰度的测量方法，所以还包括电视、录像机、录音机、黑胶唱机、FM/AM 收音机等众多设备。但是对手机来说，则只有 FM 接收机这一项。

由于不是每家手机研发公司都有 EN55020 的测试环境，所以笔者收录本案例的目的是介绍 EN55020 测试规范以及简单的调试对策，方便读者在日后工作中快速上手。

19.1 EN55020 测试环境

按照 EN55020 的规范要求，有用信号为 FM 信号，其调制信号为 1 kHz 正弦波，载波为 88～108 MHz（一般取 98 MHz），最大频偏 40 kHz（当干扰信号落在 88～108 MHz 的 FM 接收频带内时，有用信号的最大频偏改为 75 kHz）；干扰信号为 AM 信号，其调制信号也是 1 kHz 正弦波，载波为 150 kHz～150 MHz，调制度 80%（当干扰信号处于 88～108 MHz 的 FM 接收机频带时，将其从 AM 方式改为 FM 方式，调制信号仍为 1 kHz 正弦波，最大频偏 40 kHz）。测试中，手机可以接充电器也可以不接（标准中未做具体规定），但测试报告会提供图片，根据图片可以知道是否插入了充电器。

首先调节高频信号发生器，生成满足测试规范所要求的有用信号（FM 信号）及干扰信号（AM 信号）；然后将 FM 信号和 AM 信号送入相应频段的 RF 功放进行放大，再经天线耦合输出至周围的测试环境中，如图 19-1-1 与图 19-1-2 所示。

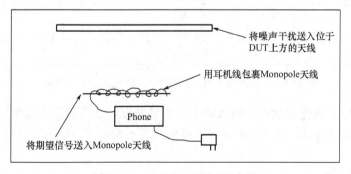

图 19-1-1　EN55020 测试示意图

设备调节完成后，再调谐手机 FM 接收机的频点，确保 FM 接收机解调信号达到规定的信噪比。然后，提高 AM 干扰信号的强度，直至 FM 接收机输出信号的信噪比下降至某阈值，记录下当前 AM 信号的强度。改变 AM 信号的载波频率，重复上述过程，直至完成整个频段的测量。最后，将各频点对应的 AM 干扰信号强度绘制出来，如图 19-1-3 所示（注意，当干扰信号落在 FM 接收频段 88～108 MHz 范围内时，干扰信号和有用信号均要发生相应变化）。

图 19-1-2　EN55020 测试实物图

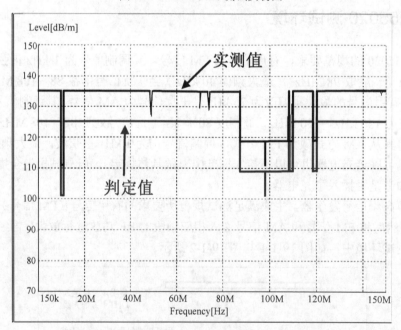

图 19-1-3　EN55020 测试结果图（FM 载波为 98 MHz）

在图 19-1-3 中，蓝色表示实测的 AM 干扰信号强度，红色表示干扰信号判决门限。只要蓝线出现低于红线的情况，就表明 FM 接收机抗扰度不合格（本图的测试结果为合格）。

19.2　实测结果

图 19-2-1 和图 19-2-2 分别是 TXX 和 AXX 两个型号手机的测试结果（均为不合格）。

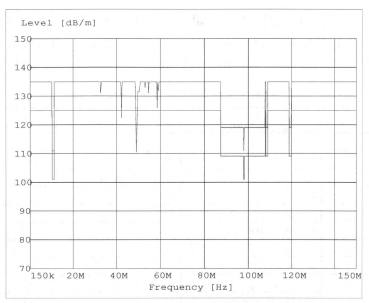

图 19-2-1　TXX 的测试结果

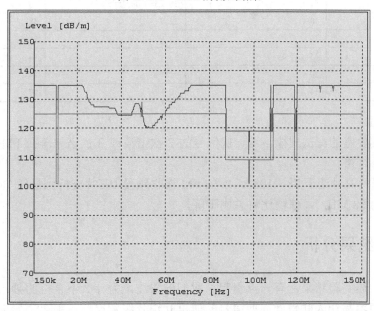

图 19-2-2　AXX 的测试结果

从以上两幅图不难看出，不合格频段的中心频点正好是 FM 接收机调谐频率的一半（测试频率为 98 MHz，不合格的频点大约在 49 MHz 附近）。由于笔者所在公司不具备 EN55020 测试环境，我们只好通过一定关系，请实验室帮我们免费验证了其他几个频点（按照实验室行规，测试就要付费，且价格很昂贵，工信部也不例外），结果也是一样的。比如 FM 信号调谐在 108 MHz，则在 54 MHz 上必定不合格。更进一步，我们发现，只要 AM 干扰信号的 2 次谐波或者 3 次谐波落在 FM 接收频段内，就有可能导致测试不合格。

为了验证实验室的测试结果，我们进行了一个简化的模拟测试，限于实验条件，这组测试结果仅供定性分析，不做定量判定，如表 19-2-1 所示。

Agilent E4438C 输出 FM 信号，R&S SMU-200 输出 AM 信号，均天线耦合输出。

FM：调制信号 1 kHz，载波 88～108 MHz，最大频偏 75 kHz，输出功率–50 dBm。

AM：调制信号 1 kHz，载波 150 kHz～150 MHz，调制度 80%，输出功率–10 dBm。

表 19-2-1   EN55020 模拟测试结果

f_{noise}	S/N (f_{osc}=88 MHz)	S/N (f_{osc}=98 MHz)	S/N (f_{osc}=108 MHz)
10 MHz	51	42	50
15 MHz	51	42	50
20 MHz	3	9（18 MHz 始变差）	9
25 MHz	3	4	2
30 MHz	7	5	2
35 MHz	49（34～35 MHz 好）	20	46（32～35 MHz 好）
40 MHz	7	5	2（36 MHz 始变差）
45 MHz	7	3	3
50 MHz	7	3	12
55 MHz	49（52 MHz 始变好）	12	45（52 MHz 始变好）
60 MHz	51	38（56 MHz 始变好）	50
65 MHz	48	22	48
70 MHz	25	12	15
75 MHz	25	8	14
80 MHz	20	9	14
85 MHz	14	10	17

该测试表明：

（1）符合实验室的测试规律，当干扰信号的 2 次谐波或 3 次谐波落在 FM 接收频段时，就会导致测试不合格。

（2）如果干扰信号处于 78～108 MHz 的 FM 接收频段（芯片支持到最低 78 MHz，只是我国规定的下限为 88 MHz），信噪比将急剧下降。

19.3   测试结果分析

仔细分析上述实验结果，有一点引起了我们的关注，为什么不合格的频点正好是接收频点的一半？这很容易让人联想到周期信号的傅里叶正弦级数展开。那么，如果把该频点干扰信号的频率稍微调偏一点点，结果又会怎样？

于是，我们做了如下模拟实验。

19.3.1   干扰信号采用 FM 方式

将 FM IC（采用 Broadcom 的 BCM4330）调谐在 98 MHz，信号发生器（Agilent E4438C）输出信号调谐在 49 MHz（FM 方式，调制信号 1 kHz，频偏 22.5 kHz，输出功率–50 dBm），BCM4330 与 E4438C 采用 Cable 连接。此时，实际上是把 49 MHz 的 FM 信号当作干扰信号，看看其是否会对调谐在 98 MHz 的 BCM4330 产生影响。

结果发现，BCM4330 可以正常解调出 1 kHz 的调制信号，信噪比甚至比正常接收 98 MHz

的 FM 信号时，还要高出 5～6 dB。由此，我们开始怀疑，信号发生器在输出 49 MHz 信号的同时，还输出了一定功率的谐波信号。

查阅仪器手册，发现 E4438C 的二次谐波抑制度为 50 dB。也就是说，此时 E4438C 在输出−50 dBm 的 49 MHz 信号的同时，还会输出−100 dBm 的 98 MHz 信号，并且由于 98 MHz 是 49 MHz 的倍频，22.5 kHz 的频偏也将被加倍，成为 45 kHz 频偏。所以，BCM4330 一定会解调出 1 kHz 的信号（二次谐波所致），并且信噪比还会提高（频偏加倍所致）。

为此，我们又做了一系列实验，通过改变信号发生器输出信号的功率、频率等参数，得到如下结论：

（1）如果保持 BCM4330 的 98 MHz 调谐频率不变，而稍微调偏一点信号发生器的输出信号频率，如 48.9 MHz 或者 49.1 MHz，则 BCM4330 无论如何也无法解调出 1 kHz 调制信号，并且只要信号发生器输出信号的二次谐波与 98 MHz 的频率差值正好大于或等于 FM 广播电台之间 200 kHz 的间隔，BCM4330 就一定无法解调出 1 kHz 的调制信号；如果差值小于 200 kHz，则可以解调出 1 kHz 的调制信号，且差值越接近 0，则解调信号的信噪比越高。因此，真正纯净的半频率信号（即无谐波的理想单频信号）是不会干扰到 BCM4330 的。

（2）如果保持 BCM4330 调谐频率 98 MHz 及 E4438C 的发射频率 49 MHz 不变，仅仅把信号发生器的输出信号功率降低至−60 dBm，则 BCM4330 同样无法解调出 1 kHz 的调制信号。因为此时 E4438C 发射的二次谐波功率下降至−110 dBm，它已经低于 BCM4330 的接收灵敏度了。

19.3.2　干扰信号采用 AM 方式

在前面的实验中，所使用的干扰信号频率是 FM 接收机调谐频率的一半，但信号调制依然是 FM 方式。而实际的 EN55020 测试中，干扰信号是一个 80% 调制度的 AM 信号。对于 FM 接收机来说，有一个 AM Suppression 指标。理论上，FM 接收机不可能解调 AM 信号，但各种非线性因素会导致 FM 接收机能够解调 AM 信号。于是，对于 AM 信号，我们做了同样的实验，结果如下：

（1）E4438C 输出一个 98 MHz 的 AM 信号，将 BCM4330 也调谐在 98 MHz，则该 AM 信号会严重干扰 BCM4330 对 98 MHz 的 FM 信号的接收。

（2）由于 E4438C 的二次谐波抑制度不够，即便将 AM 信号调谐在 49 MHz，只要强度足够大（模拟测试中大概为 0 dBm），也能够对 BCM4330 产生干扰。

（3）将 E4438C 输出信号频率在 49 MHz 周围调偏一点，则不会对 BCM4330 产生任何影响。

19.3.3　故障优化

通过上述 FM/AM 信号的模拟测试，我们基本可以确认，由于信号发生器的高次谐波抑制度不可能无穷大（尤其是 RF 功放的非线性作用会更加恶化，如交叉调制、高阶互调等），只要干扰信号的高次谐波或各种互调产物恰好落在 BCM4330 的调谐频率上，且功率足够，就一定会对 BCM4330 产生影响！

所以，在没法亲自进入实验室调试的情况下，我们认为实验室测试结果不合格并不足以表明 TXX 和 AXX 两款机器本身存在问题，也不排除是测试系统自身缺陷所致。

但是不管怎么说，既然无法证明实验室的测试系统存在缺陷，只能优化自家手机设计来通过测试。于是，我们想到了 FM 接收机的输入匹配网络，如图 19-3-1 所示。

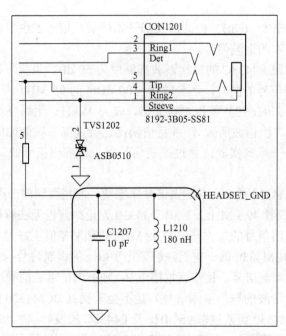

图 19-3-1　FM 接收机输入匹配网络（红色方框）

我们在提高篇的 8.7 节案例分析中曾经言及，输入匹配网络对解调信号的信噪比是有影响的。事实上，该匹配网络对 FM 接收机灵敏度也是有影响的。如果刻意将匹配网络调偏一些，使 FM 接收机灵敏度适当下降，则其接收干扰信号的能力也会跟着下降。这样，就可以在不太影响实际使用的情况下，通过 EN55020 的测试。

此时，有几种方案可供选择。一是相较于原先设计值，保持 LC 网络的谐振点不变（即 LC 的乘积不变），仅仅改变 L/C 的比值（即谐振网络 Q 值）；二是网络 Q 值不变，将谐振点从原先的 118 MHz 高频段改到与 98 MHz 成中心对称的 78 MHz 低频段（具体可实验调整）；三是同时改变谐振点和 Q 值。

在后来的实际测试中，前方送测人员采用了方案三的参数，很快就通过了实验室测试。接着，我们用该组参数重新验证 FM 接收机灵敏度，发现其下降非常明显，从而证实了我们的判断。

因此，笔者在这里着重指出，这种方法是以牺牲 FM 接收机灵敏度为代价的！实事求是地讲，笔者从内心并不赞同这个方案，但受制于各种因素制约，不得已而为之。

19.4　充电器与充电线的影响

目前规范中并未对是否插入充电器进行测试做出明确说明。但是，我们不难想象，充电所用的 USB 线长度大约在 1 m 左右，正好可以吸收 50～150 MHz 的电磁波，换言之，这根充电线相当于一根天线，会吸收大量的干扰信号并传导至手机主板上，从而恶化测试结果。

由于不具备测试条件，所以我们做了一组模拟测试，定性不定量，如表 19-4-1 所示。

Agilent E4438C 输出 FM 信号，R&S SMU-200 输出 AM 信号，均天线耦合输出。

FM：调制信号 1 kHz，载波 98 MHz，最大频偏 75 kHz，输出功率–50 dBm。

AM：调制信号 1 kHz，载波 49 MHz，调制度 80%，输出功率 0 dBm。

表 19-4-1　对比不同类型 USB 线和不同类型充电方式的区别

插入器类型　　　　　连接线类型	S/N（带磁环无屏蔽层）	S/N（带磁环有屏蔽层）	S/N（无磁环、有屏蔽层）
插入充电器	差	差	差
插入计算机 USB 接口	差	好	差
仅仅接触计算机 USB Connecter 的铁框	好	N/A	N/A
仅仅接触手机 USB Connecter 的铁框	好	差	差
仅仅把线插入手机	差	差	差

我们共使用了三种 USB 线，分别是带磁环无屏蔽层（实为屏蔽层与地线不连，呈浮空状态）、带磁环有屏蔽层（屏蔽层与地线相连）和不带磁环有屏蔽层（屏蔽层与地线相连）的。然后，将这三种 USB 线分别与充电器、电脑 USB 相接，接触状态还分为全部插入和仅仅触碰 USB 接口铁框。

通过这组模式测试，可以定性分析充电线、充电器类型以及不同接触方式对测试的影响，结果表明：

（1）外接 USB 线会引入强烈干扰，即便仅仅接触 USB 接口的铁框，并不真正接触 Vchg、D+ / D–，也会对 FM 接收机产生巨大影响。此时，干扰信号相当于是直接注入到 USB 接口的地线。

（2）即便 USB 线的屏蔽层不接地，但只要插入 USB 线，则干扰信号依然会从 Vchg、D+/D–、GND 这四根线注入到手机侧，从而导致 SNR 迅速下降。

（3）如果 USB 线的屏蔽层与电力系统的大地连通且磁环处于手机 USB 接口侧，则 USB 线屏蔽层将很好地吸收大部分的干扰，并将其通过计算机的 USB 接口注入到电力系统大地，就可以使测试合格。

第 20 章

Acoustic 调试中值得关注的几个现象

本章主要依据笔者以往的项目经验，总结 Acoustic 调试中几个值得关注的现象。

20.1 磁钢与主板 TDD Noise

在入门篇 3.1.2 节中曾经介绍过，陶瓷电容存在逆压电效应，又称电致伸缩效应（即交流电信号引起机械振荡），电信号功率越高，则机械振荡越厉害，最终产生可以听见的噪声。一个偶然的机会，我们把一块强力磁钢靠近 PCB 放置，结果发现磁钢越靠近 PCB，磁场强度越大，则电容产生的噪声越大。

这个实验表明，如果 Speaker 单体的磁钢强度较高，则极有可能加强周围陶瓷电容的电致伸缩效应，从而导致 TDD Noise 恶化。尤其要注意的是，如果 Microphone 正好处于噪声中心并且密封不太良好的话，将会严重影响 TX 方向的底噪性能。

那么，该如何优化陶瓷电容所固有的电致伸缩问题呢（不谈 Microphone 密封）？

我们知道，钽电容不存在电致伸缩效应，但价格较贵。所以，在成本压力不是很大的情况下，建议使用钽电容代替大容量的滤波电容，Microphone 单体附近的旁路电容、耦合电容等，也尽量选择钽电容。

另外，针对陶瓷电容的不足，Murata 发明了一种多层架构的陶瓷电容，通过电容本体与 PCB 之间的缓冲片来减小机械振荡（可类比车辆的阻尼悬挂）。笔者曾经验证过这种电容，效果不错。但缺点就是价格偏贵，接近钽电容的售价，单纯从成本上看，优势并不明显。不过，钽电容存在漏液、起火的风险，而陶瓷电容不会。所以，在欧美国家对电子产品安全性要求较高的情况下，这是一个替代钽电容不错的方案。

那么，能否通过改变 Speaker 的方向来改变磁场方向，从而减弱陶瓷电容的电致伸缩效应呢？我们查阅了一些相关资料，发现外加磁场会导致磁介质的极化效应，外加磁场强度越高，则磁极化效应越明显。又由于电致伸缩效应是各向异性的，其对外加磁场的方向性并不十分敏感。所以，我们在实验中也发现，不改变距离，而仅仅旋转磁钢的方向，对主板的 TDD Noise 几乎没有影响。更何况主板上的各个陶瓷电容，有横放的，有竖放的，它们与 Speaker 之间存在各种角度。那么，即便单个电容对外磁场方向敏感，所有电容加在一起的总效应恐怕对外磁场方向就不敏感了。

20.2 Receiver 的啸叫

Receiver 啸叫的问题特别容易出现在高等级防水手机中。

由于 Receiver 背腔不密闭，声音就会在机壳内部传播。当 Microphone 密封不好的时候，就会有声音泄漏至 Microphone，然后通过 Side Tone 通道形成一个环路，反馈振荡，使 Receiver 产生啸叫。而对于高等级的防水手机（如 IP67 等），机壳内部与外部空间完全隔离，声音无法泄漏至外部空间，只能在机壳内部反复振荡，则更加容易泄漏到 Microphone 里，从而恶化这一问题。图 20-2-1 内圈箭头即为 Side Tone 链路（以高通平台为例）。

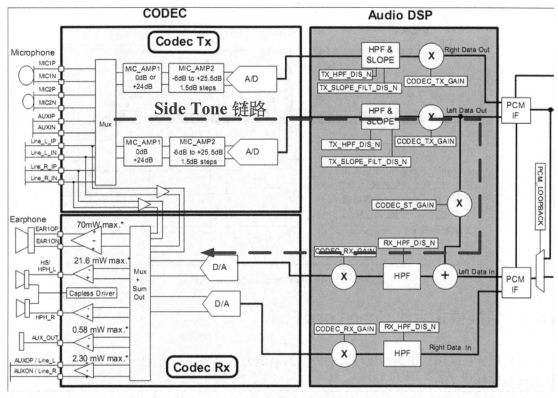

图 20-2-1　Side Tone 链路（内圈箭头）

所以，可以一方面加强 Microphone 的密封效果，另一方面在保证 STMR 指标的情况下尽量降低 CodecStGain，以减轻影响。

20.3　波浪状的频响曲线

波浪状频响曲线的问题容易出现在防水手机中。

在手持通话方式下，只要把 CodecStGain（侧音增益）打开，TX/RX 频响曲线 SFR/RFR 就会出现波浪状起伏，并且 CodecStGain 越大，则波浪状起伏越明显。若将 CodecStGain 关闭，则波浪状起伏消失。

进一步研究表明，其根本原因乃是 Microphone 处漏音所致，其产生机制与前述 Receiver 出现啸叫完全一致，故解决方法也相同。

另外，还有一些手机的 Microphone 表面安装有一个 Rubber 套。GSM 通话状态下，如果对这个 Rubber 套施加比较大的压力（防水手机的螺钉扭矩通常比较大），则会在 TX 方向产生强烈的 TDD Noise。起先，我们猜测是由于 Rubber 套受到挤压变形，Microphone 腔体密封不严，导致 PCB 或天线辐射的 TDMA Noise 泄漏至 TX 链路所致。

但是后来我们发现，即便在语音回环模式下（此时 RF 并不工作），只要按压 Microphone，就会在 TX 方向产生"吱吱啦啦"的噪声（但听上去与 TDD Noise 明显不同）。可见，Microphone 受到挤压后出现噪声，一方面是由于 Microphone 金属外壳出现变形后，RF 辐射干扰所致；另一方面是由于 Microphone 内部振膜振动异常所致，如图 20-3-1 所示。

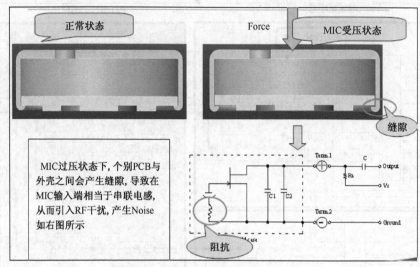

图 20-3-1　Microphone 受压变形出现杂音

20.4　切换模式后的 Echo Loss Fail

该问题曾在某项目中偶然发现，后经询问高通公司得知，在满足一定条件下，这个问题还是比较容易复现的。

我们知道，3GPP TS26.131/132 对语音通话的 Echo Loss 是有指标要求的（从实际使用情况看，相对于手持通话，免提通话更容易出现回声问题）。假定用户现在处于免提通话模式，且无回声问题；切换至手持模式后，再切换回免提模式，结果却出现了回声问题。

曾经，我们还以为是模式切换时，对应参数没有成功切换所致。但是我们研究后发现，这个还真的与参数切换没有关系。

高级篇的第 12 章中曾说过，自适应滤波器的本质是一个收敛的迭代算法。因此，必须事先给定迭代初始值、迭代步长（Step）、回声路径延迟（Echo Path Delay）等参数。假定第一次免提通话时，没有回声，但算法处于临界稳定状态。则切换至手持模式后再切回免提模式，由于迭代初始值的变化，导致算法不收敛，从而出现回声。在这里，我们借用了物理学的概念来描述，即临界稳定与真正稳定，可参考下图中小球在曲线上滚动的情形，如图 20-4-1 所示。

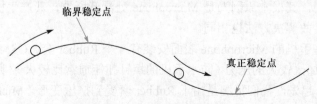

图 20-4-1　临界稳定与真正稳定

后来，我们通过优化免提模式的 Echo Path Delay 等参数解决了这个故障。理论上，对于回声时好时坏的现象，这个方法也很管用。

20.5　按压电池盖导致 RCV 响度下降

该问题极易出现在高等级防水手机项目中，从笔者经历过的几个 IP67 防水等级的项目上看，研发阶段都或多或少出现过类似的问题。事实上，2010 年到 2011 年销售表现相当不错的 Moto Defy 手机也有这个问题，而且在网络上，该问题还被人戏称为"Moto 听筒门"。

其实，该问题并非听筒质量差，而是由防水密封所致。用手按压电池盖使机壳变形，由于机壳与外部空间完全隔离，手机内部气压增加，多余的压力无处释放就会向 Receiver 的振膜施加压力，从而导致振膜振动异常，出现响度下降，甚至杂音的现象。

理论上，防水手机为了保持内外气压平衡，会在机壳上设计一个泄压孔，并覆上一层防水透气膜。但由于 IP67 防水要求较高（水深 1 m，放置半小时后不进水），泄压孔的孔径通常设计得都比较小，再加上防水膜的透气性不是非常好，致使手机内外空气交换不畅，自然无法实现气压平衡，如图 20-5-1 所示。

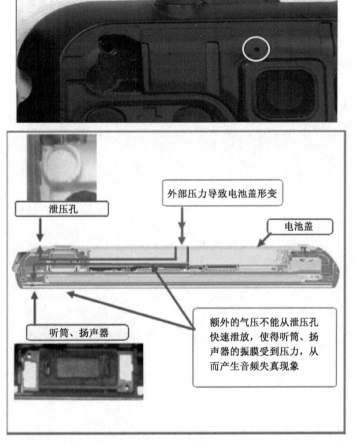

图 20-5-1　Moto Defy 的泄压孔（示意图）

用户在使用 Defy 等高等级防水手机拨打电话时，或多或少会按压电池盖（或 LCD 表面）。所以，防水性能越好的手机越容易出现这个问题。检验的方法也很简单，将耳机听筒塞子或者 USB 塞子拔除再试，如果杂音消失，则说明是密封太好所致，否则就是 RCV 自身故障（若RCV 长期受力不均衡，也会导致其最终损坏）。

　　从设计原理上分析，有两种优化方案。一是改用透气性更好的防水膜，缺点是成本更高；二是可以在电池盖背面贴附 PET 材料或加厚电池盖，从而提高电池盖的强度以减小按压变形量，缺点是只能在一定程度上缓解此问题的影响（但从实际使用上看，效果还是不错的）。

第 21 章

工厂端音频自动检测方案

随着移动通信网络的迅猛发展，多媒体应用越来越多，很多年轻人甚至把手机作为娱乐工具，而非简单的通信工具。笔者也曾与一些市场销售人员聊天，他们就说，年轻人购买手机，首先看品牌（笔者以为，这其实就是多年积累的口碑），然后在品牌差不多的情况下，其实就看三点：造型、屏幕和音质。至于价格，年轻人基本都不关心。然后，我就问，难道大家对 RF 的发射/接收效果不关注吗？他们说，现在网络覆盖这么密集，RF 差一点，谁又能感受到？就算是地铁、电梯这些环境，通话差、掉线，没什么人会在意的。

由此可见，音频质量的好坏，对用户体验有多么重要的作用！

然而，手机设计是一个方面，手机生产又是另一个方面。我们曾经在第 4 章 "DFX 基础" 中说过，越早发现问题，改正的代价越小，作为工厂生产来讲，需要进行各种测试，如模块功能确认、单板校准、整机综测等，也是一样的道理。在 SMT 阶段发现问题，就不要拖到单板检测、校准阶段修正；在单板检测阶段发现问题，就不要拖到整机组装时解决；在组装中发现问题，则不要拖到终检阶段解决；终检时发现问题，千万不能拖到售后服务中更正。几个环节下来，原本可能只需要花一块钱解决的问题，最终可能要花费上成百上千，甚至更多的成本。

本案例根据以往的项目经验，设计了一套用于工厂生产过程的音频自动检测方案，可以代替常规的人工检查，从而减少人工误判、漏判的概率，降低生产成本，提高生产效率。

21.1　目前现状

目前，大多数工厂针对手机生产过程中的 Acoustic 测试，共有三个检测站，分别是 BB 工站、AUT 工站和 FQC 工站。

（1）BB 站主要检查 SMT 故障。将已经打件完成的 PCB 放置在夹具上，确认没有问题后通电。然后，由测试软件控制手机 PCB 进入测试模式。夹具上探针与 PCB 上的 RCV/SPK、Microphone 的焊盘或测试点相接触，从而读取 PCB 上的电信号。通常，该工站只检查 PCB 上有无电信号，并不对电信号的质量进行判定。因此，该工站仅用于检查音频电路部分是否存在 SMT 故障。

（2）AUT 主要检查电声器件单体故障，确定装配后的各电声器件输出的声信号是否正常。该工站通过检测受话器/扬声器、麦克风输出的音量大小来进行判定。

（3）FQC 是人工检查方式，综合检查装配完成后的整机是否存在杂音、回音、啸叫等与装配过程密切相关的故障。我们在第 20 章曾经说过，装配不良的手机，容易出现漏音故障（比如 SPK 背腔漏音、Microphone 密封不良等），尤其是高防水等级的手机，特别容易出现声音小（包括无声）、杂音（包括啸叫、变调）等问题。比如 Microphone 密封不良，实际通话中就可能出现回音现象。但是显然，回音问题在 AUT 工站中是检查不出来的。因为 AUT 工站只是检测 Microphone 上行声音的大小，而不管 Microphone 是否漏音。理论上，人工检查是可以清楚分辨音量、回音、啸叫等问题的，但实际操作中也存在明显缺点。首先，工厂环境较为嘈杂，不利于人工听音；其次，人工检查可以检测声音的有无、音量、回音、啸叫，但很难判定声音的谐波、失真等问题；最后一点，人工检查的成本高而且效率低。

因此，本方案的目的是把 FQC 工站的音频人工检测方式改为计算机自动检测方式，人工仅需要对自动检测判定为不良的机器进行复检即可，可以极大地提高生产效率。

21.2 检测原理

前文已经论述，仅就手机音频模块而言，若是 SMT 故障，如芯片虚焊、移位等，多半表现为无电信号。那么，通过 BB 工站的电信号检查即可发现；如果是电声器件单体出现损坏，导致无声音或者声音小，那么 AUT 工站的音量检查也可以将其挑选出来；但是，如果电声器件存在失真、杂音或者装配不良导致啸叫、回音等故障，则 BB 工站和 AUT 工站对此皆无能为力，只能依靠 FQC 工站的人工检查才能定位。

尽管音量小、失真、啸叫、回音等问题产生的原因各不相同，但从检测原理上看，它们之间并无本质区别。试想，既然 AUT 工站可以检测音量小的故障，那就说明 AUT 工站具备了音频采集与分析能力。所以，只要我们对 AUT 工站进行升级改进，在一定程度上模拟人耳分辨声音的能力，就可以检测出失真、啸叫等音频故障。

一般而言，人耳分辨声音，无外乎响度、音调、音色、持续时间等物理量（当然了，目前的科学发展尚不能对人类这种智能处理能力给予完满解释）。换言之，分辨声音其实就是提取声音的特征，然后根据这些特征对声音进行分类处理。

图 21-2-1　微型消音箱照片

具体到本设计中，提取声音的响度，就可以实现音量大小的判定，这是当前 AUT 工站已经解决的；而提取声音的频谱，就可以实现失真、啸叫、回音等问题的检查，这便是我们即将对 AUT 工站进行优化的地方。事实上，通过频谱同样可以实现响度的判定。故，本设计的核心就是提取待测手机的声音频谱特征，检查待测手机与样本总体之间的频谱差异。若待测手机频谱与样本总体频谱的偏差超过一定门限时，即判定待测手机出现故障。由此实现响度、啸叫、失真等问题的定位，完满解决工厂生产中的音频检测环节。

与整机的通话测试类似，既然我们要采集声音，自然就少不了消音箱。因此，我们设计了一个简单的工厂测试用的微型消音箱，如图 21-2-1 所示。

在这个消音箱中，安装了两只人工耳（即 Microphone，用于分别测量手机的 RCV 和 SPK）、一只人工嘴（即喇叭，用于播放音源），一组放大器、电源，再通过相应的连接线，电脑上的软件就可以对这些部件进行播放、录音、控制及数据处理等功能了。

关于整个治具的电路图、连接方式等，相对还是比较简单的，笔者就不再介绍了。

21.3　方案步骤

数量：M（$M \geq 50$）只良品手机（经人工检查确认）

测量步骤：

（1）手机内置铃音，如 1 kHz 或 f_0（第一共振峰频率）的单音信号，并且将手机设置为中间音量等级（最好不要设为最大或最小音量，因为当 RCV/SPK 功率太大或太小时，都会导致线性度变差，而且不方便我们在后续 21.5.1 节作图）。

（2）取第 i 只手机（$i = 1, 2, \cdots, M$），播放该铃音，1 s 后启动治具音频处理系统的采集模块，并把系统采样率设置为 16 kHz，采集长度为 N（为计算方便，一般取以 2 为底的幂指数，常为 256 或更高）。

（3）将采集到的 N 个点做 FFT（Fast Fourier Transform），获得离散频谱 $X_{spl\_i}(k)$，然后计算该样品的功率：

$$P_{spl\_i} = \frac{1}{N} \sum_{k=0}^{N-1} \left| X_{spl\_i}(k) \right|^2 \tag{21-3-1}$$

考虑到人耳不会对直流信号产生任何感觉（事实上，人耳对 100 Hz 以下信号的响度感受都是很小的），对功率计算修正为下式（将 $k = 0$ 的直流项去掉）：

$$P_{spl\_i} = \frac{1}{N-1} \sum_{k=1}^{N-1} \left| X_{spl\_i}(k) \right|^2 \tag{21-3-2}$$

（4）将手机设置在 FQC Handset Loopback 模式下。然后启动治具音频处理系统的输出模块，同样在最大音量或额定功率情况下，输出一个白噪或扫频信号，持续 2 s 后停止（提供一个激励信号，以方便检测是否存在回音、啸叫故障）。

（5）启动音频系统采集模块，并把采样频率设置为 16 kHz，采集长度亦为 N。

（6）将采集到的 N 个点做 FFT，获得离散频谱 $X_{res\_i}(k)$，然后计算功率

$$P_{res\_i} = \frac{1}{N} \sum_{k=0}^{N-1} \left| X_{res\_i}(k) \right|^2 \tag{21-3-3}$$

同样，将直流分量略去，功率计算修正为下式：

$$P_{res\_i} = \frac{1}{N-1} \sum_{k=1}^{N-1} \left| X_{res\_i}(k) \right|^2 \tag{21-3-4}$$

（7）对 M 只手机重复上述过程，然后计算出这 M 只手机的平均值与标准差。考虑到采样值为实数，其 FFT 的结果呈共轭对称，即 $X_{res\_i}(k) = X^*_{res\_i}(N-k)$，故只需要计算一半的点数（即 $k = 1, 2, \cdots N/2$），如下：

$$\mu_{spl} = \frac{1}{M}\sum_{i=1}^{M} P_{spl\_i} \tag{21-3-5}$$

$$\sigma_{spl}^2 = \frac{1}{M-1}\sum_{i=1}^{M}\left(P_{spl\_i} - \mu_{spl}\right)^2 \tag{21-3-6}$$

$$\mu_{res\_k} = \frac{1}{M}\sum_{i=1}^{M}\left|X_{res\_i}(k)\right| \tag{21-3-7}$$

$$\sigma_{res\_k}^2 = \frac{1}{M-1}\sum_{i=1}^{M}\left(\left|X_{res\_i}(k)\right| - \mu_{res\_k}\right)^2 \tag{21-3-8}$$

（$k=1$，2，$\cdots$，$N/2$，表示第 k 个频点；$i=1$，2，$\cdots$，M，表示第 i 只手机）

21.4 Loudness、Resonance/Echo 及 TDMA Noise 判定

21.4.1 Loudness、Resonance/Echo 判定

随机抽取一只新手机，按式（12-3-5）～式（21-3-8）进行测量，获得该手机的 P_{spl} 与 $X_{res}(k)$，然后将 P_{spl} 与 $X_{res}(k)$ 规格化，即：

$$Y_{spl} = \frac{P_{spl} - \mu_{spl}}{\sigma_{spl}} \tag{21-4-1}$$

$$Y_{res}(k) = \frac{\left|X_{res}(k)\right| - \mu_{res\_k}}{\sigma_{res\_k}} \tag{21-4-2}$$

（$k=1$，2，$\cdots N/2$）

若

$$|Y_{spl}| > SPL\_STD\_Criteria,$$

则 Loudness 不合格（Criteria－1）。

若

$$|Y_{res}(k)| > RES\_STD\_Criteria\,(k=1,2,\cdots,N/2),$$

则 Resonance/Echo 不合格，且 k 即为出现啸叫、回音的频点（Criteria-2）。

21.4.2 TDMA Noise 判定

如果需要检测 TDMA Noise，则必须让手机处于最大发射功率下，开启 Microphone 与 Receiver/Speaker 之间的回环模式，并将 Receiver/Speaker 的音量等级调至最大。

首先，依然是先测量这 M 只良品手机在该状态下的频谱总体分布。然后，对待测手机进行同样的测量并代入 Criteria-2，就可做出判定。事实上，除了高防水等级（如 IP67）的手机，TDMA Noise 与单体、装配之间的关系不大，只要在设计阶段解决好，量产中基本不会出现该问题。

所以，为提高生产效率，量产中可以不进行该项测试。而对于有特殊要求的手机（如 IP67 等），如果存在 TDMA Noise，在前面的 Resonance/Echo 检测中基本也是可以发现的。

21.5 确定门限

21.5.1 SPL_STD_Criteria 及 RES_STD_Criteria 的门限

至此，通过 FFT 计算及数理统计，我们可以获得样本总体频谱在各频点的均值与标准差，经规格化后转化为标准正态分布。然后，再将待测手机测量结果代入判定标准 1、2，即可对其进行判定。

因此，我们还必须确定门限 SPL_STD_Criteria 与 RES_STD_Criteria 的取值。其实，确定 SPL_STD_Criteria 与 RES_STD_Criteria 的方法与步骤是完全相同的，在要求不高的情况下，两者也可以取同样的值，所以我们仅以 SPL_STD_Criteria 为例。

在最终方案中，我们采用 1 kHz 单音信号为基准[用户实际使用手机时，输入到 RCV/SPK 的信号并不是单音信号，而是语言、音乐等复合音，其峰值因子 Crest Factor 大约为 3。所以，采用峰值因子为 3 的粉红噪声（Pink Noise）输入到 RCV/SPK 测量要比单音信号更符合实际情况。但从操作层面上看，单音信号比较方便定位故障]。虽然我们并不知道这些待测手机的具体响度值，但仍然期望能有一个定量的标准，即找出那些与正常响度偏差超过某个定值的机器，比如偏离正常响度 6 dB 以上即认为是故障机。

由此，可以按如下方法获取 SPL_STD_Criteria，以 1 kHz、±6 dB 波动为例。

首先，我们已经获得了样本总体频谱的均值 μ_{res_k} 与标准差 $\sigma^2_{res\_k}$。于是只要令 $k = 16$（按照我们设定的 16 kHz 采样率和 256 个采样点，$k=16$ 正好对应 1 kHz），即可得到样本总体频谱在 1 kHz 处的概率密度函数并作图（实线），如图 21-5-1 所示。

接着，可以用声压计测量某标杆机在各个音量等级下的 SPL。然后，再用治具测量该手机在对应音量等级下的频谱 $X_{spl}(16)$[相当于式（21-3-1）中的 $X_{spl\_i}(16)$，只不过这里只有 1 台，所以把 i 略去了]。之后，根据拉格朗日插值多项式或最小二乘原理，可以计算出各音量等级下的 SPL 与对应的 $X_{spl}(16)$ 的函数关系并作图，如图 21-5-1 所示。图中，实心圆圈表示各音量等级下声压计所测得 SPL 与同样音量等级下治具所测得的 $X_{spl}(16)$ 的对应关系，虚线则为计算出的拟合曲线。需要注意的是，必须尽量模拟治具的测试环境，比如同样的距离、同样的环境噪声等。这样，才可以比较准确地知道治具所测得的 $X_{spl}(16)$ 与声压计所测得的 SPL 之间的对应关系。当然了，如果需要进一步提高精度，则可以测量多台标杆机，然后取平均值再作图。

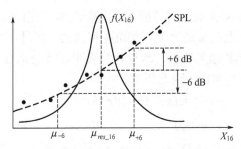

图 21-5-1　声压-频谱-概率密度函数图

则

$$SPL\_STD\_Criteria = |(\mu_{\pm 6} - \mu_{res\_16}) / \sigma_{res\_16}|_{Max} \quad (21\text{-}5\text{-}1)$$

由于 μ_{+6} 不一定等于 μ_{-6}，所以在式（21-5-1）中取最大值作为最终结果。

注意到我们之前说过，由于测试音量选择在中间等级，所以 $X_{spl}(16)$ 的概率密度函数才会位于横轴的中间位置；如果测试音量选在较高等级，则概率密度函数要整体右移，这样不方便找+6 dB 的点；而如果测试音量选在较低等级，则概率密度函数要整体左移，这样不方便找 -6 dB 的点。

其实，用最直观的语言来描述这个过程，就是假定在 1 kHz 处，如果待测机器的响度偏离总体均值±6 dB 的话，则认为待测机器为故障机。但是，治具只能得到 1 kHz 处的频谱值 μ_{res_16}，而不知道绝对响度。于是，利用声压计，我们就能把频谱值与响度值对应起来，并且根据 SPL 与频谱的拟合曲线，找到对应于 $\mu_{res\_16} \pm 6$ dB 的两个频谱值，即 μ_{+6} 与 μ_{-6}，从而计算出最终的门限值。

看到这，有细心的读者可能会问，怎么这么复杂？难道治具就不能直接由频谱值计算出响度值吗？

当然可以！比如 Head Acqua、R&S UPV 这些音频测试系统，就是通过频谱来计算响度的。但是大家要注意，响度是个绝对物理量（严格地说，响度是主观感受，声压才是物理量。但在不致混淆的情况下，我们也常把声压称为响度），必须由标准 Microphone 和标准声压源进行校准和补偿后，才能得到较为准确的数值。但购买这套设备的成本，对于几千块前的治具来说太高，且真正操作起来还是相当麻烦的（必须自己编写校准补偿算法）。对于工厂来说，也没必要知道太过精确的响度值，仅需要检测一下待测手机的响度波动是否超标，就足以满足生产要求了。所以，我们选择用声压级与治具所测频谱进行关联的方式来获得响度，准备工作麻烦了点，但胜在简单。

21.5.2 测试距离

直观上，RCV/SPK 距离治具的人工耳越近，则响度越高。但是，过近的距离会导致测试结果波动偏大（理论证明，近场声压与距离呈正弦关系，远场声压与距离呈反比关系）。

经过我们实际模拟发现，当人工耳紧贴手机的 RCV 时，只要治具箱盖没有盖好，稍微漏些缝隙，或者人工耳固定不良，有一些上下晃动，则会导致同一台手机测量结果的波动超过 10%，甚至可达 20%以上。显然，在工厂产线极易发生这种状况。所以，必须仔细考虑测量距离。

为简化分析，假定 RCV/SPK 是装在障板上进行测试的，并且测试频率比较低（1 kHz），其纸盆做整体运动，纸盆上各点的振动速度和相位是相同的。此时，可以把 RCV/SPK 近似看成刚性活塞式声源，从而得到其辐射特性。理论计算表明，当测试点与活塞轴向距离 r 远大于活塞半径 $d/2$ 时，测试点处的声压 p 满足下式：

$$p = A\sin(\pi d^2 / 8r\lambda)(r \gg d/2) \quad (21\text{-}5\text{-}2)$$

当 $r \geqslant d^2/\lambda$ 时，上式进一步演化为

$$p = (A\pi d^2 / 8\lambda) \times (1/r)(r \gg d/2 且 r \gg d^2/\lambda) \quad (21\text{-}5\text{-}3)$$

由图 21-5-2 可见，近场声压与距离呈正弦关系，而远场声压与距离呈反比关系。所以，

在距离声源比较近的区域，声压随距离的变化起伏很大，测试点的位置稍有不同，就会导致测试结果的剧烈波动，测试结果的重复性差。因此，为提高一致性，必须将人工耳与 RCV/SPK 保持在一定距离上测量。

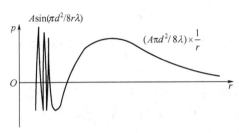

图 21-5-2　声压与距离的关系

根据常用 RCV/SPK 的尺寸，我们大致计算了一下。对于 RCV 来说，不小于 10 mm，推荐为 20 mm 以上；对于 SPK 来说，不小于 20 mm，推荐为 50 mm 以上。根据我们在某项目上的模拟测试，RCV 设定在 15 mm 间距时，即便治具箱盖没有盖严，或者人工耳有稍许的上下位移，测量结果波动也不到 3%，完全可以应对产线的各种常规操作了。

21.6　性能分析

我们知道，传统的音频分析系统（如 Head、UPV 等），功能强大，性能卓越，非常适合研发与测试。但是，这些系统并不适合于工厂批量生产的需求，而且工厂生产并不需要对整机进行复杂的音频分析，仅需要做到质量管控与监测即可。

本方案利用音频采集卡采集数据，外接隔音箱、夹具等简单设备，在 PC 上进行数据处理与分析，从而达到检测手机上相关声学器件性能的目的，简单易行。

下面，我们分析一下该方案的基本性能指标。

21.6.1　频谱分辨力

$$\Delta f = f_s / N \tag{21-6-1}$$

取 $N = 256$，$f_s = 16 \text{ kHz}$，则最大分辨力 $\Delta f = 62.5 \text{ Hz}$。理论上，分辨力越高，则 FFT 计算的频谱越接近真实情况，但运算量越大，实时性越差。所以，必须在最大分辨力与运算量之间取一个平衡。经实际调试验证，按此分辨力，精度足够，运算量也合适。

我们知道，采样率的大小，必须满足奈奎斯特采样定理。但是由式（21-6-1）不难看出，最大分辨力取决于采样频率与采样点数的比值。在固定采样点数 N 的情况下（这是通常的做法，因为 FFT 的计算复杂度仅仅取决于点数 N 的大小），采样率越高，分辨力反而越低！事实上，最大分辨是采样总时间的倒数，如式（21-6-2）所示：

$$\Delta f = f_s / N = 1 / T_s N = 1 / \Delta t \tag{21-6-2}$$

因此，一旦采样点数 N 被固定，切不可以盲目提高采样率。

21.6.2　误判率

假定工厂生产的良品一致性较好，可以用 M（$M \geqslant 50$）只样品来估计总体平均。

（1）良品误判为不良品

在 $k =1$，2，$\cdots$，$N/2$ 中，只要其中任意一点 $|Y_{res}(k)| >$ RES_STD_Criteria，就判定机器音频出现故障。总共有 $N/2$ 个点，故总的误判率为

$$\varepsilon_{sum} = \varepsilon \times N / 2 \tag{21-6-3}$$

其中，ε 为单个频点误判的概率。若取 RES_STD_Criteria $= 10$，则

$$\varepsilon_{sum} < 1\% \tag{21-6-4}$$

不过笔者在这里要特别需要指出一点，由式（21-5-1）计算出的门限值只是一个理论值，且实际操作中的不确定性因素还有可能对其造成影响。所以，还需要用一些良品机与不良机进行及时检验，确认其真正有效。

（2）不良品误判为良品

因为不良品的参数分布非常离散，无法从理论上给出定量计算。但从我们实际检测的情况来看，不良品误判为良品的概率还是很低的。

事实上，根据不同项目的实际情况和具体要求，只要对 Y_{spl} 与 $Y_{res}(k)$ 设置各不相同的判定门限或者对 Fail 的机器进行多次测量确认，就可以进一步降低误判的概率。

21.6.3 鲁棒性

常规的响度检测算法基于绝对量，比如待测手机的响度合格范围为 90±3 dBA，超出此范围即判不合格。但是，由于生产环境的变化以及治具的个体差异，特别是治具上的 Microphone 特性及其装配方式存在巨大差异，都有可能导致同一台手机在不同治具上的测量结果不相同。这样，就需要在每一种工作环境下对每一台治具进行单独的校准，否则就会出现一致性与可重复问题。

本设计方案采用数学原理，利用数理统计方法，将测量结果首先规格化为标准正态分布，然后通过计算待测样本与总体样本之间的差异来判定待测样本是否合格。这样，就把各种随机干扰因素（如环境差异、治具个体差异等）统一到正态分布的框架内，完满解决了随机干扰对单次测量结果的影响，并且可以实现误判率的定量预测。

举例来说，由于治具的个体差异，某待测样本在 A 治具上的响度为 88 dBA，在 B 治具上为 85 dBA。按照 90±3 dBA 的标准，A 治具判定结果为合格，而 B 治具为不合格。这显然是不合理的。但采用本方案，判定标准不再是具体的响度值，而是待测样本响度与样本总体响度均值之间的波动。只要波动处于判定门限之内，即为合格。所以，A 治具的判定标准是 90±3 dBA，但在 B 治具上可能是 87±3 dBA，而测量结果都在所设定的 SPL_STD_Criteria 范围内波动，故两者都是合格的。

第 22 章

开机自动进入测试模式

这是一个关于 MOS 管工作状态出错的案例。

我们在第 3 章"分立元件与 PCB 基础知识"的 3.2.1 节曾说，目前的手机电路中，除了充电电路，很难看到工作在线性区的 BJT/MOS 管了。相较于线性区，工作在开关区（我们常把饱和区/截止区统称为开关区）的管子，其电路要简单得多。

然而，就是这种看似简单的开关电路却经常出现故障。究其原因，乃是大家对所谓的开关区/线性区的理解过于狭隘，没有真正搞明白管子进入开关区/线性区的入口条件，对管子 SPEC 中的参数也缺乏正确的认识。

之所以出现这种情形，笔者个人觉得，这与硬件工程师自身素养有关，但与中国高等教育的现状也不无关系。一方面，各个院校盲目扩招，导致生源质量严重下滑；另一方面，教材老化，重理论轻实践，过分强调数学分析，却不关注物理过程与感性认识，导致学生只会考试，不会设计；更为糟糕的是，社会不良风气早已蔓延到象牙塔中，很多教师忙于挣钱，而对于教学工作缺少激情，甚至部分教师自己都搞不明白（笔者读研究生时曾接触过一些在职进修的教师，发现普遍存在这个现象），能指望他们教出怎样的学生？但话说回来，工程师没把事情做好，埋怨张三、埋怨李四，是没有意义的，归根结底还应该从自己身上找原因。毕竟，工程师不是科学家，工程师只是把科学家的东西拿过来应用就可以了，做得不好只能说自己没理解透彻，是自己学得不好，怨不得别人。

好了，闲扯了这么多，让我们看看这个案例到底是怎么回事吧。

22.1　故障状态

首先，我们看一下相关的原理图，如图 22-1-1 所示。

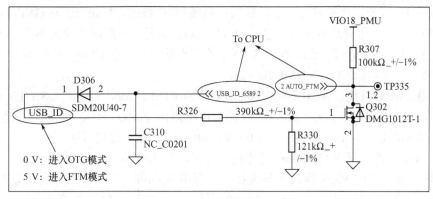

图 22-1-1　相关部分原理图

这个图其实非常简单，MOS 管 Q302 作为开关管，工作在饱和导通（注意，这个"饱和"是为了和 BJT 管的说法相一致。严格说来，MOS 管的饱和区相当于 BJT 管的线性区，而 MOS 管的可变电阻区才对应 BJT 管的饱和区，可参考第 5 章《电源系统与设计》的 5.1.1 节）与完全截止两种状态。

USB_ID_6589 和 AUTO_FTM 分别连接至 CPU 的两个 GPIO 中断管脚（这两个 GPIO 配置为弱上拉，且上拉电源均为 1.8 V），低电平有效。

工厂生产时，USB_ID 连接有两种线，一种称为 OTG 线，另一种称为 FTM 线。当插入 OTG 线后，USB_ID 与 GND 连接，则 USB_ID_6589 被拉低，而 AUTO_FTM 保持高电平（MOS 管截止），系统自动进入 OTG Mode；当插入 FTM 线后，USB_ID 与 5V 电源连接，则 USB_ID_6589 保持高电平（GPIO 被配置为弱上拉），AUTO_FTM 则被拉低（MOS 管饱和导通），系统自动进入 FTM Mode；如果两种线都不插，则两个管脚都是高电平，系统进入正常开机流程，整个状态可以用真值表表示，见表 22-1-1。

表 22-1-1　真值表

	USB_ID_6589	AUTO_FTM	Status
插入 OTG 线	0	1	进入 OTG Mode
插入 FTM 线	1	0	进入 FTM Mode
都不插	1	1	进入开机流程

然而，工厂和测试人员反馈，即便什么线也不插，也有一小部分机器开机便自动进入 FTM Mode。不过，故障现象不是必然出现的，存在一定偶然性。

22.2　故障分析

22.2.1　信号测量

从原理图上分析，进入 FTM Mode 的唯一原因就是 MOS 管导通，致使 AUTO_FTM 管脚电平被拉下来，从而引起 CPU 误判。

那么，什么线都不插的时候，为什么 MOS 管会导通？这就要谈到二极管 D306 的作用了。前面说过，插 FTM 线时，USB_ID 是与 5V 电源连接的，所以为避免 5V 电源直接倒灌入 CPU 的 USB_ID_6589 管脚，必须增加这个二极管；当插 OTG 线时，USB_ID 与 GND 直接相连，USB_ID_6589 经过二极管后被拉低，进入 OTG Mode；但是，如果两种线都不插，则 USB_ID 上既不是 5V 也不是 0V（GND），而是 1.8 V！原因很简单，由于 USB_ID_6589 是上拉到 1.8 V 的，它会经过二极管 D306 与 USB_ID 相连。

这下，我们不难猜测，什么线都不插的时候进入 FTM Mode，肯定是 USB_ID_6589 上的 1.8 V 馈送到 USB_ID 后，再经 R326/R330 的分压电路，使 MOS 管 Q302 进入导通状态了。实测，果然 R330 上的电压（即 Vgs）为 0.4 V，MOS 管存在导通的可能。

现在，我们分析一下 R326/R330 的作用。显然，什么线都不插的时候，USB_ID 会出现 1.8 V。此时，为了防止 MOS 管进入导通状态，利用 R326/R330 的分压作用，只要 V_{gs} 小于 MOS 管导通门限 $V_{gs}(th)$，就可以确保 MOS 管不导通，AUTO_FTM 保持高电平。当插入 FTM

线时，USB_ID 为 5 V，虽然 R326/R330 有分压作用，但只要 V_{gs} 大于 $V_{gs}(th)$，就可以确保 MOS 进入导通状态（事实上，仅仅导通是不够的，还必须是饱和导通），从而确保 AUTO_FTM 为低电平。根据图中参数，我们不难计算出 V_{gs} 的大小（与实测值完全相符）。

实测这几种状态下的 V_{gs} 与 V_{ds} 可参见表 22-2-1。

表 22-2-1　故障机 V_{gs} 与 V_{ds}

	V_{gs}/V	V_{ds}/V
插 OTG 线	0	1.8
插 FTM 线	1.2	0.1
什么线都不插	0.4	1.0

从表 22-2-1 可以看出，什么线都不插时，$V_{ds} = 1.0$ V，既不能算作高电平，也不能算作低电平。因此，这就不难解释为什么 CPU 会出现误判，而且是偶发性的误判了。现在，问题逐渐清晰，当出现 $V_{gs} = 0.4$ V、$V_{ds} = 1.0$ V 时，MOS 管工作在什么状态？如果按照我们所预想的，应该是截止状态，并且 $V_{ds} = 1.8$ V。但实测并不是这样，表明其与我们的预想有出入。

莫非我们的分压电阻设置有问题，导致 MOS 管没有完全截止？查 MOS 管的 SPEC，其导通门限 $V_{gs}(th)$ 在 0.5～1.0 V 之间，说明我们的设计符合要求，截图如图 22-2-1 所示。

Characteristic	Symbol	Min	Typ	Max	Unit	Test Condition
OFF CHARACTERISTICS (Note 4)						
Drain-Source Breakdown Voltage	BV$_{DSS}$	20	-	-	V	V$_{GS}$ = 0V, I$_D$ = 250μA
Zero Gate Voltage Drain Current TJ = 25°C	I$_{DSS}$	-	-	100	nA	V$_{DS}$ = 20V, V$_{GS}$ = 0V
Gate-Source Leakage	I$_{GSS}$	-	-	±1.0	μA	V$_{GS}$ = ±4.5V, V$_{DS}$ = 0V
ON CHARACTERISTICS (Note 4)						
Gate Threshold Voltage	V$_{GS(th)}$	0.5	-	1.0	V	V$_{DS}$ = V$_{GS}$, I$_D$ = 250μA
Static Drain-Source On-Resistance	R$_{DS (ON)}$	-	0.3	0.4	Ω	V$_{GS}$ = 4.5V, I$_D$ = 600mA
			0.4	0.5		V$_{GS}$ = 2.5V, I$_D$ = 500mA
			0.5	0.7		V$_{GS}$ = 1.8V, I$_D$ = 350mA
Forward Transfer Admittance	|Y$_{fs}$|	-	1.4	-	S	V$_{DS}$ = 10V, I$_D$ = 400mA
Diode Forward Voltage (Note 4)	V$_{SD}$		0.7	1.2	V	V$_{GS}$ = 0V, I$_S$ = 150mA

图 22-2-1　MOS 管 SPEC 的截图

22.2.2　原因分析

由表 22-2-1 可以清楚地看出，故障的根源在于 $V_{gs} = 0.4$ V 时，$V_{ds} = 1.0$ V，而不是我们所预想的 $V_{ds} = 1.8$ V。但根据 SPEC，$V_{gs}(th) \geqslant 0.5$ V，若 $V_{gs} = 0.4$ V，则管子理应截止，即 $V_{ds} = 1.8$ V。该如何解释？

仔细观察 $V_{gs}(th)$ 的测试条件不难发现，所谓的 $V_{gs}(th)$，其实是首先设定 $V_{gs} = V_{ds}$，然后逐渐增大 V_{gs}，直至漏极电流 $I_d = 250$ μA 时，记录下当前的 V_{gs} 值，作为导通门限 $V_{gs}(th)$。

由此可见，导通门限并不是一个绝对值，如果设定不同的漏极门限电流 I_d，就会得到不同的栅极导通门限 $V_{gs}(th)$。所以，当 $V_{gs} = 0.4$ V 时，依然会有漏极电流 I_d，只不过此时的 I_d 远远低于 250 μA 而已。其实，根据图 22-1-1 中的参数和实际测量的电压值，我们不难算出，当 $V_{gs} = 0.4$ V 时，$I_d = 8$ μA。

现在，可以在 MOS 管输出特性曲线上标出这三种状态下的工作点，如图 22-2-2 所示。

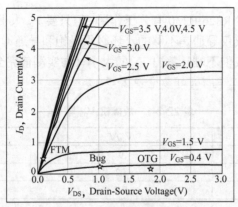

图 22-2-2　三种状态下的工作点

图中，FTM 点表示插入 FTM 线时，MOS 管所处的工作点；OTG 点表示插入 OTG 线时，MOS 管所处的工作点。按照我们的预想，Bug 状态点（对应于什么线也不插）应该与 OTG 状态点基本重合才对。因此，我们只要想办法把 Bug 点平移到 OTG 点附近就可以解决故障了。

那么，Bug 点为什么会位于 $V_{ds} = 1.0$ V 附近呢？原因很简单，是由漏极负载电阻 R307 导致的。虽然此刻的 I_d 仅仅为 8 μA，但由于 R307=100 kΩ，因此会在 R307 上产生 800 mV 的压降，所以很自然地，V_{ds} 就变成 1.0 V 了。

由此，很容易得出解决方案，把 R307 减小即可。我们不妨计算一下，在不改变栅极分压电阻 R326/R330 的情况下，V_{gs} 维持 0.4V 不变，那么此时的漏极电流 I_d 依然是 8 μA（我们知道，R307=100 kΩ 时，外电路可以提供的最大漏极电流为 1.8 V/100 kΩ = 18 μA。而实际上当栅极电压为 0.4 V 时，管子只需要 8 μA 的电流。那么，当 R307=1.8 kΩ 时，外电路可以提供 1.8 V/1.8 kΩ = 1 mA 电流，而管子依然只需要 8 μA 电流而已）。但是，我们可以非常轻易地计算出来，R307 的压降将从原先的 800 mV 迅速减小到 20 mV。换言之，此时的 Bug 点将移动到 OTG 点附近了。

把 R307 从 100 kΩ 改为 1.8 kΩ，可以解决自动进入 FTM Mode 的问题，但它对于插 FTM 线或 OTG 线的情况会不会产生影响？插 OTG 线，肯定没问题（读者可自行分析）；插 FTM 线，能否保证 MOS 管进入饱和工作状态？

对照 MOS 管的 SPEC，其转移特性曲线（也称"输入特性曲线"）如图 22-2-3 所示。

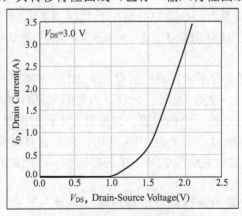

图 22-2-3　MOS 管转移特性曲线

显然，此时 MOS 管需要的漏极电流 I_d 至少在 100 mA 数量级以上，远远大于外电路所能提供的仅为 1 mA 的最大电流。因此，管子必然进入饱和导通状态，即图 22-2-2 中的 FTM 状态点。

于是，我们修改了 R307 的阻值，重新测试了多台机器，结果完全符合预期，如表 22-2-2 所示。

表 22-2-2　修改后的测试结果

	V_{gs}/V	V_{ds}/V
插 OTG 线	0	1.8
插 FTM 线	1.2	0.1
什么线都不插	0.4	1.8

考虑到电源波动的影响，我们还测试了 1.8 V±10%（对于进入截止区，+10%相当于提高故障风险，而−10%则相当于降低风险）和 5 V±10%（对于进入饱和区，+10%相当于降低风险，而−10%则相当于提高风险）两种情况，测试结果完全正常。

22.3　深层思索

至此，通过修改一个电阻的阻值就把故障排除了。但是，我们有没有深入地想一想，为什么会出现这个问题？

因为我们对管子饱和/截止概念的理解过于片面了！我们总是认为，当漏极电流 I_d 非常小时（比如本案例中的 8 μA），表明管子工作在截止区，且 V_{ds} 接近电源电压；当漏极电流 I_d 很大时，表明管子工作在饱和区，且 V_{ds} 接近 0 V。但是，我们有没有想过，尽管 I_d 很小，如果漏极负载电阻 R307 很大，那么一样会在 R307 上产生较大的压降，使得管子实际的 V_{ds} 减小。此时，虽然管子漏极电流 I_d 很小，但漏源电压 V_{ds} 却远远小于电源电压，就如同图 22-2-2 中的 Bug 点。

有读者可能会问，图 22-2-2 中的 Bug 点到底是否代表管子工作在截止区？

按照教科书的说法，把 $I_d \rightarrow 0$ 的区域称为"截止区"，而把 $V_{ds} \rightarrow 0$ 的区域称为"饱和区"。那么，从电流上看，8 μA 的电流值完全可以忽略，当然可以把管子看成截止。但在插入 FTM 线时（对应 V_{gs}=1.2 V），以 R307=100 kΩ 计算，漏极电流 I_d 最大才 1.8 V/100 kΩ=18 μA。从 SPEC 中以 250 μA 为导通门限的定义上看，18 μA 表明管子是截止的。可是，此时的 V_{ds} 接近 0 V，按照教科书的说法，我们又认为管子处于饱和导通状态。好家伙，从电流看，管子截止；从电压看，管子饱和导通：这岂不是自相矛盾？！

其实，所有问题归结到一点上，就是 CPU 在进行状态判断时，是基于电压高低而不是电流大小！

如果不考虑外电路特性而仅仅分析管子自身状态，把 $I_d \rightarrow 0$ 称为"截止区"、把 $V_{ds} \rightarrow 0$ 称为"饱和区"，这是没有错的。但是，这就给我们造成一种错觉，似乎只要 $I_d \rightarrow 0$，管子截止了，就一定有 $V_{ds} \rightarrow$ 电源电压。然而这个案例以无可辨别的信服力向我们证明了一点，这纯属我们自己想当然！由于漏极电流不可能为零，所以只要漏极负载电阻（本例中为 R307）足够大，就一定有 V_{ds}<电源电压！

因此，如果外电路或者 CPU 仅仅依据管子的 V_{ds} 值来判定状态，就需要把管子饱和区与截止区的范围进行压缩，如图 22-3-1 所示。

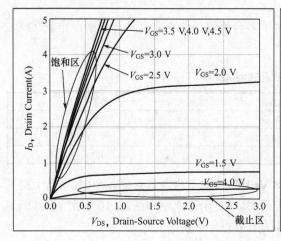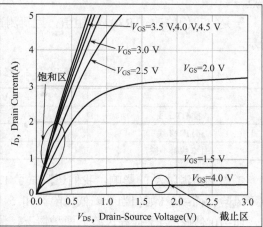

图 22-3-1　压缩管子饱和区/截止区的范围

现在，我们可以总结了：无须额外关注饱和或截止，只要将管子的工作点标注在输出特性曲线上，就立马知道行还是不行了。

如果非要确定管子到底是处于饱和态还是截止态，则只需要掌握两个原则：

（1）当管子需要的电流远大于外电路所能提供的电流时，则管子处于饱和导通状态（如本例中，以 R307=1.8 kΩ 计算，最多可提供 1 mA 电流）；当管子漏极电流在其负载电阻上产生的压降可以忽略时，则管子处于截止状态（如本例中，以 8 μA ×1.8 kΩ 计算，R307 上的压降仅为 20 mV）。

（2）保持栅极驱动电压不变，则漏极负载电阻越大，工作点越向左平移，管子越容易进入饱和区（指可变电阻区）；反之，工作点越向右平移。

第 23 章

GPS 受扰案例一则

如今，GPS 已经成为手机不可缺少的一项功能。从通信电路架构上分析，GPS 接收机与普通 RF 接收机没有什么不同，但 GPS 接收机接收的是卫星信号，其强度十分微弱，甚至经常被各种噪声所淹没。因此，如何提高手机 GPS 接收机灵敏度一直是广大硬件工程师苦苦思索的难题。

本章是一个关于 GPS 接收机受扰的案例。实事求是地讲，几乎每家手机设计公司都有各种关于噪声干扰的分析报告，如 BT 的、GPS 的、开关电源的，等等。依笔者的从业经验看，这些案例的最终解决方案无非是调整布局/布线、贴屏蔽罩、降低总线/时钟频率等。

而在本章所述的 GPS 受扰案例中，我们利用信号完整性理论，仅仅修改了一下软件配置，就可以大大降低整机干扰水平，是不是值得一探究竟？

23.1 故障定位

某型号手机出口美国。在国内检测正常的机器送到美国后，运营商在 UT（User Trial，用户体验）时陆续发现部分手机出现 GPS 故障，表现为搜星慢、掉星等，故障概率为 3%左右。于是，客户要求对已经出货到美国的首批 5000 台样机进行 GPS 性能全检，筛选出 GPS 有问题的样机，并且要求立即分析该问题的根本原因，同时给出解决措施，否则将面临退货风险。

为此，我们请美国方面的工程师帮忙对该批手机进行了测试。首先，使用环形天线连接频谱仪来测量是否有干扰信号。设置手机进入飞行模式，关闭 Wi-Fi、BT 及其他所有 RF 功能（依次排除其可能性），然后开启 GPS 和 LCD，如图 23-1-1 所示。

环状天线

图 23-1-1 用环形天线测试

结果发现，故障机器的 PCB 上有一组明显的干扰信号，其中频率为 1600 MHz 左右的干扰信号很强，且正好覆盖 GPS 的 1572 MHz 工作频段，但正常机器的测试结果就没有这组干扰信号，如图 23-1-2 与 23-1-3 所示。

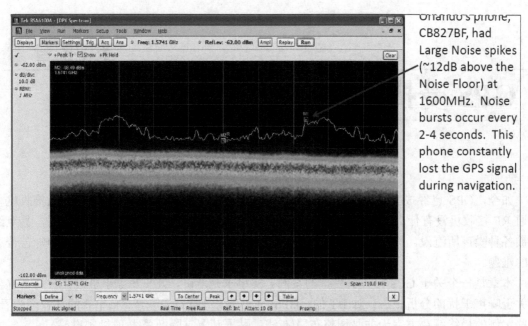

图 23-1-2　故障手机的扫频结果

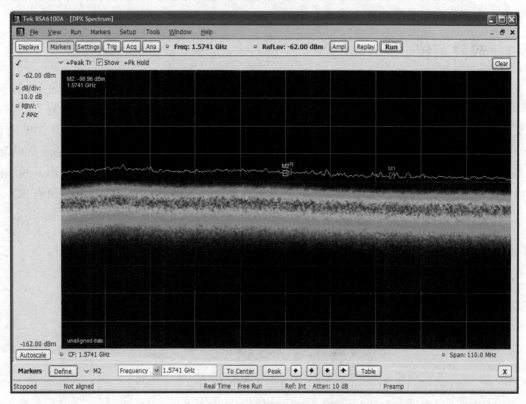

图 23-1-3　正常手机的扫频结果

　　由于故障机和正常机器的测试条件完全相同，因此我们怀疑干扰信号来自故障机本身。于是，我们又请美国工程师将故障机器进行拆解，然后重复上面的测试条件，对 PCB 表面进行扫描测量，结果发现在 Baseband Shielding 处存在类似的干扰信号。拆解后的主板及测试结果如图 23-1-4 及图 23-1-5 所示。

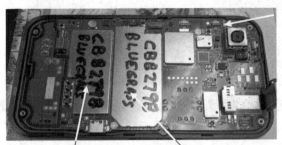

图 23-1-4　拆解后的主板

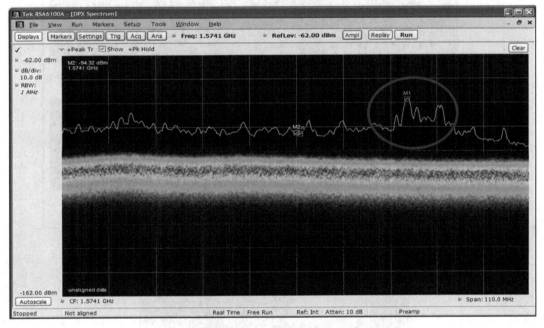

图 23-1-5　Baseband Shielding 处的扫频结果

由此不难猜测，该干扰极有可能来自 Baseband Shielding 里面。然后，美国工程师又对其余不良机器拆机进行同样的测试，结果基本上与图 23-1-5 相同，只是干扰强度有所区别，有的厉害一些，有的稍弱而已。

为了进一步确认干扰的确来自 Baseband Shielding 内部，在不扣动屏蔽罩的情况下，我们请美国工程师在该屏蔽罩上面加贴了一层铜箔，然后重新进行扫频测试，结果干扰消失，如图 23-1-6 所示。

之后把铜膜撕掉，再将 Baseband Shielding 的一角稍微撬开一点点（如图 23-1-7 所示），重新测试，结果又出现很强烈的干扰（与图 23-1-5 类似）。

至此，我们已经可以确认，GPS 接收机芯片受到了 1600 MHz 的同频段干扰，才导致了搜星慢、掉星等一系列故障，并且该同频干扰来自 Baseband Shielding 内部。

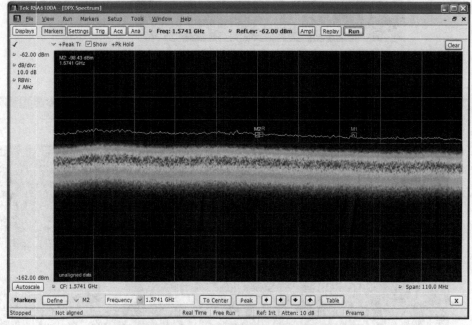

图 23-1-6　加贴铜膜后干扰消失

图 23-1-7　将 Baseband Shielding 稍微撬开一角

23.2　故障解决

23.2.1　定位干扰源

前面我们已经得出结论，故障机的干扰信号大约在 1600 MHz 频段，并且来自手机的 Baseband Shielding 内部，所以定位干扰源就很简单了。具体定位过程不再赘述，笔者直接给出结论，该干扰源来自手机的 SDRAM 芯片。

由于 SDRAM 的主频为 200 MHz，其 8 倍频正好落在了 1600 MHz 频点上（如图 23-1-5

所示）。事实上，除了周期性的时钟干扰外，SDRAM 的数据/地址信号也会产生严重干扰。我们知道，SDRAM 的数据/地址信号为非周期随机信号，因此 SDRAM 的数据/地址信号的功率谱是连续谱（周期信号的功率谱为离散谱，且与其傅里叶指数级数展开式系数 F_n 有唯一对应关系），再加上 SDRAM 传输速率较高，导致其功率谱频带覆盖到 GPS 频段（如图 23-1-2 所示）。三个干扰源叠加在一起，从而对 GPS 接收机产生了强烈干扰。

但是，该型号手机的 SDRAM 都工作在 200 MHz，那么为什么有的手机好、有的手机不好？唯一的解释就是屏蔽罩本身出现问题。其实，我们从图 23-1-6 及图 23-1-7 就可以推断出，正是屏蔽罩密闭不严导致了干扰信号的外泄，进而影响到 GPS 芯片。

23.2.2　解决思路

至此，问题已经很清晰了，处理方法也很简单，只要在后续生产中保证屏蔽罩的密封就能够解决此故障。

但是有一个问题，已经运抵美国的 5000 台手机如何处理？美国人要求我们进行全检，把不良机器全部挑出来。但我们既不可能把每台机器都拿到外场进行实际的路测，更不可能把每台机器都拆开用频谱仪去测量或者维修卡扣，全检谈何容易？于是，我们先不考虑 Sorting 方案，而是考虑有没有其他方案，在不拆机维修的情况下解决这个故障。

一个比较容易想到的方法就是改变 SDRAM 的工作频率。然而，当我们查阅了 SDRAM 的规格书并咨询了平台厂家后发现，其工作频率要么是 200 MHz，要么是 160 MHz，没有第三种主频。显然，在无法确认屏蔽罩性能的情况下，160 MHz 的 10 次谐波也极有可能导致 GPS 出现故障。因此，更改 Clock 主频只能改变一个个离散谐波频点的干扰水平，并不能降低整个频段的干扰水平，换言之，若干扰仅仅由 Clock 产生，则这个方案不可行！不过，若从 SDRAM 数据/地址信号功率谱为连续谱的特性上看，降低 Clock 主频是可以有效降低整体干扰强度的（我们将在下一节进行说明）。

既然更改主频的方案不可行，那更改时钟信号的形状是否可行？联想我们在高级篇第 14 章"信号完整性"中曾经说过，周期方波信号的频宽并不取决于方波的频率，而取决于方波信号的上升（下降）沿。上升沿越慢，则频宽越窄；反之，则频宽越宽。因此，如果我们可以降低 SDRAM 数据/地址信号的上升（下降）沿，使信号功率谱带宽下降，即便不能完全消除干扰，也至少可以大大降低故障出现的概率。

23.2.3　原理分析

下面，我们通过信号处理理论，对上述方案进行简单解释。我们知道，一个周期方波信号（设周期为 T）可以用周期为 Ω（$\Omega = 2\pi/T$）的傅里叶正弦级数进行展开，如图 23-2-1 所示（实际的谐波强度与具体的波形相关，可定量计算，此图为定性分析，仅供参考，图 23-2-2、图 23-2-3 也如此）。

由图 23-2-1 可知，对于标称频率为 f_0 的周期性方波信号，我们可以把它看成由 f_0 及各次谐波 nf_0（$n = 2$，3，4，……）的一系列正弦波所组成，并且随着 n 的上升，对应的谐波信号强度逐渐下降。如果定义 Pint 为某功率临界值（定多少取决于具体问题），然后把功率小于 Pint 的谐波忽略，则信号的带宽就由那些功率大于 Pint 的谐波所决定。在图 23-2-1 中，很容易看出该周期信号的带宽为 5Ω。

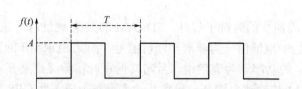

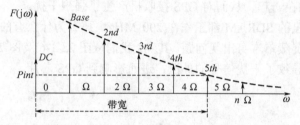

图 23-2-1　周期信号的傅里叶级数展开

通常，把周期信号用傅里叶指数级数展开，如式（23-2-1）所示：

$$f(t) = \sum_{n=-\infty}^{+\infty} F_n e^{jn\Omega t} \tag{23-2-1}$$

周期信号的平均功率及功率谱可用式（23-2-2）与式（23-2-3）表示：

$$P = \lim_{T \to \infty} \frac{1}{T} \int_{-T/2}^{T/2} |f(t)|^2 \mathrm{d}t = \lim_{T \to \infty} \frac{1}{T} \int_{-T/2}^{T/2} \left| \sum_{n=-\infty}^{+\infty} F_n e^{jn\Omega t} \right|^2 \mathrm{d}t = \sum_{n=-\infty}^{+\infty} |F_n|^2 \tag{23-2-2}$$

$$P(\omega) = 2\pi \sum_{n=-\infty}^{+\infty} |F_n|^2 \delta(\omega - n\Omega) \tag{23-2-3}$$

其实，式（23-2-3）就是式（23-2-2）的傅里叶变换而已。在图 23-2-1 中，假定信号是一个纯正的方波信号，即信号边沿是直上直下的阶跃形式。但一个真实的、物理可实现的信号绝对不会直上直下，它终归会有一个渐变的上升（下降）过程。只是上升（下降）过程占信号周期的百分比很小，所以在有些时候，就把上升（下降）的时间忽略不计，认为信号是纯正方波而已。

但是，如果有意降低信号的边沿变化率，即把上升（下降）时间拉长到与信号周期不能忽略的程度，那么周期信号的傅里叶正弦级数展开会成什么样子？严密的数学分析表明，此时的周期信号依然是由 f_0 及各次谐波 nf_0（$n=2$，3，4，…）的一系列正弦波所组成，并且随着 n 的上升，对应谐波的信号强度逐渐下降。但是，由于信号上升（下降）沿的存在，将使基波及各次谐波的信号强度比之前有显著下降，如图 23-2-2 所示。

如果维持 Pint 的门限值不变，则图 23-2-2 所示信号的带宽只有 3 Ω，明显小于图 23-2-1 中的方波信号。不仅如此，根据式（23-2-3）也可以看出，由于上升沿的存在，图 23-2-2 所示周期信号的功率谱更小。换言之，它所产生的谐波干扰强度也更小。

对于 SDRAM 来说，其 Clock 信号为周期性方波，可以用图 23-2-1 或图 23-2-2 描述；其 Data/Address 信号却并不是周期性方波，理论上是不可以用图 23-2-1 或图 23-2-2 来描述的。但是，如果把任意一个 Data/Address 管脚上的信号看成由单脉冲 $p(t)$ 组成的随机过程（即一组脉冲序列），并假定单脉冲在每个 Clock 周期的出现概率为 P，则不难计算出该脉冲序列的功率谱密度。直观上，这个功率谱应该既与单脉冲出现的概率 P 相关，也应该与单脉冲自身的频谱 $P(j\omega)$ 相关，而事实的情况也的确是这样（具体的计算方法可参见樊昌信《通信原理》中有关基带信号功率谱的章节）。至于 SDRAM 芯片总的功率谱，则只要把所有 Data、Address、Clock 等信号功率谱直接相加即可（因为这些信号之间基本上互不相关，所以可直接相加）。

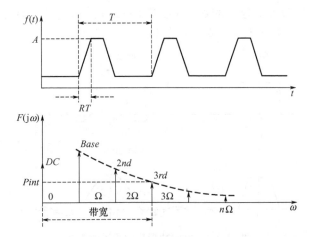

图 23-2-2　上升（下降）沿对周期信号傅里叶级数展开的影响

在此，不妨假定单脉冲 $p(t)$ 的傅里叶变换为 $P(f)$，其宽度与时钟周期 T_{clk} 相等，并且在每个时钟周期内出现的概率 $P = 1/2$，则总的脉冲序列 $\Sigma p(t-nT_{clk})$ 的功率谱密度如式（23-2-4）所示：

$$P_{\Sigma}(f) = \frac{f_{clk}}{4}\left|P(f)\right|^2 + \frac{1}{4}f_{clk}^{\ 2}\sum_{n=-\infty}^{\infty}\left|P(nf_{clk})\right|^2\delta(f-nf_{clk}) \qquad (23\text{-}2\text{-}4)$$

由此，可以很自然地得出结论：改变单脉冲 $p(t)$ 的形状，就会改变其频谱 $P(f)$，进而改变整个脉冲序列 $\Sigma p(t-nT_{clk})$ 的功率谱分布状况。于是，通过选择合适的 $p(t)$，就可以有效降低 SDRAM 芯片的对外干扰，从而解决 GPS 芯片的受扰问题。对于 $p(t)$ 为不归零（NRZ）矩形脉冲的特殊情况，脉冲序列 $\Sigma p(t-nT_{clk})$ 的功率谱方程及示意图如式（23-2-5）与图 23-2-3 所示：

$$P_{NRZ}(f) = \frac{T_{clk}}{4}\text{Sa}^2(\pi f T_{clk}) + \frac{1}{4}\delta(f) \qquad (23\text{-}2\text{-}5)$$

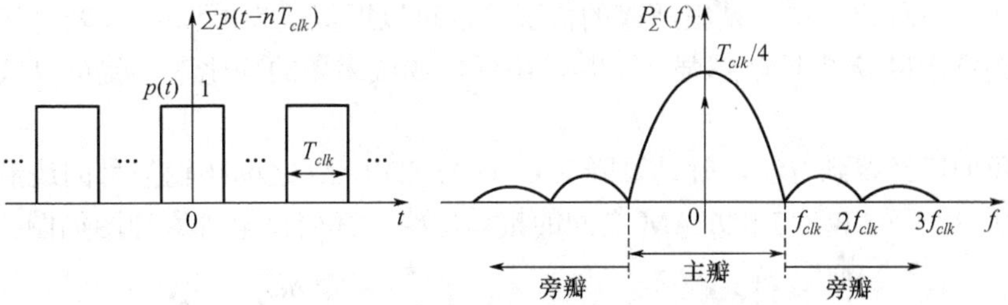

图 23-2-3　NRZ 矩形脉冲的功率谱分布

把 $\text{Sa}(x) = \sin x / x$ 代入式（23-2-5）不难知道，降低时钟频率 f_{clk}，的确可以有效降低整个频段的功率谱强度。不过，之前已经说明，由于平台限制，我们无法调整 Clock 的主频。

既然不能调整 Clock 主频，即单脉冲 $p(t)$ 的宽度不能变，那就只剩下改变脉冲形状这一条路了。仔细研究图 23-2-3，我们不难猜测，只要将脉冲序列 $\Sigma p(t-nT_{clk})$ 的功率谱尽量压缩在主瓣内，就能有效抑制 SDRAM 对 GPS 芯片的干扰。道理很简单，GPS 接收机工作在 1572 MHz，它必定处在脉冲序列功率谱的旁瓣中。

至此，我们几乎可以立即得出解决方案：只要改变单脉冲 $p(t)$ 的边沿变化率就可以了。因为信号系统的知识告诉我们，信号的边沿变化率越高，其频谱所含高频成分越多（等效频谱第一零点频率越低），即旁瓣所包含的功率（能量）占总功率（能量）的百分比越高。图 23-2-4 给出了两种宽度相同，但形状不同的单脉冲的时域波形及其频谱。

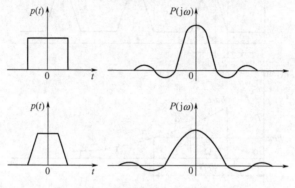

图 23-2-4 单脉冲形状对频谱的影响

从图 23-2-4 可以明显看出，单脉冲 $p(t)$ 的边沿变化率越慢，其频谱旁瓣越小；对应脉冲序列 $\Sigma p(t-nT_{clk})$ 而言，则功率谱旁瓣也越小。若单脉冲退化为一个三角波，则三角波频谱主瓣宽度增加一倍，其旁瓣能量占总能量百分比更小。原因很简单，三角波等效为两个宽度减半的矩形脉冲相卷。根据"时乘频卷"原理，三角波频谱就为两个矩形脉冲频谱相乘。考虑到傅里叶变换的"尺度变换"原理，时域宽度减半，则频域宽度增倍。所以，半宽度矩形波频谱主瓣宽度增倍，则三角波的频谱主瓣宽度当然也增倍。

事实上，读者朋友不妨回想一下我们在第 9 章"通信电路与调制解调"中曾经说过，为了抑制已调信号的功率谱旁瓣，GSM 系统采用高斯脉冲成形、CDMA 系统采用 Root-Raised Cosine 脉冲成形。而本案例采用降低脉冲边沿变化率的做法其实也是一种脉冲成形方法，其抑制功率谱旁瓣的原理在本质上与 GSM、CDMA 系统完全相同。

另外，若从电磁场理论上分析，这种降低信号边沿变化率的处理方法也是可行的。根据麦克斯韦电磁场方程组，在不是很严谨的情况下，可以近似认为电场/磁场随时间的变化率越快，则产生的感应磁场/电场就越强。于是，降低电场或磁场的变化率，就可以减弱其对外辐射强度。

现在，我们已经找到方法，就是要降低 CPU 与 SDRAM 之间传输信号的边沿变化率。所以，有必要研究一下 CPU 与 SDRAM 之间的接口电路，其简化电气原理图如图 23-2-5 所示。

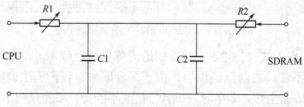

图 23-2-5 CPU 与 SDRAM 之间接口的简化电气原理图

图中，*R*1/*C*1 与 *R*2/*C*2 分别表示 CPU 与 SDRAM 管脚的输出电阻与输出电容。一般来说，输出电容是不能调整的，但输出电阻可以调整。在常规设计中，我们常常把输出电阻设定在较小值，以保证芯片能有足够的驱动能力，从而可以驱动足够大的容性负载（即 *C*1、*C*2 比较大的时候），以改善高速信号线的眼图质量。但是，这样也有一个副作用，就是过快的上升沿会产生强烈的高次谐波干扰及更高的频谱宽度，如图 23-2-1～图 23-2-3 所示。

下面，我们的出发点就简单了，适当降低 CPU 与 SDRAM 总线驱动器的输出驱动能力，使其既能满足高速信号线的信号完整性需求，也能满足降低对 GPS 干扰的需求。而驱动器驱动能力的调整则可以直接通过写相应的寄存器来设定，非常方便。但是需要再次提醒读者朋友一点，高速信号线的驱动能力不能调得太弱，否则会严重影响其眼图质量（就像 Gaussian Filter 会导致码间干扰一样）。

23.2.4　优化结果

我们在国内做了一番测试后，将驱动能力设定在某个值，然后重新发布软件版本，请美国工程师帮忙下载新软件后重新进行测试。图 23-2-5～图 23-2-7 是其中三台手机的测试结果，非常具有代表性。

图 23-2-6 所示的手机，编号为 0A47。在修改前，1575 MHz 频段的底噪为-87.2 dBm；重新下载软件后再测，底噪下降至-96.04 dBm，改善了 9 dB。该手机代表了一批故障表现很明显的机器，改善结果也很明显。

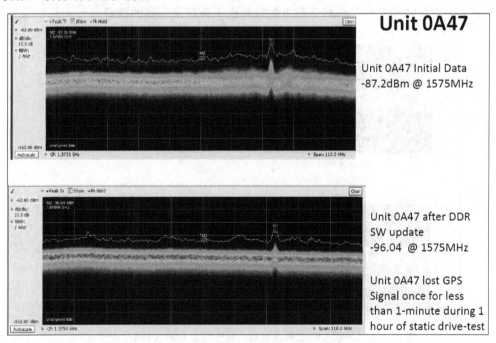

图 23-2-6　Unit 0A47 在修改前后，底噪改善 9 dB

图 23-2-7 所示的手机，编号为 0C42。在修改前，1575 MHz 频段的底噪为-92.4 dBm；重新下载软件后再测，底噪下降至-95.75 dBm，改善了 3 dB。该手机代表了一批有故障，但故障不是很严重的机器，改善结果尚可。

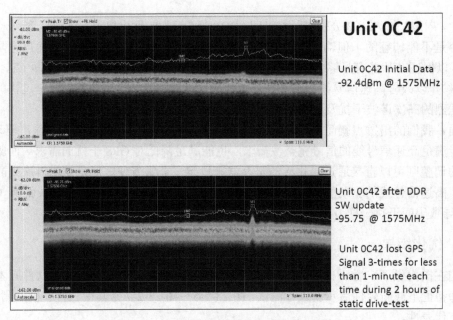

图 23-2-7　Unit 0C42 在修改前后，底噪改善 3 dB

图 23-2-8 所示的手机，编号为 27A1。在修改前，1575 MHz 频段的底噪为–97.84 dBm；重新下载软件后再测，底噪下降至–98.75 dBm，改善了 1 dB（可认为近似无变化）。该手机代表了大多数没有故障的机器，自然重新下载软件也不会有很明显的改善。

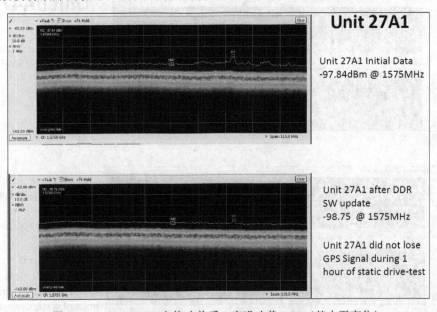

图 23-2-8　Unit 27A1 在修改前后，底噪改善 1 dB（基本无变化）

至此，根据图 23-2-5～图 23-2-7 的结果，可以确认，新软件修改驱动能力的做法可以在不采用高成本外场路测与破坏性维修的情况下，直接将故障发生概率与故障破坏程度迅速降低。事实上，每幅图右下角的文字，都是美国工程师实际对比测试结果的说明，比之前大有改善了。

23.2.5　Sorting 方案

上面介绍了如何利用信号完整性原理解决 SDRAM 辐射干扰的问题。但是，这种方案只能降低故障出现的概率，并不能彻底解决 GPS 芯片受扰的问题。毕竟，各个机器的 Baseband Shielding 的泄漏程度是不一样的。如果下载新的软件后还有故障，会再次被用户抱怨，甚至直接"砍单"。

因此，必须能够将重新下载软体后的不良机器给一个不落的挑选（Sorting）出来。这可是一项艰巨的任务！

不过，只要坚信方法总比问题多，就没有问题不能解决！为此，我们查阅了各种资料，最后在高通的一篇文档中发现，利用 QXDM Tool，可以对 GPS 接收机的指标进行简单测量。根据高通文档介绍，BP Amplitude I/Q 的值正常应该在 100～500，典型值是 300 左右；若 I/Q 值过大，就表示 GPS 前端 LNA 趋向饱和，有可能是同频强干扰信号进入了接收机，从而引起阻塞；若 I/Q 值过小，则表明 GPS 信号太弱，不能被接收机侦测到。

于是，我们又把不良样机连上 QXDM 进行测试，结果发现在干扰比较严重的时候，GPS 其他的指标参数都算正常，但 BP Amplitude I/Q 的确比较异常，普遍达到了 600 以上，而正常机器的 I/Q 值在 300～400，如图 23-2-9 与图 23-2-10 所示。

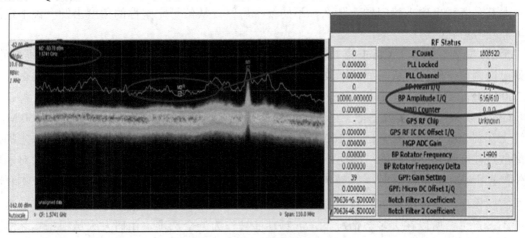

图 23-2-9　不良机器的 I/Q 值

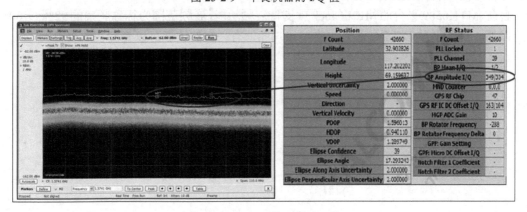

图 23-2-10　正常机器的 I/Q 值

因此，只需要对重新下载软件后的机器进行 BP Amplitude I/Q 测试，就可以排查出 GPS 是否受到了干扰。后续，为保证排查一次成功，我们决定采取更加严格的方针，将 I/Q 值定在 500，从而彻底打消客户的顾虑。至于 Sorting 出来的不良机器，因为数量不多，就直接更换新机器给客户了。

23.3 小结

我们知道，解决干扰问题无非消除干扰源和切断干扰路径两种方法。对于本例，Baseband Shielding 密闭不严，导致噪声泄漏，从而干扰到极其敏感的 GPS 接收机。原则上，只要把屏蔽罩重新扣好，切断干扰路径，就可以解决该故障。但是，这需要将所有机器全部拆除，时间和成本都不允许我们这么做。

于是，我们巧妙地利用信号完整性理论，仅仅通过软件修改一下芯片的驱动能力，虽不能消除干扰源，但可以显著降低干扰的强度，从而大大降低故障概率，并为之后的 Sorting 奠定了良好的基础。

目前，电子产品的尺寸越来越小，布线越来越密，但其工作频率却越来越高。把越来越多的功能、越来越多的芯片不断堆积到越来越小的空间中，将不可避免地产生越来越多的问题，尤其是各种电磁干扰问题。那么，不妨换个思路，从信号完整性的角度出发，说不定倒有可能获得更好的解决方案。

最后，简要介绍一下 Clock 展频技术。我们知道，通常芯片的 Clock 主频都是固定不变的，即便可以调整，也只是从一个频率改成另一个频率。如本案例中的 SDRAM Clock，要么工作在 200 MHz，要么工作在 160 MHz。

Clock 展频技术其实就是把上述频率变化从离散方式改成线性方式而已，比如从 160 MHz 线性上升到 200 MHz，然后回到 160 MHz 再次上升，如此往复。由于 Clock 主频从原先的某个离散点被展宽到一段区间，故而称为"展频"。不难想象，如果 Clock 的某次谐波会对系统产生严重干扰，则利用这种展频技术可以降低该特定谐波干扰的平均强度。但展频技术有时也会有副作用，道理很简单，原先 Clock 的主频及各次谐波可能并没有干扰到系统，但展频后就不一定了。所以在大多数情况下，展频功能被作为一个选项，由研发人员根据实际情况决定是否需要展频以及展频的范围。

目前，MTK6589 平台的 MIPI Clock 就支持展频功能，展频范围为标称频率的 92%～100%。除此以外，TI 的多款 DC-DC 芯片也支持该功能，有兴趣的读者可以查阅相关资料。

几何光学成像

光学研究包括几何光学和物理光学两部分。如果要对光学成像系统进行系统研究，必须具备物理光学的基础知识，包括干涉（如著名的杨氏双缝干涉、牛顿劈尖干涉）、衍射（如菲涅尔半波衍射）等理论。但从电子工程师的角度而言，物理光学过于艰涩且与本职工作距离较远，只需要掌握一些几何光学知识即可。

A.1　焦距

一束平行光线经过透镜折射，会在像平面形成一个焦点。相应地，焦点到透镜中心点之间的距离就称为焦距。如图 A-1-1 所示。

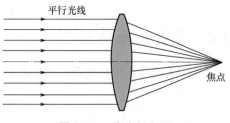

图 A-1-1　焦点与焦距

A.2　弥散圆

弥散圆又称"错乱圆"，在焦点前后，光线开始聚集和扩散，点的影像变成模糊的，形成一个扩大的圆，这个圆就叫做"弥散圆"。

如果弥散圆的直径小于人眼的鉴别能力，则在一定范围内实际影像产生的模糊是不能辨认的。这个不能辨认的弥散圆就称为容许弥散圆或称容许错乱圆（Permissible Circle of Confusion）。如图 A-2-1 所示。

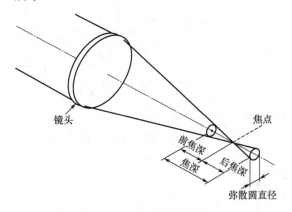

图 A-2-1　弥散圆示意图

A.3 景深

景深是指在镜头前沿能够取得清晰图像的轴线所测定的物体距离范围。即在被摄主体（对焦点）前后，其影像仍然有一段清晰范围，这就是景深。换言之，被摄体的前后纵深，呈现在底片面的影像模糊度，都在容许弥散圆的限定范围内。如图 A-3-1 所示。

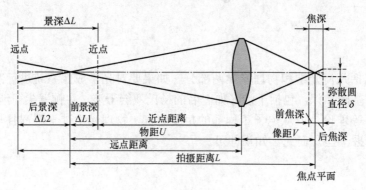

图 A-3-1 景深示意图

A.4 镜头成像公式

镜头清晰成像时，物距、像距和焦距满足一定公式，如图 A-4-1 所示。

镜头示意图

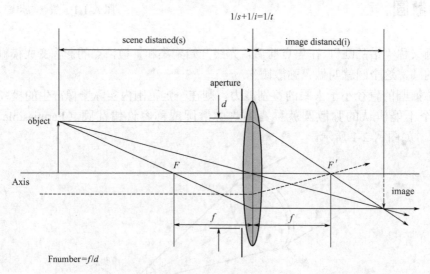

图 A-4-1 镜头成像公式

A.5 景深与 AF 的关系

因为在 1.3 m 以下，传感器的尺寸较小，一般低于 1/4″，所以景深相对较长，只需要固定焦距镜头即可。到了 2 m 以上，由于传感器尺寸变大，一般大于 1/4″，则景深相对较浅，为了维持影像的质量，AF 变得越来越重要，有了 AF 模块，照相时不管是要照远处或者照近处，影像质量都可以保证。如图 A-5-1 所示。

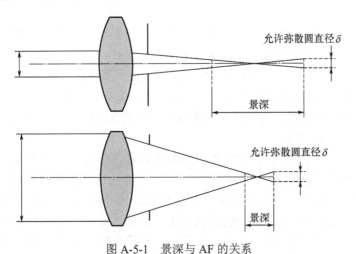

图 A-5-1　景深与 AF 的关系

A.6　光圈（Aperture）

光圈（Aperture）通常称为"光圈系数"，代表着一个用来控制光线透过镜头，进入机身内感光面的光量的装置。不过这些字样所表示的是相对光圈，并非光圈的物理孔径，因为对于不同的镜头而言，光阑的位置不同，焦距不同，入射孔直径也不相同，用孔径来描述镜头的通光能力，无法实现不同镜头的比较，所以需要采用光圈系数的概念。

$$光圈系数　=[镜头焦距] / [入射孔直径] = f/d$$

光圈系数越小，在同一时间内的进光量则越多，且后一个数值的进光量是前面一个的一半，而前一个数值的进光量则是后面一个的两倍，比如 $f/5.6$ 的进光量是 $f/4$ 的一半，但同时却是 $f/8$ 的两倍。如图 A-6-1 所示。

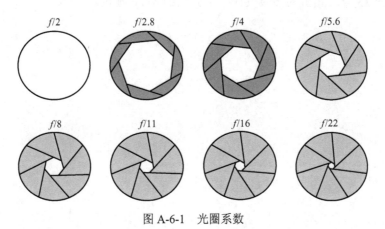

图 A-6-1　光圈系数

A.7　锐度与分辨率

锐度（Sharpness）是清晰度的一个重要因素。在摄影领域，锐度用来表示图像边缘的对比度，一种更加明确的定义是锐度是亮度对于空间的导数。由于人类视觉系统的特性，高锐度的图像看起来更清晰，但实际上锐度的增加并没有提高真正的分辨率。

分辨率（Resolution）又称"分辨力"，指的是单位长度中的像素数目（取决于 CCD 传感器光电感应组件的数量），是指摄影镜头清晰地再现被摄景物细节的能力。显然分辨率越高的镜头所拍摄的影像越清晰细腻。

分辨率和锐度是一对矛盾。从物理光学的角度而言，任何一个点光源在通过透镜后，其成像不再是一个"点"而变成了一个"衍射光斑"（一个由明暗相间的同心圆环组成的光斑，又称"夫琅和费衍射图样"，并与透镜的孔径函数相关）。简单说，当中心光斑较大较亮、周围的光环较少时，则反差较高，这个镜头就较锐。但是，这个高反差损失了较大较亮的中心光斑和周围圆环之间的细节。而当中心光斑较小，周围光环较多时，则可再现更多的细节，镜头的分辨率就高。

假设要拍摄这样一个图片：一根 1 mm 的黑线（长度不限，只看宽度），灰度是 100%，紧贴着这根黑线的左边是一根 1 mm 的不太黑的线，灰度是 70%，这根线的左边再来一根 1 mm 的更不太黑的线，灰度是 30%。这样，就有了三根紧靠在一起的不同灰度的线，总宽度是 3 mm。然后，在一定的距离上拍摄这三根线。

高锐度的镜头拍出来的只是一根线，但是这根线很清楚，因为反差高。这根线的宽度将小于 3 mm，因为最浅的那根被"反差"没了，中间那根被"反差"成 100% 的灰度了。

高解像力的镜头拍出来的是三根，但是因为衍射光斑的缘故，图像宽度将会大于 3 mm，这三根线也都不会很清楚，很分明，整个图像将是发灰的。

前者看起来很舒服，因为看见了一根明显的"线"，但是不真实，少了两根。后者看起来不舒服，虽然看见了三根线，但是没有一根是分明的，但是这个却是真实的。

这个例子只是简单说明一下问题，实际拍摄效果和分析要比这个复杂得多，更加科学的测量需要采用第 13 章"相机的高级设计"中介绍的 MTF 理论。

立体声原理

B.1 听觉基本特性

为了更好地理解立体声技术，有必要首先了解人耳的基本听觉特性，包括听觉范围、声音三要素和人耳的听觉分辨力。

B.1.1 人耳的听觉范围

1. 听觉的频率范围

听觉的频率范围即为音频范围，通常为 20 Hz～20 kHz，处于该范围内的声波称为可闻声。但人耳的听觉频率范围存在明显的个体差异，随着年龄的增大，听觉频率的上限会显著下降。

2. 听觉的声压范围

人耳能听见的最低声压称为"听阈"，人耳能承受的最高声压称为"痛阈"。低于听阈的声音，人耳无法感觉；高于痛阈的声音，人耳会感觉到疼痛甚至失聪。但是，听阈与声音的频率相关，痛阈则与频率关系不大。

实测表明，听力正常的年轻人，在 1000 Hz 频率上能听到的最低声压为 20 μPa，在 100 Hz 频率上能听到的最低声压为 1600 μPa；而痛阈大约在 2×10^7 μPa。为统一起见，在声学领域中把 20 μPa 定义为参考声压，其他所有声压（级）均以此为基准。

B.1.2 声音的三要素

声音通常采用三要素来描述，即响度、音调、音色。这三个要素是人耳的主观感觉，所以它不仅与声波的声压、频率、频谱等客观物理量有关，还与人耳的听觉特性、心理因素等有关。

1. 响度（Loudness）

响度俗称"音量"。在日常生活中，我们说一个声音响亮，多半意味着这个声音的声压级高。这肯定没有问题，一个声音的声压级越高，其响度也必然越高。但是实验也表明，如果两个音源的声压相同，但频率各不同，那么我们所感受的响度也会不一样。

所以说，响度同时也是一个主观概念，它是人耳对声压与频率综合后的主观量化，其单位为 Phon（方）。为了能够定量表示人耳所感受的响度，Fletcher 与 Munson 提出了等响曲线（Equal Loudness Level Contour），如图 B-1-1 所示。

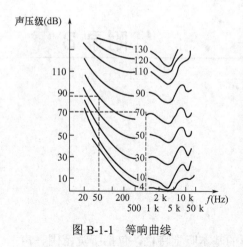

图 B-1-1　等响曲线

在图 B-1-1 中，每条曲线上所标注的数字是响度的单位 Phon（方），每条曲线上对应于不同频率的声压级是不相同的，但对同一条曲线上任意两点来说，人耳感觉到的响度却是一样的。由等响曲线族可以得知，当音量较小时，人耳对高低音感觉不足（相对其他曲线，最底下那条曲线比较平滑，没有峰谷）；而音量较大时，人耳对高低音感觉充分，并且对 1～4 kHz 之间的声音较为敏感。因此，响度评价均以 1 kHz 为基准。例如，1 kHz 声音的声压级是 60 dB，而另一个频率的声音听起来与这个 60 dB 的 1 kHz 声音一样响，则该声音的响度级就是 60 Phon；再比如，70 dB 的 50 Hz 纯音和 50 dB 的 1 kHz 纯音听上去的响度一样，所以它们都位于同一条 50 Phon 的等响曲线上，但两者的声压级却差了整整 20 dB！

人耳的这一特性，对高保真音乐重放的效果影响很大，即音量开得较大时，能感到高音和低音都很均衡；但音量开得较小时，则会感到高音和低音明显不足。为了弥补这一缺陷，高级音响设备中均设置等响控制电路，在音量较低时对低音和高音进行适当提升，并且音量越低，提升量越大。

顺便说一点，我们在使用手持式声压计（也称噪声计）时，经常会看到一个 Weighting Network（加权网络）的按钮或开关，供我们设定 A、B、C 三种加权方式。实际上，这三种加权方式都是在模拟人耳的听觉感受。我们知道，如果不加权，那么声压计获得的声压其实是一个客观物理量（也称为线性声压级）。但是，人耳的主观响度是客观声压与频率综合后的结果。为了让声压计的测量结果与人耳的主观感受能够相互对应，人们便提出了 A、B、C 三种加权方式，测量结果则称为 A/B/C 加权声压。其中 A 加权基于 40 Phon 的等响曲线、B 加权基于 70 Phon 的等响曲线、C 加权近似平坦，用于高声压的模拟。

一般，对于 20～55 dB SPL 的低声压，采用 A 加权测量比较准确，记为 dBA；对于 55～85 dB SPL 中等声压，采用 B 加权比较准确，记为 dBB；对于 85～140 dB SPL 的高声压，采用 C 加权较准确，记为 dBC。

这种测量方式最早应用于电话系统的响度测量。但随着技术的发展，这种方法也逐渐显示其不方便甚至矛盾的地方：处于某一中间范围大小的声音，究竟该使用何种计权方式？后来，人们经过长期的研究与测量后发现：时间连续、频谱较为均匀，无显著单音成分的宽频带噪声，若直接用 A 加权测量，则与人们的主观听感响度较为一致。因此，目前的国际、国内标准中，凡是与人主观听感有联系的各种噪声响度评价，基本都以 A 加权为基础（声压计通常默认采用 A 加权网络）。但有时，人们也会在 A 加权的测量基础上，再增加一个 C 加权的测量值作为参考。

关于加权网络的进一步分析，有兴趣的读者可以参考孙广荣、吴启学编著的《环境声学基础》（南京大学出版社，1995 年第一版）的 3.1 节"噪声基本评价量"。

2．音调（Pitch）

音调主要取决于声音的基波频率，基波频率越高，则音调也越高。不过，音调的高低与基波频率并不呈线性关系，而是近似对数关系。

研究表明，音调与声音的强度也有一定关系。通常，在低频段，声压级升高时，人耳会感到音调降低；在高频段则正好相反，声压级越高，音调也越高。另外，声音持续时间的长短对音调也有影响，但影响远不及基波频率大。

3．音色（Timbre）

音色主要取决于声音的频谱分布，它是对音调概念的进一步演化。当然，由于音色也是人耳的主观感受，所以音色还与声音的响度、持续时间等因素相关。

假定钢琴与吉他演奏同一个基波频率的乐曲，其各自声谱分布如图 B-1-2 所示。（由于混频及非线性振动等原因，谐波频率未必是基波的整数倍）。

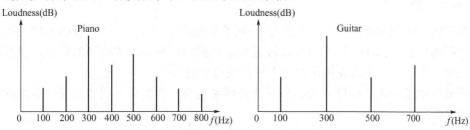

图 B-1-2　钢琴和吉他演奏同一个乐曲的声谱图

可见，即便演奏同一首乐曲，不同乐器所产生的声谱也是千差万别的，这便是人耳可以轻易分辨不同乐器的原因所在。那么，钢琴之所以被称为"乐器之王"，正是由于钢琴能够激发大量的谐波，其音色范围十分宽广，所以声音丰富饱满。同样，在高保真放音时，为了确保音色悦耳，要求音响设备具有足够的频带宽度。

总体上，响度、音调、音色与声学物理量之间存在表 B-1-1 所示的大致对应关系。

表 B-1-1　声学物理量与听觉主观感受的对应关系

声学物理量	听觉主观感受
声压（SPL）	响度（Loudness）
频率（Frequency）	音调（Pitch）
频谱（Spectrum）	音质（Quality）、音色（Timbre）
持续时间（Continuous Time）	音长（Length）

B.1.3　听觉分辨力

听觉分辨力是指人耳对声压、频率和声源方位等变化的辨别能力。

1．响度分辨力

任何一个听力正常的人都可以感受到响度的变化。在生活中，我们说一个人听力灵敏，会说他/她连一根针掉在地下都能听见；说一个人听力迟钝，会说他/她连打雷都听不见。那么，人耳对响度的分辨力到底如何？

事实上，人耳对响度的分辨力与背景声压级有关。当声压级在 50 dB 以上时，人耳可以分辨出 1 dB 的变化；但声压级小于 40 dB 时，则分辨力下降至 3 dB。除此以外，响度分辨力还与声音的频率有关，通常人耳对中高频声音的响度变化较为敏感，而对低频声音的响度变化比较迟钝（体现了等响曲线效应）。

2．音调分辨力

音调分辨力是人耳对声音基波变化的分辨能力。实验表明，音调分辨力与声音的声压、频率都有关系。在声压级较大的情况下，人耳对音调分辨力会迅速下降。

3．声源方位分辨力

人耳对声源方位变化也具有辨识能力。统计实验表明，人耳在前方水平方向的分辨力大约在 $10°$，敏感的人能达到 $3°$；在垂直方向的分辨力大约为 $20°$；后方分辨力较低，超过 $30°$。同样，人耳对声源方位的分辨力与声音的强度和频率也都有一定关系。

4．掩蔽效应

人耳在同时听到两个声音时，对其中一个声音的感受会因另一个声音的出现而改变，使该声音的听阈提高。当两个声音的频率接近时，较强的声音会掩盖较弱的声音，甚至使较弱的声音完全听不到，这种现象被称为"人耳的掩蔽效应"。

掩蔽效应除了与声音强度有关，与声音的频率也有一定关系，例如低频声音能够有效地掩蔽高频声音。

B.2 立体声

立体声是一种具有空间立体感的声音，主要包括方向感和深度感两个方面。上百万年的进化结果，使得人耳不仅能感觉出声音的响度、音调和音色，也能感觉出声源的方位、距离、运动状态等等。

那么，人耳为什么会有立体感？世界各国的专家、学者对此问题进行了大量的理论研究和科学实验，也提出了各自的学说。从目前的情况来看，虽然各个学说之间有许多不同（听觉是人耳的主观感受，涉及物理学、心理学、生理学等多个学科，相互作用关系十分复杂），但基本上都是以双耳效应为基础的。

B.2.1 双耳效应

双耳效应又称"听觉定位原理"。

当远处某个声源传递到人耳时，由于人的两只耳朵相距大约 $18\sim20\ cm$，就会在双耳上出现时间差（及相位差）、强度差和音色差，如图 B-2-1 所示。

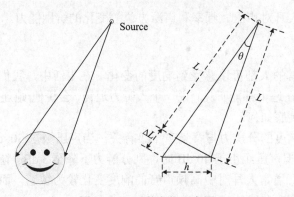

图 B-2-1 听觉定位示意图

Source 表示远处的一个点声源，θ 表示点声源到双耳连线的夹角，两条连线长分别为 L 与 $L+\Delta L$，双耳间距为 h。根据式（B-2-1）的余弦定理，不难计算出 ΔL 的数值。

$$h^2 = (L+\Delta L)^2 + L^2 - 2(L+\Delta L)\,L\cos\theta \tag{B-2-1}$$

显然，声波到达两耳的距离差 ΔL 是夹角 θ 的函数。为了简化这个方程，我们不妨假定声源 Source 距离听者距离较远，即 $L \gg h$，于是 $\theta \to 0$，等效为 $\cos\theta \to 1$，代入式 B-2-1 中计算，不难得知：

$$\Delta L \to h \tag{B-2-2}$$

由此可见，当点声源距离听众距离较远时，其到达双耳的距离差基本上就是双耳间距。于是，同一个点声源在到达双耳时就会自然而然地产生时间差（及相位差）、强度差、音色差。不过，图 B-2-1 所示的听觉定位图描述的是直达声（自由场），如果还有反射声（混响场），则需要考虑掩蔽效应导致的混响半径等。

实验表明，由于声波传到双耳的时间不同，人耳就会感到声源偏向先听到声音的耳朵；又由于头颅的阻隔和遮挡，传到双耳的声强也不相等，所以人耳会感到声源偏向声音强的耳朵一边；另外，由于频率低的声波绕射能力强（波的衍射），频率高的绕射能力弱，所以不同频率的声音传到双耳时有差异，就会造成音色差。

在通常场景下，上述三种效应同时发生，总效应则为三种分效应之和，但各个分效应的效果并不完全一样。在 1000 Hz 以下，时间差起主要作用；在 1000～1500 Hz，强度差起主要作用；在 5000 Hz 以上时，强度差和音色差共同起作用。

时间差反映声音先后到达双耳造成的相对时间差异，强度差反映声音在空气中传播由于距离造成的衰减差异，这些都很好理解。但和时间差概念有关的相位差，则与时间差既相关，又有区别。我们知道，声波在常温下的空气传播速度约为 340 m/s。所以，时间差体现了距离差，距离差又引起了相位差。但低频声音的波长很长，如 1 kHz 的声波波长为 34 cm，而 100 Hz 则高达 3.4 m。因而，时间差产生的相位差在一定范围内，可以作为判断声源方位的依据。但高频声音的波长短，如 10 kHz 声波波长仅为 3.4 cm，很小的时间差也会产生很大的相位差，甚至超过 360°，即开始另一个波长。此时，相位差作为判断声音方位的信息已经无任何价值，人耳根本无法分辨相位是超前还是滞后，该现象称为"混乱的相位差"。所以，时间差对帮助人耳判断各个频率的声音方位都起作用，而相位差只对低频声音起作用。

B.2.2　双扬声器的声像定位

上一节讨论的是一个声源、不同方位发声时给人的印象感觉。而当音响设备用多个扬声器播放音源时，人耳就会产生哈斯效应和德·波埃效应。

1. 哈斯效应

哈斯效应又称"延时效应"，表明人耳对延时后的声音分辨力有一定的局限性，当两个内容相同的声音在同一时间以相同的强度达到人耳时，人耳不一定能分辨其达到的先后顺序。

（1）两个扬声器发出的声音同时到达人耳，在没有强度差的情况下，人耳只会感到一个声源，它位于两扬声器连线的正中位置，也称为"等效声像"。

（2）如果两扬声器发出的声音不是同时到达人耳，而有个时间差，但时间差小于 3 ms（大约为 1 m 的距离差），则等效声像向先听到声音的扬声器方向偏转。时间差越大，则偏转角 θ 越大，但不会超过 α。

（3）当时间差在 5～30 ms 时，等效声像将固定在先传来的那个扬声器上。

（4）当时间差在 30～50 ms 时，会感到两个声音，但方向仍然固定在先传来的扬声器方向上；如果时间差继续增加到大于 50 ms，就能听清楚来自两个不同方向的声音。

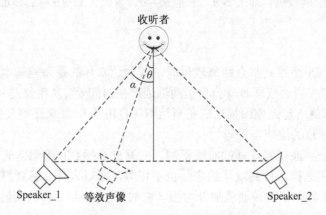

图 B-2-2　双扬声器声像定位

2．德·波埃效应

在图 B-2-2 中，保证两个扬声器发出的声音同时到达人耳，即不存在时间差，但改变两个扬声器各自的发声强度，就会产生所谓的德·波埃效应。

（1）强度差为零时，等效声像位于正中央。

（2）强度差小于 15 dB 时，等效声像偏向声音响的那个扬声器。

（3）强度差大于 15 dB 时，等效声像将固定在声音响的那个扬声器上。

根据哈斯效应和德·波埃效应，当用两个处于不同位置的话筒拾取声音时，由于各声源与话筒之间的距离不同，传到两个话筒时就会有不同的时间差、强度差。如果把两个话筒产生的音频信号通过各自独立的通道处理后再用两个扬声器分别重放，就会形成与原来声源相对应的声像，实现声音的立体感。

不过，真实重现音源的立体声要求两通道性能一致，否则会造成立体感失真。所以，音响设备中的音调、音量电位器基本都采用同轴双联器件进行双声道的同步调节。

B.2.3　室内声场与混响

前面，我们讨论的基本是直达声，比如在空旷的广场对话，但在室内时情况就会有所不同。由于室内空间有限，一部分声波会被墙面、地面、天花板、家具等吸收，另一部分被反射，并经过多次反射后逐渐消失。因此，人们在室内不仅能听到的声源过来的直达声，还能听到反射声。

进一步细分，反射声还可以分为前期反射声和后期反射声两类。前期反射声是指经过一次或两次反射的声音，它与直达声一起构成声音的主体；后期反射声是经过多次反射才传到人耳的声音，它是产生混响效果的主要原因。

当聆听者离声源较近时，由于掩蔽效应，人耳主要听到直达声。当离声源较远时，则主要听到混响声。所以，在声学领域中提出了混响半径的概念，如图 B-2-3 所示。

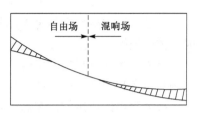

图 B-2-3　混响场

随着离开声源的距离增加，直达声声能降低，混响声声能增强，直到某一点，直达声声能与混响声声能相等。于是，这个点与声源之间的距离被称为"混响半径"。但是，由于各个点的混响半径可能各不相同，所以我们把这些点与声源的平均距离定义为混响半径。由此可见，在距离声源混响半径范围内，以直达声的声能为主，表现为近似自由场；在混响半径之外，则以混响声的声能为主。

混响时间是混响场的一个重要参数，它定义为室内达到混响稳定状态后，突然关闭声源，声压级减少 60 dB 所需要的时间，通常记为 T_{60}。

混响时间过小，声音单薄、沉闷发涩；混响时间过长，声音混淆无层次感，甚至能听到回音；只有当混响时间适当时，声音才会圆润、清晰、丰满。最佳的混响时间随声音的内容及听音环境不同而变化。比如专听语音的报告厅，混响时间多在 0.5～1.2 s；影剧院大约在 1.2～1.5 s；音乐厅则要增加到 1.6～2.1 s；专业录音棚按照用途，如对白录音、音乐录音、混合录音等，混响时间从 0.3 s 到 0.6 s 不等。

B.2.4　双声道立体声录音

前面，我们都在谈立体声重放，但立体声重放效果不仅取决于放音设备、放音环境，还与立体声音源录制有密切关系。不考虑具体的立体声录制方法，随意选择重放设备，会导致重放时出现严重的立体声混乱。

在立体声录音中，由于传声器的设置不同，便形成了不同的录音方法。有些录音方法拾取声道间的时间差；有些则是拾取声道间的强度差；还有一些既拾取时间差，也拾取强度差。

1. 房间立体声

以我国 FM 广播电台采用的双声道 MS 制立体声拾音为例，它用一个全向性话筒拾取包括整个声场的信息，相当于 $M = L+R$；用一个 8 字形指向性的话筒拾取声场两侧的信息，相当于 $S = L-R$。如图 B-2-4 所示。

常规的唱片录音基本上也采用类似图 B-2-4 所示的系统。只不过有些录音棚可能不止双声道，而是六声道（比如录制多人乐队演奏）拾取不同方向的声音，再配合相应的六声道播放设备，立体声效果更好。

所以，这种立体声录音方法也称为"房间立体声"，其对立体声信号的拾取和重放，尤其在房间中进行重放时，声像定位受房间的影响。它要求听音人借助扬声器立体声的重放系统听音，这样才能获得较强的立体感。

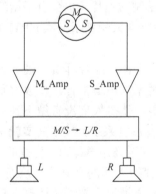

图 B-2-4　M/S 制式的双声道立体声录音/播放

但是，采用房间立体声录制的音乐，如果使用耳机进行重放，而非扬声器的话，就会造成立体声失衡。

首先，用喇叭重播音乐时，声音从喇叭发出，通过空气传播到达人耳。这时，人耳听到的喇叭声音和听到的自然界中其他声音一样，都要经过耳廓、外耳、耳道，再传导到耳鼓膜，然后被大脑神经所感知。在这个过程中，人的耳廓、耳道、头盖骨、肩部等对声波的折射、绕射、衍射等，都会对声音造成一定影响。在声学上，用 HRTF（Head Related Transfer Function，即头部相关传递函数）来定量描述这种影响。正是由于 HRTF 的影响，人的大脑能根据经验判断出声源的方位和距离。但通过耳机欣赏音乐时，声音是被耳机的驱动单元直接灌进双耳的，也就是说，人的耳廓、头盖骨和肩部等对声音造成的影响没有了，HRTF 不存在了。在这种情况下，人的大脑就无法准确判断声音的方位和距离。

另一个原因是，在录制房间立体声的时候，一般左右声道的话筒彼此相距几十厘米到几米甚至十几米。把相距如此之远而得到的立体声信号送入两只相距仅有 20 cm 的耳机单元再灌进双耳，通常得到的效果就是，音场的大部分似乎被挤压在左右耳之间的脑海中，而不是在聆听者的前方分布，从而产生"头中效应"（In-Head Effect）。

2. 人头立体声

为了克服耳机重放房间立体声音源的缺陷，人们发明了一种仿真人头（Dummy Head）的双声道录音方式，俗称"人头立体声"。

简单地说，仿真人头录音方式就是把两个微型全方向性话筒安置在一个与真人头几乎一模一样的假人头的耳道内（接近人耳鼓膜的位置），模拟人耳听到声音的整个过程。这个假人头有耳廓、耳道、头盖骨、头发和肩膀，甚至皮肤和骨头也是采用和人体最为接近的材料制造的，从而尽可能真实地模拟人耳在听到声音时所受到的一切 HRTF 的影响。这样两个话筒录制的信号就相当于一个在假人头所处位置的真人的双耳所听到的声音。这个双声道的信号不需要，也不可以做任何后期处理，直接灌录到唱片上即可，否则就会破坏仿真人头的真实性。

用仿真人头方式录制的唱片配合耳机欣赏时，能营造出比扬声器更为逼真的 360° 音场效果，它是迄今为止在音场再现方面最完美的一种高保真录音方式。只要用耳机欣赏这张唱片，就能几乎完美地将 360° 的音场信息全部还原出来，好像听者就处在录音场所中似的（有兴趣的读者可以在网络上搜索一些人头立体声录制的音源，笔者读研究生时曾经听过一次，真实感令人恐怖，至今难忘）。显然，用扬声器重放人头立体声录制的唱片，也会有不错的立体声效果，但绝不能跟耳机相比。因为扬声器在播放过程中，聆听者又受到了一次 HRTF 的影响，干扰了唱片中的原始 HRTF 信息。

但是，如果想用房间立体声配合扬声器营造出可与人头立体声配合耳机相媲美的音场效果则是非常困难的。理论上，这需要房间立体声在录音时用无数声道拾音，重放时则要用无数只喇叭将听者围起来。这显然不可能！但是，技术的进步，使得人们没有做不到，只有想不到。最近非常流行的 SRS（Sound Retrieval System，即声音恢复系统）技术其实就是采用房间立体声配合扬声器来模拟真实的三维声场，并且只需要双声道扬声器即可（传统的 3D 环绕立体声需要多只扬声器）。它通过硬件电路配合软件算法，模拟人耳的 HRTF，从而实现 3D 声场效果。但无论如何，采用房间立体声录制的音源无论怎样模拟，都无法达到人头立体声配合耳机播放时的 3D 效果。

B.2.5　环绕立体声

环绕立体声俗称 3D 立体声，它是对双声道立体声的演化。人耳在前方水平方向具备良好的定位能力，在垂直方向和后方水平方向的定位能力稍差。所以，传统的双声道立体声只考虑前方水平方向的定位（人头立体声和 SRS 除外），而环绕立体声则需要考虑三维音场的定位。

从技术上看，环绕立体声主要有两种方式，一种是以 Dolby Pro-Logic 为代表的模拟编码型，另一种是以 Dolby Digital 为代表的数字编码型。

最简单的模拟编码型是把 L/R（甚至单声道）信号进行延迟和混响，然后再送入另一路放大器中放大输出，叠加在原来的信号之上，从而实现人造环绕声。

普通家用电视机的环绕功能便采用该技术实现：将单声道信号（普通电视节目的伴音信号采用单声道录制）移相以产生时间差（移相既可用模拟滤波器，也可用数字滤波器），然后将移相后的信号和原信号一起送入扬声器中，构成人造混响环绕声。显然，这种环绕声的效果很差。

数字编码型以美国杜比 AC-3 系统（Dolby Surround Digital）的六声道影院为例。它共有六个完全独立的声道，其中三个前方声道（Left、Right、Center）、两个环绕声道（S_L、S_R）以及一个超重低音声道（S_W）。因为超重低音声道 S_W 频带仅为 30～120 Hz，不能算是一个完整的声道，所以 S_W 有时也被称为 0.1 声道，故六声道也可被称为 5.1 声道。摄制组在录制电影节目的时候，用多只话筒同时拾取各个方向的声源并做相应的处理，然后在播放的时候，再把各个方向的声源送到对应方向的扬声器中，即可让观众产生身临其境的感觉。但是，要想实现很好的环绕声效果，对各只扬声器的摆放位置是有严格要求的，甚至还要进行声场混响时间测试。这对大型影剧院、音乐厅来说可能不是问题，但对普通家庭用户来说基本不可能做到。所以，在笔者看来，5.1 声道家庭影院的放音效果是值得怀疑的。

那么为什么很多用户会认为自己的家庭影院效果很好呢？这主要还是因为大部分家庭影院的配置相对普通双声道系统来说，功率大，低音足，房间不大且多以木质、石质材料装修，反射声衰减慢，混响时间合适，所以声音相对比较饱满。特别是设置了单独的 0.1 声道的低音单元后，声音的下限频率更低，音域更加低沉，这对于对表现大场景的音场效果有很大帮助。但就立体声定位而言，5.1 声道家庭影院基本没什么性能。打个比方，人头立体声能让聆听者感觉到似乎就发生于耳边的喃喃细语，笔记本电脑的 SRS 环绕能让用户感觉声音是从屏幕后方发出。请问，那个家庭影院能够播放出这种效果？大部分的家庭影院，甚至连聆听者侧方的音源定位都不能够很好重现。

日本雅马哈公司的增强环绕声是另一种数字环绕技术。雅马哈在世界上的一些著名声学厅堂的特定位置测量了直达声、反射声、延迟时间等参数，然后设计了不同声场的数学模型，再用数字信号处理技术营造出来，可以很好地模拟音乐厅、体育馆、酒吧、教堂等三维声场效果。

事实上，人头立体声也是环绕立体声。但人头立体声与环绕立体声采用不同的技术手段实现，所以通常把人头立体声单独分类。

B.2.6　手机中的双扬声器

至此，我们已经详细介绍了人耳听觉特性，立体声录/放音等知识。更深入的内容，如各种立体声拾音方式、建筑声学、调音技巧等，有兴趣的读者可以参考《中级音响师速成实用教程（第三版）》（中国录音室协会教育委员会编，人民邮电出版社，2013）。现在分析一下手机中的 Dual Speaker 设计。

采用 Dual Speaker 设计，无非是想提高手机播放的音质。而对于音质问题来说，既有客观指标，又离不开主观因素。在 Hi-Fi 音响中，描述音质的客观指标有额定功率、信噪比、谐波失真、互调失真、瞬态失真、频率响应平坦度、指向性、立体声分离度，等等；描述音质的主观指标有层次感、丰满度、饱和、干涩、音域、音场，等等。

但是，手机毕竟不是 Hi-Fi，没必要、也不可能达到 Hi-Fi 的水平，自然也没有必要搞那么多指标来测量。通常，对手机音质的评价，客观指标主要考虑声压、谐波等；主观指标包括响度（与客观声压在一定程度上是等效的）、音域、柔和度等。但如果采用 Dual Speaker 设计，还必须考量立体声效果的问题。

B.2.6.1　手机 Dual Speaker 的立体声

在立体声的所有客观指标中，核心指标是立体声分离度，但它主要考量立体声编/解码芯片的性能（可参见第 8 章 "FM 立体声接收机"），与主观感受无关。对手机而言，Dual Speaker 的立体声效果还是以主观评价为主。

第一，手机的立体声音源只有两种，一是 FM 广播电台，二是诸如 MP3、MP4 的歌曲。FM 广播电台以及绝大多数唱片、MP3 等，均采用双声道房间立体声方式录制，所以在用耳机播放时，会有立体声效果，但定位效果不及扬声器播放。

第二，双声道房间立体声重放要求扬声器拉开一定距离。如果两只扬声器之间的距离远小于扬声器到聆听者的距离，那么从聆听者的角度而言，双扬声器就被等效成单扬声器，立体声效果就无从谈起了。从这个角度看，再长的手机，也不过 15～20 cm 而已，两扬声器之间的距离明显不足。

第三，手机 Speaker 的功率很小，所以用户在使用手机 Speaker 播放歌曲时，与手机的间距往往不足 50 cm。于是，尽管手机的双扬声器距离很近，但由于到聆听者的距离也被拉近，所以还是有可能形成立体声效果的。

第四，如果手机与聆听者之间的位置发生变化，会对立体声效果产生剧烈波动。以图 B-2-5 所示的参数为例（假定手机和人头处于中轴对称）。

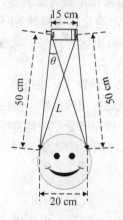

图 B-2-5　手机 Dual Speaker 与聆听者位置

根据图中参数，利用余弦定理不难计算出，θ 约为 $3°$，L 约为 54 cm。所以，同一个声源到达双耳的距离差 ΔL 约为 4 cm。

从时间差计算，单 Speaker 到达双耳的时间差或者双 Speaker 到达单耳的时间差，都仅有 0.15 ms，不满足人耳定位需求。如果从相位差上分析，我们知道，相位差仅对低频声波定位起作用，但过小的时间差导致人耳无法分辨声音到达的先后顺序，此时讨论相位差也没有意义。

所以，要想手机 Dual Speaker 实现立体声，仅可以在强度差上做文章。根据我们实测的一款 Dual Speaker 的诺基亚手机（型号为 5530），当收听距离在 30 cm 时，主观上能够分辨出立体声效果；当距离达到 50 cm 以上时，立体声效果开始减弱；当距离超过 1 m 后，就几乎没有立体声感觉了。

B.2.6.2　其他改善

纯粹从技术角度看，Dual Speaker 在手机上是不会有太多立体声效果的。那么，采用 Dual Speaker 能否取得比 Single Speaker 更好的音质表现？

想想我们之前对 5.1 声道家庭影院的分析，尽管 5.1 声道的家庭影院对立体声效果不见得有多少提高，但大部分普通用户会觉得 5.1 声道比双声道立体声效果好，一方面是用户的心理作用（价格贵，自然效果好），另一方面则是大功率＋低音炮的功能。

目前，手机 Speaker 的主要问题有两点：一是功率不足，二是声音单薄，而且这两个问题往往是相互关联的。

受限于手机体积，手机 Speaker 的额定功率多在 $0.5 \sim 0.8$ W，比起 Hi-Fi 动辄一个 20 W 以上的 Speaker，明显差太多了。

除了功率小，手机 Speaker 的口径也小，导致其低频共振峰频率 f_0 偏高。一般，在手机 Speaker 中，单膜产品 f_0 基本在 800 Hz 左右，采用复合膜的在 450 Hz 左右，而音响设备所用的中频 Speaker 在 200 Hz 以下，低频大口径 Speaker 在 100 Hz 以下。另外，Speaker 总是装配在一定的腔体中。由于腔体的影响，导致单体＋腔体的总 f_0 又有所增加。通常，手机的总 f_0 在 $1.0 \sim 1.4$ kHz，而音响设备在 200 Hz 左右。

综合以上三个因素，导致手机 Speaker 播放音质声音小、单薄，特别是对于低频声音的重放效果很差，音域太窄，声音发脆不柔和。

所以，无论采用 Single Speaker 还是采用 Dual Speaker 设计，提升音质都应从两个方面着手。但是，响度、低频及功率之间往往是相互依存、相互矛盾的关系。低频足、声音柔和，则功率不能太大，否则会造成中高频信号超功率（人耳的等响曲线效应），有损坏 Speaker 的风险，只好牺牲功率保证安全，结果导致响度不够；响度足够的时候，低频效果又通常不好。理论上，Single Speaker 在这方面比较难以平衡，但 Dual Speaker 应该可以做得更好。

比如，借鉴 Hi-Fi 音响的设计思路，通过引入分频器，把声音分成低频和中高频两个部分，分别用低频扬声器和中高频扬声器播放（建议两个 Speaker 选用有针对性的型号，如低频选用复合膜，中高频可适当降低要求。目前华为的 P9 与苹果的 iPhone 7 均采用此思路，手机上部的听筒同时兼作音乐播放时的 Speaker。）；腔体设计上进行优化，播放低频的扬声器尽量采用大腔体（$\geqslant 0.7$ CC），播放中高频的扬声器可以采用小腔体（$0.3 \sim 0.5$ CC）；腔体设计中，可考虑在低频扬声器背腔开一个小孔（但要注意与 Microphone 之间的隔离），尽量拓展其低频下限。

上述方案主要是从硬件角度着手改善音质，其实我们也可以从软件方面着手。目前，无论高通、MTK，还是 Spreadtrum、Marvell 等平台，音效处理水平都不是很好（毕竟，平台厂家关注的是系统集成，而不是某单一功能）。因此，我们可以额外导入一些音效处理软件，比如美国的 SRS（业界最知名的公司）、丹麦的 AM3D（一家新兴公司）。

值得一提的是，笔者曾在某 Dual SPK 项目中接触过 AM3D 处理软件，调试完成后请大家试听，一致反映效果非常不错，特别是对耳机播放音质的提升非常明显。后来查阅了一下 AM3D 的网站，发现这家公司果然牛气，其产品涵盖民用、军用等多个领域，甚至连美军的步兵战斗头盔、F-16 战机上都集成有该公司产品，可用于辅助指示飞行员敌机导弹的来袭方向。

笔者特地从 http://www.am3d.com 上截取了几幅图供读者参考，见图 B-2-6。

图 B-2-6　AM3D 音效处理软件的应用领域

手机声学结构设计

C.1 手机声学结构设计基础

好马配好鞍，我们在使用手机时，若想要听到清晰的语音、优美的音乐，不仅需要好的处理软件、好的音频器件，更需要有好的声学结构设计。一句话，没有声学结构设计，再好的声音也出不来。

通过声学结构设计，我们可以：

（1）防止声音短路，充分发挥声学器件的性能。

（2）使得声音能够被真实地还原。

（3）对声音进行修正，防止噪声。

C.1.1 亥姆霍兹共振频率公式

在手机声学结构设计中，最常用的公式就是亥姆霍兹共振频率公式。在设计前音腔和出音孔/拾音孔时，它可以对相关的结构尺寸进行前期评估。

说起亥姆霍兹（H. von. Helmholtz），大家可能并不熟悉，但是说起"能量守恒定律"，大家应该是耳熟能详。作为德国 19 世纪伟大的物理学家和生理学家，亥姆霍兹最大的科学成就便是"能量守恒定律"，而"亥姆霍兹共振原理"则是他在声学领域最著名的成就。

如图 C-1-1 所示，在一个由理想刚体构成的空心圆球上，插一根短管就可以构成一个"亥姆霍兹共鸣器"。这个短管可以只连到空球，如图 C-1-1(a)；可以插入到球心，如图 C-1-1(b)；也可以仅在空球上开一个口，如图 C-1-1(c)。

在手机结构设计中，扬声器和受话器的前音腔接近于图 C-1-1(c)，而麦克风的前音腔接近于图 C-1-1(a)。

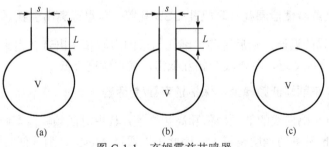

图 C-1-1　亥姆霍兹共鸣器

对于一个亥姆霍兹共鸣器来说，当其内部空气受到外界波动的压力时，无论压力作用于空腔内的空气还是管道内的空气，压力是来自外部声波（如麦克风采集到的声波）还是腔体振动（如扬声器/受话器工作时产生的振动），管道内的空气都会产生振动性的运动，而空腔内的空气对之产生反作用力/恢复力。在声波波长远大于共鸣器几何尺度的情形下，可以认为共鸣器内空气振动的动能集中于管道内空气的运动，势能仅与腔体内空气的弹性形变有关。这样，这个共鸣器就成为一个由管道内空气的有效质量和腔体内空气弹性组成的一个一维振动系统，因而对施加作用的波动会产生共振现象，其固有频率如下式：

$$f_z = \frac{c}{2\pi}\sqrt{\frac{S}{(l+kd)V}} \qquad\qquad (C\text{-}1\text{-}1)$$

公式中，f_z 是亥姆霍兹共鸣器的最低共振频率，c 是声速，S 是管道的截面积，d 是管道的直径，l 是管道的长度，V 是空腔的容积，k 为修正系数。对于图 C-1-1(a) 的不插入式共鸣器，$k=0.73$；对于图 C-1-1(b)的插入式共鸣器， $k=0.61$；对于图 C-1-1(c)的开孔共鸣器，$k=0.85$。

这就是所谓的"亥姆霍兹共振频率公式"，一个在手机声学结构设计中最常用也是最重要的公式。

C.1.2　手机声学结构设计基本规范

1．确保前音腔与后音腔之间的密封

当扬声器/受话器振膜振动时，振膜前后都会有声波产生。当声波扩散时，如果前后声波相遇，由于前后声波的波长相同，相位相反，故此时声波会互相抵消，而使得输出的声音变小。因此对于扬声器和受话器，在进行结构设计时，一定要确保前后音腔之间的密封（对于受话器，这个规范在特殊设计时不一定要遵守）。

2．通过调整前音腔和出音孔/拾音孔的结构设计来修正中高频的性能

前音腔的容积主要影响音频高频截止点，出音孔/拾音孔的面积影响高频截止点和中低频的灵敏度。容积小，出音孔/拾音孔大则高频截止频率高，但是如果太高会造成声音尖锐，高频噪声过多；而容积大，出音孔/拾音孔小则高频截止频率低，但如果过低则会影响频率响应曲线，并使响度变小。

3．通过调整后音腔的结构设计来修正低频的性能

后音腔主要影响声音的低频部分，对高频部分影响则较小。声音的低频部分对音质影响很大。后音腔容积越大，低频波峰越靠左（谐振点越低），低音效果就越突出。

4．确保泄漏孔或者使泄漏孔（耳机孔/USB 孔等）尽量远离出音孔

对于非倒相箱式的设计，从后音腔泄漏孔出来的声波和从出音孔出来的声波是反相的，如果泄漏孔距离出音孔太近，则声波会相互抵消，使得响度降低。

5．通过 Mesh 来削弱低频峰值，保护扬声器/受话器

Mesh 主要影响频响曲线的低频峰值和高频峰值，其中对低频峰值影响较大，而且低频峰值越大，受到 Mesh 衰减的程度也越大。因此可以通过 Mesh 来削弱低峰峰值以保护扬声器/受话器。对于 Mesh 的材质，在成本允许的情况下，尽量采用网格布，而不采用不织布。不织布在不同区域的密度不一样，因此不同区域声阻也不一样，可能会造成同一批防尘网的声阻一致性较差。基于声阻和防尘的考虑，一般选择 250＃～350＃之间的 Mesh。

C.2 手机扬声器相关结构设计

一个完整的扬声器模组由 Speaker 本体、前/后音腔、Mesh、密封泡棉、出音孔等部分组成，图 C-2-1 为一个典型的扬声器模组剖面图。

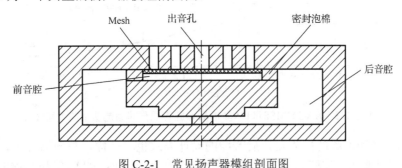

图 C-2-1 常见扬声器模组剖面图

C.2.1 扬声器后音腔的设计

声音的低频部分会对整个声音的音质产生很大的影响，而后音腔主要影响低频部分。

1. 音腔的大小

原则上对于扬声器来说，后音腔的容积越大越好。因为随着后音腔容积不断增大，其频响曲线的谐振点会逐渐降低，使低频特性能够得到改善，如图 C-2-2 所示。当然两者之间的关系是非线性的，当后音腔容积大于一定值时，它对低频的改善程度会急剧下降。

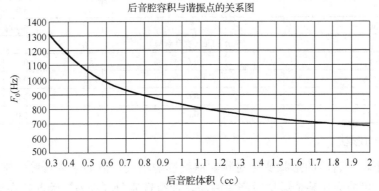

图 C-2-2 AAC DMSP1115WJ 的后音腔容积与谐振点的关系图

注 图中 cc（cubic centimeter）意思是立方厘米，是体积单位，下同。

我们知道，决定扬声器额定功率最重要的因素是振膜的振动位移。直观上不难想象，扬声器的输入功率越大，则振膜振动越强烈，即振动位移越大，扬声器越容易出现故障。根据波义耳定律，随着后音腔容积的增大，可压缩空气的体积也随之增大，扬声器振膜在振动时所受到的阻力会相应变小，从而在相同输入功率条件下，振膜的振动位移会变大，出现故障的风险随之变大。换言之，后音腔容积越大，则扬声器的额定功率越低，如图 C-2-3 所示。因此，如果后音腔的容积过大，虽然低频的性能会变好，但是由于额定功率的降低，整体响度会降低，得不偿失。

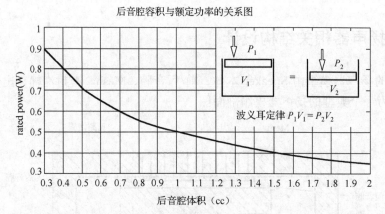

后音腔容积与额定功率的关系图

波义耳定律 $P_1V_1 = P_2V_2$

后音腔体积（cc）

图 C-2-3　AAC DMSP1115WJ 的后音腔容积与其额定功率的关系图

对于不同直径和振膜的扬声器，后音腔的设计要求也不一样。一般情况下，振膜材质相同时，扬声器尺寸越大，需要的后音腔体积也越大，表 C-2-1 是一些常用的扬声器的后音腔推荐尺寸，不在列表中的扬声器请参考体积最接近的扬声器的推荐尺寸。

表 C-2-1　常用尺寸扬声器后音腔容积推荐值

扬声器外形尺寸/mm	后音腔最小容积/cc	后音腔推荐容积/cc
PET 膜		
12×17	1.5	1.6 以上
9×28	1.5	1.6 以上
16	1.5	1.8 以上
14×20	1.5	2.0 以上
23	2	3.0 以上
36	2	4.0 以上
Soft-edge（复合音膜）		
9×13	0.6	0.8～1.2
9×16	0.6	0.8～1.2
11×15	0.6	0.8～1.2
13×18	0.8	1.0～1.4

2．后音腔的形状

一般情况下，后音腔的形状变化对频响曲线影响不大，但如果后音腔中某一部分太窄太长，那么该部分可能会在某个频率段产生驻波，使得音质急剧变差。因此，在后音腔设计中，必须避免出现这种异常空间的情况，尽量设计形状规则的音腔。

3．后音腔的几种形式及各自的优缺点

手机后音腔的结构一般有三种形式，如图 C-2-4 所示。

BOX 一体式，由扬声器供应商根据手机的结构，单独将扬声器嵌入到一个密封的 BOX 里面（嵌入的部分可以是整体的扬声器，也可以是扬声器去掉前支架之后的部分），这样可以最优地利用空间，提高整个扬声器的性能，但是价格较高，适用于成本压力较小，音质要求较高的高端机。

单独支架密封式，用结构或者 PCB 来形成一个单独的封闭的后音腔，依靠泡棉来做密封，这种形式成本较低，但是密封效果一般，适用于中低端手机。

整机壳体式，用手机整个壳体作为后音腔，成本低，容积也足够大，但是密封性差，环境复杂，适用于成本压力较大的防水手机。

一体式BOX　　　　　　整机壳体做后音腔　　　　　　单独支架密封式

图 C-2-4　扬声器后音腔的结构形式

4．密封、密封，还是密封

重要的事情说三遍！

密封是扬声器在进行后音腔设计时的重中之重，这个密封不仅包括前文所述的前/后音腔之间的密封，还包括其与手机内部及外部的密封。如果密封有问题，前者因为相位相反的缘故会造成响度减小，而后者会造成低频衰减从而严重影响扬声器的响度和音质，如图 C-2-5 所示。

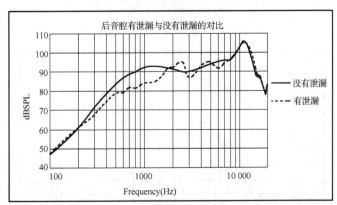

图 C-2-5　AAC DMSP1115WJ 后音腔（0.8cc）有泄漏与无泄漏对比图

因此，对于手机上的各种泄漏孔，比如耳机插孔，USB 插孔，SIM/TF 卡孔，需要尺寸越小越好，距离扬声器越远越好，而且在允许的情况下尽量为这些泄漏孔设计孔盖。

5．设计时需要对漏气孔进行避让

在进行结构设计时需要先确认扬声器本体上的漏气孔位置，并确保在装配扬声器之后，漏气孔和其相邻结构之间的距离大于 0.8 mm，以保证扬声器在工作时漏气孔的空气能通畅进出，如图 C-2-6 所示。

6．通过在后音腔填充特殊材料来改善频响曲线性能

设计中经常会遇到由于结构和 ID 限制，扬声器后音腔容积无法满足要求的情况。此时，我们可以考虑通过在扬声器后音腔中填充特殊材料来改善音频性能，比如 NXP 的 N'BASS 以及 AAC 的 DEEP BASS 技术。所谓的特殊材料可以理解为一种表面有很多微孔的颗粒，如果将其用后音腔结构相匹配的袋子包装后填充到后音腔中，如图 C-2-7 所示，扬声器工作时，微孔会吸附和释放空气粒子（相当于变相增大了后音腔的体积）。通过采用这个技术，可以在不更改扬声器单体及结构设计的情况下改善低频性能，如图 C-2-8 所示，SFR 在 F0 以下提高了

近 3 dB；或者在不增加总体结构体积的情况下，通过减小后音腔容积，然后更换更大体积的扬声器来增加整体的响度值，如图 C-2-9 所示，将 11 mm×15 mm 扬声器更换为 13 mm×18 mm 扬声器后，整体响度提高了 5 dB 以上。

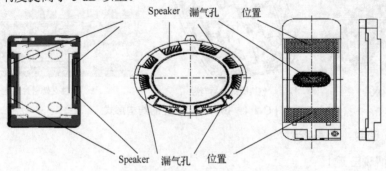

图 C-2-6　扬声器漏气孔的位置图

图 C-2-7　特殊材料添加示意图

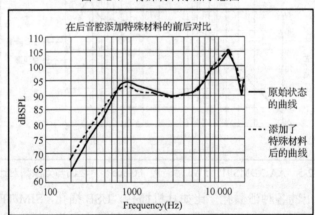

图 C-2-8　AAC DMSP1115WJ 后音腔（1cc）添加特殊材料与不添加特殊材料时的对比图

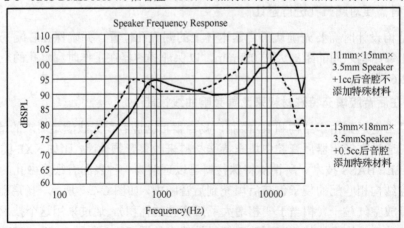

图 C-2-9　总体积（扬声器+后音腔）不变情况下的对比图

C.2.2 扬声器前音腔及出音孔的设计

前音腔和出音孔共同影响扬声器的中高频部分,在对它们的结构进行设计时,需要利用亥姆霍兹公式对高频谐振点进行前期评估,其中 k 选择 0.85,而 f_z 调节到 10 kHz 左右比较合适。

1. 扬声器前音腔的设计

前音腔主要影响扬声器的高频部分,随着前音腔容积的增大,高频波峰会不断向左移动,即高频谐振点越来越低,如图 C-2-10 所示。

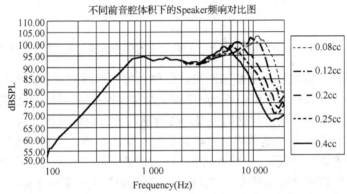

图 C-2-10 某 1511 扬声器在不同前音腔容积下的频响曲线(出音孔固定为 15mm^2)

相对于免提通话来说,播放音乐是扬声器更重要的一项功能,而手机音乐的频段一般为 300 Hz~12 000 Hz,即只有在该频段内的频响曲线才是有效的。因此我们一般希望频响曲线的高频谐振点在 8~10 kHz 左右,因为如果高频波峰太高(高频谐振点大于 10 kHz),那么在中频段可能会出现较深的波谷,导致声音偏小。如果高频波峰太低(高频谐振点小于 6000 Hz),那么声腔的有效频带可能会比较窄,导致音色比较单调,音质较差。所以前声腔太大或太小对声音都会产生不利的影响。另外,用于前音腔的密封垫片,在其被压缩后的厚度需要在 0.5~1 mm 之间,以确保声音能够顺畅地发送出去。

除了容积,前音腔还有三种基本结构形式,分别为垂直型、倒梯形和梯形。通常,我们应设计成垂直型或倒梯形,而尽量避免设计成梯形,以防止出现声反射,如图 C-2-11 所示。

(a) 垂直型 　　　　　　　　　　 (b) 倒梯形 　　　　　　　　　　 (c) 梯形

图 C-2-11 扬声器前音腔形状示意图

2. 扬声器出音孔的设计

出音孔的面积对频响曲线的各个频段都有影响,但主要影响高频共振点,随着出音孔面积减小,高频波峰会向左移动,扬声器的有效频宽会变窄,而且当出音孔的面积小于一定值时,扬声器的响度会急剧衰减,一般建议扬声器的出音孔面积是扬声器振膜面积的 5%~15%,如图 C-2-12 所示。

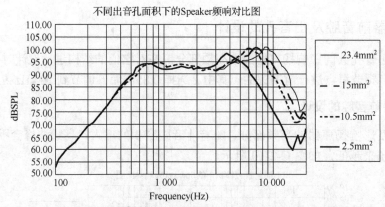

图 C-2-12　某 1511 扬声器在不同出音孔面积下的频响曲线（前音腔固定为 0.2cc）

对于出音孔形状，需要确保其结构圆滑，避免尖角，推荐圆形和弧形的出音孔，且单孔或者弧形孔的最小尺寸要介于 0.8～1.5 mm 之间。太大很容易进异物，太小则会造成声阻急剧上升，并且在模具的实现及后续注塑时容易产生异常，使音效偏离设计值。

出音孔的开孔位置、分布是否均匀对声音也有一定的影响，其影响程度与前音腔的容积有很大关系，如图 C-2-13 所示。一般情况下，前音腔容积越大，开孔的位置和分布对声音的影响程度就越小。我们建议采用开偏口，也就是出音孔的开孔位置位于振膜的 3/4 处（从正中往侧边），这样设计对中低频有利，并且可减少高频噪声。因为对扬声器振膜来说，由边缘到中心分别是最边沿的低频区（悬边区），它会影响扬声器的 f_0 点；然后是中间的中低音区，它决定了扬声器声音的大小及音质的好坏；最中间的是高音区。

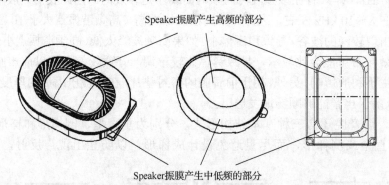

Speaker振膜产生高频的部分

Speaker振膜产生中低频的部分

图 C-2-13　扬声器振膜不同区域的作用

另外，在进行设计时还可以采用侧出音，侧出音可以通过结构实现，也可以通过采用侧出声的扬声器（比如 Knowles 的 NAUTILUS）或者一体式 BOX 来实现，如图 C-2-14 所示。侧出声相当于如上所述的开偏口，因此可以提升低频性能，抑制高频噪声和破音。

C.2.3　其他注意点

（1）当扬声器出音孔位于手机背部时，在扬声器的出音孔处要留突起，以确保手机放在桌面时，扬声器出音孔与桌面的垂直距离大于 0.4 mm，防止出音孔堵塞导致音量太小。

（2）扬声器安装后要确保其受到的压力作用在扬声器的外部壳体上，并且不超过 5～8N（根据扬声器的说明书来确定），以防止扬声器受压变形产生噪声和失真。

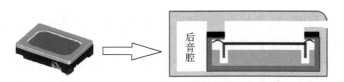

采用普通11mm×15mm Speaker，通过结构导音实现侧出音的设计

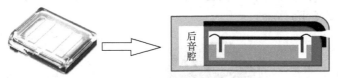

采用NAUTILUS（本体侧出音Speaker），实现侧出音的设计

图 C-2-14　侧出声扬声器结构设计示例

（3）在实际设计中，如果高频声音出现问题，可以根据实际测量结果，修正出音孔的面积或者出音孔与振膜的相对位置来改善。需要注意一点，减小出音孔面积并不意味着响度一定降低，有时反而可以提高响度。

C.3　受话器相关结构设计

C.3.1　受话器后音腔的设计

对于受话器来说，后音腔不需要进行特殊设计，一般直接利用整个壳体作为后音腔，仅需要确保受话器的漏气孔不会被壳体或者器件所阻碍就可以（确保 0.8 mm 的间距）。另外，如前所述，需要确保受话器前/后音腔之间的密封。

C.3.2　受话器前音腔及出音孔的设计

和扬声器类似，前音腔和出音孔会共同影响受话器的高中频部分，随着前音腔体积的增大，出音孔的减小，共振点会逐渐降低。在设计时，我们也需要利用亥姆霍兹公式进行前期评估，其中 k 选择 0.85，共振点 f_z 需要被调整到通话带宽之外（窄带语音建议 $f_z > 6$ kHz；宽带语音建议 $f_z > 9$ kHz），以避免在通话频段内产生尖峰，影响 RFR 的调整及音质。

虽然受话器的前音腔越小越好，但是前音腔的高度（环形凸筋+泡棉总高度）需要设计在 0.6～1.0 mm 之间，以确保声音能够顺畅地导出。受话器出音孔及音腔内部要过渡圆滑，避免尖角、锐角，以免影响音质；出音孔要位于手机中心线上，其面积要大于 4 mm²；长条形出音孔推荐孔宽在 0.8～1.5 mm 之间，圆孔孔径也要在 $\varPhi$0.8～1.5 mm 之间，以避免异物进入或者声阻过高。

对于现在的大屏智能手机来说，其长度（Y 轴向）取决于屏的长度和受话器的宽度。受限于现在技术，可用的受话器的最小宽度为 5 mm。因此，为了获得更大的屏占比，我们可以采取某些特殊的设计，比如图 C-3-1 所示的受话器模块和侧出音受话器（如 Knowles 的 GARBO），堆叠时其在 Y 轴上的尺寸只有 2.5 mm 左右。

C.3.3　摩托罗拉特殊的泄音孔设计

前面提到了在进行特殊设计时，受话器腔体可以不遵守前/后音腔之间要密封这条基本规范。这个特殊设计指的就是摩托罗拉手机上的泄音孔设计，如图 C-3-2 所示。

在摩托罗拉中期及更早的手机上，除了受话器的正常出音孔（主出音孔）之外，还有三种泄音孔，分别是与主出音孔呈同心圆分布，直径为 25.4 mm 的圆内的主泄音孔；位于主出音孔侧面的第二泄音孔；以及位于主出音孔背面的第三泄音孔（后泄音孔）。

其中，主泄音孔有助于增大舒适区域的面积（舒适区域是指在手持模式下，使用者能够获得舒适接收响度时，受话器主出音孔在耳郭内的相对位置），同时有助于外放受话器的能量，以改善手持模式下的 Echo Loss。

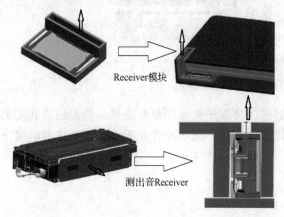

图 C-3-1　可以增大屏占比的受话器设计方式

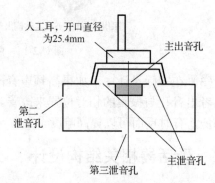

图 C-3-2　Motorola 特殊的泄音孔位置示意图

第二泄音孔和第三泄音孔则可以极大地将受话器的声音能量泄漏出来，进一步改善手持模式下的 Echo Loss。

但采用泄音孔的设计也有其缺点，比如为了获得足够大的接收响度值，需要选用更高灵敏度或者能承受更大功率的受话器；另外在通话时，第二泄音孔和后泄音孔会同时将受话器的声音传到手机周边，导致严重的隐私风险（你懂的）！因此，摩托罗拉后期的手机产品上很少采用三个泄音孔的设计方式，即便保留也仅有主泄音孔。

写至此处，笔者不无感慨。作为手机的发明者，摩托罗拉曾在模拟机及第一代数字机时代创造过无与伦比的辉煌。不夸张地讲，当年那些砖头般大小的"大哥大"，在国内绝对是身份与地位的象征，拥有一部摩托罗拉手机的荣耀感是远非今天果粉、花粉所能体会的。然而摩托罗拉被胜利冲昏了头脑，重技术不重商业，花费巨资开发极其高端的铱星系统（卫星通信系统的复杂性远不是陆地移动通信系统所能比拟的）。结果，先不说一部卫星电话要两万美元，单每分钟通话就要 7 美元，而同期的移动通信每分钟远低于 1 元人民币。想想看，如果不是特殊行业，如果不是千万富翁，美国老百姓也用不起这高端的铱星系统吧？伴随着铱星系统在商业上的失败，摩托罗拉也开始了其衰败的步伐，真是时过境迁，物是人非……

C.3.4　其他注意点

（1）受话器出音孔上边缘到手机顶部的距离建议设置在 5～7 mm 左右（目前普遍偏小），以确保手机在手持模式通话时，手机受话器附近的壳体可以和耳郭形成一个相对封闭的空间，使得受话器的语音能够更清晰地传送到耳朵里。

（2）受话器安装后要确保压力作用在受话器的外部壳体上，压力一般不超过 5～8 N（根据受话器的说明书来确定），以防止受话器受压变形产生噪声和失真。

C.4　Microphone 相关结构设计

C.4.1　Microphone 前音腔及拾音孔的设计

　　手机麦克风导音管是声音从嘴巴到麦克风的必经之路，一个良好的麦克风导音管设计是手机语音通话质量的重要保障。对于麦克风的前音腔和拾音孔的尺寸，同样可以用亥姆霍兹公式进行前期评估，k 选择 0.61，而共振点需要大于 10 kHz，以确保其共振点不会落在我们所关心的语音频带范围之内（窄带 3.4 kHz，宽带 7.4 kHz）。如果共振点落在音频带范围之内，会形成一个尖峰，这个尖峰会严重影响 SFR 曲线的调整，虽然通过滤波器可以将这个尖峰压制下去以满足 3GPP 标准，但是会造成音频失真，影响音质。

　　对 Microphone 的结构来说，前音腔的密封极为重要，如果密封有问题，将产生 Echo 的问题，同时会影响 SFR。采用正进音的麦克风时，无论是 ECM 麦克风还是 MEMS 麦克风，其密封面必须是麦克风与密封圈/密封胶套之间承受正向压力的接触面，如图 C-4-1(a)所示，而采用背进音麦克风时，麦克风的前后都需要有密封圈/密封胶套来做密封，如图 C-4-1(b)所示。

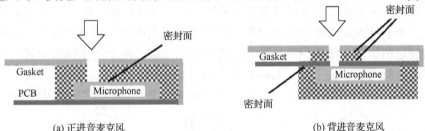

(a) 正进音麦克风　　　　　　　　　　　(b) 背进音麦克风

图 C-4-1　麦克风前音腔密封示意图

　　和扬声器以及受话器的设计类似，为了获得合适的谐振点，Microphone 的前音腔越小越好（一般要小于 0.01cc），拾音孔面积越大越好（直径在 0.8～1.2 mm 为宜，但是太大的话会有被尖锐物品刺入而破坏 Microphone 的风险），导音管长度越小越好（一般要小于 3 mm）；另外前音腔的高度（环形凸筋+泡棉总高度）需要设计在 0.6～1.0 mm 之间，以确保声音能够顺畅地导入；拾音孔及音腔内部要过渡圆滑，避免尖角、锐角，以免影响音质。

　　对于 Microphone 拾音孔的设计还有以下几点需要注意：

　　（1）考虑到使用者左右手使用的差异，拾音孔越靠近手机中心线越好，如果做不到，也不能超过手机中心线到手机侧边距离的 50%。

　　（2）考虑到免提时的 Echo 问题，麦克风拾音孔应尽量避免和扬声器出音孔位于同一个表面，比如扬声器孔位于手机背面的话，麦克风的拾音孔应设计到正面或者底面。

　　（3）麦克风出音孔应放置在不易被使用者的脸或手指挡住的地方。

　　（4）为了改善风噪问题，可以采用多拾音孔的设计，如图 C-4-2 所示。

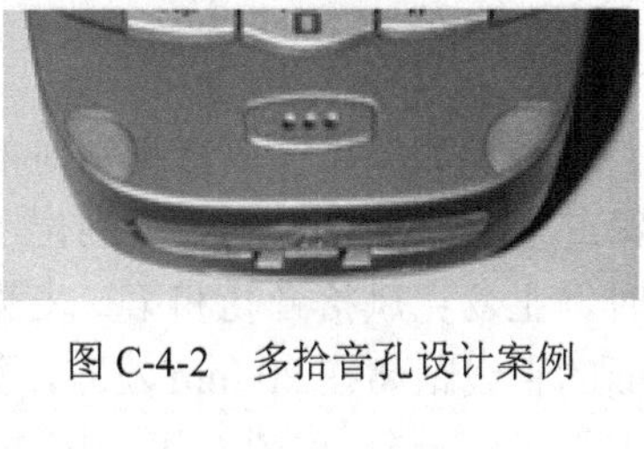

图 C-4-2　多拾音孔设计案例

C.4.2　双麦克风及多麦克风的设计

　　采用双麦克风和多麦克风设计的主要目的是用来做语音降噪。形象地说，语音降噪的基本原理是比较同一时刻从各个麦克风采集到的声音信号，通过一系列软/硬件算法处理，提取声音信号的特征，来确认哪些是需要保留的语音信号，哪些是需要滤除的噪声。然后生成和噪声信号反相的信号，如果把这个反相的信号叠加到麦克风的信号上去，则是上行通路降噪；如果把这个反相的信号叠加到手机的受话器或者耳机的喇叭信号上去，则是下行通路降噪（又称"主动降噪"）。

为了实现语音降噪，除了需要软硬件支持外，还需要对结构上与麦克风相关的部分进行相应的设计。而对于麦克风的结构设计，在遵守上面所述的麦克风设计规则之外，还有一些特殊的设计要求。

1. 两个基本的要求

（1）用于降噪的麦克风需要尽量选择相同规格的麦克风，而且要确保各个麦克风导音管在 7 kHz 以下频率段的频响一致或者尽量接近，这样更有利于对语音信号进行消噪处理。

（2）在 X 轴方向上，如果两个麦克风拾音孔的位置不能同时位于手机的中心线上，则需要位于中心线的同一侧，并且在 X 轴的坐标差要小于 10 mm。

2. 上行通路降噪，根据要实现的功能不同，对各个麦克风拾音孔的位置要求也不同

（1）如果用在手持模式下进行双麦克风降噪，在进行结构设计时，在 Y 轴方向上，主麦克风拾音孔需要设计到距离嘴最近的位置，比如手机前表面的下部或者底部；副麦克风需要设计在离嘴较远的位置，比如手机的顶部或者背面的上部；两个麦克风的拾音孔位置越远越好，最小距离也要大于 2 cm，如图 C-4-3 中的(a)。

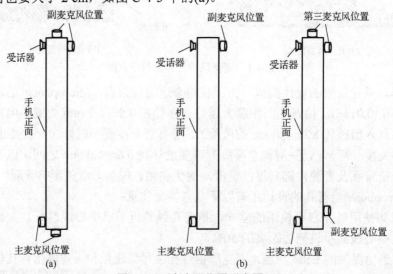

图 C-4-3　麦克风位置示意图一

（2）如果用于语音识别时的消噪，在进行结构设计时，若采用两个麦克风，主麦克风和第二麦克风的拾音孔要分别位于手机的正反两面，并且距离越远越好；如果采用三个麦克风时，主麦克风拾音孔和第二麦克风的拾音孔一般位于手机底部的正面和背面，而且沿手机表面的直线距离在 20 mm 左右，第三个麦克风的拾音孔距离主麦克风越远越好，最小距离也要大于 100 mm，如图 C-4-3 中的(b)。

（3）如果用于录像时的语音自动定位，位置和图 C-4-3 中的(b)类似，区别在于无论采用两个麦克风还是三个麦克风，都需要将主麦克风和第二麦克风的拾音孔分别设计在手机正背

对的正反面，它们的距离要在 20 mm 左右，并且它们拾音孔的连线要朝向默认录像时人说话的位置，如图 C-4-4 中的(a)所示。

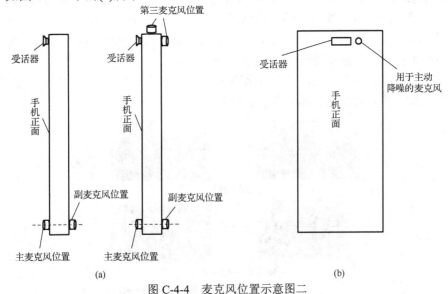

图 C-4-4 麦克风位置示意图二

3. 下行降噪（主动降噪）

一个麦克风要紧靠受话器或耳机扬声器的出音孔，以便于在通话时，这个麦克风处于使用者的耳郭内部，采集耳郭内的声音信号，如图 C-4-4 中的(b)。

C.5 与防水相关的音频结构设计

对于手机来说，因为扬声器与受话器的出音孔，以及麦克风的拾音孔是必须外露，而且不能封死的，因此，在设计防水手机时，必须考虑音频结构的设计。

手机的防水等级一般分为两级，即 IPX4 的防水溅，以及 IPX7 的防水浸。对于 IPX4 来说，在进行音频结构设计时不需要做特殊的处理，仅需要选择目数较高的 Mesh（一般在 300 目左右）就可以满足要求；但是对于 IPX7 来说，必须对音频结构进行特殊的设计。

为了满足 IPX7 的要求，设计时共有两种方案，一种是在开孔处增加防水透气膜，如图 C-5-1 所示；另一种是通过选用可以满足 IPX7 的音频器件来实现防水。

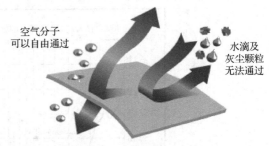

图 C-5-1 防水透气膜示意图

C.5.1 与扬声器、受话器相关的设计

对于扬声器和受话器来说，为了满足 IP67 的要求，一般不在出音孔处使用防水膜，原因有以下几个方面。

1. 成本问题

防水扬声器/受话器和非防水扬声器/受话器的价格相差并不大，也就是 0.1 美元左右，而一个防水膜的价格却在 0.8 美元左右。

2. 对扬声器/受话器的响度及失真有严重影响

我们都知道，对于手机来说，扬声器/受话器的响度一直是个硬伤。一般受结构空间所限，我们在项目中能选择的扬声器/受话器仅能满足语音通话时的 RFR/RLR 标准，并不能满足人们对音乐播放时响度的期望。因此，2dB 以上的衰减是无法接受的，除非我们更换尺寸更大的器件，但是大尺寸器件意味着结构和 ID 的巨大变动。

图 C-5-2(a)搭建了一个系统，用于对比测试防水膜对扬声器（B&K4227）的影响，图(b)和图(c)分别是防水膜对频响曲线和失真的测试结果。

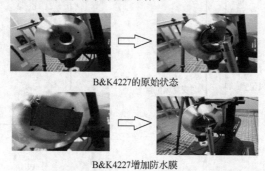

(a) 搭建系统测试防水膜对扬声器（B&K4227）的影响

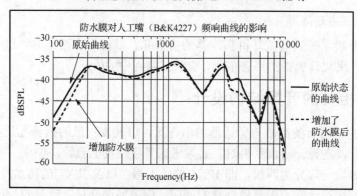

(b) 防水膜对扬声器（B&K4227）频响曲线的影响

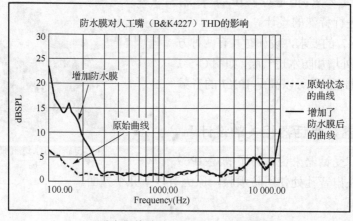

(c) 防水膜对扬声器（B&K4227）失真的影响

图 C-5-2

从图 C-5-2 中可见，防水膜对扬声器（B&K4227）的频响曲线及失真有显著影响，尤其在低频段，不仅响度降低超过 2 dB，而且失真严重恶化。在大音量下，超过 10%以上的低频失真就会被人耳听到。

为了解决失真问题，一般有两种方法：一个是增大防水膜的面积，防水膜面积越大，失真性能恶化就越小（这也是防水膜对受话器影响更大的原因，可参见图 C-5-3），但是受限于扬声器/受话器的尺寸，在不更换器件的前提下，防水膜可增加的面积非常有限。另一个方法是增大用于固定防水膜的压力，但是受限于器件可承受的压力范围和结构设计的可实现性，这个方法也很难实施。

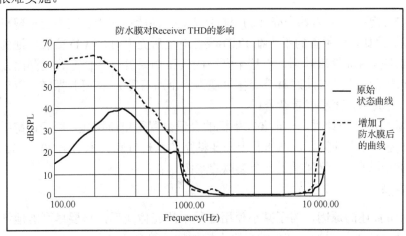

图 C-5-3　防水膜对受话器 THD 的影响

3．吸附铁屑等杂质

对于扬声器/受话器来说，由于存在磁性会吸附微小的铁屑，而这些铁屑会透过 Mesh，从而接触到并破坏防水膜，导致防水性能恶化。

4．防水膜自身的可靠性

实践证明，防水膜在受到多次压力后，其形状会发生变形，从而影响音质。基于以上原因，一般采用本体防水的器件来满足 IPX7 的要求，并且在结构设计时不需要做太大的变动，仅需要注意以下几点：

（1）器件和前音腔壳体之间的密封需要采用防水胶。

（2）需要由结构给予器件足够的压力，来保证防水性能，但是这个压力需要作用在器件的支架上并在其说明书所示的最大可承受压力之内。

（3）因为是靠本体防水，手机浸水时水会从 Mesh 渗入到前音腔内，并且在 Mesh 上及 Mesh 和前音腔之间的水消失之前，扬声器/受话器的响度会有巨大的衰减。对于 Mesh 上的水，靠自然风干很快就可以蒸发掉，但前音腔里的水却很难被自然蒸发。为了解决这个问题，可以在前音腔（特别是扬声器）的结构上设计一个排水孔，用于在手机浸水之后迅速排出前音腔中的水，以便尽快恢复响度。

C.5.2　与 Microphone 相关的设计

因为行业内还没有能达到 IPX7 等级的防水麦克风，采用在拾音孔处增加防水膜的设计就是唯一的选择。在对麦克风的防水膜结构进行设计时，需要注意：

（1）需要选择质量可靠的防水膜，要区分是热熔胶复合还是热压复合，如果是热熔胶复合，其声阻会特别大。

（2）防水膜的尺寸不能太小，如果太小（小于 $\Phi 1$ mm）会产生较大的声阻。

（3）防水膜两侧的泡棉厚度要大于 0.8 mm，以确保防水膜在工作时有足够的振动空间。

C.5.3　其他注意点

1．泄压孔的设计

满足 IPX7 的手机，因为整个壳体的密封性太好，因此在使用过程中会出现机壳内外气压不平衡的问题。比如，使用者的手压在 LCD 或者电池后壳上时，LCD 或者电池的后壳发生形变，从而使得手机内部气压升高，而这个升高的气压如果没有其他方式泄漏出去，就会作用在扬声器/受话器的振膜上（此时整个壳体可视为一个后音腔），使得其振膜一直处于偏离平衡位置的状态，造成声音变小或者杂音。

因此，进行 IPX7 设计时，一定要在手机的合适位置留出泄压孔，用于保持手机内外的气压平衡。另外为了防水的需要，泄压孔上需要粘贴防水透气膜。本书第 20 章"Acoustic 调试中值得关注的几个现象"就列举了一个类似的案例。

2．结构强度

基于上面所描述的原因，为了减小使用过程中的壳体变形，需要尽可能地增加其强度，比如在 LCD 背面增加加强板，在电池后壳上增加加强筋等。

C.6　小结

总之，对于音频相关的结构设计，自有其一套规范，而遇到问题时在排除了元器件本身的原因后，可以检查相应的结构设计来定位和解决：

（1）如果手持或者免提模式下有 Echo 问题，请检查麦克风的密封状态是否良好，扬声器的后音腔密封是否良好，扬声器的出音孔和麦克风的拾音孔距离是否太近。

（2）如果滤波器设置在 Full Pass（全通）模式时，在 SFR 或 RFR 的有效带宽中有一个或两个特别高的尖峰，则曲线调整起来很困难。此时，应首先请检查麦克风或者受话器/扬声器的前音腔与拾音孔/出音孔的设计尺寸是否合适，可以尝试增大出音孔面积，减小前音腔体积。另外，还应检查扬声器后音腔是否被分成了两部分，而这两部分之间的连接通道是否太细。

（3）如果发现扬声器的频响曲线在中频区域有一个很大的波谷，首先检查扬声器后音腔是否存在泄漏。

（4）如果发现扬声器的 THD 曲线中某个频点的失真有问题，应检查音腔中是否存在尖角，是否存在过窄的缝隙，Mesh 与机壳以及扬声器之间是否粘接牢固，距离是否合适。

（5）如果发现扬声器/受话器的响度与其 SPEC 不符，或者低频段存在不正常的衰减，则应检查其出音孔的面积是否足够，前后音腔之间是否存在泄漏，泄漏孔（USB 接口、耳机插口等）是否距离元器件太近。

（6）莫要迷信规范，在出现问题时要敢于尝试，出音孔变小，响度并不一定变小，后音腔由密封式改为开放式（壳内），低频并不一定会变差。

"苦逼" IT 男的那些事儿

其一 我加班，我选择！

进入 IT 界，做个 IT 男，这是多少年青学子们梦寐以求的事情。想想也是，高收入、高智商、高学历，要是再加一个高个子，那可是年轻女孩儿竞相追逐的对象。

可是，当学子们毕业后，一脚踏入 IT 界的那天开始，伴随着可以穷尽的 Schedule、可以穷尽的薪资，却是无穷无尽的 Bug 和无穷无尽的加班。

据说，某位在 IT 界混饭吃的朋友参加同学聚会，席间有位当公务员的同学问他："听说你干 IT 了？"

IT 男有些懊恼："没办法，老爹是种田的。"

同学再问："加班啥感觉？"

IT 男答："加班——死一般的感觉！"

同学又问："今年过节不加班？"

IT 男若无其事："要加就加免费班！"

公务员不解："那为什么加班？"

IT 男很坚定："我加班，我选择！"

同学更加不解："到底加的什么班？"

IT 男高傲地回答："不加寻常班！"

同学可怜他，说："下周五晚上，你来，我做东！"

IT 男拒绝了："加班。"

"星期五，周末哎！"

"因为周五，所以周六就不下雨吗？！"

……

所谓"痛并快乐着"，莫过于 IT 男了吧？

其二 专利与垃圾

IT 男的确苦逼，但苦逼的 IT 男也有自己的快乐，甚至不惜对自己极尽讽刺挖苦之能事。这几年，中国企业申请专利最多的是华为。说实话，笔者也是搞通信的，在咱通信行业，华为的确牛×，仅仅用了不到 30 年的时间，就从深圳一个微不足道的民营企业成长为国际通信设备巨头，将当年叱咤风云的 Ericson、Siemens、Alcatel、Nokia、Lucent 等国际大佬远远甩在身后。无论如何，这样的传奇，恐怕在很长一段时间内是无人可及了。

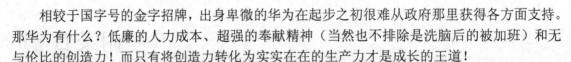

相较于国字号的金字招牌，出身卑微的华为在起步之初很难从政府那里获得各方面支持。那华为有什么？低廉的人力成本、超强的奉献精神（当然也不排除是洗脑后的被加班）和无与伦比的创造力！而只有将创造力转化为实实在在的生产力才是成长的王道！

话说笔者有一次与朋友聊天，说起了申请专利的事情。

我问："亲，今年写了几个？"

朋友说："两个，加上去年审批下来的，一共三个。"

我很羡慕："这么多？脑袋好使的人就是点子多！"

"三个就脑袋好使？？？我们那里人均都有五个！！！他们那些家伙，脑袋一拍就是一个Idea！"

我愕然："这么牛×？！我就是拍成脑震荡，也拍不出来呀。"

朋友很不屑："我看过那些专利，基本都是胡说八道！没办法，公司有任务，只要能骗过审查专利的人就行了呗。"

我恍然大悟："噢，原来都是垃圾专利哟。"

朋友睁大眼睛看着我说："垃圾专利？你怎么能这样说？"

我有些愧疚，正要道歉。

朋友郑重其事地说："请你以后不要侮辱垃圾！！！"

……

我彻底"石化"了。

其三　自娱自乐

在外人看来，IT男的头衔是光鲜的，但生活却是无趣的（至少我太太就是这样看我的）。每天两点一线的生活，极少有什么情趣可言，也没有什么业余时间去风花雪月、儿女情长。但是，这并不代表IT男不会找乐，而且智商高超的他们更加擅长于在工作中寻找乐趣。

一位朋友刚刚从生产线转做研发，被领导安排去打ESD。他独自一人在实验室里，一枪一枪地打，再一枪一枪地放电，将待测手机在各种模式下切换来切换去，反反复复，不知不觉就到下班的时间了。正巧，最后一项是要求手机在播放MP3状态下进行测试，一个人也无聊，干脆把耳机插上，一边打静电一边听歌，岂不快哉？

说干就干，朋友插好耳机，调整设备至10 kV、连续放电方式、自动击打三枪。耳机中传来悠扬的乐曲，一切准备就绪后，朋友猛地扣动了扳机……

事后，朋友回忆道："但觉一道闪电，从左耳进入，横穿大脑，再从右耳飘然离去。"

自此，我的这位朋友练出一对大名鼎鼎的顺风耳。但同事们都说，还要给他买台眼部按摩器，练出个火眼金睛也未可知！

其四　我的申请你做主

有过工厂出差经验的读者都知道，工厂的安检流程特别烦人，尤其是以代工为主的工厂，简直就是折腾人。可不，那次笔者去出差，就遇到了这样的事情……

第一天，带了电脑出发，临行前在网上提交电脑进出厂区审核单，等待审批；

第二天，到达厂区，单子没签完，电脑带不进去，寄存在厂区传达室；

第三天，电脑继续背到厂区，单子没签完，电脑带不进去，寄存在厂区传达室；

第四天，电脑继续背到厂区，单子没签完，电脑带不进去，寄存在厂区传达室；

第五天，电脑继续背到厂区，单子没签完，电脑带不进去，寄存在厂区传达室；

第五天下班回酒店看下：Happy 啊，单子总算签完，明天可以带电脑到厂区了！可突然想起来，明天好像就要回程了吧？

其五　再加一盘！

咱们 IT 男，不敢说一定有多么土豪、一定有多么 Fashion，但怎么也算是闯荡过江湖、见识过世面的。任你 Qualcomm、TI、MTK，任你安卓、Windows Phone、Linux，咱们 IT 男哪个不是玩得滴溜溜转的？每每讲起码分多址、频分复用，那理论，那一套一套的，总能把那些个"无知"少女们听得是一愣一愣的，无比崇拜。

话说 2010 年岁末，我、奂总、Andy、彦斌、曾哥等一行人去北京出差，支援某项目生产。三班倒，连轴转了几天，总算把产品全部生产出来了。离开前，大家一致提议说晚上去饭店搓一顿，就吃涮羊肉。

坐下后，服务员递上菜单，大家每人点两个。涮羊肉、金针菇、茼蒿、菠菜……，大家一边说，服务员一边快速记录。

轮到我点菜时，奂总说，再点几个羊肝、羊心之类的东西吧。于是，我顺着菜单看下去，有羊心、羊肝、羊肚、羊脑、羊宝……

"羊宝"我眼前一亮，心想："羊宝"啥玩意？没听说过嘛。

然后，我就问大家："要不来点儿羊宝？"

大家没有意见。

我看看价格还挺贵，就跟服务员说："来一盘羊宝吧！"

服务员记下后，问："一盘羊宝，还有什么需要吗？"

我们说没有了。

服务员刚欲转身离开，我随口问了一句："哎，小姐，那个'羊宝'是什么东西啊？"

女服务员愣了一下，我以为她没听见，就提高嗓门又问了一遍："我们想问一下，那个'羊宝'是什么东西啊？"

只见女服务员扭扭捏捏、支支吾吾了半天，加上周围环境嘈杂，我们根本听不清楚她在说什么。于是，我就问："到底什么东西啊？"

这个小姑娘满脸涨得通红，说："羊宝，就是羊宝啦！我也说不清楚。你问他，他知道！"然后，她把附近的一个男服务员给叫了过来，转身便离开了。

男生问："什么事？"

"我们就是问，羊宝是什么东西啊？那小姑娘说她也不清楚。"

"羊宝？"

"是啊，什么东西啊？"

"就是公羊的生殖器！"

"羊鞭，噢！"我们恍然大悟（真心话，我们当时真的不知道羊宝是那啥！）。

此时，不知是谁大叫了一声："那再加一盘！"

其六　致我们已然逝去的青春

十年前，我还在学校读研究生那会儿，觉得"老去"是一个离我异常遥远的词，未来的人生充满机遇。然而就在最近，我突然发现自己老了，真的老了……

那天，央视电影频道播放了赵薇导演的处女作——《致我们终将逝去的青春》。看到女主角上大学报到的那个桥段，荧幕上那曾经熟悉得不能再熟悉的校门，那曾经熟悉得不能再熟悉的林荫路，那曾经熟悉得不能再熟悉的大礼堂，那曾经流行得不能再流行的 Suede……

突然间，我有了一种回学校去看看的冲动。回想当年，我和她一起在校园里并肩走过、一起在自习教室里看书、一起在中山陵的林荫道上骑车、一起在食堂里排队打饭、一起去英语角练口语……，完全就是电影桥段的翻版。

弹指间，十年光阴过去了！就这样，毫无征兆的，我第一次感到"岁月是把杀猪刀"，是如此真实、如此可怕！

国庆节放假，看了黄渤、江一燕主演的电影《假装情侣》。完了，彻底完了！我再一次感到自己是真的老了！

假期结束来上班，和 Andy 说起这部电影，Andy 见我对这部电影如此推崇，又如此"迷恋"江一燕，感到不可思议：一个以研究电子线路和信号处理为乐趣的人居然还会搞这种小清新？

第二天上班，刚刚坐定，Andy 就跑过来对我说：皓哥，你昨儿推荐的电影，我晚上回去看了。但我实在不能理解，你怎么会喜欢这种电影？我老婆跟我一起看了，她也搞不懂这部电影到底有什么好？

呵呵，电影好不好，别人的观点并不重要，关乎自己的内心就好。短发的 MM、乖张的性格、单车上的前后座、碧水蓝天、时不时发嗲一般的"喵喵"，一切是如此熟悉而又如此亲切！

完了，我是彻底完蛋了！我不可救药地迷上了江一燕，她的电影（《四大名捕》、《爱封了》、《双食记》、《南京、南京》、《我们无处安放的青春》、《秋喜》、《消失的子弹》）、她的剧照、她的广告片（她刚刚成为 OPPO N1 的代言人，要是她能给我设计的手机代言该多好呀！）都在我的搜索范围内，我把电脑桌面换成了《假装情侣》中的场景，我甚至还到处搜索电影插曲的乐谱（笔者偶尔在业余时间吹吹口琴）。

这下，Andy 更加不能理解了：看看电影、搞搞桌面也就算了，还要找什么电影插曲的乐谱，至于嘛？

我说：你不懂的！如果她当年也是短发，她也曾经那么清纯漂亮，她每次走累了都要你背，她考试前要你陪着上自习，她总以"你的就是我的，我的还是我的"来强词夺理，她时而女汉子时而小鸟依人般"喵喵"两下，她练听力没听懂便怪你在一旁吃香蕉吵到她了，她也曾坐在你的单车从林荫道下驶过，她要你写论文一定要在最后的致谢中提到她，她永远挂在嘴边的就是"我 18 岁不到就认识你了"……，那你就能理解现在的我了！

致我们无处安放、终将逝去和已然逝去的青春！！！

附记：

2008 年 1 月，我到北京出差，住在牡丹园地铁站旁边的花园饭店。一天，我从泰尔实验室回来，时间还早，但有点饿了，便去酒店对面的好利来买点蛋糕垫吧垫吧。付完钱，店员把蛋糕装好递给我，随手还送给我一本画册。

我一看，画册名叫《好摄之徒》。我不解，问店员什么意思？

店员说：这是我们老板出的书，每位来买东西的顾客都会送一本。

我翻了翻画册，拍的基本都是非洲草原上的野生动物，彩页印刷，很是精美，怪不得叫"好摄之徒"。

我笑了，对店员说：我买个蛋糕才十块钱，而这本画册的印刷费就不止十块，你们老板岂不要亏死了？

店员说：没事，我们老板特别喜欢摄影，去了好几趟非洲，这些都是他的摄影集。

……

半年后，又一次到北京出差，又一次看到好利来蛋糕店，我就把半年前的"好摄之徒"与一道出差的同事说了。可是，这次我们去买蛋糕，却没有画册赠送了。

巧的是在返回南京的途中，我在火车上随意翻看杂志，恰好看到其中有一篇文章，介绍的正是这位老板，说他是性情中人，不爱生意爱摄影，尤其钟爱拍摄那些充满野性的非洲草原动物。我于是对同事说：瞧，我没有说错吧，就是这个老板，好摄之徒！

……

一晃五年过去了，因为迷上了江一燕，我就在网上搜索她的信息。猛然间，我看到了这样的信息：江一燕的男友，好利来蛋糕店老板。

原来是他？！

读者反馈

其一 从"笨鸟"到"菜鸟"

谁愿意混吃等死？

理工科毕业的学生，我相信，很多人和我有着类似的经历。从一所普通大学毕业，进入一家普通公司，从事一份与制造相关的普通工作。就这样一出一进，为日后成为一名资深"笨鸟"打下了坚实的基础。同一时间，逐渐地，我们却和那些一毕业就进入研发企业的同学有了天然的差距，而此时我们却还蒙在鼓里。作为一个资深"笨鸟"，阁下可曾有此体会乎？

地球人都知道，好工作太重要了，尤其是第一份，为什么重要呢？因为它关乎未来！不用说，它首先奠定你起点的高低；再者，它能快速明确你的方向！这两点对人的一生至关重要。然而，世俗的环境和缺乏积极进取的性格，会潜移默化地消磨掉我们的激情。就这样，当突然有一天迫于生活压力，当我们发现需要用知识与技术再次改变命运的时候，现实已经非常窘迫，因为我们又不得不和应届毕业生站在同一个起点，而他们比我们年轻。面对老板，你要 8000 的薪水，毕业生只要 3000，如果你俩能力相当，你要是老板会选谁？看到这儿，你是不是突然想对我说，你说得太对了！哎，不对才怪！这都是本人的血泪史，亲身体会的能不对吗？

大约在 2007 年之后，中国的制造业遭遇滑铁卢，从巅峰时期开始往下衰落，工厂老板们赚钱不再像前些年那样容易了。这一点，从媒体频繁报道南方某某城市某某服务业的衰落就可以明显地看到，对此，你敢说不是？城门失火，殃及池鱼，这让我不得不担心，在薪水跑不过 CPI 的情况下，数年之后的我岂不是要沦落成低保户了？在生与死的考验面前，企业纷纷开始寻求变革（那些脚步稍微慢一点的企业都陆续撒手西游了），要么逃离中国，要么向研发转型。由此看来，不变革、不掌握核心技术，必然是混吃等死，无论对企业和个人，这都是铁的规则。其实，谁又不是被逼出来的呢？

现实中的危机感！

要说，工作之初的几年，心里到处都是激情。那时候，最让人受用的就是被称作工程师，本科毕业生在公司的身份那可都是储备干部，这又是工程师又是储备干部，岂不让人骄傲？于是乎，带着诸多优越感，我度过了工作之初的美好时光。甚至在一段时间里，感觉自己懂了很多东西，真的，有段时间，最让我受用的便是用单片机做小家电。那段日子里，又是调试 C 程序又是 Lay 板子的，真陶醉其中。何止是陶醉呀，那个时候的现状是，整个部门除去离职之后的师傅就是我最熟悉手头的工作了。请问，谁敢惹我？那时，我成了一个地地道道的 Key Person！

然而梦终究只是梦，这样的快乐日子没持续太久，直到有一天，身边的同学同事一个个开始跳槽高就时，我如同在噩梦中惊醒！同期入职的同事之间开始有了明显差距，这可怎么了得？带着紧张和迷惘的心情，我也走上了跳槽的道路。就这样，我进入了可以说是人生最迷茫的时期，一时间，我竟找不到一个可以拿得出手的技术，也不敢说自己精通什么，那些曾经引以为豪的技能在专业人士面前简直不值一提。最让人受打击的是在 SZ 一家企业去面试，面试官问我一些简单的总线协议知识，我却一个也答不出来。这时候，已经不仅是颜面扫地的问题，更是梦想被击碎的狼狈。你能理解那种被人鄙视却又无能为力的心情吗？那段时间，我四处投递简历，难堪之余，凡是和手头工作能沾边的职位都去尝试。那真是在胡乱地尝试，毫无章法，目的只有一个，只要薪水高，干啥都行，Layout、单片机、Lab View、开关电源等各种职位都去应聘。但是不专业就是不专业，在遭遇了一次又一次打击之后，依然没有一家公司愿意给我机会。于是，情绪彻底地跌入低谷，精神也面临崩溃。我从抛物线的顶点急速向下跌落，碰得头破血流！"笨鸟"，当的可真不容易！我猜想，很多人都有过类似的经历吧？！

第一次感觉方向很重要！

就在我像一只无头苍蝇到处乱飞的时候，无意中看到公司在中原某城市建立研发中心，而且在大规模招聘。嘎嘣，心中一阵窃喜，幸运之神会不会眷顾我？不管它，先投简历再说。没过几天，接到一个电话，说是要面试我，让我提前准备下，这着实让我激动了一番。面试过程大概持续了四五十分钟的样子，不怕人笑话，这一次面试交流使我整个思想有了极大的改变：即便要和别人吹牛，你也得有两把刷子吧？显然，我没有！前后一比，惭愧不已！用现在年轻人的话说，突然发现自己啥都不是了。面试过后，感觉一塌糊涂。心想，认命吧，还是继续当"笨鸟"吧。然而，戏剧性的一幕发生了。又过了两天，面试官再次给我打来电话，问我是否愿意去 ZZ。你能理解那种久违的被人认可的心情吗？这种认可，显然来得太晚，但晚归晚，总归是来了！因为 ZZ 和 SZ 两地相差很大，一个是发达地区，一个是欠发达地区，在经历了数小时的思想斗争之后，我决心对我的生活做一次彻底改变。我在心里默默念叨，要敢于尝试，敢于冒险，敢于改变，再不变革，温水就要把我这只青蛙给煮熟了。

一个月后，我带着不成功便成仁的心态去了 ZZ，去寻找自己的新大陆。到部门报道之后才知道，我的面试官正是本书著者（后来他成了我师傅）。新岗位叫手机基带工程师，俗称 Base Band，简称 BB，你不要笑，就是 BB。比起之前的工程师身份，这个 BB 的名号要专业大气很多。无论如何，半只脚总算是踏进通信研发行业了。在这里，受本书著者启发，我开始去尝试捡起那些遗忘已久的基础知识，开始明确自己的方向，开始觉得曾经学过的那些基本理论是多么有用，开始发现微积分原来还可以这么玩，而遗忘这些东西是多么可惜！从这里开始，从工厂走向研发，那种感觉太美好了，至今回味无穷。方向，太重要了！

方向重要，努力也很重要！

很多时候，不是说有了好方向，你就能成功。在这之前，对于手机行业，我是一无所知。

诸如 DDR、MIPI、CSI/DSI、TIS/TRP 这些词汇，搞电子研发的朋友都知道，这些名词所代表的领域，每一个都可以说是高深莫测，只要你愿意探索，每个领域都能带你走入佳境。例如，你只要能精通 DDR 的走线方式，知道等长约束，懂得通过包地来避免高速时钟受到干扰，理解各种串扰和噪声的来源，你就可以在 DDR 应用领域里赢得一席之地。如果你还嫌不过瘾，好办，用高速示波器去测量那些信号，学着分析波形，分析时序，分析时钟抖动，那你就又往前进了一步。哇，对于"笨鸟"来讲，这些都好高端啊！你知道吗？就在两年前，我根本不知道地球上居然还有这些概念，真的，一点也不知道！手机研发领域牵扯到电子通信行业很多知识，要深挖，简直无穷无尽！

有段时间，公司为了培养新人，让我们去 NJ 出差，跟着有经验的工程师学习如何做项目，于是有幸当面认识了皓哥（本书著者陈皓）。皓哥研究技术不达目的不罢休，记得那次他家有台老式的 29 寸 CRT 电视坏了，他愣是在网上搜遍资料找出原理图，研究透彻，然后对着故障现象分析原因，最后在电子市场花三块钱买了两个高压电容替换原电视机的，故障就此完美解除！听皓哥解释，现象是图像上半屏幕出现绿色回扫线，原因则是场输出电路的自举电容漏电，因而场逆程电压偏低，导致场逆程消隐不够（后来我们曾请皓哥在业余时间给我们讲了四五次彩电原理方面的课程）。虽然我当时没听懂只是记住了结论，但对于这样执着的人，你羡慕不？反正我是受刺激了！那段日子，习惯了每天下班后在办公室学习到十点半，习惯了用几种不同的教材对比着学习同一门基础知识，也尝试着用基本原理来分析实际案例，一个经典的例子就是本书案例分析篇中《开机自动进入测试模式》那篇文章。那个案例逼着我一遍又一遍地翻阅 MOS 管的原理，让我逐步陷入到对技术魅力的无限遐想中。这些探索所激发出的兴趣是一种多么神奇的力量啊，神奇到让我决心摆脱"笨鸟"的江湖地位。

但是，要想成为大师，你得先想着如何成为"菜鸟"。你猜，怎么才能成为"菜鸟"呢？废话，掌握了方向，当然就要去拼命了，再不拼命，就没命可拼了！自然界的优胜劣汰法则无数次地证明了这一点，你我都懂！可偏偏有人说，风大的时候，猪也可以飞起来。不会吧，天下哪有那么大的风？！不勤修内功，别说飞，连蹦都没蹦过就被宰了的猪多了去。幸亏，有那么一段奋斗的日子，稍微改善了这种无知的窘境！

从"笨鸟"向"菜鸟"的转变！

世界那么大，谁不想去看看呢？在原公司待久了，我又开始琢磨去其他企业看看。于是，在经历了几次面试之后被目前所在公司录取。临行前给皓哥打电话，问他当初面试时为什么会要我。他说，第一，你很诚实，会就是会，不会就是不会，知道皮毛就说自己知道皮毛，不像有些面试者喜欢吹嘘自己又是熟悉这又是精通那的；第二，问你能不能吃苦，你说能，当然了，后来表现确实不错。临了，皓哥还开了句玩笑，其实最主要的原因是你对工资要求低，老板说了，最喜欢你这样的。

我囧！！！

……

新公司是一家专门从事通信设备研发与制造的企业，做事风格和原来的公司完全不同，这里讲究刨根问底。有一次调试 SD3.0，发现枚举时而异常时而正常，并且 SD 卡切换高速模式时总不成功。最后，我不得不研究整个物理层协议，并且将 SD 卡所用的电平转换芯片做一番彻底研究，经历千辛万苦，后来对比协议和手册才发现，电平转换芯片选用错误，物理层协议规定 SD 卡的 CMD 和 DATA 管脚需要加上拉来产生下降沿，而所选电平芯片又不支持加上拉的模式，相互矛盾。后来更换了一款 SD 卡专用的电平转换芯片才调试通过，这一调试，让我对 SD 控制器的原理和物理层协议有了不少了解，积累渐渐多了起来，工作中也慢慢有了解决问题的能力。看来，要想成为"菜鸟"，也绝非易事啊，需要不断地积累！有句话怎么说的：纸上得来终觉浅，绝知此事要躬行！

让我们这些最普通的阶层，为成为一只快乐的"菜鸟"而加油吧！成为"菜鸟"，至关重要！

中兴通讯西安研发中心　权　斌
2016 年 3 月于西安

其二　硬件研发亦有道

诚如豆瓣，汗牛充栋的藏书，在手机硬件研发的书籍里也只有这一本书。一来说明硬件研发之路异常艰难，大部分硬件工程师们还在苦苦探索；二来确实有小部分人历经磨炼，正在享受这份经验带来的成就，但你让他写本书介绍下经验，莫说心有千言下笔忘字，怕是万万不会如此轻易传道授业解惑的。正因此，在众多软件研发的书籍堆里，这本《从应用到创新——手机硬件研发与设计》就更显得难能可贵了！

作为手机行业的从业者，我目前还纠缠在入门篇上，但还是被著者理论联系实践的解决问题方法所折服。我遇到很多初级硬件工程师，他们往往在实际工作中遇到一个问题，第一反应是对照 Qualcomm/MTK 的 Reference Design，看看有没有按照参考设计来。如果答案是肯定的，则长舒一口气，然后提个 CR 或者 E-Service 向上游的平台厂商求助，同时开始工厂 PE 版的问题解决。但这不是一个硬件研发工程师的作为！

看看书中著者的思路，总是从问题的基础入手，一个个疑难杂症就在大家学过的高数、概率、电路、电磁、通原、数字信号处理中轻松找到根源，从而将问题解决。这种解决问题的方法使得硬件研发成为一种艺术，而不是失败尝试的堆砌。

这本书的切入点看上去颇似象牙塔，然而著者不仅有丰富的工作历练，而且有渊博的理论知识，本书的阐述中处处体现了以理论为根，就连著者也在前言中坦言需要读者具备一定的理论基础。诚然，如果维修出身的工程师希望直接以此书来实现晋级，难免有些困难，虽说硬件研发需要经验，需要失败的磨炼，但若没有理论基础，往往只能够捞了个失败的经验或下场吧。所以，如果各位有志于在硬件研发道路上继续自己的职业生涯，亦需你先修好基本功，把数、电、信的基础知识补起来，那无论是手机、工控机、交换机抑或服务器的硬件研发工程师，本书将会为你带来无穷益处！

著者本人，有幸得交，叹服于其专业，也折服于其文字，拜读大作后更添敬意，作为专业性极强的书籍，"淘尽黄沙始到金"，定然历久弥新，在工程研发的道路上留下著者的身影！

南京富士康　孙　涛
2015 年 10 月于南京

其三　我的研发启蒙之路

本人进入手机研发刚好一年，目前在跟项目。

在进入研发行业之前，我从事通信模块与手机维修工作将近 10 年，平时所接触的资料多与维修相关，对手机的认知还停留在功能层面。然而在我心中一直有个研发梦，工作多年也曾多次试图转岗研发，但始终未能如愿，所面试的公司总以专业不对口，没有相关经验拒绝我。在学校时，我读的是建材机械专业，有些电工/电子学基础，工作后又看了些手机维修书，从事维修行业尚可满足，但如果从事硬件研发，确实感觉自己无从下手，也缺乏自信。就这样时间一久，便慢慢打消了做研发的念头。直到有一天，我在当当网上偶然发现了陈皓先生所著的《从应用到创新——手机硬件研发与设计》一书，仅仅读了一下目录，我的研发梦就被瞬间点燃，然后毫不犹豫地下单，如饥似渴地学习。

从此，我开始从性能层面认知手机。半年后，我初步读完了这本书（有些内容确实也看不大懂）并与陈皓先生取得了联系，多次邮件往来请教问题，更增加了自己追求研发梦的勇气。后来，我拿着自己所撰写的读书思维导图去面试，终于被现在的公司认可，正式踏入了手机研发圈。

转入研发一年来，这本书时时陪伴自己，指导着自己的工作。目前，我的工作职位是基带工程师，具体的工作流程是：需求分析→探索可选方案→需求分解与分配→硬件概要设计→硬件原理图设计→PCB 布局设计→电子料选型→硬件详细设计→PCB 绘制→评审→硬件单元调测→软硬联调→SDV 测试与 Debug→SIT 测试与 Debug→维修资料包→SVT 测试与 Debug→Beta 测试支持，如图 E-1-1 所示。

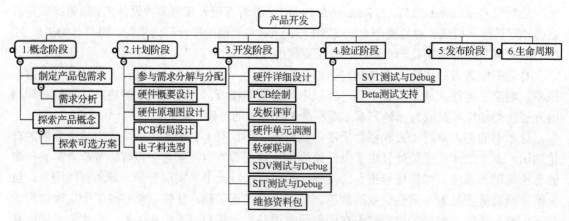

附录 E-1-1　产品开发硬件工序流程图

上述流程，每个基带工程师都会深入参与，但若要把以上工作都圆满完成，单从硬件设计来说，就必须熟练掌握各个功能模块的基本原理和设计规范。幸运的是，《从应用到创新——手机硬件研发与设计》提供了大量第一手的电路原理和设计规律，理论与实践相结合，非常接地气。

这本书的内容非常广泛，几乎包含了手机硬件设计的各个方面（虽然有些地方并未涉及或者论述不多），从大系统一路讲到小系统，并且在后面各单元系统内部都展开了详细分析。

入门篇，我的理解是突出"大系统"，通信系统、手机系统、元件系统、系统性设计与系统性思维；提高篇，我的理解是突出"单元系统"，包括电源、时钟、语音、FM、通信电路与调制/解调、RF 和 ESD；高级篇，我的理解就是突出"深入与延伸"，包括音频处理、图像处理、信号完整性等；案例篇，我的理解就是突出"知为力"，Design & Debug。因此，此书在硬件设计的横向和纵向都具有系统性展开，可以提升读者系统性思维。

带着全新的思维系统进入研发，自然能够有效指导工作。初入研发之时，我对一切工作都感觉陌生。但对这本书的学习，使我在认知上先行一步，大大缩短了从不懂到懂的阶段。比如在实际工作中要进行 ESD 测试，由于我提前从书中了解到了 ESD 的原理、测试方法和设计原则，这就为我后来的实际工作提供了坚实的理论指导，操作起来有章可循。再比如 PCB 发板前，平台厂家会协助我们进行 SI 和 PI 测试，我刚开始都不知道 SI 和 PI 是怎么回事，后来才了解到原来是信号完整性与电源完整性测试，而书中早就有信号完整性的介绍，自己也学习过，这就大大加速了我对 SI 的认知过程。不仅如此，电路原理、硬件规范对一个项目的成功很重要，设计过程中的管理思想也同样重要。毕竟，企业最终要靠自己的产品赚钱来养活员工。难能可贵的是，著者在书中用略带调侃的口吻，通过一个个实际案例，给大家分享了大量的管理思想，如成本管理、质量管理、效率管理、做事的原则等。

诚然，此书虽不能被称为手机硬件研发的百科全书，但称作"葵花宝典"也不为过。对初入研发的我来说，当下已经收获很多，但我相信随着自己工作与学习的深入结合，收获会越来越多，并且我相信此书会给所有硬件研发人员带来帮助和启发。最后，我要感谢这本书，感谢陈皓先生在上一版加印时收录我的读书思维导图，尤其要感谢著者对于我的鼓励与帮助！

与德通信　曾兆林

2016 年 6 月于上海

参 考 文 献

1. 谢嘉奎. 电子线路（非线性部分）（第四版）. 北京：高等教育出版社，2000

2. 陈邦媛. 射频通信电路. 北京：科学出版社，2000

3. 吴大正. 信号与线性系统分析（第三版）. 北京：高等教育出版社，1998

4. 陈明. 通信与信息工程中的随机过程. 南京：东南大学出版社，2001

5. 樊昌信. 通信原理（第五版）. 北京：国防工业出版社，2001

6. 曹志刚. 现代通信原理. 北京：清华大学出版社，2000

7. 吴镇扬. 数字信号处理. 南京：东南大学出版社，1994

8. 杨绿溪. 现代数字信号处理（讲义）. 南京：东南大学出版社，2000

9. 郭梯云，杨家玮，李建东. 数字移动通信（修订版）. 北京：人民邮电出版社，2000

10. 祁玉生，邵世祥. 现代移动通信系统（第一版）. 北京：人民邮电出版社，1999

11. [英]Alister Burr. Modulation and Coding for Wireless Communication，译. 北京：电子工业出版社，2003

12. [美]Eric Bogatin. 信号完整性分析. 李玉山，李丽平，等译. 北京：电子工业出版社，2005

13. 赵凯华，陈熙谋. 电磁学. 北京：人民教育出版社，1978

14. 冯慈璋. 电磁场（第二版）. 北京：高等教育出版社，1983

15. 邱关源. 电路（第三版）. 北京：高等教育出版社，1989

16. 许录平. 数字图像处理. 北京：科学出版社，2007

17. 袁慰平，孙忠良，等. 计算方法与实习（第三版）. 南京：东南大学出版社，2000

18. 电声测量（南大声学所培训讲义）. 南京：南京大学出版社，2005

19. 孙广荣，吴启学. 环境声学基础. 南京：南京大学出版社，1995

20. 李国林，雷有华. 射频电路测试原理（电子版讲义）. 北京：清华大学，2005

21. 陈志恒. 射频集成电路设计基础（电子版讲义）. 东南大学射频与光电集成电路研究所，2002

22. 张兴伟，等. 数字手机电路与检修技术. 北京：人民邮电出版社，2006

23. 陈良. 移动电话机原理与维修. 北京：电子工业出版社，2003

24. [印]Sajal Kumar Das. 移动终端系统设计. 王立宁，译. 北京：人民邮电出版社，2012

25. Qualcomm/MTK/ADI/Agilent/R&S Datasheets

26. 陈志雨. 电磁兼容物理原理. 北京：科学出版社，2013.

27. 周峰，高峰，张武荣. 移动通信天线技术与工程应用. 北京：人民邮电出版社，2015.

28. 余华. 电波与天线. 北京：电子工业出版社，2003.